René Hantke   Eiszeitalter   Band 1

René Hantke

# EISZEITALTER

Band 1

Die jüngste Erdgeschichte der Schweiz
und ihrer Nachbargebiete

Klima, Flora, Fauna, Mensch
Alt- und Mittel-Pleistozän
Vogesen, Schwarzwald, Schwäbische Alb
Adelegg

Ott Verlag AG Thun

ISBN 3-7225-6258-9


Printed in Switzerland
Satz und Druck: Ott Verlag Thun
Schutzumschlag: Jean Masset, Basel

Meiner lieben Frau

# Inhaltsverzeichnis

## *Abkürzungen im Text*

| | | | |
|---|---|---|---|
| E | Ost, Osten, östlich | v. h. | vor heute, d. h. vor 1950, dem Basisdatum der $^{14}C$-Datierungen |
| N | Nord, Norden, nördlich | DK | Dufour-Karte 1:100000 |
| S | Süd, Süden, südlich | LK | Landeskarte der Schweiz 1:25000; auf sie bezieht sich |
| W | West, Westen, westlich | | die Schreibweise topographischer Namen. |

Bei gleichlautenden Ortsnamen wird die Kantons- oder Länder-Zugehörigkeit durch deren Autozeichen präzisiert.

# Vorwort

Entwürfe zu einer Darstellung des Eiszeitalters der Schweiz gehen auf ein vor Jahren entstandenes Manuskript zurück, das als Beitrag zu der von Interscience Publishers, New York, begonnenen Serie «The Quaternary» vorgesehen war. Im Rahmen von Vorlesungen an den Zürcher Hochschulen wurde dieses ergänzt und erweitert, mehrten sich doch in letzter Zeit die Kenntnisse in den einzelnen Sparten der Quartärforschung und um die Zusammenhänge zwischen alten und neuen Fakten rapid. Seit ALBRECHT PENCKS & EDUARD BRÜCKNERS (1909) «Die Alpen im Eiszeitalter» ist die verstreute und unterschiedlich zu wertende Literatur fast ins Unübersehbare angewachsen.
Wertvolle Übersichten bieten R. v. KLEBELSBERG (1948, 1949): «Handbuch der Gletscherkunde und Glazialgeologie», P. WOLDSTEDT (1961, 1968): «Das Eiszeitalter – Grundlinien einer Geologie des Quartärs» und (1969): «Quartär», P. WOLDSTEDT & K. DUPHORN (1974): «Norddeutschland und angrenzende Gebiete im Eiszeitalter».
Für die rezenten Gletscher sei auf R. VIVIAN (1975): «Les glaciers des Alpes occidentales» und F. MÜLLER, T. CAFLISCH & G. MÜLLER (1976) «Firn und Eis der Schweizer Alpen» verwiesen.
Als E. KOLBINGER † vom Ott Verlag, Thun, mich anging, das eiszeitliche Geschehen der Schweiz und ihrer Nachbargebiete zusammenzufassen, sagte ich zu, hielt mich doch die Erforschung des Quartärs mit Paläobotanik und Alpengeologie seit jeher im Banne, jahrelang aus eigener Initiative, dann in der Zentralschweiz im Rahmen der Aufnahmen für die Schweiz. Geologische Kommission, für die «Geologische Karte des Kantons Zürich und seiner Nachbargebiete», für Subkommissionen der INQUA (Internationale Assoziation zur Erforschung des Quartärs) und für das KLIMAP-Projekt. Dabei zeigte es sich, daß manche der bisherigen Auffassungen mit den neuen Erkenntnissen nicht in Einklang zu bringen waren. Die über weite Gebiete erfolgten kursorischen Aufnahmen erwiesen sich noch immer als lückenhaft. Weitere, über große Bereiche der Alpen sich erstreckende Vergleichsbegehungen drängten sich auf, um das Bild einheitlicher zu gestalten. Vieles konnte erst angedeutet werden, einiges bedarf noch der Reifung. Der Verfasser ist sich des skizzenhaften Charakters dieser Darstellung bewußt und ist für Hinweise und Ergänzungen dankbar.
Einige allgemeine Kapitel des 1. Bandes mußten leider etwas summarisch gehalten werden. Neuere Eiszeit-Hypothesen und mögliche Mechanismen werden im 3. Band kurz dargelegt werden.
Auf die Erläuterung rein geologischer Fachausdrücke wurde verzichtet. Ein Verzeichnis findet sich in H. HEIERLI (1974): «Geologische Wanderungen in der Schweiz». Für mineralogisch-petrographische Fachausdrücke sei auf die drei ebenfalls im Ott Verlag erschienenen Bände von E. NICKEL (1971–1975) verwiesen.
Ein Sach- und Orts-Register findet sich in jedem Band. Auf ein Autoren-Register mußte verzichtet werden, da die Literatur kapitelweise zusammengetragen wurde.
Am Schluße des 3. Bandes sollen 2 Übersichtskarten 1:500000 das jüngere eiszeitliche Geschehen der Schweiz und eines Teils ihrer Nachbargebiete kartographisch zusammenfassen.

Das Zustandekommen dieser zusammenfassenden Darstellung – Band 2 und 3 sind im Satz – ist nur möglich gewesen dank der tatkräftigen Unterstützung zahlreicher Kollegen, Freunde und Helfer. Manche Probleme reiften auf gemeinsamen Exkursionen mit ihnen, mit Doktoranden und Diplomanden der Zürcher Institute, einiges gar erst bei der Reinzeichnung der Figuren und der Karten. Vieles muß noch künftiger Forschung überlassen werden.

Mein Dank richtet sich zunächst an all jene, die mich auf Exkursionen begleitet haben, von denen ich Anregungen, Photos, Vorabzüge und Klischees empfangen habe, an:

M. Aellen, Zürich
Dr. H. Altmann, Thun
Dr. G. F. Amberger, Genève
Dr. P. Ammann, Locarno
Frau Dr. B. Ammann-Moser, Bern
Prof. B. Andersen, Bergen/N
Prof. D. Aubert, Cheseau VD
Dr. R. d'Aujourd'hui, Basel
Prof. R. Bach, Zürich
A. Baumann, Muttenz BL
A. Bayer, Zürich
Dr. F. Beeler, Cham ZG
Dr. A. Bettschart, Einsiedeln
A. Bezinge, Sion
G. Bienz, Basel
Prof. A. Bögli, Hitzkirch LU
Prof. H. M. Bolli, Zürich
Prof. S. Bortenschlager, Innsbruck
V. Boss, Grindelwald
Prof. W. Brückner, St. John's/Newf.
E. Brügger, Zürich
Dr. U. P. Büchi, Aesch/Forch
H. Bürgisser, Zürich
C. Burga, Basel
Prof. M. Burri, Lausanne
Prof. F. Carraro, Torino
C. Colombi, Bern
Prof. E. Dal Vesco, Zürich
Fräulein F. Deubelbeiss, Zürich
Dr. F. Diegel, Kirchdorf BE
Dr. R. Dössegger, Zürich
Dr. W. Drack, Zürich
Prof. A. Dreimanis, London/Ont.
Prof. K. Duphorn, Kiel
Chr. Eggenberger, Grabs SG
Prof. E. Egli, Zürich
Dr. H. Eichler, Heidelberg
P. Etter, Wattwil SG
Dr. H. Eugster, Trogen AR
Dr. P. Finckh, Zürich
Prof. C. Franscella, Locarno
Prof. B. Frenzel, Stuttgart-Hohenheim
Prof. G. Furrer, Zürich
Prof. A. Gansser, Zürich
O. Garraux, Basel
Dr. E. Gerber, Schinznach-Dorf AG
Prof. R. German, Tübingen
Dr. P. van Gijzel, Nijmegen/NL
F. Giovanoli, Zürich
S. Girsperger, Zürich
Prof. K. Göttlich, Sigmaringen/D
Dr. K. Graf, Zürich
Prof. H. Graul, Gutenzell/D
Dr. P. M. Grootes, Groningen/NL
H.-U. Grubenmann, Sternenberg ZH
Frl. Dr. I. Grüninger, St. Gallen
E. Gubler, Wabern BE
Frau Dr. D.-C. Hartmann, Dübendorf
Dr. L. Hauber, Riehen BS
Dr. H. A. Haus, Ueberlingen/D
Prof. H. Heierli, Trogen AR
Frau Dr. A. Heitz-Weniger, Basel
Prof. H. Heuberger, München
Dr. P. Hochuli, Zürich
Dr. E. Höhn, Birmensdorf ZH
Dr. F. Hofmann, Neuhausen a. Rhf.
Dr. K. A. Hünermann, Zürich
Prof. E. Imhof, Erlenbach ZH
Dr. A. Isler, Zürich
Prof. H. Jäckli, Zürich
Prof. A. Jayet †, Genève
Dr. H. Jerz, München
Dr. G. Jung, Sargans
Prof. P. Kasser, Zürich
Dr. O. Keller, St. Gallen
Dr. P. Kellerhals, Frieswil BE

Dr. K. Kelts, Zürich
Dr. Th. Kempf, Zürich
Dr. M. Kobel, Sargans
O. Kober, Pontresina
Dr. E. Kobler, Fribourg
Dr. W. Krieg, Dornbirn
Dr. M. Küttel, Bern
Prof. E. Kuhn-Schnyder, Zürich
W. Kyburz, Rüti ZH
Dr. A. Lambert, Zürich
Prof. E. Landolt, Zürich
Prof. G. Lang, Bern
Dr. E. Lanterno, Genève
Dr. H. Liniger, Basel
Dr. M. Löscher, Heidelberg
Dr. V. Longo, Zürich
Prof. W. Lowrie, Zürich
Dr. M. Mader, Kirchheim/Teck
Dr. F. Madsen, Zürich
P. Dr. F. Maissen, Degen/Igels GR
Dr. R. Maurer, Aarau
Dr. L. Mazurczak, Zürich
Dr. G. Monjuvent, Grenoble
Dr. E. Müller, Solothurn
E. Müller, Stein a/Rh.
Prof. F. Müller, Zürich
G. Müller, Zürich
Dr. H. Müller, Hannover
H.-N. Müller, Luzern
Prof. W. K. Nabholz, Bern
S. Nauli, Chur
J. Neher, Zürich
Dr. R. Oberhauser, Wien
H. Oberli, Wattwil SG
A. Ohmura, Zürich
Dr. G. Patzelt, Innsbruck
W. Paul, Vöhrenbach/D
Dr. N. Pavoni, Zürich
Prof. M. Pfannenstiel †, Freiburg i/Br.
Dr. O. A. Pfiffner, Zürich
A. Pharisat, Besançon
Prof. E. Preuss, München
Dr. G. Rahm, Freiburg i/Br.
Dr. W. Resch, Innsbruck
Dr. G. M. Richmond, Denver/Colo.
Prof. H. Rieber, Zürich
A. Rissi, Zürich
Dr. F. Rögl, Wien
Dr. F. Röthlisberger, Zürich
PD H. Röthlisberger, Zürich
Dr. C. Roth, Zofingen AG
W. Ruggli, Effretikon ZH
L. Scheuenpflug, Neusäß-Lohwald/D
Dr. C. Schindler, Zürich
Dr. A. Schläfli, Frauenfeld
Dr. S. Schlanke, Benglen ZH
Dr. A. Schreiner, Freiburg i/Br.
J. Schröppel, Pfronten/D
Dr. Chr. Schlüchter, Zürich
Frau Prof. E. Schmid, Basel
Dr. W. Schneebeli, Zürich
Dr. F. Seger, Luzern
Fräulein Dr. M. Sitterding, Basel
Dr. L. Speck, Rorschach
Prof. E. Spiess, Zürich
Dr. W. Stephan, München
Prof. E. Stuber, Solothurn
Prof. H. Suter, Erlenbach ZH
Prof. N. Théobald, Besançon
Prof. E. A. Thomas, Zürich
Dr. B. Tröhler, Bern
Prof. R. Trümpy, Zürich
A. Uehlinger, Schaffhausen
Prof. S. Venzo †, Parma
Prof. J.-P. Vernet, Genève
A. Vogel, Emmenbrücke LU
Prof. D. Walde, Brasilia
PD S. Wegmüller, Bern
Dr. M. Weidmann, Lausanne
H. Weiss, Zürich
Prof. M. Welten, Bern
P. Wick, Luzern
Dr. H. Windler, Reinach BL
Prof. J. Winistorfer, Lausanne
Prof. O. Wittmann, Lörrach
Dr. S. Wyder, Zürich
Dr. L. Wyssling, Pfaffhausen ZH
Dr. J. N. Zehnder, Goldau
Dr. G. Zeller, Thun
Dr. H. J. Ziegler, München
Frl. R. Zimmermann, Rheineck
Dr. Th. Zingg, Männedorf ZH
Prof. H. Zoller, Basel
Dr. H.J. Zumbühl, Bern

Nicht weniger herzlich sei den Zeichnern gedankt, den Herren Dr. F. DIEGEL, P. FELBER, Dr. W. FINGER, H.-P. FREI, A. GAUTSCHI, S. GIRSPERGER, A. GÜBELI, Dr. P. HOCHULI, B. ISELI, Dr. A. ISLER, O. KÄLIN, A. KOESTLER, ST. LÜTHI, Dr. H.-P. MÜLLER, W. RELLSTAB, A. RISSI, V. RUTISHAUSER, Dr. F. SEGER, A. UHR, A. VOGEL, H.-P. WEBER, R. WEBER, K. ZEHNDER, dem Instituts-Photographen U. GERBER, Fräulein E. CHAPPUIS, Frau Dr. S. SCHÖNBÄCHLER-SEILER, Dr. W. WILLY sowie – für gar manche Handreichung – dem Präparator Herrn K. BADE. Frau Dr. S. FRANKS-DOLFUSS half beim Tippen der Literaturverzeichnisse, Fräulein F. DEUBELBEISS im Labor.
Besonders langwierig gestaltete sich das Lesen der Druckfahnen. Neben den Fachkollegen, den Herren Dr. H. JERZ, Dr. G. RAHM und Prof. N. THÉOBALD, setzten sich Fräulein G. WINKLER, W. RUGGLI, H.-P. FREI und ganz besonders Dr. F. SEGER ein.
Beim Zusammenstellen des Schlagwort- und Ortsregisters durfte ich auf die Hilfe der Herren H.-P. FREI, Dr. F. SEGER und PAUL FELBER zählen.
Bei der Zusammenstellung des Legenden-Vorschlages für quartärgeologische Objekte half A. BAUMANN, Zürich.
Den größten Dank schulde ich jedoch meiner lieben Frau. Sie hat in aufopfernder Weise große Teile der Reinschrift besorgt und bemühte sich um eine verständliche Sprache. Ihr sei denn auch dieser Band gewidmet.

Der Druck dieses Bandes in der vorliegenden Form konnte nur erfolgen dank namhafter Zuwendungen:
- der Stiftung für wissenschaftliche Forschung an der Universität Zürich,
- der Stiftung Amrein-Troller, Gletschergarten Luzern,
- des Schweizerischen Bundes für Naturschutz,
- der Stiftung «Pro Helvetia»,

sowie der Unterstützung einiger Firmen:
- Brauerei A. Hürlimann AG, Zürich,
- Verein Schweizerischer Zement-, Kalk- und Gips-Fabrikanten, Zürich,
- Gebr. Sulzer AG, Winterthur,
- Zürcher Ziegeleien, Zürich,
- Bank Leu AG, Zürich,
- Gebr. Klausner, Lancia-Vertretung, Zürich.

Ebenso bin ich für verständnisvolles Wohlwollen zu Dank verpflichtet:
- der Geologischen Gesellschaft in Zürich,
- der Geographischen Gesellschaft in Zürich,
- der Naturforschenden Gesellschaft in Zürich,
- der Schweizerischen Geologischen Gesellschaft,
- der Schweizerischen Geomorphologischen Gesellschaft,
- dem Schweizer Wasserwirtschaftsverband sowie
- der Eidg. Landestopographie, Wabern BE,
- der Schweizerischen Verkehrszentrale Zürich,
- der Swissair-Photo AG, Zürich, und
- dem Kdo Flugwaffen-Brigade 31, Chef Luftaufklärung, Dübendorf.

Nach dem 24. April 1978 zugesprochene Zuwendungen werden im 2. Band dankend erwähnt.
Dank gebührt schließlich auch dem Verlag Ott für all den geleisteten Einsatz.

# Das Klima im Laufe der Erdgeschichte

Im Laufe der Erdgeschichte wandelte sich das Klima mannigfaltig. Es bestimmte nicht nur Existenz und Entfaltung des Lebens, es prägte auch die unbelebte Natur: Abtrag und Sedimentation sowie zahllose Formen des Reliefs. An den Klima-Änderungen sind verschiedene Faktoren beteiligt, voran die stets sich wandelnden geographischen Gegebenheiten. Neben langsamen Veränderungen sind es auch kurzfristige Einwirkungen, die den Gesamtcharakter entscheidend umgestalten. Dabei gehören Vereisungen zu den bedeutsamsten klimatischen Eingriffen. Diese wiederum wurden abgelöst von lang andauernden Perioden gleichmäßigeren Klima-Ablaufes, etwa im Mesozoikum. Die Auswirkungen sind nach und nach bekannt geworden; hingegen ist das Ergründen der Ursachen noch immer Ziel einer intensiven Forschung.
«Eiszeitalter» zeichnen sich aus durch ausgedehnte Vereisungen in hohen geographischen Breiten. Sie lassen sich belegen durch fossile Moränen, Gletscherschliffe und Frostmuster über weite Areale früherer Landoberflächen. Angesichts der Möglichkeit einer Drift der Kontinente können jedoch die Pollagen gegenüber der heutigen völlig verschieden liegen, so daß diese zusätzlich durch paläomagnetische Messungen an gleich alten Laven, in denen das Erdfeld «eingefroren» ist, zu ermitteln sind.
Vereisungen in hohen Breiten beeinflussen auch das Klima in mittleren und sogar in niederen Breiten, so daß weitere Belege – sedimentologische, vorab aber floristische und faunistische – beizubringen sind.

## Ältere Vereisungen in der Erdgeschichte

### *Das Klima des ältesten Zeitabschnittes*

Über das Klima des ältesten, zunächst noch lebensfeindlichen Zeitabschnittes der Erde, über das Präkambrium (S. 19), sind unsere Kenntnisse noch immer recht dürftig. Die heutige Lufthülle, die Atmosphäre hatte sich zunächst zu entwickeln. Diese war anfangs reich an $CO_2$ und ohne Sauerstoff. Erst mit dem Aufkommen der ersten Organismen – die ältesten heute bekannten, *Ramsaysphaeren* (H. Pflug, 1976), lebten in S-Afrika vor über 3 Milliarden Jahren – stieg der $O_2$-Gehalt an. Damit konnte sich auch Ozon – $O_3$ – bilden. Die Ausbildung eines kräftigen Ozon-Mantels, der die für die Organismen gefährliche kurzwellige Strahlung abschirmte, erfolgte jedoch erst später, wohl erst kurz vor dem Kambrium (S. 19). Ebenso sank der ursprünglich recht hohe $CO_2$-Gehalt und näherte sich mehr und mehr dem heutigen. Damit wandelte sich das extrem heiße *Ur-Klima* allmählich in ein solches, bei dem der ausgegaste Wasserdampf sich kondensieren konnte und die Bildung einer Wasserhülle, einer *Hydrosphäre*, ermöglichte. Erst mit der Ausbildung einer halbwegs *«normalen» Atmosphäre* konnten sich allmählich Temperatur-Verhältnisse einstellen, die den heutigen entsprechen. Erst dann begann die eigentliche Klimageschichte, in der Frosttemperaturen eine *Eisbildung* erlaubten (M. Schwarzbach, 1974).

### *Die huronische Vereisung*

Zeugen von Eiszeiten reichen in der Erdgeschichte weit zurück. Bereits aus dem Präkambrium, vor mehr als zwei Milliarden Jahren, konnten in N-Amerika vom Lake Huron bis in die Provinz Quebec Vereisungsspuren nachgewiesen werden: *verfestigte Grundmoränen* mit gekritzten Geschieben – *Tillite* –, gebänderte Warven-Schichten und gekritzter Untergrund (A. P. COLEMAN, 1926; M. SCHWARZBACH, 1961, 1974). In S-Wyoming finden sich in zeitlich entsprechenden, 8000 m mächtigen Schichtfolgen Tillit-Horizonte von 40, 80 und 30 m, die gar eine mehrfache Vereisung belegen (A. L. DU TOIT, 1954). Ihr Alter wird mit 1900 Millionen Jahren angegeben. Ebenso werden aus dem asiatischen Rußland moränenartige Ablagerungen erwähnt (N. M. ČUMAKOV, 1964).
Auch aus S-Afrika sind aus dem SW und aus S-Transvaal Tillite bekanntgeworden, wobei im E ein, im W meist zwei bis drei Horizonte auftreten (S. 19).

### *Die eokambrische Vereisung*

Zeitlich besser festgelegt ist die eokambrische Vereisung, von der auch aus N-Europa eindeutige Belege vorliegen: N-Schottland, Hebriden und NW-Irland (A. M. SPENCER, 1971), in Skandinavien vom Mjoesa-See bis zum Varanger Fjord und zur Fischer-Halbinsel N von Murmansk (M. SCHWARZBACH, 1974), auf Spitzbergen und Nordostland (C. B. WILSON & W. B. HARLAND, 1964). In E- und N-Grönland konnten zwei Tillit-Horizonte unterschieden werden: ein tieferer mit karbonatischen und ein höherer mit Gneis-, Granit- und Quarzporphyr-Geschieben (H. R. KATZ, 1961; J. C. TROELSON, 1956; H. F. JEPSEN, 1971). Diese Vereisung ist auch in N-Amerika: Yukon, Britisch Columbia und N-Staaten der USA (P. A. ZIEGLER, 1959; SCHWARZBACH, 1974), in der Sahara, in China und in Australien nachgewiesen, wo sie im S über 1500 km zu verfolgen ist. In den bis 6000 m mächtigen, vorwiegend glazio-marinen Ablagerungen läßt sich ebenfalls eine Zweiteilung erkennen.
Ebenso konnten aus E-Brasilien Belege für eine jung-präkambrische Vereisung beigebracht werden (R. PFLUG & W. U. SCHÖLL, 1975). In der Serra do Cabral, Minas Gerais, konnte D. WALDE (1976) 2–50 m Macaúba-Tillite mit lokal bis 2 m mächtigen Warven an der Basis über poliertem und geschrammtem, teils rundhöckerartig überschliffenem Minas-Quarzit erkennen (Fig. 2). Weiter fanden C. A. L. ISOTTA et al. (1969) und SCHÖLL (in WALDE) in den Tilliten auch gekritzte und facettierte Geschiebe.
Mit dem Kambrium beginnt die Überlieferung reicher Faunen. Damit treten zu den anorganischen Klimazeugen auch organische, zunächst spärlich, später, mit der Entfaltung der Landpflanzen im jüngeren Paläozoikum, häufiger.

Fig. 1 Vereisungszeiten im Laufe der Erdgeschichte. Angaben vorab nach M. SCHWARZBACH (1974). ▷

| Ära | Periode | Epoche | Dauer | vor Millionen Jahren |
|---|---|---|---|---|
| Känozoik. | Quartär H/P | Pliozän | 4,5 | 2,5 / 7 |
| | Tertiär | Miozän | 19 | 26 |
| | | Oligozän | 12 | 38 |
| | | Eozän | 16 | 54 |
| | | Paleozän | 11 | 65 |
| Mesozoikum | Kreide | | 71 | 136 |
| | Jura | Malm | 20 | |
| | | Dogger | 15 | |
| | | Lias | 19 | 190 |
| | Trias | Keuper | 18 | |
| | | Muschelk. | 10 | |
| | | Buntsst. | 7 | 225 |
| Paläozoikum | Perm | | 55 | 280 |
| | Karbon | | 65 | 345 |
| | Devon | | 50 | 395 |
| | Silur | | 35 | 430 |
| | Ordovizium | | 70 | 500 |
| | Kambrium | | 70 | 570 |
| Eokambrium | | | | 600 |
| | | | | 700 |
| Präkambrium | | | | |

Vereisungsspuren in: Arktis, N-Amer., Europa, Asien, Austral., Afrika, S-Amer., Antarkt.

K, 65, Mesoz., 225, Paläozoikum, 570, 1000, Kam-brium, 1500, 2000, Prä-, 2500

K = Känozoikum

Durch fossile Moränen (Tillite) und Gletscherschrammen nachgewiesene Vereisungen

Fig. 2 Geschrammter präkambrischer Quarzit, der von Macaúba-Tillit überlagert wird. Serra do Cabral, Minas Gerais, Brasilien.
Photo: Prof. D. WALDE, Brasilia. Aus D. WALDE (1976).

*Die mittelpaläozoische Vereisung*

Während die auf der N-Halbkugel aus Ordovizium und Silur bekannt gewordenen Glazialspuren, mit Ausnahme derjenigen von Alaska und Nowaja Semlja, noch diskutiert werden, stehen die geschrammten Flächen und gekritzten Geschiebe, die an der Ordovizium/Silur-Wende in der westlichen und zentralen Sahara bekannt geworden sind, außer Zweifel (S. BEUF et al., 1971). In S-Afrika stellen ordovizische Tillite vom Tafelberg bei Kapstadt mit geschrammten Geschieben einwandfreie Belege dar (L. A. FRAKES & J. C. CROWELL, 1970). Analoge Tillite werden aus S-Amerika beschrieben: aus NW-Argentinien und S-Bolivien, zwei Horizonte mit gekritzten Geschieben aus Paraná (R. MAACK, 1957, 1969). In Brasilien und in W-Argentinien treten Tillite noch im Devon auf (E. MALZAHN, 1957; S. 19).

*Die jungpaläozoischen Vereisungen*

Seit langem bekannt sind die jungpaläozoischen Vereisungsspuren auf dem damals noch nicht in S-Amerika, Afrika, Vorderindien, Australien und Antarktis auseinandergebrochenen S-Kontinent, dem Gondwana. In Vorderindien und in S-Amerika scheint die

Fig. 3 Präkambrischer Moelv-Tillit, Moelv am Mjösa-See, S-Norwegen.

Vereisung bereits im Ober-Karbon eingesetzt zu haben; die Hauptvereisung liegt nahe der Karbon/Perm-Grenze, in Australien wohl im untersten Perm (J. C. Crowell & L. A. Frakes, 1970, 1971, 1972; M. Schwarzbach, 1974; S. 19).
In *Vorderindien* liegen Tillite im zentralen und östlichen Teil, in der Salt Range, im Kashmir-Himalaja, fragliche in E-Nepal. Über ihnen folgen Ablagerungen mit kälteliebender Flora mit *Glossopteris*, zwergstrauchförmigen Gymnospermen, und Sandsteine mit marinen Muscheln, welche ein kühles Klima bekunden. Erst dann folgen reichere Floren mit Kohleflözen und Kalke mit wärmeliebenden Faunen.
In *Arabien* sind Tillite von SW-Oman und von Saudi-Arabien bekannt geworden (A. H. Helal, 1964; Schwarzbach, 1974).
In *S-Afrika* erreicht die Tillit-Serie eine bedeutende, gegen N abnehmende Mächtigkeit. Vielfach konnte die Herkunft der Geschiebe ermittelt werden, so daß sich die Vereisung rekonstruieren ließ. Neben Bänderschiefern haben sich Trogtäler, Rundhöcker und geschrammter Untergrund erhalten. Zusammen mit glazio-marinen Äquivalenten im SW reichen Tillite ± zusammenhängend bis 32° s. Br. Dabei lassen sich, wie in Indien, mehrere Vereisungszentren unterscheiden. Da bis fünf Tillit-Horizonte auftreten, ist – mindestens lokal – mit mehreren Eiszeiten zu rechnen. Südafrikanisches Inlandeis floß auch nach NW ab, was Tillite in N-Angola und im südlichen Kongo sowie Basis-Konglomerate in den Kohlebecken in Nyassa und Tanganyika belegen (Schwarzbach, 1974).

Über eine lange Zeitspanne erstreckte sich die jungpaläozoische Vereisung in *Australien*. Ihre Zeugen lassen sich über den ganzen Kontinent verfolgen, wobei das Zentrum im S lag. In Neu Süd-Wales tritt die erste Kaltzeit bereits im oberen Ober-Karbon auf. Die glaziäre Abfolge enthält mehrere Tillit-Horizonte. Diejenigen der Hauptvereisung sind wiederum mit einer *Glossopteris*-Flora verbunden und von einer Schicht mit marinen Fossilien überlagert. Der vielfache Wechsel mit anderen Sedimenten ist jedoch kaum als derart häufige Folge permischer Eiszeiten und «Interglazialzeiten» zu deuten. Tillit-ähnliche Ablagerungen sind wohl glazio-mariner Entstehung.
In *S-Amerika* treten Tillite von S-Bolivien und S-Brasilien über Argentinien bis zu den Falkland-Inseln auf. Die bis 1000 m mächtige Abfolge enthält vor allem Sandsteine und Warven-Schiefer sowie eingelagerte Kohlenflöze mit *Glossopteris*-Floren, die «Interglaziale» oder «Interstadiale» bekunden. Im E werden bis sieben, im W drei Horizonte unterschieden; ihre Zahl nimmt gegen S sukzessive ab. Stellenweise gehen die Moränen in Driftkonglomerate über. Darüber folgen bituminöse Schiefer mit permischen Reptilresten. In Argentinien liegen auf geschrammtem devonischem Untergrund noch ältere, karbonische Glazial-Ablagerungen.
Auch in der *Antarktis* treten mit *Glossopteris*-Floren Tillite auf (SCHWARZBACH, 1974).

## Das Eiszeitalter, die Vereisungen der Erdneuzeit

An der Schwelle zum Eiszeitalter, zum Quartär, vollzog sich einer der bedeutendsten Klima-Umschwünge der Erdgeschichte. Das warm-gemäßigte Klima der Tertiärzeit, in der im schweizerischen Mittelland, im schwäbisch-bayrischen Alpenvorland, in den Juratälern und auf der Alpen-S-Seite Molassebildungen – Nagelfluhen, Sandsteine, Mergel, Süßwasserkalke, Kohlenflöze, vulkanische Tuffite – abgelagert wurden, begann sich mit Schwankungen zu verschlechtern.
Aus der jüngeren Tertiärzeit der Schweiz sind aus dem miozänen Kalk des Hüllistein N von Rapperswil Blätter der Zwergpalme *Chamaerops* (O. HEER, 1855) bekannt geworden, und auch die Floren der jüngsten Molasse des Untersee-Gebietes enthalten neben Laubbäumen des gemäßigten Klimas, wie Ulmen, Platanen, Ahorn, Pappeln, Weiden, noch einige wärmeliebendere, so *Persea* und *Cinnamomum* (HEER, 1855–59; HANTKE, 1954, 1965). Daß das Klima noch im jüngeren Tertiär auf der N-Halbkugel deutlich wärmer war als heute, wird auch durch die bereits von HEER (1868–1883) aus der Arktis beschriebenen Baumfloren belegt. Wenngleich mehrere seiner botanischen Zuordnungen inzwischen revidiert worden sind (E. W. BERRY, 1930) und die genaue altersmäßige Einstufung der nordischen Floren noch immer schwierig ist, so kommen doch HEERS (1868) Schätzungen der mittleren Jahrestemperaturen – Island mindestens 9°, Grönland 9°, Spitzbergen 5,5–6° – auch nach den heutigen Kenntnissen der Wirklichkeit recht nahe. Für die miozäne (?) Flora von Brjánslaekur auf NW-Island mit Ahorn, *Magnolia*, *Sassafras* erhielt W. FRIEDRICH (1966) gar eine mittlere Jahrestemperatur von 10–11° (heute 4°).
Daß den großen pleistozänen Vereisungen des gemäßigten Klimagürtels – sowohl in hohen Breiten als auch in den Gebirgen – die Bildung jungtertiärer Gletscher voranging, ist aufgrund der mehrfach nachgewiesenen Temperaturschwankungen höchst wahrscheinlich. Tillite und andere Vereisungsspuren wurden denn auch verschiedentlich be-

schrieben: auf Island von Hornarfjord (J. JÓNSSON, 1954) und vom Hoffell mit *Sequoia*-Pollen über Tilliten (M. SCHWARZBACH & H. D. PFLUG, 1956), von Alaska (D. J. MILLER, 1953; O. L. BANDY et al., 1969), vom Cerro del Friale in S-Argentinien (J. H. MERCER et al., 1972), aus der Antarktis: von Heard Island im südlichen Indik von den Jones Mountains, aus dem Wright-Valley, S-Victoria-Land (Lit. in M. SCHWARZBACH, 1974).
Aber auch in Mitteleuropa ist nicht nur in den Alpen, sondern selbst in den höchsten Mittelgebirgen im Jungpleistozän zeitweise mit Firnkappen und Gletschern zu rechnen. Die aus den *S-Vogesen* ins westliche Delsberger Becken verfrachteten kopfgroßen Geschiebe können nicht einfach durch Gewittergüsse über 60 km von Belfahy bis Bassecourt transportiert worden sein. Vielmehr ist anzunehmen, daß damals nicht nur die Gipfelregion der S-Vogesen, vorab der Ballons, sondern auch die Abhänge weitgehend über der Waldgrenze lagen und daß sich bereits in den wohl noch höheren S-Vogesen eine Plateau-Verfirnung mit Gletscherzungen ausgebildet hatte. Die Verfrachtung der Gerölle über den noch nicht gefalteten Jura bis ins Delsberger Becken ist am ehesten durch Hochwasserfluten erfolgt, etwa durch den Ausbruch von Gletscherstauseen.
Noch im ausklingenden Tertiär reichte das Mittelmeer bis an den Alpen-S-Fuß; an seiner Küste grünten Lorbeergewächse.
Wie weit die Alpen auch im Pliozän vergletschert waren, läßt sich höchstens abschätzen. Aufgrund der Flora aus den Tonen von Balerna dürfte das Klima damals kaum viel wärmer gewesen sein als heute. Dagegen war der Alpenkamm wohl höher – aufgrund von Metamorphosedaten sind beachtliche Höhen anzunehmen –, und die Eintiefung der Täler war noch lange nicht so stark. Die Firngebiete waren daher wohl ausgedehnter und die Gletscher gelangten noch nicht so schnell in die Tieflagen. Auch die Schüttung des Pontegana-Konglomerates am Ausgang der Valle Muggio läßt sich nur als eine kühlzeitliche verstehen. Ebenso deuten die Ablagerungen aus dem Grenzbereich Pliozän/Pleistozän von Castell' Arquato S von Piacenza bereits auf ein recht kühles Klima hin (F. LONA, 1962).
Dann fiel die Temperatur stärker ab (Fig. 4.). In Polnähe kam es zu immer ausgedehnteren Vereisungen. Mit der Bindung von Wasser als Inlandeis sank der Spiegel der Weltmeere. Weite Schelfgebiete wurden trockengelegt; Landbrücken bildeten sich aus. Die Klimagürtel verschoben sich äquatorwärts. In den Hochgebirgen sank die Schneegrenze ab; es bildeten sich immer tiefer herabreichende Firngebiete; die Gletscher rückten durch vorgezeichnete Täler vor und kolkten diese aus. Das Eisregime dehnte sich bis ins Vorland aus. Zwischen dem nordischen Eisschild, der ganz Skandinavien bedeckte und über die Ost- und Nordsee nach S und W vorstieß, den vergletscherten Gebirgen Mitteleuropas und dem alpinen Vereisungsgebiet herrschte ein frostiges Periglazial-Klima: Frostschutt wurde aufbereitet, von Schmelzwässern verfrachtet und in den Gletschervorfeldern als Schotterfluren abgelagert. Bei freiem Windzutritt wurde der Feinanteil ausgeweht und im Lee als Löß wieder abgelagert.
Das Eiszeitalter ist gekennzeichnet durch einen mehrfachen Wechsel von Kalt- und Warmzeiten, von Glazial- und Interglazialzeiten. Während diese jüngste erdgeschichtliche Periode früher in einen langen Haupt- – Diluvium (= große Flut) – und in einen viel kürzeren Nebenabschnitt – Nacheiszeit, Alluvium (= Anschwemmung) – unterteilt wurde, hat sich heute für die beiden, in Anlehnung an die Epochen des Tertiärs – Paleozän, Eozän, Oligozän, Miozän, Pliozän – die Bezeichnung Pleistozän (= das am meisten Neue) und Holozän (= das ganz Neue) durchgesetzt. Zeitlich umfaßt sie rund 1,6 (2,3) Millionen Jahre, etwa 3‰ der fossilbelegten und 0,3‰ der gesamten Erdge-

schichte. Die Grenze zwischen Pleistozän und Holozän, die vor 10000 Jahre, an den Beginn des Abschmelzens der Eismassen vom letzten spätglazialen Vorstoß, gelegt wird, ist jedoch von untergeordneter Bedeutung, da wir gegenwärtig in einer Interglazialzeit leben (H. HOINKES, 1968), das Eiszeitalter somit noch nicht hinter uns liegt, so daß das Holozän nur die auf die letzte, die Würm-Kaltzeit, folgende Warmzeit darstellt. Eine weitgehend auf paläobotanische Grundlagen abgestützte Klimageschichte hat B. FRENZEL (1967) zusammengestellt.

Der Klima-Ablauf vollzog sich wie absolute Altersbestimmungen – K/Ar- und $^{14}$C-Datierungen – bekunden (S. 32), in den verschiedenen Arealen der Erde gleichzeitig. Verschieden sind nur die Auswirkungen, die Erscheinungsformen. Das Klima wirkte sich sowohl auf Flora und Fauna als auch auf die unbelebte Natur aus: auf Abtrag und Sedimentation, auf die Bindung von Wasser in Form von Eis auf polnahen Kontinenten und auf eine entsprechende Spiegelabsenkung der Weltmeere. Die wärmeliebenden Zwergpalmen und Kampferbäume, die in den Laubwäldern der NE-Schweiz bis in die jüngere Molassezeit auftraten, waren in Mitteleuropa längst erloschen. Doch wiesen die Wälder noch im frühen Eiszeitalter bis zur Nordsee eine Reihe wärmeliebender Tertiärformen auf.

Mit dem Hereinbrechen der Kaltzeiten vermochten sich diese N der Alpen nicht mehr zu halten. Die quer verlaufenden Gebirge – Alpen, Pyrenäen und Karpaten –, die Trockengebiete Zentral-Spaniens sowie das Mittelmeer erschwerten ihnen das Abwandern. Viele erloschen daher schon bei den ersten Kälteschüben.

Im Gegensatz zur Flora war die Tierwelt gegenüber den Klima-Rückschlägen beweglicher; sie konnte aktiv abwandern. Doch boten die Alpen auch für sie ein Hindernis. Im E gelangte sie durch das Wiener Becken und die pannonische Ebene ins östliche Mittelmeergebiet, längs des Karpatenbogens in den Schwarzmeerraum. Im SW stand ihr der Weg durchs Rhonetal ans westliche Mittelmeer offen.

Im Tundrengebiet zwischen nordischem und alpinem Vereisungsgebiet fanden nur an härteste Umweltbedingungen angepaßte Lebensformen ein Fortkommen.

Lokal konnte sich selbst im vergletscherten Gebiet eine artenarme Fauna behaupten. Wie sich heute um Alpengipfel, die über die Eisströme emporragen, und auf den Nunatakkern Grönlands eine Kleintierwelt entfaltet, überlebte eine solche an Gräten und steilen Sonnenhängen über dem pleistozänen Eisstromnetz. Dies wird durch die Verbreitung einzelner Arten und Mutanten belegt. Anderseits boten von Gletschern nicht mehr erreichte Vorlandseen Refugien für Kaltwasserformen.

In den Warmzeiten, in denen das Eis weiteste Areale freigab, wanderten wärmeliebende Floren und Faunen wieder zurück; kälteliebende wandten sich nach N, E und ins Hochgebirge. Dabei liefen die entwicklungsgeschichtlichen Tendenzen weiter. Neben einem sukzessiven Ausfallen der Tertiärformen fanden sich mit jeder Warmzeit – infolge individuellen Wandergeschwindigkeiten – andere Rückwanderer zusammen. So unterscheiden sich die einzelnen kalt- und warmzeitlichen Floren und Faunen; ihr fossiler Nachweis liefert daher für die Gliederung des Eiszeitalters verläßliche Daten.

▷

Fig. 4 Zeitliche Gliederung und Klimakurve der Quartärs nach TH. VAN DER HAMMEN, T. A. WIJMSTRA & W. H. ZAGWIJN (1971) und P. WOLDSTEDT/K. DUPHORN (1974).
Die auf der Ordinate maßstäblich aufgetragene Zeit mag einen Eindruck von der Größenordnung der Untereinheiten des Quartärs vermitteln. Die für das Altpleistozän angegebenen Alterswerte stützen sich auf paläomagnetische Messungen von H. M. MONTFRANS (1971).

| Alter in Millionen Jahren v. h. | | Zeitliche Gliederung im nordischen Vereisungsgebiet | Vegetations-Charakter in Mittel-Europa (Polarwüste – Tundra – Kiefernwald – Fallaubwald – Südl. Fallaubwald – Hartlaubwald) | Zeitliche Gliederung im alpinen Vereisungsgebiet |
|---|---|---|---|---|
| | QUARTÄR | Holozän | | Holozän |
| 0,01 | | Weichsel-Eiszeit | | Würm-Eiszeit |
| 0,1 | | Eem-Warmzeit | | Riß/Würm-Interglazial |
| | | Saale-Eiszeit | | Riß-Eiszeit |
| | | Holstein-Warmzeit | | Mindel/Riß-Interglazial |
| | | Elster-Eiszeit | | Mindel-Eiszeit |
| 0,4 | | Cromer-Komplex | | Günz/Mindel-Interglazial |
| 0,7 | | | | |
| | | Menap-Komplex | | Günz-Eiszeit |
| | | Waal-Komplex | | |
| | | Eburon-Komplex | | ? Donau-Eiszeit |
| 1,6 | | Tegelen-Komplex | | |
| 2,3 | | Praetegelen-Komplex | | ? Biber-Eiszeit |
| | TERTIÄR | Reuver-Stufe | | |

Mit Flora und Fauna wurde auch der aufkommende, sich entwickelnde und entfaltende Mensch vom Klimawandel geprägt. In Mitteleuropa treten Überreste erstmals im Mittel-Pleistozän auf; doch sind sie noch im Jung-Pleistozän bescheiden. Dagegen kommt den Artefakten, Werkzeugen und Geräten, Wohn- und Grabstätten, Schmuck-, Kunst- und Kultgegenständen, Zeichnungen und Zeichen als Ausdruck seines Schaffens, Denkens und Empfindens wachsende Bedeutung zu.
Während paläobotanische und paläozoologische Leitformen und ihre Vergesellschaftungen eine Gliederung des Eiszeitalters erlauben, in die archäologisches Fundgut eingestuft werden kann, ändert sich dies in der Nacheiszeit mehr und mehr zugunsten der archäologischen Dokumente. Die einzelnen Kulturen, die sich räumlich und zeitlich gegeneinander abgrenzen lassen, sich immer rascher wandelten, gestatten, auch erdgeschichtliche Vorgänge: die Überflutung einer Siedlung, deren Preisgabe, oder gar das Auslösen von Völkerwanderungen zeitlich einzustufen und ursächlich miteinander zu verketten. In den jüngsten Abschnitten werden daher auch sie für die Chronologie wichtig, stellen sie doch in der immer raschlebigeren Geschichte der Menschheit die kurzfristigsten und somit die genauesten Zeitmarken dar.
Während die Detailgliederung und damit der Klima-Ablauf des Eiszeitalters schon am S-Rand des nordischen Vereisungsgebietes noch immer Probleme und Unsicherheiten der Korrelation bietet, gilt dies in vermehrtem Maß für den alpinen und perialpinen Raum. In diesen Gebieten fehlen – wohl vorab wegen der höheren Reliefenergie und der kaltzeitlichen Ausräumung zuvor abgelagerter warmzeitlicher Sedimente – noch weit mehr durchgängige Abfolgen. Wegen den rascher sich ändernden Ablagerungsbedingungen sind die Schichtlücken größer, und durch Verwitterung und Wiederaufarbeitung wurden viele floristische und faunistische Dokumente zerstört. So sind denn, mindestens was die alt- und mittelpleistozänen Abschnitte anbetrifft, selbst in jüngster Zeit verschiedene Parallelisationsversuche unternommen worden. Auch der in Fig. 4 vorgenommene ist als provisorisch zu betrachten.

*Zitierte Literatur*


Bandy, O. L., Butler, A. E., & Wright, R. C. (1969): Alaskan Upper Miocene marine glacial deposits and the Turborotalia pachyderma datum plane – Sci., *166*.

Berry, E. W. (1930): The Past climate of the North Polar region – Smith. Mrsc. Coll., *82* (6).

Beuf, S., et al. (1971): Ampleur des glaciations «siluriennes» au Sahara – Rev. I. franc. pétrole, *21*.

Coleman, A. P. 1926): Ice Ages, recent and ancient – London.

Crowell, J. C., & Frakes, L. A. (1970): Ancient Gondwana glaciations – 2. Gondw. Congr., S-Afr., Pretoria.

–, – (1971): The Late Paleozoic glaciation of Australia – J. GS Australia, *17*.

–, – (1972): The Late Paleozoic glaciation: *5:* The Karroo Basin – B. GS America.

Čumakow, M. (1964): Präkambrische tillitähnliche Gesteine der Sowjetunion – GR, *54/1*.

Dutoit, A. L. (1954): In: The geology of South Africa; ed. S. H. Haughton – Edinburgh – London.

Frakes, L. A., & Crowell, J. C. (1970): Glaciations and associated circulation effects resulting from Late Paleozoic drift of Gondwanaland – 2. Gondw. Symp., Pretoria.

Frenzel, B. (1967): Die Klimaschwankungen des Eiszeitalters – Wiss., *129* – Braunschweig.

Friedrich, W. (1966): Zur Geologie von Brjànslaekur (Nordwest-Island) unter besonderer Berücksichtigung der fossilen Flora – Sonderveröff. GI. U. Köln, *10*.

Hammen, Th., v. d., Wijmstra, T. A., & Zagwijn, W. H. (1971): The floral record of the Late Cenozoic of Europe – In: Turekian, K. K.: Late Cenozoic Glacial Ages – New Haven – London.

Hantke, R. (1954): Die fossile Flora der obermiozänen Oehninger Fundstelle Schrotzburg (Schienerberg, Süd-Baden) – Denkschr. SNG, *80/2*.

HANTKE, R. (1965): Die fossilen Eichen und Ahorne aus der Molasse der Schweiz und von Oehningen (Süd-Baden) – Njbl. NG Zürich, *167*.

HEER, O. (1855–59): Flora tertiaria Helvetiae, *1–3* – Winterthur.

– (1868–83): Flora fossilis arctica, *1–7* – Zürich.

HELAL, A. H. (1964): On the occurrence and stratigraphic position of Permo-Carboniferous tillites in Saudi-Arabia – GR, *54*.

HOINKES, H. (1968): Wir leben in einer Eiszeit – Umschau Wiss. Techn., *26*.

ISOTTA, C. A. L., ROCHA-CAMPOS, A. C., & YOSHIDA, R. (1969): Striated pavement of the Upper Precambrian glaciation, Brazil – Nature, *222*.

JEPSEN, H. F. (1971): The Precambrian, Eocambrian and early Paleozoic stratigraphy of the Jorgen Bronlund Fjord area, Peary Land, N. Greenland – Medd. Grönl., *192*.

JÓNSSON J. (1954): Outline of the geology of the Hornarfjördur region – Ggr. Ann., *36*.

KATZ, H. R. (1961): Late Precambrian to Cambrian stratigraphy in East Greenland – In: RAASCH, ed.: Geology of the Arctic – Toronto.

LONA, F. (1962): Prime analisi pollinologiche sui depositi terziari-quaternari di Castell'Arquato: Reperti di vegetazione di clima freddo sotto le formazioni calcaree ad Amphistegina – B SG ital., *81*/1.

LONGO, V. (1968): Geologie und Stratigraphie des Gebietes zwischen Chiasso und Varese – Diss. U. Zürich.

MAACK, R. (1957): Über Vereisungsperioden und Vereisungsspuren in Brasilien – GR, *45*/3.

MALZAHN, E. (1957): Devonisches Glazial im State Piaui, Brasilien – Beih. G Jb., *25*.

MERCER, J. H., FLECK, R. F., MANKINEN, E. A., & SANDER, W. (1972): Glaciation in southern Argentina before 3.6 M. y ago and origin of the Patagonian gravels – GS Amer., Abstr. *4* (7).

MILLER, D. J. (1953): Late Cenozoic marine glacial sediments and marine terraces of Middleton Island, Alaska – J. G., *61*.

MONTFRANS, H. M. (1971): Paleomagnetic Dating in the North Sea Basin – Proefschr. U. Amsterdam – Rotterdam.

PENCK, A., & BRÜCKNER, E. (1901–09): Die Alpen im Eiszeitalter, *1–3* – Leipzig.

PFLUG, H. (1976): *Ramsaysphaera ramses* n. gen. n. sp. aus den Onverwacht-Schichten (Archaikum) von Süd-Afrika – Palaeontogr., B *158*.

PFLUG, R., & SCHÖLL, W. U. (1975): Proterozoic glaciations in Eastern Brazil: a review – GR, *64*.

SCHWARZBACH, M. (1961): Das Klima der Vorzeit, 2. Aufl. – Stuttgart.

– (1974): Das Klima der Vorzeit. Eine Einführung in die Paläoklimatologie, 3. neubearb. Aufl. – Stuttgart.

SCHWARZBACH, M., & PFLUG, H. D. (1956): Das Klima des jüngeren Tertiärs in Island – N Jb G, Abh., *104*.

SPENCER, A. M. (1971): Late Pre-Cambrian glaciation in Scottland – Mem. GS London, *6*.

TROELSON, J.C. (1956): The Cambrian of North Greenland and Ellesmere Island – GC Mexico, Symp. Cambr., *1*.

WALDE, D. (1976): Fazielle Entwicklung des Präkambriums zwischen Serra Mineira und Serra do Cabral (südwestliche Espinhaço-Zone, Minas Gerais, Brasilien – Diss. Geowiss. Fak. U. Freiburg i. Br.

WILSON, C. B., & HARLAND, W. B. (1964): The Polaris-breen serie and other evidences of Late Precambrian Ice Ages in Spitsbergen – G. Mag., *101*.

WOLDSTEDT, P. / DUPHORN, K. (1974): Norddeutschland und angrenzende Gebiete im Eiszeitalter – Stuttgart.

ZIEGLER, P. A. (1959): Frühpaläozoische Tillite im östlichen Yukon-Territorium – Ecl., *52*/2.

# Zur Erforschungsgeschichte des Eiszeitalters

*Die Erkenntnis einer Eiszeit*

Die Erforschungsgeschichte des Eiszeitalters, des erdgeschichtlich jüngsten Zeitabschnittes, hat auch in der Schweiz einen langen Leidensweg.
B. F. KUHN (1787), Sohn des Pfarrers von Grindelwald, späterer Justiz- und Polizeiminister im helvetischen Großen Rat, erkannte als Erster alte Moränen weit außerhalb der jetzigen Zungenenden und schloß auf eine ehemals größere Ausdehnung der Gletscher. Zugleich erwähnte er die Beobachtungen eines Hirtenknaben, der 1773 ein schnelles Vorrücken des Oberen Grindelwald-Gletschers festgestellt hatte.
Als 1815 JEAN-PIERRE PERRAUDIN, ein Gemsjäger aus der Val de Bagnes, dem Salinen-Direktor von Bex, JEAN DE CHARPENTIER, erklärte, daß die Walliser Gletscher einst bis weit ins Mittelland gereicht haben müssen, hat er damit den Anstoß zur Lösung eines Problems gegeben, das seit GULER VON WEINECK (1616) und KARL NIKLAUS LANG (1708) die Naturforscher beschäftigte: Herkunft und Transportart der über das Mittelland und über weite Gebiete des Jura verstreuten Findlinge oder Erratiker.
Durch Forstingenieur IGNAZ VENETZ (1830, 1833, 1861, vgl. I. MARIÉTAN, 1959) und DE CHARPENTIER (1834, 1835, 1837, 1841) drang die Idee einer gewaltigen Eiszeit – ein von KARL SCHIMPER 1837 erstmals verwendeter Begriff –, in der fast die ganze Schweiz von Gletschern bedeckt gewesen war, in die wissenschaftliche Öffentlichkeit; mit den «Etudes sur les glaciers» von LOUIS AGASSIZ (1840) wurde sie geistiges Allgemeingut.

*Zur zeitlichen Gliederung des Eiszeitalters*

Für die Gliederung des Eiszeitalters waren im Alpenvorland zunächst Schotterfluren, ihre Zusammensetzung, Rundung und Verteilung der Komponenten, ihre Beziehungen zu Moränen sowie ihre Lage zu den Talsystemen von Bedeutung.
Aus der Wechsellagerung von lignitführenden Schottern mit Moränen in der Dranse-Schlucht bei Thonon schloß A. MORLOT (1858) auf zwei Eiszeiten. Da auch im Zürcher Oberland unter von Moränen bedeckten Schottern mit eingelagerten Schieferkohlen nochmals Moränen mit gekritzen Geröllen zutage treten, kam auch OSWALD HEER (1864) zur Überzeugung, daß N der Alpen mindestens zwei Vergletscherungen stattgefunden haben mußten, die durch eine wärmere, durch Schieferkohlen dokumentierte Zeit getrennt waren. Zugleich trug er (1865) die damaligen Kenntnisse über die Vereisung der Schweiz in einer geologischen Übersichtskarte ein. A. FAVRE (1884K, 1898) fügte die bekannt gewordenen Einzelheiten über Moränen und Erratiker zu einer Karte zusammen.
Im deutschen Alpenvorland unterschied A. PENCK (1882) zunächst, ausgehend von der nordischen Vereisung, drei Eiszeiten, später (1909) mit E. BRÜCKNER deren vier, für die er, nach südlichen Nebenflüssen der Donau, die Bezeichnungen *Günz-*, *Mindel-*, *Riß-* und *Würm*-Eiszeit eingeführt hatte und die er mit vier verschiedenen Schotterkörpern –

Höherer und Tieferer Deckenschotter, Hoch- und Niederterrassenschotter – in Verbindung brachte.
Im Aargau erkannte F. Mühlberg (1896), daß Hochterrassenschotter außerhalb der Würm-Endmoränen von Moräne überlagert werden und daß – vor der Überfahrung durch die erneut vorstoßenden Gletscher – eine längere Erosionsphase zu deren Verwitterung geführt haben mußte. Er postulierte daher zwischen Riß- und Würm-Eiszeit eine weitere Kaltzeit. Albert Heim (1919) hielt die Hochterrassenschotter für interglazial. Da E. Blösch (1911) bei Kraftwerkbauten in Laufenburg innerhalb dieser Schotter einen Verwitterungshorizont und darüber Grundmoräne mit Erratikern beobachtete, wies er damit vor der Größten Eiszeit – sie wird in der Schweiz der Riß-Eiszeit gleichgesetzt – eine weitere Kalt- und eine Warmzeit nach.
Roman Frei (1912a, b, 1914) förderte die Kenntnis um die höchsten Schotterfluren, die Deckenschotter, und um die Abgrenzung der einzelnen Gletschersysteme, die er kartographisch wiedergab. Durch Einschaltungen von Grundmoräne im Höheren Deckenschotter der N-Schweiz glaubte J. Hug (1917, 1919), die Günz-Eiszeit durch eine wärmere Phase, seine Lägeren-Schwankung, in einen älteren Egg- und einen jüngeren Albis-Vorstoß und durch analoge Moräneneinlagerungen im Tieferen Deckenschotter, seine Thur-Schwankung, die Mindel-Eiszeit in einen älteren Herdern- und einen jüngeren Stammheimer-Vorstoß unterteilen zu können.
Im innermoränischen Bereich wurde nach Erosionsrelikten alter Schotterkörper, im alpinen Gebiet nach ehemaligen Talbodenresten gesucht. Dabei wurden oft Verflachungen verschiedenster Entstehung – zuweilen nur aus dem weiteren Kurvenabstand topographischer Karten 1:25 000 und 1:50 000 – mit der «notwendigen Abstandskonstanz» verbunden und als Reste früherer Talböden gedeutet.
Zwischen Thunersee und Bern glaubte Paul Beck (1933) zwei weitere Kaltzeiten, Kander- und Glütsch-Eiszeit, zwischen Mindel- und Riß-Eiszeit einfügen zu müssen, die er jedoch später (1934) nur als Gletscher-Vorstöße betrachtete.
Zwischen Töß- und Glattal fand Armin Weber (1928, 1934) am Stoffel fünf Schottersysteme, die er dem Höheren und Tieferen Deckenschotter, der Hoch- und der Niederterrasse sowie einer dazwischen einzustufenden Mittelterrasse zuordnete und mit der Günz-, Mindel-, Riß- (= Riß I), Töß- (=Riß II) und Würm-Eiszeit in Zusammenhang brachte.
Neuerdings möchte M. Mader (1976) in den höchsten Schottern Oberschwabens pliozäne Ablagerungen sehen.
Auch in den Niederlanden, am SW-Rand des nordeuropäischen Vereisungsgebietes, gelang es, außer den von K. Keilhack um 1910 als *Elster-*, *Saale-* und *Weichsel*-Eiszeit bezeichneten Kaltzeiten, noch weitere nachzuweisen: J. M. van der Flerk & F. Florschütz (1950, 1953) eine vor der Warmzeit mit der Ablagerung der fossilreichen *Tegelen*-Schichten, das «*Prätegelen*», und W. H. Zagwijn (1957) eine zweite darüber, die *Eburon*-Kaltzeit, nach dem Volksstamm der Eburonen. Die zwischen der nächsten, der *Waal*-Warmzeit und der schon länger bekannten jüngeren *Cromer*-Warmzeit liegende Kaltzeit bezeichnete er – nach dem Stamm der Menapier – als *Menap*-Kaltzeit. Vollständige Profile des ältesten Pleistozäns sind neuerdings auch aus N-Deutschland bekannt geworden. In einer Kaolinsand-Abfolge mit kohligen Einlagerungen in einem dolinenartigen Einbruch des permischen Zechsteins konnte B. Menke (1969, 1970, 1975, 1976) in Lieth bei Elmshorn in W-Holstein Vegetationsentwicklung und Klimaablauf des ältesten Pleistozäns aufzeigen. Vom Pliozän bis in die erste Kaltzeit existierte dort ein See,

in den vom Ufer Kaolinsande eingeschwemmt wurden. Durch kaltzeitliche Bodenumlagerung wurde die Hohlform, als Folge des Rückganges der Bewaldung, aufgefüllt. In der nächsten Warmzeit fiel der Grundwasserspiegel ab, so daß die Senke vermoorte. In späteren Kaltzeiten bildete sich in der weiter absinkenden Hohlform jeweils wieder ein See, der erneut verlandete. Aufgrund des Polleninhaltes bekunden die zu Kohleflözen umgewandelten Moore Warmzeiten oder doch wärmere Zeitabschnitte, Interstadiale. In einer mittelpleistozänen Rinnenfüllung bei Wacken in W-Holstein konnte MENKE erkennen, daß der elsterzeitliche Komplex durch einen warmzeitlichen Abschnitt unterteilt ist. Auf die Ablagerungen der *Holstein*-Warmzeit folgen zunächst solche der *Mehlbeck*-Kaltzeit, die von den Moränen des *Drenthe*-Vorstoßes, dem größten Eisvorstoß NW-Deutschlands, durch Torfe der *Wacken*-Warmzeit getrennt werden.
In der Schweiz fand die Erkenntnis ältestpleistozäner Kaltzeiten außer durch H. LINIGER (1964, 1967, 1969K, 1970) kaum Beachtung; ihre Dokumente sind auch nur auf den äußersten Nordwesten beschränkt.
A. JAYET (1946b, 1947, 1948, 1950, 1966) und F. HOFMANN (1951, 1958) gelangten um Genf, NW von Zürich und in der NE-Schweiz zu einer einfacheren, nur auf eine Riß- und eine Würm-Eiszeit beschränkten Chronologie. Die Schottervorkommen in unterschiedlicher Höhenlage erklären sie als Ablagerungen verschiedener Eisstände, was innermoränisch mehrfach bestätigt werden konnte (HANTKE, 1960, 1961c, 1962a, b).
Neben chronologischen Problemen ist seit PENCK & BRÜCKNER (1909) auch in der Schweiz viel quartärgeologische Kleinarbeit geleistet worden. Zuweilen wurden jedoch die Ergebnisse allzusehr in das von diesen Autoren aufgestellte System gezwängt.
Rasch gewann die Idee von überfahrenen jungpleistozänen Moränenwällen an Boden, zunächst im Ausmaß übertrieben (J. KNAUER, 1938, 1954; H. ANNAHEIM, A. BÖGLI & S. MOSER, 1958, 1959), dann gemäßigter (H. ANDRESEN, 1964; H. JÄCKLI, 1966K). Wohl erfolgte der Vormarsch der Gletscher aus den Alpentälern ins Mittelland und bis gegen die Poebene etappenweise, gar mit einzelnen Rückzügen. Dabei haben sie nicht nur die Stirnmoränen flachgeschliffen, sondern hätten auch die Seitenmoränen angegriffen. Flache oder gar fehlende Stirnmoränen sind meist nur Ausdruck eines Pendelns der Randlage um wenige 100 m oder von auf breiter Front austretenden Schmelzwässern. Dagegen lassen sich Vorstoßlagen aus Hohlformen über erhalten gebliebenen Schotterkörpern erkennen, die sich in den einzelnen Gletschersystemen in ganz bestimmten Lagen als Rückzugsstadien abzeichnen (HANTKE, 1961, 1962, 1967, 1970, 1977).
JÄCKLI (1963K) entwarf eine neue Karte der Letzten Vergletscherung, die 1970 mit weiteren Erkenntnissen HANTKES von E. IMHOF und H. LEUZINGER reliefgestaltet erschien.
B. FRENZEL (1967, 1968) faßt Klimageschichte des Eiszeitalters und Vegetationsgeschichte N-Eurasiens zusammen.
In neuester Zeit wurde auch in der Schweiz der Spät- und Nacheiszeit vermehrt Beachtung geschenkt, zunächst auf rein geomorphologischer Grundlage (R. H. SALATHÉ, 1961), dann mit Hilfe vegetationsgeschichtlicher Untersuchungen (M. WELTEN, 1944, 1952, 1958; H. ZOLLER, 1960, 1966, 1971; P. VILLARET & M. BURRI, 1965; S. WEGMÜLLER, 1966; F. MATTHEY, 1971; H.-J. MÜLLER, 1972; V. MARKGRAF, 1970, 1972; HANTKE, 1958, 1970, 1972), K. HEEB † & WELTEN, 1972; ZOLLER & H. KLEIBER, 1972; KLEIBER, 1974; L. KING, 1974; C. BURGA, 1975, 1976, 1977; CH. HEITZ, 1975; M. KÜTTEL, 1976, 1977; R. SCHNEIDER, 1978).
Ebenso wurde versucht, auch die Sedimentation in den Schweizer Seen mit Hilfe der Vegetationsgeschichte genauer zu erfassen (W. LÜDI, 1957; R. BODMER, 1976;

Gliederung des Pliozäns und ältesten Quartärs in NW-Europa nach MENKE (1975, 1976)

W = Warmzeit, K = Kaltzeit

| Alter (Mill. Jahre) (BERGGREN & VAN COUVERING, 1974, HAQ et al., 1977; ZAGWIJN 1974, V. D. HAMMEN et al. 1971) | ZAGWIJN (1960, 1974) | BERGGREN & VAN COUVERING (1974) | MENKE (1975) | Niederlande (ZAGWIJN 1960, 1974) | Schleswig-Holstein (MENKE 1975) | Schweiz und S-Deutschland |
|---|---|---|---|---|---|---|
| | | | Pleistozän | | | |
| | | Pleistozän | | — | Pinneberg-W. | |
| | | | | Menapian III | Elmshorn-K. | |
| | | | | Menapian II | Uetersen-W. | |
| | | | | Menapian I | Pinnau-K. | |
| ca. 1,0 | | | | Waalian | Tornesch-W. | Uhlenberg ? |
| | Pleistozän | | | Eburonian | Lieth-K. | |
| ? 1,6 | | | Känozän | Tiglian C | Ellerhoop-W. | |
| ca. 1,8 | | Pliozän | | Tiglian B | Krückau-K. | |
| | | | | Tiglian A | Nordende-W. | |
| | | | | — | Ekholt-K. | |
| | | | | Tiglian A | Meinweg-W. | |
| | | | | Pretiglian | Prätegelen-K. | |
| ? 1,6, 2,5–3,2 | Pliozän | ? — | Pliozän | Reuverian | Reuver-Stufe | Montavon, Balerna |
| ? ca. 5 | | | | Brunssumian | Brunssum-Stufe | |
| ? ca. 7 | | | | Susterian | Suster-Stufe | |
| | | Miozän | | | Garding-Stufe | |
| | | | | | Bredstedt-Stufe | |
| ? ca. 11 | | | Miozän | | Fischbach-Stufe | Ob. Süßwasser-Molasse |
| ca. 15 | | | | | | Oehninger-Stufe |

Zur Vervollständigung wurden die aus der Schweiz und aus S-Deutschland vorliegenden Floren-Lokalitäten eingetragen.

B. AMMANN-MOSER, 1975, 1977; A. HEITZ-WENIGER, 1976, 1977, 1978); H. LIESE-KLEIBER, 1977; K. KELTS, 1978), wobei zugleich eine enge Verbindung mit archäologischen Untersuchungen angestrebt wird.

### *«Absolute» Altersdatierungen*

Eine «absolute» Datierung läßt sich aus Mengenverhältnissen radioaktiver Isotope bestimmen. Doch bestehen auch dabei Fehlerquellen, so daß selbst diese nicht als «absolut» gelten können (J. C. HOUTERMANS, 1971).

Dem normalen Kohlenstoff $^{12}C$ ist in geringster Menge ($10^{12}:1$) das Isotop $^{14}C$ beigemischt, das in der Stratosphäre durch kosmische Strahlung aus Stickstoff $^{14}N$ entsteht und durch radioaktiven Zerfall wieder in $^{12}C$ übergeht. Im Leben nehmen die Organismen mit normalem Kohlenstoff auch $^{14}C$ auf. Sterben sie ab, hört jede weitere Aufnahme auf. Das in ihnen vorhandene $^{14}C$ zerfällt mit einer von W. F. LIBBY ermittelten Halbwertszeit von 5568 Jahren. Der genauere Wert von 5730 ± 40 Jahren (H. GODWIN, 1962) wird – um die Vergleichbarkeit zu gewährleisten – nicht verwendet H. OESCHGER, 1965; M. A. GEYH, 1971).

Nach 38000 Jahren ist – vorausgesetzt, daß die kosmische Strahlung während dieser Zeit konstant blieb – noch 1% des ursprünglichen Gehaltes vorhanden. Damit ist bereits die Meßgrenze erreicht. Immerhin können so neben organischen Resten der Nacheiszeit auch solche aus der Würm-Eiszeit, vorab aus deren jüngeren Interstadialen, datiert werden. Als Ausgang für die Datierung wurde das Jahr 1950 (= vor heute, v. h., = before present, B. P.) vereinbart.

Bei der Beurteilung der *$^{14}C$-Daten* ist einerseits der statistische Meßfehler zu berücksichtigen, anderseits gilt es eine Korrektur nach dem *Baumring-Alter* vorzunehmen und die Messungen – wenigstens über die jüngsten Jahrtausende – zu eichen, etwa an der $^{14}C$-Eichkurve, die an Baumring-Altern von *Pinus aristata*, einer besonders langlebigen nordamerikanischen Föhre, ermittelt wurde.

Eine erste Liste der Schweizer $^{14}C$-Daten haben V. MARKGRAF & J. C. LERMANN (1977) zusammengestellt.

Für eine Datierung älterer Ablagerungen werden Isotopenverhältnisse der Blei-Gruppe verwendet, für die Spanne zwischen 50000–200000 Jahren das Verhältnis $^{231}Pb/^{230}Th$ und $^{230}Th/^{234}U$ mit einer Halbwertszeit von 75000 Jahren, für ältere kaliumhaltige Ablagerungen die *K/Ar-Methode*. Kalium enthält stets geringe Mengen des Isotops $^{40}K$, das bei der Alterung durch Einfang eines Elektrons in Argon, $^{40}Ar$, übergeht. Die Ergebnisse weichen jedoch von den Daten ab, die auf anderem Weg ermittelt wurden.

Eine weitere physikalische Datierungsmöglichkeit ergibt sich aus der Änderung der *Polarität des Erdfeldes*. Diese hat im Laufe der Erdgeschichte – noch im jüngsten Abschnitt – mehrfach gewechselt; eine nächste Umpolung ist bereits überfällig. Neben Zeiten mit normaler Polarität – wie heute – traten wiederholt solche mit umgekehrter auf. Da ihre Alterszuordnungen mit K/Ar-Bestimmungen erfolgten – die Halbwertszeit liegt bei 1300 Millionen Jahren –, sind sie für das Quartär nur beschränkt verläßlich.

In Bohrkernen durch marine Sedimente spiegelt sich der zeitliche Ablauf der Richtungsänderungen des Erdfeldes wider (Fig. 5).

Über ozeanischen Rücken gemessene Intensitätsschwankungen zeigten ein zur Mittelspalte symmetrisches Bild mit normal und umgekehrt magnetisierten Streifen. Aus den

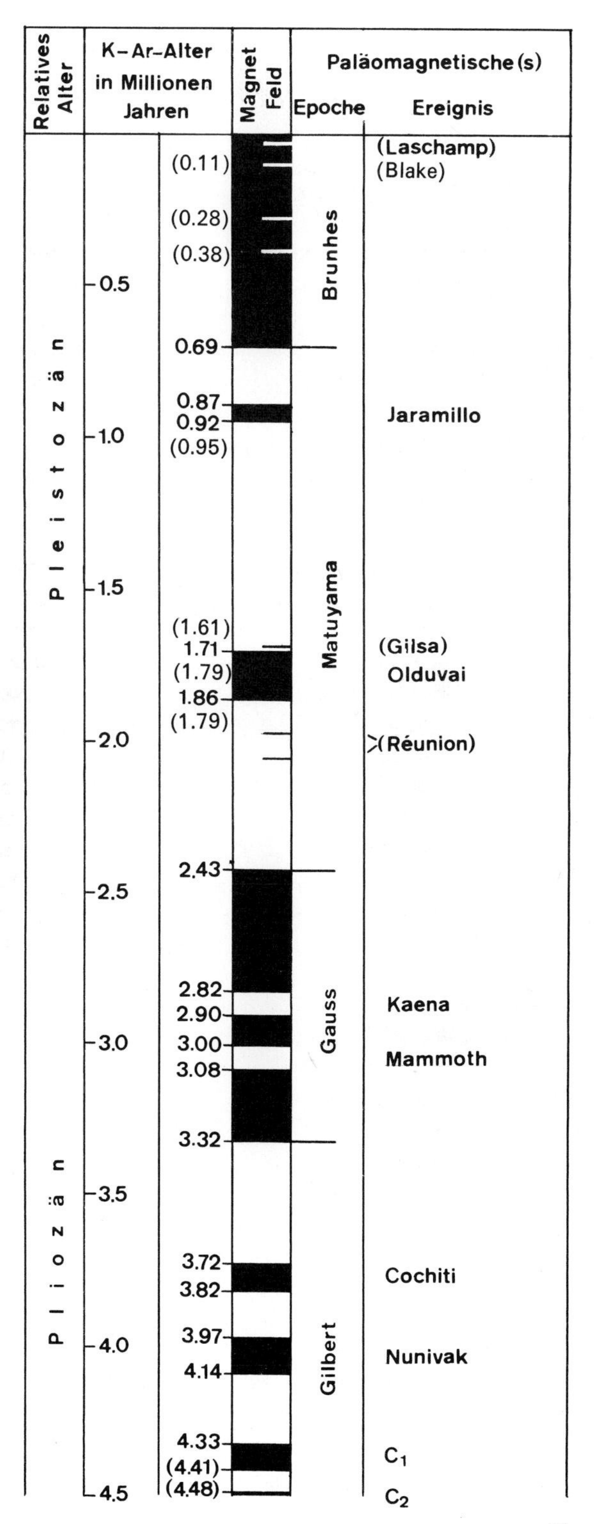


Fig. 5 Paläomagnetische Abfolge, die in marinen Sedimenten und radiometrisch datierten Laven festgestellt worden ist.
Noch zweifelhaft sind: Laschamp-, Blake und Réunion-Ereignis. Das Gilsa-Ereignis liegt so nah dem Olduvai-Ereignis, daß es wahrscheinlich mit diesem zusammenfällt.
Schwarz: Magnetfeld normal,
weiß: Magnetfeld umgekehrt.
Nach N. D. Opdyke (1972), K. V. Nikiforova & I. I. Krasnov (1976), Werte in Klammern, I. McDougall (1977, 1978) und W. Lowrie (schr. Mitt.).

aus der Spalte geförderten submarinen Ergüssen kristallisierten bei der Abkühlung magnetisierbare Mineralien aus, in denen die Richtung des herrschenden Erdfeldes «eingefroren» wurde.
Feldumpolungen erfolgen in Intervallen von Tausenden von Jahren. Daneben existieren säkuläre Schwankungen des Nicht-Dipolfeldes mit weit geringeren Intensitäten.
In Sedimenten des Zürichsees versuchte F. GIOVANOLI (mdl. Mitt.) den zeitlichen Ablauf solcher Nicht-Dipol-Schwankungen mit pollenanalytischen und geschichtlichen Daten in Einklang zu bringen.
Wohl die präziseste Datierungsmöglichkeit, vorab für das jüngere Holozän, ist mit der *Jahrringanalyse* von Hölzern, mit der *Dendro-* und mit der *Xylochronologie* gegeben. Während bei der Dendrochronologie nur die Jahrringbreite ausgewertet wird, versucht die Xylochronologie den gesamten Zellverband der Jahrringe und ihre Variation als Ausdruck des Klimas heranzuziehen und mit kompilierten Standard-Reihen zu vergleichen. Dabei sind Einflüsse durch Veränderung der Beschattung, durch Konkurrenten, durch Schädlinge auszuschalten.
Selbst bei freistehenden Bäumen oberhalb der Waldgrenze ist der jährliche Holzzuwachs – neben der Witterung während der Vegetationszeit – noch von der Nährstoffverarmung und von der Veränderung des pH-Gehaltes abhängig.
Die Jahrringanalysen von Eichenstämmen aus holozänen Donau-Schottern (B. BECKER, 1972) haben Anhaltspunkte für die seitliche Unterspülung von Eichenbeständen und ihre nachfolgende Akkumulation ergeben. Sodann zeigten sie zwischen Ulm und Wien eine Gleichläufigkeit der Schwankungen der Jahrringbreite und damit des Klimas auf.
Mit dem Auffinden der 9600jährigen subfossilen Kiefern aus Neustift im Tullner Feld wird nach erfolgter Kiefern-Chronologie gar ein Vorstoß in die ältesten Jahrtausende der Nacheiszeit möglich werden.
In der Archäologie lassen sich bei Pfahlbauten neben Pfählen, die ältere Fundschichten durchstoßen und diese dabei randlich mitgeschleppt haben, auch solche antreffen, an welche die Fundschichten ungestört anstoßen. Damit läßt sich zunächst der Zeitpunkt des Einrammens festhalten. Über die Jahrringfolge der Pfähle können dann die – aufgrund ihres archäologischen Inhaltes nur typologisch festgelegten Fundschichten – absolut datiert werden.
Für die Datierung *historischer Gletscherstände* erweist sich neben alten topographischen Karten mit eruierbarem Datum die Auswertung qualitativ hochwertiger Schrift- und Bildquellen als das Sicherste. Bei Gemälden erfolgte die Ausführung zuweilen erst Jahre nach der Arbeitsskizze (H. J. ZUMBÜHL in B. MESSERLI et al., 1976; 1978).
*Flechtenthalli*, vorab von *Rhizocarpon*, auf Gesteinsblöcken von Seiten- und Endmoränen erlauben oft, diese bestimmten historischen Ständen zuzuweisen. Dabei sind allerdings Gesteinsnatur und Exposition von Bedeutung. Da der Bewuchs bereits während des Transportes begonnen haben kann, lassen sich meist nur Maximalalter für die einzelnen Gletscherstände abschätzen (R. BESCHEL, 1950, 1957, 1961; L. KING & R. LEHMANN, 1973).

▷ △

Fig. 6 7680 ± 130 Jahre altes Lärchenholz von der Stirn des Zmutt-Gletschers. Wie die dunklen Markstrahlen belegen, wurde das dünnwandige Frühholz durch den Eisdruck gepreßt, während das dickwandige Spätholz mit den Harzkanälen intakt blieb.
Fig. 7 1550 ± 100 Jahre altes Lärchenholz aus der Grundmoräne im Vorfeld des Zmutt-Gletschers, das dendroklimatologisch ausgewertet werden konnte.
Fig. 6 und Fig. 7 aus: F. RÖTHLISBERGER, 1976. ▷

Neben den absoluten Altersbestimmungen werden auch für das Quartär zahlreiche relative Datierungsmethoden herangezogen.
In den marinen Ablagerungen kommt dabei nach wie vor den Foraminiferen und dem Nannoplankton eine große Bedeutung zu, nunmehr vorab dem Wechsel von Kalt- und Warmwasserformen.
Da die morphologisch faßbaren entwicklungsgeschichtlichen Veränderungen der Tiere mit dem raschen und tiefgreifenden klimatischen Wandel kaum Schritt zu halten vermögen, sind es – neben Leitfossilien im herkömmlichen Sinne – im Quartär vor allem die auf Klima-Veränderungen viel feiner und viel rascher ansprechenden Pflanzen, insbesondere ihre Vergesellschaftungen und deren zeitliche Abfolgen, die zusammen mit den Assoziationen von Land- und Süßwassermollusken und von Groß- und Kleinsäugern, für die zeitliche Gliederung der Sedimente herangezogen werden können, umsomehr, als diese sich vorab in den jüngeren Schichtfolgen oft zusammen mit menschlichen Artefakten finden. Diese werden mit abnehmendem Schichtalter häufiger und erlauben eine zunehmend feinere Unterteilung bis sie – als geschichtliche Dokumente – allmählich in eine absolute Chronologie münden.
Außer biostratigraphischen Möglichkeiten zur Gliederung der jüngsten Erdgeschichte bieten sich noch zahlreiche lithostratigraphische Möglichkeiten, insbesondere die seit der Frühzeit der Quartärforschung (A. PENCK, 1882; PENCK & E. BRÜCKNER, 1909) herangezogenen Schotterfluren, ihre Auflagerung auf der tertiären Unterlage, ihre Geröllltracht, ihre Verknüpfung mit Moränen, ihre Deckschichten (H. JERZ et al., 1975). Namentlich der Verwitterungsgrad der Deckschichten hat sich in neuerer Zeit als wertvolles Instrument zur Relativdatierung erwiesen, hängt doch die Bodenbildung als biogen beeinflußter chemisch-physikalischer Prozeß von der Dauer der Einwirkung und vom Klima ab (K. BRUNNACKER in H. GRAUL, 1962, 1964; J. FINK, 1960; H. GRAUL, 1949, 1952, 1962; K. METZGER, 1968; F. FEZER, 1969).
Mit Hilfe gesteinsmäßig übereinstimmender Leithorizonte – vorab vulkanische, windverfrachtete Aschen bestimmter Eruptionen und bekannter Auswurfzentren – lassen sich in den Quartärabfolgen – etwa in Pollenprofilen – Zeitmarken erkennen. So markiert der seit anfangs der 50er Jahre über immer weitere Areale bekannt gewordene Laachersee-Bimstuff, ein glasiger Bimstuff mit Sanidin, Plagioklas und Hauyn als Leicht- und Pyroxen und basaltische Hornblende als Schwermineralien, aufgrund von Pollenprofilen und $^{14}C$-Daten, daß diese Eruption des westlichen Mittelrheins mitten im Alleröd-Interstadial erfolgt ist (J. FRECHEN, 1952, 1959; A. BERTSCH, 1960; F. HOFMANN, 1963; S. WEGMÜLLER & M. WELTEN, 1973; M. KÜTTEL, 1976).
In Sedimenten aus der Umgebung von Genf erwähnen J. MARTINI & J. J. DURET (1965) vulkanische Aschen, die sie aufgrund des Schwermineral-Bestandes mit dem sauren Vulkanismus der Chaînes des Puys der Auvergne in Zusammenhang brachten, deren Eruption vor 7500–8500 Jahren v. h. erfolgte.
Ein hornblendereiches Seekreide-Vorkommen beschrieben DURET & MARTINI (1965) vom Lac Chalain E von Lons-le-Saunier. Es stammt möglicherweise ebenfalls aus der Auvergne. Aufgrund des Mineralbestandes möchte F. HOFMANN (1970) auch den vulkanischen Flugstaub im Gehängeschutt des Lang-Randen damit verbinden, wofür – trotz der selektiven Anreicherung der verwitterungsresistenten Farnsporen – ebenfalls der Polleninhalt sprechen würde (HANTKE, 1970 b).

Aus der *Schätzung* der Schüttungsdauer des Muota-Deltas in den Vierwaldstättersee – ALB. HEIM (1894) erhielt rund 16 000 Jahre – und der Deckschichten der Magdalénien-Kultur von Schaffhausen-Schweizersbild – nach J. NÜESCH (1902) maximal 24 000 Jahre – rechnet A. PENCK (1909) für die seit dem Bühl-Stadium verflossene Zeit mit rund 20 000 Jahren. Aufgrund der größeren Verwitterungstiefen setzte er für die Riß/Würm-Warmzeit eine 3fache, für die Mindel/Riß-Warmzeit eine 12fache und für die Günz/Mindel-Warmzeit eine 5fache Dauer ein. Für die Glazialzeiten fehlten ihm Anhaltspunkte. Mindel- und Riß-Eiszeit hielt er für etwas länger als die Würm-Eiszeit. So kam er für das gesamte Quartär auf rund 650 000 Jahre.
Aus der Entwicklung von Paläoböden kam K. BRUNNACKER (1965) für die Dauer des Eiszeitalters im Sinne PENCKS auf rund 400 000 Jahre. Die Bildung der Riesenböden des älteren Quartärs veranschlagte er mit den zugehörigen Kaltzeiten auf rund 200 000 Jahre, die der Reliktböden des ältesten Quartärs auf 400 000 Jahre. Damit kam er gesamthaft auf eine Dauer von 1–1,2 Millionen Jahren.
Höhere Werte erhielt PENCK aus dem Abtrag im alpinen Einzugsgebiet des Po. Diesen veranschlagte er im Mittel auf gut 100 m. Gebirgsflüsse wie Kander und Reuß würden 3000–4000 Jahre brauchen um ihr Einzugsgebiet um 1 m zu erniedrigen, 300–400 000 Jahre um die Po-Ebene aufzuschütten. Für die am Alpen-S-Fuß austretenden Flüsse rechnete er jedoch mit der drei- bis vierfachen Zeit.
H. JÄCKLI (1957) errechnete aus dem Abtransport des Rheins bei Bad Ragaz für das bündnerische Rheingebiet einen Verlust an Feststoffen sowie an gelöster Substanz von nahezu 2,5 Millionen $m^3$/Jahr. Dies kommt einer jährlichen Erniedrigung des Einzugsgebietes um 0,58 mm gleich. Da die Hebung zwischen Amsteg und Lavorgo von 0,44 auf 0,98 mm/Jahr ansteigt (S. 394), ergäbe sich – trotz des Abtrages – für das Gotthard-Gebiet ein Hebungsüberschuß bis zu 0,4 mm/Jahr.
Anderseits ist die Aufschüttung des Po-Beckens viel mächtiger, bei Vercelli um 500 m, bei Mailand um 1000 m, bei Mantua um 1500 m und zwischen Mantua und Parma gar über 2000 m (E. PERCONIG, 1956). So ergeben sich eine intensivere Schüttung und eine längere Dauer, um so mehr als mit der Erkenntnis älterer Kaltzeiten die Pliozän/Pleistozän-Grenze im Schichtstoß nach unten, in der Zeit weiter zurück verlegt wurde. Vielleicht bewirkte diese Differenz, daß im nördlichen Vorland der Schweizer Alpen das rißzeitliche Eis die größte Ausdehnung erreicht hat, während bereits im nördlichen Rhein-Gletschergebiet das mindelzeitliche und im Raum von Linz gar das günzzeitliche den äußersten Eisrand bildet und daß im südlichen Vorland das würmzeitliche beinahe das rißzeitliche erreichte.
Wenn ein anhaltender Hebungsüberschuß sieh im Bereich der Zentralalpen bestätigt, so würde dieser mithelfen, eine künftige Vereisung zu begünstigen. Für eine Kaltzeitenfolge von nur 100 000 Jahren würde dieser bereits bis 40 m ausmachen.
*Exaktere Werte* für die Dauer des Eiszeitalters brachte das Auszählen von Jahresschichten in Bändertonen. Damit konnte G. DE GEER (1912) in Skandinavien eine durch $^{14}C$-Bestimmungen bestätigte Chronologie aufdecken. Seit dem Rückzug von den Endmoränen des Salpausselkä-Stadiums in S-Finnland, deren Bildung durch den Klimarückschlag der Jüngeren Dryaszeit ausgelöst wurde, verstrichen gut 10 000 Jahre, seit der Aufteilung des skandinavischen Eisschildes in einen kleineren S- und einen größeren N-Schild nahezu 8800 Jahre (E. H. DE GEER, 1954).

Im Faulenseemoos bei Spiez gelang es M. WELTEN (1944), eine pollenstratigraphische Chronologie der letzten 9500 Jahre aufzustellen, in der sich leider zwei zunächst unerkannt gebliebene Schichtlücken finden.

In der Cromer-zeitlichen Abfolge von Bilshausen erhielt MÜLLER (1965) durch Auszählen von Jahresschichten, die er mit den Blühzeiten der durch Pollen vertretenen Arten verglich, eine Sedimentationsdauer von 27000 bis 35000 Jahren. Für das Holstein-Interglazial zählte er (1974 a) 15–16000, für das Eem 11000 Jahre (1974 b).

Seit der von M. MILANKOVIČ (1938, 1941) errechneten und von W. KÖPPEN gedeuteten Strahlungskurve für das Eiszeitalter (in KÖPPEN und A. WEGENER, 1924, 1941) und den für die einzelnen Kalt- und Warmzeiten mitgeteilten Werten, galt die Chronologie für viele Forscher als gesichert. Da jedoch keineswegs feststeht, ob die zur Berechnung verwendeten Größen für die Bildung der Kaltzeiten tatsächlich maßgebend sind, stehen für die errechneten Daten die Grundlagen noch in Frage.

In fluorhaltigem Grundwasser wird der Hydroxylapatit von Knochenresten mit der Zeit in Fluorapatit umgewandelt, so daß dieser Anteil für geschlossene Systeme zur Datierung herangezogen werden kann (K. P. OAKLEY & C. R. HOSKINS, 1950). Nach K. RICHTER (1958) läge die Eem-Warmzeit mindestens 60 000, die Holstein- 240 000, die Cromer- 640 000 und die Tegelen-Warmzeit gar 1 400 000 Jahre zurück, was durch K/Ar-Bestimmungen in der Größenordnung bestätigt werden konnte.

In der Ville W von Köln führen auch pollenanalytisch als oberes Reuverian eingestufte Tone eine typische Molluskenfauna. An ihrer Untergrenze ändert sich die Schwermineral-Vergesellschaftung und die Magnetisierung von normal zu revers. Da darüber wieder normale Magnetisierung folgt, vermuten BOENIGK et al. (1974) im Wechsel von normal zu revers die *Gauß/Matuyama-Grenze.*

Die hangenden Schotter zeigen ebenfalls noch pliozäne Fazies. Der dann folgende Ton enthält dagegen bereits eine altquartäre Pollen-Flora, der überlagernde Schotter erstmals das quartäre Buntschotter-Spektrum. Ein nächster Ton mit warmzeitlicher quartärer Molluskenfauna ist revers magnetisiert.

BOENIGK et al. möchten die Tertiär/Quartär-Grenze zwischen dem höheren Reuverian und den faziell «pliozänen» Schottern annehmen und mit den *Olduvai-Ereignis* – vor 1,8–2 Millionen Jahren – verbinden, wobei sie eine ältere Einstufung in der Paläomagnetik-Skala nicht ausschließen.

Neue Foraminiferen- und kalkige Nannoplankton-Proben aus dem *Typus-Gebiet* des *Calabrian* von Santa Maria di Catanzaro und der *Typus-Abfolge* der *Pliozän/Pleistozän-Grenze* von Le Castella, beide in SE-Italien, ergaben ein Alter für die Pliozän/Pleistozän-Grenze von zwischen 1,4 und 1,6 Millionen Jahren. Sie liegt chronologisch wahrscheinlich wenig über dem Olduvai-Ereignis. Das erste Erscheinen von *Gephyrocapsa caribbeanica* und *G. oceanica* und das letzte Auftreten von *Globigerinoides fistulosus* und *C. obliquus* können in Tiefsee-Kernen gut zur Festlegung dieser Grenze herangezogen werden. Das erste Auftreten von *G. truncatulinoides* liegt an der Basis des Olduvai-Ereignisses und ist somit etwa 0,2–0,4 Mill. Jahre älter.

Im Tiefsee-Kern – Leg 47 A des Glomar Challenger-Projektes –, der zwischen dem Kap Bojador und den Kanaren gewonnen wurde, konnten M. B. CITA et al. (1977) die Pliozän/Pleistozän-Grenze mit dem ersten Auftreten von *Globorotalia truncatuloides* nahe der Basis des Olduvai-Ereignisses und dem Auslöschen von *Discoaster brouweri* nahe der Obergrenze dieses paläomagnetischen Ereignisses eng eingabeln.

Am Mittelrhein konnte der Bereich der *Matuyama/Brunhes-Grenze*, vor 0,7 Millionen

Jahren, im relativ vollständigen Quartärprofil von Kärlich stark eingeengt werden (W. BOENIGK, W. D. HEYE et al., 1974; K. BRUNNACKER et al., 1976). Sie fällt dort in ein Aequivalent des tieferen Ville-Interglazial-Komplexes, der am südlichen Niederrhein zwischen den Hauptterrassen 3 und 4 liegt.

Im Bereich der Donau fällt die Schieferkohlen-Abfolge am Uhlenberg bei Dinkelscherben ins *Jaramillo-Event*, vor 0,9 Millionen Jahren, und in den Terrassen um Regensburg ergaben sich Anhaltspunkte, wonach die *Matuyama/Brunhes*-Grenze nur einige 10 m über dem Talboden liegt. Im Alpenvorland fällt sie zwischen Donau- und Günz-Kaltzeit und liegt nahe der Oberkante der donauzeitlichen Deckschotter (BRUNNACKER et al., 1976).

Für die Rekonstruktion des zeitlichen Ablaufes der jüngsten Erdgeschichte sollten weder nur einzelne relative noch einzelne absolute Datierungsmethoden herangezogen werden. Nur eine *Kombination* sämtlicher zur Verfügung stehender Möglichkeiten vermag dazu beitragen, die Zeit, in der wir leben, in ihrer Erd- und Klimageschichte zu ergründen. Dabei gilt es auch stets nach Wegen zu suchen, um Wissenschaft und Technik effizient und möglichst sinnvoll für den Menschen im sich stets wandelnden Naturgeschehen einzusetzen und gleichwohl das ererbte Gut – die Naturlandschaft – nach Kräften zu erhalten. Zugleich wird dadurch auch das Instrumentarium selbst – die Datierungsmethoden – verfeinert, so daß das zeitliche Einordnen früherer und neu erschlossener Befunde in die Erdgeschichte immer präziser erfolgen kann.

Daß dadurch die Erdgeschichte des Quartärs nicht einfacher wird, ist verständlich; dafür wird sie vollständiger, richtiger. Zugleich wird offenkundig, daß dies auch für die früheren, die präquartären Zeitabschnitte gilt. Wie bereits im Quartär klar festzustellen ist, werden die Fakten jedoch mit zunehmendem erdgeschichtlichem Alter spärlicher und damit die Resultate notgedrungen ungenauer. Doch ist auch für die Erforschung dieser Abschnitte eine intensivere Koordination und wahre Interdisziplinarität anzustreben.

*Zitierte Literatur*

AGASSIZ, L. (1840): Etudes sur les Glaciers – Neuchâtel et Soleure.

AMMANN-MOSER, B. (1975): Vegetationskundliche und pollenanalytische Untersuchungen auf dem Heidenweg im Bielersee – Beitr. geobot. Landesaufn. Schweiz, *56*.

–, et al. (1977): Der bronzezeitliche Einbaum und die nachneolithischen Sedimente – Die neolithischen Ufersiedlungen von Twann – Arch. Dienst Kt. Bern.

ANDRESEN, H. (1964): Beiträge zur Geomorphologie des östlichen Hörnli-Berglandes – Jb. st. gall. NG, *78* (1961–62).

ANNAHEIM, H., BÖGLI, A., & MOSER, S. (1958): Die Phasengliederung der Eisrandlagen des würmeiszeitlichen Reußgletschers im zentralen schweizerischen Mittelland – GH, *13*/3.

–, –, – (1959): Bemerkungen zum Artikel von H. Jäckli: «Wurde das Moränenstadium von Schlieren überfahren?» – GH, *14*/2.

BECK, P. (1933): Über das schweizerische und europäische Pliozän und Pleistozän – Ecl., *26*/2.

– (1934): Das Quartär – G. Führer Schweiz, *1* – Basel.

BECKER, B. (1972): Möglichkeiten für den Aufbau einer absoluten Jahrring-Chronologie des Postglazials anhand subfossiler Eichen aus Donauschottern – Ber. Dt. Bot. Ges., *85*.

BERTSCH, A. (1960): Über einen Fund von allerödzeitlichen Laacher-Bimstuff im westlichen Bodenseegebiet und seine Zuordnung zur Vegetationsentwicklung – Naturwiss., *47*/7.

BESCHEL, R. (1950): Flechten als Altersmaßstab rezenter Moränen – Z. Gletscherkde., *1*.

– (1957): Lichenometrie im Gletschervorfeld – Jb. Ver. Schutze Alpenpfl. + -tiere, *22*.

– (1961): Dating rock surfaces by lichen growth and its application to glaciology and physiography – G Arctic. Proc. first int. Symp. Arctic G.

Blösch, E. (1911): Die Große Eiszeit in der Nordschweiz – Beitr., NF, *31/2.*
Boenigk, W., Kowalczyk, G., & Brunnacker, K. (1972): Zur Geologie des Ältestpleistozäns der Niederrheinischen Bucht – Z. dt. GG, *123.*
Boenigk, W., Heye, D., Schirmer, W., & Brunnacker, K. (1974): Paläomagnetische Messungen an vielgliedrigen Quartär-Profilen (Kärlich/Mittelrhein und Bad Soden i. Taunus) – Mainzer natw. Arch., *12.*
Brunnacker, K. (1965): Schätzungen über die Dauer des Quartärs – GR, *54/1.*
Brunnacker, K., Boenigk, W., Koči, A., & Tillmanns, W. (1976): Die Matuyama/Brunhes-Grenze am Rhein und an der Donau – N. Jb. GP Abh., *151/9.*
Burga, C. (1975): Spätglaziale Gletscherstände im Schams. Eine glazialmorphologisch-pollenanalytische Untersuchung am Lai da Vons (GR) – DA U. Zürich.
– (1976): Frühe menschliche Spuren in der subalpinen Stufe des Hinterrheins – GH, *31/2.*
– (1977): Oberhalbstein–Schams–Rheinwald. In: Fitze, P., & Suter, J.: ALPQUA 77 – 5. 9.–12. 9. 1977 – Schweiz. Gemorph. Ges.
Charpentier, J. de (1834): Annonce d'un des principaux résultats des recherches de M. Venetz sur l'état actuel et passé des glaciers du Valais – Vh. SNG, Luzern.
– (1835): Sur la cause probable du transport des blocs erratiques de la Suisse – Ann. mines, (3e), *8.*
– (1837): Sur les blocs erratiques du Jura – CR Acad. Sci., *5.*
– (1841): Essai sur les glaciers et sur le terrain erratique du bassin du Rhône – Lausanne.
Cita, M. B., et al. (1977): Pleistocene and Pliocene deep sea successions off Cape Bojador, North Atlantic – X INQUA Congress, Birmingham 1977, Abstr.
Duret, J. J., & Martini, J. (1965): Un niveau de cendres volcaniques dans la craie claustre du lac de Châlain (Jura français) – Arch. Genève, *18/3.*
Eberl, B. (1930): Die Eiszeitenfolge im nördlichen Alpenvorlande – Augsburg.
Favre, A. (1884 K): Carte des anciens glaciers du versant nord des Alpes suisses, 1:250000 – CGS.
– (1898): Texte explicatif de la Carte du phénomène des anciens glaciers du versant nord des Alpes suisses et de la Chaîne du Mont-Blanc – Mat., *28.*
Fezer, F. (1969): Tiefenverwitterung circumpolarer Schotter – Heidelberger Ggr. Arb., *24.*
Fink, J. (1960): Leitlinien einer österreichischen Quartärstratigraphie – Mitt. G Ggr. Wien, *53.*
Flerk, J. M. van der, & Florschütz, F. (1950): Nederland in het Jjstijdvak – Utrecht.
–, – (1953): The palaentological base of the subdivision of the Pleistocene in the Netherlands – Vh. k. nederl. Akad. Wetensch., Afd. Naturk., (1), *20.*
Frechen, J. (1952): Die Herkunft der spätglazialen Bimstuffe in mittel- und süddeutschen Mooren – G Jb., *67.*
– (1959): Die Tuffe des Laacher Vulkangebietes als quartärgeologische Leitgesteine und Zeitmarken – Fortschr. G Rheinl. Westf., *4.*
Frei, R. (1912 a): Monographie des schweizerischen Deckenschotters – Beitr., NF, *37.*
– (1912 b): Über die Ausbreitung der Diluvialgletscher in der Schweiz – Beitr., NF, *41/2.*
– (1914): Geologische Untersuchungen zwischen Sempachersee und Oberm Zürichsee – Beitr., NF, *41/2.*
Frenzel, B. (1967): Die Klimaschwankungen des Eiszeitalters – Wiss., *129* – Braunschweig.
– (1968): Grundzüge der pleistozänen Vegetationsgeschichte N-Eurasiens – Erdwiss. Forsch., *1.*
Gams, H. (1953): Die relative und absolute Chronologie des Quartärs – G Bavarica, *15.*
Geer, E. H., de (1954): Skandinaviens geokronologi – G F. Förh. *76*, Stockholm.
Geer, G., de (1912): A geochronology of the last 12000 years – CR XI. Congr. G Int. Stockholm.
Geyh, M. A. (1971): Die Anwendung der $^{14}C$-Methode – Clausthaler Tekt. H., *11.*
–, Merkt, J., & Müller, H. (1970): $^{14}C$-Datierung limnischer Sedimente und die Eichung der $^{14}C$-Datierung limnischer Sedimente – Naturwiss., *57.*
–, –, – (1971): Sediment-, Pollen-und Isotopenanalysen an jahreszeitlich geschichteten Ablagerungen im zentralen Teil des Schleinsees – Arch. Hydrobiol., *69/3.*
Godwin, H. (1962): Half-life of radiocarbon – Nature, *195.*
Graul, H. (1949): Zur Gliederung des Altdiluviums zwischen Wertach-Lech und Floßach-Mindel – Jber. NG Augsburg, *2.*
– (1952): Zur Gliederung der mittelpleistozänen Ablagerungen in Oberschwaben – E + G, *2.*
– (1962): Eine Revision der pleistozänen Stratigraphie des schwäbischen Alpenvorlandes – Petermanns Ggr. Mitt., *106/4.*
Guler von Weineck, J. (1616): Raetia – Zürich.
Hantke, R. (1960): Zur Gliederung des Jungpleistozäns im Grenzbereich von Linth- und Rheinsystem – GH, *15/4.*
– (1961): Zur Quartärgeologie im Grenzbereich zwischen Muota/Reuß- und Linth/Rheinsystem – GH, *16/4.*
– (1962 a): In Suter/Hantke: Geologie des Kantons Zürich – Zürich.

HANTKE, R. (1962 b): Zur Altersfrage des höheren und des tieferen Deckenschotters in der Nordostschweiz – Vjschr., *107/4*.
– (1970a): Geschichte der Landschaft – UFAS, *2*.
– (1970b): Pollenspektrum aus der cineritischen Tonfraktion einer holozänen Malmschutthalde vom Lang Randen (Kt. Schaffhausen) – Mitt. NG Schaffhausen, *29* (1968/70).
– (1972): Spätwürmzeitliche Gletscherstände in den Romanischen Voralpen (Westschweiz) – Ecl., *65/2*.
– (1977): Eiszeitliche Stände des Rhone-Gletschers im westlichen Schweizerischen Mittelland – Ber. NG Freiburg i. Br., *67*.
HAQ, B. U., BERGGREN, W. A., & VAN COUVERING, J. A. (1977): Corrected age of the Pliocene/Pleistocene boundary – Nature, *269*.
HEEB, K.†, & WELTEN, M. (1972): Moore und Vegetationsgeschichte der Schwarzenegg und des Molassevorlandes zwischen dem Aaretal oberhalb Thun und dem obern Emmental – Mitt. NG Bern, NF, *29*.
HEER, O. (1864): Eröffnungsrede der 48. Jahresversammlung der Schweizerischen Naturforschenden Gesellschaft – Vh. SNG Zürich, *3*.
– (1865): Die Urwelt der Schweiz – Zürich.
HEIM, ALB. (1894): Über das absolute Alter der Eiszeit – Vjschr., *39/2*.
– (1919): Geologie der Schweiz, *1* – Leipzig.
– (1970): Spuren spätquartären vulkanischen Flugstaubes aus der Auvergne und Zeugen eines prähistorischen Waldbrandes im Gehängeschutt des Schaffhauser Tafeljura – Mitt. NG Schaffhausen, *29* (1968/70).
HEITZ, CH. (1975): Vegetationsentwicklung und Waldgrenzschwankungen des Spät- und Postglazials im Oberhalbstein (Graubünden/Schweiz) mit besonderer Berücksichtigung der Fichteneinwanderung – Beitr. geobot. Landesaufn. Schweiz, *55*.
HEITZ-WENIGER, A. (1976): Zum Problem des mittelholozänen Ulmenabfalls im Gebiet des Zürichsees (Schweiz) Bauhiana, *5/4*.
– (1977): Zur Waldgeschichte im unteren Zürichseegebiet während des Neolithikums und der Bronzezeit – Ergebnisse pollenanalytischer Untersuchungen – Bauhinia, *6*.
– (1978): Pollenanalytische Untersuchungen an den neolithischen und spätbronzezeitlichen Seerandsiedlungen «Kleiner Hafner», «Großer Hafner» und «Alpenquai» im untersten Zürichsee (Schweiz) – Bot. Jb. Syst., *99*.
HOFMANN, F. (1951): Zur Stratigraphie und Tektonik des st. gallisch-thurgauischen Miozäns (OSM) und zur Bodenseegeologie – Jb. st. gall. NG, *74*.
– (1958): Pliozäne Schotter und Sande auf dem Tannenberg nordwestlich St. Gallen – Ecl., *50/2* (1957).
– (1970): Spuren spätquartären vulkanischen Flugstaubes aus der Auvergne und Zeugen eines prähistorischen Waldbrandes im Gehängeschutt des Schaffhauser Tafeljura – Mitt. NG Schaffhausen, *29* (1968/70).
–, HANTKE, R. (1963): Spätglaziale Bimsstaublagen des Laachersee-Vulkanismus in schweizerischen Mooren – Ecl., *56/1*.
HOUTERMANS, J. C. (1971): Geophysical interpretations of Bristlecone Pine Radiocarbon measurements using a method of Fourier analysis of unequally spaced data – Diss. U. Bern.
HUG, J. (1917): Die letzte Eiszeit der Umgebung von Zürich – Vjschr., *62/1–2*.
– (1919): Die Schweiz im Eiszeitalter – Natur + Technik, Zürich.
JÄCKLI, H. (1957): Gegenwartsgeologie des bündnerischen Rheingebietes – Beitr. G Schweiz, geotechn. Ser., *36*.
– (1963 K): Die Vergletscherung der Schweiz im Würmmaximum – Ecl., *55/2* (1962).
– (1966 K): Bl. 1090: Wohlen – GAS – SGK.
JAYET, A. (1946 b): Les dépôts quaternaires et la théorie des emboîtements – GH, *1/4*.
– (1947): Les stades de retrait würmiens aux environs de Genève – Ecl., *39/2* (1946).
– (1948): Une nouvelle conception des glaciations quaternaires, ses rapports avec la paléontologie et la préhistoire – Ecl., *40/2* (1947).
– (1950): Découverte d'une faunule malacologique de la fin du Pleistocène au contact de graviers günziens à Boppelsen (Canton de Zurich) – Ecl., *42/2* (1949).
– (1966): Résumé de Géologie glaciaire régionale – Genève.
JERZ, H., et al. (1975): Erläuterungen zur Geologischen Übersichtskarte des Iller-Mindel-Gebietes 1:100000 – Bayer. GLA.
KELTS, K. (1978): Geological and sedimentary evolution of Lakes Zug and Zurich, Switzerland – Diss. ETHZ.
KING, L. (1974): Studien zur postglazialen Gletscher- und Vegetationsgeschichte des Sustenpaßgebietes – Basler Beitr. Ggr., *18*.
–, LEHMANN, R. (1973): Beobachtungen zur Oekologie und Morphologie von *Rhizocarpon geographicum* (L.) DC. und *Rhizocarpon alpicola* (HEPP.) RABENH. im Gletschervorfeld des Steingletschers – Ber. Schweiz. Bot. Ges., *83/2*.

KLEIBER, H. (1974): Pollenanalytische Untersuchungen zum Eisrückzug und zur Vegetationsgeschichte im Oberengadin – Bot. Jb. Syst., *94/1*.
KNAUER, J. (1938): Über das Alter der Moränen der Zürich-Phase im Linthgletscher-Gebiet – Abh. G Landesuntersuch. Bayer. Oberbergamt, *33*.
– (1954): Über die eiszeitliche Einordnung der Moränen der Zürich-Phase im Reußgletschergebiet – GH, *9/2*.
KÖPPEN, W., & WEGENER, A. (1924): Die Klimate der geologischen Vorzeit – Berlin.
–, – (1940): Die Klimate der geologischen Vorzeit. Ergänzungen und Berichtigungen – Berlin.
KUHN, B. F. (1787): Versuch über den Mechanismus der Gletscher – Mag. Naturk. Helvetiens, *1*.
KÜTTEL, M. (1976): Zum alpinen Spät- und frühen Postglazial: Das Profil Obergurbs (1910 m) im Diemtigtal, Berner Oberland, Schweiz – Z. Glkde., *10*.
– (1977): Pollenanalytische und geochronologische Untersuchungen zur Piottino-Schwankung (Jüngere Dryas) – Boreas, *6/3*.
LABRECQUE, J. L., KENT, D. V., & CANDE, S. C. (1977): Revised magnetic polarity time scale for Late Cretaceous and Cenozoic time – G, *5*.
LANG, K. N. (1708): Historia Lapidum figuratorum Helvetiae eiusque viciniae, in qua enarrantur omnia eorum genera... – Venedig.
LIESE-KLEIBER, H. (1977): In: AMMANN-MOSER, B., et. al.
LINIGER, H. (1964): Beziehungen zwischen Pliozän und Jurafaltung. Mit sedimentpetrographischen Analysen von F. HOFMANN – Ecl., *57/1*.
– (1967): Pliozän und Tektonik des Juragebirges. Mit einem Anhang von F. HOFMANN – Ecl., *60/2*.
– (1969 K): Bl. 1065: Bonfol und Anh. Bl. 1066: Rodersdorf – GAS – SGK.
– (1970): Erläuterungen zu Bl. 1065: Bonfol – GAS – SGK.
LÜDI, W. (1957): Ein Pollendiagramm aus dem Untergrund des Zürichsees – Schweiz. Z. Hydrol., *19/2*.
MARIÉTAN, I. (1959): La vie et l'œuvre de l'ingénieur IGNACE VENETZ – B. Murithienne, *76*.
MARKGRAF, V. (1970): Moorkundliche und vegetationsgeschichtliche Untersuchungen an einem Moorsee an der Waldgrenze im Wallis – Bot. Jb. Syst., *89/1*.
– (1972): In SCHINDLER, C.: Zur Geologie der Gotthard-Nordrampe der Nationalstraße N2 – Ecl., *65/2*.
–, & LERMANN, J. C. (1977): Liste der Schweizer $^{14}C$-Daten I – $^{14}C$-Lab. Phys. I. U. Bern.
MARTINI, J., & DURET, J. J. (1965): Etude du niveau de centres volcaniques des sédiments post-glaciaires récents des environs de Genève – Arch. Genève, *18/3*.
MATTHEY, F. (1971): Contribution à l'étude de l'évolution tardi- et postglaciaire de la végétation dans le Jura central – Mat. levé géobot. Suisse, *53*.
MCDOUGALL, IAN (1977, 1978): The present Status of the geomagnetic polarity time scale – Research School Earth Sci. A. N. U., 1288 and The Earth: Its Origin, Structure and Evolution – London.
MCELHINNY, M. W. (1973): Palaeomagnetism and Plate Tectonics – Cambridge.
MENKE, B. (1969): Vegetationsgeschichtliche Untersuchungen an altpleistozänen Ablagerungen aus Lieth bei Elmshorn – E+G, *20*.
– (1970): Ergebnisse der Pollenanalyse zur Pleistozän-Stratigraphie und zur Pliozän-Pleistozän-Grenze in Schleswig-Holstein – DEUQUA, Kiel.
– (1975): Vegetationsgeschichte und Florenstratigraphie Nordwestdeutschlands im Pliozän und Frühquartär mit einem Beitrag zur Biostratigraphie des Weichsel-Frühglazials – G Jb., A *26*.
– (1976): Pliozäne und ältestquartäre Sporen- und Pollenflora von Schleswig-Holstein – G Jb., A *32*.
MESSERLI, B., et al. (1976): Die Schwankungen des Unteren Grindelwald-Gletschers seit dem Mittelalter – Z. Gletscherkde., *11/1*.
METZGER, K. (1968): Physikalisch-chemische Untersuchungen an fossilen und relikten Böden im Nordgebiet des alten Rheingletschers – Heidelberger Ggr. Arb., *19*.
MILANKOVITCH, M. (1938): Astronomische Mittel zur Erforschung der erdgeschichtlichen Klimate – Hdb. Geophys., *9*.
– (1941): Kanon der Erdbestrahlung – Kgl. serb. Akad. Belgrad.
MORLOT, A. (1858 a): Sur le terrain quaternaire du bassin du Léman – B. Soc. vaud. SN, *4*, 101.
MÜHLBERG, F. (1896): Der Boden von Aarau – Festschr. Einw. Kantonsschulgeb. Aarau.
MÜLLER, H. (1962): Pollenanalytische Untersuchungen eines Quartärprofils durch die spät- und nacheiszeitlichen Ablagerungen des Schleinsees (Südwestdeutschland) – G Jb., *79*.
– (1965): Eine pollenanalytische Neubearbeitung des Interglazial-Profils von Bilshausen – G Jb., *83*.
– (1974 a): Pollenanalytische Untersuchungen und Jahresschichtenzählungen an der holstein-zeitlichen Kieselgur von Munster-Breloh – G Jb., A *21*.
– (1974b): Pollenanalytische Untersuchungen und Jahresschichtenzählungen an der eem-zeitlichen Kieselgur von Bispingen/Luhe – G Jb., A *21*.

MÜLLER, H.-J. (1972): Pollenanalytische Untersuchungen zum Eisrückzug und zur Vegetationsgeschichte im Vorderrhein- und Lukmaniergebiet – Flora, *161*.

NIKIFOROVA, K. V., & KRASNOV, I. I. (1976): Stratigraphic scheme of Upper Pliocene and Quaternary deposits in the European part of the U. S. S. R. – Proj. 73/I/24, Rep. *3* – Prague.

NÜESCH, J. (1902): Das Schweizersbild, eine Niederlassung aus paläolithischer und neolithischer Zeit – 2. Aufl. – N. Denkschr. SNG, *35*.

OAKLEY, K. P., & HOSKINS, C. R. (1950): New Evidence an the antiquity of Piltdown Man – Nature, *165*.

OESCHGER, H. (1965): Kernphysikalische Methoden der Altersbestimmung – Mitt. NG Bern, NF, *22*.

OPDYKE, N. D. (1972): Palaeomagnetism of deep-sea cores – Rev. Geophys. Space Phys., *10*.

PENCK, A. (1882): Die Vergletscherung der deutschen Alpen – Leipzig.

–, & BRÜCKNER, E. (1901–09): Die Alpen im Eiszeitalter, *1–3* – Leipzig.

PERCONIC, E. (1956): Il Quaternario nella Pianura Padana – Acta INQUA IV – Rom, *2*.

RICHTER, K. (1958): Fluorteste quartärer Knochen in ihrer Bedeutung für die absolute Chronologie des Pleistozäns – E + G, *9*.

RUTSCH, R. F. (1962): Grindelwald, Wiege der experimentellen Gletscherforschung – Die Alpen, *38*/1.

SALATHÉ, R. (1961): Die stadiale Gliederung des Gletscherrückganges in den Schweizer Alpen und ihre morphologische Bedeutung – Vh. NG Basel, *72*/1.

SCHAEFER, I. (1956): Sur la division du Quaternaire dans l'avant-pays des Alpes en Allemagne – Acta INQUA IV – Rom, *1*.

SERRUYA, C. (1969): Les dépots du Lac Léman en relation avec l'évolution du bassin sédimentaire et les caractères du milieu lacustre – Arch. Genève, *22*/1.

STUDER, B. (1863): Geschichte der physikalischen Geographie der Schweiz.

VENETZ, I. (1830): Sur l'ancienne extension des glaciers, et sur leur retraite dans leurs limites actuelles – Actes SHSN, Grand St-Bernard, (1829).

– (1833) Mémoire sur les variations des températures dans les Alpes de la Suisse – N. Denkschr. allg. Schweiz. Ges. Natw., *1*/2.

– (1861): Mémoire sur l'extension des anciens glaciers – N. Denkschr. allg. Schweiz. Ges. Natw., *18*.

VILLARET, P., & BURRI, M. (1965): Les découvertes palynologiques de Vidy et leur signification pour l'histoire du lac Léman – B. Soc. vaud. SN, *69*.

WEBER, A. (1928): Die Glazialgeologie des Tößtales und ihre Beziehungen zur Diluvialgeschichte der Nordostschweiz – Mitt. NG Winterthur, *17/18* (1927–30) – Diss., 1928.

– (1934): Zur Glazialgeologie des Glattales – Ecl., *27*/1.

WEGMÜLLER, H. P. (1976): Vegetationsgeschichtliche Untersuchungen in den Thuralpen im Faningebiet (Kantone Appenzell, St. Gallen, Graubünden/Schweiz – Bot. Jahrb. Syst., *97*/2.

WEGMÜLLER, S. (1966): Über die spät- und postglaziale Vegetationsgeschichte des südwestlichen Jura – Beitr. geobot. Landesaufn. Schweiz, *48*.

–, & WELTEN, M. (1973): Spätglaziale Bimstufflagen des Laacher Vulkanismus in den Gebieten der westlichen Schweiz und in der Dauphiné – Ecl. *66*/3.

WELTEN, M. (1944): Pollenanalytische, stratigraphische und geochronologische Untersuchungen aus dem Faulenseemoos bei Spiez – Veröff. Rübel, *21*.

– (1952): Über die spät- und postglaziale Vegetationsgeschichte des Simmentals – Veröff. Rübel, *26*.

– (1958): Die spätglaziale und postglaziale Vegetationsentwicklung der Berner Alpen und -Voralpen und des Walliser Haupttales – Veröff. Rübel, *34*.

ZAGWIJN, W. H. (1957): Vegetation, climate and time-correlations in the Early Pleistocene of Europe – G + Mijnbouw, *19*.

ZOLLER, H. (1960): Pollenanalytische Untersuchungen zur Vegetationsgeschichte in der insubrischen Schweiz – Denkschr. SNG, *83*/2.

–, SCHINDLER, C., & RÖTHLISBERGER, H. (1966): Postglaziale Gletscherstände und Klimaschwankungen im Gotthardmassiv und Vorderrheingebiet – Vh. NG Basel, 77/2.

–, & KLEIBER, H. (1971): Vegetationsgeschichtliche Untersuchungen in der montanen und subalpinen Stufe der Tessintäler – Vh. NG Basel, *81*/1.

–, MÜLLER, H. J., & KLEIBER, H. (1972): Zur Grenze Pleistozän/Holozän in den östlichen Schweizer Alpen – Ber. Bot. Ges., *85*.

ZUMBÜHL, H. J. (1976): Die Schwankungen der Grindelwaldgletscher – In: MESSERLI, B., et al. (1976).

– (1978): Die Schwankungen der Grindelwaldgletscher in den historischen Bild- und Schriftquellen des 12.–19. Jahrhunderts – Ein Beitrag zur Gletschergeschichte und Erforschung des Alpenraumes – Denkschr. SNG, *92*.

# Klimaanzeigende Ablagerungen und Erosionsformen

## *Auswirkungen des Klima-Ablaufes*

Der Klimawechsel im Eiszeitalter tritt in den Alpenländern besonders in den glaziären Ablagerungen außerhalb der heutigen Gletscher zutage, wo diese schon früh erkannt worden waren (S. 28). Neben Moränen, Erratikern, Schotterfluren und Lößdecken wird der *kaltzeitliche* Klimacharakter durch morphologische Indizien ergänzt: Frostmusterböden, Dellen, Schmelzwasserrinnen, Sanderfluren, Moränenwälle, Sölle, Zungenbecken, Oser, Kameterrassen, Drumlins, Rundhöcker, Gletschermühlen, Gletscherschliffe, Transfluenzsättel, Kare.
Umgekehrt zeichnen sich *Warmzeiten* durch Bodenbildung, Kalktuffe, Seekreiden, Torfbildung und Schieferkohlen sowie durch einen höheren $^{18}$O-Gehalt der Moor- und Karbonat-Sedimente aus.
In Küstenbereichen drang das Meer – infolge eustatischen Spiegelanstieges – in die Unterläufe mündender Täler ein. Es kam zu flächenhaften Überflutungen, die mit gröberen Sand- und Konglomerat-Schüttungen einsetzen, sich aber vor allem in der Fauna sowie im Auftreten von Prielen und Rippelmarken äußern.
In südlicheren Trockengebieten – etwa in den Mittelmeerländern – wirkten sich die Kaltzeiten eher als Regen- oder Pluvialzeiten, die Warmzeiten als Trockenperioden aus. Dagegen waren die arktischen Bereiche auch in den Kaltzeiten Trockengebiete.

## *Talbildung*

Während früher, allzu schematisch, die Bildung von Schotterfluren als kaltzeitlich, die Eintiefung der Täler dagegen als warmzeitlich betrachtet worden ist, zeigt sich immer deutlicher, daß diese Eintiefung und Ausweitung dauernd vor sich geht. Ausgehend von tektonischen Anlagen – Mulden, aufgebrochenen Gewölben, Überschiebungsrändern, Flexuren, Bruchzonen, besonders Blattverschiebungen –, erfolgte sie nicht nur in den Warm-, sondern vielerorts auch in den Kaltzeiten. Vorab beim Vorstoß und Zurückweichen des Eises kam es im nicht vereisten Gebiet zu einer von Wasserführung und Erosionsbasis abhängigen Eintiefung. Dies gibt sich etwa im französischen Jura zu erkennen, wo sich die Flüsse Furieuse, Lison, Loue, Dessoubre und Doubs von unter periglazialem Klima angelegten mäandrierenden Rinnen seit dem ältesten Quartär im Vorfeld von Zungenbecken bis über 300 m in die Karsttafel einschnitten, da unter kaltzeitlichem Klima auch die Kalklöslichkeit merklich höher war.
Da anderseits bei Ornans unter Moräne mit Kristallin-Erratikern nur 40 m über dem Spiegel der Loue Gletscherschliffe auf Oberdogger-Kalken zutagetreten (Exkursion mit N. Théobald), ergibt sich damit ein Maximalwert für die Eintiefung des über 200 m eingeschnittenen Loue-Tales seit dem rißzeitlichen Eisabbau.
Ebenfalls teilweise kaltzeitlich, subglaziär, vollzog sich die Eintiefung der «fluviatil zertalten» Molasse-Bergländer, vorab im Napf- und Hörnli-Gebiet. Im südlichen Hörn-

Fig. 8 Die Orbe-Quelle SE von Vallorbe, eine Stromquelle mit einer mittleren Ergiebigkeit von 6000 l/sec. Bereits H. B. DE SAUSSURE hatte vermutet, daß sie die Vallée de Joux entwässert.
Photo: W. ANGST, Zürich. Aus: H. ALTMANN et al., 1970.

li-Gebiet erfolgte sie vorzugsweise längs alpin vorgezeichneten Kluftzonen (K. SCHERLER, 1976).
Auch die oft als postglazial betrachtete Schlucht-Bildung von Molasseflüssen: von Saane, Sense und Schwarzwasser, des Aare-Laufes um Bern, der Sihl oder von Sitter und Urnäsch, geschah vorwiegend subglaziär und in den Frühphasen des zurückschmelzenden Eises. Mit der Tieferlegung der Erosionsbasis schnitten sich diese beim Schmelzwasseranfall kräftig ein, während sich die postglaziale Eintiefung in bescheidenen Grenzen hielt.

*Karstbildung*

Wie die Talbildung, so ging auch diejenige von Karstformen – Versickerungstrichter (Dolinen), Höhlen, Karstentwässerungssystemen, Stromquellen – mit verschiedener Intensität dauernd vor sich (Fig. 8, 9).

Fig. 9 Die sieben Brunnen am Räzliberg, der Ursprung der Simme, eine der bedeutendsten alpinen Stromquellen.
Aus: GENGE, E. (1965).
Photo: P. ZWAHLEN, Lenk i. S.

Im jeweils nicht vereisten Vorland wurden im Kalkstein Karstsysteme, vorab in den wärmeren Phasen der Kaltzeiten, durch versickernde, dank ihres relativ hohen $CO_2$-Gehaltes aggressive Schmelzwässer ausgelaugt.

In den Alpen war die Karbonatlösung und damit die Verkarstung im Früh- und im Spätglazial optimal, unter dem heutigen Klima ist sie es besonders zur Zeit der Schneeschmelze.

Wie sich in alpinen Karstgebieten – Melchsee-Frutt, Schrattenflue, Glattalp–Charetalp–Silberen-Gebiet – zeigt, folgen die Höhlensysteme klar den Kluft- und Bruchsystemen sowie Überschiebungsflächen, wobei Zonen mit fein verteiltem Karbonat bevorzugt und ausgelaugt werden (Fig. 10).

Während die Bildung von Karstsystemen früher meist als recht jung, als spät- und nacheiszeitlich, betrachtet worden ist, zeigen die erstaunlich niedrigen Karbonatgehalte von Karstwässern (A. BÖGLI, 1964, 1970, 1971, z. T. zu extrem formuliert, schr. Mitt.), daß diese offenbar viel zu rasch durch den Karst durchfließen, daß die Reaktionszeit viel zu kurz ist, als daß größere Karbonatmengen hätten gelöst werden können.

Aus dem Volumen der Höhlensysteme folgt, daß für die Bildung der Karstsysteme daher eine bedeutend längere Zeit angenommen werden muß. Diese begann nicht erst mit

Fig. 10 Karren auf der Glattalp, Kt. Schwyz. Aus dem dickbankigen Quintnerkalk sind – vorab durch Schneeschmelzwässer – Rinnen und Rillen herausgelöst worden. In durch Klüfte und Brüche bedingten Spalten sammelten sich Schmelzwässer, verschwanden bei Kreuzungspunkten in Karrenschloten und flossen von Brüchen vorgezeichnetes durch ein Höhlensystem ab. Photo: Prof. Dr. A. Bögli, Hitzkirch LU. Aus: H. Altmann et al., 1970.

dem Abschmelzen der Eiskalotten im Spätglazial, sondern vollzog sich durchaus analog bereits in früheren Warmzeiten. Sie reicht letztlich zurück bis ins Pliozän, bis in die Zeit, als in den Kalkalpen die Kalkhochflächen in den letzten Überschiebungsphasen ihre schützende Mergel-Hülle verloren hatten und die Lösungskorrosion – vorab längs Klüften – einsetzen konnte.

Besonders in den Früh- und Spätphasen der Vergletscherungen erfolgte bei niedrigen Wassertemperaturen eine weit intensivere Karbonatlösung, die wohl die Zeit des Lösungsausfalles in den Hochglazialen, in denen der Karst unter einer Decke von «kaltem» Gletschereis plombiert war, zu kompensieren vermochte.

Auch im Jura begann die Verkarstung bereits mit den ersten kräftigen Faltungsphasen im jüngeren Pliozän, als die Antiklinalen aufbrachen und die Korrosion vermehrt einsetzen konnte.

## Kaltzeitliche Dokumente: Auswirkungen und Ablagerungen der Gletscher und ihrer Schmelzwässer

### *Die heutigen Gletscher, Studienobjekte für die eiszeitliche Vergletscherung*

Um das eiszeitliche Geschehen in der unbelebten Natur verstehen zu können, ist eine Kenntnis der heutigen Gletscher, ihrer Bildung, Bewegung, Erosions- und Transportleistung sowie ihr Verhalten gegenüber Klimaschwankungen unerläßlich. Ebenso bedeutsam sind die Erscheinungen und Vorgänge in ihrer Umgebung, im periglazialen Raum, die von Schmelzwässern, Wind, Frost und oberflächlichem Auftauen geprägt sind. Dabei richtet sich das Augenmerk vorab auf Fakten, die sich auch fossil finden, so auf den Eisrand-Bereich, dessen Umweltbedingungen sich in den Kaltzeiten analog ausgewirkt haben und für paläoklimatische Betrachtungen herangezogen werden können. So können die in der jüngsten Erdgeschichte sich ergebenden Veränderungen quantitativ erfaßt werden.

Von Bedeutung sind insbesondere Schnee- und Waldgrenze (S. 53, 59) und das dort herrschende Klima. Beide Grenzen zeichnen sich auch in früheren Zeitabschnitten ab und erlauben Angaben über Klima und Vegetation.

Bei Gletschern läßt sich ein Nähr- oder Akkumulationsgebiet von einem Zehr- oder Ablationsgebiet unterscheiden. An der *Gleichgewichtslinie*, der Zone mit Gleichgewichtszustand, halten sich Akkumulation (Zuwachs) und Ablation (Verdunstung, Abschmelzen und Abfließen) die Waage. In schneereichen Jahren oder in Jahren mit kühlen Sommern kann die Gleichgewichtslinie nach unten, in schneearmen und warmen Sommern nach oben rücken. In SW-Exposition liegt sie hoch, in NE-Exposition tief. Ebenso hängt sie von der Gestalt und den Gefällsverhältnissen des Gletscherbettes sowie der Höhengliederung und Schneefangwirkung des Firngebietes ab.

Als *Firnlinie* wird die Grenzlinie bezeichnet, bis zu welcher der auf den Gletscher gefallene Winter-Schnee wegzuschmelzen vermag. Sie stellt für alpine Gletscher eine gute Näherung für die Gleichgewichtslinie dar, ist aber definitionsgemäß für die Rekonstruktion früherer Eisstände nicht festzulegen.

Am Hintereis-Ferner im hintersten Oetztal lag die Gleichgewichtslinie nach G. PATZELT (1976) um 1920 auf 2850 m, um 1850 auf 2840 m. Bis in die Dekade 1943–52 stieg sie um 230 m an; von 1965–74 sank sie wieder um 120 m ab.

Die negativen Abweichungen der Sommertemperatur (Mai–September) vom 100jährigen Mittel betrugen bei den Vorstößen von 1850 und von 1920 0,5°. Dem Anstieg von 1943 bis 1952 entspricht eine Erhöhung der mittleren Jahrestemperatur von 1,6°, dem Abfall von 1965 bis 1974 eine Erniedrigung von 0,9°.

In Gebieten mit größeren Niederschlagsmengen scheint die Höhenänderung der Gleichgewichtslage stärker gedämpft.

Hinsichtlich der Schmelzwasserführung lassen sich zwei Typen unterscheiden: «temperiertes Eis, das mit den in- und subglaziären Schmelzwässern im Gleichgewicht steht, und «kaltes», ohne Schmelzwässer, dessen Basis am Untergrund festgefroren ist und das bei der Bewegung den Untergrund aufpflügt oder Felspartien losbricht.

Fig. 11 Die Vergletscherung der Schweizer Alpen 1973, aus F. MÜLLER, T. CAFLISCH & G. MÜLLER, 1976. ▷

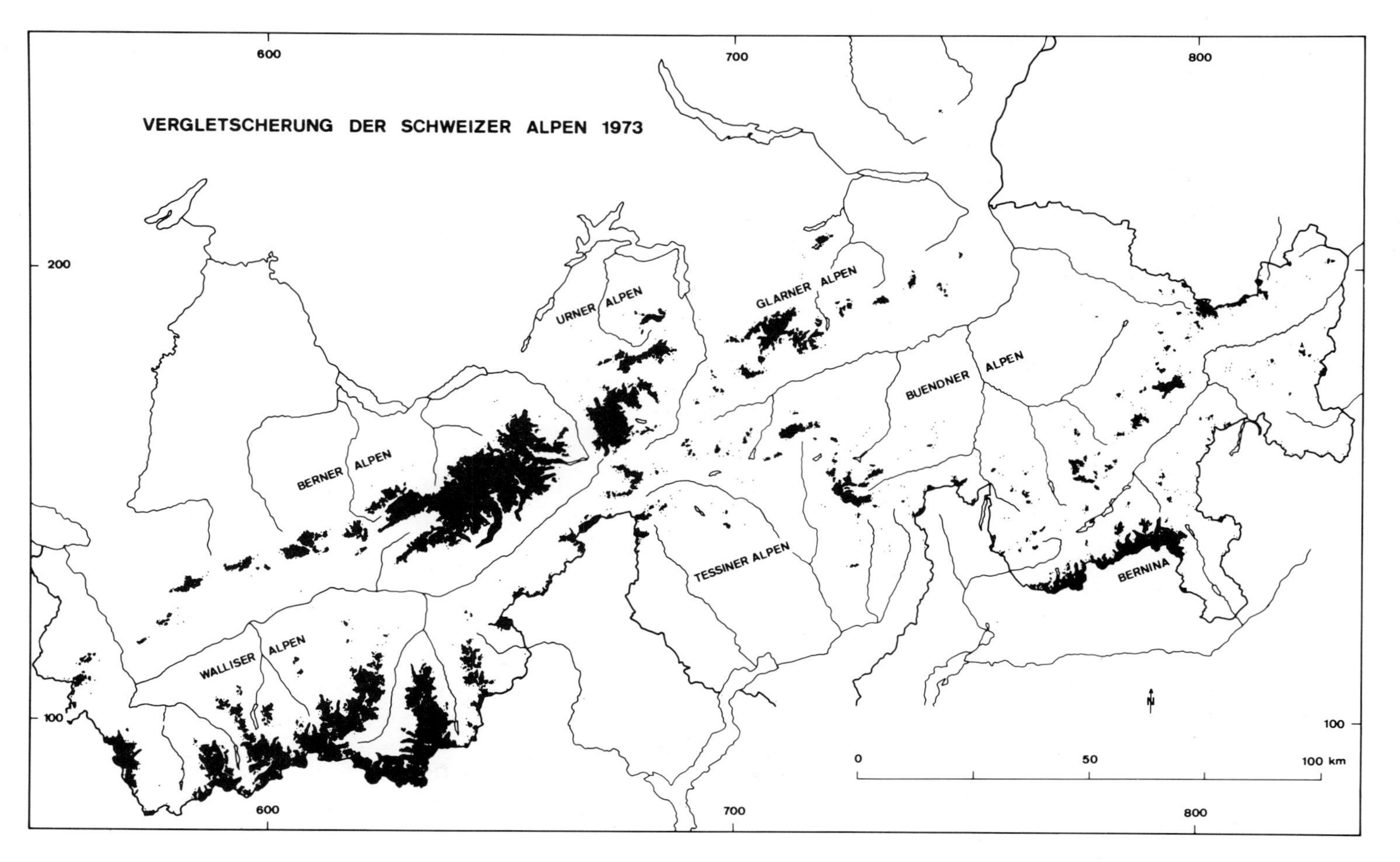
VERGLETSCHERUNG DER SCHWEIZER ALPEN 1973
600
700
800
200
100
URNER ALPEN
GLARNER ALPEN
BERNER ALPEN
BUENDNER ALPEN
TESSINER ALPEN
BERNINA
WALLISER ALPEN
N
0
50
100 km

Den Gletschern kommt neben einem wissenschaftlichen und alpinistischen Wert auch eine hohe volkswirtschaftliche Bedeutung als Wasserregulatoren und als Speicher für die Energie-Erzeugung zu.
Seit 1880 wird das Gletschergeschehen in den Schweizer Alpen alljährlich in Berichten der Gletscherkommission der Schweizerischen Naturforschenden Gesellschaft zusammengefaßt, die eine wahre Fundgrube von Daten darstellen (F. A. FOREL, 1881, 1882, 1883–1896; FOREL et al., 1897–1911; E. MURET & P. L. MERCANTON, 1912, 1913; MERCANTON, 1914–1949; MERCANTON & A. RENAUD, 1950–1954; RENAUD, 1955–1962; P. KASSER, 1963–1970; KASSER & M. AELLEN, 1971–1976).
Im internationalen Hydrologischen Dezennium 1964/65 bis 1973/74 ist die Summe der mittleren spezifischen Massenbilanzen für den Aletsch- und den Silvretta-Gletscher positiv, für den Gries- und den Limmeren-Gletscher negativ (P. KASSER & M. AELLEN, 1976). Im Mittel über die Gletscher der Schweizer Alpen dürfte der Massenhaushalt ungefähr ausgeglichen sein.
Mit dem extremen Schwundjahr 1963/64 fand eine lange Abschmelzperiode ihr Ende. Bereits 1964/65 brachte eine leichte Rücklage, was sich auch in der Zunahme der vorstoßenden Gletscher äußert. Während der langanhaltenden Rückzugsperiode büßten die Gletscher vor allem im Ablationsgebiet an eisbedeckter Fläche ein. Die Klimaverschlechterung 1964/65–1973/74 bewirkte ein Absinken der Gleichgewichtslinie, also eine Vergrößerung des Akkumulationsgebietes. Damit ergab sich ein Ausgleich in den Massenbilanzen und kleinere Abflußmengen in den Gletscherbächen, was sich in der Energieproduktion der Wasserkraftwerke in Gebieten mit starker Vergletscherung negativ auswirkte.
In den Schweizer Alpen brachte das Jahr 1974/75 (KASSER & AELLEN, 1977) mit einem frühen Einschneien der Gletscher und einem niederschlagsreichen Winter mit später Schneeschmelze eine lang andauernde Schneedecke. Die mittlere spezifische Massenbilanz war bei 4 gemessenen Gletschern deutlich positiv. Im Beobachtungsnetz von 115 Gletschern wurde die Längenänderung an 107 Gletschern beobachtet: 56 stießen vor, 11 blieben stationär und nur noch 40 schmolzen zurück. Erstmals seit 1925/26 stießen mehr als die Hälfte vor. Bei rund zwei Dritteln lag die Längenänderung zwischen –10 und +10 m.
Infolge des schneearmen Winters und des heißen, niederschlagsarmen Frühsommers ergab sich für 1975/76 bereits wieder eine rückläufige Tendenz, indem von den 105 beobachteten Gletschern 71 zurückschmolzen, 9 stationär blieben, 2 unsicher waren und nur 23 vorstießen (M. AELLEN, mdl. Mitt.). Auf einen wiederum verhältnismäßig schneearmen Winter 1976/77 folgten in den Schweizer Alpen bedeutende Frühjahrs-Schneemengen. Entscheidend für das Gletschergeschehen sind jedoch stets auch die Sommermonate. Diese waren 1977 eher kühl, so daß für 1976/77 47 Gletscher vorstießen, 13 stationär blieben und 40 zurückschmolzen.
Seit 1864 veröffentlicht die Schweizerische Meteorologische Zentralanstalt alljährlich Annalen mit wissenschaftlichen Beiträgen zu Wetter und Klima.
F. MÜLLER, T. CAFLISCH & G. MÜLLER (1973, 1976) haben neuerdings ein *Inventar* der schweizerischen Gletscher zusammengestellt.
Diese Bestandesaufnahme umfaßt 1828 Gletscher, die 1973 zusammen mit einem Gesamtvolumen rund 67000000000 m³ noch 1342 km² oder 3,25% der Schweiz bedeckten. Vom Eisvolumen entfallen 69% auf das Wallis, 18% auf den Kanton Bern und 8% auf Graubünden (Fig. 11).

Die größten und längsten Schweizer Gletscher sind:

| | Fläche | Länge | Mächtigkeit |
|---|---|---|---|
| Aletschgletscher | 87 km² | 25 km | 900 m (F. THYSSEN & M. AHMAD, 1970) |
| Gornergletscher | 69 km² | 14 km | bis 480 m (P. BEARTH, 1953 K) |
| Fieschergletscher | 33 km² | 16 km | |

Unter den steilsten Gletschern seien erwähnt:

| | |
|---|---|
| Kesch-Gruppe | mit 58° Neigung der Eisoberfläche |
| Dammastock-Gruppe | mit 57° Neigung der Eisoberfläche |
| Tödi-Gruppe | mit 54° Neigung der Eisoberfläche |

Gletscher mit der tiefstgelegenen Zungenhöhe sind:

| | |
|---|---|
| Oberer Grindelwaldgletscher | 1240 m |
| Unterer Grindelwaldgletscher | 1260 m |
| Aletschgletscher | 1520 m |
| Fieschergletscher | 1640 m |

Der Schwerpunkt der Auswertung des Datenmaterials liegt in der möglichen Erforschung des Zusammenhangs zwischen Gletscher und Klima.
Bei einer späteren Neuaufnahme werden diese Daten eine wertvolle Vergleichsbasis bilden für die im Massenhaushalt als Auswirkung eines veränderten Klimas seit 1973 eingetretenen Veränderungen.
Eine analoge Gesamtdarstellung der Gletscher der französischen Westalpen und ihrer Daten schuf R. VIVIAN (1975).

### *Akkumulation und Ablation*

Gebiete mit mächtiger Schnee-*Akkumulation* weisen meist hohe Niederschlagsmengen auf. Vor allem sind es Leelagen, in denen die schneebringenden Winde ihre Fracht liegen lassen (F. ENQUIST, 1916), so daß die Schneehöhen schon in einem eng begrenzten Areal stark variieren. Firnfelder entwickeln sich einerseits auch in Luvlagen, anderseits besonders in NW-, N- und NE-Karen, wo die Schattenlage ihre Konservierung begünstigt. Zusätzlich ist auch der Verlauf der Tagestemperatur entscheidend. So setzt ein Abschmelzen erst bei positiven Temperaturen nach einem südöstlichen Sonnenstand ein, erfolgt ganz besonders bei südwestlichem Stand und bleibt nach westlichen Ständen aus.
In den Schweizer Alpen, wo Gletscher bis fast 800 m unter die Waldgrenze (S. 59) absteigen, herrschen im Zungenbereich Jahresmittel um +5° beim Unteren Grindelwaldgletscher, der bis auf 1300 m herabreicht, und knapp 5° bei dem auf 1500 m stirnenden Großen Aletschgletscher. In noch tieferen Lagen überwiegt die *Ablation* – Abschmelzung und Verdunstung – den Eisnachschub, so daß der Gletscher plötzlich mit steiler Stirn endet. Sie wirkt jedoch nicht nur am Ende des Gletschers. Warme Luft, Regen und Sonnenstrahlung treffen seine gesamte Oberfläche. In höheren Lagen überwiegt die Strahlung, die im Hochsommer auf dem Gletscher zahlreiche Rinnsale entstehen läßt. Diese verschwinden meist nach kurzem Lauf in einer Spalte, finden ihren Weg durch das Eis und sammeln sich in Eistunneln und fließen zu den Gletschertoren, wo sie

als milchig-trüber Gletscherbach austreten. Zuweilen sammeln sich die Schmelzwässer auf dem Gletscher in Eismulden zu kleineren Seen, die sich, wie Gletscherrand- und Moränen-Stauseen periodisch, bei plötzlichen Ausbrüchen katastrophenartig entleeren.
Gegenüber dem Abschmelzen kommt – vorab im Firngebiet – der Verdunstung nur eine geringe Bedeutung zu. Eine merkliche Verdunstung tritt beim gegenwärtigen Klima in den Schweizeralpen im allgemeinen nur von Ende Februar bis Mitte April und im September und Oktober ein (TH. ZINGG, mdl. Mitt.).
Mündet ein Gletscher in einen See, so tritt als weitere Ablationsform das *Kalben* hinzu. Durch den Auftrieb des Wassers wird das Zungenende bei tieferen Seen emporgehoben. Dadurch werden frontalste Partien abgetrennt und treiben als Eisberge langsam abschmelzend auf dem See umher.
Akkumulation und Ablation bestimmen den *Massenhaushalt* eines Gletschers. Aufgrund des Massen-Umsatzes resultiert eine unterschiedliche Aktivität: eine sehr geringe in der niederschlagsarmen Hocharktis mit niederigen Sommertemperaturen und eine hohe in maritimen, subarktisch-gemäßigten Gebieten mit hohen Niederschlagsmengen und relativ hohen Sommertemperaturen (H. W. AHLMANN, 1938).
Aus dem Verhältnis Akkumulation : Ablation ergibt sich der Zustand eines Gletschers: Halten sich die beiden die Waage, ist er stationär. Überwiegt die Akkumulation, nimmt sein Volumen zu; er rückt vor. Überwiegt die Ablation, schmilzt er ab und sein Rand weicht zurück. Dabei wirkt sich das Zurückschmelzen, wie zuvor das Vorrücken, nicht nur auf die Länge, sondern auf alle Dimensionen aus, nicht nur die Zunge schwillt an oder schmilzt zurück. Besonders bei großen Gletschern zeigt sich eine Zeitdifferenz bis zu einigen Jahrzehnten in der Auswirkung.
Oft äußert sich das Wachstum eines Gletschers nicht nur durch das Vorrücken seiner Zunge, sondern noch zusätzlich durch Anhäufen von niedergebrochenem Eis der Gletscherfront, wie sich dies beim Oberen Grindelwald- oder beim Giesen- und Guggi-Gletscher am Fuß der Jungfrau-N-Flanke beobachten läßt. Der unterhalb der Stirn gelegene Eisschutt wird schließlich von dieser erreicht, aufgenommen und an der Basis der Eisschuttmassen beginnt sich eine neue Stirn auszubilden.
Analog schmilzt das Eis bei einem Rückzug nicht kontinuierlich zurück. Steile Felsrükken apern zunächst aus, während Brucheis an der Gletscherfront und Lawinenschnee in Schattenlagen oft noch lange zu überdauern vermögen.
Für das Wachstum der Gletscher sind besonders reichliche Schneefälle, vorab Sommerschneefälle, von Bedeutung. Sie erhöhen nicht nur die Schneemenge, sondern steigern die Rückstrahlung in der hochsommerlichen Abschmelzzeit. Nach R. VIVIAN (1971) wäre vorab das Wettergeschehen im Juni entscheidend; doch ist für das Gletschergeschehen auch das Wetter in den Hochsommermonaten von großer Bedeutung.
Neben dem Zuwachs im Akkumulations- und, je nach der Intensität der sommerlichen Schneefälle, auch im Ablationsgebiet, erhöhen diese die Rückstrahlung, die *Albedo*. Dadurch wird die Ablation gerade in der abschmelzintensivsten Zeit herabgesetzt.
Ergiebige Schneefälle im Winter und im Frühling führen zu *Lawinenniedergängen* Die zu Tal gefahrenen, umgelagerten und dadurch gepreßten Schneemassen bleiben oft bis in den Spätsommer oder gar bis zum Einwintern liegen und wirken abkühlend auf das Klima der näheren Umgebung.
Lawinen fordern in den Alpen alljährlich ihren Tribut. 1598 büßten in Graubünden über 100 Menschen ihr Leben ein. Diese Zahl an Opfern wurde 1720 allein im Tavetsch erreicht.

Spätsommerlicher Neuschnee schmilzt in NW- bis E-Expositionen meist gar nicht mehr weg, so daß er bereits als Zuwachs für das nächste Jahr zählt.
Umgekehrt setzen schneearme Frühlinge und längere Wärmeperioden im Hochsommer den Gletschern arg zu. Meist genügt dabei weder für das Wachstum noch für ein Zurückschmelzen die extreme Witterung eines einzigen Jahres. Erst eine Reihe von Jahren mit gleichsinnig wirkenden Witterungsabläufen vermag die Gletscher zum Vorstoßen oder Zurückschmelzen zu bewegen.
Daher reagieren kleinere Gletscher rascher, größere langsamer, ganz große oft mit einer derartigen Verspätung, daß die Klimatendenz zuweilen bereits wieder umgeschlagen hat. Kleinere Gletscher spiegeln somit vorab kurzfristige Veränderungen wider, was sich in der Ausbildung mehrerer Moränenstaffeln äußern kann. Große dagegen sprechen nur auf langfristige Änderungen an, was sich in der Ausbildung weniger, aber markanter Wälle zu erkennen gibt.

### *Schneegrenzen, Firnlinie*

Die Höhenlage, von der an der als Schnee gefallene Niederschlag während des Sommers nicht mehr schmilzt und sich eine dauernde Schneedecke bildet, wird als *Schneegrenze* bezeichnet. Sie hängt ab von der jährlich als Schnee gefallenen Niederschlagsmenge und – wegen der Albedo-Wirkung – von deren zeitlicher Verteilung, vom Gang der Sommer-Temperatur (der Summe der positiven Tagesmittel), von der Exposition und vom Wind. Auf der Sonnenseite liegt sie hoch, auf der Schattenseite tiefer. NE- und E-Expositionen erhalten Morgensonne bei noch relativ tiefer Tagestemperatur; die Ablation ist daher noch gering. S- und SW-Expositionen sind der Mittags- und der Nachmittags-Einstrahlung bei höheren Temperaturen und damit stärkerer Ablation ausgesetzt. Ein wesentlicher Abbau der Schneedecke erfolgt erst bei Temperaturen über 0°. An Steilhängen gleitet der Schnee – je nach der Schichtung – ab und häuft sich in Mulden und am Fuß von Lawinenzügen an. Im Luv bleibt nur wenig liegen, dafür sammelt er sich im Lee an. Selbst am gleichen Ort ist die *lokale Schneegrenze* variabel: in schneearmen Wintern und heißen Sommern wandert sie nach oben, in schneereichen Wintern und kühlen Sommern nach unten. Dies äußert sich auch im Datum des Einwinterns und im Ausapern (E. AMBÜHL, 1961; TH. ZINGG, 1966).
Unter den Begriff *Schneegrenze* fallen ganz *verschiedene Typen* von Grenzlinien:
– Die *jährliche Schneegrenze* bezeichnet jene Grenze, bis zu der sich die Schneedecke auf horizontaler Fläche über das ganze Jahr hält. Sie ist nicht nur für den Klimatologen, sondern für das gesamte Naturgeschehen entscheidend.
– Die *temporäre Schneegrenze* ändert sich im Laufe des Jahres andauernd durch Schneefälle und das Zurückschmelzen der Schneedecke. Sie ist im Gelände wohl sehr gut sichtbar, gibt aber nur einen äußerst kurzfristigen Zustand wider.
– Die *örtliche Schneegrenze* wird stark durch Relief und Exposition bestimmt. Daneben berücksichtigt sie auch Verwehungen und Lawinenschnee.
– Die *klimatische Schneegrenze* ist eine imaginäre, im Gelände *nicht sichtbare* Linie, die – unabhängig von der Exposition – durch langjährige Beobachtungen gemittelt wird. Sie soll möglichst unverfälscht das *Klima* ausdrücken. Da sich aber auch dieses bereits innerhalb eines Jahrhunderts merklich ändert, ist selbst die klimatische Schneegrenze *zeitabhängig* (Fig. 12).

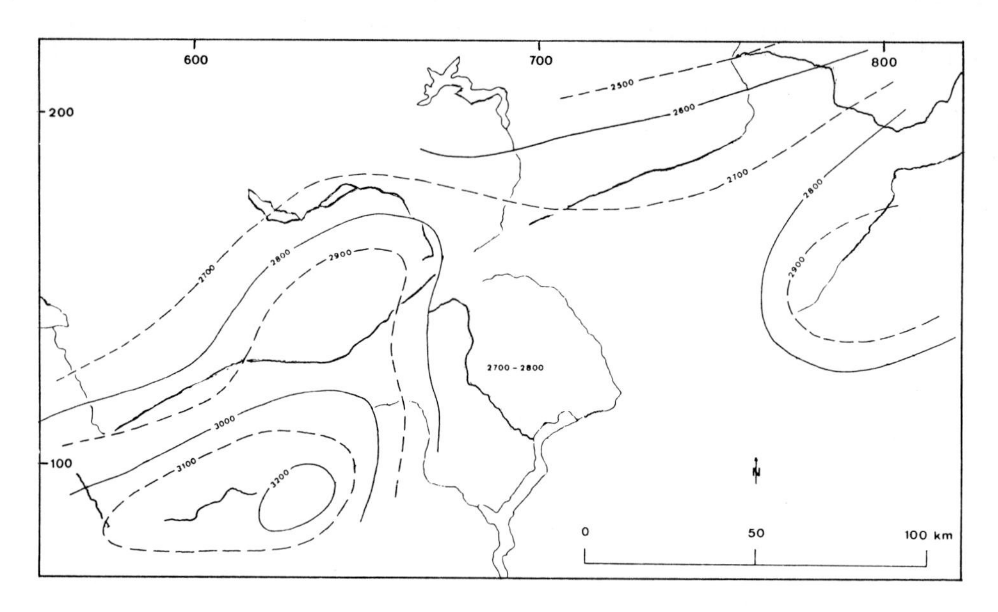


Fig. 12 Großräumiger Verlauf der Linien gleicher klimatischer Schneegrenzen um 1900.
Aus: J. JEGERLEHNER, 1902.

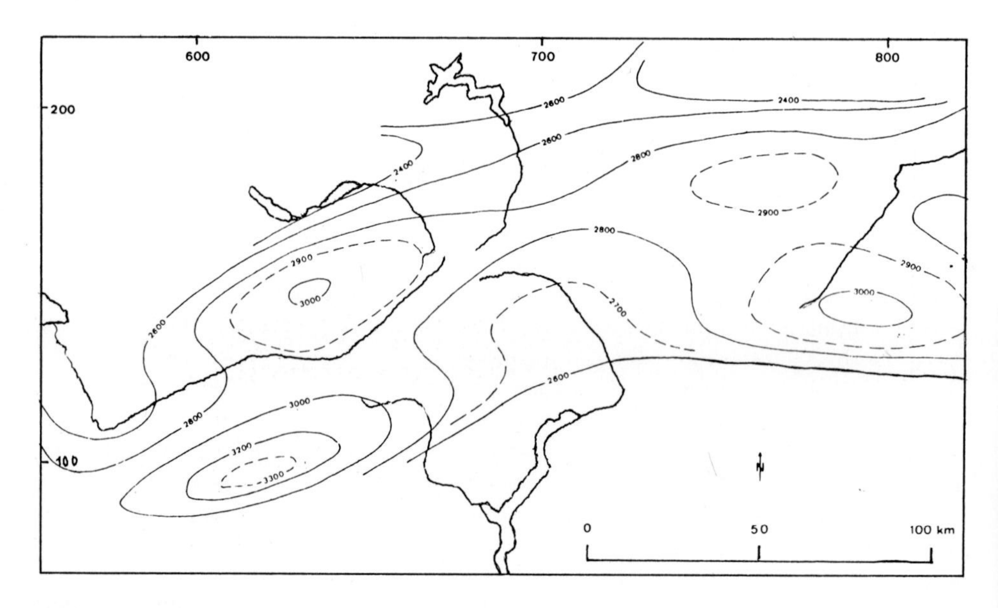


Fig. 13 Großräumiger Verlauf der Linien gleicher mittlerer Gletscherhöhen 1973.
Aus: F. MÜLLER et al., 1976.

Fig. 14 Großräumiger Verlauf der Höhenkurven gleicher Firnlinie 1973 (6.–13. Sept.). ▷
Aus: F. MÜLLER et al., 1976.

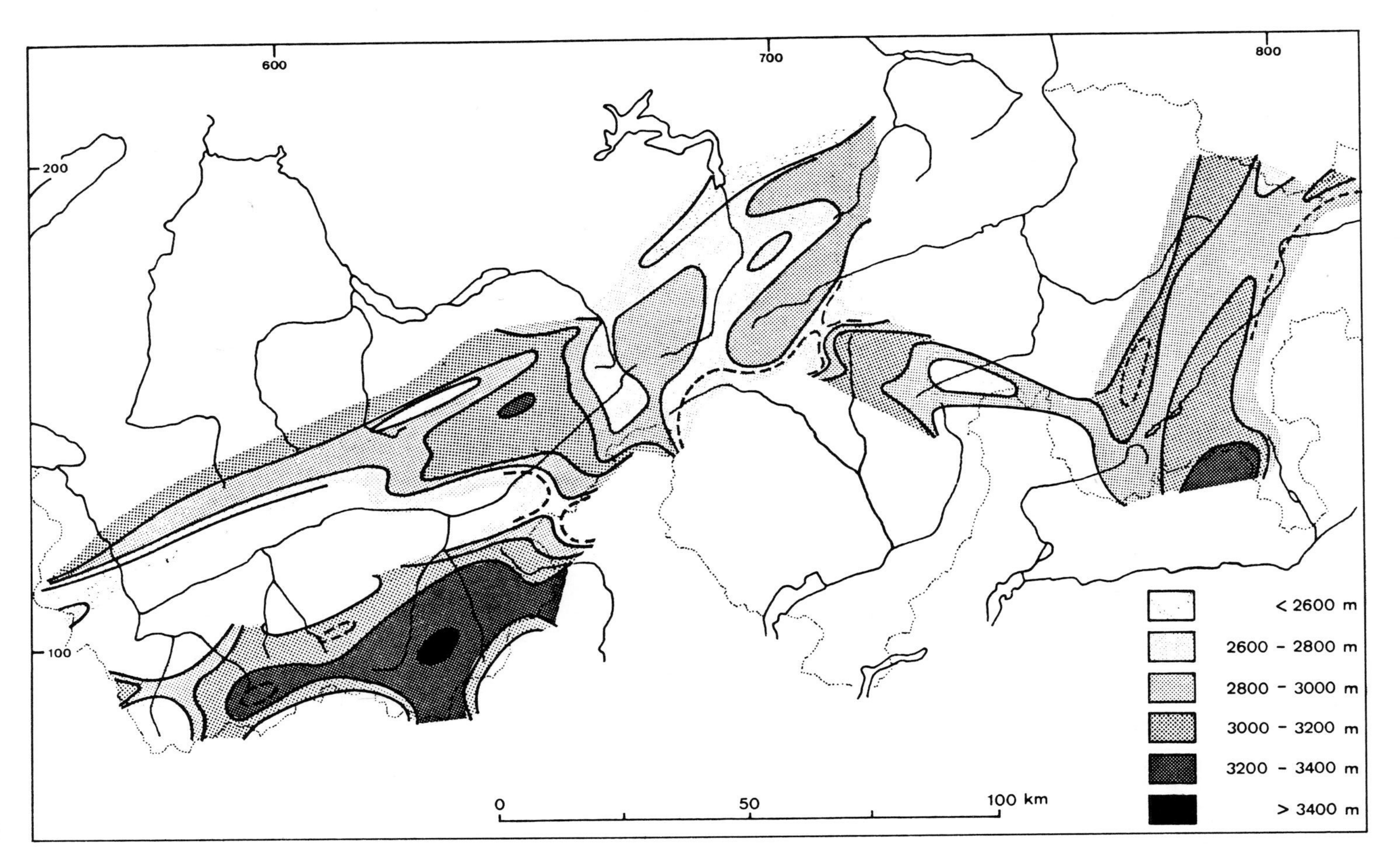
600
700
800
200
100
< 2600 m
2600 – 2800 m
2800 – 3000 m
3000 – 3200 m
3200 – 3400 m
> 3400 m
0
50
100 km

Auf Firn- und Gletschereis liegt die klimatische Schneegrenze heute bis 400 m tiefer als jene auf aperem Boden.
– Die *Firnlinie* entspricht der jährlichen Schneegrenze auf dem Gletscher. Ihre Ermittlung erscheint zwar theoretisch recht einfach, ist aber oft sehr schwer festzulegen und nur durch Dichtemessungen zu ermitteln. Für Firn- und Gletschereis gelten nach TH. ZINGG (mdl. Mitt.) etwa folgende Dichten:

| | |
|---|---|
| Jähriger Schnee | bis etwa 650 kg/m³ |
| Firn bis 30 m Mächtigkeit | 650–750 kg/m³ |
| stärker überlagerter Firn | 750–850 kg/m³ |
| Eis | 850–925 kg/m³ |

F. MÜLLER et al. (1976) stellen aufgrund der Daten von RENAUD, KASSER und AELLEN folgende Firnlinienhöhen zusammen (Fig. 14):

| | Gries-Gletscher (VS) | Limmeren-Gl. (GL) | Silvretta-Gl. (GR) |
|---|---|---|---|
| Mittl. Höhe der Gleichgewichtslinie 1961/62–72/73 | 2878 m | 2750 m | 2813 m |
| Firnlinie 1973 | 3020 m | 2780 m | 2860 m |
| Gleichgewichtslinie 1972/73 | 3070 m | 2900 m | 2980 m |

Zur *Ermittlung* der Schneegrenze werden *verschiedene Methoden* angewendet.
L. KUROWSKI (1891) setzt sie ungefähr der mittleren Höhe der Gletscheroberfläche gleich. Zugleich würde die Schneegrenze etwa in den Bereich der O°-Isotherme fallen. Sie liegt jedoch deutlich höher (S. 54).
H. v. HÖFER (1879) bestimmte sie bei kleinen Gletschern als Mittel zwischen mittlerer Höhe des umrandenden Gebirgskammes und Zungenende. Sie hängt zu sehr von der Topographie und vor allem vom Höhenbereich des Firnfeldes und von dessen Ausdehnung ab.
F. SIMONY (1851) empfiehlt für die *regionale Schneegrenze*, die sich über einen gewissen Bereich erstreckt, die «Gipfelmethode», das arithmetische Mittel der Gipfelhöhen, die bereits Firnkappen tragen und solchen, die noch ausapern. Nach F. ENQUIST (1916) liegt jedoch die so gewonnene «Vergletscherungsgrenze» – infolge der Windwirkung auf den Gipfeln – bis über 100 m über der Schneegrenze. Aufgrund langjähriger Erfahrung am Säntis und an der Weißfluh ist die Gipfelmethode (TH. ZINGG, mdl. Mitt.) denkbar ungünstig. Die Verwehungen sind viel zu groß. Im relativ flachen Gebiet der Totalp–Weißfluhjoch (2200–2700 m) werden mittlere jährliche Schneehöhen von 50 cm bis 7 m ermittelt. Sie ändern sich von Jahr zu Jahr je nach der Schneemenge und der vorherrschenden Windrichtung.
Auch sind topographische Karten für die Ermittlung der Schneegrenze oft nur bedingt verwertbar, da die Aufnahmen oft zeitlich zu weit zurückliegen.
Für stationäre Gletscher führte R. FINSTERWALDER (1952, 1955) eine geodätisch-meteorologische Methode zur Bestimmung der Schneegrenze ein. Dabei ersetzt er die Massenbilanz-Kurve näherungsweise durch eine Parabel, da von einer gewissen Höhe an die gegen oben immer geringer werdende Ablation immer mehr gegen Null strebt, während die Akkumulation nach unten langsam abnimmt. Für die Rechnung sind die Flächen aller Höhenzonen eines Gletschers auszuplanimetrieren.

Da die Schneegrenze in jener Höhenlage liegt, in der Seitenmoränen auszuapern beginnen (N. LICHTENECKER, 1938) kommt dem Einsetzen der höchsten Moränenwälle auch für eiszeitliche Gletscher Bedeutung zu. Da die Schneegrenze bei alpinen Gletschern der Gleichgewichtslage zwischen Akkumulations- und Ablationsgebiet, zwischen Firnflächen und Gletscherzunge, meist recht nahekommt, kann versucht werden, aus der Konfiguration von Firnmulde und Gletscherzunge diese zu ermitteln (H. HESS, 1904). Streng liegt sie etwas höher als die Gleichgewichtslinie der Gletscher, da dort Schnee auf Firn und Eis fällt und liegen bleibt, während er daneben in gleicher Höhenlage noch über einen gewissen Bereich wegzuschmelzen vermag. Nach E. BRÜCKNER (in PENCK & BRÜCKNER, 1909) variiert das Verhältnis von Akkumulation: Ablation je nach der Gestalt des Felsbettes, zwischen 3:1 und 2:1, beim Giétro-Gletscher mit seiner steil ins Val de Bagnes herabhängenden Zunge bis 7:1. Um den Fehler gering zu halten, werden Becken mit ausgeglichener Vertikalausdehnung gewählt.
P. KASSER (1957) erhält für das Ablationsgebiet des Großen Aletschgletschers rund 35%.
Durch die schneebringenden SW- und NW-Winde erhalten N der Alpen die NE-, E- und SE-Seiten, S der Alpen mit vorherrschenden SW-Winden die E- und NE-Seite mehr Schnee. Bei extremer Lee-Lage kann sich ein Firn unterhalb der Schneegrenze entwickeln und halten, etwa der Bächifirn an der SE-Seite des Glärnisch (R. STREIFF-BECKER, 1949). Ausdauernde Firnflecken reichen oft noch viel weiter herab, der von Lawinenschnee genährte in der E-Wand des Wiggis gar bis auf unter 1400 m.
Um den Einfluß der Exposition und wetterbedingte jährliche Schwankungen auszuschalten, wird für Vergleichszwecke mit benachbarten Regionen die über eine bestimmte Zeitspanne – z. B. eine Dekade – ermittelte *klimatische Schneegrenze* angewendet. Sie wird für quartärgeologische Betrachtungen sinnvoll definiert als Mittelwert zwischen Luv- und Lee-, Sonnen- und Schattenseite (E. HAASE, 1966). HERMES (1964) und HAASE möchten hiefür den Begriff *regionale* Schneegrenze verwenden, da darin neben klimatischen auch orographische Faktoren zum Ausdruck kommen. Für Fragen des periglazialen Raumes mag ZINGGS Vorschlag (1954), «daß sich die Beobachtungen auf ein horizontales Feld normaler Exposition» beziehen sollen, beibehalten werden.
Die Gleichgewichtslinie eines Gletschers entspricht bei SE- und bei W-Exposition nahezu der klimatischen Schneegrenze. Bei anderer Exposition ist je nach Form und Neigung von Firn- und Zungenbecken eine Korrektur anzubringen. Bei NE-Lage sind – infolge Schneeanhäufung Schattenlage – (80)–120–150–(180) m hinzuzurechnen, bei SW-Lage – infolge des nachmittäglichen Temperatur-Maximums – mindestens soviel abzuziehen. Die Werte in Klammern beziehen sich auf flache, bzw. sehr steile Lagen.
Da bei fossilen, nur durch Akkumulationsgebiet und Endmoränen belegten Gletschern kaum mehr von einer Gleichgewichts*linie* gesprochen werden kann, wird für den Grenzbereich von Akkumulations- und Ablationsgebiet die Bezeichnung Gleichgewichts*lage* verwendet.
Wegen des oft stark variierenden Massenhaushaltes können nur Gletscher mit ähnlicher Gestalt, Höhenlage und vergleichbarem Volumen zur Bestimmung der klimatischen Schneegrenze herangezogen werden.
Als Mittelwert verschiedener Expositionen steigt die klimatische Schneegrenze in der E-Schweiz von rund 2500 m im nördlichen Säntisgebirge über 2650 m am Glärnisch, auf 2750 m in den höchsten Glarner Alpen. In Mittelbünden liegt sie auf 2850 m, im Oberengadin auf über 2950 m, in der Bernina- und in der Ortler-Gruppe gar auf 3000 m. In der W-Schweiz steigt sie von 2700 m in den Waadtländer Alpen auf 2850 m im

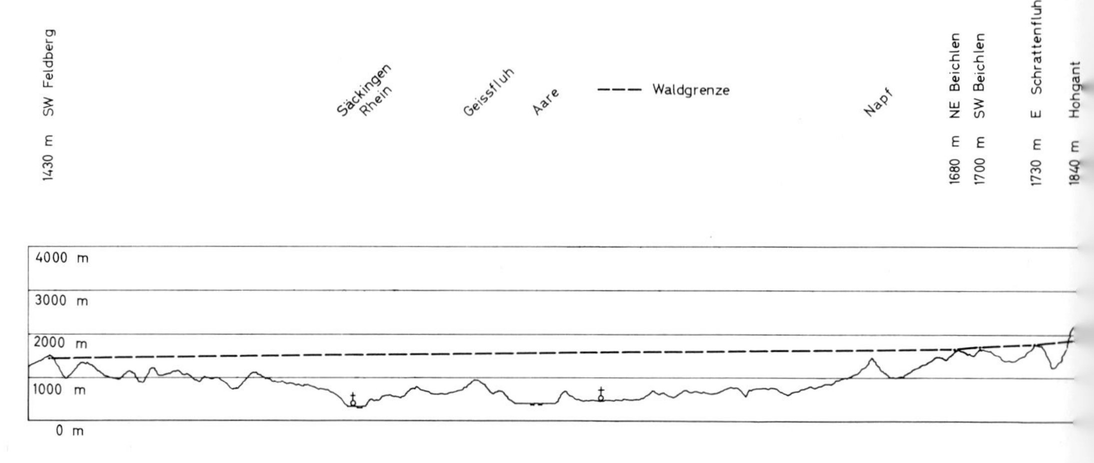


Fig. 15 Waldgrenze und klimatische Schneegrenze im Querschnitt vom südlichen Schwarzwald (Feldberg) durch das Napfbergland, das Emmental, die Berner und Walliser Alpen ins Aostatal (Valle di Gressonay).

Wildhorn-Wildstrubel-Gebiet, 2900 m in den zentralen Berner Alpen, 3000 m S der Rhone, 3000–3100 m in den Walliser Hochalpen und auf über 3100 m in der Zermatter Gegend. Auf der S-Abdachung der Alpen fällt sie wieder ab: auf knapp 3000 m S des Aostatales, von 3000 m in der Ortler-Gruppe auf 2800 m im Adamello. Diese Werte sind eher noch zu tief, da sich aus der heutigen Gletschergröße nicht die gegenwärtige, sondern – infolge ihrer Eismasse – nur eine «fossile» klimatische Schneegrenze ableiten läßt. J. Jegerlehner (1902) und P. Beck (1926k) geben für die klimatische Schneegrenze noch deutlich tiefere Werte an.

Mit dem Abschmelzen der Gletscher und der Ausaperung einst firnbedeckter Gebiete seit 1923, vorab seit 1947, hat sich die klimatische Schneegrenze nach oben verschoben. Zingg (1954, 1971) empfiehlt für rezente Vergleiche Schneegrenzbestimmungen in unvergletscherten Gebieten, da eine «große Zahl von Gletschern nicht unserem Klima angehört, sondern als Relikte zu betrachten sind». H. Escher (1970) erhält für unvergletscherte horizontale Flächen, auf denen ein Teil der niedergegangenen Schneemenge wieder weggeblasen worden sein kann, höhere Werte: für das Berner Oberland und für Mittelbünden 3200 m bei einer mittleren Jahrestemperatur von –5,7° bzw. –5,5° und für das Wallis gar 3450 m bei einem Jahresmittel von –6°. Die Mittelwerte von Gleichgewichtslagen vergletscherter Gebiete liegen um rund 300–400 m niedriger, als Jahresmittel um 1,5–2° höher, bei rund –4° C, wobei er allerdings die Niederschläge vernachlässigt hat. Im Silvretta-Gebiet ergeben sich 2800 m für die N- und 2850 m für die S-Seite, für das Wildstrubel-Gebiet 2750 m für die N- und 2800 m für die S-Seite. Diese Werte kompensieren wohl den Einfluß des Windes, werden aber durch die Firn-Unterlage herabgedrückt; sie dokumentieren gleichsam «fossile» Schneegrenzen. Anderseits werden kurzfristige Klimaschwankungen weitgehend ausgeglichen, so daß die gewonnenen

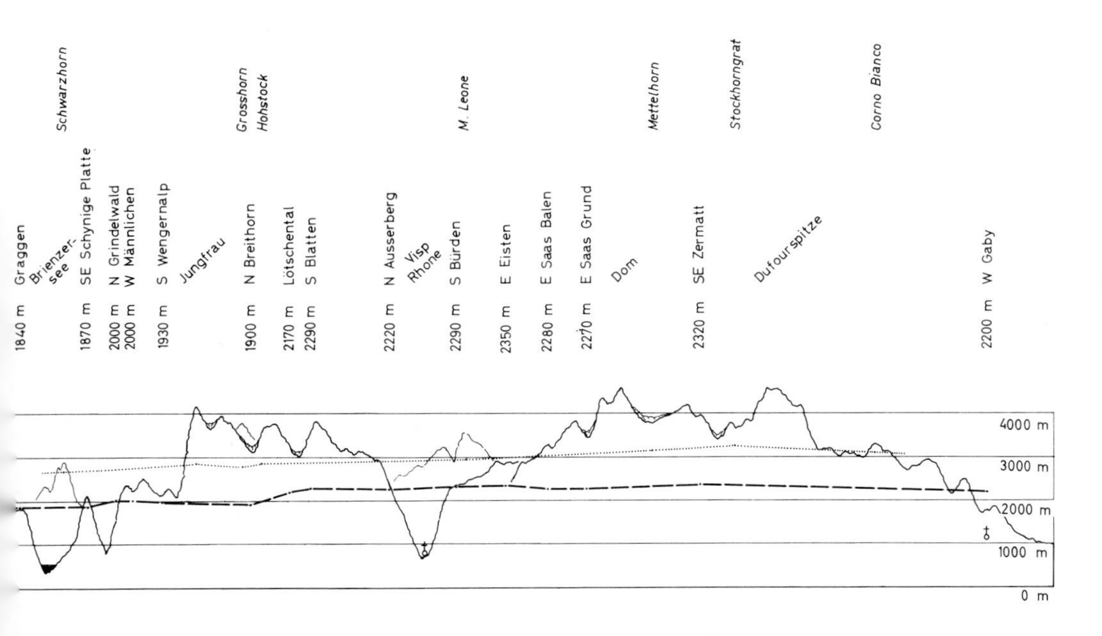


Werte besser mit solchen, wie sie sich aus würm- und spätwürmzeitlichen Moränen und ihren zugehörigen Karmulden ergeben, verglichen werden können, während die Bedingungen ZINGGS nur für rezente Vergleiche sinnvoll, «fossil» jedoch kaum faßbar sind. H. LANG & G. DAVIDSON (1974) versuchten zu zeigen, daß für die Schneedeckendauer und damit für die Lage der klimatischen Schneegrenze Temperatur und Niederschlagsmenge verantwortlich sind. Eine Änderung der mittleren Jahrestemperatur um 1° würde eine Änderung der Schneedeckendauer um 14–17 Tage, eine Änderung der jährlichen Niederschlagsmenge um 100 mm eine solche um 5-7 Tage bewirken. Eine Temperaturerniedrigung um 0,36–0,37° wäre demnach rein rechnerisch für den alpinen Klimabereich gleichbedeutend mit einem Anstieg der jährlichen Niederschlagsmenge um 100 mm.

*Die Waldgrenze und ihre Lage zur klimatischen Schneegrenze*

Da heute weite Bereiche der Alpen nicht mehr über die klimatische Schneegrenze hinaufreichen, ist es sinnvoll, als weitere, im Gelände und auf topographischen Detailkarten feststellbare, klimabedingte Grenze auch die *natürliche Waldgrenze* in die Betrachtung einzubeziehen und ihre Lage zur Schneegrenze abzustecken, so daß diese in tieferen Lagen durch die Waldgrenze ersetzt werden kann.
Die obere Waldgrenze ist jene Höhenlinie, bis zu welcher der Wald die für sein natürliches Fortkommen notwendigen klimatischen Bedingungen vorfindet (E. IMHOF, 1900; A. DÄNIKER, 1923; H. LEIBUNDGUT, 1938; W. NÄGELI, 1969).

Die Waldgrenze im Rhein-, Linth-, Reuß-, Emmen-, Aare-, Saane- und Rhone-Querschnitt

Rhein-System

| | |
|---|---|
| SW Kronberg | 1620 m |
| S Stockberg E Neßlau | 1680 m |
| SW Alpsigel | 1730 m |
| N Hochhus, Stauberen | 1760 m |
| E Gamserrugg | 1830 m |
| S Glegghorn, Falknis | 1860 m |
| N Haldensteineralp | 1900 m |
| S Taminser Calanda | 1980 m |
| NW Stätzerhorn | 2030 m |
| W Piz Scalottas | 2080 m |
| ESE Splügen | 2090 m |
| S Avers-Cresta | 2120 m |

Reuß-System

| | |
|---|---|
| Roßberg | 1560 m |
| S Rigi-Kulm | 1670 m |
| S Fronalpstock | 1700 m |
| SW Oberbauenstock | 1820 m |
| Chulm SW Isenthal | 1850 m |
| Hüenderegg NW Altdorf | 1860 m |
| SE Kleinen Windgälle | 1880 m |
| W Wassen | 1930 m |
| NW Göscheneralp | 1920 m |
| Andermatt (Aufforstung) | 1980 m |

Kander/Aare-System

| | |
|---|---|
| Niederhorn W Beatenberg | 1820 m |
| Niesen (SE-Seite) | 1830 m |
| Geerihorn | 1850 m |
| Fitzer (Engstligenalp) | 1910 m |
| Birre | 1920 m |
| Elsigenalp | 2000 m |
| Doldenhorn (S-Seite) | 2000 m |
| Altels (W-Seite) | 2060 m |
| Kummenalp (Lötschental) | 2120 m |

Saane-System

| | |
|---|---|
| La Berra | 1670 m |
| Dent-de-Broc | 1790 m |
| Pointe de Cray | 1820 m |
| Wandflue (Gastlosen) | 1890 m |
| Les Arpilles SE L'Etivaz | 1890 m |
| Pic Chaussy | 1900 m |
| Hornflue | 1930 m |
| Gummflue | 1960 m |
| Mittaghorn S Gsteig | 1970 m |

Linth-System

| | |
|---|---|
| SW Federispitz | 1560 m |
| E Planggenstock | 1620 m |
| NE Wageten | 1660 m |
| Risetengrat W Näfels | 1730 m |
| NE Rautispitz | 1740 m |
| SE Schilt-Gipfel | 1800 m |
| Franzenhorn W Kärpf | 1860 m |
| SE Chilchenstock | 1920 m |
| NW Vorstegstock | 1980 m |

Emmen-Systeme

| | |
|---|---|
| Beichlen | 1660 m |
| Fürstein E Flühli LU | 1820 m |
| Nüalpstock NE Sörenberg | 1880 m |
| Hohgant SW-Seite | 1880 m |

Aare-System

| | |
|---|---|
| Augstmatthorn | 1840 m |
| Hilfenen N Faulhorn | 1890 m |
| Gibel N Meiringen | 1990 m |
| Große Scheidegg | 1990 m |
| Faulhorn S-Seite | 2070 m |
| SW Kleine Scheidegg | 2070 m |

Simmen/Aare-System

| | |
|---|---|
| Selibüel S Gurnigel | 1750 m |
| Ochsen (W-Seite) | 1800 m |
| Stockhorn (W-Grat) | 1850 m |
| Niesen (W-Seite) | 1860 m |
| Bäderhorn W Boltigen | 1870 m |
| Niederhorn NE Zweisimmen | 1910 m |
| Schatthore N Lenk | 1970 m |
| Gandhore (Spillgerte) | 2000 m |
| Laufbodenhorn S Lenk | 2000 m |

Rhone-System

| | |
|---|---|
| Moléson | 1600 m |
| Le Molard NE Les Avants | 1740 m |
| Rochers de Naye | 1760 m |
| Tours d'Aï | 1880 m |
| Chamossaire | 1950 m |
| Pte. des Savolaires E Bex | 1980 m |
| Dent de Morcles | 2000 m |
| Bovine SW Martigny | 2100 m |
| Le Bonhomme N Champex | 2200 m |

Wie die klimatische Schneegrenze hängt auch die Waldgrenze von mehreren Faktoren ab: vom Boden, von der Exposition, vom Wind, von der Gletschernähe. Am höchsten reicht sie meist in NW- bis W-Exposition. Wohl wurde die heutige Waldgrenze durch Alpwirtschaft und Bergbau des Menschen früherer Zeiten heruntergedrückt, doch finden sich stets unberührte Gebiete mit höchsten Vorkommen. Zudem treten bis zur Waldgrenze geschlossene Alpenrosenbestände auf. 60–70 m über der Wald- liegt die *Baumgrenze*. Darüber unterscheidet LEIBUNDGUT noch eine um 50–100 m höher steigende *Krüppelgrenze* mit bis 50 cm hohen Baumzwergen.
All diese Grenzlinien können bereits durch kurzklimatische Veränderungen berg- oder talwärts verschoben werden; sie geben daher stets einen klimabedingten Momentanzustand wieder.
Untersuchungen an der alpinen Waldgrenze führten M. WELTEN (1950) dazu, daß bei artenreicher Krautvegetation bereits ein Nichtbaumpollen-Anteil von über 35% der Gesamtsumme auf eine waldfreie Rasengesellschaft hindeutet. Damit läßt sich die Waldgrenze früherer Zeitabschnitte aus den Pollendiagrammen herauslesen.
Im Berner und Solothurner Jura liegt die Waldgrenze heute auf 1400 m, im Hochjura, am Chasseral, auf über 1500 m, an der Dôle auf über 1550 m, an der Crêt de la Neige auf 1650 m, am Alpenrand der NE-Schweiz auf 1600 m, am oberen Genfersee auf 1700 m. Im östlichen Berner Oberland reicht der höchste Wald im Tal von Rosenlaui bis auf 2000 m, S des Faulhorn gar auf 2070 m. Bis ins Engadin und ins Ofenpaßgebiet sowie im Wallis, in den Vispertälern, steigt sie gar bis auf über 2300 m, und erreicht SE von Zermatt mit 2340 m ihr Maximum in den Alpen. In der oberen Tarentaise bei Ste-Foy steigt sie bis auf 2250 m (Y. BRAVARD, 1972). Auf der Alpen-Südseite fällt sie wieder ab, in der tessinischen Riviera und im untersten Misox auf 1950 m, N des Lago Maggiore auf 1900 m (IMHOF, 1900).
Schnee- und Waldgrenze steigen somit großräumig, wie schon E. RICHTER (1888), IMHOF (1900) und J. JEGERLEHNER (1902) erkannt haben, nicht einfach mit abnehmender geographischer Breite an, sondern zugleich mit der Massenerhebung einer Gegend (H. LIEZ, 1903). Von den höchsten Bereichen der Alpen sinken sowohl die Schnee- als auch die Waldgrenze generell gegen die Randgebiete ab, gegen N stärker, gegen S schwächer. Umgekehrt bewirkt in inneralpinen Tälern, etwa in den Vispertälern, die Niederschlagsarmut, eine gewisse Kontinentalität, einen weiteren Anstieg der Wald- und Schneegrenze, die sich bis in Hochlagen auswirkt.
Aus übereinstimmenden mittleren Höhenlagen – oberes Toggenburg mit einer Waldgrenze von 1750 m und südöstliches Misox mit einer solchen von 1950 m – ergibt sich in den Schweizer Alpen ein klimatisch bedingter Anstieg von N nach S um 200 m pro Breitengrad.
Wenn heute die klimatische Schneegrenze – je nach Kontinentalität und Relief – 800–1000 m über der Waldgrenze liegt, dürfte dies auch in den Kaltzeiten kaum wesentlich anders gewesen sein, bewegt sich doch der Abstand der beiden über weite Gebiete der Erde noch heute um diese Werte (K. HERMES, 1955). Bei relativ geringer Reliefentwicklung ist dabei der Abstand der beiden geringer, bei großer Reliefentwicklung ist sie größer. Damit kann die Schneegrenze in Bereichen, die nicht so hoch hinaufreichen, durch die Waldgrenze ersetzt werden; umgekehrt kann aus eiszeitlichen Schneegrenzen auf die jeweilige Waldgrenze geschlossen werden. Dagegen können späteiszeitliche Gletscherstände, die – aufgrund von Akkumulations- und Ablationsgebiet – eine übereinstimmende klimatische Schneegrenze liefern, nur dann zeitlich einander gleichgesetzt

werden, wenn diese, wie auch die Waldgrenze, konform den Linien gleicher Massenerhebung verläuft (Fig. 15).
Um Genf liegt heute die Waldgrenze an der Crêt de la Neige auf 1680 m, im Chablais, am Môle und um Morzine, auf 1800 m, über dem Stadtgebiet selbst – als Folge des Absinkens über dem Molassebecken und in der Windgasse – theoretisch deutlich tiefer.
In der Würm-Eiszeit lag die Waldgrenze – analog der klimatischen Schneegrenze – während des äußersten Standes um gut 1300 m tiefer. Aufgrund der Höhenlage – um 400 m –, des Anstieges der Waldgrenze um 200 m/Breitengrad gegen S sowie des würmzeitlichen Eisrandes, dürfte der Wald somit erst um Lyon, und Saône-aufwärts um Chalon s/Saône in vom Gletscherwind geschützten Lagen eingesetzt haben.
Zwischen Wald- und Schneegrenze konnten G. FURRER (1965), P. FITZE (1969), FURRER & FITZE (1970, 1971) mit Hilfe von Solifluktionsformen weitere höhenmäßig gliederbare Zonen ausscheiden: so direkt über der Waldgrenze, im Bereich der alpinen Rasen und im Übergangsbereich zur Frostschutt-Stufe, Schutt-Girlanden, im nächsten Übergangsbereich und in der Frostschutt-Stufe in Hanglagen zunächst die Zone mit Erd- und Steinstreifen, dann, bis zur orographischen Schneegrenze, die Zone der Strukturböden, in flachen Bereichen diejenige der Stein-Polygon- und der Erdkuchen-Böden (Fig. 16–19).

*Die Gletscherbewegung*

Die Fließbewegung eines Gletschers läßt sich nur bedingt mit der eines Flusses vergleichen; sie ist – infolge größerer innerer Reibung – viel langsamer. Gegen die Querschnittsmitte nimmt die Fließgeschwindigkeit zu, gegen den Rand und gegen den Grund fällt sie wegen des Reibungswiderstandes ab. Dabei sind zwei Bewegungsarten zu unterscheiden: ein langsames Strömen mit Differentialbewegungen längs interner Flächen, das der Dynamik viscoplastischer Massen unterliegt, und ein Gleiten auf der Unterlage.
Messungen über Fließgeschwindigkeiten auf Gletscheroberflächen erfolgten bereits sehr früh; durch L. AGASSIZ (1840, 1847) am Unteraargletscher, durch A. BALTZER (1898) in Verbindung mit Versuchen über die Glazialerosion, Messungen über die Mächtigkeit und Beobachtungen über die Veränderungen der Gletscherstirn am Unteren Grindelwaldgletscher und vorab durch P.-L. MERCANTON (1916) am Rhonegletscher von 1874–1915.
Als jüngstes Beispiel von Fließgeschwindigkeiten eines heutigen Gletschers seien einige Meßwerte vom Aletschgletscher mitgeteilt (M. AELLEN, 1974, schr. Mitt.).

| Meereshöhe | Lokalität | Gletschergefälle | mediane Fließgeschwindigkeit |
|---|---|---|---|
| 3345 m | oberer Jungfraufirn | 5,5% | 36– 38 m/Jahr |
| 2930 m | unterer Jungfraufirn | 7 % | 100–115 m/Jahr |
| 2710 m | SW der Konkordiahütte | 5 % | 185–195 m/Jahr |
| 2675 m | S der Konkordiahütte | 7 % | 195–205 m/Jahr |
| 2410 m | NW des Märjelesee | 4,5% | 136–144 m/Jahr |
| 1770 m | N des Aletschwaldes | 9 % | 74– 86 m/Jahr |

Beim laminaren Fließen hängt die Geschwindigkeit ab vom Oberflächen-Gefälle, von der Mächtigkeit und von der Bettform, vom Talquerschnitt. Nach M. PERUTZ (1950), J. W.

Fig. 16 Erdkuchen (Vordergrund) und Erdströme am Mot Radond ENE des Ofenpasses.

Fig. 17 Erdkuchen auf dem Cassons-Grat N von Flims GR.

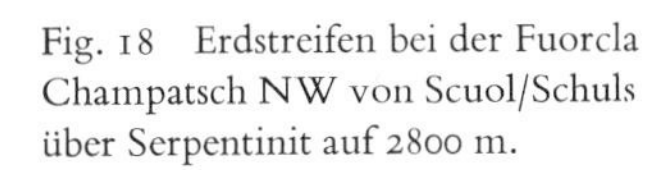

Fig. 18 Erdstreifen bei der Fuorcla Champatsch NW von Scuol/Schuls über Serpentinit auf 2800 m.

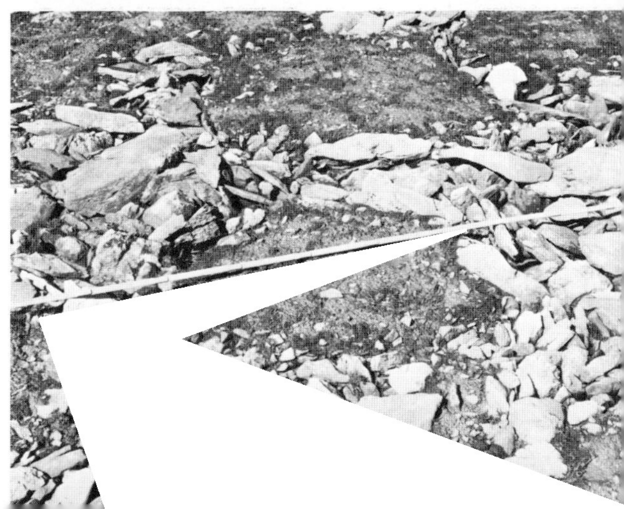

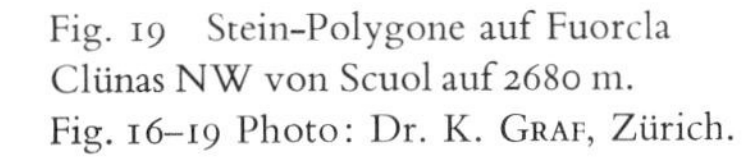

Fig. 19 Stein-Polygone auf Fuorcla Clünas NW von Scuol auf 2680 m.
Fig. 16–19 Photo: Dr. K. Graf, Zürich.

## Zungenstände und Längenänderung des Trientgletschers 1845–1973

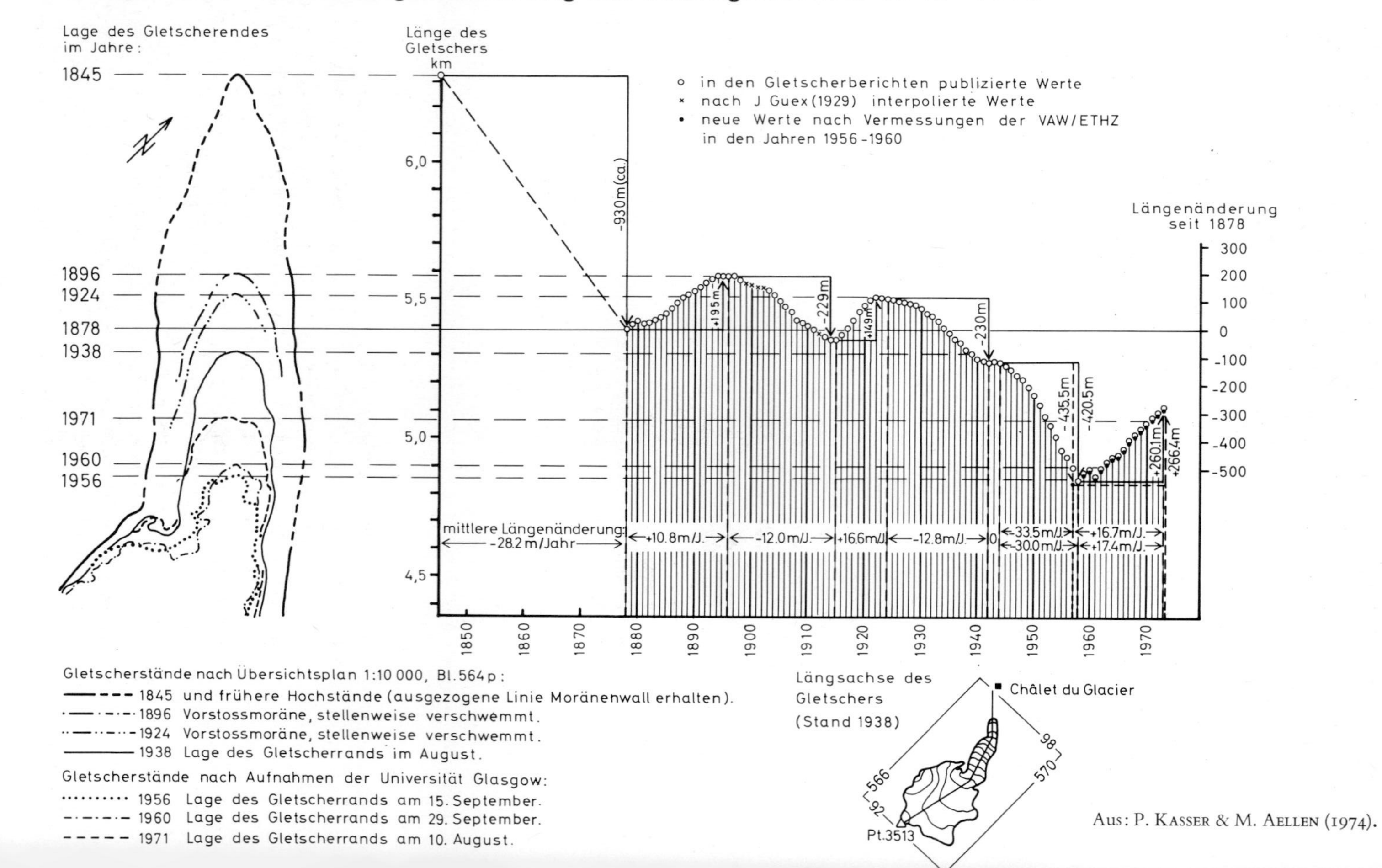


Aus: P. Kasser & M. Aellen (1974).

Glen (1952) und J. F. Nye (1952, 1953), läßt sie sich für einen gegebenen Talquerschnitt berechnen. Für parabolische, elliptische und rechteckförmige Querschnitte ergibt sich nach Nye (1965) als mittlere Fließgeschwindigkeit $\bar{v}$:

$$\bar{v} = \frac{f \cdot A \cdot (\varrho \cdot g \cdot a^2 \cdot \sin \alpha)^3}{F}$$

Dabei bedeuten f ein Querschnittsfaktor, A ein temperaturabhängiger Faktor des Eises, $\varrho$ dessen Dichte, g die Gravitationskonstante (981 cm/sec²), a die maximale Eismächtigkeit, tg $\alpha$ das Gefälle der Gletscheroberfläche und F die Querschnittfläche.
Zum laminaren Fließen kommt oft noch ein Gleiten auf der Unterlage, das ein Vielfaches betragen kann. Gleitvorgänge lassen sich bei vielen heutigen Gletschern beobachten. Sie treten meist unvermittelt auf und variieren vom cm-Bereich bis zum Kilometer-Bereich. Durch dieses Gleiten – surging – werden Spannungen ausgeglichen, deren Ursache in der verzögerten Auswirkung der Schwerkraft liegt.
Der Anteil des Gleitens der Gletscherbewegung, etwa auf einem Wasserfilm im Gletscher oder auf der Fels-Unterlage, läßt sich aus der Differenz zwischen Zuwachs und langsam verformtem und abgeflossenem Eis abschätzen (Hantke, 1970).
Abgesehen vom Zuwachs durch Seitengletscher und Schnee und vom erlittenen Verlust durch Ablation – vorab subglaziären Abfluß, gilt für Gletscher das Kontinuitätsprinzip: Die Durchflußmenge für jeden Talquerschnitt ist gleich dem Produkt von Querschnitt mal mittlerer Durchflußgeschwindigkeit. Daraus folgt, daß *Fließgeschwindigkeiten* sich *umgekehrt proportional* zu den *Querschnitten* verhalten. So lassen sich die Talgabelungen, etwa bei Sargans (Hantke, 1970), oder bei Brunnen, die Anteile der durch die beiden Talsysteme abgeflossenen Eismassen ermitteln.
Für die Bewegung eiszeitlicher Gletscher sind Konfluenzen von Bedeutung. Je nach Mächtigkeit, Größe, Gefälle und Mündungswinkel des Seitentales wird der mündende Gletscher zurückgestaut, abgedrängt oder bleibt als selbständiger Eisstrom mit steil verlaufender, vom Hauptgletscher getrennter Schuttfahne weiterbestehen. Dabei trennt diese den Querschnitt im Verhältnis der Zuflußmengen.
Als mittlere Fließgeschwindigkeit ergaben sich (Hantke, 1970):

| | |
|---|---|
| – Rhein-Gletscher oberhalb Sargans | 700 m/Jahr |
| – Rhein-Gletscher unterhalb Sargans | 670 m/Jahr |
| – Walensee-Arm des Rhein-Gletschers | 450–900 m/Jahr |
| – Linth-Gletscher oberhalb Ziegelbrücke | 450 m/Jahr |
| – Mündung von Walensee-Arm und Linth-Gletscher | 1480 m/Jahr |

Liegt die Sohle eines Seitengletschers an der Mündung nahe der Oberfläche des Hauptgletschers, so können *Überschiebungen* auftreten, wobei der Seiten- über den Hauptgletscher hinweggleitet. N von Wildhaus floß – belegt durch Erratiker – ein Lappen des transfluierenden Rhein-Gletschers gar über den Säntisthur-Gletscher.
Schon nach R. Streiff-Becker (1936, 1938) liegt im Firngebiet die Hauptbewegung nahe der Sohle, im Bereich größter Scherspannung. Mit zunehmender Mächtigkeit steigt sie – bei geringem Raumgewicht – langsam, bei höherer Dichte – rascher an. Die größte Geschwindigkeit ist im Firngebiet im Winter, im Zungengebiet im Frühsommer erreicht. Im Längsprofil verschiebt sie sich, was sich im Verlauf der Schichtung des Firneises abzeichnet. Diese richtet sich vom Firnfeld gegen die Gleichgewichtslage bis zur Vertikalstellung auf und legt sich im Ablationsgebiet wieder flacher.

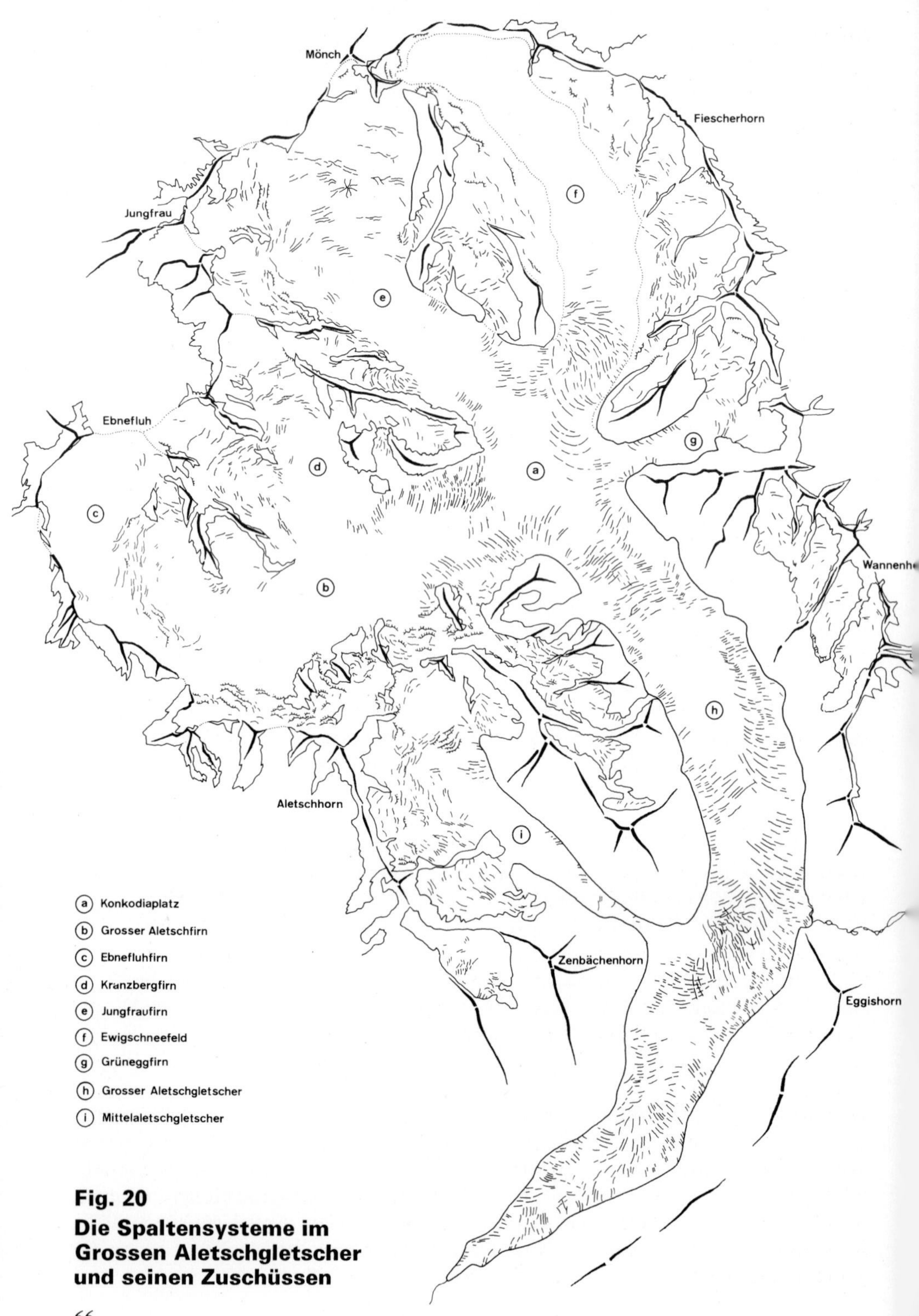


**Fig. 20**
**Die Spaltensysteme im Grossen Aletschgletscher und seinen Zuschüssen**

### *Die Spaltenbildung*

Mit der Gletscherbewegung ist die Bildung von Spalten eng verknüpft. Diese sind eine Folge ungleichförmiger Eisbewegung durch Erweiterung des Bettes, Steigerung des Gefälles, Änderung der Fließrichtung. Beim Fließen entstehen Spannungen – Zug, Scherung und Druck – und damit *Zug-* und *Scherspalten* (Längsspalten) und *Druckwülste – Ogiven.* Spalten sind vorab auf die eher starrere Oberschicht beschränkt. Infolge des höheren Druckes können sie sich gegen den tieferen, plastischen Bereich schließen.
Wo sich in der Felssohle ein Gefällsknick einstellt, öffnen sich *Querspalten;* wo sich das Tal weitet, entstehen *Längsspalten*, am sich verbreiternden Zungenende *Radialspalten*. Bei Torsionsbewegungen über sub- und randglaziäre Felsbuckel kommt es zur Ausbildung von *Kreuzspalten*.
Längs des Randes bilden sich – infolge der schnelleren Bewegung gegen die Gletscher-Mitte – schräg aufwärts verlaufende *Randspalten*.
Spalten, die sich zwischen festgefrorenem Hangfirn und dem talwärts fließenden Firn öffnen, werden als *Bergschrund* bezeichnet. Dieser nimmt wie eine Sammelbüchse den durch Spaltenfrost losgesprengten und über den Hangfirn niedergefahrenen Schutt auf. Im Innern und am Grund wird dieser durch Eis und Schmelzwässer fortbewegt, gerundet und zerkleinert.
Bei Steilstufen löst sich die Eisoberfläche durch Quer- und Kreuzspalten in bizarre Türme und Zacken, in *Seracs*, auf. Infolge der dadurch vergrößerten Oberfläche ist die Abschmelzrate in solchen Bereichen wesentlich höher.
Bei Gletscherzungen, bei Abnahme der Fließgeschwindigkeit, etwa bei Einmündungen eines steileren Seitengletschers, bilden sich – infolge unterschiedlicher Fließgeschwindigkeiten – Stauwülste, *Ogiven*, so bei der Mündung des Ewigschneefeld. Fig. 20 veranschaulicht die Spaltensysteme im Großen Aletschgletscher und in seinen Zuflüssen.
In Spalten stürzendes Wasser und subglaziäre Bäche können als *Gletschertrübe* auf der Felsunterlage zuweilen Blöcke in Drehbewegung versetzen und Kolke, *Gletschertöpfe*, oder *Gletschermühlen* bilden, wobei mitgeführter Sand als Schleifmittel wirkt (STREIFF-BECKER, 1951). Berühmt sind diejenigen im Gletschergarten Luzern (F. ROESLI, 1957; M. SCHIFFERLI-AMREIN & P. WICK, 1973; Fig. 21), von Dottikon im Bereich des Zungenendes des Reuß-Gletschers (F. MÜHLBERG, 1904), vom Längenberg (I. BACHMANN, 1875), von der Griesalp im Kiental, von Cavaglia im oberen Puschlav, vom Malojapaß (R. STAUB, 1952; S. POOL, 1970). Auch am Gibel, an der Mündung des Muotatales, sowie vor der Stirn der Gorner-Gletschers SW von Zermatt, konnten fossile Gletschertöpfe entdeckt werden (P. WICK, 1974).
Aus der Riß-Eiszeit sind Gletschertöpfe von Olten und Zofingen sowie aus dem SW-Schwarzwald (G. BOEHM, 1905) bekannt geworden.

### *Die Einwirkung des Gletschers auf den Untergrund*

Der durch den Bergschrund ins Firneis gelangte Schutt wird mit ihm talwärts verfrachtet. Nach R. STREIFF-BECKER (1938) beschreiben die gesteinsreichen Kopfenden der Firnschichten eine Tauchbewegung und bearbeiten den «Untergrund wie mit Zähnen einer Kreissäge». Dadurch wird eine Senke, in der sich der Schnee anhäuft, mit der Zeit zur glattgeschliffenen *Karwanne*.

Fig. 21 Großer Gletschertopf, Gletschermühle, in der Oberen Meeresmolasse im Gletschergarten Luzern, 9,5 m tief, 8 m Durchmesser. Photo: E. GOETZ, Luzern.

Im Zungenbereich des Unteren Grindelwald-Gletschers unterschied A. BALTZER (1898) prinzipiell zwei Arten von Einwirkungen auf den Untergrund: *glättende Abschleifung – Detersion*, und *splitternde Erosion – Detraktion*, wobei sich allerdings die beiden Effekte meist überlagern.
Daß dem Losreißen von Felspartien vom Untergrund eine weit größere Bedeutung zukommt als der schleifenden Wirkung des schuttführenden Eises, zeigt sich auch auf Karsthochflächen: auf Silberen, Charetalp – Glattalp, Mären – Glatten, Melchsee-Frutt, Schrattenflue, Hohgant. Längs vorgezeichneter Bruchzonen wurden vom Eis aus den flachliegenden, gebankten Kalken treppenförmige Wannen ausgebrochen.
Analog dürfte auch die Übertiefung von Alpenrandseen vor sich gegangen sein. Beim wiederholten Vormarsch der Gletscher wären sukzessive Teile ausgebrochen und vom Eis weggeschafft worden.
Abschleifung erfolgt vorab in den schuttreichen Gebieten: am Grund, an den Seiten, an vorspringenden Ecken, in von Klüften und durch weichere Gesteinsschichten vorgezeichneten Zungenbecken.
Geglättete, oft glatt polierte Felspartien werden von subparallelen Schrammen durchzogen. Diese sind auf harte Gesteinsfragmente im Schleifgut zurückzuführen. Einzelne Schrammen können sich zu Furchen vergrößern. Neben der lokalen Bewegungsrichtung gestatten sie – etwa bei Transfluenzen – auch den Bewegungssinn zu ermitteln.
Bei splitternder Erosion wirkt besonders der Spaltenfrost. Dabei zeigt sich eine strenge Abhängigkeit von der Gesteinstextur – Schichtung, Schieferung, Klüftung – an welcher der Frost anzugreifen vermag. Als Oberflächenformen entstehen bei geringer Eisüberdeckung Rundhöcker und Rundhöckerfluren, so in Zungenbecken, bei sich treffenden Gletschern und auf Transfluenzsätteln. Je nach Gesteinsresistenz und Dauer der Einwirkung bilden sich durch Schwellen getrennte Becken.

Fig. 22 Schwerteck mit Großglockner von SE. In den Kalkglimmerschiefern des Schwerteck bildete sich eine prachtvolle Karnische, der «Eiskeller», mit dem ausgeprägten Moränenwall von 1860 und dem heute weit oberhalb endenden Restgletscher.
Luftaufnahme: FRANZ THORBECKE. Aus: H. BÖGEL / K. SCHMIDT, 1977.

Daß der Gletscher den Untergrund nicht überall angreift, wird durch die Beobachtung von J. DE CHARPENTIER (1841) am Glacier de Tour belegt, wo unter der zurückweichenden Stirn noch unverletzte Rasenpolster zutage traten.
Aus solch gegensätzlichen Beobachtungen – Erosion des Felsuntergrundes und Konservierung von Rasenpolstern – entspann sich über Jahrzehnte ein erbitterter Kampf zwischen Anhängern und Gegnern der Glazialerosion.

### *Kare*

Als wichtigste Zeugen ehemals vergletscherter Gebirge gelten *Kare*, nischenförmig eingelassene Hohlformen (Fig. 22). In ihrer Anlage sind es oft Quellmulden, die ihre spätere Ausgestaltung ihrer Funktion als Sammel- und Speicherbecken für Schnee und Eis verdanken (E. HAASE, 1968) und die heute, nach dem Zurückschmelzen des Eises, erneut Quellmulden darstellen. Das Auftreten und die Bildung von Karen erkannte bereits J. DE CHARPENTIER (1823) in den Pyrenäen. Aus ihrer Häufung in ehemals vergletscherten Gebieten führte bereits A. C. RAMSAY (1859) diese statisch günstigen Formen auf die Gletscherwirkung zurück. Da schon Schnee auf geneigter Unterlage zu erodieren vermag (J. BOWMAN, 1916; E. BRÜCKNER, 1921), kommt auch der Firnerosion eine hohe Bedeutung zu. In der ausgekolkten Karwanne bildete sich – durch den rundhöckerartig überschliffenen Felsriegel, den *Karriegel*, gestaut – ein *Karsee* (Fig. 23).
Nach E. K. GERBER (1969) und GERBER & A. E. SCHEIDEGGER (1973) sind Felsformen weitgehend durch Spannungen bedingt. Bei Gipfeln sind die absteigenden Grate Stützen, zwischen denen Ausräumungen konkav-runde – statisch günstigste – Hohlformen zurücklassen. Das Eis begünstigt ihre Bildung, weil es den Schutt wegräumt und damit die Basis ausschleift und zu Karen gestaltet. Werden Gratstützen angeschnitten, so bilden sich Spreitzstützen aus, zwischen denen sich wiederum runde Hohlformen vom Kartypus ausbilden. Statisch günstig gebaute Formen sind besonders widerstandsfähig, so daß sie lange Zeit erhalten bleiben (Fig. 24).
Eine ganze Kette von hintereinander folgenden Karen hat sich in der Val Tomè, einem Seitental der Val Lavizzara TI, ausgebildet: ein höchstes N des Monte Zucchero (2736 m); ein nächstes setzt um gut 2100 m ein und im Karboden des tiefsten liegt der Lago di Tomè mit einer Spiegelhöhe auf 1692 m.
Wie A. ZIENERT (1967, 1970) darlegen konnte, können Kare – unter Berücksichtigung ihrer Exposition und der Höhenlage der Karböden in Zusammenhang mit Moränen der Umgebung – auch zur Datierung von Eisrandlagen und damit zur Geschichte des Eisabbaues herangezogen werden.

### *Die Ausbildung von Trogtälern*

Über Entstehung und Deutung der Trogform gehen die Meinungen auseinander. A. PENCK (1912) schrieb sie der Tiefenerosion des Gletschers zu. Nach H. LOUIS (1952) hängt ihre Ausbildung von der ursprünglichen Form ab. Neben einer Eintiefung besteht die Gletscherarbeit in der Ausweitung der Talflanken, so daß typische U-förmige Querprofile hervorgehen. Durch Nachlassen der Glazialerosion wäre es an der Eisoberfläche zur Ausbildung einer Trogschulter und darüber zu sanfteren Gehängen gekommen.
Wo jedoch Trogtäler markant ausgebildet sind, liegt meist eine strukturell bedingte Anlage vor: flachliegende Gesteinsfolgen unterschiedlicher Erosionsresistenz, eine bevorzugte Klüftungs- und Bruchrichtung, Querstörungen, oder – bei Längstälern – eine tauchende Deckenstirn und ein emporgehobenes Massiv. Die Ausbildung von Trogschultern wird vor allem durch Hänge- und austretende Seitengletscher begünstigt. Diese werden vom Talgletscher gestaut und in ihrer Tiefenerosion gebremst. Das zufließende Eis folgt zunächst etwas dem Talgletscher; erst allmählich vermag es sich mit

Fig. 23 Der Gelmersee (1820 m), einst ein kleiner, von Rundhöckern umgebener, durch einen Karriegel abgedämmter Karsee, ist seit 1928 von den Kraftwerken Oberhasli zum Retensionsbecken um 30 m aufgestaut. Im Hintergrund das Ritzlihorn (3283 m) mit seinen von Eis erfüllten Karen.

diesem zu vereinigen (E. K. GERBER, 1944, 1945). Kleine, mit Steilstufe mündende Seitengletscher können gar über das Taleis hinweggleiten, so daß es zur Ausbildung von *Hängetälern* gekommen ist.

Einzelne Felsterrassen als alte, sukzessive eingetiefte Talbodenreste deuten zu wollen, hält einer objektiven Überprüfung nicht stand. Meist liegen unterschiedliche Eishöhen, frühere Eisstände und erosionsresistentere Gesteinsschichten oder strukturbedingte Flächen vor.

### *Die Schliffgrenze*

Als Schliffgrenze wird die Grenze bezeichnet, bis zu der Flanken und Grate vom darüber bewegten Taleis geschliffen worden sind. Sie dokumentiert oft die Eishöhe in den Tälern. Darüber erfolgte meist subaerische Denudation, im Hochgebirge Frostsprengung.

Im Oberengadin liegt die Schliffgrenze am Piz Julier (3380 m) und am P. Albana (3100 m) auf rund 2800 m. Die klimatische Schneegrenze dürfte – aufgrund der heute auf 2280 m gelegenen Waldgrenze und der auf über 3000 m angestiegenen Schneegrenze – während

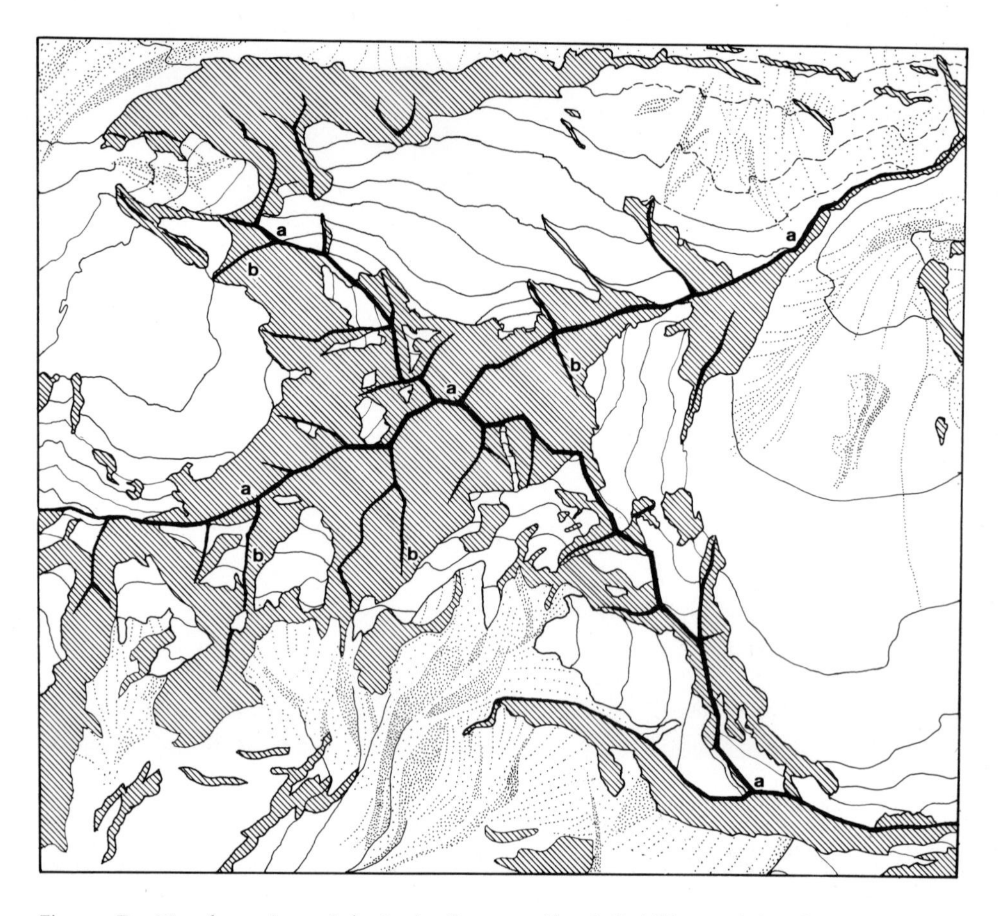


Fig. 24 Das Matterhorn, eine statisch günstige Bergpyramide mit Karbildung zwischen den Stützen (a) und Spreizstützen (b), nach Dr. E. GERBER, Schinznach-Dorf.

des Höchststandes der Würm-Eiszeit im obersten Bergell um 1700–1800 m gelegen haben. Nur steilste Bergflanken in S- und SW-Exposition blieben schneefrei. Verläßliche Werte über die Höhe der Schliffgrenze lassen sich vorab auf Grateggen gewinnen, die noch rundhöckerartig überschliffen sind. Dabei ist es oft recht schwierig, diese altersmäßig zuzuordnen, so daß noch weitere Kriterien – etwa sporadisch oder in Zeilen auftretende Erratiker und Transfluenzsättel – herangezogen werden müssen.

## *Die glaziäre Übertiefung*

Als wichtiges Indiz glaziärer Erosionsleistung gilt die Übertiefung, die je nach der Eisführung, eine stärkere Ausräumung des Haupttales gegenüber mündenden Seitentälern bewirkte. Die Mündung «hängt» an der Wand des Haupttales. Die Gefällsstufe überwindet der Seitenbach in einem Wasserfall oder – wenn schon subglaziäre Schmelzwässer am Werk waren – in einer Mündungsschlucht.

Als Ursache für die Übertiefung führt PENCK die an der Mündung von Gletschern herrschende Pegelgleichheit an. Auch bei Flüssen läßt sich – je nach Wasserführung – eine geringe Übertiefung der Sohlen beobachten; bei Gletschern ist sie jedoch ganz bedeutend größer.

Bei der Auskolkung dürften verschiedene Mechanismen zusammengewirkt haben. Neben den durch die Tektonik vorgezeichneten Anlagen scherte das vorrückende Eis ganze Schichtpakete vom Untergrund los – im alpinen Raum nachweisbar längs Klüften und Schichtflächen. Dann mußte das losgepreßte und losgesprengte, beim Transport weiter zertrümmerte Gesteinsgut aus den übertieften Becken wieder emporgearbeitet werden, so etwa aus den Becken des Bodensees, des Walensee-Zürichsees, des Vierwaldstättersees, der Oberländer Seen, des Aaretals, des Berner Seelandes, der Jura-Randseen, des untern Wallis und des Genfersees (Bd. 2), auf der Alpen-S-Seite aus den tiefen Becken der insubrischen Seen, vorab aus dem Comasker Arm des Comersees (Bd. 3), wo das Geschiebe S von Como um beinahe 1000 m, bis hinauf auf die Höhe der schief zur Eisrichtung verlaufenden Querbrüche in der Molasse-Schwelle des Monte della Croce gestoßen wurde. Daß neben den losgesprengten Felsschollen auch transportiertes Gesteinsgut bei der Abschleifung des Untergrundes mitgewirkt hat, ist offenkundig. Auch dieser Effekt hängt stark von der Erosionsresistenz des Untergrundes ab und ist von den Verfechtern der Glazialerosion in seinem Ausmaß oft überschätzt worden.

Im Längsprofil einst vergletscherter Täler finden sich Becken mit tieferer Felssohle. Sie können nur auf die Kolkwirkung vorstoßender Gletscher zurückgeführt werden. Wohl vermag auch der Fluß – etwa ein Wasserfall – Kolke auszuräumen, keinesfalls aber Becken von mehreren Kilometern Länge. Dabei wurde vorab längs Schwächezonen – Klüftung, tektonischen Störungen, Massiv- und Deckengrenzen, wenig erosionsresistenten Gesteinsabfolgen – ausgeräumt.

Besonders am Alpenrand, wo die eiszeitlichen Gletscher fächerförmig ins Vorland austraten, kam es zu Übertiefungen, zur Auskolkung von Stammbecken mit zentraler Depression, von denen Kränze radiärer Zweigbecken ausgehen, N der Alpen etwa beim Reuß-, Rhein-, Inn- und Salzach-Gletscher.

Zwischen Stamm- und Zweigbecken aufragende Schwellen lassen sich zuweilen auf größere Erosionsresistenz des Untergrundes zurückführen. Da solche oft dort auftreten, wo keine Gesteinsunterschiede vorliegen, sind sie wohl auf etappenweisen Vormarsch der Gletscher zurückzuführen, etwa in früheren Eiszeiten und in jüngeren Vorstoßphasen.

P. WOLDSTEDT (1961) weist darauf hin, daß die Austrittstellen der Schmelzwässer, die Gletschertore, oft in der Fortsetzung der Zweigbecken liegen. Die Becken würden die Spur der vorrückenden Gletschertore darstellen. Dabei wären die Schmelzwassertäler durch nachrückendes Eis ausgeweitet und vertieft worden. Dies kann in Lockergesteinen zuweilen zutreffen, darf aber nicht verallgemeinert werden.

Für den Fall, daß die von M. WELTEN (in B. FRENZEL et al., 1976, und mdl. Mitt.) dargelegte chronologische Zuordnung der Interglaziale und Interstadiale, etwa im Profil von Meikirch (NW von Bern) oder von Steinhausen (B. AMMANN-MOSER, WELTEN, mdl. Mitt.) zutrifft (Bd. 2), hat dies auch für die Frage der glazialen Übertiefung bedeutende Konsequenzen. Dann hätten bereits die alt- bis mittelpleistozänen Gletscher längs tektonisch vorgezeichneten Störungszonen die alpinen Randseen ausgeräumt. In der Riß- und vorab in der Würm-Eiszeit wäre dann nur noch in geringem Maße ausgeräumt und mancherorts bereits wieder kräftig aufgeschüttet worden.

Auch im bayerischen Alpen-Vorland scheinen sich Mindel/Riß-interglaziale – holsteinzeitliche – Ablagerungen abzuzeichnen (S. 156 und Bd. 3), so daß die tiefste Ausräumung dort ebenfalls bereits in der Mindel-Eiszeit erfolgt sein dürfte. In gleicher Weise zeigt sich am S-Rand der Nordischen Vereisung, daß die tiefste Felssohle schon bereits in der Elster- (?=Mindel) Eiszeit erreicht worden ist (F. E. GRUBE, A. PALUŠKA und K.-D. MEYER, mdl. Mitt.).
Für die Talgabelung von Sargans ist jedoch festzuhalten, daß dort die Ausräumung offenbar schrittweise – wohl in den einzelnen Kaltzeiten – erfolgt ist (S. 325). Dabei konnte sie erst im Pliozän, nach der Platznahme der Decken, beginnen. Nach den Daten von Sarelli SE von Bad Ragaz ist dort noch die holozäne Auffüllung bedeutend (Bd. 2).
Auch die Seewannen am Alpenrand und in den Alpentälern sind – zum Teil mindestens – das Ergebnis des Gletscherschurfes. Dieser manifestiert sich besonders in den insubrischen Seen, deren Boden beträchtlich unter den Meeresspiegel hinunterreichen, wobei die Ausräumung wiederum tektonisch vorgezeichneten Bruch- und Kluftzonen folgte.

| | Spiegelhöhe | tiefste Stelle | Felssohle (P. FINCKH, 1977) |
|---|---|---|---|
| Lago Maggiore | 193 m | –179 m | um –660 m |
| Lago di Lugano | 271 m | –17 m | |
| Lago di Como | 199 m | –211 m | um –660 m |
| Lago d'Iseo | 185 m | –71 m | um –470 m |
| Lago di Garda | 65 m | –281 m | um –630 m |
| Lago di Garda, S-Ende | 65 m | | –1252 m |
| Poebene SSW L. di Garda | | um +25 m | um –2100 m |

Doch ist gerade beim Gardasee festzuhalten, daß die Verlängerung der Talung gegen SSW auf den tiefsten Bereich der Felssohle in der Po-Ebene zielt, wo diese nach E. PERCONIG (1956) bis auf über –2000 m hinabreicht.
Auf der N-Seite der Alpen sind besonders Walensee, Zugersee, Vierwaldstättersee, Brienzer- und Thunersee sowie der Genfersee kräftig übertieft. Aber auch bei diesen Übertiefungen folgte das Eis tektonischen Störungen.

### *Rundhöcker- und Drumlin-Fluren*

Als charakteristische Kleinformen wurden vom Eis elliptische Felsbuckel, *Rundhöcker*, «montagnes moutonnées» (H. B. DE SAUSSURE, 1779) oder «roches moutonnées» (L. AGASSIZ, 1840, 1847), modelliert. C. VOGT (in AGASSIZ, 1841) führt hiefür in der deutschen Übersetzung den Begriff Rundhöcker ein.
In ihrer Form variieren die Rundhöcker von flach schildförmigen Felsrücken bis zu steilwandigen Kuppen, in der Größe von wenigen Metern bis zu 150 m (Fig. 187). Ihre Längsachsen liegen in der Bewegungsrichtung des Eises. Auf Transfluenzpässen, auf Schwellen, an Mündungen von Seitentälern, im Grenzbereich von seitlichen Firnmulden und Talgletschern sowie auf dem Boden ehemaliger Zungenbecken treten sie gehäuft in Fluren auf. Ihre Enstehung ist mit selektiver, an grobmaschige Kluftsysteme gebundene Eiserosion in Verbindung gebracht worden (A. PENCK, 1894).
Im Aar- und Gotthard-Massiv konnte O. BÄR (1957) eine enge Korrelation zwischen Kluftsystemen und Ausbildung von Rundhöckern nachweisen (Fig. 25). Ihr Auftreten läßt schließen, daß sie vorab im Staubereich langsam bewegten, geringmächtigen Eises ge-

Fig. 25 Rundhöcker und Gletscherschliffe des Grimselpaß-Gebietes. Noch im letzten Spätwürm trafen sich Aare-, Rhone- und Sidelhorn-Gletscher, der bereits in einer Vorstoßphase den Totensee ausgekolkt hatte. Im Hintergrund Lengisbidmer mit Seitenmoränen des Rhone-Gletschers, dahinter Tällistock–Piz Rotondo-Gruppe.

formt wurden, dort, wo zwei Gletscher um ihre Vorherrschaft kämpften. O. Flückiger (1934) sah in der Bildung von Rundhöckern ein Abbild der Wellenbewegung des Eises. An ihrer flacher ansteigenden, polierten Front, im Luv, wird dieses infolge des Staudruckes plastisch. Dadurch vermindert sich die Erosionsleistung. Auf ihrer steileren Rückseite, im Lee, entstehen kleine eisfreie Räume, in denen der Spaltenfrost anzugreifen und Gesteinsfragmente loszusprengen vermag (H. Carol, 1947). Da sich die Fließrichtung – je nach Eisstand und Gefälle – im Laufe einer Kaltzeit ändern kann, gibt die aus Frostsprengung und Gletscherschliffen abgelesene Richtung nur die zuletzt wirksame wieder.

Wie die zahlreichen Rundhöcker in der Talsohle des oberen Moseltales belegen, dürfte auch der Felsuntergrund anderer, kräftiger eingeschotterter Glazialtäler rundhöckerartig überprägt sein. Im relativ wenig eingeschotterten Seeztal ragen denn auch im Tiergarten (zwischen Flums und Sargans) und im Chastel (S von Sargans) Rundhöcker aus der Schotterebene empor. Eindrücklich sind besonders die Rundhöcker am rechten Rand der Rhone-Ebene bei Sion: Tourbillon, Valère, Potence, Châteauneuf.

Im Aufschüttungsbereich liegen in den *Drumlins* analoge Formen vor. Als solche werden langgestreckte, aus Moräne bestehende, ellipsoidische Rücken bezeichnet. Die Begriffe «Drum» und «Drumlin», von gälisch und irisch «druman» = Rücken (J. Geikie, 1898) wurden erstmals von J. Bryce (1833) für parallel angeordnete «gravel hills» im nördlichen Irland verwendet.

Drumlins stellen sich meist mit steiler Luv- und flacher Leeseite in die Fließrichtung des Eises. Doch finden sich vielfach auch andere Formen, gleich steil ausgebildete Luv- und Lee-Seite oder gar solche mit flachem Luv-Anstieg. Oft enthalten sie Kerne aus Locker- oder Festgestein, im schweizerischen Mittelland Schotter oder Molasse, so daß alle Übergänge von Moränen-Drumlins zu grundmoränenbedeckten Rundhöckern auftreten (Flückiger, 1934). Ihre Länge variiert von wenigen 100 m bis über 2,5 km, ihre Breite von 100–400 m, ihre Höhe von 5 bis über 50 m.
Wie bei den Rundhöckern, ist auch bei Drumlins eine Hobelwirkung des darüber wegfahrenden Eises unverkennbar.
Drumlins finden sich vorab in fächerförmigen Zungenbecken, wo die Eismächtigkeit geringer wurde und subglaziäre Akkumulation vorherrschte. Dabei fügt sich die Grundmoräne in die Wellenbewegungen der Eissohle ein (Flückiger, 1934). Die Form hängt stark von der Strömung ab: bei bewegungsarmem Eis – etwa zwischen Hütten ZH, Hirzel und Menzingen ZG – bilden sich rundliche Hügel, zeichnet sich eine Strömung ab – etwa am Rand eines breiten Tales – so bilden sich langgestreckte Rücken. Meist treten sie fächerförmig geschart auf, zuweilen landschaftsbildend: im Stirngebiet des Salzach-Gletschers, wo sie E. Brückner (1886) erstmals beschrieb, im Zungengebiet des Rhein- (R. Sieger, 1893; M. Bräuhäuser, 1913 k, 1928 k; M. Schmidt & Bräuhäuser, 1913 k; M. Schmidt, 1921 k; M. Münst, A. Schmidt & M. Schmidt, 1934 k; L. Erb, 1934 k, 1935 k, 1967 k; F. Saxer, 1964 k), des Linth- (H. Bodenburg-Hellmund, 1909; Th. Zingg, 1934 k), des Reuß- (J. Kopp, 1945 k) und des Aare-Gletschers W des Thunersees (P. Beck & E. Gerber, 1925 k).
Prachtvolle Drumlin-Felder haben auch die ins bayerische Alpenvorland austretenden Gletscher zurückgelassen (H.-Ch. Höfle & Ch. Kuhnert, 1969 k, Kuhnert & R. Ohm, 1974 k). Dabei müssen die Schotter im Kern der Drumlins nicht nur hochwürmzeitlich sein, wie sich aus dem Alter der Schieferkohle ergibt (P. M. Grootes, 1977). Lokal können auch noch ältere Schotterrelikte erhalten sein (K. Brunnacker, 1962; H. Jerz, mdl. Mitt.; B. Frenzel in Frenzel et al., 1976).
Nach H. Weinhold (1974) wurden auch die von ihrer elliptisch bis tropfenförmigen Idealgestalt abweichenden Formen N des Bodensees bei einem neuen Eisvorstoß aus einer fertigen Moränenlandschaft subglaziär geformt.
Ein subrezenter Drumlin, gerundete, gepreßte Grundmoräne, liegt im Zungenbecken des Biferten-Gletschers (A. de Quervain & E. Schnitter, 1920; R. German et al., 1978) sowie im Vorfeld des Theodul-Gletschers SW von Zermatt vor.
Während in Rundhöckergebieten nur schleifende und splitternde Erosion am Werk war, wirkte das Eis bei der Drumlin-Bildung auch akkumulierend (E. Ebers, 1937).
Ein längeres Verweilen des Eisrandes an derselben Stelle mit nur geringen Schwankungen verrät sich oft in der Ausbildung von Rundhöckerzeilen und zeilig angeordneten Drumlins.

### *Moränen*

Die älteste Beschreibung einer Ufermoräne geht auf P. Martel (in W. Windham & Martel, 1744) zurück. Mit H. Besson in de Zurlauben & de la Borde (1777) und H. B. de Saussure (1779, 1786, 1796) wird der savoyardische Ausdruck «moraine» (bei Besson noch «mareme» oder «marême») eingeführt. Im Berner Oberland, vorab in

Grindelwald, werden Stirn- und Ufermoränen als «Gandecken», Mittelmoränen und ältere, «fossile» Ufermoränen als «Gufferlinien» (= Blocklinien) bezeichnet.
Seit L. AGASSIZ (1840), DE SAUSSURE und J. DE CHARPENTIER (1841) wird Gesteinsschutt, der auf, in und unter dem Gletscher, sowie an dessen Rand, durch Schnee, Firn oder Eis transportiert wird, allgemein als *Moräne* bezeichnet.
Mit den Erkenntnissen über die Gletscher und ihrer Bildungen im 19. Jahrhundert bedurften dann auch die Begriffe einer Klärung, so daß E. RICHTER (1900) im August eine Gletscher-Konferenz nach Gletsch einberufen hatte, um gemeinsam am Rhone- und am Unteraar-Gletscher die Phänomene zu studieren und die Nomenklatur zu bereinigen.
Was an Gesteinsschutt durch Verwitterung, Frostsprengung, Bergstürze, Schneerutsche und Lawinen auf den Gletscher niederstürzt und auf dessen Rücken verfrachtet wird, bildet die *Obermoräne*. In der Firnmulde werden die aus deren Umrandung niedergebrochenen Gesteinstrümmer eingeschneit und zu *Innenmoräne*. Unterhalb der Schneegrenze taut ein Teil als *Obermoräne* wieder aus.

Fig. 26 Poliertes und gekritztes Kalk-Geschiebe, Kiesgrube Höchwald, Vorderes Prättigau.
Photo: P. WICK, Luzern.

Unter den auf den Gletscher niedergebrochenen Felsblöcken schmilzt das Eis langsamer ab, so daß diese schließlich auf einem Eisfuß sitzen. Bei plattigen Blöcken bilden sich so *Gletschertische*, deren Platte sich gegen die Seite der stärksten Einstrahlung neigt.
Der Gesteinsschutt aus der Umrandung der Firnmulde, der durch den Bergschrund, durch fließendes Firneis oder durch Spalten auf den Gletschergrund gelangt ist, und der vom Gletscher durch glättendes Abschleifen und splitternde Erosion des Gletschers vom Grund weggescheuert worden ist, wird als *Grundmoräne* zusammengefaßt (Fig. 37).

Fig. 27 Gletscherschliffe auf Hauptdolomit E der Ofenpaßhöhe. Noch im Spätwürm floß Eis von Jufplaun über den Ofenpaß ins Münstertal.

Die oft kräftige *Verfestigung* von älterer Grundmoräne – zuweilen bis zu Festgestein – ist nicht nur auf den Überlagerungsdruck durch später wiedervorstoßendes Eis, sondern zuweilen auch auf eine Zementierung durch zirkulierende kalkhaltige Wässer zurückzuführen. Nach L. MAZURCZAK (mdl. Mitt.) nehmen Wassergehalt und Lagerungsdichte oft mehrmals mit der Tiefe ab. Dies kann nicht einfach als Vorbelastung betrachtet werden. Vielmehr deutet ein solches Verhalten allenfalls auf eine Schüttung in mehreren Schüben, so daß sich darin eventuell Gliederungsmöglichkeiten abzeichnen.
Durch Umlagerung und Eisdruck werden Komponenten zerdrückt, abgerundet und geschliffen. So entsteht ein zäher, sandig-lehmiger Brei mit kantengerundeten, *polierten* und *gekritzten Geschieben*. Mit entsprechenden Erscheinungen auf der Unterlage, den *Gletscherschliffen* (Fig. 27, 28), gehören beide zu den besten Zeugen von Gletschereinwirkung. Während sich kleinere Geschiebe mit ihrer Längsachse meist in die Bewegungsrichtung einregeln, erfahren größere eher eine rollende Bewegung mit quergestellter Längsachse. Zuweilen bleiben sie auf einer Fläche liegen, werden geschliffen und poliert, später weiter verfrachtet und gedreht, wobei eine neue Fläche geschliffen wird: es entstehen die für Eistransport charakteristisch facettierten, polierten und gekritzten Geschiebe (Fig. 26).
Bei nachfolgendem Flußtransport werden Kritzer besonders in wenig erosionsresistenten Kalken und Schiefern rasch wieder weggescheuert, so daß sie bereits nach weniger als 1 km Transportweg nicht mehr zu erkennen sind.
Daß auch die eiszeitlichen Gletscher neben mitgeführten Findlingen (Erratikern) reich-

Fig. 28 «Helleplatte» oberhalb Handegg. Schon in grauer Vorzeit wurden die Stufen in den abschüssigen Fels gehauen, der vom Eis vollkommen glatt geschliffen worden ist. Photo: Dr. O. Beyeler. Aus: F. Ringgenberg, 1977.

lich Gesteinsgut – vorab Sandsteine – vom Untergrund und von den Rändern aufnahmen, dieses jedoch nach kurzem Transport wieder liegenließen, versuchten U. Gasser & W. K. Nabholz (1969) durch Schwermineral-Vergesellschaftungen nachzuweisen. Ein Teil ist dabei wohl durch Lokaleis zugeführt worden.

Grundmoräne, ausgeschmolzene Innen- und auf den Grund zusammengeschmolzene Obermoräne werden gesamthaft als *Moränendecke* oder kurz als *Moräne* (ohne Artikel) oder als *Till* (engl.) zusammengefaßt. Präquartäre, meist stärker verfestigte Moräne wird als *Tillit* bezeichnet. Nach der gesteinsmäßigen Vormacht werden Blockmoräne, blokkige, kiesige, sandige, lehmige und tonige Moräne unterschieden.

Durch die Fließbewegung häuft sich der Moränenschutt am Rand zu *Moränenwällen*, oder kurz *Moränen*, zu «Gandecken», an. Je nach der Lage gegenüber dem Gletscher werden sie als *Seiten-* oder *Ufermoränen* und *End-* oder *Stirnmoränen* bezeichnet (Fig. 31). An steilen Flanken kommt es, vorab in Gebieten mit vorherrschend schiefrigen Gesteinen, durch Hinterfüllung zur Bildung von *Moränenterrassen*. Dabei stammt der Schutt

Fig. 29 Die Chammhalde am Fuß des Säntis von SE, eine über die Eiszeiten geschüttete Mittelmoräne zwischen den zum Urnäsch- und zum Sitter-Gletscher abfließenden Eismassen der verfirnten Säntis-Nordwand.
Photo: Dr. TH. KEMPF, Zürich.

einerseits vom Gletscher, anderseits vom Hang und aus Seitentälchen, deren Eis den Talgletscher nicht mehr erreichte (H. EGGERS, 1961).

Markante Seitenmoränen bilden sich oft bei steilen Gletschern, die sich rasch bewegen; entscheidend ist aber vor allem die Schuttlieferung von den Flanken.

Wo zwei Gletscher sich vereinigen, bildet sich aus den zusammentreffenden Seitenmoränen eine *Mittelmoräne*, die als Schuttfahne die Eismassen trennt.

Mittelmoränen zeichnen sich meist durch bedeutende Schuttmassen aus. Dies hängt wohl damit zusammen, daß die Schuttablagerung in Bereichen, wo zwei Gletscher sich vereinigten (Fig. 31, 32) oder seit jeher sich trennten und nach verschiedenen Seiten abflossen, über lange Zeit andauerte, daß Mittelmoränen gar über mehrere Eiszeiten sich bildeten. Nur so wird die über 150 m hohe Moräne der Chammhalde am NW-Fuß des Säntis verständlich (Fig. 29). Weitere, über längere Zeit geschüttete Mittelmoränen gelangten auf dem NW-Grat der Rigi und am N-Sporn des Belpberg zur Ablagerung

Wallmoränen bestehen einerseits aus eckigen, kantigen, regellos gehäuften Trümmern verschiedenster Größe, anderseits aus gerundetem, durch fließendes Eis emporgeschafftem Grundschutt. Zuweilen treten am Außenrand geschichtete Pakete von Sand und Kies auf. Rezente und subrezente Wälle schließen oft Toteis ein. An subglaziären Felsbuckeln und an Felsschwellen können sich Mittelmoränen allein durch Aufpressen von Grundschutt bilden. Nicht bis an die Oberfläche emporgeschaffter Schutt wird ebenfalls als *Innenmoräne* bezeichnet.

Vor der Gletscherstirn kommt es zur Bildung einer *Endmoräne* (Fig. 30). Während der feinere mineralische Anteil als Schweb mit den Schmelzwässern, der «Gletschermilch», fortgeführt wird, häufen sich die Blöcke der Obermoräne am Eisrand an. Durch oszillierende Bewegungen wird Grundmoräne aufgeschürft und im Stirnwall zusammengestaucht. Austretende Schmelzwässer lagern am Wallrand meist Schotter ab.

Endmoränen, die bei einem Stillstand durch den vom Eis herangeführten Schutt gebildet wurden, bezeichnet K. GRIPP (1938) als *Satz-Endmoränen* und stellt sie den *Stauch-Endmoränen* gegenüber, die durch Zusammenschub vor der Stirn gebildet wurden. Unter Permafrost-Bedingungen können neben glazigenen Schichten auch Schürflinge des präquartären Untergrundes miterfaßt werden.

Fig. 30 Das Zungenbecken des Drachenried W von Stans mit der Stirnmoräne von Allweg. Dahinter lag – vor dem Bürgenstock mit der Mulde von Obbürgen – der Engelberger Gletscher. In der Bildmitte der Rotzberg, gegen links der Muoterschwanderberg, dazwischen das Rotzloch, eine ausgeräumte Bruchzone, durch die das Schmelzwässer des Drachenrieder Stirnlappens ins Becken des Alpnacher Sees abflossen. Dieses war damals ebenfalls noch von einem Stirnlappen von über dem Brünig übergeflossenem Aare-Eis erfüllt.
Photo: E. BRÜGGER, Zürich.

In Gebieten mit erosionsresistenten Gesteinen fehlt oft der für die Bildung von Wällen notwendige Schutt, so daß nur Rundhöckerfluren und Schmelzwasserrinnen auf ein nahes Zungenende hinweisen.
Zuweilen konnte sich – wegen austretenden Schmelzwässern – kein Endmoränenwall ablagern, oder er ist durch Hochwasserfluten, etwa bei katastrophalen Ausbrüchen von Moränenstauseen, zerstört worden. Dann vermögen nur gegen das einstige Zungenende abfallende Seitenmoränen oder – bei schuttarmen Gletschern – seitliche Schmelzwasserrinnen und/oder einsetzende Schotterfluren Hinweise über das Gletscherende zu geben.
In steilen Talläufen vermag sich kein Moränenschutt zu halten. Es finden sich nur wenige Erratiker. Dafür bildet sich an der Zungenspitze oft eine Mündungsschlucht.
Durch wiederholt an denselben Stellen abfahrende Lawinen und die Anhäufungen von Lawinenschnee entwickeln sich *Lawinenschuttkegel.*
Bei geringerer Hangentwicklung bilden sich am Hangfuß häufig *Schneehalden-Moränen.*
Vor der Stirn von Schneezungen kommt es auf steilen Schutthalden vielfach zur Aus-

**Fig. 31**
**Die Moränen des Pers / Morteratsch Gletschers**

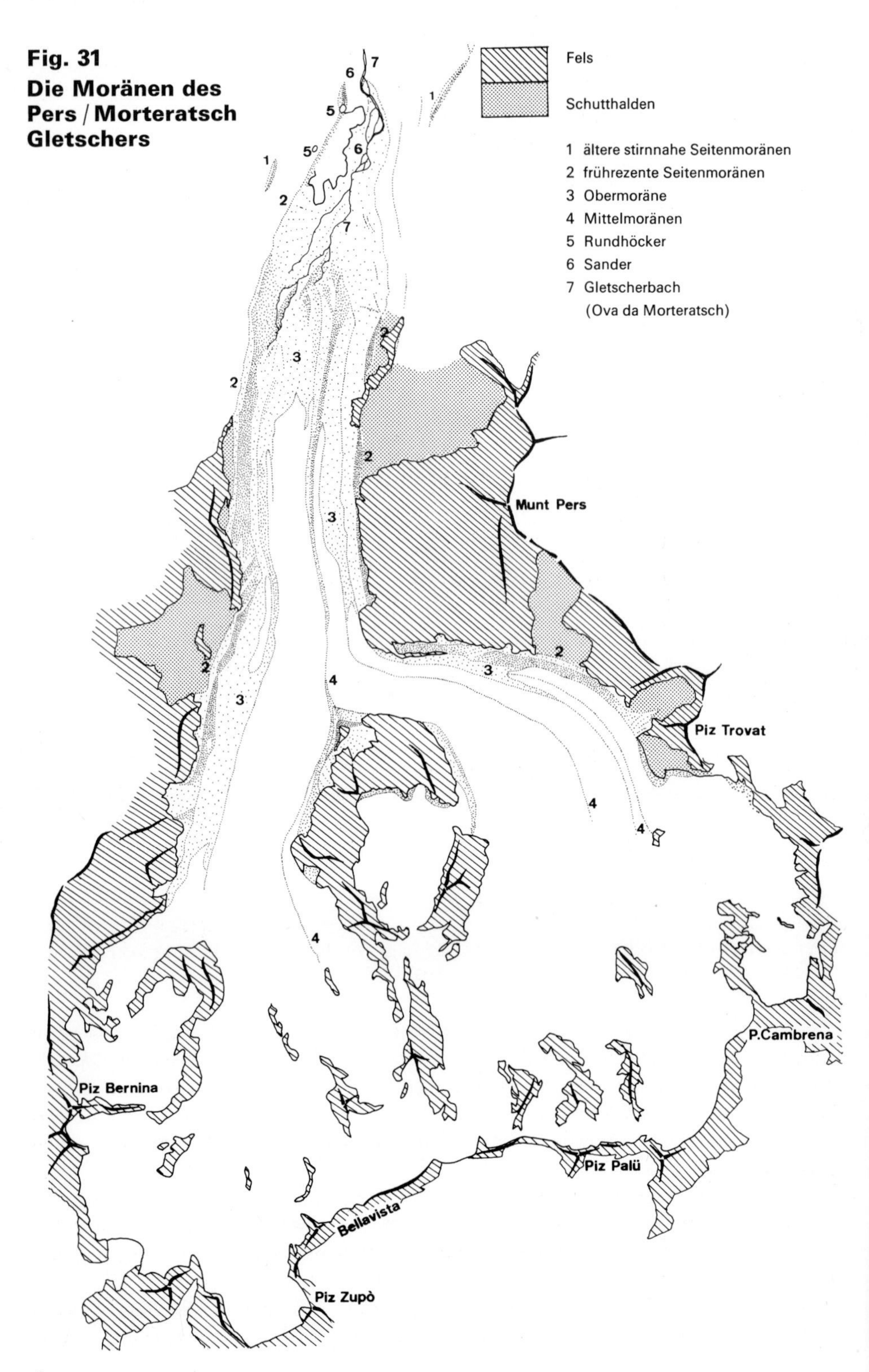

Fig. 32 Finsteraar- (links) und Lauteraar-Gletscher (rechts) vereinigen sich unter Bildung einer Mittelmoräne zum Unteraargletscher. Von den Lauteraarhörnern und vom Schreckhorn (ganz rechts) hängen Gletscher herab. Im Hintergrund Jungfrau, Mönch und Eiger.
Aufnahme: Swissair-Photo AG, Zürich. Aus: H. ALTMANN et al., 1970.

bildung von *Schuttgirlanden.* Analoge Erscheinungen bildeten sich in der Eiszeit bis in den Aargauer Jura, wo sie bereits von F. MÜHLBERG (1908 K) erkannt worden sind.

Wie rezente Gletscher, sind auch eiszeitliche Stände nicht immer von Stirnwällen begrenzt. Am klarsten blieben sie in Nebentälern, in rückläufigen Talläufen und am Ende ausgekolkter Becken erhalten.

Ältere spätglaziale Endmoränen sind in den Alpentälern meist von Alluvionen überschüttet; zuweilen liegen sie in Seebecken. Ihre Existenz wird durch tiefliegende Seitenmoränen und seitliche Abflußrinnen belegt. Dabei kann das Zungenende – je nach der Tiefe des eingedeckten Beckens – noch weiter talwärts gelegen haben.

Spätglaziale Vorstöße ließen die Seitengletscher bis ins Haupttal vorstoßen, wo sich die Zunge – etwa im Spätwürm des ins Inntal austretenden Oetztaler Gletschers – fächer-

förmig ausbreiten konnte. Die Stirnmoränen wurden durch Schmelzwässer wieder zerstört, die Becken durch Bergsturzmassen oder jüngere Schuttfächer überschüttet.
Trat ein Gletscher nahe einer Wasserscheide in ein Haupttal aus – etwa der hochwürmzeitliche Waldemmen-Gletscher ins Entlebuch – so entwickelte sich ein hammerartiger Zungenbereich, der nach beiden Seiten abfloß.
Meist besser als End- sind *Seitenmoränen*, speziell stirnnahe, erhalten geblieben. Durch randliche Schmelzwässer wurden sie unterschnitten und sackten nach. Unter kaltzeitlichem Klima entstandene haben durch Bodenfließen viel von ihrer ursprünglichen Form eingebüßt: ihre Abhänge sind sanfter, die Kämme flacher geworden.
Im Gebirge wurden Seitenmoränen oft durch Felsstürze, Gehänge-, Bach- und Lawinenschutt und durch Erdströme hinterfüllt, durch Bachläufe zerschnitten und durch Schuttfächer überschüttet.
Bei End- und stirnnahen Seitenmoränen des ausgehenden Spätwürms sowie bei früh- und subrezenten Gletscherständen lassen sich häufig enggescharte Kleinwälle von 0,5–1 m Höhe beobachten, die sich in Abständen von wenigen m folgen und das Zurückschmelzen und Wiedervorstoßen innerhalb kurzer Zeitintervalle, häufig von Jahren, wiedergeben.
Für den Aufbau seitlicher Moränenstaffeln bildet der Findelen-Gletscher E von Zermatt ein Schulbeispiel (F. Röthlisberger, 1976). Während die einzelnen Vorstöße am nördlichen Gletscherufer eine ganze Reihe von Staffeln schütteten, wurde der südliche Wall nach einer Abtauphase mit Bodenbildung beim nächsten Vorstoß jeweils wieder überschüttet, so daß sich nur ein einziger ausbildete. Das kräftige Zurückschmelzen der Zunge seit dem letzten frührezenten Hochstand von 1850 hat auf der steilen Innenseite bis 8 fossile Böden unterschiedlicher Mächtigkeit freigelegt, die einzelnen Wallstaffeln auf der N-Seite entsprechen (Fig. 33, 34).
Zuweilen hat der Gletscher beim Wiedervorstoß einen in der vorangegangenen Abtauphase hochgekommenen Wald überfahren. Anhand erhalten gebliebener Stammreste

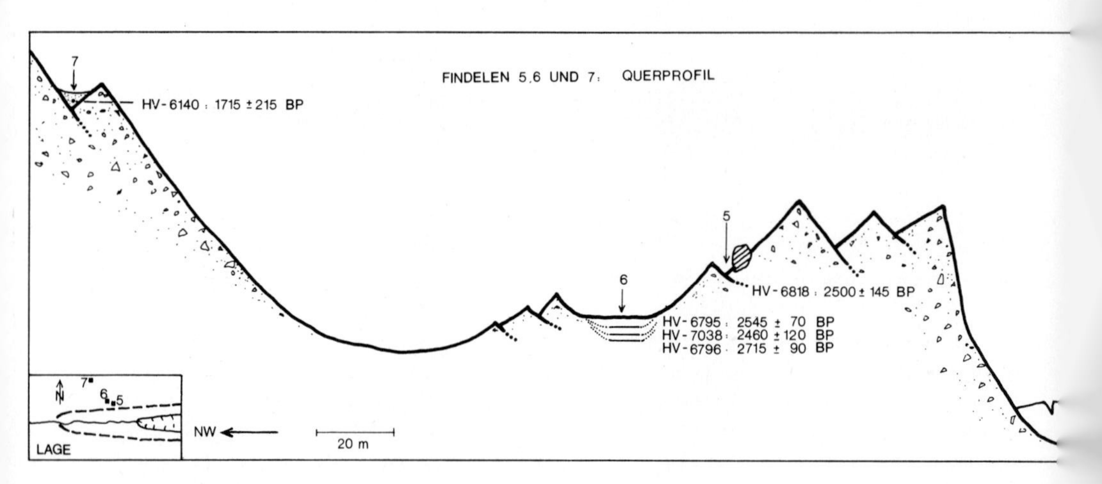


Fig. 33 Schematischer Querschnitt durch die Moränenstaffeln auf der rechten Talseite des Findelen-Gletschers E von Zermatt mit 14C-Daten.
Aus: F. Röthlisberger, 1976.

Fig. 34 Der von der Erosion angegriffene Hauptkamm der rechten Seitenmoräne des Findelen-Gletschers, die während der Vorstöße um 2500, 1500 und 900 v. h. gebildet wurde. Die neuzeitlichen Wälle sind innen angelagert.
Aus: F. Röthlisberger, 1976.

können mit Jahrringanalysen und $^{14}C$-Datierungen die Warmphasen zeitlich erfaßt werden. Anderseits sind bei Wiedervorstößen auch Wegzeichen, angelegte Alp- und Paßwege, zuweilen gar Alphütten überfahren worden, die mit Hilfe archäologischer oder geschichtlicher Dokumente datiert oder mit Sagen in Verbindung gebracht werden können, so daß sich im Hochgebirge das Gletschergeschehen in vorgeschichtlicher und vor allem in geschichtlicher Zeit rekonstruieren läßt.
Die Rekonstruktion früherer Eisrandlagen gründet sich besonders auf altersgleiche Moränenwälle und Wallscharen. Wo solche fehlen, sei es, daß sie dort nie abgelagert oder nachträglich wieder zerstört worden sind, gilt es diese – entsprechend den Gefällsverhältnissen bei heutigen Gletschern – gedanklich zu ergänzen und die noch erhaltenen, zeitlich sich entsprechenden Reste miteinander zu verbinden. Dabei bieten Moränen- und Schotterterrassen, etwa im Mündungsbereich von seitlichen Zuflüssen, zeilig angeordnete Erratiker, Rundhöcker, randliche und frontale Schmelzwasserrinnen wertvolle Indizien.
Firnwärts finden rezente und fossile Seitenmoränen wenig unterhalb der zugehörigen klimatischen Schneegrenze ihr Ende, wobei sie sich meist scharf vom Berghang abzuheben beginnen.

Fig. 35 Warven aus der Kiesgrube Thalgut, Aaretal S von Bern: Feinschichtung mit subaquatischen Gleitstrukturen («slump structures»), nat. Gr.
Photo: U. Ernst. Aus: Ch. Schlüchter, 1976.

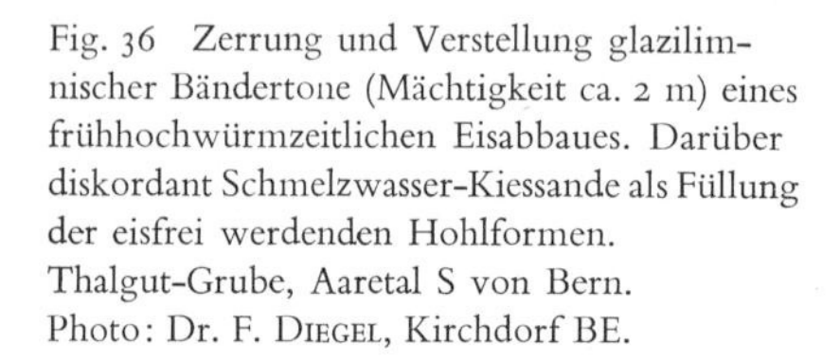

Fig. 36 Zerrung und Verstellung glazilimnischer Bändertone (Mächtigkeit ca. 2 m) eines frühhochwürmzeitlichen Eisabbaues. Darüber diskordant Schmelzwasser-Kiessande als Füllung der eisfrei werdenden Hohlformen.
Thalgut-Grube, Aaretal S von Bern.
Photo: Dr. F. Diegel, Kirchdorf BE.

An Konfluenzen erlaubt oft das Einsetzen von *Mittelmoränenwällen* die Eishöhe zu ermitteln. Zuweilen lassen sich Reste über die Felsnase bis in die Talsohle verfolgen. Während den Eiszeiten bildete sich in der Chammhalde am N-Fuß des Säntis zwischen dem gegen NE zum Sitter- und dem gegen NW zum Urnäsch-Gletscher abfließenden Eis eine persistente Mittelmoräne (Fig. 29). Ebenso kam es am NW-Sporn des Bürgenstock und auf dessen Fortsetzung im Vierwaldstättersee zwischen dem gegen W vorstoßenden Reuß-Gletscher und dem Brünigarm des Aare-Gletschers zur Bildung einer Mittelmoräne, die sich noch über 1 km auf dem Grund des Vierwaldstättersees nachweisen läßt.
Von ähnlichen Formen, etwa von Osern (S. 96), unterscheiden sich fossile, auf die Talsohle abgeschmolzene Mittelmoränen im regellosen Aufbau, in der schlechten Sortierung, im Zurücktreten geschichteter Sande und Kiese, im Verlauf konform zur Talachse.
Durch Eis und Moränen wurden *Eisrandseen* abgedämmt, in denen Bändertone, *Warven*, abgelagert wurden. Durch vorstoßendes Eis und besonders durch subaquatische Rutschungen sind diese zuweilen zu Falten gestaucht worden (Fig. 35).

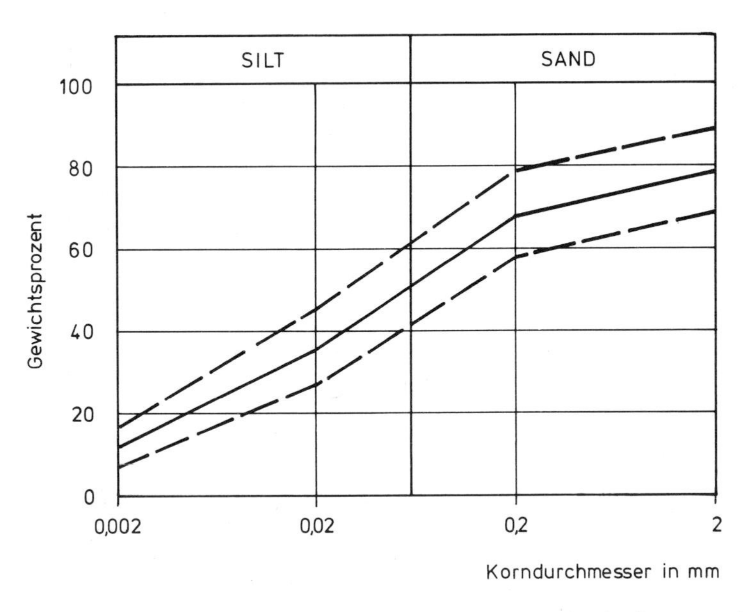


Mäßig tonige Silt/Feinsand-Matrix mit Grobmaterial der Kies- und Steingrößen in wechselnden Anteilen und zufälliger Streuung. Variationsbreite der Summationskurven der Kornverteilungen von rund 200 Proben aus Kernbohrungen. Ausgezogen: arithmet. Mittel; gestrichelt: ± Standardabweichung

Fig. 37 Grundmoräne (Diamikt-Typ) des würmzeitlichen Linth-Gletschers am rechten Berghang bei Zürich zwischen ETH-Areal und Hönggerberg.
Nach Angaben von Dr. L. MAZURCZAK, Zürich.

Den einzelnen Eisrandlagen kommt als *relative Zeitmarken* für die zeitliche Einstufung der Ereignisse eine hohe erdgeschichtliche Bedeutung zu.
Den mineralstoffreichen Moränenböden, die sich im Alpenvorland über dem Molasse-Untergrund ausbildeten, verdanken diese Gebiete ihre Fruchtbarkeit. Dadurch waren die Voraussetzungen für eine seit dem Neolithikum schrittweise intensiver gewordene landwirtschaftliche Nutzung geschaffen.

## *Erratische Blöcke*

Über die Verbreitung von Findlingen schreibt schon ALB. HEIM (1919), «daß wir uns kaum mehr eine Vorstellung machen können, wie unser Land dereinst davon übersät war». Einzelne wurden als Menhire aufgerichtet oder gruppiert – so 4 große Blöcke N von Corcelles bei Grandson –, oft sind sie – wohl zu Mahlzwecken – ausgehöhlt worden. Später wurden Menhire christianisiert, etwa der Kalkblock in der St. Hubertus-Kapelle in Bassecourt, oder mit Legenden in Verbindung gebracht, so der Regula-Stein, rißzeitliche Schrattenkalk-Blöcke SE des Rickenpasses (Fig. 38). Andere wurden mit Brauchtum, Sagen oder geschichtlichen Ereignissen in Zusammenhang gebracht: Znünisteine, Zwölfisteine, Chindlisteine, Hexensteine, Teufelsstein, Erdmannlistein.
Durch den Menschen verfrachtet wurde dagegen die Pierre Percée zwischen Courgenay und Porrentruy, die als 2,6 m hohe Kalkplatte mit einem N–S orientierten Loch wohl das älteste Monument in der Ajoie darstellt.
Lokal treten Findlinge auffällig gehäuft auf: in der Plaine des Rocailles im unteren Arve-Tal, bei Monthey, im Riedholz bei Solothurn, bei Großhöchstetten, bei Morschach,

Fig. 38 Der Regula-Stein, eine Gruppe rißzeitlicher Schrattenkalk-Blöcke auf dem Regelstein SE des Rickenpasses, wird mit der Legende der Stadtheiligen von Zürich in Verbindung gebracht.

bei Steinerberg, im Fällandertobel. Sie bekunden meist größere Felsstürze, vorab dann, wenn sie nur aus einer einzigen Gesteinsart bestehen.
Dabei liegt zwischen den Felsstürzen und der endgültigen Platznahme der Erratiker am Eisrand meist nur eine kurze Zeitspanne. Für den 60 km langen Transportweg der Verrucano-Blöcke aus dem vorderen Murgtal bis ins Fällandertobel benötigte der Linth/Rhein-Gletscher bei einer mittleren Fließgeschwindigkeit von 450 m/Jahr (HANTKE, 1970, sowie S. 65) nur etwa 130 Jahre. Selbst wenn die Fließgeschwindigkeit gegen die Zunge – entsprechend der Querschnitts-Vergrößerung – noch etwas abnahm, so betrug die Transportdauer nur einige Jahrhunderte.
Neben würmzeitlichen Erratikern finden sich – allerdings seltener – außerhalb und – noch seltener – oberhalb der Reichweite des würmzeitlichen Eises auch ältere, riß- und spätrißzeitliche Findlinge. Infolge würmzeitlicher Periglazial-Effekte, Auftauprozesse, und ihres größeren spezifischen Gewichtes, stecken sie meist tief in verwitterter Moräne.
Das Auftreten von Erratiker-Gruppen an verschiedenen Gletscherrandlagen – etwa von Roßberg-Nagelfluhblöcken von Birmensdorf bis Knonau – belegt, daß am Roßberg Felsstürze bereits zur Eiszeit wiederholt niedergebrochen sind, daß also der Goldauer Bergsturz von 1806 nicht nur Vorgänger in geschichtlicher Zeit (K. ZAY, 1807; J. KOPP, 1937; J. N. ZEHNDER, 1974, 1975) sondern bereits in der letzten Eiszeit hatte.

Fig. 39 Beim Bau der Nationalstraße E der Station Knonau freigelegter Nagelfluh-Block, der vom Reuß-Gletscher vom Roßberg N von Goldau ins Knonauer Amt verfrachtet worden ist. Länge 8 m, Höhe 4,5 m. Photo: A. VOGEL, Emmenbrücke LU.

E von Knonau konnte beim Kiesabbau für die Nationalstraße, weit innerhalb des würmzeitlichen Eisrandes, ein riesiger Block von Roßberg-Nagelfluh aus prähochwürmzeitlichen Schottern freigelegt werden, die von randlichen Schmelzwässern des vorstoßenden Reuß-Gletscherarmes geschüttet worden waren (Fig. 39).
Erratiker dienten bereits dem urgeschichtlichen Menschen als Werkstoff.
Als mit den Römern das Bauen in Stein einsetzte, vor allem auch als im Mittelalter Burgen und Schlösser errichtet wurden, dienten sie im Mittelland als Baustein. Mit dem Aufkommen einer intensiveren Landwirtschaft wurden zahllose dieser Naturdokumente zerschlagen und gesprengt und für Straßen-, Brücken- und Hausbau verwendet.
Häufig bezeichneten Erratiker Grenzen von Grundstücken, Lehen und Gerichtsbarkeiten und wurden damit zu unverrückbaren Marchsteinen. So bezeichnet der Grenzstein Nr. 1 auf der N-Seite des Rheins SSW von Ramsen gar die Landesgrenze gegen Deutschland. Die Pierre du Niton, ein Montblanc-Granitblock im flachen untersten Genfersee-Becken, wurde zum Ausgangsfixpunkt der schweizerischen Höhenmessung (373.600 m ü. M.). In Flüssen und untiefen Seestellen behinderten Erratiker die Schifffahrt und löschten – etwa im Rhein – als «Salzfresser» manche Salzfracht vorzeitig.
Während das Feinmaterial – Sand und Lehm – aus den Moränenwällen ausgeschwemmt wurde, blieben die größeren Erratiker liegen, etwa unterhalb von Stein a. Rh., zwischen Mellingen und Birmenstorf, unterhalb von Wangen a. A., in den untersten Seebecken des Genfer- und des Neuenburger Sees.

Bereits früh wurde erkannt, daß Findlinge vor dem Zugriff des Menschen zu schützen sind. So erwarb sich LORENZ OKEN, erster Professor für Naturgeschichte und Naturphilosophie an der 1833 errichteten Universität Zürich, auf der später ihm zu Ehren Okenshöhe genannten südöstlichen Anhöhe des Pfannenstil, im August 1838 für 90 Gulden ein kleines Grundstück mit einem Verrucano-Findling. Damit war der «Okenstein» das erste geschützte Naturdenkmal der deutschen Schweiz (D. BRINKMANN, 1960). Größere Erratiker wurden in der Folge etwa von Naturforschenden Gesellschaften aufgekauft und unter Schutz gestellt, von der Naturforschenden Gesellschaft in Zürich erstmals 1869. Auffällige wurden vom Volksmund mit Namen belegt, andere Naturforschern zugedacht (A. SCHAUFELBERGER in H. BALSIGER & H. C. KLEINER, 1939).
In Artikel 1 der Verordnung zum Natur- und Heimatschutz des Kantons Zürich vom 9. Mai 1912 wurden sie bereits ausdrücklich unter Schutz gestellt. Auch sollten sie nicht weiterverfrachtet werden; da sie nur dort als Dokumente eines eiszeitlichen Eistransportes wirken, wo sie einst vom Gletscher liegen gelassen worden sind (HANTKE in H. WILDERMUTH, 1978).

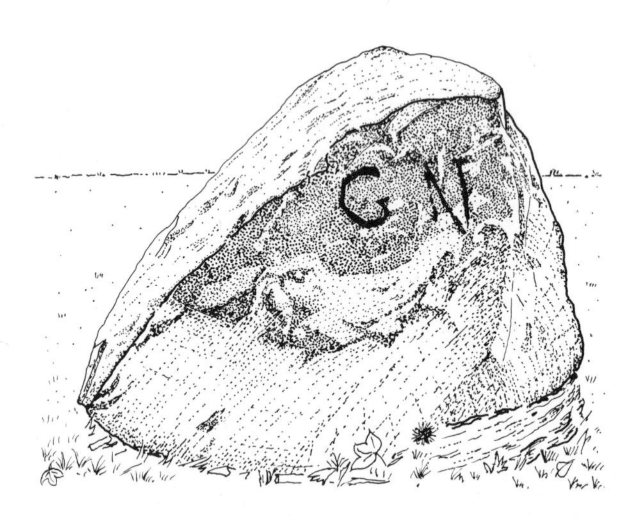


Fig. 40 Der Grüninger Stein, ein Sernifit-Erratiker auf dem Pfannenstil (845 m), zwischen der Landvogtei Grüningen (GN) und den Obervogteien Küsnacht und Meilen, die heutige Grenze zwischen den Gemeinden Meilen, Herrliberg und Egg ZH. Gezeichnet von A. UHR nach einer Photo von H. M. BÜRGISSER.

Für die *Rekonstruktion des Gletscherlaufes* sind vor allem die für die einzelnen Systeme charakteristischen *Leitgeschiebe*, sowie solche, die über Eishöhe, Reichweite, über Transfluenzen und Eindringtiefen von Hauptgletschern und spätere Vorstöße von Seitengletschern Aussagen erlauben, von Bedeutung. Sie erlauben Wanderweg, Eistransfluenzen und Ablationsbereich eiszeitlicher Gletscher abzustecken. Da Bereiche, in denen gute Leitgesteine anstehen, naturgemäß oft eng begrenzt sind, werden häufig Gesteinsgruppen mit mehr oder weniger Leitwert für größere Einzugsgebiete herangezogen, etwa helvetische gegenüber Schwarzwald-Gesteinen. Durch verschieden hohe Eisstände gelangten etwas abweichende Gesteinsabfolgen in den Einzugsbereich.
Die Breite der Erratiker-Bahnen hängt somit nicht nur von der Reichweite der auf das Eis niedergebrochenen Felsstürze, sondern auch von den Eisständen ab.
Immerhin belegt das Auftreten von Rofna-Gneisen in den linken Randbereichen des Bodensee-Rhein-Gletschers und in den rechten des Linth/Rhein-Gletschers, daß offen-

bar das Eis aus dem Schams in der Talgabelung von Sargans auf den Gonzen auftraf und an diesem geteilt wurde. Dies wird auch bestätigt durch das Auftreten von Julier- und Albula-Graniten aus den unmittelbar E anschließenden Liefergebieten.
Ebenso lassen sich mit Hilfe von Erratikern Gleichgewichtslagen zwischen Haupt- und Seitengletscher ermitteln. In den spätglazialen Klimarückschlägen drangen Seitengletscher über ursprünglich vom Hauptgletscher eingenommene Bereiche vor und räumten die Mündungen von Seitentälern teils wieder aus.
Durch Schmelzwasser-Transport können Gerölle in benachbarte Systeme gelangen; sie belegen daher oft einen randlichen Abfluß, und durch Eisschollen-Transport wurden sie zuweilen weit verfrachtet, so ein alpiner Nummulitenkalk bis ins Mainzer Becken oder Geschiebe aus dem Schwarzwald bis in den Raum um Dinkelscherben zwischen Ulm und Augsburg.
Auf Karsthochflächen aufsitzende Erratiker liegen oft auf einem 15–20 cm hohen Sockel, der von der Karbonatlösung seit ihrer Ablagerung und damit seit dem Abschmelzen der Eisdecke verschont blieb (A. Bögli, 1961; sowie S. 125).

Fig. 41 Die Pierre des Marmettes, ein 1600 $m^3$ großer Erratiker aus Mont-Blanc-Granit aus dem Val Ferret am Ausgang der Val d'Illiez bei Monthey. Eigentum der Schweiz. Naturforschenden Gesellschaft. Zeichnung von Steinlen, Vevey, vor dem Bau des Häuschens auf dem Block.
Aus: J. de Charpentier (1841).

## *Leitgesteine der Gletscher der Alpen-Nordseite*

*Rhein-Gletscher*

| Leitgestein | Herkunft | als Erratiker und Geschiebe |
|---|---|---|
| Glimmerreiche Paragneise | Silvretta-Decke | Prättigau, SW-Falknis, rechte Rheintalseite bis Allgäu, Bürglen TG |
| Augengneis | Silvretta-Decke | Prättigau, Rheintal, Bodensee-Gebiet, St. Gallen–Andelfingen |
| Diorite, Amphibolite | Silvretta-Decke, Tavetsch | linke Rheintalseite, St. Gallen, Schauenberg, Schaffhausen, Engen, Bürglen TG, Bodensee-Gebiet bis Wolfegg |
| Radiolarite | Rätikon, Davos, Sursett | Bodensee-Gebiet, Allgäu, Oberschwaben |
| Julier-Albula-Granite mit grünen Feldspäten | Sursett/Oberhalbstein Albulatal | Lenzerheide, Rheintal, Bodensee-Gebiet bis Kempten u. Thayngen; Walensee, Glattal, Zürichsee-Limmattal, Säckingen |
| Gabbro, Prasinite, Serpentinite | Oberhalbstein | Bodensee-Gebiet bis Wolfegg und Hegau, Schaffhausen, Thur-, Glatt- u. Limmattal |
| Taspinit-Gneis | Alp Taspin (Schams) | Domleschg, Taminatal, Rheintal, Bodensee-Gebiet, Thayngen, Schaffhausen |
| Rofna-Gneis | Suretta-Stirn Rofna, Ferrara | linke Rheintalseite, St. Gallen–Hagenbuch, Schaffhausen, Thurtal N Winterthur Walensee-Talung, Bachtel, Bülach |
| Adula-Gneise | Rheinwald, Valsertäler | Schams, Domleschg, St. Galler Rheintal, Thurgau, Hagenbuch ZH |
| Kalksilikatfels | Valsertal | NE Winterthur |
| Quarzporphyr | Somvixer Tal | Rheintal, Thurtal, Zürich, W von Baden |
| Aare-Granite | Tavetsch | Altstätten, Rorschacherberg, N St. Gallen |
| Kissen-Lava | Domat/Ems | N Winterthur |
| Punteglias-Granit mit großen Alkali-Feldspat-Zwillingen | Val Russein, V. Punteglias, V. Frisal | Vorderrheintal, Taminatal, Weißtannental, Walensee-Talung, Glattal, Zürichseetal, Sihltal, linke Rheintalseite, Gais, Heiden, St. Gallen, Wil, Zurzach |
| Ilanzer Verrucano | Vorderrheintal | Vorderrheintal, Ragaz, Grabserberg, Appenzell, Stein a/Rh., Unteres Tößtal, Hallauerberg, Limmattal |
| Lochwald-Fossilschicht | Alvier-Gruppe | Bürglen TG |
| Muschelsandstein | Rorschacherberg-Bregenz | Thurgau, Untersee, Hegau, Schaffhausen, Wil |
| Phonolithe | Hohentwiel | Schaffhausen, Klettgau |

*Sitter-, Urnäsch- und Thur-Gletscher*

| Leitgestein | Herkunft | als Erratiker und Geschiebe |
|---|---|---|
| Öhrli-, Betlis-, Kiesel- und Schrattenkalk | Säntisketten, Churfirsten | Sitter- u. Urnäschtal, Neckertal, Flawil, Thurtal |
| Glaukonitsandsteine | Säntis, Churfirsten | Sitter- u. Urnäschtal, Neckertal, Thurtal |
| Seewerkalk | Säntis, Churfirsten | Sitter-, Urnäsch-, Necker- u. Thurtal |
| Nummulitenkalke | Wildhauser Mulde | Gräppelental, Oberes Thurtal |
| Assilinen-Grünsand | Weißbad-Fäneren | Sittertal |
| Speer-Nagelfluh | Speer, Stockberg | Thurtal |

*Linth-Gletscher und Walensee-Arm des Rhein-Gletschers*

| Leitgestein | Herkunft | als Erratiker und Geschiebe |
|---|---|---|
| Punteglias-Granit | Val Russein, V. Punteglias, V. Frisal | Zürichseetal-Limmattal |
| Rofna-Gneis | Rofna, Ferrera | Glattal |
| Glarner Verrucano | St. Galler und Glarner Alpen | Zürichsee-Limmattal, Glatt- u. Furttal, westl. Töß-Bergland, Koblenz, Sihlsee, Raten, Ägeri, östl. Reußtal, Siggenberg, Säckingen |
| Spilite, Keratophyre | Kärpf-Gebiet | Zürichsee-Limmattal, Glatt- u. Furttal |
| Taveyannaz-Sandsteine (Diabas-Tuffite) | Hinteres Glarnerland | Zürichsee-Limmattal, Glatt- u. Furttal, W von Rafz, Koblenz |
| Rötidolomit, Lias-Quarzit, | Hinteres Glarnerland, Flumsberge, Linthtal | Zürichsee-Limmattal, Glatt- u. Furttal, |
| Lias-Spatkalke | mittl. Linthtal Spitzmeilen-Gruppe | Zürichseetal-Limmattal Glattal |
| Lias-Dolomitbrekzie | Spitzmeilen-Gruppe | Wald ZH, Glattal, Zürichsee-Limmattal |
| Molser Siltstein | Walensee | Glattal |
| Dogger-Eisensandst. | mittl. Linthtal | |
| Malmkalke | Walensee-Talung | |
| Ölquarzit | Glarner Flysch | Glattal |
| Speer- u. Hirzli-Nagelfluh | Speer, Hirzli | Bachtel, Glatt- u. Furttal, Zürichsee-Limmattal, Sihltal |
| Wetterkalk von Hombrechtikon | Hombrechtikon-Stäfa | rechtes Zürichsee-Limmattal |

*Reuß-Gletscher*

| Leitgestein | Herkunft | als Erratiker und Geschiebe |
|---|---|---|
| Aare-Granite | Reußtal und Seitentäler, Haslital | Vierwaldstättersee, Lauerzersee, Zugersee, aarg. Reußtal, unt. Aaretal, See-, Wynen-, Suhr- u. Wiggertal, Wolhusen |
| Windgällen-Porphyr | Chli Windgällen | Vierwaldstättersee, aarg. Reußtal, |
| Karbon-Brekzie | Bristenstäfeli UR | Obfelden |
| Dogger-Spatkalke | Muotatal, Urirotstock | Vierwaldstättersee, Zugersee aarg. Reußtal, Knonauer Amt |
| Taveyannaz-Sandstein | Schächental | Vierwaldstättersee, Zugersee, aarg. Reußtal, |
| Gruontal-Konglomerat, Altdorfer Sandstein | Eggberge, Gitschen | Vierwaldstättersee, Zugersee, Obfelden Knonauer Amt, aarg. Reußtal |
| Habkern-Granite (Exoten im Wildflysch) | Obwaldner Flysch | Sarnersee, Sursee, Suhrental |
| Bunte Rigi-Nagelfluh | Rigi, Roßberg | Zugersee, Knonauer Amt, aarg. Reußtal, unt. Aaretal |

*Emmen-Gletscher*

| Leitgestein | Herkunft | als Erratiker und Geschiebe |
|---|---|---|
| Habkern-Granite | Habkern-Flysch | Oberes Emmental, Entlebuch |
| Kreidekalke | Kreide-Randkette | Oberes Emmental, Entlebuch |
| Hohgant-Sandstein | Kreide-Randkette | Oberes Emmental, Entlebuch |

*Aare-Gletscher*

| Leitgestein | Herkunft | als Erratiker und Geschiebe |
|---|---|---|
| Grimsel-Granit | Haslital | Brünig, Obwalden, Luzern, südl. Aargau Brienzersee, Thunersee, Aaretal |
| Aarmassiv-Gneise | Haslital, Lütschinentäler | Brünig, Obwalden, Luzern, Wolhusen Brienzersee, Thunersee, Aaretal, Bern, Eggiwil, Napfgebiet |
| Grindelwald-Marmor (Öhrlikalk mit Bolustaschen) | Eiger, Grindelwald, Engelhörner | Aaretal, S von Aarau |
| Gastern-Granit | Gasterntal | Kandertal, Wimmis, Aaretal, Bern |
| Tschingelkalk (marmorisierter Kieselkalk) | Hinteres Lauterbrunnental, Kandertal | Thunersee, Aaretal, Bern |
| Habkern-Granite | Habkern-Flyschmulde | Thunersee, Oberes Emmental |
| Radiolarite | Simmental | Aaretal, Bern |
| Dolomit-Brekzien | Simmental | Aaretal, Bern |

*Rhone-Gletscher*

| Leitgestein | Herkunft | als Erratiker und Geschiebe |
|---|---|---|
| Granite der S-Seite des Aarmassivs | Rhonegletscher–Lötschental, Vernayaz-St-Maurice | Westl. Mittelland, Napfgebiet, Solothurn, Ergolztal, Vallon de St-Imier, Chaumont, Chasseron |
| Eclogite | Saastal | Emmental, Langenbruck, Vallon de St-Imier, Val de Travers, Genevois |
| Smaragdit-Saussurit-Gabbro | Saastal | Rhonetal, westl. Mittelland, Bern, Napfgebiet, Aarau, Ziefen BL, Bielersee, Aubonne, Genf |
| Arkesine (Granitmylonite der Dent-Blanche-Decke) | Zermattertal-Val de Bagnes | Emmental, Herzogenbuchsee, Zofingen-Wildegg, Vallon de St-Imier, Jolimont, Ste-Croix, Salève |
| Arolla-Gneise | Dent-Blanche-Decke Zermattertal-Val de Bagnes | Bern, Napfgebiet, Wiggertal, Aarau, Ob. Hauenstein, Gänsbrunnen, Vallon de St-Imier, Mont d'Amin, Gorge de l'Areuse, Doubs |
| Vallorcine-Konglomerat | Karbonmulde von Salvan | Châtel St-Denis, Pfyffe, Napfgebiet, Genfersee, Neuenburgersee |
| Verrucano | Karbonmulde von Salvan-Dorénaz | Châtel St-Denis, Bulle, Pfyffe, Gurnigel Emmental, Entlebuch, Genfersee |
| Mt. Pèlerin-Konglomerat | Mont Pèlerin, Jorat | Broye-Tal, Neuenburgersee |
| Dolomit-Brekzie | Brekzien-Decke | Saanenland, Greyerzerland, Seeland |

*Leitgesteine der Gletscher der Süd-Vogesen*

| Leitgestein | Herkunft | als Geschiebe | als Erratiker |
|---|---|---|---|
| Gneis | Quellgebiet d. Großen u. Kleinen Meurthe | Große und Kleine Meurthe | |
| Granitischer Gneis | Gerbépal | Becken v. Corcieux | |
| Hornblende-Granit der Ballons | Ballon d'Alsace Ballon de Servance | Doller-, Savoureuse-, Rahin-, Ognon- und Mosel-Gletscher | Mélisey-Malbouhans-Lure, Seenplatte von Esmoulière, Becken v. Bellefontaine |
| Biotit-Granit von Corravillers | Corravillers | Breuchin-Gletscher | Becken v. Bellefontaine N von Remiremont |
| Zweiglimmer-Granit | Valtin | Großer Meurthe-Gl. | Höhen W St-Dié |
| Granit von Gérardmer | Gérardmer | Cleurie-Vologne- und Bouchot-Gletscher | Becken von Bellefontaine |
| Porphyrischer Granit | Bramont Ventron | Moselotte-, Thur- und Fecht-Gletscher | |
| Granit v. Remiremont | Cleurie-Tal, Remiremont | Cleurie-Vologne-, Moselotte u. Mosel-Gl. | Hadol NW von Remiremont |
| Porphyrischer Zweiglimmer-Granit | Col de Bagenelles | Lièpvre- u. Béchine-Gl. | |
| Granulit | Col de Bagenelles | Lièpvre- u. Béchine-Gl. | |
| Devono-Dinantian | SE-Vogesen-Le Thillot | Mosel-, Thur-, Lauch- u. Doller-Gl. | Hochflächen zw. Ognon u. Breuchin |
| Buntsandstein | W-Seite der Vogesen | in allen Gletschern W d. Vogesenkammes | Pierre Kirlinkin, Forêt de Fossard, Becken v. Bellefontaine Hochflächen zw. Vologne, Cleurie u. Mosel |

*Leitgesteine der Gletscher des Süd-Schwarzwaldes*

| | | | |
|---|---|---|---|
| Albtal-Granit | Unt. Albtal, Hotzenwald | Alb- u. Wehra-Gletscher | Dinkelberg |
| St. Blasien-Granit | Ob. Albtal, Schwarza-, Steina- u. Schlüchttal | Alb-, Schwarza-, Steina- u. Schlücht-Gletscher | |
| Bärhalde-Granit | N von St. Blasien | Alb- u. Schluchsee-Gl. | Schwarzatal, Breitnau |
| Ursee-Granit | SW von Lenzkirch | Wutach-Gletscher | |
| Lenzkirch-Steina-Gr. | S u. E von Lenzkirch | Wutach- u. Steina-Gl. | |
| Basalt | Hochkopf E d. Feldberg | Bärental-Gletscher | Breitnau |
| Randgranit | Belchen-Bernau u. Windgfällweiher-Saig | Wiese-, Haslach- u. Wutach-Gletscher | Dinkelberg |
| K-Feldspat-Metablastite | Aitern-Bernau | Wiese-Gletscher | Dinkelberg |
| Devonische Schiefer | Böllen-Schönau-Bernau, SW Lenzkirch | Wiese- u. Wutach-Gletscher | Dinkelberg |
| Quarz-Biotit-Hornfels | Schlächtenhaus | Wiese-Gletscher | Dinkelberg |
| Trümmerporphyr von Lenzkirch | N u. NE von von Lenzkirch | Wutach-Gletscher | Muschelkalkhöhen bei Stühlingen |
| Wehratal-Diatexit | Schönau-Hottingen | Wiese- u. Wehra-Gl. | Dinkelberg |

Im Bereich stagnierenden und abschmelzenden Eises kam es rand- und subglaziär zur Bildung von Osern und Kames.

Als *Oser* oder *Esker* werden wallartige, aus geschichteten Sanden und Kiesen aufgebaute Rücken bezeichnet, die von ungeschichteten Sanden und von Grundmoränen bedeckt werden. Sie sitzen als geradlinige oder gewundene Rücken der Talsohle auf; bei Tal-

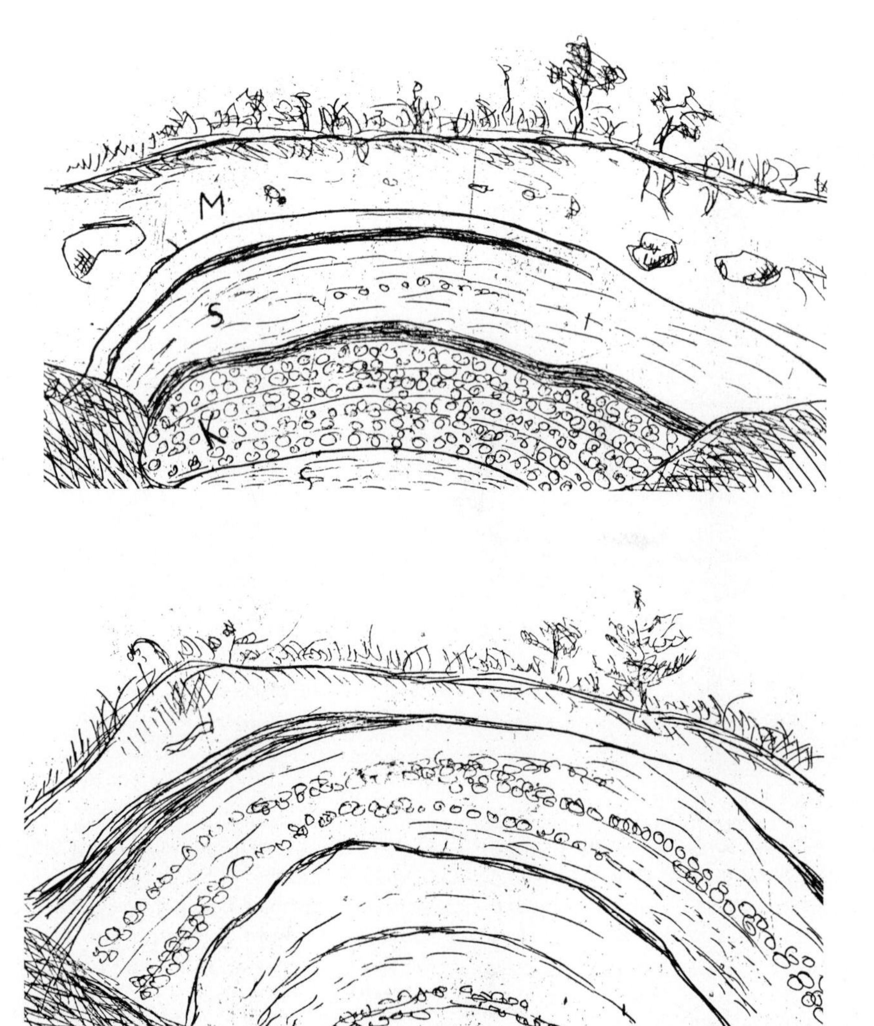


Fig. 42 Einst im mittleren Glattal aufgeschlossene Oser.
Oben: Grube am Hutzlen, NW von Volketswil. M = Moräne, S = Sand, K = Kies.
Unten: Grube S von Kindhausen.
Skizzen von Dr. Th. Zingg, Männedorf, aus dem Jahre 1926.

gabelungen verzweigen sie sich. Es sind Füllungen von Eistunneln, die proximal mit groben Blöcken einsetzen, und distal, gegen den ehemaligen Eisrand, in radiär gebaute Schwemmkegel übergehen. Nach R. BÄRTLING (1905) erfolgte ihre Bildung in geschlossenen Kanälen am Grund der Gletscherzunge.
Am Oberaar-Gletscher dachte H. PHILIPP (1912) bei den Osern an inglaziäre Entstehung, an Kanäle im Eis, deren Sedimentfüllungen erst bei dessen Abschmelzen auf den Boden sanken. Für N. O. HOLST (1876) entstanden sie supraglaziär durch Schmelzwässer, die sich ins Eis eingeschnitten und mit geschichteten Sedimenten gefüllt hätten. Oser wurden vor allem aus dem Spätglazial Skandinaviens und Finnlands bekannt; doch sind sie auch in N-Polen und N-Deutschland verbreitet (J. KORN, 1908; BÄRTLING, 1905; WOLDSTEDT, 1912). In Schlesien konnte WOLDSTEDT (1932) gar ältere, saalezeitliche Oser beobachten. Ein rezentes, ins Wasser geschüttetes Os beschrieb W. V. LEWIS (1949) aus Jotunheimen, Norwegen.
Daneben finden sich im Bereich der nordischen Vereisung lange, geradlinige Schuttwälle, die wohl als ausgeschmolzene Spaltenfüllungen zu deuten sind.
Als Kleinformen treten Oser – wenngleich seltener und meist überprägt – im Alpenvorland (J. HUG, 1907) und im alpinen Raum auf. Manche als Oser beschriebene Formen sind jedoch kaum als solche zu deuten (A. VON MOOS, 1943; E. SOMMERHALDER, 1968). Dagegen ist aus dem Glattal ein allenfalls als Os anzusprechender Schotterkörper von TH. ZINGG (schr. Mitt.) SE von Kindhausen beobachtet worden (Fig. 42).
Ebenso dürften die in der Fallinie angeordneten Rücken im Mündungsbereich des Areuse- in den Rhone-Gletscher als Oser anzusprechen sein (E. FREI et al., 1974K). Ferner liegt im N–S verlaufenden, vorwiegend aus alpinen Sanden und Kiesen auf aufgebauten Rücken des Crêt de Mai NE von Bière ein Os vor. Im Spätwürm wurden an diesen jurassische Periglazialschotter geschüttet.
Als *Kames* werden im nordamerikanischen und nordeuropäischen Vereisungsgebiet durch Schmelzwässer am Eisrand und zwischen Eislappen abgelagerte Hügel von geschichteten Sanden und Kiesen bezeichnet. Die Schichtung fällt hangparallel ein. Dies ist darauf zurückzuführen, daß die Ablagerung in schüsselförmigen Vertiefungen des Eises erfolgte. Beim Abschmelzen blieben an Oser erinnernde Kuppen und Rücken zurück. Bei mächtigem Eis und plastischem Untergrund kann ein Kern grundbruchartig in die Schotter eingespießt worden sein, wobei die Lagerung der Kame-Schotter gestört werden konnte (G. KELLER, 1952; Fig. 45, 47).
Bei plateauartigen Kames streicht die Schichtung in die Luft aus. Dies ist nicht auf Erosion, sondern auf Abschmelzen von Eis zurückzuführen. Häufig lassen sich auch steilere, fast hangparallel einfallende und sukzessive weiter herabgreifende Lagen beobachten. Sie bekunden zwischen abschmelzendem Eis geschüttete Sande und Kiese. Neben weichselzeitlichen Kames sind aus dem Wesertal auch saalezeitliche bekannt geworden (WOLDSTEDT, 1961). Im Alpenvorland sind solche – etwa um Menzingen und SE von Dießenhofen – oft als Drumlins angesprochen worden. Die im Stromstrich eines Lappens des Rhein-Gletschers zwischen Dießenhofen und Stammheim (J. HÜBSCHER, 1961K) gelegenen Schotterreste mit verschiedenen Schüttungsrichtungen und Spuren einer Eisüberprägung sind wohl ursprünglich vor dem vorstoßenden Eis geschüttet, dann überfahren und beim Abtauen des Eises noch weiter überprägt worden.
Eine große Bedeutung kommt *Kame-Terrassen* zu. Dabei erfolgte die Schüttung durch Schmelzwässer zwischen Talflanke und zurückschmelzendem Eis. Viele bisher wegen ihrer Höhenlage und lokalen Verkittung als Höherer und Tieferer Deckenschotter der

Fig. 43 Moränenkuppen bei Menzingen ZG, die sich am SW-Rand des nur noch gering mächtigen Linth/Rhein-Gletschers bildeten. Sie stehen in Zeilen und bekunden später überfahrene Eisstände.
Photo: Kant. Hochbauamt, Zürich. Aus: H. ALTMANN et al., 1970.

Günz- bzw. der Mindel-Eiszeit zugewiesene Schotter vermögen einer kritischen Altersüberprüfung nicht standzuhalten (S. 302). Aufgrund ihres Auftretens, ihrer gegen die Talachse gerichteten unregelmäßigen Schichtung, der Geröllform und der Korngrößen-Verteilung, dem frischen Eindruck und der kaum korrodierten Kalkgerölle lassen sie sich als am Eisrand abgelagerte, würm- und rißzeitliche Kameschotter deuten.
Bei länger stagnierenden Ständen generell vorstoßender Gletscher wurden in erosionsanfälligem Untergrund Wannen ausgekolkt. Beim Abschmelzen blieb Eis darin liegen. Oft wurden frontale Bereiche durch Fels-Schwellen vom Stammgletscher als *Toteis* abgetrennt. Durch eine aus Ober- und Innenmoräne ausgeschmolzene und als Isolation wirkende Schuttdecke wurde ein weiteres Abtauen verzögert.
Beim Abschmelzen bildeten sich dem abgetauten Eis volumenmäßig entsprechende Wannen, *Sölle*. Bei lehmigem, undurchlässigem Untergrund füllten sich diese mit Wasser: es entstanden *Söllseen* mit steilen Ufern (Fig. 45, 46), die bei Nährstoffarmut lange Zeit zu überdauern vermochten, mit zunehmender Eutrophierung, vorab in untiefen Senken, zu Mooren verlandeten (H. C. GYGER, 1967K; E. IMHOF, 1944, HUG, 1907; W. WOLFF, 1925).
Von G. WIEGAND (1965) werden aus verschiedenen Gebieten Mitteleuropas – fossile *Pingos*, durch aufgetaute Frostaufbrüche entstandene Hohlformen, beschrieben. Davon sind diejenigen aus den nördlichen Vogesen und aus der Oberrheinischen Tiefebene nicht als Pingos anzusprechen. Weder aus den Schweizer Alpen noch aus ihrem Vorland sind bisher echte fossile Pingos bekannt geworden. Dagegen ist eine auffällige elliptische Hohlform mit zentralem Hochmoor auf einem flachen Sporn SE von Ibach im S-Schwarzwald wohl als solches zu betrachten (HANTKE & G. RAHM, 1977; Fig. 201).

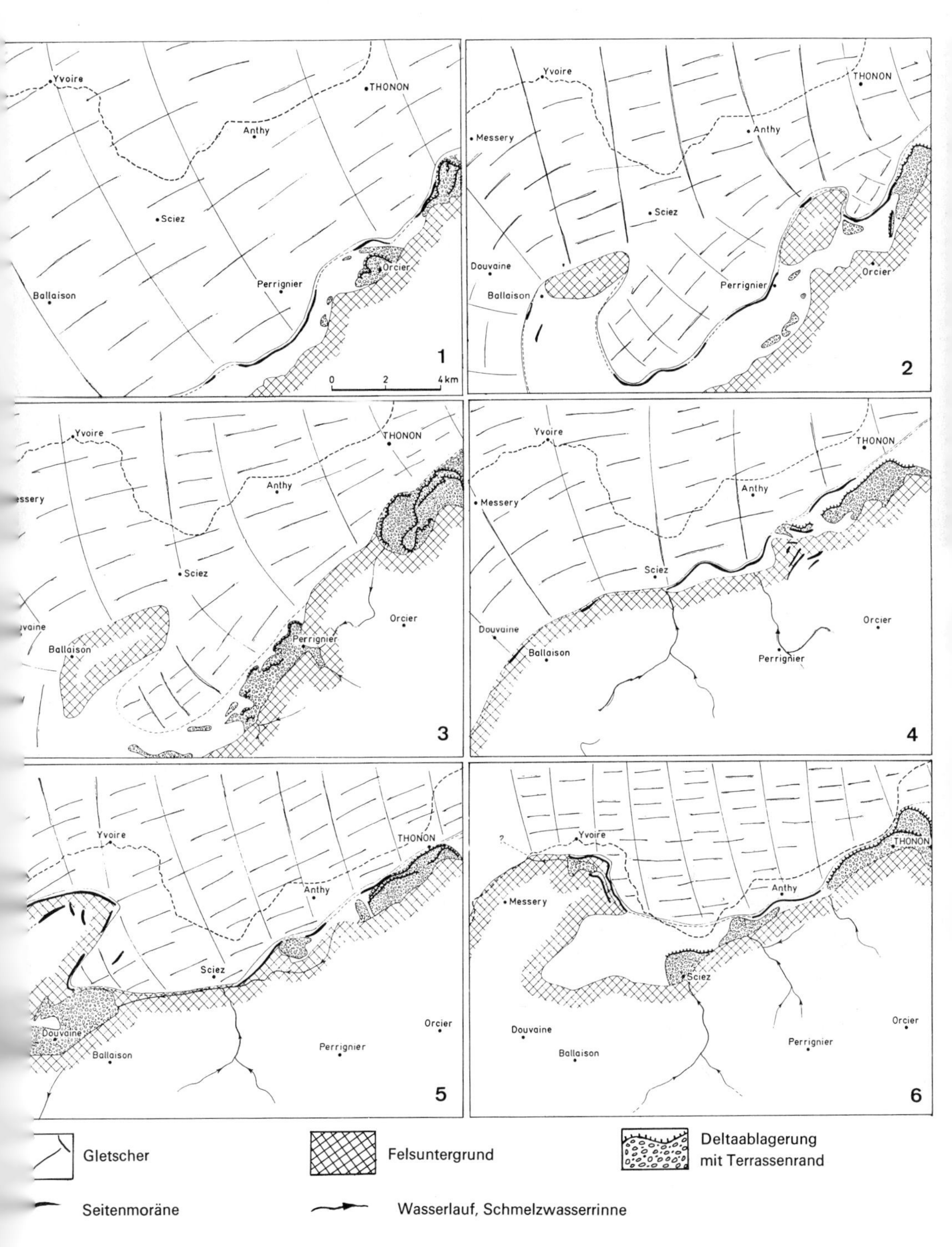


Fig. 44 Schüttungsmechanismus von glazialen und periglazialen Ablagerungen im Bas-Chablais. 6 sich folgende Rückzugsstaffeln des spätwürmzeitlichen Rhone-Gletschers im Raum Douvaine–Yvoire–Thonon (S-Ufer des Genfersees). Nach R. VIAL, 1975.

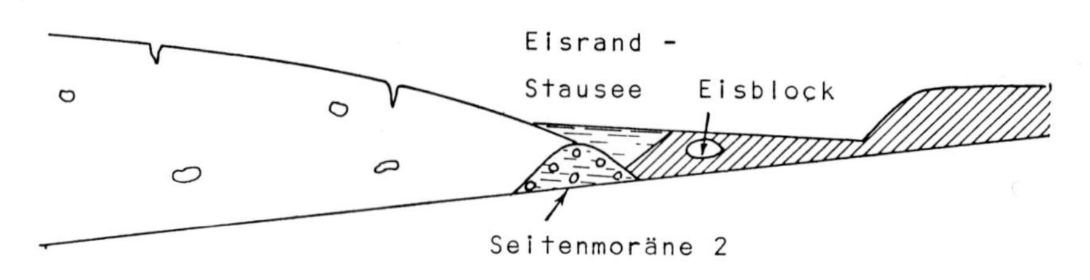


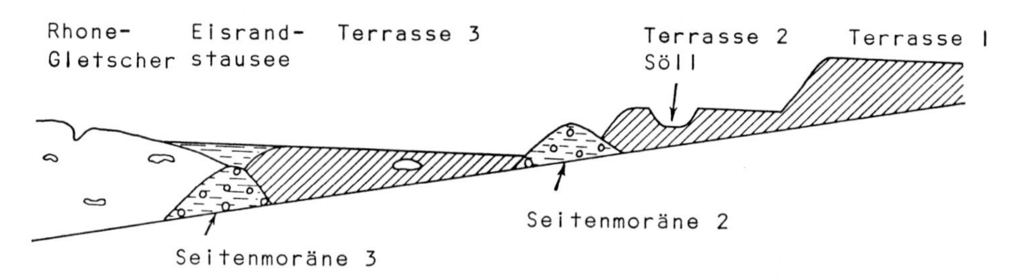


Fig. 45 Schema der Bildung randglaziärer Schotterterrassen, Kame-Terrassen, mit Toteis- und abgeschmolzenen Toteismassen – Söllen und Söllseen.
Nach R. VIAL, 1975.

Fig. 46 Söllsee – mit Wasser gefülltes Toteisloch – bei Servance im Ognon-Tal (S-Vogesen).
Photo: Dr. G. RAHM, Freiburg i. Br.

Fig. 47 Rippelmarken in den obersten Überguß-Schichten der Kame-Terrassenschotter von Granges im Broye-Tal. Photo: Prof. J. WINISTORFER, Lausanne.

## *Gletscherschmelzwässer*

Eng mit Zungenbecken und Endmoränen verbunden sind die von der Gletscherstirn ausgehenden Schwemmkegel oder *Sander*. Sie liegen, wie die alpeneinwärts anschließenden Endmoränen, den talabwärts verfolgbaren, aus Sanden und Kiesen aufgebauten Schotterfluren auf. Ihre Entstehung wurde schon von W. SOERGEL (1921, 1924, 1939) als kaltklimatisch gedeutet und durch Fossilfunde bestätigt. Bei der durch den Gletscherwind erniedrigten Temperatur war der Pflanzenwuchs auf den vegetationsfeindlichen Frostböden dürftig, die mechanische Verwitterung bedeutsam: bei Schwankungen um 0° wirkte der Frost intensiv.

Glazifluviale Schotter, Sander, Endmoränenkranz und dadurch abgedämmtes Zungenbecken bilden eine Einheit, die *Glaziale Serie* PENCKS (Fig. 48).

Beim Vorstoß schob sich der Gletscher mit seiner Endmoräne über ältere Sander; zugleich trieb er sein Zungenbecken vor. Vom Gletschertor aus schütteten Schmelzwässer neue Sander. Bei engen Toren sind diese flachkegelförmig; bei mehreren Austrittsstellen schließen sie sich zu Sanderflächen zusammen. Je nach der Erosionsbasis schnitten sich die Schmelzwässer gleich wieder in die Schotter ein. Bei geringer Niveaudifferenz neigten sie zu Seitenerosion. Es bildeten sich Terrassenhänge und eine tiefere Fläche aus, bei anhaltender Zerschneidung eine «Erosionsterrasse». Beim Nachlassen der Erosionsleistung der Schmelzwässer wurde die Erosionsrinne wieder von Schottern überschüttet.

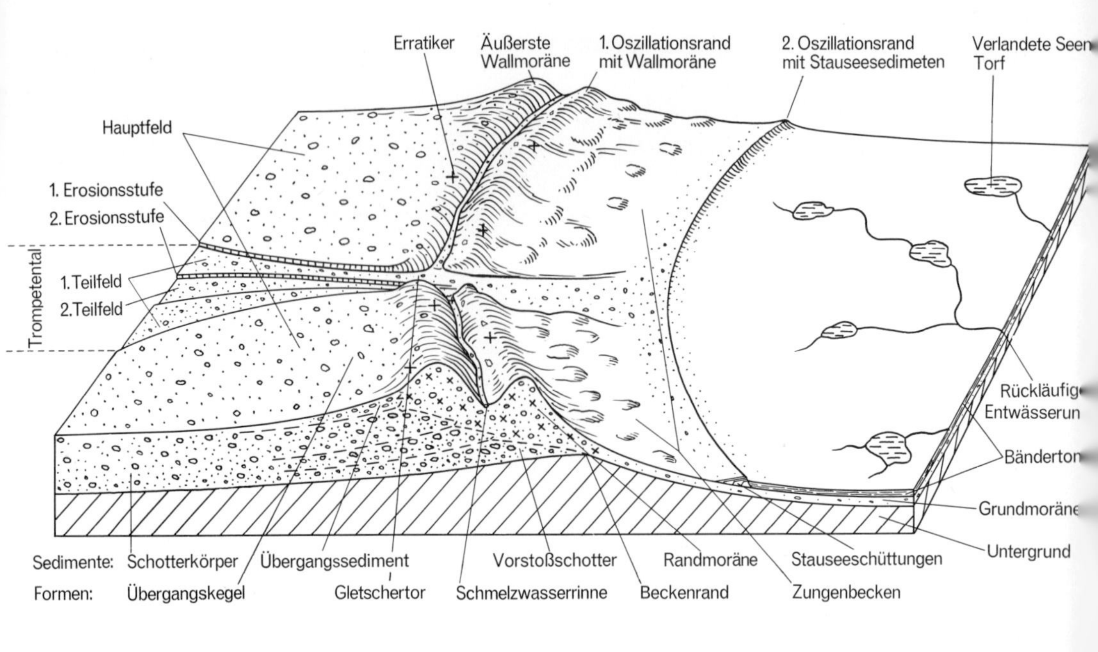


Fig. 48 Schematische Darstellung der Glazialen Serie PENCKS: Schotterflur – Stirnmoränen – Zungenbecken. Nach R. GERMAN in R. W. FAIRBRIDGE, 1968.

Bei geringem Gefälle und bei rückläufig gewordener Entwässerung wuchs der Sander beim Abschmelzen ins Zungenbecken hinein. Längs des frontalen Eisrandes lagerten sich Schliesande – Silte bis Feinsande – ab.

Bei der Bildung mehrerer, ineinandergeschachtelter Terrassen wird die Lage der einzelnen Schotterflächen durch den nächsttieferen Felsriegel bestimmt. Gelang es einem Schmelzwasserstrang, ein ehemaliges Flußbett wieder aufzuspüren, so wurde dessen Erosionsbasis tiefer gelegt und die ausgeräumte Schuttfüllung oberhalb des nächsttieferen Riegels als Übergußschicht wieder abgelagert.

Terrassenflächen im Vorfeld von Gletscherzungen können daher *nur oberhalb* eines gemeinsamen Riegels miteinander korreliert werden. Auch braucht die Eintiefung in den einzelnen Systemen nicht streng gleichzeitig erfolgt zu sein. Gleichwohl kommt ausgezeichneten Terrassenflächen ein nahezu übereinstimmendes Alter zu. So haben sich bei den Niederterrassenschottern zunächst zwei Fluren ausgebildet: eine höhere beim ersten, eine tiefere beim zweiten würmzeitlichen Maximal-Vorstoß. Am Rande der Zweigbecken des Reuß-Gletschers ist die höhere als Stauterrasse entwickelt (Bd. 2).

Beim Abschmelzen der Zungen erfolgte eine Zerschneidung der Sanderflächen. In Schutt und Schmelzwässer liefernden Tälern kam es rasch zu einer Tieferlegung der Erosionsbasis. Beim Ausbruch von Eisstauseen wurden Teile der Schuttfüllung mitausgeräumt und weiter talauswärts teils wieder abgelagert. Beim nächsten Vorstoß wurde im Vorfeld eine tiefere Schotterflur ausgebildet. Ihr sitzen oft markante Seiten- und Endmoränen auf. Da diese nicht durch eine länger anhaltende Kaltphase periglazial überprägt wurden, treten sie in den einzelnen Systemen meist als würmzeitlicher «Maximal-

stand» in Erscheinung, besonders wenn sie – etwa bei rückläufiger Entwässerung – von zerstörenden Schmelzwasser-Fluten verschont blieben (Bd. 2).
Oft vereinigten sich die Schmelzwässer einzelner Sanderflächen zu Rand-Entwässerungssystemen. So nahmen die Schmelzwässer des Aare/Rhone-Gletschers auf ihrem Lauf durchs Schweizerische Mittelland die Abflüsse der einzelnen Lappen des Reuß-, des Linth/Rhein- und des Bodensee-Rhein-Gletschers auf. Analog wirkte die Donau als Sammelstrang der nordalpinen, der Po als solcher der südalpinen Schmelzwässer. Im Bereich der nordischen Vereisung werden derartige Eisrandtäler, die heute, infolge späterer Durchbrüche der Flüsse durch ehemalige Gletschertore in die Zungenbecken, teilweise trocken liegen, als *Urstromtäler* bezeichnet.
Auch längs Gletscherrändern flossen im Sommer Schmelzwasserbäche. Sie sammelten die Abflüsse der Seitengletscher, von Schnee- und Firngebieten, die den Hauptgletscher nicht mehr zu erreichen vermochten, sowie von seitlichen Lappen. Ihre heutige Wasserführung – oft sind es Trockentäler, die nachträglich vermoorten – steht in keinem Verhältnis zur Tiefe und Gestalt ihrer Mäander. Sie lassen sich nur mit viel größerer Wasserführung erklären. Solche Torsi sind zuweilen als interglaziale Flußläufe gedeutet worden. Da sie mit Eisrändern, mit Moränen, Gletschertoren und Periglazial-Erscheinungen zusammenhängen, stellen sie Schmelzwasserrinnen dar, umso mehr als sie sich, etwa im Vorarlberger Rheintal und im Berner Jura, in durchlässigen Kalken einstellen, wo ihre Anlage nur über gefrorenem Grund verständlich wird. Die im Rheintal in verschiedener Höhenlage eingetieften seitlichen Rinnen bekunden, zusammen mit rückwärtigen Seitenmoränen, Eisrandlagen des etappenweise vorgestoßenen und wieder abgeschmolzenen Rhein-Gletschers.
Endmoränen sind in den großen Alpentälern – etwa im St. Galler Rheintal – nicht zu erwarten; sie wurden von jüngeren Alluvionen überschüttet. Daß solche existierten, ist in der Linthebene seismisch nachgewiesen (H. Zürcher, 1971), und im Vierwaldstättersee (Alb. Heim, 1894) und im Zürichsee durch unterseeische Wälle offenkundig (C. Schindler, 1974, 1976). Aufgrund seitlicher Abflußrinnen lassen sich Eisrandlagen auf dem Niveau der heutigen Rheinebene skizzieren, wobei das Zungenende – je nach der Tiefe der Rhein-Alluvionen – noch talabwärts reichte (Hantke, 1968, 1970).
Dank ihrer flachen Sohlen, dem ausgeglichenen Gefälle und den weitradigen Biegungen wurden Schmelzwasserrinnen für die Anlage von Verkehrswegen bevorzugt.
In höher gelegenen Karstgebieten treten in den obersten Abschnitten von Schmelzwasserrinnen zuweilen Zeilen von *Versickerungstrichtern*, von *Dolinen*, auf und bekunden einen subnivalen Abfluß.
Die auf den Karsthochflächen des Jura in Spalten und Dolinen versickernden Wässer schufen – vorab durch die kaltzeitliche Kalklösung – reich verzweigte, unterirdische Wasserläufe. Als Stromquellen, wie die Aubonne-, Venoge-, Orbe-, Loue-, Dessoubre-, Areuse- und Birs-Quelle, treten diese in Gewölbeaufbrüchen und längs Bruchstörungen wieder zutage. Ihr Ertrag ist starken Schwankungen unterworfen. So stieg die Areuse-Quelle bei plötzlich eintretender Schneeschmelze innert 36 Stunden von 0,5 auf 50 $m^3$/sec an (H. Schardt); die Aach-Quelle bei Engen schwankt zwischen 1,3 und 24,8 $m^3$/sec, obwohl sie zu $^3/_4$ von um Immendingen versickerndem Donau-Wasser gespiesen wird (K. Schmidt, 1961; A. Schreiner, 1970).
Feinere Adern von Karstwässern treten am SE-Fuß des Waadtländer Jura in den Bon(d)s, kleinen Quellteichen in den Schotterfluren der Jurafußflächen zutage, welche die Bodensedimente Schlammvulkan-artig aufwirbeln (E. Gagnebin, 1913).

Dagegen muten alpine Karstquellen, selbst die bedeutendsten – der schlichende Brunnen im Muotatal, die Sibenbrunnen und die Quellen der Simme – trotz der höheren Niederschlagsmengen eher bescheiden an. Infolge der intensiveren tektonischen Durchbewegung sind ihre Einzugsgebiete kleiner und ihre Wasserführung wegen der stärkeren Höhengliederung ausgeglichener.

*Schotterfluren*

Obwohl die Schotterbildung unter warm- wie unter kaltzeitlichem Klima vor sich gehen kann, sind schon die pliozänen Vogesen-Schotter und vor allem die meisten pleistozänen Schotterfluren unter kühlem bis kaltem Klima durch Frostsprengung und als sich vorschiebende Sander entstanden.
Verschiedene Schüttungen: die Hochterrassenschotter F. MÜHLBERGS (1896) und ALB. HEIMS (1919), die Mittelterrassenschotter des Buechberg und des Zürcher Oberlandes (H. SUTER, 1939K), sowie die Aaretal- oder Münsingen-Schotter wurden zunächst als interglazial (A. BALTZER, 1896; B. AEBERHARDT, 1910), später als interstadial (P. BECK, 1938, 1939, 1954) angesehen. Bereits E. GERBER (1915) erkannte ihre glazifluviale Natur und ihre in einer Frühphase der Würm-Eiszeit erfolgte Schüttung. CHR. SCHLÜCHTER (1973, 1974, 1976) konnte sie, aufgrund des Geröllinhaltes – dunkle Kalke und geringer Anteil an Molassegeröllen – sowie ihres genetischen Zusammenhanges, mit der hangenden Moräne als würmzeitliche Vorstoßschotter erkennen, die mit einer Groblage einsetzen. Untersuchungen über Zurundung und Abplattung (A. CAILLEUX, 1947; J. TRICART & CAILLEUX, 1962) belegen, daß in den über schräggeschütteten, tiefgründig verwitterten Bümberg-Schottern gelegenen Münsingen-Schottern fluvialer und glazigener Charakter sich zunächst unregelmäßig ablösen; gegen das Dach, die hangende Grundmoräne, steigt der glazigene Anteil an.
Eisrandnahe Schotter enthalten reichlich gekritzte Geschiebe, oft Erratiker. Treten solche sowie eingelagerte Moränenschmitzen spärlich auf, deuten sie eher auf einen Transport in Eisschollen hin.
Auch aus der Korngrößenverteilung ergeben sich Hinweise über die Transportart, wobei subglaziäre und glazifluviale Schotter oft an fluviale Verteilungen anklingen können, besonders wenn das Ausgangsmaterial bereits einmal fluvial verfrachtet worden ist. Durch schrittweises Vorrücken der Gletscherfront wurde der Schüttungsbereich mehr und mehr ins Vorland verschoben, rückwärtige Schottermassen überfahren, teilweise wieder aufgenommen und weiter transportiert.
Hinsichtlich Fossilien fallen vor allem Großsäuger auf. Daneben sind auch Schnecken, Holz, Blätter und Pollen von Bedeutung. Reste grabender Nager aus Wohnröhren sind jedoch weder für Alter noch Fazies streng leitend, da Bauten erst später geschaffen worden sein können. $^{14}$C-Datierungen von Holzresten oder von Zähnen geben Mindestalter, da diese vor ihrer endgültigen Einbettung mehrfach umgelagert worden sein können.
Dank ihrer guten Wasserdurchlässigkeit sind die Schotterkörper wertvolle Grundwasserträger. Wo sich der Talquerschnitt und damit der Schotterkörper verengt, eine Fels- oder eine undurchlässige Moränenschwelle sich einstellt, vermag der anfallende Grundwasserstrom nicht mehr unterirdisch weiterzufließen. In Grundwasseraufstößen – Quellaustritten und Quellbächen – wird Wasser emporgestoßen oder tritt in Überfall-

Fig. 49 Lehmiger Schotter mit «Verwerfungen», die auf das Abschmelzen von eingeschlossenem Toteis zurückzuführen sind. Kiesgrube Hardwald, E von Dietikon ZH.
Aus: SUTER/HANTKE, 1962. Photo: Dr. E. FURRER, Zürich.

quellen zutage. Damit kommt vor allem den würmzeitlichen Schotterfluren auch eine hohe wirtschaftliche Bedeutung zu; ihr Schutz – vorab als Grundwasserträger mit hoher Filterwirkung und relativ konstanter Wasserführung – muß daher ernstes Anliegen sein.

### *Der Gletscherrandbereich*

Am heutigen Eisrand bringt der Gletscherwind, vorab in den Sommermonaten, eine empfindliche Temperaturerniedrigung. Damit wird nicht nur das Hochkommen der sonst dem Klima entsprechenden Pflanzenwelt gehemmt, sondern auch das Geschehen in der unbelebten Natur beeinflußt. Neben den Schmelzwässern wirkt vor allem der *Frost*. Um Zürich, mit einer mittleren Jahrestemperatur um 9°, lag sie im würmzeitlichen Zürich-Stadium um 0°. In Eisrandnähe wurde sie durch den Gletscherwind

Fig. 50 Durch interstadialen (?) Eisabbau entstandenes Zerrungsgefüge mit Verwerfungen in frühhochwürmzeitlichen (?) Vorstoßschottern (Jaberg-Schotter). Oben rechts auflagerndes, durch Abschiebung erhaltenes Moränen-Relikt (Unterer Geschiebelehm). Überlagerung des gestörten Komplexes durch schräggeschichtete Schmelzwasser-Kiessande.
W–E streichende Wand in der westlichen Jaberg-Grube, Aaretal S von Bern.

Fig. 51 Eine 0,20 m breite Zerrungskluft, Ausschnitt von Fig. 50. Lehmige Kluftfüllung (Tonverlagerung durch Sickerwassertransport) aus der verschwemmten Grundmoränendecke (Unterer Geschiebelehm). In die Versetzungen begünstigende lehmige Gleitmasse eingebakkener Kies mit kluftparalleler Einregelung der Geröll-Längsachsen. Maßstab 2 m.

Fig. 52 Glazitektonische Störung mit horstförmiger Aufpressung (?) von Beckensanden und lehmigen Verlandungsbildungen (Molluskenlehm) des frühen Hochwürm vor einer (am rechten Bildrand noch sichtbaren) mächtigen Grundmoränenscholle (Unterer Geschiebelehm). Kleineres Relikt dieser Moräne links und als diskordant überlagerndes Steinpflaster verschwemmt im Hangenden.
W–E streichende Wand der Stöckli-Grube, Aaretal S von Bern.
Photos: Fig. 50 bis 52 Dr. F. Diegel, Kirchdorf BE.

Fig. 53 Würmzeitliche randglaziäre Sande und Kiese des Bern-Stadiums des Rhone-Gletschers mit deltaartigen Schüttungen und eingeschwemmten gefrorenen Moränenschollen. Ehemalige Sandgrube Ribeli NW von Niederscherli BE. Photo: E. BRÜGGER, Zürich.

fühlbar herabgedrückt, so daß dort das Jahresmittel um mindestens 1° – in den Sommermonaten um mehrere Grade – tiefer lag.

Im Vorfeld des Aletsch-Gletschers erhielt H. LANG (1967, schr. Mitt.) in der Meßperiode vom 1.–27. August 1965 eine Mitteltemperatur von 3,9°, in höhenmäßig entsprechender Hanglage außerhalb des Gletscherwindes 7,2°C. Die maximale Temperatur-Differenz zwischen den beiden Meßstationen betrug an 2 Tagen um die Mittagszeit 10° bei einer Temperatur von etwa 17°C in Hanglage.

Heute ist das Gebiet zusammenhängenden *Dauerfrostbodens* in Europa auf die N-Spitze Skandinaviens, N-Lappland und auf die Hochgebirge beschränkt. In den Alpen liegt es 300–600 m[1]) unter der klimatischen Schneegrenze. Dabei scheint die Permafrostgrenze (H. ELSASSER, 1968; D. BARSCH, 1969; G. FURRER & P. FITZE, 1970) vom Alpenrand

[1] nach der von Schneeforschern verwendeten Definition (S. 62)

gegen das Engadin konform der Schneegrenze anzusteigen. Aufgrund der S-Grenze in Alaska (S. Taber, 1943) und in Sibirien (K. Kaiser, 1960), die sich an die —2°-Jahresisotherme hält, war im Hochwürm der Boden im Periglazialbereich Mitteleuropas, besonders in den von Schottern erfüllten Tälern, durch welche die Kaltluft abfloß, bis in eine gewisse Tiefe dauernd gefroren, so daß das Auftauwasser nicht versickern konnte. Ehemalige Dauerfrostböden geben sich durch fossile *Eiskeile* – mehrere Meter tiefe keilförmige Spalten – und *Frostmuster* – polygonale Steinringe und Steinstreifen – zu erkennen (Fig. 16–19). Nur im Sommer taute der Boden einige Meter tief auf. Im Hochglazial bildeten sich auch im nordalpinen Periglazialraum Eiskeile und Frostmuster- oder Strukturböden (F. Bachmann, 1966). Auf geneigten Flächen kam es in Auftauzeiten zu Bodenfließ-, zu Solifluktions-Erscheinungen, deren Mechanismen und Auswirkungen von W. Meinardus (1930), C. Troll (1949, 1947), J. Büdel (1944, 1953, 1959) u. a. dargelegt wurden.

Über Frostboden fließende Flüsse schwollen an heißen Sommertagen mit intensiver Schneeschmelze und Gewitterregen zu Schichtfluten an. Von den Hängen brachen aufgetaute Partien schlipfartig aus und hinterließen Hohlformen, *Hangdellen.* In Schotterkörpern bildeten sich durch das Ausfahren von aufgetauten Schottermassen kleine *Kerbtälchen* (A. Leemann, 1958).

Vereinzelte Vorkommen von Frostböden treten bereits über der —1°-Jahresisotherme auf, während über derjenigen von —2° Permafrostböden zu erwarten sind (Furrer & Fitze, 1970). Dabei bewirken Exposition, Mächtigkeit und Dauer der Schneedecke Abweichungen in der Ausbildung.

Häufig treten im Periglazialbereich *Würge-* oder *Taschenböden* auf: gekröseartig verknetete Sedimentlagen, die zapfenartig in die liegenden Schichten eindringen. In Randbereichen der Schmelzwasserstränge wurden feinkörnigere Sedimente unterschiedlicher Dichte – Feinsande, Silte, Lehme – abgelagert. Durch Gefrieren, Auftauen und Wiedergefrieren begünstigt, begannen sich Belastungsmarken, load casts, auszubilden. Mit andern verkneteten und verfalteten Strukturen, die auf Auftauen und Wiedergefrieren von Sedimentschollen zurückzuführen sind, werden sie als *kryoturbate* – vom Eis durchbewegte – Bildungen zusammengefaßt.

### *Löß und Löß-Stratigraphie*

Löß, eine feinkörnige, windverfrachtete Staubablagerung, besteht vorwiegend aus matten, eckigen Quarzkörnern, die oft von einer Kalkkruste umhüllt sind. Untergeordnet treten auch andere Mineralien auf, vor allem: Feldspäte, Glimmer, Granat, Epidot und Hornblende. Im frisch abgelagerten Löß war der Kalk – 10–20% – gleichmäßig verteilt; durch Stoffwanderung wurde er in Konkretionen, zu Kindel, angereichert. Schalen kleiner Landschnecken sind weit verbreitet; ebenso konnten korrodierte Pollen und Sporen nachgewiesen werden (B. Frenzel, 1964).

F. Hädrich (1975) versucht eine Differenzierung aufgrund der Karbonatverteilung.

Je nach dem Korngrößen-Maximum werden unterschieden: typischer Löß (= Fluglöß) mit einem solchen von 0,06–0,02 mm (Staub, Grobschluff), Sandlöß mit Fraktionen von 0,06–0,02 mm (Feinsand) und 0,5–0,2 mm (Mittelsand), Tonlöß, der neben der Fraktion 0,06–0,02 mm mehr als 25%< 0,002 mm (Ton) enthält, sowie verschiedene Löß-Derivate, die später umgelagert worden sind (J. Fink, 1973).

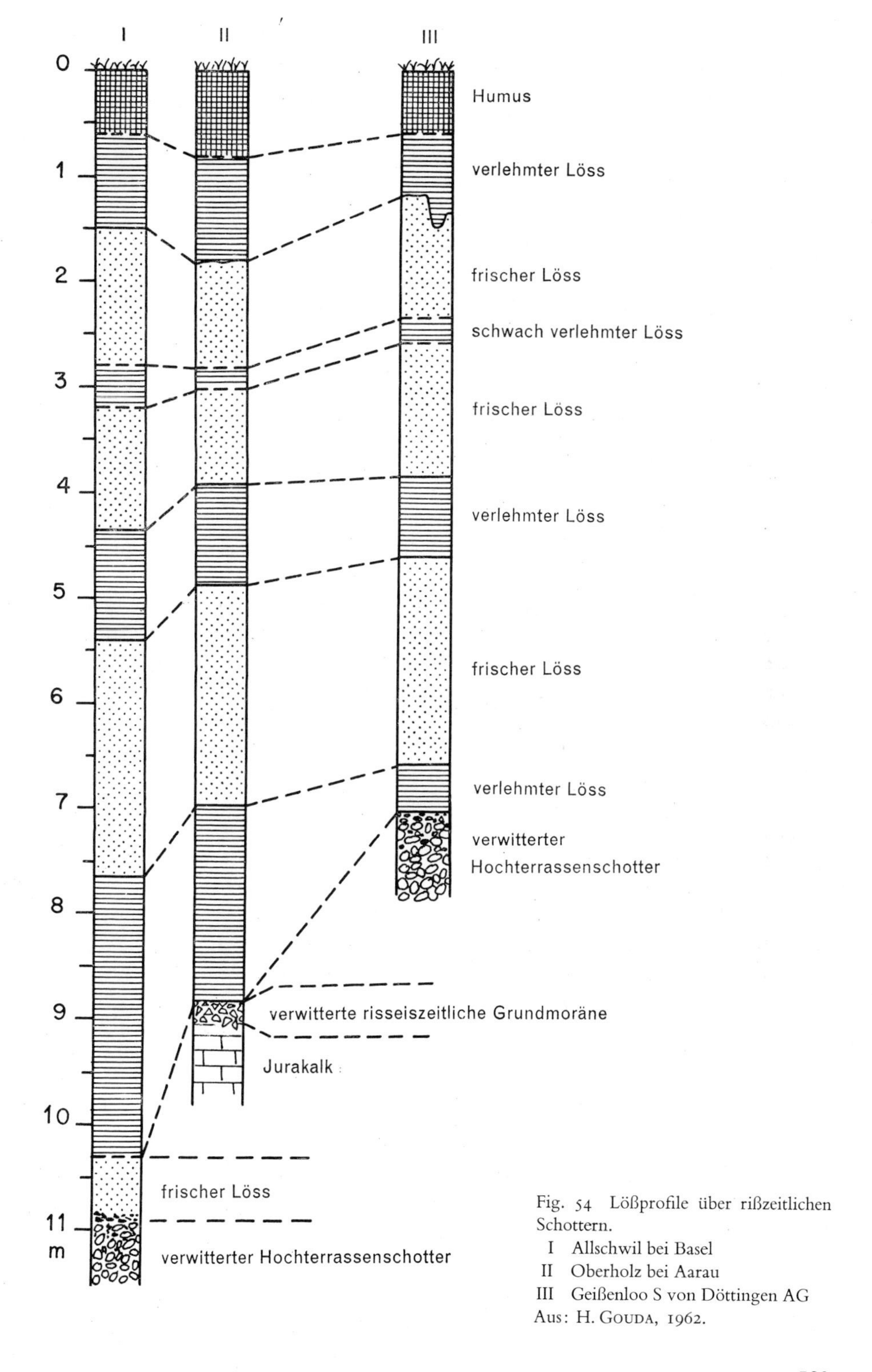


Fig. 54 Lößprofile über rißzeitlichen Schottern.
I Allschwil bei Basel
II Oberholz bei Aarau
III Geißenloo S von Döttingen AG
Aus: H. Gouda, 1962.

Lößvorkommen sind in der Schweiz um Basel (F. v. SANDBERGER, 1890, A. GUTZWILLER, 1894, 1901, H. GOUDA, 1962), aus dem Rheintal (H. HÄRRI, 1932), dem unteren Aaretal (A. ERNI, 1943), dem Rhonetal, dem Klettgau, dem Thurtal bei Andelfingen (FRÜH, 1903) sowie aus dem St. Galler Rheintal (A. MOUSSON, 1856; J. FRÜH, 1899a) bekannt geworden. Dabei sind die Vorkommen aus dem Klettgau als Schwemmlehme anzusprechen (P. FITZE, 1973; F. HOFMANN, 1977).
Von Wyhlen E von Basel gibt O. WITTMANN (1977) detaillierte Lößprofile, wobei er zeigen konnte, daß der bisher als rißzeitlich betrachtete Löß erst in der Würm-Eiszeit abgelagert wurde (S. 196).
Meist liegt der Löß auf mittel- und jungpleistozänen Schottern. Im Hoch- und im frühen Spätglazial, als das Gletschervorland noch nahezu vegetationslos war, ist er aus Schotterfluren und Grundmoränen ausgeblasen und im Lee kleiner Tälchen wieder abgelagert worden, so daß diese vielfach einen asymmetrischen Querschnitt erhielten. Da sich in den Lößprofilen Verlehmungshorizonte einschalten, die auf etwas wärmere und zugleich feuchtere Zeitabschnitte hindeuten, lassen sie sich für die Gliederung des Jungquartärs auswerten. Mit dem Feuchterwerden des Klimas geht häufig auch die Entwicklung einer Pflanzendecke und damit die Ausbildung eines humosen Bodens einher. GOUDA (1962) versuchte einige schweizerische Profile, so jene von Allschwil bei Basel, Oberholz bei Aarau und S von Döttingen im untersten Aaretal miteinander zu korrelieren (Fig. 54).
Bei Aarau liegt ein tiefster, verlehmter Löß über verwitterter Grundmoräne mit gekritzten Geschieben, welcher Spalten in den Jurakalken eindeckt. Da dieser außerhalb der Eisdecke des Würm-Maximums liegt, kann er dann, oder in der späten Riß-Eiszeit abgelagert worden sein. J. BÜDEL (1960) nimmt für die Ablagerung von 1 m Löß eine Dauer von 10 000 Jahren an. Für die 2 m mächtige Bildung wäre somit mit einer längeren Kaltphase zu rechnen. Der darüber folgende basale, karbonatfreie Verlehmungshorizont wurde von GOUDA in das Riß/Würm-Interglazial gestellt. Er zeichnet sich durch größere Mächtigkeit und intensivere Braunfärbung aus als der mittlere, was auf eine stärkere und länger wirksame Verwitterung hindeutet. Darüber stellt sich unverlehmter Löß ein, den GOUDA als frühwürmzeitlich betrachtet. Nach oben geht dieser erneut in einen entkalkten, verlehmten Löß über, der sich durch Absinken des Karbonatanteiles, Korngrößenabnahme, Zurücktreten der Schnecken sowie durch höheren Humusgehalt auszeichnet.
Eine nächste Kaltphase wird wieder durch frischen Löß bekundet. In den Profilen von Allschwil und Döttingen ist dieser nochmals durch eine schwache, karbonatärmere Verlehmungszone unterteilt, die wohl als frühes Hochwürm-Interstadial zu deuten ist.
Über dem nächsten Löß stellt sich eine letzte Verlehmung ein, die – wie bei Allschwil und Döttingen – als Grenze eines Dauerfrostbodens gedeutet wird. Ein Teil ist wohl bereits dem Spätwürm zuzuordnen. Ob später nochmals Lößeinwehungen erfolgten, ist wegen der Verlehmung kaum nachweisbar.
Die Lößablagerungen bei Wartau im St. Galler Rheintal fallen ins frühe Spätwürm, als das Gebiet vom Eis freigegeben wurde, was pollenanalytisch bestätigt werden konnte. E. SCHÜTZ (in E. FREI, 1973) erhielt aus Lößen über spätrißzeitlichen Schottern des Ruckfeld in 10 m Tiefe ein $^{14}$C-Datum von 9076 ± 284 Jahren v. h.; eine humose Lage aus Lößlehmen über Höherem Deckenschotter bei Baldingen in 1 m Tiefe ergab 11270 ± 400 Jahre v. h.

## Hinweise für beginnende Erwärmung

### *Bergstürze und Sackungen*

Beim Zurückschmelzen der Gletscher in die Alpentäler ereigneten sich an tektonisch unstabilen Flanken zahlreiche *Bergstürze*. Neben der Hangfuß-Entlastung wurde das Niederbrechen durch gefrierendes und wieder auftauendes Wasser beim Abschmelzen der Firnkappen und Kargletscher begünstigt. Zahlreiche Stürze erfolgten daher auf abschmelzendes Eis. Sie geben sich oft dadurch zu erkennen, daß gesteinsmäßig einheitliche Berg- und Felssturztrümmer in einem ehemaligen, von einem Stirnwall begrenzten Zungenbecken als abgeschmolzene Obermoräne noch etwas eingeregelt worden sind.
Mit der Erwärmung geht meist eine stärkere Durchfeuchtung durch Schmelzwässer einher. So führte die erste spätwürmzeitliche Erwärmung – wohl in Zusammenhang mit tektonischen Störungen (S. 395) – zum Niederbrechen der größten interstadialen Bergstürze der Schweiz, denen von Flims, der Lenzerheide, von Davos-Wolfgang (Fig. 58), von Glarus, Engelberg, Sierre, von Noville-Chessel am SE-Ende des Genfersees, von Kandersteg-Blausee, im Puschlav, im Bergell und in der Biaschina.
Bergstürze können allerdings auch nur durch erhöhte Niederschlagsmengen ausgelöst werden. So ereigneten sich zahlreiche geschichtliche Stürze, vorab Bergschlipfe, nach anhaltenden Niederschlagsperioden. Durch das längs Klüften eingedrungene Wasser wurden die Gleitbahnen geschmiert, etwa die Mergelunterlage der 1806 niedergefahrenen Nagelfluhplatte des Goldauer Sturzes (Fig. 55 sowie Bd. 2).
Zuweilen – etwa in den Flumserbergen und NW des Klausenpasses – fehlt heute das zugehörige Anstehende, so daß nur die Trümmer von der Existenz einstiger Gräte und Türme zeugen.
Aus den Lagerungsbeziehungen zu datierbaren Eisständen läßt sich der Zeitpunkt des Niederganges oft zeitlich eingabeln.
Durch die übereinstimmende Tracht von Erratiker-Anhäufungen – im Fällander Tobel, im Knonauer Amt, bei Lauerz-Steinen, Morschach-Seelisberg, NE des Sustenpasses – lassen sich fossile Felsstürze nachweisen.
Bewegung und Gestalt einiger spät- und postglazialer Bergstürze faßten ALB. HEIM (1932), G. ABELE (1972) und S. GIRSPERGER (1975) zusammen.
Die bedeutendsten prähistorischen und historischen Bergstürze, die neben der Zerstörung ganzer Siedlungen allein in der Schweiz rund 5000 Menschen forderten, hat ALB. HEIM (1932) zusammengestellt.
Der verheerendste Sturz brach 1618 vom Monte Conto nieder und verschüttete das Städtchen Plurs/Piuro im unteren Bergell, wobei 930 Menschen – F. SPRECHER in HEIM nannte gar über 2000 – umkamen.
Im 19. Jahrhundert ereigneten sich die Bergstürze von Goldau (1806) und von Elm (1881), die 457 bzw. 115 Menschenleben kosteten.
War der Verband bereits gelockert oder bestand er aus weicheren, tonigeren Gesteinsschichten und Lockergesteinsmassen, so bildeten sich langsam talwärts gleitende *Sackungen*, dahinter Nackentälchen, die den Ausbiß von schaufelförmigen Gleitflächen darstellen. Bereits mit dem ersten Rückschmelzen des riß- oder des würmzeitlichen Eises lösten sich von den freiwerdenden Hängen zum Teil ausgedehnte Sackungsmassen, etwa am Heitersberg oder am Albis im Bereich des Sihlwald.

Fig. 55 Zeitgenössische Darstellung des Goldauer Bergsturzes von 1806 mit Abrißrand, Sturzbahn und einem Teil des Trümmerfeldes nach einem Stich von A. L. Girardet.
Orig. Zentralbibliothek Luzern.
Aus: J. N. Zehnder (1974, 1975).

Durch Schmelzwässer, die in den Nackentälchen versickern, werden die Abrißflächen durchtränkt und damit zu Gleitflächen, so daß die Bewegung fortschreitet. Hört dieser Prozeß auf, so kommen Sackungen nach einer gewissen Zeit zum Stehen.
Häufig fällt das Loslösen von Sackungen ins Spätwürm, in die Zeit kurz nach dem Abschmelzen des Eises. $^{14}$C-Daten von Föhrenstämmen aus Sackungen an den Hängen des Lavaux ergaben, daß die beim Nationalstraßenbau angefahrenen, recht ausgedehnten Sackungen noch im Alleröd in Bewegung waren (M. Weidmann, mdl. Mitt.). Im alpinen Raum erfolgte im Schächental der Niedergang der Spiringer Sackung und in der Landschaft Davos ausgedehnte Sackungen in den Quelltälern des Landwassers. Im Prättigau, im Safiental, im Albulatal und ganz besonders im Lugnez (W. K. Nabholz, 1975) und bei Brienz GR (Fig. 56, 57) halten die Bewegungen noch immer an.

Fig. 56 und 57 Sackungen mit noch von Schnee erfüllten Abrißtälchen auf Fops oberhalb Brienz GR. Photos: D. MARTIN, Zürich.

Zuweilen sind Moränenwälle mitversackt, so daß sich ein relatives Maximalalter angeben läßt; in Nackentälchen abgelagerte Sedimentfolgen belegen ein Minimalalter der Sackung (Fig. 56, 57).

In den Tälern bewirkten die niedergefahrenen Schuttmassen häufig den Aufstau von Seen. Beim Überfließen wurden die Ausflußkerben in der Schuttbarriere rasch tiefer gesägt, so daß sich die Seen katastrophenartig entleerten.

Fig. 58 Serpentinit-Sackungen an der Totalp W von Davos-Wolfgang. Im Vordergrund der Schuttfächer des Totalpbaches.

Fig. 59 Isegraben, Cheisacker, SW von Gansingen AG, der hufeisenförmige Abrißrand einer niedergleitenden Schichtplatte von Malmkalken (rechts).
Photo: Dr. E. Gerber, Schinznach-Dorf.

Bei stärkerem Gefälle werden die Kerben V-förmig eingetieft; in gefällsärmeren Tälern kommt es zu Schichtfluten, die bei abflauender Wasserführung einen ausgeglichenen Schuttboden zurücklassen. Aufgrund von Eisüberprägungen und Moränendecken läßt sich das Niederbrechen einstufen, so daß Bergstürzen und Sackungen bei der Rekonstruktion der jüngsten Talgeschichte hohe Bedeutung zukommt.
Daneben haben auch andere Ursachen, wie Erdbeben, wohl ebenfalls in Zusammenhang mit tektonischen Störungen, Bergstürze ausgelöst (S. 117, 392ff.).

### *Rutschungen und Dellen*

Lösen sich längs Kluftflächen oder Zugspalten Gesteinsmassen aus ihrem Verband, so bewegen sie sich langsam talwärts: es entwickelt sich über der Bewegungs- oder Gleitfläche eine *Rutschung*. In lang anhaltenden Trocken- oder Kältezeiten reißen im aufgelockerten Gesteinsschutt erneut Spalten auf, die sich bei nachfolgenden Regengüssen oder beim Auftauen des Bodens mit Wasser füllen, die Gleitbahnen schmieren und die Rutschung erneut reaktivieren. An der Stirn bilden sich oft Stauwülste und hinter der von der Rutschmasse freigegebenen Gleitfläche zeigen sich an Gletscherschrammen erinnernde Striemen.
Noch ausgeprägter als bei Berg- und Felsstürzen sind anhaltende Niederschläge bei Rutschungen und Murgängen das auslösende Moment. So nennt bereits ALB. HEIM (1932) die niederschlagsreichen Jahre 1816, 1846, 1876 und 1878, 1908 und 1910 auch als überreich an Schuttrutschungen, in neuerer Zeit waren es besonders die Jahre 1941 und 1970.
Seit 1960 verfolgt E. K. GERBER (1977) einen Rutsch im Opalinuston im Aargauer Jura NW von Schinznach-Dorf, wobei er eine gute Übereinstimmung zwischen Fließgeschwindigkeit und Winter-Niederschlagsmenge feststellen konnte. Im niederschlagsreichen Spätwinter 1970 konnte GERBER eine Bewegung von über 24 cm/Tag und im Februar 1977 eine solche von über 3 cm/Tag messen. Nach einem niederschlagsreichen Frühling (Niederschlagsmenge in Schinznach-Dorf im April 1977 186,4 mm) ist die Geschwindigkeit bis im untersten, plastischen Abschnitt nach Mitte Mai lokal bis auf 87 cm/Tag angewachsen. Auf eine Auslaugung des Kalkskelettes folgt eine Pyritverwitterung, wodurch sich die Plastizität erhöht (Fig. 60, 61).
Im Periglazial-Bereich kommt es durch den Frost zur Spaltenbildung. Beim Auftauen von Lockerschuttmassen am Hang, der etwa durch einen Schmelzwasserstrom unterschnitten worden ist, kann Hangschutt breiartig ausbrechen und muschelartige Hohlformen – *Dellen* – hinterlassen. Der ausgebrochene Schuttbrei breitet sich in der Talsohle fächerförmig aus. Dadurch kann in der Schmelzwasserrinne ein flachgründiger See aufgestaut werden. Vermag der Wasseranfall den Schuttfächer nicht mehr zu durchbrechen, so wird die Rinne aufgelassen und zum Trockental, zum *Torso*.

### *Tektonische Störungen, Erdbeben, Bergstürze*

Vertikale und horizontale Störungen des Schichtverbandes sind Auswirkungen von Spannungen in der Erdrinde, die sich ruckartig durch Erdbeben und Krustenverschiebungen auszugleichen trachten. Im Gebirge lösen sie, infolge des dadurch gelockerten

Fig. 60 Zustand des Rutsches 1964 oberhalb der Lias-Stufe.
Photo: Dr. E. GERBER, Schinznach-Dorf.

Fig. 61 Rutsch von Opalinustonen in Möseren WNW von Schinznach-Dorf. Mai 1960 und Oktober 1971. Nach E. GERBER, 1977.

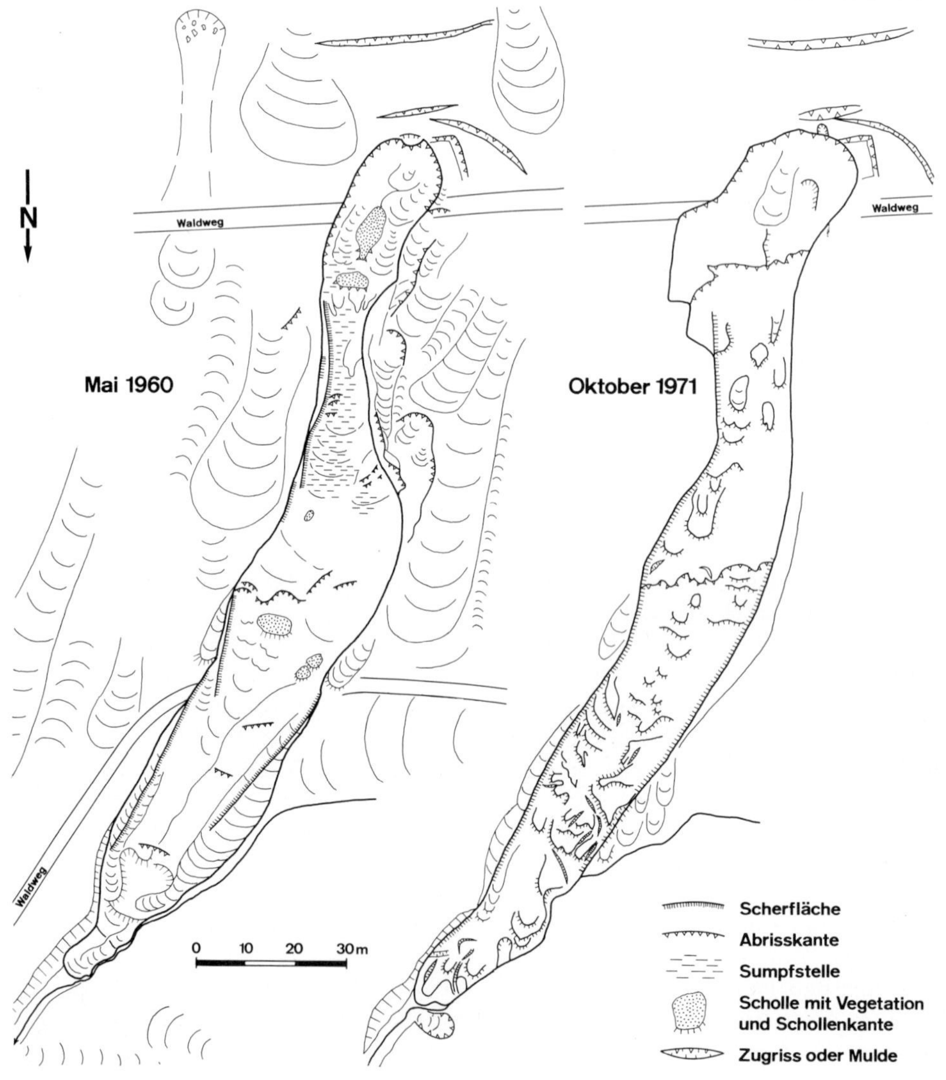

Gesteinsverbandes, vielfach Bergstürze aus. Da solche Spannungen meist noch anhalten, sind tektonische Störungszonen zugleich auch Erdbebenherde und potentielle Abbruchgebiete von Bergstürzen (E. WANNER & N. PAVONI, 1965; PAVONI, 1975a, b, 1977). Eindrücklich sind die Trümmergebiete der spätglazialen Bergstürze von Flims–Reichenau–Felsberg und von Sierre an der noch immer aktiven Störungslinie Vorderrheintal–Urseren–Rhonetal, die sich im Bergsturz von Fidaz (1939) und im Beben von Sierre (1946) bis in die jüngste Zeit manifestiert. Die Beben von Visp (1755) und von Stalden (1855) sind wohl mit analogen jungen tektonischen Bewegungen im Simplongebiet zu verbinden. Bei diesen wurden spätwürmzeitliche Moränen versetzt (A. STRECKEISEN, 1965). Das Beben von Chur (1295) ist wohl mit der Vorderrheintal-Störung und dem flexurartigen Abtauchen des Aarmassivs und seiner Hülle im Churer Rheintal in Verbindung zu bringen. Die Bergstürze der Lenzerheide (TH. GLASER, 1926) scheinen ans Abtauchen der nordpenninischen Bündnerschiefer unter die gegen W abbrechenden penninischen und ostalpinen Einheiten der Rothorn-Lenzerhorn-Gruppe gebunden zu sein.
Im Glarnerland konnten PAVONI et al. (1977) das Beben von 1971 und die prähistorischen Bergstürze um Glarus (J. OBERHOLZER, 1900) mit Blattverschiebungen im Linthtal und im Klöntal in Verbindung bringen (vgl. auch S. 393 ff.).
In der Zentralschweiz steht das Beben von Altdorf (1774) wohl in Zusammenhang mit den Blattverschiebungen im Urnersee, der nacheiszeitliche Bergsturz auf der SE-Seite des Chaiserstock mit jener, längs der die westliche Silberen-Schuppe an der Basis der höheren Decken an den Alpenrand verfrachtet wurde und SW von Schwyz-Seewen als Urmiberg-Platte wieder zutagetritt (HANTKE, 1961).
Auch die vom Stanserhorn niedergebrochenen Trümmermassen des Kernserwald sowie die Beben von Sarnen (1961, 1964) wurden wohl durch Bewegungen an den Querstörungen des Muoterschwanderberg ausgelöst.
Der 1512 vom Pizzo Magn E von Biasca niedergefahrene Schuttkegel, die Büza di Biasca, staute den Brenno in der unteren Val Blenio zu einem 2,5 km² großen See. Der Niedergang wird – zusammen mit dem Stürzen im vorderen Calancatal – mit einem Erdbeben in Verbindung gebracht.
1514 brach der Schuttriegel durch, und die Fluten verwüsteten das untere Tessintal bis zum Ponte della Torretta in Bellinzona.
Erdbeben dürften bereits im Spätglazial in der Val Blenio und in der Riviera zu Sackungen und Bergstürzen geführt haben.
Mit den Querstörungen des Rhone-Durchbruchs Martigny–Genfersee hängt wohl auch der interstadiale Bergsturz von Noville-Chessel sowie das Erdbeben von 1584 zusammen, das den Sturz von Orvaille auslöste. Dabei wurden Corbeyrier und Yvorne verschüttet, wobei 122 Menschen umkamen (A. JEANNET, 1918).
Im Waadtländer Jura liegen an der Querstörung Rolle–Vallorbe–Pontarlier bedeutende Schuttmassen, die noch im ausgehenden Hochwürm von Gletscherzungen des Mont d'Or zu Wällen zusammengestoßen wurden (D. AUBERT, 1959; AUBERT & M. DREYFUSS, 1963K).
Beim Beben von Jeurre SW von Genf zeigten sich enge Beziehungen zur Tektonik des südlichsten Faltenjura (PAVONI & E. PETERSCHMITT, 1974).
Das Erdbeben von Basel (1356) und im angrenzenden Tafel-Jura, bei dem viele Burgen beschädigt wurden, ist ebenfalls mit noch heute aktiven Ausgleichsbewegungen im Rheintalgraben verknüpft.
Auch die Bodensee-Beben scheinen nach PAVONI et al. (1977) mit Blattverschiebungen zusammenzuhängen.

Fig. 62 Guttannen mit seinen typischen Lauizügen, die sich vom Ritzlihorn herunterziehen und im Tal mächtige Lawinenschuttfächer geschüttet haben.
Photo: R. WÜRGLER, Meiringen.

*Schuttfächer, Schutthalden*

Neben Schuttfächern von Seitenbächen treten im alpinen Raum häufig solche auf, deren Gesteinsinhalt unter periglazialem Klima aus strukturell vorgezeichneten, karartigen Hohlformen ausgebrochen und in der Talsohle fächerförmig abgelagert wurde. Außerdem rückten bei Klimarückschlägen viele Seitengletscher wieder bis an die Talmündungen vor, was durch abfallende Seitenmoränen, ins Anstehende eingetiefte Mündungskerben und Zungenbecken bekundet wird. Außerhalb der Gletscherenden gelegene Schuttfächer sind als zugehörige, von Schmelzwässern geschüttete Schotterkegel (Sonderkegel) zu deuten.
In den Alpen werden Schuttfächer vielfach von *Lawinen* genährt; meist sind sie übersät von mitgerissenen Blöcken. Luftdruck- und Sogwirkung der Lawinen wirken oft verheerend, was alljährlich durch geknickte Waldstreifen und fortgetragene Dächer dokumentiert wird. Im Winter 1928 soll die Wanglaui im Gadmertal einen Sturzblock von 200 m³ aus dem Gadmerwasser über 20 m an die alte Sustenstraße verfrachtet haben.

Fig. 63 Im Lawinen-Winter 1951 wurde das Dorf Airolo nach ergiebigen Schneefällen von Lawinen heimgesucht, die durch die Vallascia niederfuhren.
Photo: Luftaufklärungsdienst Dübendorf. Aus: H. ALTMANN et al., 1970.

Im Periglazial-Bereich bildeten sich, vorab in den feucht-kühlen Vorstoßphasen der Würm-Eiszeit, Frostschuttfächer, die – etwa im Klettgau (Bd. 2) – bedeutende Ausmaße erreichen können.
Zuweilen enthalten Schuttfächer in bestimmten Horizonten archäologische Reste, Dokumente von Besiedlungsphasen, die bei katastrophalen Überschwemmungen oder bei Murgängen eingedeckt worden sind.
Nur selten lassen sich in frostgesprengtem Gehängeschutt am Fuß von Felswänden zeitlich fixierbare Leithorizonte beobachten, so in den vulkanischen Tuffiten mit charakteristischem Mineralbestand und Fossilinhalt im Schaffhauser Tafeljura (F. HOFMANN,

Fig. 64 Staublawine am Wetterhorn. Aus der Mulde unter dem Gipfel brechen lockere Neuschneemassen in freiem Fall über 1700–2000 m ab und erreichen Geschwindigkeiten von 200–300 km/h. Die Schäden beruhen vorab auf der Windwirkung.
Photo: A. STUDER, Thun. Aus: H. ALTMANN et al., 1970.

1971; HANTKE, 1971). Damit, sowie mit Hilfe archäologischer Horizonte, lassen sich Bildung und Aufschüttungsraten von Schutthalden und Schuttfächern ermitteln.
Ausgehend von Schutthalden im Nationalpark versuchte D.-C. HARTMANN-BRENNER (1973) eine Typisierung der *alpinen Schutthalden* nach ihrer Entstehung, unter Berücksichtigung von Klima (Höhenlage, Exposition), Gestein und Relief. Dabei unterscheidet sie Steinschlag- und Felssturzhalden sowie Murschwemm- und Lawinenschuttkegel. Aktivität und Überprägung der Schuttablagerungsformen werden weitgehend als klimaabhängig betrachtet: der schichtmäßige Aufbau, der Wechsel von Stein- und Feinerde-Schichten soll dabei die Klimageschichte seit deren Bildung wiedergeben, da Schuttproduktions- und Umlagerungsphasen mit Ruheabschnitten, mit Phasen vorherrschender Filterspülung mit sortierender Wirkung, abwechseln (Fig. 67). Daß sich im späteren Spätwürm und im Holozän in Mittel- und S-Bünden vielfach längere Ruhepausen mit Bodenbildung eingestellt haben, wird durch einige $^{14}C$-datierte Paläoböden zu belegen versucht. Darüber folgende Steinschichten sind jedoch auf verschiedenste Ursachen zurückzuführen. Sie als Klimarückschläge oder nur als Zeiten häufigeren Frostes deuten zu wollen, bedarf noch einer sorgfältigen Prüfung, da die Amplituden, vorab der holozänen Klimaschwankungen, eher bescheiden waren. Im alpinen Raum setzte die Bildung von Schutthalden – je nach ihrer Lage zu den zurückschmelzenden Gletschern im späteren Spätwürm bis ins früheste Holozän, zwischen rund 14000 und 10000 Jahren v.h., ein.
Im Hochkönig-Gebiet S von Salzburg stellt sich über einer durch Feinmaterial verfestigten Lockergesteinsschicht eine Lockerschuttschicht ein, wobei diese aus mehreren Schuttströmen besteht. Die Kornverteilung bleibt über die ganze Halde ± gleich, wobei die Korngrößen in Streifen oder Zungen angeordnet sind, so daß die Aufschüttung durch eine Reihe von Miniaturrutschen erfolgt ist (E. BRÜCKL et al., 1974).
Zur Dynamik konnten E. K. GERBER & E. A. SCHEIDEGGER (1974) zeigen, daß feineres Schuttmaterial plötzlich abrutschen kann und sich nach den Gesetzen der trockenen Reibung bewegt. Große Blöcke vermögen nur langsam zu gleiten. Das Rollen von Steinen verläuft nach den Rollgesetzen von Kugeln und der Siebeffekt analog der Filtration von Suspensionen durch poröse Stoffe.

### *Blockströme, Gesteinsgletscher*

In Hochlagen finden sich in den Alpen heute oft anstelle von Eisströmen zungenförmige Blockfelder, eigentliche Gesteinsgletscher, die sich, wie von Obermoräne völlig eingedeckte Eiskörper, in ehemals vergletscherten Tälern bewegen. Aktive Blockströme besitzen meist eine konvexe, steil abfallende Stirn. An den Flanken und im Frontbereich erscheint der Schutt zu Wällen gestaucht; bei der Vereinigung zweier Ströme bilden sich Mittelwälle. Die Oberfläche erweckt oft den Eindruck, als hätten die Hohlräume zwischen den Gesteinstrümmern tiefer liegendes Eis vor weiterem Abschmelzen bewahrt (J. DOMARADZKI, 1951; C. WAHRHAFTIG & A. COX, 1959).
In der Val Sassa S von Zernez ergaben Vermessungen von A. CHAIX (1923) und des Geodätischen Institutes der ETH im Stirnbereich des zwischen Piz Quattervals und P. Serra gegen NNE bis 2100 m absteigenden Blockstromes eine mittlere Bewegung von bis 52,2 cm/Jahr. Dabei soll sie von der Oberfläche zum Grund abnehmen, was mit Klinometer-Messungen bestätigt wurde und auf viskoses Fließen hindeutet. Granulo-

Fig. 65 Wasserrinnen und Murgänge auf Hauptdolomit-Schutthalden am Munt della Bescha NE des Ofenpasses GR.

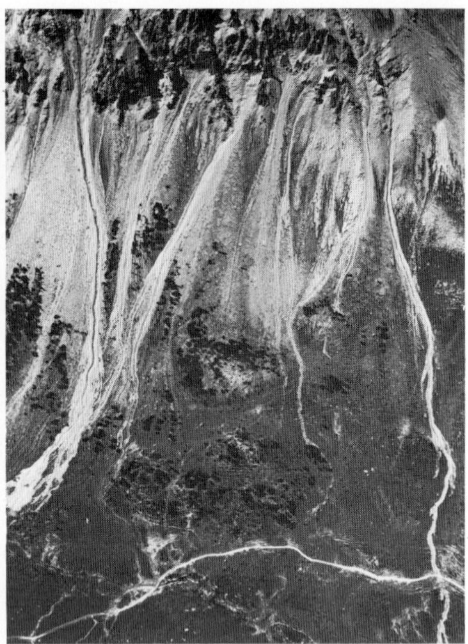

Fig. 66 Von Wasserrinnen und Murgängen überprägte Sturzhalden aus mitteltriadischen Dolomiten am E-Hang des Munt Buffalora WSW des Ofenpasses.

Fig. 67 Bewachsene Schutthalde aus triadischen Dolomiten E von Tuf E von Alvaneu GR mit 6 Gesteinshorizonten. Die werden von D.-C. HARTMANN-BRENNER (1973) als frühere Oberflächen der jeweils aktiven Schutthalde gedeutet und mit kühleren Klima-Abschnitten in Verbindung gebracht. Die beiden dunklen fossilen Bodenhorizonte lassen wärmere Phasen mit Schutthalden-Bewachsung vermuten.
Die Unterteilung am Maßstab (links der Bildmitte) beträgt 2 cm.
Aus: D.-C. HARTMANN-BRENNER, 1973.

Fig. 68 Stirn des Blockstromes der Val Sassa (Schweiz. Nationalpark). Unterhalb der Stirnkante wird feuchtes, feinkörniges Material (dunkel) ausgestoßen.
Photo: 13. 8. 1963. Aus: H. EUGSTER, 1974.

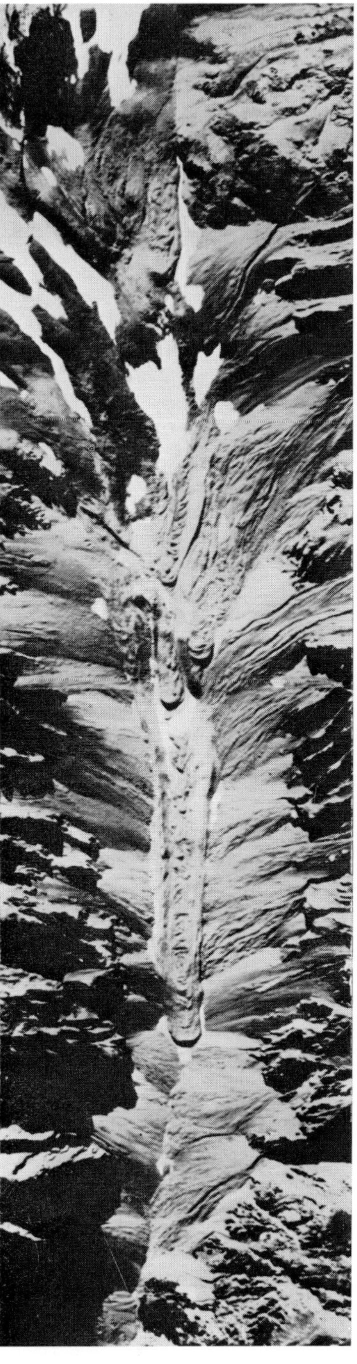

Fig. 69 Der von Seitenmoränen begrenzte Blockstrom in der Val Sassa (Schweiz. Nationalpark) hat die Endmoräne eines ehemaligen Gletschers überbordet und fließt weiter talwärts.
Luftaufnahme der Eidg. Landestopographie, 13. 10. 1951. Aus: H. EUGSTER, 1974.

metrisch ergaben Proben eine konkave Summationskurve mit geringem Silt- und Tonanteil (S. GIRSPERGER, 1973, schr. Mitt.; H. EUGSTER, 1974). 1962 reichte der Kargletscher vom P. Serra noch bis 2610 m. Daß bei diesem Blockstrom ein moränenbedeckter Gletscher vorliegt, ist wenig wahrscheinlich, hingegen kann Toteis eines frührezenten Vorstoßes an der Bewegung beteiligt sein (Fig. 68, 69).
Im hinteren Muotatal reicht ein aus dem Karrengebiet des Pfannenstock (2573 m) und des Chupferberg vorgefahrener Blockstrom bis unter 1300 m herab. Daß bei ihm gar ein noch älterer «fossiler» Gletscher vorliegt, ist unwahrscheinlich. Viel eher bewegt sich der möglicherweise einst auf Eis niedergebrochene Gesteinsschutt heute auf tonigen Liasschiefern, die als Wasserstauhorizont wirken. Messungen von F. KÖFERLI (H. JÄCKLI, schr. Mitt.) ergaben im Stirnbereich eine mittlere Geschwindigkeit bis zu 5,7 cm/Jahr.
Auch Steinganden – vegetationsfeindliche Blockfelder – und Blockschuttrunsen bewegen sich auf lehmig-tonigem Feinmaterial, das vom Niederschlagswasser durchfeuchtet wird, langsam talwärts. Den Talfahrten von Blockschuttrunsen Einhalt zu gebieten gelingt kaum, da eine Bewaldung auf dem oberflächlichen Blockschutt nur schwer hochzukommen vermag und sintflutartige Regengüsse immer wieder zu neuen Murgängen führen.

Fig. 70 Aufbau eines fossilen Bodens. Aus: W. SCHNEEBELI, 1976.

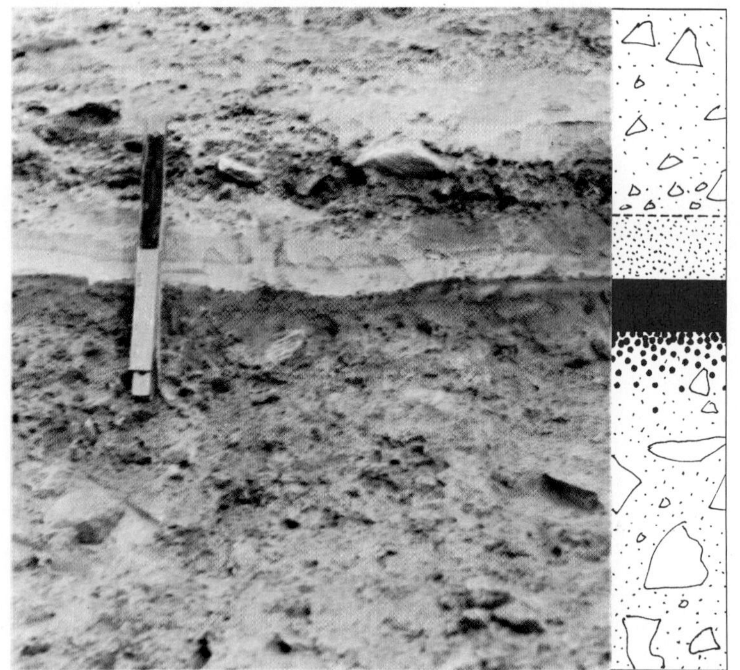

Überschüttete Moräne

Feiner lößartiger Staub, ausgewehtes Moränen-Feingut.
Fossiler Boden mit A-Horizont mit organischem Kohlenstoffgehalt vom ehemaligen Pflanzenbewuchs.

C-Horizont: Moräne, Muttergestein.

## Warmzeitliche Dokumente

### *Bodenbildung*

Da die Bodenbildung weitgehend vom Klima gesteuert wird, kommt ihr, vorab in Gebieten außerhalb der Reichweite der Gletscher, wo sie über längere Zeiträume einwirken konnte, für die Rekonstruktion der Klimageschichte, besonders der wärmeren Phasen, sowie für die Relativdatierung von Ablagerungen, hohe Bedeutung zu.
Verwitterung und Ionenwanderung und damit die Bodenbildung hängen stark von Wärmeinhalt, Niederschlagsmenge und -verteilung sowie von der Bildungs-Dauer ab. In den Interglazialen und Interstadialen bildeten sich daher, je nach dem herrschenden Klima, unterschiedlich mächtige und durch $Fe^{III}$-Ionen verschieden intensiv braun bis rot gefärbte Böden aus. Leider lassen sich sowohl Fe- als auch Tonfraktions-Bestimmungen nur an jüngeren Böden durchführen, deren Gesamt-Zusammensetzung sich nicht geändert hat. Hingegen führen $Fe^{III}$-Werte/$m^2$ und Tonmenge/$m^2$ bei ungestörter Bodenbildung zu Vergleichswerten (R. BACH, mdl. Mitt.).
Fossile Böden fallen neben meist intensiven Farben durch ihren horizontmäßigen Aufbau auf. Zuweilen schließen sie pflanzliche Reste ein: Wurzeln, Blätter, Zweige, die eine $^{14}C$-Datierung erlauben; oft enthalten sie auch Pollen (Fig. 70).
Enthalten Böden charakteristische Fossilreste, menschliche Artefakte oder vulkanische Aschen, können sie als Leithorizonte verwendet werden. Durch Vergleiche gelingt es, auch andere Böden aufgrund ihrer Mächtigkeit und Profilentwicklung zeitlich einzustufen und das Klima zu rekonstruieren, unter dem sie entstanden sind.
Vielfach sind jedoch fossile Böden gekappt. Ihre obersten locker gefügten und daher mobileren Auslaugungshorizonte fehlen; sie wurden abgetragen – etwa durch Bodenfließen entfernt – so daß nur die tieferen, durch Kalkanreicherung zementierten erosionsresistenteren Horizonte erhalten geblieben sind. Ebenso können fossile Böden durch Eisvorstöße erosiv gekappt worden sein, so daß sich eine jüngere Bodenbildung über einem bereits entkalkten Bodenrelikt einstellt.
Bodenbildungen über reinen Karbonatgesteinen geben etwa für Kalkhochflächen Hinweise über eine seit der letzten Eisbedeckung erfolgte Auswaschung an Karbonaten und damit über den jüngsten Höhenverlust durch Lösung. Dieser läßt sich an der Ausbildung von Karrentischen direkt messen (S. 91).

### *Tiefenverwitterung und Zementierung*

Die Tiefenverwitterung eines Bodens ist in die Tiefe vorgedrungene Oberflächenverwitterung. Durch Niederschlagswasser werden in der Auswaschungszone Stoffe, vorab Karbonate, gelöst und in der Anreicherungszone wieder ausgefällt. Dabei werden die Karbonate vermindert; Chlorit und Hornblende verwittern und fehlen daher.
An schwach alkalisches Milieu gebundene Vorgänge reichen meist tiefer. Sandsteine sowie Biotite und Plagioklase verwittern vor allem im Karbonat-Ausfällungs-, im CCa-Horizont. Noch schneller und tiefer vergrusen Dolomite und Glimmerschiefer; bei ihnen genügt schon der stete Wechsel von Luft und Wasser im Schwankungsbereich des Grundwassers. Zugleich wird bei der Verwitterung der Gefügeverband gelockert.

In ausgespülten älteren Schottern vermag das Wasser rascher zu fließen und Karbonate bis in größere Tiefen aufzunehmen. Sind Komponenten, Wasser und Bodenluft fein verteilt, wie in jungen Schottern oder in Moräne, so zirkuliert das Wasser langsam und sättigt sich rasch. Dank seines $CO_2$-Gehaltes können Karbonate noch in größerer Tiefe gelöst werden. Schließlich soll selbst in alkalischem Milieu Kalk angegriffen werden. Die Tiefenverwitterung von Schottern steigt mit sommerlicher Durchfeuchtung und abnehmendem Anteil an basischen Komponenten. Da sie auch von der Einwirkungszeit abhängt, kann diese als Maß für das Alter der Ablagerung herangezogen werden. In altpleistozänen, extrem verwitterten Restschottern, einer Auswahl-Anreicherung von Quarz-, Quarzit- und Amphibolit-Geröllen, war sie besonders lange wirksam.
Sickert hydrokarbonatreiches Wasser in tiefere schluffarme oder ausgespülte Schichten, so vermag – etwa am Terrassenhang – $CO_2$ zu entweichen; zugleich scheidet sich festes Mg-armes Karbonat ab, so daß es oberflächlich zu einer Zementierung kommt. Dies geschieht auch gegen das Grundwasser hin, das bis zu 70% der gelösten Karbonate wegführt. Daher ist Wasser aus Schottern bedeutend härter als solches aus Karstgebieten, bei denen die Lösungs*zeit*, infolge der viel höheren Durchflußgeschwindigkeit, nur kurz ist. Die Intensität der Zementierung von Schottern ist jedoch kein Maß für deren Alter; sie hängt weit mehr von der Durchlüftung ab. Dagegen bietet die Verwitterungstiefe, etwa die Tiefe der Dolomit-Auflösung, ein Relativmaß für ein Mindestalter, so daß der Calcium-Gehalt eines Schluffes (80–20μ) für einen räumlich begrenzten Klimabereich zur Relativdatierung herangezogen werden kann.
Biotit-Granite, -Gneise und -Schiefer vergrusen unter dem gegenwärtigen Klima schon nach relativ kurzer Zeit. Gleichzeitig wird Karbonat aus den Schluffkörnern herausgelöst; bereits wenige dm darunter fällt Calcit teils wieder aus, Dolomit etwas tiefer. Dieses Stadium ist bei drainierten Würm-Schottern im ganzen Profil erreicht. In einem nächsten Stadium vergrusen Dolomite zu Dolomit-Aschen; das Gefüge von Sandsteinen lockert sich. Damit vergrößert sich die Sandfraktion. Die Umsätze im Schluffbereich können sich derart steigern, daß der Karbonatanteil nach oben merklich abnimmt; zugleich reichern sich Quarz und resistente Schwermineralien an.
Bei Würm-Schottern erfolgen solche Vorgänge in den obersten 30 cm, bei Riß-Schottern bereits über mehrere m. Steht nur noch wenig fein verteiltes Karbonat zur Verfügung, so werden Gerölle aus Kiesel- und Sandkalken angegriffen, so daß der Schotter zu verkarsten beginnt. Mit zunehmendem Alter werden mehr $Fe^{+++}$-Ionen frei, so daß sich die Braunfärbung im Schotterprofil über eine größere Mächtigkeit erstreckt. Daher kann auch die Lichtabsorption für die Schotterdatierung verwendet werden (K. METZGER, 1968; W. FRITZ, 1968; F. FEZER, 1969).

### *Kalktuffe und Gehängebrekzien*

Mit der Aufnahme von $CO_2$ aus karbonatreichen Quellwässern durch Moose – vorab *Cratoneurum* – oder durch Abgabe an die Luft kam es in Warmphasen – etwa in der nacheiszeitlichen Wärmezeit – zur *Kalktuff (Travertin)-Bildung*. Der ausgefallene Kalk setzte sich um Moosästchen, eingewehte Pflanzenreste, tierische Hartteile oder um menschliche Artefakte ab, so daß diese als Hohldrucke oder vollständig umkrustet erhalten blieben. Besonders eindrucksvoll sind die noch aktiven Kalktuff-Bildungen in den Höllgrot-

ten im Lorzetobel SE von Baar ZG und der Tüfels Chilen im Bäntal SE von Winterthur, die zahlreiche umkrustete Pflanzenreste erkennen lassen.
Neben rezenten Vorkommen, erlangten die interglazialen Kalktuffe von Flurlingen ZH, von Stuttgart und von Weimar-Ehringsdorf – dank der eingeschlossenen wärmeliebenden Flora – auch paläoklimatologische Bedeutung.
Austretende kalkreiche Hangwässer können Schutthalden zu verkitteter *Gehängebrekzie* verbacken. Dank des organischen Inhaltes – Schnecken und reicher Flora – ist vorab die Höttinger Brekzie bei Innsbruck berühmt geworden.

### *Seekreide- und Torf-Ablagerungen, Schieferkohlen*

Weit verbreitete warmzeitliche Abfolgen bilden die Verlandungssequenzen. Durch Aufnahme von $CO_2$ durch Blaualgen, Armleuchteralgen – Characeen – und höhere Wasserpflanzen, wie Laichkräuter – *Potamogeton* – und Nixenkraut – *Najas*, fällt – vorab bei sommerlicher Erwärmung – im seichten Uferbereich Kalk als Schüppchen aus, die sich, durch Wellenschlag zerkleinert, als *Seekreide* (Fig. 71) ablagern und oft Organismenreste einschließen. Während die helle Sommerschicht nur aus Calcit-Kristallen besteht, treten in der dunklen Winterschicht FeS und Diatomeen hinzu.

Fig. 71 Überreste zweier neolithischer Strandsiedlungen, aufgeschlossen in der Baugrube des Erweiterungsbaues der Rentenanstalt Zürich. Die beiden Kulturschichten sind durch eine helle Seekreideschicht getrennt. Aus: SUTER/HANTKE, 1962. Photo: Dr. S. WYDER, Zürich.

Durch pollenanalytische Studien der einzelnen Laminae konnte H. MÜLLER (1962; in M. A. GEYH et al., 1971) in geschichteten Kalkmudden des Schleinsees E von Langenargen (D) die jahreszeitliche Schichtung nachweisen. In den dunklen Schichten sind Pollen im Vorfrühling blühender Gehölze – Hasel, Ulme, Erle – sowie des im Herbst blühenden Efeu – viel häufiger als in den hellen Lagen, die vorab Pollen von im Spätfrühling und im Frühsommer blühenden Pflanzen – Eiche, Fichte, Tanne, Gräser, Linde, Umbelliferen und Compositen – enthalten. Unter Berücksichtigung der Fallzeit der Pollenkörner – sie liegt weit unter einem Monat – fällt der Beginn hoher Kalkausfällung

(72–60%) in die Zeit von Mitte Mai bis Anfang Juni, diejenige für tiefe Werte (17%) auf Ende August oder Anfang September. Im Spät- und Postglazial ist die Seekreide-Bildung in Vorlandseen vorab auf die postglaziale Wärmezeit beschränkt. Mit dem Abfall der Buchen-Pollen nahm sie stark ab (I. MÜLLER, 1948; A. SCHÄFER, 1973). Ob dies mit der veränderten Ökologie zusammenhängt?
Im Zürichsee scheint das Maximum der Seekreide-Bildung ins Präboreal zu fallen (K. KELTS, 1978). Es scheint, daß dieser Zeitabschnitt sich durch ein warmes und relativ trockenes Klima auszeichnet.
Nach der Würm-Eiszeit trat in Vorland-Seen erst im Alleröd eine Seekreide-Bildung in größerem Umfang ein. Nur in flachsten Wannen, die sich im Sommer rasch genug aufwärmten, erfolgte bereits im Bölling-Interstadial eine erste Seekreide-Ausfällung.
Häufig stellen sich landwärts der ausdünnenden Seekreide, der Wysse, Strandterrassen oder Strandwälle sein.
Da Seekreide am Rande der Vorlandseen meist als halbverfestigtes, thixotropes Sediment vorliegt, kann sie sich bereits bei geringfügigen äußeren Einwirkungen – Belastungsänderungen, Erschütterungen – verflüssigen und bedeutende subaquatische Rutschungen auslösen. Solche ereigneten sich recht häufig; katastrophal wirkten sich diejenigen von 1875 in Horgen und 1887 in Zug aus, die zu bedeutenden Ufereinbrüchen führten (ALB. HEIM, 1932).
Fossile Seekreiden gehen nach oben meist in *Torf* über. Sie dokumentieren einstige Moorbildungen, bei denen abgestorbene Pflanzenreste bei ungenügender Sauerstoffzufuhr nicht mehr abgebaut wurden und vertorften. Dabei schob sich die Verlandungszone immer weiter seewärts, was sich im Fossilinhalt äußert. Es entwickelten sich die ersten Stadien eines *Flachmoores*, die bei der Erhöhung durch neue Pflanzengesellschaften abgelöst wurden. Mit der Zeit siedelten sich Waldbäume an. Bei weiterer Anhäufung vertorfender Reste vermochte selbst kapillar aufsteigendes Grundwasser nicht mehr zu genügen, um den Moorwald zu versorgen, so daß er langsam abstarb. Nur Ericaceen, Wollgräser und Moose konnten noch hochkommen. In niederschlagsreichen Gebieten stellten sich schwammige Polster noch anspruchsloserer Torfmoose – *Sphagnum*-Arten – ein: Aus dem Waldmoor entstand ein emporgewölbtes *Hochmoor*, das nur noch vom nährstoffarmen Regenwasser versorgt wird. Zugleich wird es durch die von den abgestorbenen Pflanzen ausgeschiedenen organischen Säuren bis zu einem pH von 3–4 angesäuert. Solange die Moore mit dem Grundwasser in Verbindung stehen, können die Säuren noch abgepuffert werden (E. LANDOLT, 1976). Für die Moorbildung ist eine gewisse Wärmemenge unerläßlich. Sind die Temperaturen zu kühl, so können viele typische Pflanzen nicht hochkommen und das Wachstum des Moors wird reduziert. Daneben sind auch reichlich Niederschläge erforderlich. Je höher diese sind, umso höher können auch die Temperaturen sein, unter denen ein Hochmoor noch zu gedeihen vermag. Deshalb sind Hochmoore in den niederschlagsreichen N-Alpen und im Jura viel häufiger als in den niederschlagsärmeren Zentralalpen.
In der Schweiz liegt die hauptsächlichste Verbreitung der Hochmoore in den Voralpen in Höhen zwischen 800 m und 1700 m (J. FRÜH & C. SCHRÖTER. 1904) mit mittleren Jahrestemperaturen zwischen 7° und 3°C und Niederschlagsmengen zwischen 140 und 240 cm/Jahr.
Fossile Torfablagerungen liegen in *Schieferkohlen (=Ligniten)* vor (Fig. 76 und 79). Durch die vorstoßenden Gletscher wurden die meisten überfahren und – wie flachgedrückte Stammstücke, Äste und Zweige belegen – gepreßt. Da sich im Liegenden kaum See-

kreiden, sondern höchstens kalkhaltige siltige Seeletten finden, dürfte die Temperatur nicht so hoch gewesen sein wie im ausgehenden Spätwürm, im Bölling und im Alleröd, in denen die Bildung von Seekreide einsetzte. Eine Riß/Würm-interglaziale Bildung mit einem Klima-Charakter wie in der nacheiszeitlichen Wärmezeit, im Atlantikum, fällt somit auch sedimentologisch nicht in Betracht.
Da sich in den frühwürmzeitlichen Schieferkohlen verschiedene Pflanzengesellschaften zu erkennen geben, die auch hinsichtlich ihres Polleninhaltes einen unterschiedlichen Klima-Charakter bekunden, belegen sie zeitlich verschiedene Abschnitte des würmzeitlichen Eisvorstoßes.
Es scheint, daß die Schieferkohlen-Bildung am nördlichen Alpenrand vorab in die feuchtkühlen Vorstoßphasen des Eises fallen, als die Niederschläge, wegen der geringeren Verdunstung, sich stärker auswirkten.
Infolge der geringen Mächtigkeit, des hohen Aschenanteiles und des niedrigen Heizwertes ist die wirtschaftliche Bedeutung der Schieferkohlen recht bescheiden. Sie wurden denn auch meist nur in kriegsbedingten Notzeiten abgebaut.

### *Messungen des Sauerstoff-Isotopen-Verhältnisses an spätwürmzeitlichen Sedimenten*

U. Eicher, U. Siegenthaler, M. Welten & H. Oeschger (1976a, b) verglichen Pollen-Profile durch spätwürmzeitliche Moor- und See-Sedimente der Schweizer Voralpen und Alpen mit $^{18}O/^{16}O$-Messungen. Da der $^{18}O$-Gehalt in biogen ausgefällten Karbonaten, Seekreiden, vorab vom $^{18}O$-Gehalt des Seewassers, also von den Niederschlägen bestimmt wird, und das $^{18}O/^{16}O$-Verhältnis in den Niederschlägen von der Lufttemperatur abhängt, ergeben sich Hinweise über die Temperatur, bei der die Karbonate ausgefällt wurden. Ein höherer $^{18}O$-Gehalt deutet dabei auf wärmere Klimaphasen.
Für das Spätglazial und das frühe Holozän von 12000–6000 v. Chr. ergibt ein Vergleich der Isotopenwerte mit den mitteleuropäischen Pollenzonen folgendes Bild: die Älteste Dryaszeit (bis 11300 v. Chr.) zeichnet sich durch tiefere $^{18}O$-Werte aus als das angrenzende Bölling-Interstadial. Dagegen hebt sich die Ältere Dryaszeit in den $^{18}O/^{16}O$ weder vom vorangehenden Bölling noch vom nachfolgenden Alleröd ab. Die drei Abschnitte (11300–8800 v. Chr.) erscheinen als eine etwas uneinheitliche, verhältnismäßig günstige Klimaphase mit relativ hohen $^{18}O$-Werten. Demgegenüber zeichnet sich die Jüngere Dryaszeit (8800–8200 v. Chr.) mit tiefen $^{18}O$-Werten deutlich vom vorhergehenden Alleröd wie vom nachfolgenden Präboreal ab. Aufgrund der Unterschiede im $^{18}O$-Gehalt dürfte die mittlere Sommertemperatur in der Jüngeren Dryaszeit um einige° C tiefer gelegen haben.

### *Fossilreste, die wichtigsten Dokumente für den Klimaablauf vergangener Zeiten*

Neben den Sedimenten – Moränen, Schottern, Lößdecken, Schieferkohlen, Seekreiden und Seetonen – spiegeln die eingeschlossenen pflanzlichen und tierischen Reste, vor allem in ihrer Vergesellschaftung, die Klimaänderungen des Eiszeitalters bis in Einzelheiten wider. Zugleich erlauben sie diese Periode zeitlich zu unterteilen, so daß die bedeutenderen Ereignisse chronologisch genauer eingestuft, ihr Ablauf erkannt und gleichaltrige Abfolgen über weite Distanzen miteinander verglichen werden können. Dabei steigt die Sicherheit ihrer Aussage mit abnehmendem erdgeschichtlichem Alter. Vorab das jüngste Geschehen ist, dank eines dichten Netzes von Pollenprofilen, als spät- und nacheiszeitliche Waldgeschichte gut bekannt geworden. Dagegen zeichnen sich die Kaltzeiten besonders im Alpenvorland durch längere Lücken in der Überlieferung der Vegetationsgeschichte aus.

Bei Pflanzengesellschaften und ihren Sukzessionen spiegeln allerdings weder die Großreste – Blätter, Früchte, Samen – noch die Pollenspektren genau das Waldbild wider. Produktion, Transport, Verwitterungsresistenz, Einbettungsmilieu, Fazies, vorherrschende Winde – vorab im Vorfeld bedeutender alpiner Windgassen – beeinträchtigen das Pollenbild, so daß dieses das einstige Waldbild nur verzerrt wiederzugeben vermag. Aufgrund zahlreicher Vergleiche mit Pollenzusammensetzungen heutiger Waldgesellschaften lassen sich die gewonnenen Profile gleichwohl ausdeuten.

Nach L. Aario (1940) bekundet in Lappland bereits ein Anteil an Nichtbaumpollen von 30% Waldlosigkeit. M. Welten (1950) stellt an der alpinen Waldgrenze bei über 35% Nichtbaumpollen waldfreie Rasengesellschaften fest.

Konkretere Hinweise über das wirkliche Auftreten an der Profilstelle bieten Pollenspektren erst in Verbindung mit Großresten. Während selbst flugfähige Samen und feine Nadeln – etwa der Lärche – durch den Wind ebenfalls über bedeutende Höhenunterschiede verfrachtet werden können, belegen erst Zapfenfunde und Strünke das Auftreten an der Profilstelle selbst.

Mit der Untersuchung der Pollen und der Großreste und ihrer Häufigkeit hat stets auch eine sorgfältige Analyse der Sedimente zu erfolgen, da nur eine Übereinstimmung sämtlicher verfügbarer Fakten gesicherte Resultate bringen können.

Die Veränderungen in der Pflanzen- und Tierwelt beeinflussen auch den Menschen. Sie verlaufen in zwei Richtungen: in einer stammesgeschichtlichen Entwicklung im Laufe der Erdgeschichte und in einer räumlichen Verschiebung der Areale. Bei jeder Umweltänderung sehen sich Pflanzen, Tiere und Menschen vor die Entscheidung gestellt, sich anzupassen oder abzuwandern. Kann keine der beiden Alternativen befolgt werden, so ist das Schicksal im Bereich der veränderten Umwelt besiegelt: die Art wird ausgelöscht. Sind die Milieuänderungen weltweit und kann sich die Art weder anpassen noch in Gebiete abwandern, die ihr ein natürliches Fortkommen sichert, so stirbt sie aus. Für Pflanzen- und Tierwelt gehen daher mit jeder einschneidenden Umweltänderung einher:

- ein Auslöschen oder gar ein Aussterben von Arten,
- ein Sich-Umwandeln in nahverwandte Formen,
- ein Abwandern der beweglicheren Arten,
- ein Einwandern neuer Formen, denen die veränderten Bedingungen zusagen oder die sich dank geringer gewordener Konkurrenz entfalten können.

Das Eiszeitalter mit seinem mehrfachen und tiefgreifenden Wechsel von Kalt- und Warmzeiten brachte neben der stammesgeschichtlichen Weiterentwicklung, die durch ungedämpfte Wirkung kosmischer Strahlung – etwa bei Umpolungen des magnetischen Erdfeldes – gefördert wurde, besonders augenfällige Areal-Verschiebungen der Pflanzen- und Tiergesellschaften. Diese wiederum bestimmten letztlich auch die Entwicklung des Menschen und sein kulturelles Schaffen.

*Warmzeiten: Interglazial – Interstadial – Intervall;*
*Kaltzeiten: Glazial, Stadial* – oder räumlich – *Stadium – Phase – Staffel*

In jüngerer Zeit bemühten sich vorab G. LÜTTIG (1958, 1964, 1965, 1970; et al. 1967) und K. DUPHORN (in P. WOLDSTEDT/DUPHORN, 1974) die einzelnen floristisch und faunistisch und damit klimatisch sich unterscheidenden wärmeren und kälteren Abschnitte des Quartärs nach einheitlichen Prinzipien zu benennen und gegeneinander abzugrenzen. Bei den Kaltzeiten unterscheidet LÜTTIG – je nach dem Abstand der einzelnen Eisrandlagen vom Vereisungszentrum bzw. nach der Amplitude der Gletscher-Oszillation – *Stadiale* – oder räumlich – *Stadien, Phasen* und *Staffeln*, bei den Warmzeiten – neben eigentlichen *Interglazialen – Interstadiale, Intervalle* und *Subintervalle*, die – in ihrer Wertigkeit nicht unterschieden – *als «Schwankungen»* bezeichnet werden.
Während LÜTTIGS durchaus logisches Eisrand/Zeit-Diagramm bereits für das nordische Vereisungsgebiet Probleme aufwirft (DUPHORN, 1974), entfallen für den alpinen und perialpinen Raum einige, etwa die Unsicherheit der jeweiligen Lage des Vereisungszentrums, da sich das zentrale Akkumulationsgebiet für jedes Gletschersystem präziser angeben läßt und sich im Laufe des mittleren und jüngeren Pleistozäns kaum wesentlich geändert haben dürfte.
Aufgrund der aus den Floren ermittelten Klimawerte müssen die Gletscher in den Warmzeiten kräftig zurückgeschmolzen sein, in den Interstadialen bis in die Alpentäler, in den Interglazialen bis in die Hochlagen, wohl gar noch weiter als heute. Mit LÜTTIG et al. (1967) sind auch im alpinen Vereisungsgebiet nur Abschnitte als Interstadiale zu bezeichnen, die sich – neben lithologisch-bodenkundlichen Fakten – durch eine Vegetationsentwicklung belegen lassen. Die Bezeichnungen «Intervall» und «Subintervall» oder «Schwankungen» dagegen mögen mit DUPHORN regionales bzw. lokales Abschmelzen mit nachfolgendem Eisvorstoß charakterisieren. Wie weit das Eis in diesen jeweils zurückgeschmolzen ist, kann erst in wenigen Fällen angegeben werden.
Warmzeiten mit einem Eisabbau bis in die hochalpinen Talschlüsse ließen bis tief in die Alpentäler hinein eine Vegetationsentwicklung mit Laubwald-Abschnitten hochkommen. Das jeweilige Klimaoptimum wird durch die wärmeliebendsten Pflanzen- und Tiergesellschaften, durch die intensivste chemische und biogene Verwitterung und die kräftigste Bodenbildung gekennzeichnet. Im Sediment drückt sich dies oft durch mächtige organogene Ablagerungen, durch Seekreiden und Kalktuffe – Tavertine – aus. Anfangs- und Endphasen geben sich durch alpine und hochalpine Pflanzengesellschaften und kälteresistente Faunen zu erkennen. Der organogene Anteil tritt im Sediment mehr und mehr zurück; zugleich nimmt der minerogene zu.
Obwohl die Bezeichnung «Phase» für relativ geringe Eisvorstöße bereits von J. KNAUER (1938) in die Literatur über das schweizerische Alpenvorland eingegangen ist, konnte er sich hierzuland nicht durchzusetzen, so daß noch stets von «Stadien» die Rede ist, wohl nicht zuletzt auch deshalb, weil sich über den zuvor erfolgten Eisabbau wenig aussagen läßt.

Fig. 72 *Legenden-Vorschlag für quartärgeologische Objekte, vorwiegend nach der Schweizerischen Geologischen Kommission*

bl = blau, r = rot, br = braun

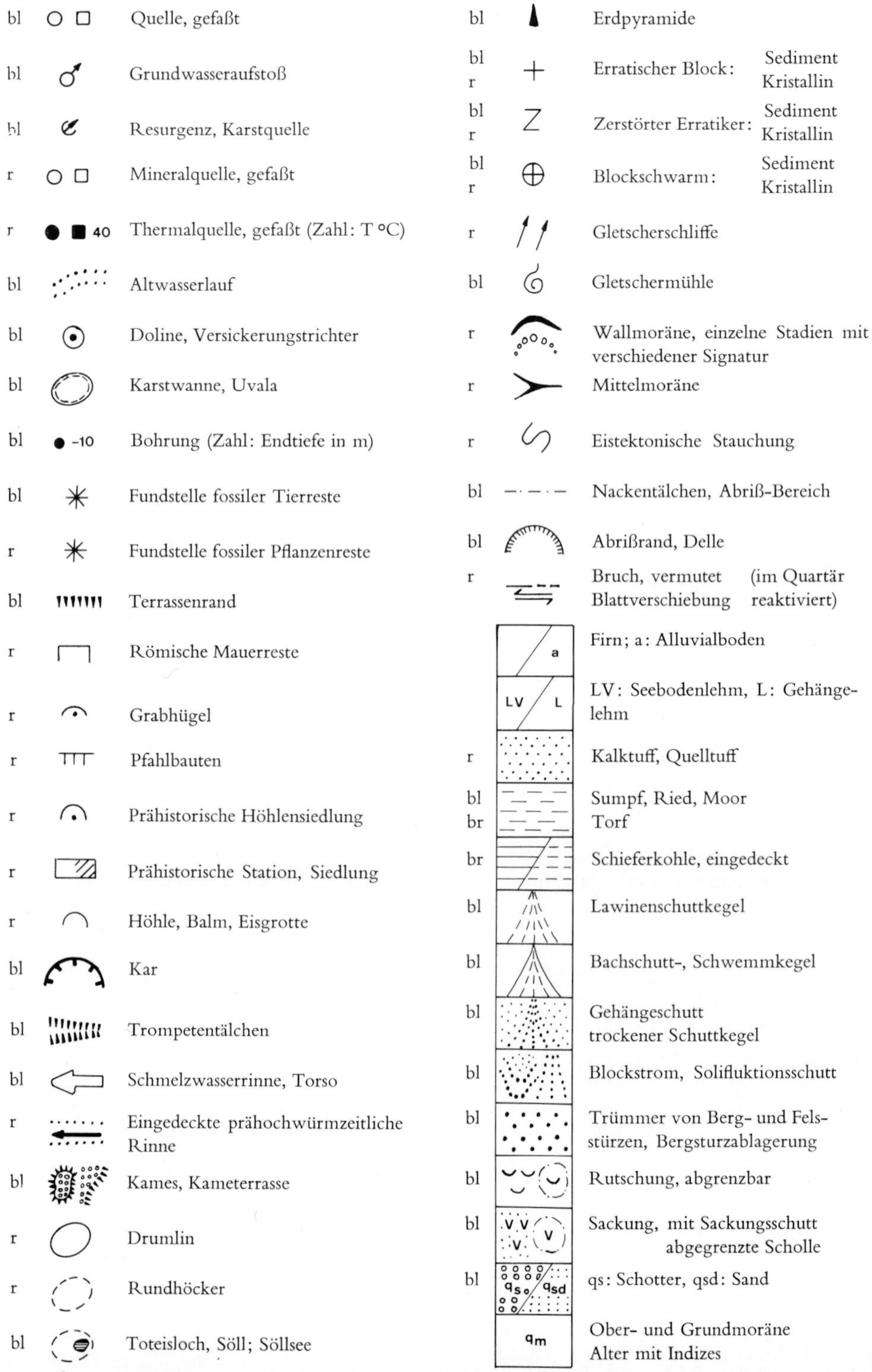

| Farbe | Signatur | Bedeutung |
|---|---|---|
| bl | | Quelle, gefaßt |
| bl | | Grundwasseraufstoß |
| bl | | Resurgenz, Karstquelle |
| r | | Mineralquelle, gefaßt |
| r | 40 | Thermalquelle, gefaßt (Zahl: T °C) |
| bl | | Altwasserlauf |
| bl | | Doline, Versickerungstrichter |
| bl | | Karstwanne, Uvala |
| bl | -10 | Bohrung (Zahl: Endtiefe in m) |
| bl | | Fundstelle fossiler Tierreste |
| r | | Fundstelle fossiler Pflanzenreste |
| bl | | Terrassenrand |
| r | | Römische Mauerreste |
| r | | Grabhügel |
| r | | Pfahlbauten |
| r | | Prähistorische Höhlensiedlung |
| r | | Prähistorische Station, Siedlung |
| r | | Höhle, Balm, Eisgrotte |
| bl | | Kar |
| bl | | Trompetentälchen |
| bl | | Schmelzwasserrinne, Torso |
| r | | Eingedeckte prähochwürmzeitliche Rinne |
| bl | | Kames, Kameterrasse |
| r | | Drumlin |
| r | | Rundhöcker |
| bl | | Toteisloch, Söll; Söllsee |

| Farbe | Signatur | Bedeutung |
|---|---|---|
| bl | | Erdpyramide |
| bl / r | | Erratischer Block: Sediment / Kristallin |
| bl / r | | Zerstörter Erratiker: Sediment / Kristallin |
| bl / r | | Blockschwarm: Sediment / Kristallin |
| r | | Gletscherschliffe |
| bl | | Gletschermühle |
| r | | Wallmoräne, einzelne Stadien mit verschiedener Signatur |
| r | | Mittelmoräne |
| r | | Eistektonische Stauchung |
| bl | | Nackentälchen, Abriß-Bereich |
| bl | | Abrißrand, Delle |
| r | | Bruch, vermutet / Blattverschiebung (im Quartär reaktiviert) |
| | a | Firn; a: Alluvialboden |
| | LV / L | LV: Seebodenlehm, L: Gehängelehm |
| r | | Kalktuff, Quelltuff |
| bl / br | | Sumpf, Ried, Moor / Torf |
| br | | Schieferkohle, eingedeckt |
| bl | | Lawinenschuttkegel |
| bl | | Bachschutt-, Schwemmkegel |
| bl | | Gehängeschutt trockener Schuttkegel |
| bl | | Blockstrom, Solifluktionsschutt |
| bl | | Trümmer von Berg- und Felsstürzen, Bergsturzablagerung |
| bl | | Rutschung, abgrenzbar |
| bl | | Sackung, mit Sackungsschutt abgegrenzte Scholle |
| bl | $q_s$ / $q_{sd}$ | qs: Schotter, qsd: Sand |
| | $q_m$ | Ober- und Grundmoräne Alter mit Indizes |

AARIO, L. (1940): Waldgrenzen und subrezente Pollenspektren in Petsamo, Lappland – Ann. Acad. Sci. Fennicae (A) *54*/8.
ABELE, G. (1972): Kinematik und Morphologie spät- und postglazialer Bergstürze in den Alpen – Z. Geomorph., NF, Suppl., *14*.
AEBERHARDT, B. (1910): Un ancien lac de la vallée de la Wigger – Ecl., *11*/3.
AGASSIZ, L. (1840): Etudes sur les Glaciers – Neuchâtel et Soleure.
– (1847): Système glaciaire I – Paris.
AHLMANN, H. W. (1938): Variations of glaciers and measurements of ablation – B. Ass. int. Hydrol., *23*.
ALTMANN, H., et al. (1970): Geographie in Bildern, 3: Schweiz – Schweiz. Lehrerver.
AMBÜHL, E. (1961): 100 Jahre Einschneien und Ausapern in Andermatt – Alpen, *37*/4.
ARBENZ, P. (1913): Bericht über die Exkursion der Schweiz. Geol. Gesellschaft in die Obwaldner Alpen vom 10.–13. Sept. 1913 – Ecl., *12*/5.
AUBERT, D. (1959): Le décrochement de Pontarlier et l'orogenèse du Jura – Mém. Soc. vaud. SN, *12* (76)/4.
–, & DREYFUSS, M. (1963 K): Flle. 1202 Orbe, av. N. expl. – AGS – CGS.
BACHMANN, F. (1966): Fossile Strukturböden und Eiskeile auf jungpleistocänen Schotterflächen im nordostschweizerischen Mittelland – Diss. U. Zürich.
BACHMANN, I. (1875): Die neu entdeckten Riesentöpfe am Längenberg – Jb. SAC, *10*.
BÄR, O. (1957): Gesteinsklüfte und Rundhöcker. Untersuchungen im Aare- und Gotthardmassiv – GH, *12*/1.
BÄRTLING, R. (1905): Der Os am Neuenkirchener See – Jb. preuss. GLA, *26*.
BALSIGER, H. & KLEINER, H. C. (1939): Naturschutz im Kanton Zürich – Stäfa.
BALTZER, A. (1896): Der diluviale Aaregletscher und seine Ablagerungen in der Umgegend von Bern – Beitr., *30*.
– (1898): Studien am Unter-Grindelwaldgletscher über Glacialerosion, Längen- und Dickenveränderung in den Jahren 1892 bis 1897 – Denkschr. SNG, *33*/2.
BARANOWSKI, S. (1969): Some remarks on the origin of Drumlins – Ggr. Polon., *17*.
BARSCH, D. (1969): Permafrost in der oberen subnivalen Stufe der Alpen – GH, *24*/1.
BEARTH, P. (1953 K): Bl. Zermatt, m. Erl. – GAS – SGK.
BECK, P. (1926 K): Eine Karte der letzten Vergletscherung der Schweizeralpen – Mitt. NG Thun, *1*.
– (1938): Bericht über die außerordentliche Frühjahresversammlung der Schweiz. Geol. Gesellschaft in Thun – Ecl., *31*/1.
– (1954): Regionale Grundlagen für die Gliederung des alpinen Quartärs – Vh. SNG, *134*.
–, & GERBER, E. (1925): Geologische Karte Thun-Stockhorn – GSpK, *96* – SGK.
BESSON, H. (1777): Discours sur l'Histoire Naturelle de la Suisse – In: DE ZURLAUBEN & J. DE LA BORDE (1777): Tableaux topographiques, pittoresques, physiques, moraux, politiques, anecdotiques et littéraires de la Suisse, *1* – Paris.
BODENBURG-HELLMUND, H. W. (1909): Die Drumlinlandschaft zwischen Pfäffiker- und Greifensee – Vjschr., *54*.
BÖGLI, A. (1951): Probleme der Karrenbildung – GH, *6*/3.
– (1961): Karrentische – Ein Beitrag zur Karstmorphologie – Z. Geomorph., NF, *5*.
– (1964): Le Schichttreppenkarst – Rev. Belge Ggr., *(1964)*/1–2.
– (1968): Präglazial und präglaziale Verkarstung im hinteren Muotatal – Regio Basil., *9*/1.
– (1970): Kalkabtrag in den nördlichen Kalkalpen – Actes IVe Congr. spéléol. Neuchâtel.
BOEHM, G. (1905): Ein Strudelkessel im Renggeriton von Kandern – Mitt. bad. GLA, *5*.
BÖHM, A., v. (1901): Geschichte der Moränenkunde – Abh. kk. Ggr. Ges. Wien, *3*/4.
BOENIGK, W., v. D. BRELIE, G., BRUNNACKER, K., SCHLICKUM, W. R., & STRAUCH, F. (1974): Zur Pliozän-Pleistozän-Grenze im Bereich der Ville (Niederrheinische Bucht) – Newsl. Stratigr., *3*. – Leiden.
BOWMAN, J. (1916): The Andes of Southern Peru – New York.
BRÄUHÄUSER, M. (1913 K, 1928 K): Bl. 179, 174 Friedrichshafen-Oberteuringen – GSpK Württemberg – Württ. Statist. LA.
BRAVARD, Y. (1972): La limite supérieure des arbres en Tarentaise (Alpes françaises du Nord), sa signification écologique – In: TROLL, C.: Landschaftsökologie der Hochgebirge Eurasiens – Erdwiss. Forsch., *4*.
BRINKMANN, D. (1960): LORENZ OKEN – Heimatb. Meilen, 1960.
BRÜCKL, E., BRUNNER, F. K., GERBER, E., & SCHEIDEGGER, A. E. (1974): Morphometrie einer Schutthalde – Mitt. Österr. Ggr. Ges., *116*/1–2.
BRÜCKNER, E. (1886): Die Vergletscherung des Salzachgebietes, nebst Beobachtungen über die Eiszeit in der Schweiz – Penck's Ggr. Abh., *1*, Wien.
– (1921): J. Bowman über Schnee-Erosion und Entstehung der Kare – Z. Glkde., *12*.

BRUNNACKER, K. (1962): Das Schieferkohlenlager vom Pfefferbichl bei Füßen – Jber. Mitt. oberrh. g Ver., NF, *44*.
BRYCE, J. (1833): On the Evidences of Diluvial Action in the North of Ireland – J. GS Dublin, *1*/1.
BÜDEL, J. (1944): Die morphologischen Wirkungen des Eiszeitklimas in gletscherfreien Gebieten – GR, *34*.
– (1953): Die periglazialmorphologische Wirkung des Eiszeitklimas auf der ganzen Erde – Erdkde., *7*.
– (1959): Periodische und episodische Solifluktion im Rahmen der klimatischen Solifluktionstypen – Erdkde., *13*.
– (1977); Klima-Geomorphologie – Berlin / Stuttgart.
– (1960): Die Gliederung der Würmkaltzeit – Würzburger Ggr. Arb.
CAILLEUX, A. (1947): L'indice d'émoussé, définition et première application – CR somm. SG France, *10*.
CHAIX, A. (1923): Les coulées de blocs du Parc national suisse d'Engadine – Globe, *42*, Mém., Genève.
CHARPENTIER, J. DE (1823): Essai sur la constitution géognostique des Pyrénées – Paris.
– (1841): Essai sur les Glaciers – Lausanne.
CAROL, H. (1947): The formation of Roches Moutonnées – J. Glaciol., *1*
DÄNIKER, A. (1923): Biologische Studien über Wald- und Baumgrenze, insbesondere über die klimatischen Ursachen und deren Zusammenhänge – Vjschr., *68*/1–2.
DOMARADZKI, J. (1951): Blockströme im Kt. Graubünden, Untersuchung und Beschreibung auf morphologischer Grundlage – Erg. Wiss. Unters. SNP, *3*/24.
EBERS, E. (1937): Zur Entstehung der Drumlins als Stromlinienkörper – N. Jb. Min., Beil., *78* B.
EGGERS, H. (1961): Moränenterrassen im Wallis – Freiburger Ggr. Arb., *1*.
EICHER, U., SIEGENTHALER, U., WELTEN, M., & OESCHGER, H. (1976a): Vergleich von Pollenprofilen und $^{18}O$/$^{16}O$-Messungen an Sedimenten aus dem Spätglazial – Dt. Ges. Polarforsch., 10. internat. Polartagung Zürich, 6.–8. April 1976.
EICHER, U., & SIEGENTHALER, U. (1976b): Palynological and oxygene isotope investigations on Late-Glacial sediment cores from Swiss lakes – Boreas, *5*.
ELSASSER, H. (1968): Untersuchungen an Strukturböden im Kanton Graubünden – Diss. U. Zürich.
ENQUIST, F. (1916): Der Einfluß des Windes auf die Verteilung der Gletscher – B. G I. U. Uppsala, *14*.
ERB, L. (1934K): Bl. 148 Überlingen und Bl. 161 Reichenau, m. Erl. – GSpK Baden – Bad. GLA.
– (1935K): Bl. 149 Mainau, m. Erl. – GSpK Baden – Bad. GLA.
– (1967K): Geologische Karte des Landkreises Konstanz mit Umgebung, 1:50000 – GLA Baden-Württemb.
ERNI, A. (1943): Ein neues Lößvorkommen am Südfuß des Born bei Ruppoldingen westlich Aarburg, mit Bemerkungen über den Löß von Olten und Aarau – Mitt. aarg. NG, *21*.
ESCHER, H. (1970): Die Bestimmung der klimatischen Schneegrenze in den Schweizer Alpen – GH, *25*/1.
EUGSTER, H. (1974): Bericht über die Untersuchungen des Blockstroms in der Val Sassa im Schweiz. Nationalpark (GR) – Ergebn. wiss. Unters. Schweiz. Nationalpark, *11*/68.
FAIRBRIDGE, R. W. (1968): The Encyclopedia of Geomorphology – New York, Amsterdam, London.
FEZER, F. (1969): Tiefenverwitterung circumalpiner Schotter – Heidelberger Ggr. Arb., *24*.
FINCKH, P. (1977): Wärmeflußmessungen in Randalpenseen – Diss. ETHZ.
– (1978): Are southern alpine lakes former Messinian canyons? Geophysical evidence for pre-glacial erosion in the southern alpine lakes – Marine G, in press.
FINSTERWALDER, R. (1952): Zur Bestimmung der Schneegrenze und ihrer Hebung seit 1920 – Sitz. – Ber. Bayer. Akad. Wiss., math.-natw. Kl., 1952, 6.
– (1955): Die zahlenmäßige Erfassung des Gletscherrückgangs an Ostalpengletschern – Z. Glkde., *2*/2.
FITZE, P. (1969): Untersuchungen von Solifluktionserscheinungen im Alpenquerprofil zwischen Säntis und Lago di Como – Diss. U. Zürich.
– (1973): Erste Ergebnisse neuerer Untersuchungen des Klettgauer Lösses – GH, *28*/2.
FLÜCKIGER, O. (1934): Glaziale Felsformen – Petermann's Ggr. Mitt., Erg.-H., *218*.
FOREL, F. A. (1881, 1882): Les variations des glaciers suisses en 1880, 1881, Rapports No 1, 2 – Echo des Alpes, Genève, *17*, *18*.
– (1883–1885): Les variations des glaciers suisses en 1882 à 1893/94, Rapports No 3 à 15 – Jb. SAC, *18–30*.
– et al. (1896–1912): Les variations des glaciers suisses en 1894/95 à 1910/11, Rapports No 16–32 – Jb. SAC, *31–46*.
FREI, E. (1973): Vorkommen polygenetischer Böden – In: RUTHERFORD, G. K. ed.: Soil Microscopy – Proc. 4th internat. working meeting soil micromorphol.
FREI, E., et al. (1974K): Flle. 1164 Neuchâtel – AGS – CGS.
FRENZEL, B. (1964): Über die offene Vegetation der letzten Eiszeit am Ostrande der Alpen – Vh. Zool. Bot. Ges. Wien, *103*/*104*.

FRENZEL, B. (1976): Das Interglazial vom Pfefferbichl bei Buching, Landkreis Füssen – In: FRENZEL et al. (1976).
– et al. (1976): Führer zur Exkursionstagung des IGCP-Projektes 73/I/24 «Quaternary Glaciations in the Northern Hemisphere» vom 5.–13. September 1976 in den Südvogesen, im nördlichen Alpenvorland und in Tirol – Stuttgart-Hohenheim.
FRITZ, W. (1968): Bemerkungen zur chemisch-physikalischen Untersuchung interglazialer Böden im nördlichen Alpenvorland – Heidelberger Ggr. Arb., *20*.
FRÜH, J. (1899): Der postglaciale Löß im St. Galler Rheintal – Vjschr., *44*.
– (1903): Über postglacialen intramoränischen Löß (Löß-Sand) bei Andelfingen im Kt. Zürich – Vjschr., *48*.
–, & SCHRÖTER, C. (1904): Die Moore der Schweiz, mit Berücksichtigung der gesamten Moorfrage – Beitr. G Schweiz, geotechn. Ser., *3*.
FURRER, G. (1965): Die subnivale Höhenstufe und ihre Untergrenze in den Bündner und Walliser Alpen – GH, *20*/4.
–, & FITZE, P. (1970 a): Beitrag zum Permafrostproblem in den Alpen – Vjschr., *115*/3.
–, – (1970 b): Die Hochgebirgsstufe – ihre Abgrenzung mit Hilfe der Solifluktionsgrenze – GH, *25*/4.
–, – (1971): Die Höhenlage von Solifluktionsformen und der Schneegrenze in Graubünden – GH, *26*/3.
GAGNEBIN, E. (1813): Les sources boueuses de la plaine de Bière – B. Soc. vaud. SN, *49*.
GEIKIE, J. (1898): Earth Sculpture, or the Origine of Land-Forms – London.
GENGE, E. (1965): Obersimmental – Saanenland – Berner Wanderb., *17*.
GERBER, E. (1915): Über ältere Aaretal-Schotter zwischen Spiez und Bern – Mitt. NG Bern, (1914).
GERBER, E. K. (1944): Morphologische Untersuchungen im Rhonetal zwischen Oberwald und Martigny – Diss. ETHZ.
– (1945): Lage und Gliederung des Lauterbrunnentales und seiner Fortsetzung bis zum Brienzersee – Mitt. aarg. NG, *22*.
– (1969): Bildung und Formen von Gratgipfeln und Felswänden in den Alpen – Z. Geomorph., Suppl., *8*.
– (1977): Aargauer Landschaften – Manuskr.
– & SCHEIDEGGER, A. E. (1973): Erosional and stress-induced features on steep slopes – Z. Geomorph., Suppl., *18*.
– & – (1974): On the Dynamics of Scree Slopes – Rock Mechanics, *6*.
GEYH, M. A., MERKT, J., & MÜLLER, H. (1971): Sediment-, Pollen- und Isotopenanalysen an jahreszeitlich geschichteten Ablagerungen im zentralen Teil des Schleinsees – Arch. Hydrobiol., *69*/3.
GIRSPERGER, S. (1974): Geologische Untersuchungen der Breccien bei Glarus – mit einem Anhang: Gedanken zur Bergsturzmechanik – DA U. Zürich.
GLASER, TH. (1926): Zur Geologie und Talgeschichte der Lenzerheide (Graubünden) – Beitr., NF, *49*/7.
GLEN, J. W. (1952): Experiments on the deformation of ice – J. Glaciol., *2*/12.
GOUDA, H. (1962): Untersuchungen an Lößen der Nordschweiz – Diss. U. Zürich.
GRIPP, K. (1938): Endmoränen – CR Congr. Int. Ggr. Amsterdam, (1938), *2*.
GROOTES, P. M. (1977): Thermal Diffusion Isotopie Enrichment and Radiocarbon Dating – Rijks-U. – Groningen.
GUTZWILLER, A. (1894): Die Diluvialbildung der Umgebung von Basel – Vh. NG Basel, *10*/3.
– (1901): Zur Altersfrage des Lößes – Vh. NG Basel, *13*/2.
GYGER, H. C. (1667): Einer Loblichen Statt Zürich Eigenthumlich-Zugehörige Graff / und Herrschafften / Stett / Land / und Gebiett. Sampt deroselben anstoßenden benachbarten Landen / und gemeinen Landvogteien. Mit Bergen und Talen / Hpltzer und Wälden / Wasseren / Straßen / und Landmarchen. Alles nach Geometrischer Anleitung – Zürich.
HAASE, E. (1966 a): Zur Entstehung des Windgfällweihers im Südschwarzwald – Ber. NG Freiburg i. Br., *56*
– (1966 b): Glazialphänomene im «Roten Meer» (Ein Beitrag zur Glazialgeschichte des Schwarzwälder Feldberggebietes) – Ber. NG Freiburg i. Br., *56*.
–( 1968): Das Problem der Kardefinition und Kargliederung – N. Jb. G P, Abh., *131*/1.
HÄDRICH, F. (1975): Zur Methodik der Lößdifferenzierung auf der Grundlage der Carbonatverteilung – E+G., *26*.
HÄFELI, R. (1954): Gletscherschwankung und Gletscherbewegung – Schweiz. Bauz., *73*/*74*, 42, 44.
– (1961): Eine Parallele zwischen der Eiskalotte Jungfraujoch und den großen Eisschildern der Arktis und Antarktis – G Bauwesen, *26*/4.
– (1966): Some notes on glacier mapping and ice-movement – Canad. J. Earth Sci., *3*.
HÄRRI, H. (1932): Löß und pollenanalytische Untersuchungen am Breitsee (Möhlin, Aargau) – Mitt. aarg. NG, *19*.
HANTKE, R. (1961): Tektonik der helvetischen Kalkalpen zwischen Obwalden und dem St. Galler Rheintal – Vjschr., *106*/1.

HANTKE, R. (1968, 1970): Zur Diffluenz des würmeiszeitlichen Rheingletschers bei Sargans und die spätglazialen Gletscherstände in der Walensee-Talung und im Rheintal – Vjschr., *115/1*. Zusammenfassung: E+G, *19* (1968).

– (1971): Pollenspektrum aus der cineritischen Tonfraktion einer holozänen Malmschutthalde von Lang Randen (Kt. Schaffhausen) – Mitt. NG Schaffhausen, *29* (1968/70).

HANTKE, R., & RAHM, G. (1977): Die würmzeitlichen Rückzugsstände in den Tälern Ibach und Schwarzenbächle im Hotzenwald (Südschwarzwald) – Jh. GLA Baden-Württemb., *19*.

HEIM, ALB. (1894): Über das absolute Alter der Eiszeit – Vjschr., *39/2*.

– (1919): Geologie der Schweiz, *1* – Leipzig.

– (1932): Bergsturz und Menschenleben – Beibl. Vjschr., *77*.

HARTMANN-BRENNER, D.-C. (1973): Ein Beitrag zum Problem der Schutthaldenentwicklung an Beispielen des Schweizerischen Nationalparks und Spitzbergens – Diss. U. Zürich.

HERMES, K. (1955): Die Lage der oberen Waldgrenze in den Gebirgen der Erde und ihr Abstand zur Schneegrenze – Kölner Ggr. Arb., *5*.

HESS, H. (1904): Die Gletscher – Braunschweig.

HÖFER, H. v. (1879): Gletscher- und Eiszeit-Studien – Sitzber. Akad. Wiss. Wien, *79/4*.

HÖFLE, H.-CH., & KUHNERT, CH. (1969K): Bl. 8331 Bayersoyen, m. Erl. – GK Bayern – Bayer. GLA.

HOFMANN, F. (1971): Spuren spätquartären vulkanischen Flugstaubes aus der Auvergne und Zeugen eines prähistorischen Waldbrandes im Gehängeschutt des Schaffhauser Tafeljura – Mitt. NG Schaffhausen, *29* (1968/70).

– (1977): Neue Befunde zum Ablauf der pleistozänen Landschafts- und Flußgeschichte im Gebiet Schaffhausen–Klettgau–Rafzerfeld – Ecl., *70/1*.

HOLST, N. O. (1876): Om de glaciala rullstens åosarne – G F. Förh., *3*, Stockholm.

HÜBSCHER, J. (1961K): Bl. 1032 Dießenhofen – GAS – SGK.

HUG, J. (1907): Geologie der nördlichen Teile des Kantons Zürich und der angrenzenden Landschaften. Mit einer Übersichtskarte 1:250000 – Beitr., NF, *15*.

IMHOF, E. (1900): Die Waldgrenze in der Schweiz – Gerlands Beitr. Geophys., *4/3*.

IMHOF, E. (1944): Hans Conrad Gygers Karte des Kantons Zürich – Faksimile-Ausgabe im Originalformat, Atlantis-Verlag – Zürich.

JEANNET, A. (1918): Monographie géologique des Tours d'Aï et des Régions avoisinantes (Préalpes vaudoises) – Mat., NS, *34/2*.

JEGERLEHNER, J. (1902): Die Schneegrenze in den Gletschergebieten der Schweiz – Gerlands Beitr. Geophys., *5/3*.

JERZ, H. et al. (1975): Erläuterungen zur Geologischen Übersichtskarte des Iller-Mindel-Gebietes 1:100000 – Bayer. GLA.

KAISER, K. (1960): Klimazeugen des periglazialen Dauerfrostbodens in Mittel- und Westeuropa – E+G, *11*.

KASSER, P. (1957): Glaziologischer Kommentar zur neuen, im Herbst 1957 aufgenommenen Karte 1:10000 des Großen Aletschgletscher – L+T.

– (1964–1971): Die Gletscher der Schweizer Alpen im Jahr 1962/63 bis 1969/70 – 84.–91. Bericht – Alpen, *39/4–46/4*.

–, & AELLEN, M. (1972–1977): Die Gletscher der Schweizer Alpen im Jahr 1970/71 bis 1974/75 – Alpen, *47/4–51/4, 53/1*.

KELLER, G. (1952): Beitrag zur Frage Oser und Kames – E+G, *2*.

KELTS, K. (1978): Geological and sedimentary evolution of Lakes Zug and Zurich, Switzerland – Diss. ETH Zürich.

KOPP, J. (1937): Die Bergstürze des Roßberges – Ecl., *29/2* (1936).

– (1945K): Bl. 186 Beromünster – 189 Eschenbach, m. Erl. – GAS – SKG.

KORN, J. (1908): Über Oser bei Schönlanke – Jb. preuss. GLA, *29*.

KUHN, B. F. (1786): Versuch über den Mechanismus der Gletscher – Höpfner's Mag. Naturkde, Helvetiens, *1*.

KUHNERT, CH., & OHM, R. (1974K): Bl. 8330 Roßhaupten, m. Erl. – GG Bayern – Bayer. GLA.

KUROWSKI, L. (1891): Die Höhe der Schneegrenze mit besonderer Berücksichtigung der Finsteraarhorngruppe – Penck's Ggr. Abh. Wien, *5*.

LANDOLT, E. (1976): Das Hochmoor «Turbenmühle» in der Großweid bei Laret – Davoser Revue, *51/3*.

LANG, H. (1967): Über den Tagesgang im Gletscherabfluß – 9. internat. Tagung für alpine Meteorologie in Brig u. Zermatt 14.–17. Sept. 1966 – Veröff. Schweiz. Meteorol. Zentralanst., *4*.

LANG, H., & DAVIDSON, G. (1974): Beitrag zum Problem der klimatischen Schneegrenze – Vh. SNG (1973).

LEEMANN, A. (1958): Revision der Würmterrassen im Rheintal zwischen Dießenhofen und Koblenz – GH, *13/2*.

LEIBUNDGUT, H. (1938): Wald- und Wirtschaftsstudien in Lötschental – Beih. Z. Schweiz. Forstver., *18*.

LEWIS, W. V. (1947): An esker in process of formation – J. Glaciol., *1/6* (1947).
LICHTENECKER, N. (1938): Die gegenwärtige und eiszeitliche Schneegrenze in den Ostalpen – Vh. III. Int. Quartär Konf., Wien.
LIESE-KLEIBER, H. (1977): Pollenanalytische Untersuchungen der spätneolithischen Ufersiedlung Avenue des Sports in Yverdon am Neuenburgersee/Schweiz – Jb. SGUF, *60*.
LIEZ, H. (1903): Die Verteilung der mittleren Höhe in der Schweiz – Jber. ggr. Ges. Bern, *18*.
LOUIS, H. (1952): Zur Theorie der Gletschererosion in Tälern – E + G, *2*.
LÜTTIG, G. (1958): Eiszeit – Stadium – Phase – Staffel. Eine nomenklatorische Betrachtung – G Jb., *76*.
– (1964): Prinzipielles zur Quartär-Stratigraphie – G Jb., *82*.
– (1965): Interglacial and Interstadial periode – J. G, *73/4*.
– (1970): Sprachlich-nomenklatorische Anregungen zur Unterscheidung von deutschsprachlichen Begriffen der Litho- und Ortho-Stratigraphie – Newsl. Stratigr., *1*.
– MENKE, B., & SCHNEEKLOTH, H. (1967): Über die biostratigraphische Forschung im nordeuropäischen Pleistozän – Stand 1967 – E + G. *18*.
MEINARDUS, W. (1930): Arktische Böden – Handb. Bodenlehre, *3*.
MERCANTOIN, P.-L. (1916): Vermessungen am Rhonegletscher – 1874–1915 – N. Denkschr. SNG, *52*.
– (1915–1924): Les variations des glaciers suisses en 1913/14 à 1922/23, Rapports No 35 à 44 – Jb. SAC, *49–58*.
– (1925–1950): Les variations des glaciers suisses en 1923/24 à 1948/49, Rapports No 45 à 70 – Alpen *1/4*, *25/4*.
–, & RENAUD, A. (1951–1955): Les variations des glaciers suisses en 1949/50 à 1953/54 – Rapports No 71 à 75 – Alpen *26/4–30/4*.
METZGER, K. (1968): Physikalisch-chemische Untersuchungen an fossilen und relikten Böden im Nordgebiet des alten Rheingletschers – Heidelberger Ggr. Arb., *19*.
VON MOOS, A. (1943): Zur Quartärgeologie von Hurden – Rapperswil (Zürichsee) – Ecl., *36/1*.
MOUSSON, A. (1856): Über den Löß im St. Galler-Rheintal – Vjschr., *1*.
MÜHLBERG, F. (1896): Der Boden von Aarau. Festschr. Einweihung Kantonsschulgebäude Aarau.
– (1904): Geologische Karte des unteren Aare-, Reuß- und Limmat-Tales 1:25000, m. Erl. – GSpK, *31* –SGK.
– (1908): Geologische Karte der Umgebung von Aarau, 1:25000, m. Erl. – GSpK, *45* – SGK.
MÜLLER, I. (1948): Über spätglaziale Vegetations- und Klimaentwicklung im westlichen Bodenseegebiet – Planta, *35*.
MÜLLER, F., CAFLISCH, T., & MÜLLER, G. (1973): Das Schweizer Gletscherinventar als ein Beitrag zum Problem der Gletscher-Klima-Beziehung – GH, *28/2*..
–, –, – (1976): Firn und Eis der Schweizer Alpen – Gletscherinventar – ETHZ, Ggr. I., 57.
MÜLLER, H. (1962): Pollenanalytische Untersuchung eines Quartärprofils durch die spät- und nacheiszeitlichen Ablagerungen des Schleinsees (Südwestdeutschland) – G Jb., *79*.
MÜNST, M., SCHMIDT, A., & SCHMIDT, M. (1934K): Bl. 180 Tettnang, m. Erl. – GSpK Württemberg – Württ. Statist. LA.
MURET, E., & P. L. MERCANTON (1913, 1914): Les variations des glaciers suisses en 1911/12 à 1912/13, Rapports 33 et 34 – Jb. SAC, *47* et *48*.
NABHOLZ, W. K. (1975): Geologischer Überblick über die Schiefersackung des mittleren Lugnez und über das Bergsturzgebiet Ilanz–Flims–Reichenau–Domleschg – B. VSP, *42*/101.
NÄGELI, W. (1969): Waldgrenze und Kampfzone in den Alpen – HESPA-Mitt., *19*/1.
NYE, J. F. (1952): The mechanics of glacier flows – J. Glaciol., *2*/12.
– (1953): The flow law of ice from measurements in glacier tunnels, laboratory experiments and the Jungfraufirn borehole experiment – Proc. Roy. Soc., A *219*.
– (1965): The flow of glacier in a channel of rectangular, elliptic or parabolic cross-section – J. Glaciol., 5.
OBERHOLZER, J. (1900): Monographie einiger prähistorischer Bergstürze in den Glarneralpen – Beitr., NF, *9*.
PATZELT, G. (1976): Änderungen der Höhenlage der Gleichgewichtslinie als Indikator für Klimaschwankungen – Dt. Ges. Polarforsch., 10. internat. Polartagung Zürich, 6.–8. April 1976.
PAVONI, N. (1976): Herdmechanismen von Erdbeben und regionaltektonisches Spannungsfeld im Bereich der Geotraverse Basel–Chiasso – SMPM, *56*/3.
– (1977): Erdbeben im Gebiet der Schweiz – Ecl. *70/2*.
–, LOSITO, G. & MAYER-ROSA, D., (1977): A study of focal mechanisms of 1971–1976 earthquakes in Switzerland and Northern Italy – PAGEOPH. – im Druck.
–, & PETERSCHMITTE, E. (1974): Das Erdbeben von Jeurre vom 21. Juni 1971 und seine Beziehungen zur Tektonik des Faltenjura – In: ILLIES, & FUCHS, K., eds.: Approaches to Taphrogenesis – Stuttgart.
PENCK, A. (1894): Morphologie der Erdoberfläche – 2 Bde. – Leipzig.
– (1912): Schliffkehle und Taltrog – Petermanns Ggr. Mitt., *58/2*.
–, & BRÜCKNER, E. (1901–1909): Die Alpen im Eiszeitalter, *1–3* – Leipzig.

Perconig, E. (1956)- Il Quaternario nella Pianura Padana – Actes INQUA IV-Rom, *2*.
Perutz, M., & Seligman, G. (1950): The flow of glaciers – Observatory, *70*.
Philipp, H. (1912): Über ein rezentes alpines Os – Z. dt. GG, *64*.
Pool, S. (1970): Die Gletschermühlen von Cavaglia GR – Schweizer Naturschutz, *36*/5.
Quervain, A. de, & Schnitter, E. (1920): Das Zungenbecken des Biferten-Gletschers – Denkschr. SNG, *55*.
Renaud, A. (1956–1963): Les variations des glaciers suisses en 1954/55 à 1961/62, Rapports No 76–83 – Alpen, *31*/4–*38*/4.
Richter, E. (1888): Schneegrenze und Firnfleckenregion – Mitth. dt.-österr. Alpenver. (1887).
– (1900): Die Gletscherconferenz im August 1899 – Peterm. Ggr. Mitth., *46*/4.
Ringgenberg, F. (1977): Oberhasli – Berner Wanderb., *19*.
Roesli, F. (1957): Der Gletschergarten von Luzern – Luzern im Wandel der Zeiten, *7*.
Röthlisberger, F. (1976): Gletscher- und Klimaschwankungen im Raum Zermatt, Ferpècle und Arolla – Alpen *52*/3/4.
Rutishauser, H. (1968): Graphische Darstellung und Berechnung der Veränderung des Schmadri- und Breithorngletschers sowie der Tschingelgletscherzunge in der Zeit von 1927–1960 – Alpen, *44*/2.
– (1972): Beobachtungen zur Bildung von Jahresmoränen am Tschingelgletscher (Berner Oberland) – Ecl., *65*/1.
Sandberger, F. (von 1890): Conchylien des Lößes um Bruderholz bei Basel – Vh. NG Basel, *8*.
Saussure, H. B. de (1779, 1786, 1796): Voyages dans les Alpes, 1, 2, 4 – Neuchâtel.
Saxer, F. (1964k): Bl. 1075 Rorschach, m. Erl. – GAS – SGK.
Schäfer, A. (1973): Zur Entstehung von Seekreide-Untersuchungen am Untersee (Bodensee) – N. Jb. G P. Mh. (*1973*/4).
Scherler, K. (1976): Zur Morphogenese der Täler im südlichen Tößbergland – DA ETH Zürich.
Schifferli-Amrein, M., & Wick, P. (1973): Die Gletschertöpfe im Gletschergarten von Luzern – GH, *28*/2.
Schindler, C. (1971): Geologie von Zürich und ihre Beziehung zu Seespiegelschwankungen – Vjschr., *116*/2.
– (1973): Geologie von Zürich, 2. Teil: Riesbach – Wollishofen, inkl. Talflanke und Sihlschotter – Vjschr., *118*/3.
– (1974): Zur Geologie des Zürichsees – Ecl., *67*/1.
Schlüchter, Chr. (1973 a): Die Münsingerschotter, ein letzteiszeitlicher Schotterkörper im Aaretal südlich Bern – B. VSP, *39*/96.
– (1973 b): Die Gliederung der letzteiszeitlichen Ablagerungen im Aaretal südlich von Bern (Schweiz) – Z. Glkde., *9*/1–2.
– (1976): Geologische Untersuchungen im Quartär des Aaretals südlich von Bern (Stratigraphie, Sedimentologie, Paläontologie) – Beitr., NF, *48*.
Schmidt, K. (1961): Hydrologisches Problem und wasserwirtschaftliche Aufgabe «Donauversickerung» – Wasserwirtsch., *51* – Stuttgart.
Schmidt, M. (1921k): Bl. 175 Ravensburg, m. Erl. – GSpK Württemberg – Württ. Statist. LA.
–, & Bräuhäuser, M. (1913k, 1928k): Bl. 181 Neukirch, m. Erl. – GSpK Württemberg – Württ. Statist. LA.
Schneebeli, W. (1976): Untersuchungen von Gletscherschwankungen im Val de Bagnes – Alpen, *52*/3–4.
Schneider, H. (1976): Über junge Krustenbewegungen in der voralpinen Landschaft zwischen dem südlichen Rheingraben und dem Bodensee – Mitt. NG Schaffhausen, *30* (1973–76).
Schneider, R. (1978): Pollenanalytische Untersuchungen zur Kenntnis der spät- und postglazialen Vegetationsgeschichte am Südrand der Alpen zwischen Turin und Tessin (Italien) – Bot. Jb. Syst., *99*.
Schreiner, A. (1970): Erläuterungen zur Geologischen Karte des Landkreises Konstanz mit Umgebung, 1:50000 – GLA Baden Württemberg, Freiburg i. Br.
Seiffert, R. (1960): Zur Geomorphologie des Calancatales – Basler Beitr. Ggr. + Ethnol., *1*.
Sieger, R. (1893): Die Drumlinlandschaft des Bodensees – Richthofen-Festschr.
Simony, F. (1851): Über die Verbreitung des erratischen Diluviums im Salzkammergute – Sitz.-Ber. kk g RA, *2*/1.
Soergel, W. (1921): Die Ursachen der diluvialen Aufschotterung und Erosion – Fortschr. G P, *5*.
– (1924): Die diluvialen Terrassen der Ilm – Jena.
– (1939): Das diluviale System – Berlin.
Sommerhalder, E. (1968): Glazialmorphologische Detailuntersuchungen im hochwürm-eiszeitlich vergletscherten unteren Glattal (Kanton Zürich) – Diss. U. Zürich.
Streckeisen, A. (1965): Junge Bruchsysteme im nördlichen Simplongebiet (Wallis, Schweiz) – Ecl., *58*/1.
Streiff-Becker, R. (1936): Zwanzig Jahre Firnbeobachtung – Z. Glkde., *24*.

Streiff-Becker, R. (1938): Zur Dynamik des Firneises – Z. Glkde., *26*.
– (1949): Der Bächifirn. Ein Kuriosum in den Alpen – Alpen, *25*/7.
– (1951): Pot-holes and glacier mills – J. Glaciol., *1*.
Suter, H. (1939 k): Geologische Karte des Kantons Zürich und seiner Nachbargebiete: in «Geologie von Zürich» – Zürich.
Taber, St. (1943): Perennially frozen ground in Alaska – B. GS America, *54*.
Thyssen, F., & Ahmad, M. (1970): Ergebnisse seismischer Messungen auf dem Aletschgletscher – Polarforsch., *6*, Jg. *39* (1969) 1.
Tricart, J., & Cailleux, A. (1962): Le modelé glaciaire et nival – Paris.
Troll, C. (1947): Die Formen der Solifluktion – Erdkde., *1*.
– (1949): Der subnivale oder periglaziale Zyklus der Denudation – Erdkde., *2*.
Vial, R. (1975): Le Quaternaire dans le Bas-Chablais (Haute Savoie). Les derniers épisodes de retrait glaciaire – G Alpine, *51*.
Vivian, R. (1971): Les variations récentes des glaciers dans les Alpes françaises (1900–1970), Possibilités de prévision – Rev. Ggr. Alpine, *59*/2.
– (1975): Les glaciers des Alpes occidentales – Grenoble.
Wahrhaftig, C., & Cox, A. (1959): Rock Glaciers in the Alaska Range – B. GS America, *70*.
Wanner, E., & Pavoni, N. (1965): Erdbebenzentren – Atlas Schweiz, *10* – Geophys. ∸ L + T.
Weinhold, H. (1974): Beiträge zur Kenntnis des Quartärs im würtembergischen Allgäu zwischen östlichem Bodensee und Altdorfer Wald – Diss. U. Tübingen.
Welten, M. (1950): Beobachtungen über den rezenten Pollenniederschlag in alpiner Vegetation – Ber. Rübel (1949).
– (1976): Das jüngere Quartär im nördlichen Alpenvorland der Schweiz auf Grund pollenanalytischer Untersuchungen – In: Frenzel, B., et al. (1976).
Wick, P. (1974): Die Gletschertöpfe und die ehemaligen Lavezsteinbrüche am Dossen bei Zermatt – Schr. Eröff. Gletschergartens Dossen / Zermatt – Visp.
Wiegand, G. (1965): Fossile Pingos in Mitteleuropa – Würzburger Ggr. Arb., *16*.
Wildermuth, H. (1978): Natur als Aufgabe – Leitfaden für die Naturschutzpraxis in der Gemeinde – Schweiz. Bund Naturschutz, Basel.
Wilhelm, F. (1975); Glaziologie und Geomorphologie – Berlin / New York
Wittmann, O. (1977): Das Lößprofil Wyhlen (Landkreis Lörrach) – Regio Basil., *18*/1.
Windham, W., & Martel, P. (1744): An Account of the Glaciers or Ice Alps, one from an English Gentleman to his Friend at Geneva; the other from Peter Martel, Engineer, to the said English Gentleman – London.
Woldstedt, P. (1912): Eine Osbildung in Nordschlesien – Z. dt. GG, *64*.
– (1932): Über Endmoränen und Oser der Saale (= Riß-) Vereisung in Schlesien – Z. dt. GG, *84*.
– (1961): Das Eiszeitalter. Grundlinien einer Geologie des Quartärs, *1*: Die allgemeinen Erscheinungen des Eiszeitalters, 3. Aufl. – Stuttgart.
Woldstedt, P./Duphorn, K. (1974): Norddeutschland und angrenzende Gebiete im Eiszeitalter – Stuttgart.
Wolff, W. (1925): Die Entstehung der mecklenburgischen Seenplatte – Naturforscher, *1*.
Zehnder, J. N. (1974): Der Goldauer Bergsturz. Seine Zeit und sein Niederschlag – Goldau.
– (1975): Der Goldauer Bergsturz – Die Katastrophe des 2. September 1806 – Erdkreis, *25*/9.
Zienert, A. (1967): Vogesen- und Schwarzwald-Kare – E + G, *18*.
– (1970): Würm-Rückzugsstadien vom Schwarzwald bis zur Hohen Tatra – E + G, *21*.
Zingg, Th. (1934 k): Bl. 226–229 Mönchaltorf-Rapperswil, m. Erl. – GAS – SGK.
– (1952): Gletscherbewegungen der letzten 50 Jahre in Graubünden – Wasserenergiewirtsch., *1952* / 5–7.
– (1954): Die Bestimmung der klimatischen Schneegrenze auf klimatologischer Grundlage – Angew. Pfl. soziol., *2*.
– (1966): Schneeverhältnisse in den Schweizer Alpen – Einschneien, Ausapern und Dauer der permanenten Winterschneedecke 1955(56 – 1964/65 und teils 1946/1965 – Winterbericht 1965/66, Nr. 30.
– (1971): Über Schnee- und Eisverhältnisse in Graubünden – Schweiz. Z. Hydrol., *33*/1.
Zürcher, H. (1971): Seismische Untersuchungen im Walenseegebiet - DA ETHZ.

# Die Pflanzenwelt

## *Die Floren des jüngsten Pliozäns und des ältesten Pleistozäns*

Die jüngsten Ablagerungen des Pliozäns, die Reuver-Schichten (nach Reuver in S-Holland), schließen in S-Holland und am Niederrhein (C. & E. M. REID, 1915; E. M. REID, 1920; L. LAURENT & P. MARTY, 1923; J. M. VAN DER VLERK & F. FLORSCHÜTZ, 1950; H. W. ZAGWIJN, 1959, 1960, 1963; TH. V. D. HAMMEN, T. A. WIJMSTRA, & ZAGWIJN, 1971; G. V. D. BRELIE, 1959a, b) in Schleswig-Holstein (B. MENKE, 1969, 1970, 1972, 1974a, 1975, 1976), in Niedersachsen (L. BENDA & G. LÜTTIG, 1968), im Harz-Vorland (A. STRAUS, 1930, 1952, 1954, 1956; A. CHANDA, 1962), in Thüringen (D. H. MAI, J. MAJEWSKI, & K. P. UNGER, (1963), im Westerwald (W. MÜLLER-STOLL, 1938), in Hessen (K. MÄDLER, 1939; G. LESCHIK, 1951), im Elsaß (F. KIRCHHEIMER, 1949, 1957) und in S-Polen (W. SZAFER, 1947, 1954) noch reiche, für das jüngste Tertiär charakteristische Floren ein. Sie enthalten alle längst nicht mehr den Reichtum an wärmeliebenden Arten wie die Floren des Miozäns, etwa der Oberen Süßwassermolasse des Untersee-Gebietes (O. HEER, 1855–1859, 1865; TH. in O. WÜRTENBERGER, 1905; HANTKE, 1953, 1954; T. NÖTZOLD, 1957) und jene aus den altersmäßig jüngeren Fischbach-Schichten des Niederrheins (H. GREBE, 1955, K. KRAMER, 1974), die im Laufe der Tertiärzeit ebenfalls eine allmähliche Abkühlung mit Schwankungen bekunden.

Weit besser als nur auf Großreste, die meist einer Zersetzungsauslese unterliegen, spezielle ökologische Bereiche widerspiegeln und zudem statistisch nicht untereinander vergleichbar sind, gründet sich eine vegetationsgeschichtliche Gliederung der jüngsten Erdgeschichte auch auf *Pollen* und *Sporen*. Die kleinsten vegetations- und damit erdgeschichtlich aussagefähigen Einheiten sind die *Pollen-Zonen*. Sie stützen sich auf qualitative und quantitative Vergesellschaftungen von Pollen und Sporen. Da diese beiden einander homologen Fortpflanzungsorgane der Pflanzen sich entwicklungsgeschichtlich recht konservativ verhalten, in der jüngsten Erdgeschichte sich nicht meßbar verändert haben, die Zeitabschnitte hiezu viel zu kurz sind, erlauben nur verschiedene Pollen- und Sporen-*Vergesellschaftungen* die Veränderungen der Vegetation als Ausdruck des sich wandelnden Klimas aufzuzeigen.

Modelle für die vegetationskundliche und ökologische Deutung der fossilen Pollen-Spektren liefern die heutigen Pflanzengesellschaften und ihre prozentuale Pollen-Lieferung. Als Vergleichsgebiete für die Entwicklung der mitteleuropäischen Floren in der jüngsten Erdgeschichte werden besonders die heutige räumliche Verbreitung in E-Asien und in N-Amerika herangezogen, wo keine querverlaufenden Gebirgsketten das natürliche Ausweichen der Pflanzen bei einer Klima-Verschlechterung beeinträchtigt haben und das räumliche Nebeneinander der Gesellschaften von S nach N generell das zeitliche Nacheinander abbildet.

Neben Formen des heutigen Klimas deuten im Jungpliozän immer noch eine ganze Anzahl Gattungen auf einen eher warm-gemäßigten Klimacharakter. Im Rhonetal E von Lyon wuchsen gar noch Lorbeer- (G. DE SAPORTA & A. F. MARION, 1876) und am Alpen-S-Fuß Avocado-Bäume – *Persea* (HANTKE in V. LONGO, 1968) sowie *Tsuga*.

An Pollen konnten im Pliozän von Balerna einstweilen nachgewiesen werden: *Tsuga, Liquidambar* – Amberbaum, *Abies* – Weißtanne, *Pinus* – Föhre, Taxodiaceen – Sumpfzypressen, *Myrica* – Wachsbeerstrauch, Farnsporen und Gramineen.
Innerhalb der einzelnen Warm- und Kaltzeiten konnte MENKE aufgrund der Pollen-Abfolgen noch kühlere bzw. wärmere Phasen unterscheiden. Dagegen ist eine gesicherte Korrelation mit den im alpinen Raum unterschiedenen Kalt- und Warmzeiten noch nicht möglich.
Zudem liegen die zur Grenzziehung Tertiär/Quartär aufgestellten Postulate für den Beginn der ersten ausgeprägten Kaltzeit komplizierter als zunächst erwartet. Als solche fallen in Betracht:
– das erste Auftreten mariner «nordischer Gäste» mit *Arctica islandica* im nördlichen Mittelmeer-Raum als Basis des *Calabrian*,
– das erste Auftreten einer terrestrischen quartären Säuger-Fauna als Basis des *Villafranchian* und
– die brüsk sich wandelnde Flora als direkter Ausdruck der *Klimaverschlechterung*.
Jedenfalls erfolgten die drei hiefür postulierten, ganz verschiedenen Auswirkungen dieser Klimaverschlechterung nicht streng gleichzeitig. Für das Calabrian und das Villafranchian haben W. H. ZAGWIJN (1974), W. A. BERGGREN & J. A. VAN COUVERING (1974) und B. U. HAQ, BERGGREN & VAN COUVERING (1977) die Ergebnisse zusammengefaßt. Zeitlich setzen ZAGWIJN und BERGGREN et al. die Basis des Prätegelen auf 2,5–3,1 Millionen Jahre v. h. Dabei neigt ZAGWIJN mehr zum jüngeren, während BERGGREN et al. mehr zum älteren Bereich (um 3,0–3,2 Mio J.) tendieren. Beide Auffassungen können jedoch nicht befriedigen, so daß es zunächst wohl sinnvoll erscheint, die Tertiär/Quartär-Grenze nur regional festzulegen. Für die Pliozän/Pleistozän-Grenze in Le Castella, in Sta. Maria di Catanzaro und in Tiefsee-Kernen erhalten HAQ, BERGGREN & VAN COUVERING (1977) 1,6 Mio Jahre.
Klimageschichtlich dürfte an der Grenze Reuver/Prätegelen der Schwellenwert unterschritten worden sein, der vegetationsgeschichtlich schwerwiegende Folgen hatte (MENKE), indem die pliozänen Pflanzengesellschaften in weiten Gebieten Europas erloschen, wenn auch die strenge Gleichzeitigkeit dieses Ereignisses einstweilen noch nicht beweisbar ist.
Nach den Ergebnissen von B. MENKE (1975, 1976) in Schleswig-Holstein, verlief die Floren-Entwicklung im Grenzbereich zwischen der ausgehenden Tertiärzeit und dem ältesten Quartär recht bewegt. Aufgrund der verschiedenen Wärme-Ansprüche der sich folgenden Pflanzengesellschaften möchte er gar diesen, gegenüber dem Pliozän durch eine kräftig verstärkte, rasche Folge von Florenänderungen und damit durch kurzfristige Klimaschwankungen ausgezeichneten Abschnitt gar als *Känozän* vom eigentlichen Pleistozän abtrennen. Die typische Pliozän-Flora ist bereits erloschen, aber eine Reihe früher z. T. noch als pliozän angesehene Formen sind noch vorhanden, im nördlichen Mitteleuropa: *Tsuga, Pterocarya, Juglans, Carya, Ostrya, Castanea* und *Eucommia*, während in S-Europa noch weitere «pliozäne» Formen überdauern konnten. Aufgrund von Vergleichen von Pollenabfolgen kommt MENKE zu den Korrelationen auf S. 31.
Noch im ältesten Quartär sind im atlantischen Europa eine Reihe von *Tertiärrelikten* nachgewiesen: Taxodiaceen (Sumpfzypressen) mit *Sequoia* und *Taxodium*, zwei nordamerikanische Gattungen, *Glyptostrobus* und *Sciadopitys* – Schirmtanne, zwei heute auf E-Asien beschränkte Formen, *Tsuga* – Hemlocktanne, ferner Juglandaceen (Walnußgewächse) mit *Carya* – Hickory, *Pterocarya* – Flügelnuß – und *Juglans* – Nußbaum, dann

Fig. 73
Tertiäre Florenelemente

*Glyptostrobus* – Wasserfichte – Pliozän, bis Alt-Pleistozän ▷
1 a *G. europaeus* (Brong.) Heer, Zweigrest, ½ ×, G. de Saporta, 1876
1 b *G. europaeus* (Brong.) Heer, Same, ½ ×, W. Berger, 1952
*Tsuga* – Hemlocktanne – Pliozän, bis Holstein-Interglazial
2 *T. europaea* (Menzel) Szafer, Zapfen, ½ ×, Wl. Szafer, 1947
*Pinus* – Föhre – Pliozän, bis Holozän
3 a *P. cf. silvestris* L., Zapfen, ½ ×, A. Straus, 1952
3 b *P. sp.*, Same, ½ ×, W. Berger, 1952
*Magnolia* – Magnolie – Pliozän, bis Alt-Pleistozän
4 a *M. sigmaringensis* Kirchh., Fruchtstand, ⅓ ×, F. Kirchheimer, 1957
4 b *M. cor* Ludw., Same, 2 ×, Wl. Szafer, 1947
*Persea* – Avocado-Baum – Pliozän
5 *P. sp.*, Blatt, ½ ×, V. Longo, 1968
*Liriodendron* – Tulpenbaum – Pliozän, bis Alt-Pleistozän
6 a *L. procaccinii* Ung., Blatt, ½ ×, N. Boulay, 1890
6 b *L. tulipifera* L. *foss.*, Frucht, 2 ×, Wl. Szafer
*Sassafras* – Pliozän
7 *S. ferretianum* Mass., Blatt, ½ ×, N. Boulay, 1890
*Aesculus* – Roßkastanie – Pliozän, bis Alt-Pleistozän
8 *A. sp.*, Frucht, 2 ×, Wl. Szafer, 1954
*Phellodendron* – Korkbaum – Pliozän, bis Alt-Pleistozän
9 *Ph. elegans* Reid, Same, 2 ×, C. & E. M. Reid, 1915
*Castanea* – Edelkastanie – Pliozän, bis Alt-Pleistozän
10 *C. sativa* Miller, Blatt, ½ ×, L. Laurent & P. Marty, 1923
*Fagus* – Buche – Pliozän, bis Holozän
11 a *F. silvatica* L. *foss.*, Blatt, ½ ×, L. Laurent & P. Marty, 1923
11 b *F. ferruginea* Ait. *foss.*, Cupula, ½ ×, Wl. Szafer, 1947
*Zelkova* – Wasserulme – Pliozän, bis Alt-Pleistozän
12 a *Z. serrata* Mak., Blatt, ½ ×, L. Laurent & P. Marty, 1923
12 b *Z. serrata* Mak., Frucht, 5 ×, C. & E. M. Reid, 1915
*Nyssa* – Tupelobaum – Pliozän, bis Alt-Pleistozän
13 a *N. europaea* Ung., Blatt, ½ ×, W. Berger, 1952
13 b *N. silvatica* Marsh. *foss.*, Same, 2,5 ×, Wl. Szafer
*Carya* – Hickory – Pliozän, bis Alt-Pleistozän
14 a *C. bilinica* Ung., Blatt, ½ ×, W. Berger, 1952
14 b *C. longicarpa* Mädler, nat. Gr., K. Mädler, 1939
*Quercus* – Eiche – Pliozän, bis Holozän
15 a *Qu. roburoides* Bérenger, Blatt, ½ x, L. Laurent & P. Marty, 1923
15 b *Qu. cf. pubescens* Willd., Frucht mit Cupula, 1 ⅓ x, Szafer, 1954
*Liquidambar* – Amberbaum – Pliozän bis Alt-Pleistozän
16 a *L. europaea* A. Br., Blatt, ½ x, L. Laurent & P. Marty, 1923
16 b *L. pliocaenica* Geyl. & Kink., Fruchtstand, ½ ×, F. Kirchheimer, 1949
*Vitis* – Rebe – Pliozän, bis Alt-Pleistozän
17 *V. ludwigii* A. Br., Same, 5 ×, Wl. Szafer, 1954
*Parrotia* – Parrotie – Pliozän, bis Alt-Pleistozän
18 *P. persica* C. A. Mey. *foss.*, ½ ×, Oberpliozän, Willershausen
*Eucommia*, eine monotypische Ulmacee – Pliozän, bis Alt-Pleistozän
19 *E. europaea* Mädler, Frucht, ¾ ×, K. Mädler, 1939

1a
1b
2
3a
3b
4a
4b
5
6a
6b
7
8
9
10
11a
11b
12a
12b
13a
13b
14a
14b
15a
15b
16a
16b
17
18
19

Fig. 74 Tertiäre Florenrelikte im Alt-Pleistozän ▷

| | |
|---|---|
| 1 *Osmunda regalis* L. | Königsfarn |
| 2 *Tsuga* (*T. canadensis* [L.] CARR.) | Hemlocktanne |
| 3 *Taxodium* (*T. distichum* [L.] RICH.) | Sumpfzypresse |
| 4 *Carya* (*C. ovata* [MILL.] K. KOCH) | Bitternuß |
| 5 «*Pinus haploxylon*» = *Cathaya?* | Pinacee |
| 6 *Pterocarya* (*P. fraxinifolia* [LAM.] SPACH) | Flügelnuß |
| 7 *Sciadopitys* | Schirmtanne |
| 8 *Liquidambar* (*L. styraciflua* L.) | Amberbaum |
| 9 *Nyssa* (*N. silvatica* MARSH.) | Tupelobaum |
| 10 *Juglans regia* L. | Nußbaum, von den Römern wieder eingeführt |
| 11 *Sequoia* (*S. sempervirens* [D. DON] ENDL.) | Sequoie |

und jungpleistozäne bis rezente Pollen- und Sporentypen

| | |
|---|---|
| 12 *Picea abies* (L.) KARSTEN | Fichte |
| 13 *Abies alba* MILL. | Tanne |
| 14 *Larix decidua* MILL. | Lärche |
| 15 *Pinus silvestris* L. | Wald-Föhre |
| 16 *Alnus glutinosa* (L.) GÄRTN. | Schwarz-Erle |
| 17 *Viscum album* L. | Mistel |
| 18 *Lastrea robertiana* (HOFFM.) NEWM. | Ruprechts-Farn |
| 19 *Tilia cordata* MILL. | Linde, Bestandteil des Eichenmischwaldes |
| 20 *Fagus silvatica* L. | Buche |
| 21 *Selaginella selaginoides* (L.) LINK | Moosfarn |
| 22 *Lycopodium clavatum* L. | Bärlapp |

Vergrößerung 600 ×, ausgenommen 12, 13 und 15 300 ×.
Photos: Dr. P. HOCHULI, F. DEUBELBEISS.

*Castanea* – Edelkastanie, *Liquidambar* – Amberbaum, eine Hamamelidacee (Zaubernußgewächs), *Liriodendron* – Tulpenbaum, *Magnolia*, *Eucommia*, eine der Platane nahestehende, heute noch auf E-Asien beschränkte Gattung mit an Ulme erinnernden Blättern, *Nyssa* – Tupelobaum, ein in Küstensümpfen des atlantischen Nordamerika verbreiteter, dem Hornstrauch nahestehender Baum, *Phellodendron* – Korkbaum, ein E-asiatisches Rautengewächs, *Aesculus* – Roßkastanie, *Vitis* – Weinrebe – und eine erloschene Seerose – *Euryale*.

Bereits hatten sich daneben auch quartäre Nadel- und Laubgehölze eingestellt: *Abies* – Weißtanne, *Picea* – Fichte, *Pinus* – Föhre, *Alnus* – Erle, *Betula* – Birke, *Carpinus* – Hagebuche, *Quercus* – Eiche, *Populus* – Pappel, *Salix* – Weide, *Tilia* – Linde, *Ulmus* – Ulme – sowie zahlreiche Sträucher. Sie bestimmten den Floren-Charakter jedoch noch nicht in dem Maße wie im späteren Quartär. Erst mit dem schubweisen Einbruch der Kaltzeitfolgen gewannen sie mehr und mehr an Bedeutung; zugleich wurden die Tertiärformen seltener und nacheinander ausgelöscht. Zunächst verschwanden die empfindlichsten: *Sequoia* und *Taxodium*. *Tsuga* sowie einige laubwerfende Arten, *Carya* und *Pterocarya*, konnten in den ersten Warmzeiten das verlorene Areal teilweise wieder zurückgewinnen. Noch etwas länger vermochten sich resistentere Formen – *Magnolia*, *Phellodendron* und *Vitis* – zu behaupten und in den wärmeren Abschnitten, in «Rückzugsgefechten» mit dem kälter werdenden Klima, jeweils nochmals etwas an Terrain zurückerobern.

Das Auslöschen erfolgte in den einzelnen Regionen zeitlich recht unterschiedlich, zu-

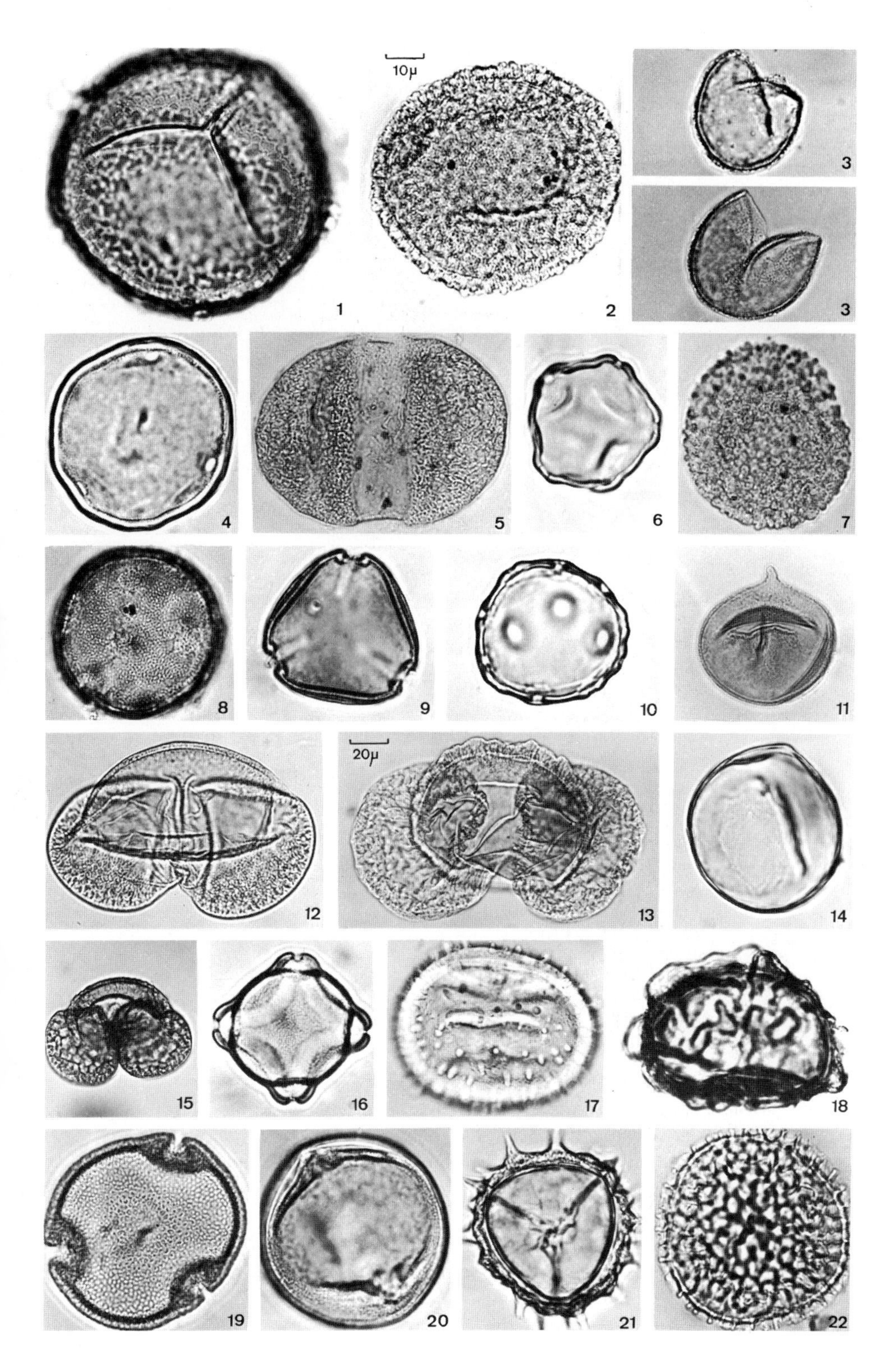
10μ
20μ
1
2
3
3
4
5
6
7
8
9
10
11
12
13
14
15
16
17
18
19
20
21
22

Fig. 75
Tertiäre und quartäre Florenentwicklung

*Salix* – Weide – Pliozän, bis Holozän ▷
1 *S. varians* Goepp., Blatt, ½ ×, L. Laurent & P. Marty, 1923
*Populus* – Pappel – Pliozän, bis Holozän
2 *P. tremula* L. *pliocenica* Sap., Blatt, ½ ×, L. Laurent & P. Marty, 1923
*Taxus* – Eibe – Pliozän, bis Holozän
3 a *T. baccata* L. *foss.*, Nadel, 2 ×, A. Straus, 1952
3 b *T. cf. chinensis* (Pilger) Rehd., Samenschale, 3 ×, Wl. Szafer, 1954
*Larix* – Lärche – Pliozän, bis Holozän
4 *L. europaea* Lam. & DC. *foss.* Geyl. & Kink., Zapfen, 2 ×, Szafer, 1954
*Picea* – Fichte, Rottanne – Pliozän, bis Holozän
5 *P. excelsa*, Link *foss.*, Zapfen, ½ ×, Wl. Szafer, 1954
*Betula* – Birke – Pliozän, bis Holozän
6 a *B. alba* L. *foss.*, Blatt, ½ ×, L. Laurent & P. Marty, 1923
6 b *B. sp.*, weibl. Kätzchen, 3 ×, C. & E. M. Reid, 1915
*Ostrya* – Hopfenbuche – Pliozän, bis Holozän
7 *O. carpinifolia* Scop. *foss.*, Nüßchen, 2,5 ×, Wl. Szafer, 1947
*Juglans* – Walnuß – Pliozän, bis Alt-Pleistozän, Holozän
8 *J. cinerea* L., Frucht, ½ ×, Wl. Szafer, 1954
*Pterocarya* – Flügelnuß – Pliozän, bis Holstein-Interglazial
9 a *P. denticulata* (O. Web.) Heer, Blatt, ½ ×, W. Berger, 1952
9 b *P. limburgensis* C. & E. M. Reid, Frucht, 1,5 ×, C. & E. M. Reid, 1915
*Carpinus* – Hainbuche – Pliozän, bis Holozän
10 a *C. grandis* Ung., Blatt, ½ ×, W. Berger, 1952
10 b *C. grandis* Ung., Fruchtflügel, ½ ×, Berger, 1952
10 c *C. betulus* L., Frucht, 3 ×, Wl. Szafer, 1954
*Acer* – Ahorn – Pliozän, bis Holozän
11 a *A. laetum* C. A. Mey. *pliocenicum*, Blatt ½ ×, G. de Saporta, 1876
11 b *A. laetum* C. A. Mey. *pliocenicum*, Teilfrucht, ½ ×, Saporta, 1876
*Euryale*, eine Seerose – Pliozän, bis Altpleistozän
12 *E. carpatica* Szafer, Frucht, 6 ×, Wl. Szafer, 1954
*Trapa* – Wassernuß – Pliozän, bis Holozän
13 *T. natans* L., Frucht, nat. Gr., C. & E. M. Reid, 1915
*Alnus* – Erle – Pliozän, bis Holozän
14 *A. sp.*, Zapfen, 2 ×, C. &. E. M. Reid, 1915
*Corylus* – Hasel – Pliozän, bis Holozän
15 *C. avellana* L., Frucht, nat. Gr., Wl. Szafer, 1954
*Ilex* – Stechpalme – Pliozän, bis Holozän
16 a *I. falsani* Sap. & Mar., Blatt, ½ ×, G. Saporta & A. F. Marion, 1876
16 b *I. aquifolium* L. *foss.*, Same, 2,5 ×, K. Mädler, 1939
*Tilia* – Linde – Pliozän, bis Holozän
17 a *T. expansa* Sap., Blatt, ½ ×, G. de Saporta & A. F. Marion, 1876
17 b *T. platyphyllos* Scop., Frucht, 2 ×, J. Baas, 1932
*Azolla*, ein Wasserfarn – Alt-Pleistozän bzw. Mittel-Pleistozän
18 *A. tegeliensis* Florsch., mit Megasporangium, 65 ×, F. Florschütz, 1938
19 *A. filiculoides* Lam. *foss.*, 65 ×, F. Florschütz, 1938
*Potamogeton* – Laichkraut – Pliozän, bis Holozän
20 a *P. trichoides* Cham. & Schlecht., Frucht, 3 ×, J. Baas, 1932
20 b *P. gramineus*, L., Frucht, 3 ×, J. Baas, 1932
*Brasenia*, eine Seerose – Pliozän, bis Eem-Interglazial
21 *B. purpurea* Michx. *foss.*, Same, 3 ×, J. Baas, 1932
*Stratiotes* – Krebsschere – Pliozän, bis Holozän
22 *S. intermedius* Hartz *foss.*, Same, 3 ×, J. Baas, 1932
*Dulichium*, eine Cyperacee – Pliozän, bis Holstein-Interglazial
23 *D. vespiforme* Reid, Frucht, 10 ×, J. Baas, 1932
*Rhododendron* – Alpenrose – Pliozän, bis Eem-Interglazial
24 *Rh. sordellii* L., Blatt, ¼ ×, R. v. Wettstein, 1892

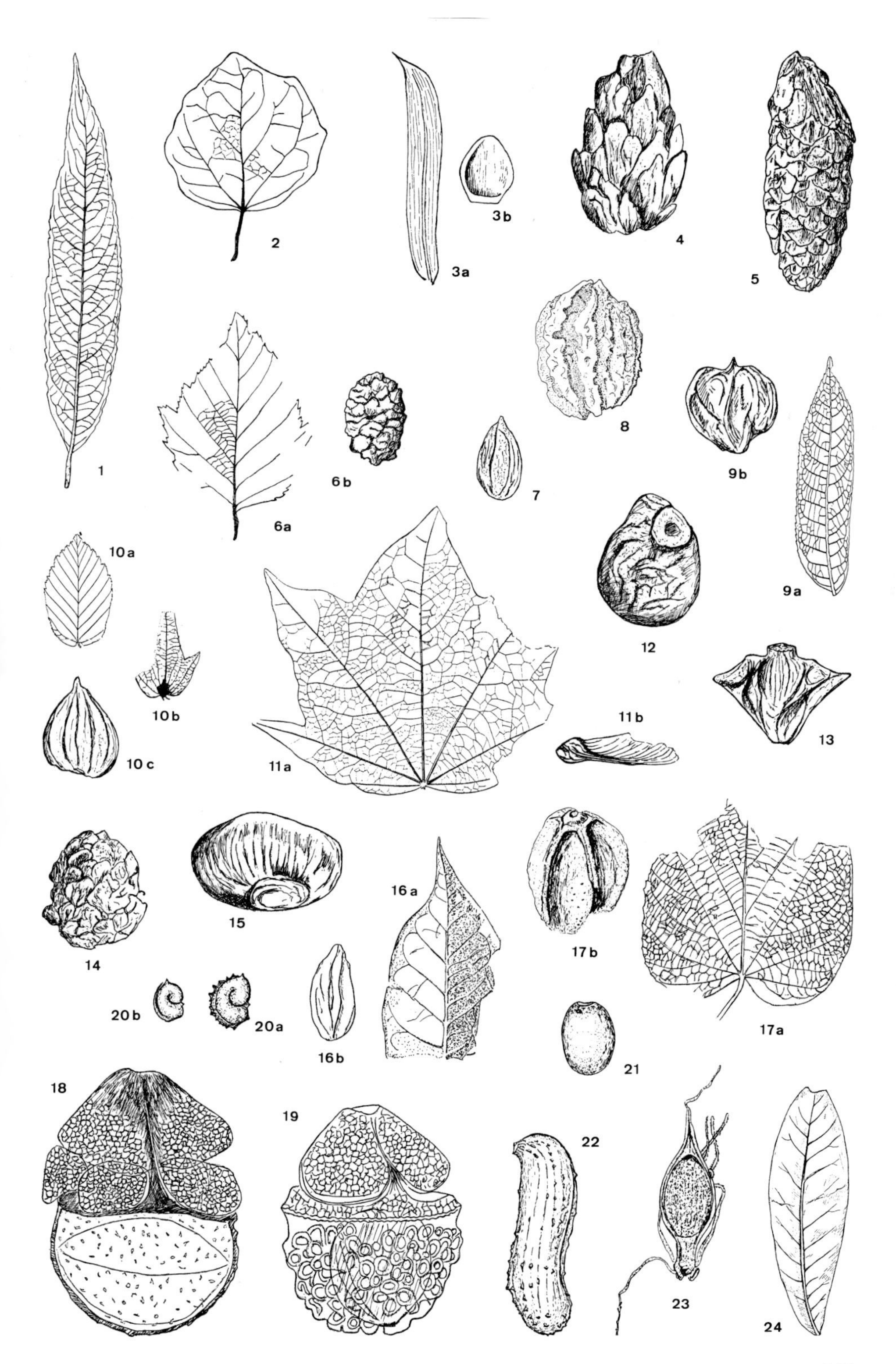
1
2
3a
3b
4
5
6a
6b
7
8
9a
9b
10a
10b
10c
11a
11b
12
13
14
15
16a
16b
17a
17b
18
19
20a
20b
21
22
23
24

nächst in Dänemark und in N-Deutschland, dann in S-England und in den Niederlanden, hernach im Mainzer- und im Rhone-Becken (F. BOURDIER, C. SITTLER & J. SITTLER-BECKER, 1956; A. PONS, 1964; H. MÉON-VILAIN, 1970; R. JAN DU CHÊNE, 1974), erst später am südlichen Rhone-Golf (G. DEPAPE, 1922; H. MÉON-VILAIN, 1970) und auf der Alpen-S-Seite (F. LONA, 1950, 1958, 1963, 1969, 1971; ZAGWIJN, 1974), im nördlichen Jugoslawien (A. ŠERCELJ, 1969) sowie in Mittel-Italien.
Das Ausbleiben der einzelnen Arten hängt damit nicht nur von der Zeit, sondern noch von vielen andern Faktoren ab. Die Entwicklung der Pflanzengesellschaften wurde schon damals geprägt durch ihr geschichtliches Erbe, durch Umwelteinflüsse und Bodenreifung, durch die Toleranzbreiten der einzelnen Arten, ihre physiologischen Optima und ihre Fähigkeit, sich gegenüber Konkurrenten zu behaupten.

### *Florenfolgen des ältesten und des Alt-Pleistozäns (= Känozän* MENKE)

Der Polleninhalt der ältesten quartären Ablagerungen belegt auf eine erste mehrphasige Kaltzeit an der Wende Pliozän/Pleistozän eine ebenfalls mehrphasige *Tegelen*-Warmzeit. In S-Holland und in NW-Deutschland (U. REIN, 1955) gelangten mit den Tegelen-Schichten – nach Tegelen in S-Holland – wiederum Tone mit reichlich Pflanzenresten – mit dem zierlichen Wasserfarn *Azolla tegeliensis* als Charakterart – zur Ablagerung.
Eine mit derjenigen von Tegelen vergleichbare Flora entfaltete sich im Mainzer Becken (J. BAAS, 1932; G. VON DER BRELIE, 1974). In ihrem Charakter gleicht sie jener, die heute das S-Ufer des Kaspischen Meeres besiedelt. An exotischen Formen traten noch in der Tegelen-Warmzeit auf: *Parrotia* – ein sommergrüner Strauch mit wellig-buchtigen Blättern und platanenartig abblätternder Rinde, *Eucommia* sowie *Paeonia*, eine Pfingstrose. Nach den Pollenabfolgen entwickelte sich in Hessen auf eine ausgehende Buchenzeit mit vorherrschendem Eichenmischwald ein Föhren-Fichten-Wald; dann folgte zunächst wiederum eine warme Phase mit *Tsuga*, *Pterocarya* und *Castanea*. Diese wurde von einem kühleres Klima anzeigenden Föhren-Birken-Fichten-Wald abgelöst, in dem Eiche, Ulme, Hagebuche und Buche selten geworden waren.
Eine durchgehende Abfolge der Wald-Entwicklung vom obersten Pliozän ins älteste Quartär ist auch vom N-Rand der Tatra bekannt geworden (W. SZAFER, 1953, 1954). Innerhalb der auf die Eburon (=Lieth-=Donau)-Kaltzeit folgenden *Waal (= Tornesch)*-Warmzeit trat wiederum ein Klimarückschlag auf. Dieser folgte auf einen Zeitabschnitt, in dem *Alnus* vorherrschte und *Quercus*, *Ulmus*, *Carpinus*, *Pterocarya* und *Azolla filiculoides*, ein nordamerikanischer Wasserfarn, reich vertreten waren. Der Rückschlag selbst zeichnet sich in einer *Pinus*-Vormacht bei gleichzeitigem Rückgang der wärmeliebenden Elemente aus; *Carya* und *Carpinus* fehlten ganz. Dann wurden *Quercus*, *Ulmus* und *Pterocarya* wieder häufiger; *Carpinus* und *Carya* erschienen erneut.
Die *Menap(? =Günz)-Kaltzeit* hat die Pflanzenwelt entscheidend beeinflußt. N der Alpen sind die Tertiärrelikte praktisch verschwunden. Durch die vereisten Hochgebirge der Alpen und der Pyrenäen mit ihren weit ins Vorland reichenden Gletschern sowie durch die Sommertrockenheit der Mediterrangebiete wurde den Tertiärrelikten eine Abwanderung nach S verwehrt, so daß in Europa ein weiterer Schub ausgelöscht wurde. In N-Amerika und in E-Asien, wo weder E–W verlaufende Hochgebirge noch Trockengebiete den nach S abwandernden Arten Hindernisse boten, konnten sie die Kaltzeiten in südlicheren Breiten überdauern und in den Interglazialen mit ihren Sämlingen jeweils

Fig. 76 Altpleistozäne Schieferkohle am Uhlenberg NE von Dinkelscherben (W von Augsburg). Photo: L. SCHEUENPFLUG, Neusäß-Lohwald.

wieder nach N vorstoßen, was sich noch heute in einer viel reichhaltigeren Flora äußert. Einige wenige europäische Tertiärrelikte vermochten sich in klimatisch begünstigten Gebieten noch zu halten, so auf den thermisch ausgeglicheneren atlantischen Inseln, auf der Balkanhalbinsel, längs des feuchteren Küstenstreifens im W und im N von Kleinasien sowie in Transkaukasien. In geographischer Isolation haben sie sich zu Lokalarten, zu Endemismen, entwickelt.
Aus der Schieferkohle vom Uhlenberg W von Augsburg wurde erstmals eine ältere Flora aus dem nördlichen Alpenvorland bekannt (P. FILZER & L. SCHEUENPFLUG, 1970; W. JUNG, 1972; Fig. 76).
Leider geben weder Flora noch Fauna, noch ihre Stellung über den Schottern der Zusam-Platte (=Günz- oder Donau-zeitlich) gesicherte Altershinweise über dieses isolierte Vorkommen. Aufgrund paläomagnetischer Untersuchungen dürfte die Kohle in den Grenzbereich zwischen Matuyama-Epoche und Jaramillo-Ereignis fallen, so daß ihr ein Alter von 1 Million Jahren zukäme (A. KOČI in L. SCHEUENPFLUG, schr. Mitt.).

*Die Flora des Mittel-Pleistozäns*

Zwischen der von B. MENKE (1975, 1976) dem Waalian der Niederlande gleichgesetzten *Tornesch-Warmzeit* und dem Beginn der *Osterholz-Warmzeit* (= Cromerian I der Niederlande), in der noch *Eucommia* als Tertiärrelikt vorhanden ist, fehlt in Schleswig-Holstein eine durchgehende Schichtfolge. Daher bleibt die Abfolge der Kalt- und

Warmzeiten im Grenzbereich Känozän/Altpleistozän im Sinne von Menke (1972, 1973) weiterhin problematisch.

In den erstmals von C. Reid (1882, C. & E. M. Reid, 1908) von der NE-Küste von Norfolk in East Anglia beschriebenen Cromer-Forest-Bed-Abfolge unterscheidet R. G. West (1969, 1977, 1978) unter dem mittelpleistozänen Cromer (=Anglian)-Till (=Elster-Moräne) und über solifluidal bewegtem Oberkreide-Schutt folgende Pollen-Assoziationen:

| | | |
|---|---|---|
| Anglian-Kaltzeit | | Cromer-Till |
| | Cr IVc | *Betula*-Assoziation |
| | Cr IVa | *Pinus-Alnus-Picea-Betula*-Assoziation |
| | Cr IIIb | *Abies-Carpinus*-Assoziation |
| Cromer- | Cr IIIa | *Carpinus*-Assoziation |
| Warmzeit | Cr IIb | *Quercus-Ulmus-Tilia*-Assoziation |
| | Cr IIa | *Pinus-Quercus-Ulmus*-Assoziation |
| | Cr Ib | *Pinus-Ulmus*-Assoziation |
| | Cr Ia | *Betula-Pinus*-Assoziation |
| Beeston- | Be b | Gramineen-Cyperaceen-*Betula*-Assoziation |
| Kaltzeit | Be a | Gramineen-Cyperaceen-*Artemisia*-Assoziation mit Großresten von *Betula nana* |
| Paston-Warmzeit | Pa I | *Pinus-Quercus-Carpinus-Ulmus*-Assoziation |
| Prä-Paston (=Bavent?)-Kaltzeit | | Oberkreide-Solifluktionsschutt |

Darnach zeichnen sich in der bald im Meer, bald im Süßwasser abgelagerten Abfolge zwei Warmzeiten ab: die *Paston*- und die *Cromer*-Warmzeit. Die Cromer-Warmzeit läßt sich aufgrund des Floren-Inhaltes weiter untergliedern. Unter ihr folgt zunächst die Beeston-Kaltphase, dann nochmals ein wärmerer Abschnitt, die *Paston-Warmzeit* und darunter nochmals eine Kaltzeit, die Prä-Paston-Kaltzeit.

Wie in gleichaltrigen Ablagerungen in Holland (W. H. Zagwijn, 1960, 1963, 1971), Dänemark (S. Th. Andersen, 1965), N-Deutschland (H. Müller, 1965, 1974) und Polen (W. Szafer, 1931, 1953), schließt sie erstmals Reste eines Laubwaldes von rein quartärem Charakter ein, dem in N-Deutschland noch *Pterocarya* – Flügelnuß – als Tertiärform beigemengt war.

Aufgrund neuerer Untersuchungen scheint die Cromer-Warmzeit durch kühlere Phasen unterteilt zu sein, was sich in der Abfolge der Waldgesellschaften zu erkennen gibt (West, 1969; Zagwijn et al., 1971). Sie ist gekennzeichnet durch ein reiches Auftreten von *Taxus* – Eibe, durch hohe Anteile des Eichenmischwaldes, vor allem von *Quercus* und *Ulmus*, sowie von *Alnus* – Erle, während *Corylus* – Hasel – und *Carpinus* – Hagebuche – eher zurücktreten. Am Anfang und am Ende war *Betula* – Birke gut vertreten. In den kühleren Abschnitten dehnte sich der Nadelwald aus; so herrschte zu Anfang und am Ende *Pinus* – Föhre – vor; gegen Ende trat *Picea* – Fichte – reichlicher auf, in Schlesien und in Galizien kam auch *Fagus* – Buche – hinzu (Szafer, 1931, 1953).

An der Basis des Tieferen Deckenschotters und im Schotter selbst fand P. Müller (1958) im Frauenwald SW von Rheinfelden eine *Picea-Pinus*-Vormacht mit reichlich *Abies*, mit *Betula*, *Quercus*, *Carpinus* und *Alnus*, spärlich *Tilia*, vereinzelt *Corylus* und *Salix*,

Fig. 77
*Pterocarya fraxinifolia* (LAM.) SPACH – Flügelnuß, ein heute nur noch vom Kaukasus bis N-Persien auftretendes Tertiärrelikt, das in den Interglazialzeiten noch in Mitteleuropa heimisch war und sich heute als bis 20 m hoher Parkbaum wieder eingebürgert hat.
Exemplar beim Landesmuseum Zürich.
Photo: U. GERBER.

sowie, als Tertiärrelikt, auch *Tsuga* – Hemlocktanne (mdl. Mitt.). Damit hätte sich auf der S-Seite des Schwarzwald-Massivs eine Tertiärform noch bis ins Cromer (Günz/Mindel)-Interglazial erhalten. Vor der Ablagerung des Tieferen Deckenschotters hätte sich zwischen Schwarzwald und Tafeljura ein Tannen-Fichtenwald mit einzelnen Föhren auf den Schwarzwaldhöhen und ein Hainbuchen-Eichen-Föhrenwald mit eingestreuten Birken und Linden auf den Kalkflächen des Tafeljura eingestellt, während längs Bachläufen und in den feuchten Flußauen des Rheins Erlen-Weiden-Bestände stockten.

Das auf die Elster-Kaltzeit folgende *Holstein-Interglazial* zeichnet sich durch hohe Werte von *Alnus* und *Pinus* aus, denen *Taxus* und meist auch *Fraxinus* – Esche – beigesellt sind, während der Eichenmischwald sowie *Corylus* und *Carpinus* zurücktreten. Gegen Ende wagte sich *Pterocarya* nochmals bis nach Dänemark vor (ANDERSEN, 1965). In N- und

S-Deutschland (R. KRÄUSEL, 1937; K. GÖTTLICH & J. WERNER, 1967, 1968) sowie in S-Polen (SZAFER, 1953) war sie sogar reich vertreten.
*Vitis* – Weinrebe – und *Buxus* – Buchs – konnten bis in die Niederlande und bis N-Deutschland nachgewiesen werden (M. v. ROCHOW, 1952); *Ilex* – Stechlaub – trat noch bis nach Dänemark auf (ANDERSEN, 1965). In Polen hatte sich wiederum *Fagus* eingestellt; im wärmeren Abschnitt waren *Carpinus* und vor allem *Abies* mit *A. fraseri*, der heute im atlantischen N-Amerika beheimateten Bergtanne (ST. KULCZYNSKI, 1940; J. DYAKOWSKA, 1952), häufig, während am Anfang und am Ende *Betula* vorherrschte (J. TRELA, 1929; SZAFER, 1953; M. SOBOLEWSKA, 1956). Der amerikanische Wasserfarn *Azolla filiculoides* war noch von Holland bis tief nach S-Rußland verbreitet.
In pflanzenführenden Schichten an der französisch-belgischen Grenze, in Herzeele, Lo und Melle, konnte R. VANHOORN (1977) Profile durch das *Holstein-Interglazial* gewinnen. In *Herzeele*, der Typ-Abfolge des marinen Mittelpleistozäns mit *Cardium edule* und *Macoma balthica* (R. PAEPE, 1977), unterscheidet VANHOORN zunächst eine *Taxus*-Zone mit hohen *Taxus*- und *Alnus*-Werten, mit *Picea*, *Pinus*, *Betula*, *Corylus*, *Quercus*, *Ulmus*, *Tilia* und *Fraxinus*. Dagegen waren *Salix* und *Ilex* sowie *Carpinus*, die erst später erscheint, eher selten. In einer Übergangszone mit *Taxus* und *Abies* wird *Taxus* mehr und mehr durch *Abies* ersetzt. Zugleich erscheint *Buxus*. In der folgenden *Abies*-Zone fällt *Taxus* aus und *Abies* erreicht hohe Werte, ebenso *Carpinus* und *Fraxinus*. Zugleich erscheint *Vitis*, was auf ein wärmeres Klima als heute hindeutet. *Carya* und *Pterocarya* sind nur in bescheidensten Anteilen vertreten. *Azolla filiculoides* fehlt ganz, während dieser Wasserfarn in Lo reich vertreten ist.
In *Melle* fand sich nur die *Taxus*-Zone, so daß dort offenbar nur die kühlere Frühphase dokumentiert ist. In den tiefsten torfigen Ablagerungen tritt *Selaginella selaginoides* hervor; dagegen fehlt *Hippophaë*, die sonst an der Basis des Holstein-Interglazials häufig auftritt. Gegen oben zeichnet sich ein *Pinus-Betula*-Wald ab, der in einen Erlen-Bruchwald mit *Eichen* und *Hasel* übergeht, in dem auch *Azolla* zugegen ist.
Eine präriß- oder präspätrißzeitliche Vegetationsabfolge ist durch H. HÄRRI (1937) aus dem glazial gestauchten, unter rißzeitlicher Moräne gelegen 40 cm mächtigen Torf vom Distelberg S von Aarau bekannt geworden. Bei einer *Picea*-Dominanz, die von 93 auf 75% abfällt, und *Pinus*-Werten zwischen 15 und 4%, steigt *Abies* bis auf 15%.
An Holzresten fand E. NEUWEILER (in HÄRRI) nur *Abies*. Am Distelberg erkannte W. RUGGLI (schr. Mitt.) in Pollenspektren: viel *Salix*, *Betula*, *Picea*, *Pinus*, gewaltige Cyperaceen-Vormacht, Gramineen und wenig *Artemisia* im liegenden Ton. *Betula*, *Pinus*, *Salix* und erneut bedeutende Cyperaceen-Vormacht, Gramineen, etwas *Hippophaë* und *Artemisia* im Torf und *Betula*, *Pinus* und *Salix*, abermals markante Cyperaceen-Dominanz im hangenden Ton deuten eher auf ein kurzfristiges Interstadial, wie es H. MÜLLER (1965, in K. DUPHORN, 1976) aus dem Holstein-Interglazial in N-Deutschland feststellen konnte. Dagegen dürfte die Scholle mit hohen *Picea*-Werten, mit *Abies*, *Pinus*, *Alnus*, *Betula* und *Corylus*, nur wenigen Cyperaceen-Pollen, aber sehr hohen Anteilen an Farn-Sporen – wie auch die *Abies*-Hölzer NEUWEILERS – auf eine Aufarbeitung aus einer noch wärmeren Klima-Phase hindeuten.
Aufgrund des mengenmäßigen Anteils von *Carpinus* in den entsprechenden vegetationsgeschichtlichen Abschnitten und ihrer Abfolge möchte B. FRENZEL (1976) auch im Alpen-Vorland einige Pollenprofile, die sich gut mit solchen des polnischen Holstein-Interglazials vergleichen lassen, wie jene des Wurzacher Beckens, von Pfefferbichl (Fig. 82) und von Großweil, ebenfalls bereits in diese Warmzeit stellen (S. 157).

Auch aus der Letzten Interglazialzeit, dem Eem, liegen aus den Subsidenzgebieten – Holland, Dänemark, N-Deutschland, Polen, Ungarn, Krain – vollständige Abfolgen vor. Auf einen reichen Eichenmischwald mit *Quercus* und *Ulmus* folgt zunächst eine auffällige Vormacht von *Corylus* – Hasel. Bei ihrem Rückgang gelangt kurzfristig *Carpinus* – Hagebuche – zur Entfaltung. Zugleich wurde der Eichenmischwald durch aufkommende und lange anhaltende Fichten-Föhren-Bestände abgelöst. Reich vertreten war *Alnus* – Erle, in geringerem Maße auch *Fraxinus* – Esche – und *Taxus* – Eibe. *Ilex* – Stechlaub – kehrte nochmals bis nach Dänemark zurück (S. TH. ANDERSEN, 1965). Wie in früheren Interglazialen trat die Buche auch im Eem nur spärlich auf.
In Mitteldeutschland ist die Flora des Klimaoptimums in den Travertinen von Stuttgart-Cannstatt und Weimar-Ehringsdorf durch Großreste belegt. Neben *Quercus petraea* – Traubeneiche, *Tilia cordata* – Winterlinde – und *Hedera helix* – Efeu – deuten heute dort fehlende Formen, wie *Thuja occidentalis* – Lebensbaum, *Pinus* cf. *nigra*, die südeuropäische Schwarzföhre, *Buxus* – Buchs, *Ilex*, *Acer monspessulanum* – Montpellier-Ahorn, *Ligustrum vulgare* und *Syringa thuringiaca* – Flieder, auf ein milderes Klima (W. VENT, 1955). Auf der S-Seite der Karawanken vermochte sich *Pterocarya* gar bis ins Letzte Interglazial zu halten (A. ŠERCELJ, 1966).
Im nördlichen Alpenvorland sind in den letzten Jahren mehrere Pollenfloren und Großreste aus warmzeitlichen Sedimenten bekannt geworden, die neue Aspekte über die damalige Vegetationsentwicklung bieten. Da sie unter glazigenen oder periglazialen Ablagerungen der Letzten Eiszeit und über solchen älterer Kaltzeiten liegen, sind auch sie meist als Abbild der Eem- bzw. der Riß/Würm-Warmzeit betrachtet worden.
Dabei drängt sich allerdings die Frage auf, ob das Eem-Interglazial des Nordischen Vereisungsgebietes wirklich dem Riß/Würm-Interglazial entspricht, umso mehr als im Norden zwischen der Eem-Warmzeit und dem Weichsel-Hochglazial sich zum Teil recht temperierte Interstadiale einschieben.
Immerhin stützt sich diese Korrelation auf mehrere quartärgeologische Parallelen: auf die übereinstimmenden frischen Formen von Weichsel- und Würm-Eiszeit und die gereiften glazigenen Reliefformen von Saale- und Riß-Eiszeit, auf die analoge Geschichte von Erosions- und Akkumulationsphasen der beiden, deren Aussagewert durch die Verbreitung und die Zahl der Lößdecken auf den Terrassen sowie durch die Zahl und die Ausbildung fossiler Böden auf den Schotterterrassen und in den Lössen. Eine sichere Verknüpfung glazialer Ablagerungen und Oberflächenformen in beiden Vereisungsgebieten und damit der Beweis für die Gleichaltrigkeit von Weichsel- und Würm-Eiszeit, Eem- und Riß/Würm-Interglazial und von Saale- und Riß-Eiszeit können allenfalls übereinstimmende vegetations- und faunengeschichtliche Abfolgen aus limnischen Ablagerungen zwischen den Endmoränen der Weichsel- und dem Warthe-Vorstoß der Saale-Eiszeit und zwischen Würm- und Spätriß-Endmoränen gewähren.
Pollenanalytische Untersuchungen in S-Deutschland (B. FRENZEL et al., 1976) lassen zwischen riß- und würmzeitlichen Endmoränen drei Typen von vegetationsgeschichtlichen Abfolgen unterscheiden:
– borealer Nadelwald–Waldtundra–Steppentundra: interstadiale Wärmeschwankungen,
– Vegetationsentwicklungen mit anfangs klimatisch anspruchsvollen Vertretern und mit mehreren Phasen von Pollenzersetzung,
– ungestörte interglaziale Waldentwicklung.

Analoge Typen der Florenentwicklung konnte M. Welten (in Frenzel et al.) auch im Schweizerischen Mittelland aufdecken, wobei sich allerdings bisher leider noch kaum eine vollständige Abfolge gezeigt hat (S. 369 und Bd. 2). Eine solche kann jedoch nur dort erwartet werden, wo bereits der zerfallende und abschmelzende rißzeitliche Gletscher Hohlformen, Seen, zurückgelassen hat, in denen sich in der nächsten Wärmeschwankung eine vollständige warmzeitliche Sedimentabfolge abgelagert hat und in der später, beim nächsten würmzeitlichen Vorstoß, eine selbst in der Bohrung als Moräne erkennbare kaltzeitliche Ablagerung zurückblieb, ohne daß die darunter liegenden Seesedimente vom Eis aufgegriffen und umgelagert wurden. Am Ende dieses Eisvorstoßes muß für die nächst jüngere warmzeitliche Ablagerung noch eine Hohlform zurückgeblieben sein. Daß der mehrfach sich wiederholende Wechsel von warm- und kaltzeitlichen Ablagerungen sich so vollziehen konnte, sich über größere Bereiche erhalten hätte und dann noch gerade erbohrt wurde, ist zum vorneherein recht unwahrscheinlich. Es verdeutlicht aber die Schwierigkeit, eine wirklich vollständige Abfolge und damit einen durchgängigen Ablauf des Geschehens zwischen der Riß- und der Würm-Kaltzeit zu gewinnen.

Im bayerischen Alpenvorland konnten W. Jung & H.-J. Beug (1972) in ehemaligen Seeablagerungen bei Zeifen am Waginger See und bei Eurach S des Starnberger Sees gut übereinstimmende Florenfolgen aufdecken, die sie – obwohl beide gekappt – ins Letzte Interglazial stellen und die sich von denen aus den Schieferkohlen mit ihren vorherrschenden Auenwaldgesellschaften unterscheiden, jedoch mit denen aus dem Eem NW-Europas viele gemeinsame Züge zeigen, was durch die *Taxus*-Phase bestätigt sein sollte.

Auf eine waldlose Zeit mit spärlichem Baumwuchs von *Juniperus* – Wacholder, *Hippophaë* – Sanddorn – und *Salix* folgte zunächst nochmals ein Klimarückschlag, dokumentiert durch einen Anstieg der Nichtbaumpollen. Erst darauf setzte die Wiederbewaldung mit *Pinus* und mit *Betula* ein. In einer nachfolgenden *Pinus-Betula-Ulmus*-Zeit

Fig. 78 Jungpleistozän – rezente Pollen- und Sporentypen ▷

|  |  |  |
|---|---|---|
| 1 | *Drosera* | Sonnentau |
| 2 | *Carpinus betulus* L. | Hainbuche |
| 3 | *Rumex acetosa* L. | Ampfer |
| 4 | *Fraxinus excelsior* L. | Esche, EMW |
| 5 | *Thalictrum aquilegifolium* L. | Wiesenraute |
| 6 | *Helianthemum nummularium* (L.) Mill. | Sonnenröschen |
| 7 | *Ephedra altissima* | Meerträubchen |
| 8 | *Artemisia absinthium* L. | Wermut |
| 9 | *Salix cinerea* L. | Weide |
| 10 | *Dryas octopetata* L. | Silberwurz |
| 11 | *Plantago media* L. | Wegerich |
| 12 | *Chenopodium* | Gänsefuß |
| 13 | *Sphagnum* | Torfmoos |
| 14 | *Ilex aquifolium* L. | Stechpalme |
| 15 | *Acer pseudoplatanus* L. | Ahorn, EMW |
| 16 | *Ulmus campestris* L. em. Huds. | Ulme, EMW |
| 17 | *Polypodium vulgare* L. | Tüpfelfarn |
| 18 | *Composita tubuliflora*- *Asteracee* *Centaurea jacea* L. | Korbblütler |
| 19 | *Gramineae* - *Poaceae* | Gräser |
| 20 | *Hedera helix* L. | Efeu |
| 21 | *Taxus baccata* L. | Eibe |
| 22 | *Filipendula ulmaria* (L.) Maxim. | Spierstaude |
| 23 | *Castanea sativa* Mill. | Edelkastanie |
| 24 | *Hippophaë rhamnoides* L. | Sanddorn |
| 25 | *Juniperus communis* L. | Wacholder |
| 26 | *Quercus robur* L. | Eiche, EMW |
| 27 | *Composita liguliflora* – *Asteracee* *Taraxacum officinale* Web. | Korbblütler |
| 28 | *Corylus avellana* L. | Hasel |
| 29 | *Betula nana* L. | Zwergbirke |
| | EMW = *Quercetum mixtum* | Eichenmischwald |

Photos: F. Deubelbeiss, Dr. P. v. Gijzel, Dr. P. Hochuli

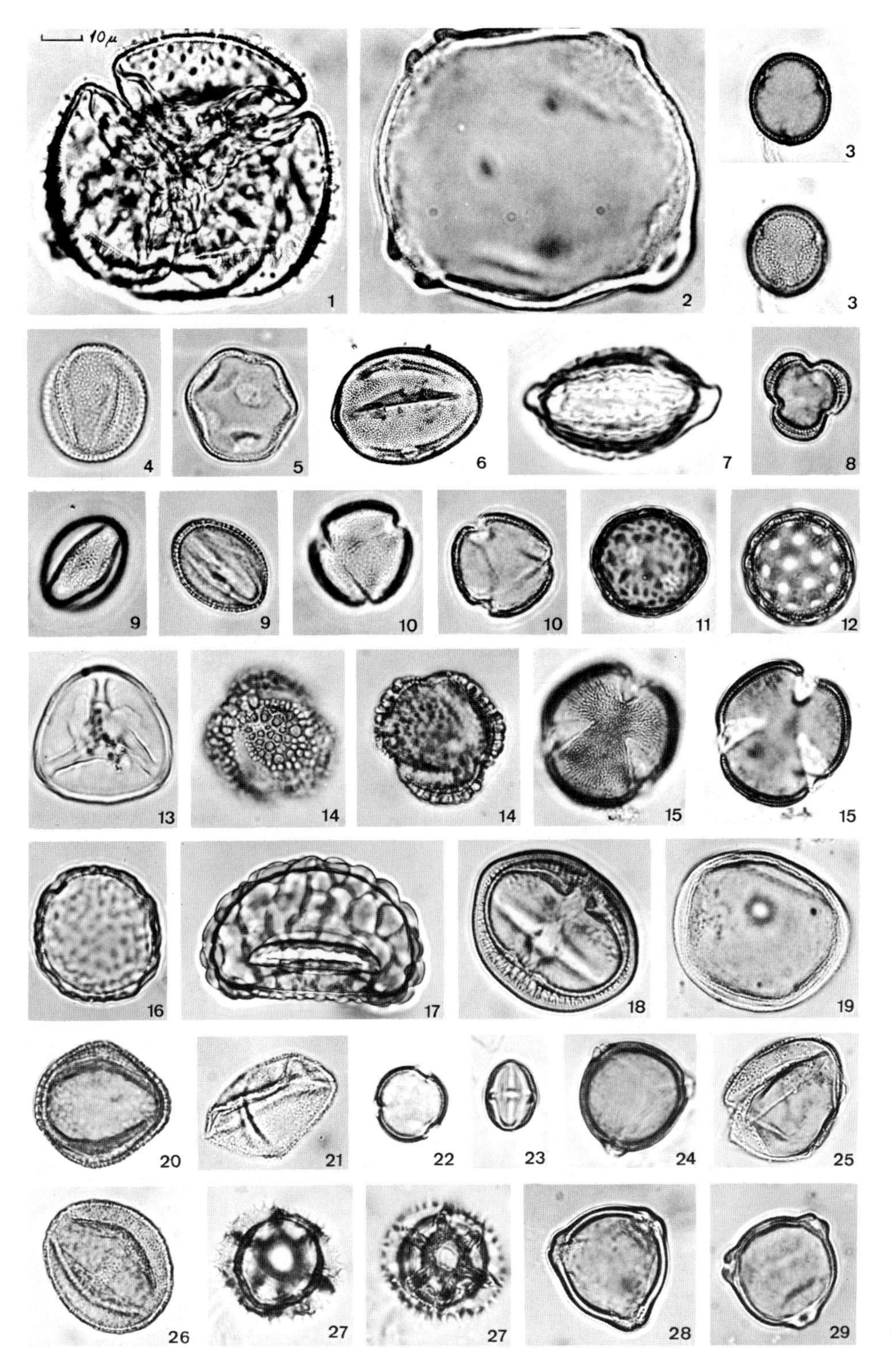
10 µ
1
2
3
3
4
5
6
7
8
9
9
10
10
11
12
13
14
14
15
15
16
17
18
19
20
21
22
23
24
25
26
27
27
28
29

stellten sich zunächst *Ulmus*, dann *Quercus* und *Fraxinus* ein. Sie leiten über in eine Eichenmischwald-Zeit, in der *Quercus* bis 45% ansteigt, *Ulmus* zurückfällt und *Fraxinus* häufiger wird. Aufgrund der Großreste ist *Tilia* zunächst durch die Silberlinde vertreten. Zugleich entfaltete sich *Corylus*, so daß der Eichenmischwald von einem Hasel-Eichenmischwald abgelöst wurde. In einem nächsten Abschnitt ging dieser zurück, dafür stiegen *Corylus* und *Picea* – Rottanne – und später *Alnus* weiter an; zugleich trat *Taxus* auf. Sie stieg in einer Eibenzeit kurzfristig bis auf 80% an. Dann fiel sie zurück; es bildeten sich Eichenmischwälder mit Hasel, Fichte und Eibe aus, denen etwas *Fagus* – Buche und *Picea omoricoides* – Serbische Fichte – beigemengt waren. Ein Anstieg von *Picea* und von *Carpinus* bekundet einen Hainbuchen- und Rottannen-reichen Eichenmischwald. Dieser wurde abgelöst von Wäldern mit Rot- und Weißtannen, Hainbuchen, Erle und Hasel, die allmählich wieder zurückgingen. Einem über längere Zeit anhaltenden Hainbuchenwald waren Erle, Rot- und Weißtanne beigemischt. Nach einer Rottannen- und Erlen-reichen Tannen-Hainbuchen-Zeit stellen sich über den obersten Seetonen die ersten Schotter ein.

Wie B. Frenzel (1976) festhält, hat jedoch *Taxus* mindestens im N Mitteleuropas im Holstein- und im Eem-Interglazial in der Übergangszeit von den *Quercus-Ulmus*-Wäldern zu den *Carpinus*-, bzw. den *Abies-Carpinus*-Wäldern weite Landstriche beherrscht. Daß *Carpinus* im interglazialen Waldbild des nördlichen Alpenvorlandes entweder vorherrschend oder kaum vertreten war, versucht Beug mit der Höhenstufung zu erklären. Demgegenüber weist Frenzel darauf hin, daß der Hainbuchen-Anteil in der postglazialen *Carpinus*-Phase stets gering und – wie in der interglazialen – unabhängig von der Höhenlage war. Im Postglazial hängt er wohl vom Untergrund und vom Lokalklima ab. Frenzel sieht die unterschiedliche Häufigkeit in Interglazialen mit einer verschiedenen Abfolge der Waldgeschichte gekoppelt.

Nach der *Taxus*-Phase zeigt sich entweder:

- eine Ausbreitung von *Carpinus*, gefolgt von *Abies* mit bescheidenen Werten, dann eine *Abies-Picea*-Phase oder
- eine Ausbreitung von *Abies*, dann deren Rückgang, die Einwanderung von *Carpinus* mit geringen Werten und eine erneute Ausbreitung von *Abies*.

Der erste Diagrammtyp zeigt Ähnlichkeit mit dem norddeutschen Eem, der zweite mit vielen polnischen Holstein-Vorkommen.

Frenzel möchte daher die Profile Grande Pile (G. Woillard, 1975, in Frenzel et al., 1976), von Meikirch (M. Welten in Frenzel et al.), von Krumbach und Zeifen ins *Eem*, diejenigen von Eurach, vom Samerberg (?), vom Pfefferbichl, von Großweil und aus dem Wurzacher Becken ins *Holstein-Interglazial* stellen.

Verglichen mit Profilen vom S-Rand der nordischen Vereisung (C. A. Weber, 1896, 1911; F. Firbas, 1949, 1952; W. H. Zagwijn, 1961, H. Müller, 1974), bekunden die Schieferkohlen des nördlichen Alpenvorlandes meist erst spätere Abschnitte. Wie die Neuuntersuchungen (H. Schmeidl, 1972; Frenzel & P. Peschke, 1972; Frenzel & Vodičkova, 1972, E. Grüger, 1972; H. Jerz, H. Bader, & M. Pröbstl, 1976; H. Jerz, W. Stephan & R. Ulrich, 1976; Peschke, 1976) und vorab die neuen $^{14}$C-Daten (P. M. Grootes, 1977) gezeigt haben, fallen sie vielfach in die Wärmeschwankungen des generellen Vorrückens der Gletscher zur Letzten Eiszeit. Eines der vollständigsten und möglicherweise ältesten Profile stammt von Großweil im Murnauer Becken in S-Bayern (H. Reich, 1953; B. Frenzel, 1973).

Auf einen Föhren-Birken-Abschnitt folgte zunächst – dokumentiert durch Seeablagerungen – ein Fichten-Hasel-Eichenmischwald mit stark ansteigendem Erlen-Anteil, der von einem Rottannen-Erlen-Hainbuchen-Wald, später von einem Erlen-Fichten-Hainbuchen-Wald abgelöst wurde. Mit der Tannenausbreitung setzte die Vermoorung ein, die in Großweil und Ohlstadt zur Schieferkohlen-Bildung führte. Darin zeichnet sich zuunterst ein Fichten-Tannen-, dann ein Fichtenwald mit Föhre und etwas Tanne und Erle ab; später überwiegt die Föhre, während die Tanne fast verschwindet. Später stellt sich nochmals ein Fichten-Föhrenwald mit einigen wärmeliebenden Formen ein, der erneut von einem Föhrenabschnitt mit Rottanne gefolgt wird, während das Ende wiederum einen subarktischen Fichten-Föhrenwald dokumentiert, in dem auch *Picea omoricoides* auftritt.

Auf den wärmsten Abschnitt des Pollenprofils folgte zuerst ein längerer, kühler und niederschlagsreicher Zeitraum, in dem die alpinen Gletscher wieder bis an den Alpenrand vorrückten. Diese Vorstoßphase war mehrfach durch freundlichere Perioden unterbrochen, in denen die Gletscher etwas zurückwichen und in den Alpentälern stagnierten. In Vorlandsenken bildeten sich ausgedehnte Moore. Im Vorfeld der erneut vorrückenden Gletscher wurden diese von glazifluvialen Schottern überschüttet, beim weiteren Vormarsch überfahren und zu Schieferkohle gepreßt.

Aufgrund des Floreninhaltes zeichnet sich am bayerischen Alpenrand, zusammen mit $^{14}$C-Daten, eine zeitliche Gliederung der beginnenden Würm-Eiszeit ab (S. 369 und P. M. Grootes, 1977, sowie Bd. 3).

Aus den französischen Alpen deutet das Auftreten von *Rhododendron sordellii* in den Ligniten von Barraux im Grésivaudan auf einen wärmeren prähochwürmzeitlichen Abschnitt (G. Depape & F. Bourdier, 1952).

In den Schieferkohlen-Profilen um *Chambéry* beginnt die Vegetationsabfolge in der tieferen Kohle von Voglans mit einem $^{14}$C-Datum von > 72200 Jahren mit einem *Pinus*-Wald mit *Picea*, *Corylus* und *Alnus*. Dann – bei einem $^{14}$C-Datum von 59600 +1300, –1100 Jahre v. h. – folgt ein *Pinus*-*Picea*-Wald. In der höheren, durch 30 m Sande und Schotter getrennten Kohle setzt die Pollen-Abfolge wieder mit einer *Alnus*-Vormacht ein. Ebenso sind *Corylus*, *Carpinus*, *Ulmus* und *Acer* relativ gut vertreten bei einem $^{14}$C-Datum von > 69700 Jahren v. h. Dann erreicht zunächst *Picea*, später *Pinus* mit *Betula* ein Maximum. Während *Pinus* wieder abfällt, gipfelt *Picea* ein zweitesmal, zugleich stellen sich hohe Werte von *Carpinus* und *Alnus* ein. Dann steigen *Pinus* mit *Alnus* und *Betula* bei einem $^{14}$C-Datum von > 67000 Jahren v. h. erneut an (W. H. E. Gremmen in Grootes, 1977). Während dieser letzte Abschnitt wohl das ausgehende kühlere Riß/Würm-Interglazial oder ein Frühwürm-Interglazial bekundet, wäre die tiefere Schieferkohle älter, ob sie bereits die Vegetation eines Riß-Interstadials widerspiegelt?

Ein Frühwürm-Interstadial scheint sich allenfalls auch in der Abfolge von La Croix Rouge, 3,5 km N von Chambéry abzuzeichnen. Nach hohen *Artemisia*-Werten folgt eine *Pinus*-Vormacht mit *Picea*, dann, an der Basis der Schieferkohle bei einem $^{14}$C-Datum von 67700 +2700, –2000, treten die Nadelgehölze zurück, während die wärmeliebenden Laubhölzer gut vertreten sind, besonders *Corylus*, *Ulmus* und *Quercus*. Dann steigen die Vertreter des Eichenmischwaldes weiter; hernach wird *Picea* erneut dominant, ebenso erreicht *Artemisia* hohe Werte.

In der Schieferkohlen-Abfolge von Fort Barraux im oberen *Grésivaudan* entfaltet sich zunächst ein *Alnus*- und *Corylus*-reicher *Picea*-*Pinus*-Wald mit *Tilia*, etwas *Ulmus* und *Quercus*. Ein $^{14}$C-Datum aus diesem Abschnitt ergab 65300+1700, –1300 Jahre v. h. (Grootes, 1977).

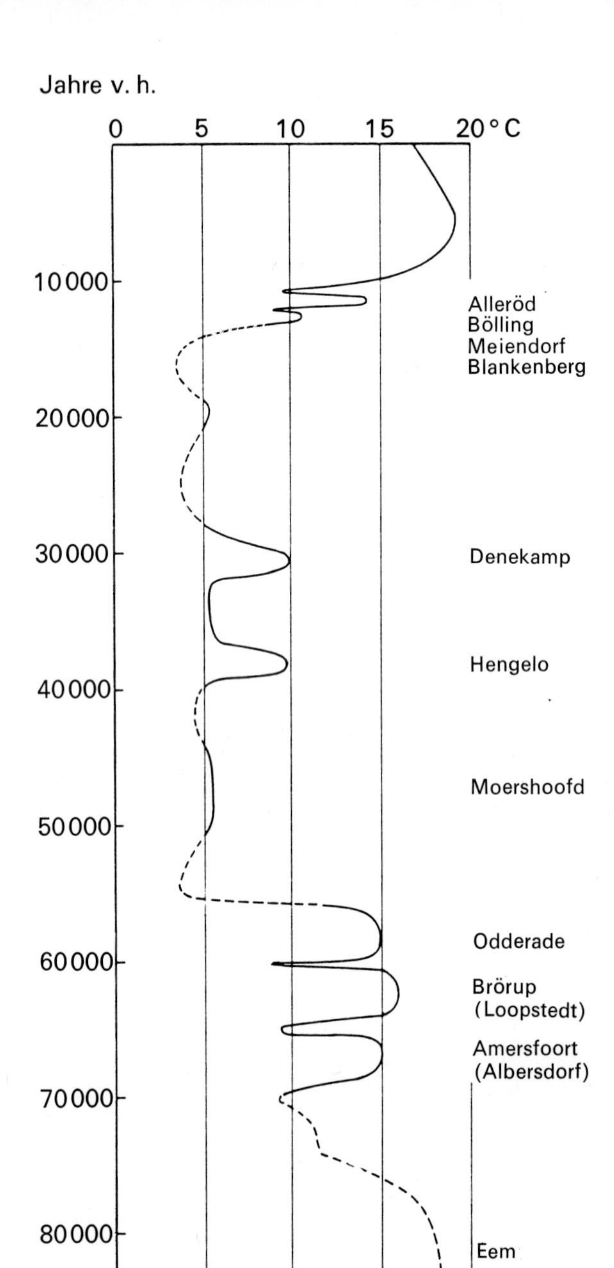


Fig. 79
14C-Zeitskala für die Klimaschwankungen in NW-Europa während der Letzten Eiszeit. Die angegebenen Temperatur-Werte beziehen sich auf mittlere Juli-Temperaturen in den Niederlanden. Darnach setzten die drei Früh-Weichsel-Interstadiale: Amersfoort, Brörup und Odderade um 68200—1100, 64400—800 und um 60500—600 Jahren v. h. ein. Nach P. M. Grootes, 1977.

Nach einer kurzen *Alnus*-Spitze breitete sich ein *Picea*-Wald aus; dann folgte ein *Pinus*-Wald mit *Artemisia* (S. Bottema & Y. M. Koster in Hannss et al., 1976; Grootes 1977).

Fig. 80 Dürnten zur Zeit der jüngeren Schieferkohlenbildung. Offene Moorlandschaft mit Rottannen, Wald- und Legföhren und Birken. Im Vordergrund Nashörner und Auerochsen, im Mittelgrund Wald-Elefanten.
Aus O. HEER, 1883.

In *Dürnten ZH* konnten neben den Waldbäumen – *Picea abies, Pinus silvestris, P.* cf. *mugo* – Bergföhre, *Taxus baccata, Betula pubescens, Acer pseudoplatanus, Corylus avellana* var. *ovata* – auch Kräuter, vor allem Sumpfpflanzen, nachgewiesen werden: *Phragmites communis* – Schilf, *Schoenoplectus lacustris* – Seebinse, *Menyanthes trifoliata* – Fieberklee, *Brasenia schroeteri* – eine erloschene Seerose, *Galium palustre* – Sumpf-Labkraut, *Trapa natans* – Wassernuß, *Vaccinium vitis-idaea* – Preiselbeere, *Rubus idaeus* – Himbeere, *Aldrovandia vesicularis* – Wasserhade, *Eriophorum vaginatum* – Wollgras – sowie einige Moose (O. HEER, 1858, 1865).
In einer Kernbohrung in Uster konnten neulich in einer Tiefe von über 60 m (L. & G. WYSSLING, 1978) Blattreste von *Quercus* und von *Betula* sowie Zweig- und Zapfenreste von *Picea*, wahrscheinlich *P. omoricoides*, bestimmt werden.
In *Gondiswil-Zell* fanden sich außerdem *Salix* cf. *caprea* – Sal-Weide, *Betula nana* – Zwergbirke, *Alnus, Quercus, Nymphaea alba* – Seerose, *Scheuchzeria palustris* – Blumenbinse, *Potamogeton natans* und *P. pusillus* – Schwimmendes und Kleines Laichkraut, *Carex* cf. *gracilis* – Schlanke Segge, *Dryopteris thelypteris* – Moor-Wurmfarn, *Lycopodium inundatum* – Sumpf-Bärlapp – sowie mehrere Moose (W. RYTZ in BAUMBERGER et al., 1923).

Fig. 81 Zweig von *Pinus mugo* – Bergföhre aus einer Frühwürm-interstadialen Schieferkohle von Schöneich, Wetzikon. Photo: U. GERBER.

Fig. 82 Die Schieferkohle am Pfefferbichl NW von Buching bei Füssen. Das Kohleflöz liegt über harter Grundmoräne und über lakustrinen Schluffen und Feinsanden und gliedert sich im Aufschluß in zwei, durch einen humosen schluffig-feinsandigen Horizont getrennte Teilflöze. Darüber folgen Sande, dann stark verfestigte Schotter und zuoberst Grundmoräne der letzten Eiszeit.
Photo: J. SCHRÖPPEL, Pfronten, Allgäu.

Aufgrund pollenanalytischer Untersuchungen konnten die Lebensgemeinschaften rekonstruiert werden (W. LÜDI, 1953, 1958a; M. WELTEN, 1972, 1976). Darnach war das schweizerische Alpenvorland von ausgedehnten Wäldern mit vorwiegend Nadelhölzern bedeckt, deren Charakter sich im Laufe der Zeit mehrfach wandelte. In den kühleren Phasen herrschten *Picea* und *Pinus* vor, in den wärmeren Abschnitten zusammen mit reichlich *Abies*. Die Laubhölzer traten eher zurück. Reicher vertreten und über das ganze Mittelland verbreitet waren nur *Alnus*-Bestände. Zusammen mit *Salix* charakterisieren sie die Auenwald-Gesellschaften. In den Warmphasen und an bevorzugten Standorten entfalteten sich Edelhölzer: *Quercus*, *Ulmus*, *Tilia*, *Acer*, *Fraxinus* und *Carpinus*, denen reichlich *Corylus* beigesellt war. Seltener traten *Juglans*, *Castanea*, *Ostrya* – Hopfenbuche – und *Taxus* auf. Stets war reichlich Gebüsch beigemischt.

S von *Wetzikon* (540 m) konnte WELTEN (in B. FRENZEL et al., 1976) im tiefsten Profilabschnitt (43–40 m) rund 80% Baumpollen, darunter reichlich wärmeliebende – *Alnus*, Eichenmischwald, *Corylus*, *Fagus*, sowie Spuren von *Buxus*, *Hedera* – Efeu, *Abies* und *Juglans* – Walnuß – nachweisen, so daß er diesen Abschnitt mit dem Eem vergleichen möchte. Dann folgt ein zunehmend kühlerer Abschnitt mit Baumpollen unter 50%, vorab *Picea*, *Pinus* und *Alnus*, etwas *Corylus*, *Abies* und *Betula;* dann fallen die wärmeliebenderen Gehölze zurück, während *Betula* und vor allem *Pinus* ansteigen.

Bis 21 m Tiefe herrschen tonige Ablagerungen mit *Artemisia*, Gramineen, Chenopodiaceen und *Ephedra* vor.

Bis 15,8 m wechselt die Waldzusammensetzung stark, wobei *Pinus*, *Betula* und *Picea* vorherrschen. In der untersten Schieferkohle zeichnet sich zuerst ein Fichten-Abschnitt mit Waldföhre, dann ein fast reiner Arvenwald ab.

Die obere Schieferkohlen-Abfolge mit $^{14}$C-Daten zwischen 42000 und 37000 Jahren in 9,38 m bekundet einen waldlosen Gramineen-*Artemisia*-*Thalictrum*-Weiden-Abschnitt mit einer Cyperaceen-Moorvegetation mit viel *Selaginella*. Dann sind *Corylus*, *Alnus* und *Betula* bei schwacher Cyperaceen- und starker *Sphagnum*-Entwicklung wieder reicher vertreten.

Ein Profil mit den beiden jüngeren Interstadial-Abschnitten konnte WELTEN (1976) ebenfalls zwischen Greifensee und Volketswil analysieren. Auch aus dem *Knonauer Amt* konnte er (mdl. Mitt.) verschiedene warmzeitliche, durch Schichtlücken getrennte Abschnitte nachweisen (Bd. 2).

Die Waldsukzessionen werden durch die Schieferkohlenabfolgen von Gondiswil-Zell, die Profile von Weierbach (P. MÜLLER, 1950, 1961), vom Kander-Durchstich sowie aus dem Glütschtal belegt (LÜDI, 1953, WELTEN in FRENZEL et al., 1976).

Im *Suhrental* hat WELTEN (in FRENZEL et al., 1976) das Profil von Weierbach nochmals untersucht (Bd. 2). Ein nach seiner Deutung bis in die Mindel-Eiszeit zurückreichendes Profil mit mehreren Warmzeiten – Holstein- und Eem-Interglazial und einem weiteren Frühwürm-Interstadial – untersuchte er in *Meikirch* NW von Bern (S. 157, 333 und Bd. 2).

Da W. H. ZAGWIJN (1961) in frühweichselzeitlichen Moorablagerungen der Niederlande – neben reichlich *Alnus* – Pollen von *Picea omoricoides* nachweisen konnte, und auch W. LÜDI (1953) aus schweizerischen Schieferkohlen *omorika*-artige Fichtenpollen erwähnt, möchte H. ZOLLER (1968) solche Ablagerungen ebenfalls in die frühwürmzeit-

Fig. 83 Pollendiagramme durch die Schieferkohle von Gondiswil-Hüswil. Diagramm links: Kohlenflöz Fuchsmatt, rechts: Schieferkohlenkomplex im Beerenmösli. Rechts das ganze Profil von Gondiswil-Hüswil. Nach W. LÜDI, 1953. Diese Profile werden gegenwärtig von M. WELTEN neu bearbeitet. ▷

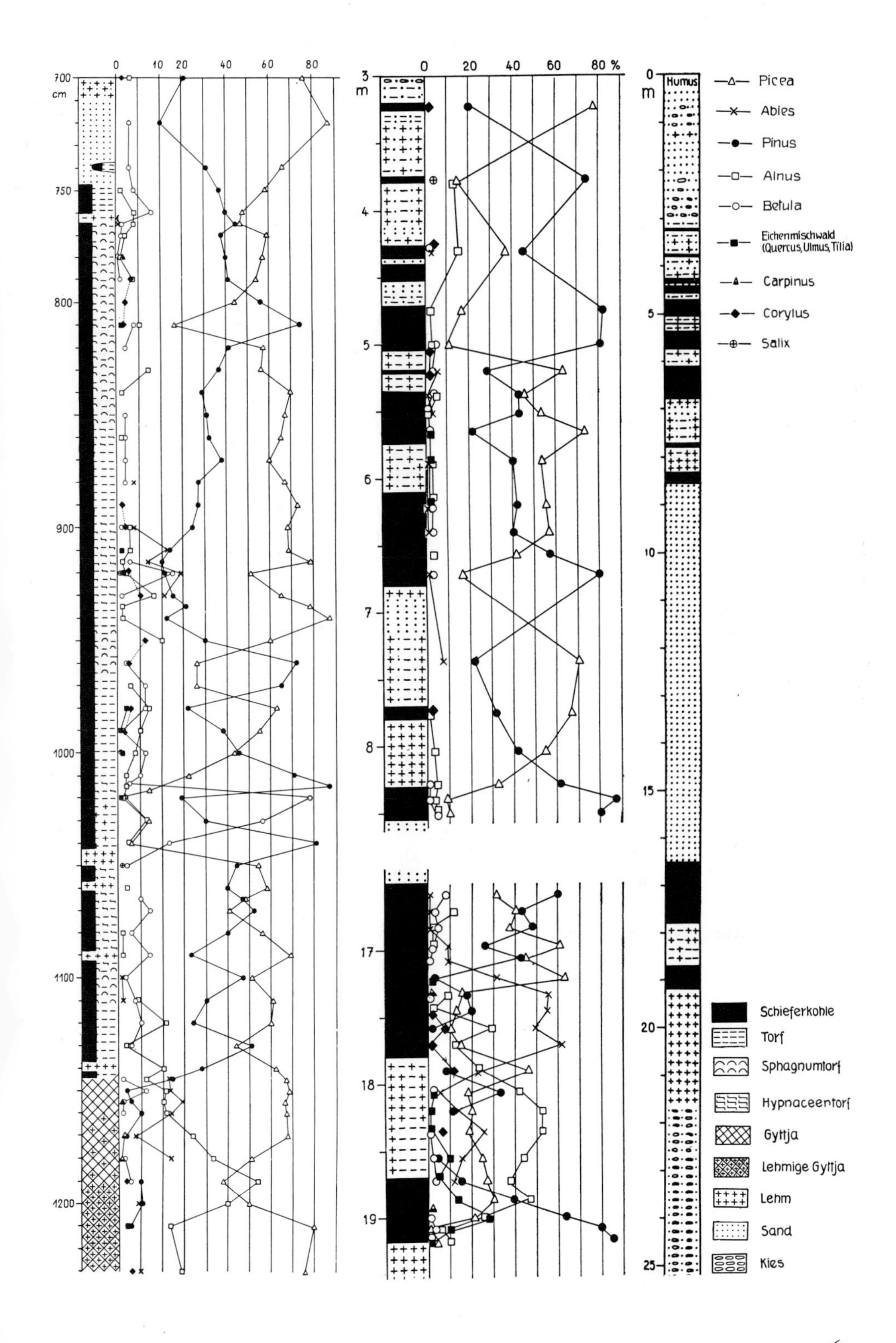
Picea
Abies
Pinus
Alnus
Betula
Eichenmischwald (Quercus, Ulmus, Tilia)
Carpinus
Corylus
Salix
Schieferkohle
Torf
Sphagnumtorf
Hypnaceentorf
Gyttja
Lehmige Gyttja
Lehm
Sand
Kies
Humus
cm
m
80 %

lichen Interstadiale verlegen, umso mehr als die Omorika-Fichte aus dem eigentlichen Eem nicht angeführt wird. Da *P. omoricoides* auch in älteren Interglazialen auftritt, kommt ihr jedoch kaum Alterswert zu; allenfalls spricht sie für einen kühleren Klimacharakter. Aus den interglazialen (?) Mergeln von *St. Jakob an der Birs BL* sind neben der Föhre und ihrer in Torfmooren auftretenden Varietät mit scharf abgesetzten Haken, Birke, Hasel, Hainbuche, Weiden, namentlich *Salix cinerea* und *S. aurita*, durch Fossilreste belegt. Ferner sind Faulbaum – *Frangula alnus*, Hartriegel – *Cornus sanguinea*, wolliger Schneeball – *Viburnum lantana*, Liguster, Schilf – *Phragmites*, Seggen, *Brasenia*, Fieberklee – sowie Preisel- und Moorbeere nachgewiesen (HEER, 1879: R. KRÄUSEL in LÜDI, 1953).
Die von würmzeitlicher Moräne bedeckten Kalktuffe in der interglazialen Rheinrinne von *Flurlingen ZH* lieferten nach C. SCHRÖTER (in ALB. HEIM, 1919) und E. SCHMID (in U. GUYAN & H. STAUBER, 1942) vor allem *Acer pseudoplatanus* – Bergahorn. Daneben fanden sich *Buxus sempervirens* – Buchs, *Fraxinus excelsior, Abies alba, Tilia platyphyllos, Corylus avellana, Deschampsia caespitosa* – Rasenschmiele – und *Carex pendula* – Hänge-Segge. Pollenanalytisch sind nachgewiesen: *Picea, Pinus, Salix, Alnus, Betula, Quercus, Carpinus* und zuoberst *Fagus* (LÜDI, 1953), von der auch Blattreste vorliegen (HANTKE, 1959). Damit dürfte die Flora der Kalktuffe einen feuchten Schluchtwald aus der eigentlichen Riß/Würm-Interglazialzeit dokumentieren.

*Riß/Würm-interglaziale und Frühwürm-interstadiale Flora S der Alpen*

Neben den letztinterglazialen Floren von *Pianico-Sellere* (PENCK, 1909; W. RYTZ, 1925; S. VENZO, 1955) in den Bergamasker Alpen und von Rè in der Valle Vigezzo, 4 km W der Schweizergrenze (F. SORDELLI, 1883), wurden solche auch von *Calprino* und von *Noranco* bei Lugano bekannt (H. BROCKMANN-JEROSCH, 1923; P. MÜLLER, 1957). Während an der Gleichaltrigkeit dieser Floren kaum gezweifelt wurde, herrschten über ihre zeitliche Einstufung verschiedene Auffassungen. C. SCHMIDT (in SCHMIDT & G. STEINMANN, 1890) stellte sie ins Pliozän; A. BALTZER (1892), S. BLUMER (1906), PENCK (1909) und J. WEBER (1915) betrachteten sie als interglazial; H. BROCKMANN-JEROSCH (1923) sah darin Gletscherrand-Floren; H. ANNAHEIM (1936) hielt sie für «stadial-glazial».
Wohl finden sich auch die insubrischen Floren in Sedimenten, die – in ehemaligen, vom Gletscher gestauten Eisrandseen – abgelagert wurden. Beim Eisabbau erwärmte sich das Gewässer und verlandete nach und nach.
Aufgrund der Blatt- und Fruchtreste, der Pollen, der Schichtfolge und ihrer lokalen Überlagerung von würmzeitlicher Moräne (Bd. 3) sind sie prähochwürmzeitlich.
Aus dem Diagramm durch die Mergelabfolge von *Noranco* (P. MÜLLER, 1957) ergibt sich ein wärmeliebender *Quercus-Abies*-Wald mit *Pinus, Tilia, Ulmus, Fagus, Carpinus, Ostrya* und *Castanea*, mit *Corylus, Buxus* und *Rhododendron sordellii* im Unterholz. Diese früher als *Rhododendron ponticum* bezeichnete Alpenrose stimmt jedoch weit besser mit der kleinblättrigeren *Rh. caucasicum* überein (H. TRALAU, 1963).
*Betula* und *Alnus* dürften mit *Salix*-Arten am Ufer eines Sees gewachsen sein. Eine solche Waldgesellschaft deutet auf ein niederschlagsreiches, ozeanisches Klima. Der rasche Abfall von *Abies* und der Eichenmischwald-Arten sowie das Dominantwerden von *Pinus* in den obersten Schichten zeigen die anbrechende Klimaverschlechterung an. In höheren Lagen dürften *Picea* und *Pinus mugo* – Legföhre – eingemischt gewesen sein oder gar reine Bestände gebildet haben.

Fig. 84 *Dryas octopetala* L. – Silberwurz, Segnesboden NW von Flims GR. Eine spätglaziale Charakterpflanze, nach der die spätwürmzeitlichen Tundrenzeiten benannt worden sind.
Photo: H. Sigg, Zürich.

Fig. 85 *Rhododendron ponticum* L. – Pontische Alpenrose, Cambarinho-Reservat (Portugal).
Eine mit *Rh. sordellii* Tralau nahe verwandte Charakterpflanze des Letzten Interglazials und der frühwürmzeitlichen Interstadiale der südlichen Gebiete.
Photo: Prof. E. Landolt, Zürich.

Aufgrund eines steten Auftretens von Erlen-, Hasel- und Linden-Pollen in den Höhlensedimenten von Arcy (Yonne) nahm A. LEROI-GOURHAN (1965) an, daß in geschützten Lagen Zentral-Frankreichs kleinere Laubholz-Gruppen selbst die kältesten Zeiten zu überdauern vermochten. Wärmeliebendere Gehölze wuchsen im Rhonetal S von Lyon. Anspruchsvollere Waldgesellschaften fanden damals erst an den klimatisch mildesten Küstenstrichen der Mediterrangebiete ein Refugium, von denen sie sich nach der Eiszeit wieder ausbreiten konnten.

Im kontinentaleren Mitteleuropa zeichnete sich die Flora während der Maximalstände der Würm-Eiszeit durch ausgedehnte *Grasfluren* aus, in denen neben Gramineen und Cyperaceen – Gräsern und Riedgräsern, Wegeriche – *Plantago*, Sonnenröschen – *Helianthemum*, Wermut – *Artemisia* – und, in den kältesten Abschnitten, Chenopodiaceen – Gänsefußgewächse, Umbelliferen – Doldengewächse, Cruciferen – Kreuzblütler, Ranunculaceen – Hahnenfußgewächse – und Boraginaceen – häufiger auftraten (B. FRENZEL, 1964). Dies traf noch im frühen Spätwürm zu.

In feuchteren Muldenlagen entwickelte sich in der Ältesten Dryaszeit (= Ältere Tundrenzeit) eine arktisch-alpine *Zwergstrauchtundra* mit *Dryas octopetala*, der Silberwurz, verschiedenen Zwergweiden – *Salix polaris*, *S. reticulata*, *S. retusa*, *S. herbacea*, der Zwergbirke – *Betula nana*, einigen Ericaceen: *Loiseleuria procumbens* – Alpenazalee, *Arctostaphylos uva-ursi* – Bärentraube – und mit dem Brutknöterich – *Polygonum viviparum*. In Tümpeln entfalteten sich Laichkräuter – *Potamogeton natans* und *P. filiformis*, Tausendblatt – *Myriophyllum spicatum* – und Schilf – *Phragmites communis*. Ebenso konnten mehrere Moose nachgewiesen werden (A. G. NATHORST, 1874; O. HEER, 1879; C. SCHRÖTER, 1882; E. NEUWEILER, 1901; H. GAMS in GAMS & R. NORDHAGEN, 1923).

Wie beim Aufbau der würmzeitlichen Eismassen Wärmeschwankungen ein stetes Vorrücken der Gletscher unterbrachen, so erfolgten beim Zerfall Klimarückschläge, welche die sich zurückziehenden Gletscher wieder etwas vorstoßen ließen. Die dazwischen gelegenen Schwankungen finden in der durch Pollenprofile belegten Vegetationsentwicklung des Spätglazials ihren Niederschlag (W. LÜDI, 1955, 1958b; M. WELTEN, 1944, 1947, 1952, 1958a, b; B. E. MOECKLI, 1952; A. HOFFMANN-GROBÉTY, 1939, 1957; B. FRENZEL, 1972, 1973a, b).

Auf den vom Eis freigegebenen Moränenböden kam eine erste Pioniervegetation hoch, in der – neben Gräsern, Riedgräsern, Gänsefußgewächsen und Wegerichen – auch Sonnenröschen, Wermut, Ampfer – *Rumex*, Nelkengewächse – Caryophyllaceen und Doldengewächse, Zwergweiden und in Felsensteppen Meerträubchen – *Ephedra* – vertreten waren. Zwergstrauchheiden traten noch stark zurück, was – zusammen mit Wermut-Arten und Meerträubchen – auf ein eher trockenes Klima hindeutet.

Bereits im *Präbölling* schmolzen die Gletscher bis tief in die Alpentäler zurück. In einem kräftigen Klimarückschlag stießen sie erneut vor.

Eine erste fühlbare Erwärmung ließ die Gletscher im *Bölling-Interstadial*, vor etwas mehr als 13 000 Jahren, so weit zurückweichen, daß sich im Alpenvorland eine durch Wacholder – *Juniperus*, Sanddorn – *Hippophaë* – und Zwergbirken eingeleitete Strauchvegetation einstellte, zu der, als die Gletscher bereits bis in die Alpentäler zurückgewichen waren, sich allmählich baumwüchsige Birken und auf der Alpen-S-Seite auch Lärchen – *Larix* – gesellten (H. ZOLLER, 1960, 1968; ZOLLER & H. KLEIBER, 1971a; R. SCHNEIDER, 1978). Nach einem kurzen Klimarückschlag, der Älteren Dryaszeit (= Mittlere Tundrenzeit),

Fig. 86
Plain de Saigne E von Montfaucon (Jura) mit *Betula nana* – Zwerg-Birke – (Vordergrund) und *B. pubescens* – Moor-Birke (Mittelgrund), zwei Charakterarten des Bölling-Interstadials. Die Zwergstrauch-Vergesellschaftung, die teilweise die Eiszeit am Gletscherrand überdauert hat, ist ins ehemalige Zungenbecken abgewandert.
Photo: E. BRÜGGER, Zürich.

erfolgte vor rund 12000 Jahren eine durchgreifendere Erwärmung im *Alleröd-Interstadial*. Zunächst stellten sich lichte Birkenwälder ein, die allmählich von geschlossenen Föhrenwäldern, in Hochlagen vorwiegend von Legföhren-Beständen, abgelöst wurden. An den Seeufern vermochten sich bereits Rohrkolben – *Typha* – und Tausendblatt – *Myriophyllum* – zu entfalten. An begünstigten Standorten scheinen S der Alpen bereits die ersten wärmeliebenden Gehölzarten – Eiche, Hopfenbuche und Ahorn, etwas später Linde, Ulme, Esche und Erle – hochgekommen zu sein.

Ein letzter spätwürmzeitlicher Klimarückschlag ließ in der Jüngeren Dryaszeit (= Jüngere Tundrenzeit) nicht nur die alpinen Gletscher nochmals vorstoßen, sondern brachte

eine Auflockerung der Wälder, in denen Birken wieder vermehrt auftraten und führte zu einer Wiederausbreitung der Rasengesellschaften mit *Artemisia* und *Ephedra* (ZOLLER, 1960).
An der alpinen Waldgrenze beträgt der Anteil an Nichtbaumpollen nach M. WELTEN (1950) über 35%. Damit ergibt sich auch für frühere Zeitabschnitte, im Spätwürm bereits vom Alleröd an, eine Möglichkeit, die Höhe der Waldgrenze aus den einzelnen alpinen Pollenprofilen abzuschätzen.

### *Die Vegetationsentwicklung im Holozän*

Wohl ist die Vegetationsentwicklung auch nach dem Abschmelzen der Gletscher der Letzten Eiszeit in jedem natürlich abgrenzbaren Raum individuell verlaufen. Gleichwohl zeigte sich jedoch schon früh, daß sich die Waldentwicklung über weite Bereiche recht gesetzmäßig vollzogen hat, so daß die Waldgeschichte mit ihren charakteristischen Waldzeiten gut für eine relative Altersdatierung der Sedimente und damit der Ereignisse des Spätglazials und des Holozäns herangezogen werden kann. Die Abweichungen geben Hinweise auf lokale Vegetationsbereiche und auf die Rückwanderungswege von den Reliktstandorten.
Spät- und Nacheiszeit werden seit F. FIRBAS (1949) in eine Anzahl von Pollenzonen, biostratigraphische Einheiten mit verhältnismäßig einheitlichem Polleninhalt, unterteilt. Die Gliederung der Vegetationsgeschichte des Holozäns lehnt FIRBAS damit eng an das aufgrund des Klimacharakters im südlichen Bereich der Nordischen Vereisung aufgestellte BLYTT-SERNANDER'sche System – Subarktikum, Boreal, Atlantikum Subboreal, Subatlantikum – an. FIRBAS unterscheidet Präboreal, Boreal, Älteres und Jüngeres Atlantikum, Subboreal und Älteres und Jüngeres Subatlantikum. Die entsprechenden Vegetationsabschnitte bezeichnet er und spätere Forscher als Pollenzonen IV bis X, wobei die einzelnen Zonen – wie im Spätglazial mit Ältester Dryaszeit (Ia), Bölling-Interstadial (Ib), Älterer Dryaszeit (Ic), Alleröd (II) und Jüngerer Dryaszeit (III) – in einzelne Subzonen unterteilt werden.
Auch nach dem letzten spätwürmzeitlichen Klimarückschlag, der Jüngeren Dryaszeit (= Jüngere Tundrenzeit), vermochten die alpinen Gletscher noch mehrfach etwas vorzustoßen; ihre Auswirkung auf die Vegetation blieb jedoch auf die Alpentäler beschränkt, wo sie sich in einer Auflockerung der Bewaldung äußerte (M. WELTEN, 1952, 1958; W. LÜDI, 1955; H. ZOLLER, 1960, 1962, 1966, 1968; ZOLLER & H. KLEIBER, 1971a,b; S. WEGMÜLLER, 1966, 1972; V. MARKGRAF, 1969, 1970, 1972; H. J. MÜLLER, 1972; H. KLEIBER, 1974; L. KING, 1974; CH. HEITZ, 1975; C. BURGA, 1975; 1976, 1977; B. AMMANN-MOSER, 1975, et al., 1977; H. P. WEGMÜLLER, 1976; A. HEITZ-WENIGER, 1977, 1978; H. LIESE-KLEIBER, 1977; M. KÜTTEL, 1977, 1978).
Dadurch konnte die von O. HEER (1866) und von E. NEUWEILER (1910, 1924a, b; 1952a, b) aufgrund prähistorischer Großreste – Blätter, Früchte, Samen, Hölzer – und durch F. H. SCHWEINGRUBER (1976) gewonnene Vegetationsentwicklung noch verfeinert werden. E. IMHOF (1968) versuchte das Landschaftsbild kartographisch darzustellen (Fig. 89–92).
Vom *Präboreal*, der Vorwärmezeit (ca. 8300–6800 v. Chr.), an begann sich die Vegetation N und S der Alpen verschieden zu entwickeln. Im Jura, im Mittelland, auf der Alpen-N-Seite und im Wallis bildeten sich in Tieflagen geschlossene Föhrenwälder

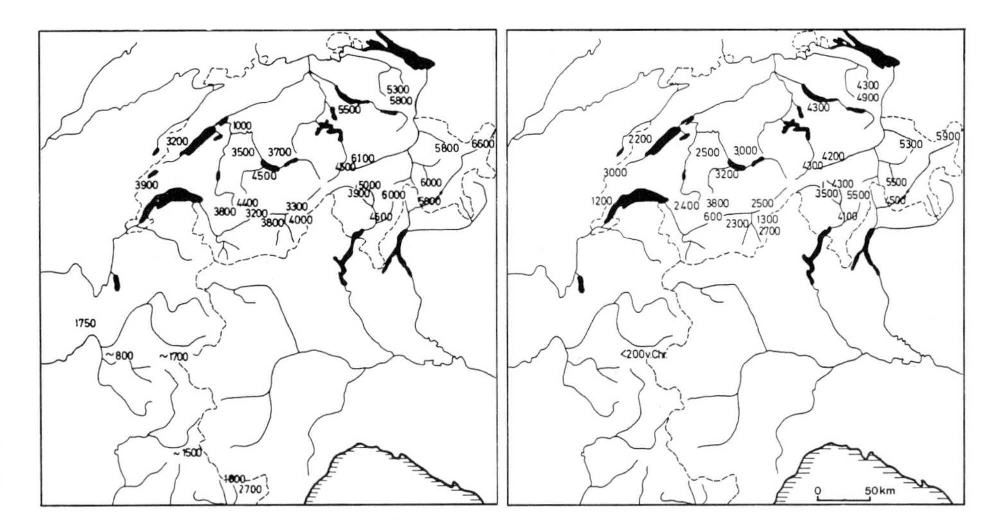


Fig. 87 *Abies alba* – Weißtanne

Beginn der Einwanderung
Einsetzen der geschlossenen Kurve (Werte > 5%)
Aus S. Wegmüller, 1977.

Beginn der Ausbreitung
Werte < 5%
Alle Zeitangaben v. Chr. (B. C.)

Fig. 88 *Picea abies* – Fichte

Beginn der Einwanderung
Einsetzen der geschlossenen Kurve (Werte > 5%)
Aus S. Wegmüller, 1977.

Beginn der Ausbreitung
Werte < 5%
Alle Zeitangaben v. Chr. (B. C.)

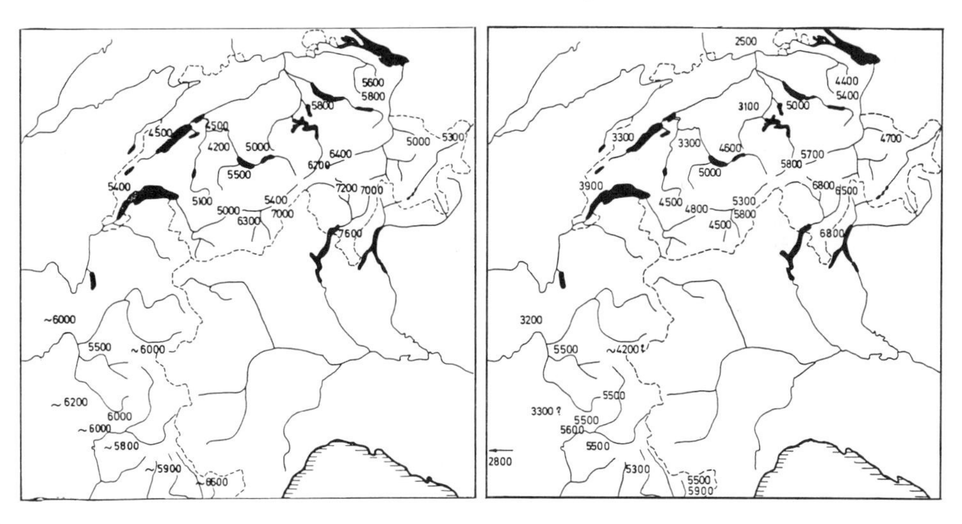


aus, in denen sich vielerorts reichlich Birken einfanden. In subalpinen Lagen lockerte sich der Wald in einer Kaltphase auf. Auch in der S-Schweiz beherrschten zunächst Föhrenbestände das Waldbild. In der subalpinen Stufe wurde die Waldföhre von Bergföhren – *Pinus mugo* – und Arven – *P. cembra* – abgelöst. Zugleich stellte sich die Lärche – *Larix decidua* – ein. Das Einwandern von Arten des Eichenmischwaldes und der Erle

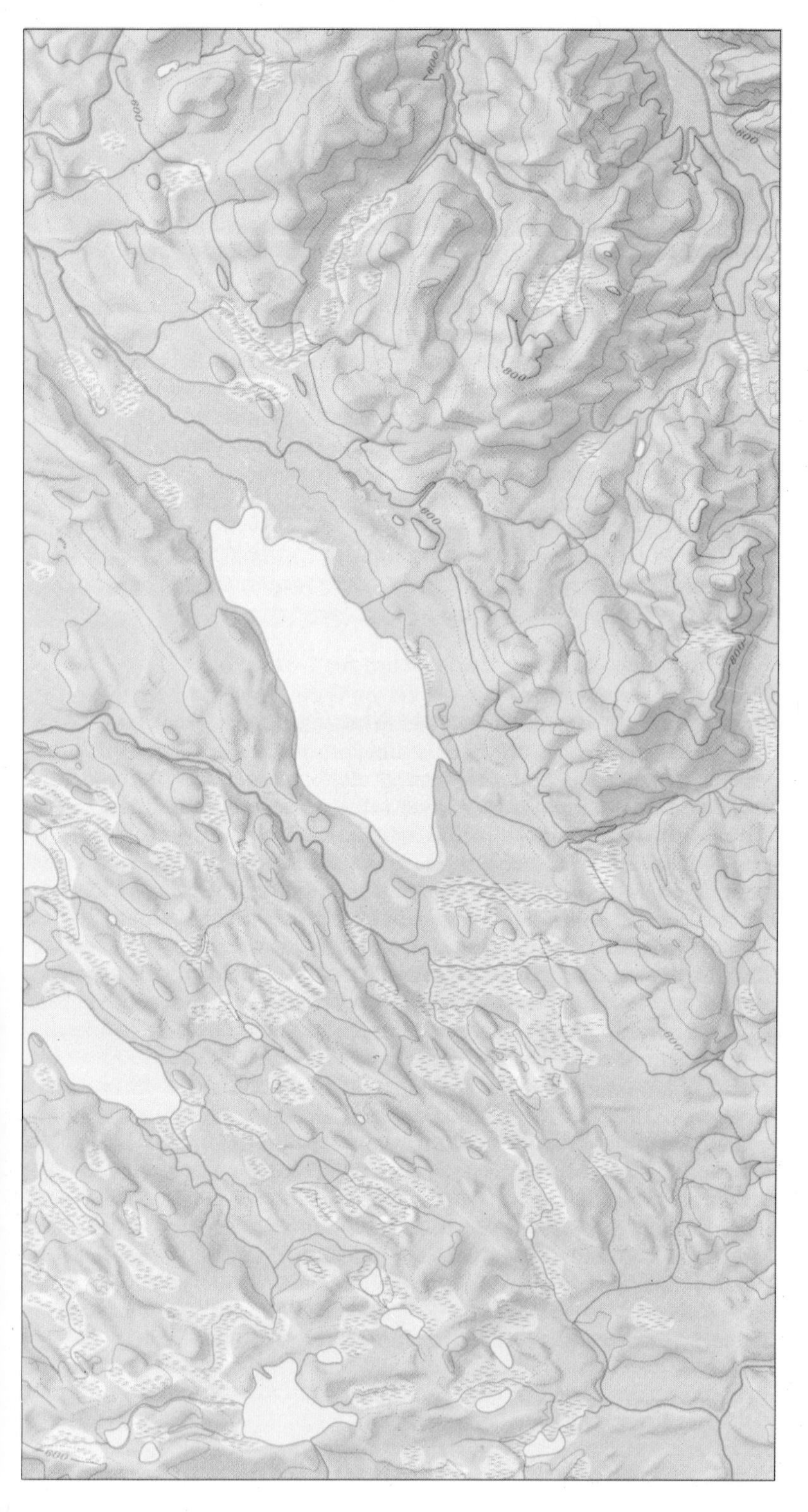

Fig. 89
Das Zürcher Oberland zur Zeit des Neolithikums. Im oberen Glattal hinterließ der über die Schwelle von Hombrechtikon geflossene Linth/Rhein-Gletscher eine unruhige, von Grund- und Obermoräne abgedämmte Beckenlandschaft mit kleinen Seen und Tümpeln, die nach und nach verlandeten. Um die Seen entwickelten sich Erlenbruchwälder, auf den trockeneren Standorten kam ein Eichenmischwald hoch.
Maßstab 1 : 100 000.
Aus E. IMHOF, 1968: Atlas der Schweiz, Bl. 22.
Mit Bewilligung der Eidg. Landestopographie. vom 19. 12. 1977.

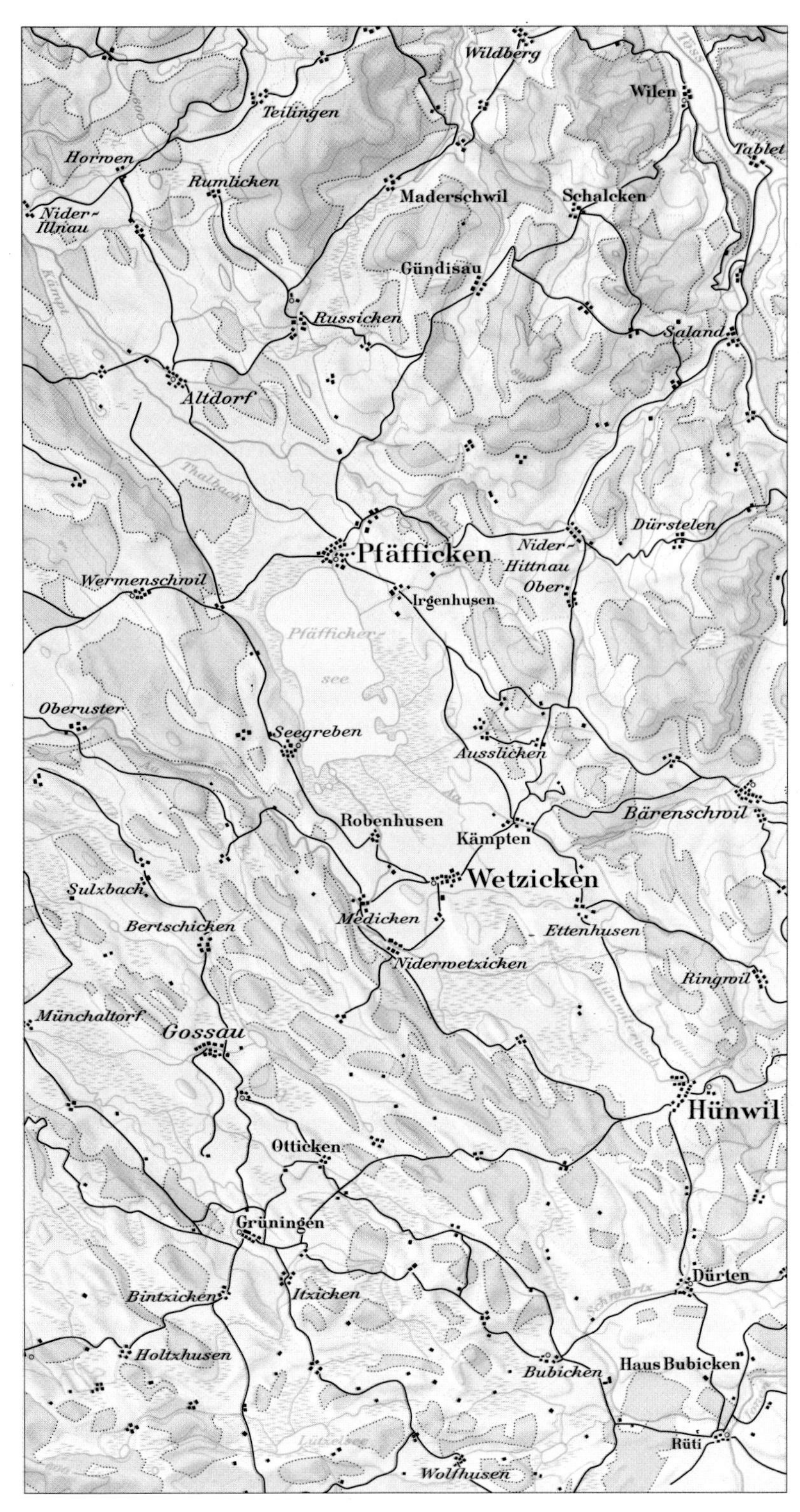


Fig. 90
Das Zürcher Oberland in der frühen Neuzeit, um 1650.
Von der einst noch fast geschlossenen Walddecke hat der Mensch nur noch kleine Reststücke stehen gelassen. In die offenen Felder sind zahlreiche kleine Bauerndörfer eingestreut.
Maßstab 1:100 000.
Aus E. IMHOF, 1968: Atlas der Schweiz, Bl. 22.
Mit Bewilligung der Eidg. Landestopograhie. vom 19. 12. 1977.

in die Täler und der Weißtanne – *Abies alba* – in die Bergregion brachten allmählich eine Umgestaltung des Waldcharakters.
Mit dem *Boreal*, der Frühen Wärmezeit (ca. 6800–5500 v. Chr.), breiteten sich auch in Mitteleuropa anspruchsvollere Laubmischwald-Arten aus. Im Jura, im Mittelland und auf der Alpen-N-Seite fanden sich Eichen, Ulmen und Linden ein, zugleich dehnte sich die Hasel aus; nach 7000 v. Chr. reichte sie bis in die subalpine Region. Später drangen Ulmen und Linden über ihre heutige obere Verbreitungsgrenze vor. In den Zentralalpen, besonders im Wallis, behaupteten sich Föhren und Birken, so daß Hasel- und Eichenmischwälder nur mühsam Fuß fassen konnten. In den Bündner Tälern erfolgten die ersten Vorstöße der Fichte gegen W, die aus ihren Refugien in den Karpaten und den südöstlichen Alpen um 6000 v. Chr. bis ins Vorderrheintal vordrang. Zugleich wanderte von S, aus den Meeralpen, die Weißtanne ein. Im Tessin hielten sich in den Tälern Erlen- und Eichenmischwälder. Im Berggebiet dehnte sich die Weißtanne bis hoch in die subalpine Stufe aus. Weder Hasel noch Laubmischwald vermochten sie dort zu verdrängen. Unter der Waldgrenze entwickelten sich Arvenwälder.
Im *Älteren Atlantikum*, der Mittleren Wärmezeit (ca. 5500–4000 v. Chr.), erreichten die Eichenmischwälder auf der Alpen-N-Seite, im Mittelland und im Jura ihre größte Ausdehnung. Ulmen und Linden stiegen bis in die subalpine Stufe empor. In Bruch- und Auenwäldern entfaltete sich die Erle. Temporär sank die Waldgrenze ab. Im Wallis behaupteten sich weiterhin Birken-Föhren-Gesellschaften. Zugleich trat die Lärche vermehrt auf. In den Tessiner Tälern herrschten noch Erlen- und Eichenmischwälder vor. Ulme und Linde begannen abzunehmen. In den Bergen dehnten sich immer noch Weißtannen- und darüber Arvenwälder aus. In den Misoxer Kaltphasen sank die Waldgrenze mehrfach etwas ab.
Im *Jüngeren Atlantikum*, der Jüngeren Wärmezeit (ca. 4000–2700 v. Chr.), wurden die Laubwälder der N-Alpen mehr und mehr von Nadelbäumen verdrängt: E der Glarner Alpen durch die Fichte, weiter W zunächst von der Weißtanne, die im Berner Oberland um 4000 v. Chr. häufiger wurde, und später, um 3000 v. Chr., durch die westwärts vorrückende Fichte. Zugleich wanderte die Grünerle – *Alnus viridis* – ein. Gegen Ende sank die Waldgrenze vorübergehend wieder ab. Unter Zunahme der Nichtbaumpollen – Heidekräuter und Farnsporen – traten erste Spuren des Getreidebaues auf. Im Wallis hielt die Föhren-Birken-Vegetation noch an. Nur in feuchteren Berglagen stellten sich Weißtannenwälder ein. In der S-Schweiz gewannen in den Erlen-Eichen-

▷

Fig. 91 Urlandschaft von Zürich mit Wasserläufen in den einzelnen Zeitabschnitten seit dem Abschmelzen des Linth/Rhein-Eises. Waldbild zur Zeit des Neolithikums.

① Braun: Siedlungen zur Jüngeren Steinzeit, ca. 3000–1800 v. Chr.
Schwarze Punkte: Siedlungen zur Bronzezeit, ca. 1800–750 v. Chr.

Fig. 92 Landschaft von Zürich. Waldbild zur Eisenzeit. In Römischer Zeit wurde es durch größere Rodungen gelichtet. Hainbuche nahm zu; Walnuß und Rebe stellten sich ein. Im Mittelalter erfolgten weitere Rodungen.

② Roter Raster: Römische Siedlungen im 2. und 3. Jahrhundert n. Chr.
Rot: Römisches Kastell, erbaut am Ende des 4. Jahrhunderts, rote Strichel: Römische Straßen.
Schwarz: Stadt im 11. Jahrhundert mit Straßen und Wegen; violett: Weinberge.

A = Ahorn, B = Buche, C = Hainbuche, E = Erle, F = Esche, H = Hasel, I = Birke, L = Linde, Q = Eiche, T = Tanne, U = Ulme, W = Weide.

Fig. 91 und 92 aus E. Imhof, 1968: Atlas der Schweiz, Bl. 45; Waldbilder aufgrund der Pollenuntersuchungen von A. Heitz-Weniger (1977, 1978).
Reproduziert mit Bewilligung der Eidg. Landestopographie vom 19. 12. 1977.

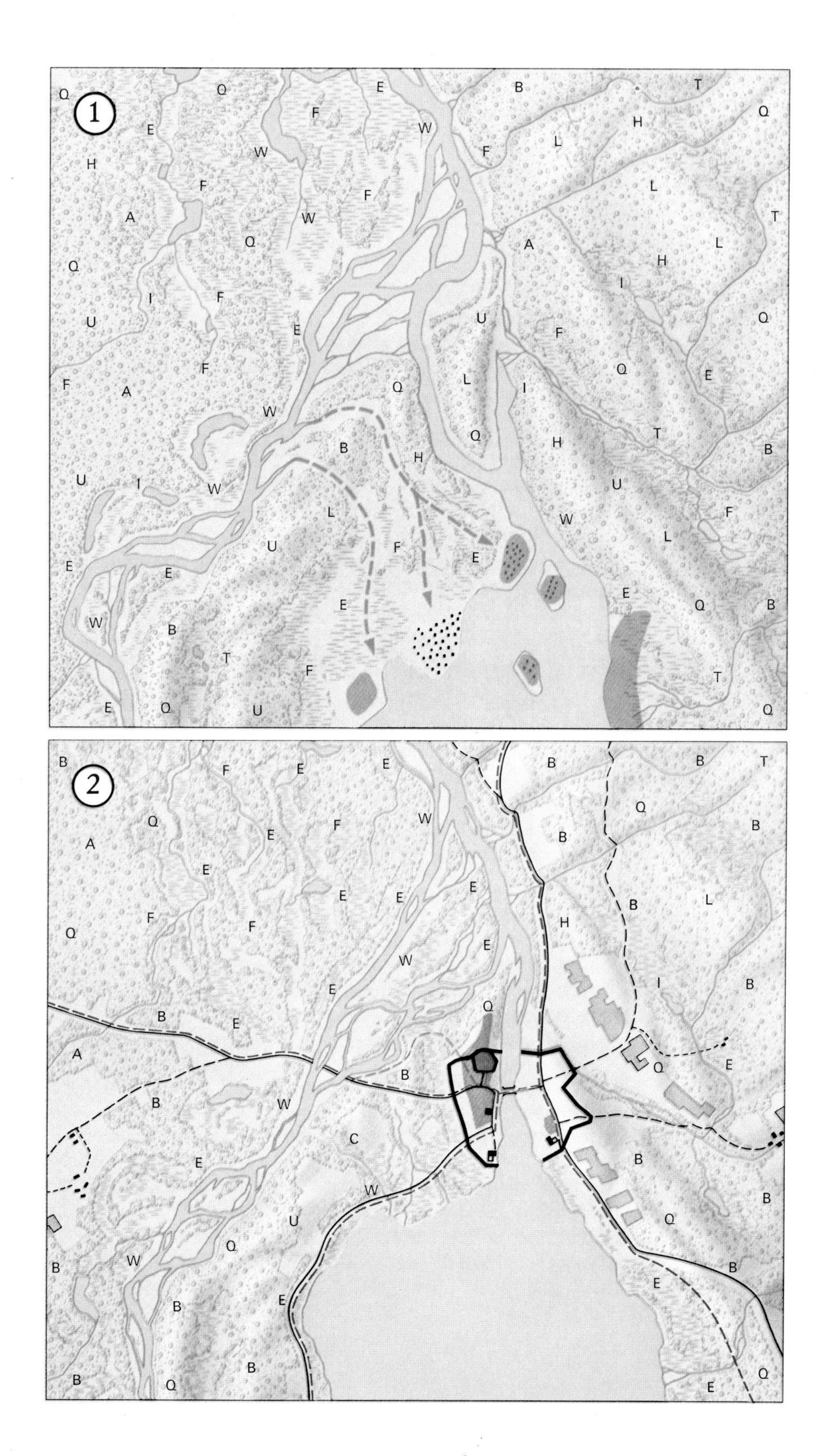

1
2

mischwäldern der Täler die Eichen an Bedeutung. In den Berggebieten wurden die Weißtannen-Arvenwälder von der einwandernden Fichte und von der Grünerle zurückgedrängt. Wie im ganzen Alpengebiet, bildeten sich darüber alpine Ericaceen-Zwergstrauchheiden aus mit Rauschbeere – *Empetrum*, Heidelbeere – *Vaccinium*, Alpenrose – *Rhododendron* – und Heidekraut – *Calluna* (Zoller, 1968).
Im *Subboreal*, der Späten Wärmezeit (ca. 2700–800 v. Chr.), entwickelten sich im Mittelland und im Jura Buchen-Weißtannenwälder, in milden Lagen mit reichlich Eichen. Zugleich begann sich die Rottanne auszudehnen. Auf der Alpen-N-Seite breiteten sich Weißtannen-Fichten-Wälder aus, in den Föhntälern mit erheblichen Föhren-Anteilen. In den Tessiner Bergen ging die Weißtanne zurück, dafür entfaltete sich die Rottanne; an der Waldgrenze wurden Grünerle und Lärche häufig. Im S-Tessin gelangte die Eiche zur Vorherrschaft, in höheren Lagen die Buche; die Weißtanne trat zurück.
Im *Älteren Subatlantikum*, der Älteren Nachwärmezeit (800 v. Chr. bis 1000 n. Chr.), dehnten sich im Mittelland und im Jura Weißtannen-Buchen-Fichten-Wälder aus. Auf der Alpen-N-Seite entfalteten sich Fichtenwälder mit Föhren und Erlen. Auf ihrer S-Seite breitete sich in Dolomitgebieten die Hopfenbuche – *Ostrya* – aus; in den äußeren Ketten herrschte die Buche vor. Durch die Römer wurden Edelkastanie – *Castanea* – und Walnuß – *Juglans* – eingeführt. Getreide- und Weinbau waren zunächst noch gering; mit dem Auftreten von Hanf – *Cannabis* – und von Buchweizen – *Fagopyrum* – wurde ihr Anbau intensiver (Zoller, 1960). Auf der Alpen-N-Seite wurden noch bei Aesch BL 2000 Jahre alte Rebstöcke ausgegraben.
Dieses frühmittelalterliche Waldbild unterlag im *Jüngeren Subatlantikum*, nach 1000 n. Chr., in allen Gebieten noch bedeutenden anthropogenen Einflüssen. Ausgedehnte Rodungen, Bewirtschaftung und Begünstigung der Rottanne brachten eine Umgestaltung in der Zusammensetzung und eine Reduktion des Areals.

### *Tertiärrelikte und Pflanzenarten, deren Areal durch die Vereisung zerschnitten wurde*

Neben Fossilresten geben Tertiärrelikte in der heutigen Flora Hinweise auf die Pflanzenwelt im ausgehenden Pliozän. Als solche werden systematisch isolierte Arten betrachtet, die in der Eiszeit auf klimatisch begünstigte Gebiete zurückgedrängt wurden, dort überdauern konnten, jedoch seither sich nicht mehr auszubreiten vermochten. Hiezu gehören einige Kalkfels- und Kalkschuttpflanzen der Bergamasker Alpen, wie *Silene elisabethae* – ein Leimkraut, *Saxifraga presolanensis* und *S. vandellii* – zwei Steinbrech-Arten, *Phyteuma comosum* – Schopf-Rapunzel, *Veronica bonarota* – der Dolomiten-Ehrenpreis, *Campanula elatinoides* und *C. raineri* – zwei Glockenblumen, *Buphthalmum speciosissimum* – Prächtiges Ochsenauge.
Anderseits wurde das geschlossene Areal einiger weitverbreiteter Gebirgspflanzen durch die Vergletscherung in entfernt gelegene Teilgebiete aufgespalten, von denen sie sich nach dem Eisabbau kaum mehr ausgedehnt haben. So kommt *Heracleum austriacum* – die Österreichische Bärenklau – in der Schweiz nur im Napfgebiet, *Ranunculus seguieri* – ein kleiner Hahnenfuß – noch in der Gegend des Brienzer Rothorns und im S-Jura, in den SW- und SE-Alpen sowie im Balkan vor. *Androsace villosa* – Zottiger Mannsschild – findet sich im S-Jura, in den SW- und SE-Alpen, in den Pyrenäen, im Apennin, in den Karpaten und im Balkan. Das Areal der Schmuckblume – *Callianthemum coriandrifolium* – ist in der Schweiz auf wenige Stellen der N-Alpen, Graubündens und des südlichen

Wallis beschränkt; außerhalb tritt sie in der Dauphiné, in den E-Alpen, der Tatra, im Balkan sowie in den Pyrenäen auf.
Auch im Innern der Alpen finden sich Arten mit enger räumlicher Verbreitung, die wohl an eisfreien Stellen die vegetationsfeindliche Zeit zu überdauern vermochten. Da sie von nahverwandten Arten weniger abweichen als Tertiärrelikte, dürften sie sich erst im Quartär – infolge geographischer Abgeschiedenheit – aus solchen entwickelt haben. Derartige Eiszeitrelikte finden sich einerseits in den Bergamasker Alpen und den N anschließenden Gebirgen, etwa *Androsace brevis* – Kurzer Mannsschild, *Rhinanthus antiquus* – Altertümlicher Klappertopf, *Phyteuma hedraianthifolium* – Rätische Rapunzel; anderseits wachsen solche in den Grajischen Alpen, im südlichen Wallis und im NW der Tessiner Alpen, so *Euphrasia christii* – Augentrost, *Campanula excisa* – Ausgeschnittene Glockenblume, *Senecio uniflorus* – Einblumiges Kreuzkraut. Einige, wie *Phyteuma humile* – Niedrige Rapunzel – und *Artemisia nivalis* – Schnee-Edelraute, sind gar nur auf die südlichen Walliser Alpen beschränkt (E. Landolt in H. E. Hess et al., 1967, 1970, 1972), *Berardia lanuginosa* auf die französischen W-Alpen (F. Markgraf, 1968).

### *Glazial- und Spätglazial-Relikte in der Flora*

Im Spätwürm wanderten Tundren- und Gebirgsarten aus unvergletscherten Randgebieten mit dem abschmelzenden Eis in die Alpentäler und ins Hochgebirge zurück. An zusagenden, nicht von der Konkurrenz des nachrückenden Waldes bedrohten Standorten vermochten sie sich als überdauernde Glazialrelikte zu halten. So wachsen heute im NE-Jura, isoliert vom übrigen Verbreitungsgebiet, verschiedene Gebirgspflanzen – *Anemone narcissiflora*, *Ranunculus oreophilus* – Gebirgs-Hahnenfuß, *Gentiana lutea* – Gelber Enzian, *Carduus defloratus* – Berg-Distel (M. Rikli, 1904; E. Landolt in H. E. Hess et al., 1967, 1970, 1972).
Bekannt ist N der Lägeren das Alpenrosen-Relikt vom Bowald NW von Schneisingen AG, in dessen Nähe neben *Rhododendron ferrugineum* auch noch weitere Alpenpflanzen vorkommen. Auch aus dem Thurgau, vom Gäbris sowie aus dem Wurzacher Becken in Oberschwaben werden Alpenrosen-Standorte erwähnt.
Im Randen-Gebiet dürften – neben *Anemone narcissiflora*, *Gentiana lutea* und *G. verna* – wohl *Trollius europaeus*, *Dianthus superbus* – Pracht-Nelke und *Astrantia major* – Sterndolde – und im Reiat *Ribes alpinum* – Johannisbeere und *Pyrola uniflora* – Wintergrün – als Glazialrelikte zu betrachten sein (A. Uehlinger, schr. Mitt.).
E. & M. Litzelmann (1961) verfolgten die Verbreitung von Glazialpflanzen im südlichen Schwarzwald und A. Faber (1933) nennt eine ganze Anzahl subalpiner und alpiner Arten aus der südwestlichen Schwäbischen Alb.
Im SW-Jura dagegen konnten keine würmzeitlichen Relikt-Standorte aufgefunden werden. Selbst die Krautvegetation scheint dort durch das Rhone- und das Jura-Eis weitgehend vernichtet worden zu sein (S. Wegmüller, 1966).
Reicher vertreten als im Jura sind Glazialrelikte im Gurnigel- und im Napf-Gebiet (J. Fankhauser, 1893; W. Rytz, 1912; W. Lüdi, 1928). Die meisten Stellen, an denen sich am Napf Alpenpflanzen-Kolonien zu behaupten vermochten, waren zur Eiszeit vegetationsfeindlich. Ihre Besiedlung erfolgte erst im Spät- und Postglazial. Die eisfreien Bereiche boten jedoch schon zur Eiszeit für alpine und subalpine Arten eine Vielfalt von Standorten. Besonders das trockene Subboreal dürfte ihnen zugesetzt haben, so daß sie nur an

isolierten, nebelfeuchten Plätzen zu überdauern vermochten, etwa *Rhododendron ferrugineum* – Alpenrose, *Linaria alpina* – Alpenleinkraut, *Saxifraga oppositifolia* – Gegenblättriger Steinbrech, *Carex sempervirens* – Horst-Segge, *Soldanella alpina*. Ein Stock von Arten muß allerdings seit der Eiszeit ansässig gewesen sein: *Poa cenisia* – Mont Cenis-Rispengras, *Festuca pulchella* – Schöner Schwingel, *Dryas octopetala* – Silberwurz, *Linaria alpina* – Alpen-Leinkraut.
Die Felsvegetation, die Rasen der Fluhbänder mit *Carex ferruginea* – Rost-Segge, *Sesleria coerulea* – Blaugras – und *Agrostis alba* – Fioringras, die Bestände von *Rhododendron ferrugineum* und die Hochstauden haben sich wohl als geschlossene Gesellschaften erhalten. J. BRAUN (1913) konnte nachweisen, daß ein Teil der alpinen Flora bis in die nivale Stufe hinaufsteigt, dort normal fruchtet und keimfähige Samen erzeugt. So dürften viele Arten die Eiszeit in den Alpen selbst, vorab in den weniger vergletscherten S-Alpen und in den nördlichen Voralpen, überlebt haben.
Im Zürcher Oberland gelten vor allem *Scheuchzeria palustris* – Blumenbinse, *Pinus mugo* – Bergföhre, *Vaccinium uliginosum* – Moorbeere, *Arctostaphylos uva-ursi* – Bärentraube, *Primula farinosa* – Mehlprimel – und *Arnica montana* als Glazialrelikte (G. HEGI, 1904).
In der Bachtel-Kette und im Schnebelhorn-Gebiet treten neben den vom Eisrand fossil belegten Vertreter der Schneetälchen – *Salix reticulata* und *S. retusa*, Netz- und Gestutzte Weide, *Polygonum viviparum* – Brut-Knöterich – und der Gesteinsschuttgesellschaft mit *Dryas octopetala* – Silberwurz – auch durch Verbreitungslücken getrennte Alpenpflanzen auf: *Lycopodium alpinum* – Alpen-Bärlapp, *Selaginella selaginoides* – Moosfarn, *Nardus stricta* – Borstgras, *Rhododendron hirsutum* – Behaarte Alpenrose, *Primula auricula* – Aurikel, *Globularia nudicaulis* und *G. cordifolia* – zwei Kugelblumen, *Soldanella alpina* und, neben *Gentiana lutea*, auch *G. clusii* und *G. kochiana*. Im Regelstein-Tanzboden-Gebiet gesellt sich *Meum athamanticum* – Bärwurz – hinzu (H. KÄGI, 1920; M. VOGT, 1921). Analoge subalpin-alpine Florenelemente konnte M. VOGT am Hinterfallenchopf, einem Nunatakker-Gebiet im Quellbereich des Necker, beobachten.
Vom Hirschberg SE von Gais sind *Betula nana* und *Salix myrtilloides* – Heidelbeer-Weide – sowie einige weitere subalpine Arten bekannt geworden und als Relikte zu deuten (R. WIDMER, 1966).
Anderseits vermochten nordische Arten – *Betula humilis* und *B. nana* – Strauch- und Zwerg-Birke, *Hierochloë odorata* – Mariengras, *Carex hartmanii* – eine Segge – die im Hochwürm den Eisrand im Mittelland und im Jura säumten, sich dort bis heute zu behaupten. Auch die Hochstauden-Bestände des Hohronen sind wohl als Relikte zu deuten (W. HÖHN, 1917).
Die Vorkommen eines Bestandes von *Betula nana* und von *Trientalis europaea* – Siebenstern – am N-Ufer des Sihlsees sind mit weiteren Kostbarkeiten – wie *Hierochloë odorata*, *Malaxis paludosa* – Sumpf-Weichorchis und *Carex chordorrhiza* – Rankende Segge – wohl ebenfalls als Glazial-Relikte zu deuten. Dagegen sind die Standorte von *Juncus stygius* – Moor-Binse – und von *Saxifraga hirculus* – Großblumiger Steinbrech – durch den Aufstau des Sihlsees zerstört worden (M. GANDER, 1891; A. BETTSCHART, 1977).
Eine Anzahl Glazialrelikte sind auch von der Alpen-S-Seite bekannt geworden, so etwa im Rundhöckergebiet SW von Locarno (C. FRANSCELLA, schr. Mitt.).
Aufgrund floristisch ausgewerteter Pollenprofile im Aaretal und im Simmental bis Saanenmöser gelangte M. WELTEN (1952, 1958b) zum Schluß, daß viele alpine und voralpine Pflanzen die Letzte Eiszeit an aperen Stellen überdauert haben, so daß die Rückwanderungswege klein sind. Neben Alpen- und Flachmoor-Arten konnte WELTEN hoch-

grasige und hochstaudige Pflanzen nachweisen, ebenso solche, die heute als Unkräuter oder als Arten sekundärer Standorte gelten, so *Anthemis arvensis* – Hundskamille, *Aethusa cynapium* – Hundspetersilie, *Scleranthus* – Knäuel, *Herniaria glabra* – Bruchkraut, *Plantago lanceolata* – Spitzwegerich, *Daucus carota* – Rübe.

Einige rückwandernde Relikte folgten im Spätwürm dem nördlichen Alpenrand und drangen, dem abschmelzenden Inn-Gletscher folgend, bis ins Engadin vor, so *Ranunculus pygmaeus* – Zwerg-Hahnenfuß, *Thalictrum alpinum* – Alpen-Wiesenraute, *Stellaria diffusa* – langblättrige Sternmiere. Zugleich konnten Steppenformen, wie *Ephedra* – Meerträubchen, *Stipa* – Federgras, *Astragalus* – Tragant – und *Artemisia* – Wermut, die in E-Europa und im Mittelmeergebiet beheimatet sind, ins eisfrei gewordene Areal nachrücken. Mit dem Feuchterwerden des Klimas und dem sich ausdehnenden Wald wurden sie im Atlantikum auf waldfreie Gebiete und lichte Föhrenwälder des nordöstlichen Tafeljura, des Hegau und der inneralpinen Trockentäler zurückgedrängt (LANDOLT in HESS et al., 1967); viele Reliktstandorte wurden zerstört. So weisen auch im Spätwürm eingewanderte Arten Verbreitungslücken auf und bekunden damit – zusammen mit ihren Klimaansprüchen – Spätglazial-Relikte. Der an steilen Rippen und unstabilen Flanken der Albis-Kette auftretende Bergföhrenwald (E. KREBS, 1947) dürfte wohl – wie derjenige an der Züblinsnase SW von Degersheim (H. OBERLI, mdl. Mitt.) – ebenfalls ein Spätwürm-Relikt aus dem Alleröd darstellen. Ebenso sind wohl auch die Vorkommen von *Juniperus communis* im Hörnli-Gebiet als solche anzusprechen. Letztlich sind gar die ausgedehnten Föhrenbestände des Pfinwaldes / Forêt de Finges zwischen Leuk und Sierre sowie die Felsensteppen mit *Ephedra* um Sion als Spätglazial-Relikte zu deuten, die sich dort aus ökologischen und klimatischen Gründen zu halten vermochten. In der Wärmezeit drangen atlantische Arten durch die westlichen Einfallspforten in die Schweiz ein.

Aus den Daten über das Eintreffen der Front von *Abies* – Weißtanne – im Misox um 8000–7500, in den N-Alpen um 6000, im Jura um 6000–5500 und im Schwarzwald um 5000–4700 Jahre v. h. – lassen sich nicht nur die Rückwanderungswege rekonstruieren, zugleich ergeben sich Anhaltspunkte über die Rückwanderungsgeschwindigkeit dieses Nadelbaumes in der Wärmezeit von 250 km in 1000 Jahren (S. WEGMÜLLER, 1966, 1977). Analog konnten H. ZOLLER, H. J. MÜLLER (1972), CHR. HEITZ (1975) und WEGMÜLLER (1977) das Rückwandern von *Picea* – Fichte – aus dem SE darlegen.

*Zitierte Literatur*


AMMANN-MOSER, B. (1975): Vegetationskundliche und pollenanalytische Untersuchungen auf dem Heidenweg im Bielersee – Beitr. geobot. Landesaufn., *56*.

–, et al. (1977): Der bronzezeitliche Einbaum und die neolithischen Sedimente – Die neolithischen Ufersiedlungen von Twann, *3* – Arch. Dienst Kt. Bern.

ANDERSEN, S. TH. (1965): Interglacialer og Interstadialer i Danmarks Kvastaer – Medd. Dansk G F., *15*.

ANNAHEIM, H. (1936): Landschaftsformen des Luganerseegebietes – Ggr. Abh., (3) *8*.

BAAS, J. (1932): Eine frühdiluviale Flora im Mainzer Becken – Z. Bot., *25*.

BALTZER, A. (1892): Beiträge zur Interglazialzeit auf der Südseite der Alpen – Mitt. NG Bern, (1891).

BENDA, L. & LÜTTIG, G. (1968): Das Pliozän von Allershausen (Solling, Niedersachsen) – Palaentogr., *123* B.

BERGER, W. (1952): Die altpliozäne Flora der Congerienschichten von Brunn-Vösendorf bei Wien – Palaeontogr., B. *92*.

BERGGREN, W. A., & COUVERING, J. A., VAN (1974): The Late Neogene, biostratigraphy, geochronology, and palaeoclimatology of the last 15 million years in marine and continental sequences – Developm. P Stratigr., *2*.

BETTSCHART, A. (1977): Die Pflanzenwelt des Kantons Schwyz – In: Der Kanton Schwyz – Einsiedeln.

BODMER, R. (1976): Pollenanalytische Untersuchungen im Brienzersee und im Bödeli bei Interlaken – Mitt. NG Bern, NF, *33*.

BOULAY, N. (1890): Flore pliocène des environs de Théziers (Gard) – Mém. Acad. Vaucluse, *8*, Avignon.

BOURDIER, F., SITTLER, C., & SITTLER-BECKER, J. (1956): Observations nouvelles relatives aux flores polliniques pliocènes et quaternaires du bassin du Rhône – B. serv. CG Alsace + Lorraine, *8/1*.

BRAUN, J. (1913): Die Vegetationsverhältnisse der Schneestufe in den Rätisch-Lepontischen Alpen – Denkschr. SNG, *48*.

BRELIE, G., V. D. (1959a): Zur pollenstratigraphischen Gliederung des Pliozäns in der Niederrheinischen Bucht – Fortschr. G Rheinl. Westf., *4*.

– (1959b): Probleme der stratigraphischen Gliederung des Pliozäns und Pleistozäns am Mittel- und Niederrhein – Fortschr. G Rheinl. Westf., *4*.

– (1974): Pollenanalytische Untersuchungen an warmzeitlichen Sedimenten in den Terrassen des Unter-Main-Gebiet – Rhein-Main. Forsch., *78*.

BROCKMANN-JEROSCH, H. (1923): Fundstellen von Diluvialfossilien bei Lugano – Vjschr., *68*, Beibl. 1.

BURGA, G. A. (1975): Spätglaziale Gletscherstände im Schams. Eine glazial-morphologisch-pollenanalytische Untersuchung am Lai da Vons (GR) – DA U. Zürich.

– (1076): Frühe menschliche Spuren in der subalpinen Stufe des Hinterrheins – GH, *31/32*.

– (1977): In: FITZE, P., & SUTER, J.: ALPQUA 77 – 5. 9.–12. 9. 1977 – Schweiz. Geomorph. Ges.

CHANDA, S. (1962): Untersuchungen zur pliozänen und pleistozänen Floren- und Vegetationsgeschichte im Leinetal und im südlichen Harzvorland (Untereichsfeld) – G Jb., *79*.

CHATEAUNEUF, J. J. & FALCONNIER, D. (1977): Etude palynologique des sondages du Lac Léman – Recherches françaises sur le Quaternaire INQUA 1977 – Suppl. B. AFEQ, *1977-1*, 50.

DEPAPE, G. (1922): Recherches sur la Flore pliocène de la vallée du Rhône – Ann. Sci. natur. Bot., *10*.

– & BOURDIER, F. (1952): Le gisement interglaciaire à *Rhododendron ponticum* L. de Barraux dans le Grésivaudan entre Grenoble et Chambéry – Trav. Lab. G U. Grenoble, *30*.

DUPHORN, K. (1976): Kommt eine neue Eiszeit? – GR, *65/3*.

DYAKOWSKA, J. (1952): Pleistocene flora of Nowiny Zukowskie on the Lublin Upland – Biul. I. g, *67*, Warschau.

EICHER, U., SIEGENTHALER, U., WELTEN, M. & OESCHGER, H. (1976): Vergleich von Pollenprofilen und $^{18}O/^{16}O$-Messungen an Sedimenten aus dem Spätglazial – 10. intern. Polartagung Zürich – Progr. u. Kurzfass. Vorträge.

ERD, K. (1973): Pollenanalytische Gliederung des Pleistozäns der Deutschen Demokratischen Republik – Z. G Wiss. *1*.

FABER, A. (1933): Pflanzensoziologische Untersuchungen in württembergischen Harden – Veröff. staatl. Stelle Natursch. Württ. LA Denkmalpfl., *10*.

FANKHAUSER, J. (1893): Die Kolonien von Alpenpflanzen auf dem Napf – Mitt. NG Bern (1892).

FILZER, P. (1966): Vegetation und Klima des Letzten Interglazials im nördlichen Alpenvorland – Forsch. Fortschr., *40*.

–, & SCHEUENPFLUG, L. (1970): Ein frühpleistozänes Rollenprofil aus dem nördlichen Alpenvorland – E + G, *21*.

FIRBAS, F. (1949, 1952): Spät- und nacheiszeitliche Waldgeschichte Mitteleuropas – Jena.

FRENZEL, B. (1964): Über die offene Vegetation der letzten Eiszeit am Ostrande der Alpen – Vh. Zool.-Bot. Ges. Wien, *103/104*.

– (1967): Die Klimaschwankungen des Eiszeitalters – Braunschweig.

– (1968): Grundzüge der pleistozänen Vegetationsgeschichte Nord-Eurasiens – Erdwiss. Forsch., *1* – Wiesbaden.

– (1973a): Some Remarks on the Pleistocene Vegetation – E + G, *23/24*.

– (1973b): On the Pleistocene Vegetation History – E + G, *23/24*.

– (1976a): Das Problem der Riß/Würm-Warmzeit im Deutschen Alpenvorland – In: FRENZEL, B., et al.

– (1976b): Über das geologische Alter einiger Interglazialvorkommen im südlichen Mitteleuropa – In: FRENZEL, B., et al.

– et al. (1972): Führer zu den Exkursionen der 16. wissenschaftlichen Tagung der Deutschen Quartärvereinigung vom 23.–30. Sept. 1972 – Stuttgart-Hohenheim (vervielf.).

– et al. (1976): Führer zur Exkursionstagung des IGCP-Projektes 73/1/24 «Quaternary Glaciations in the Northern Hemisphere» vom 5.–13. Sept. 1976 in den Südvogesen, im nördlichen Alpenvorland und im Tirol – Vervielf. Manuskr., Stuttgart-Hohenheim.

–, & PESCHKE, P. (1972): Über die Schieferkohlen von Höfen, Breinetsried, Großweil, Schwaiganger und Pömetsried – In: FRENZEL, B., et al., 1972.

–, & VODIĆKOVA, V. (1972): Vegetationsgeschichtliche Untersuchungen an den Schieferkohlen des Pfefferbichls bei Buching – In: FRENZEL, B., et al., 1972.

FURRER, E. (1927): Pollenanalytische Studien in der Schweiz – Vjschr., *72*, Beil. 14.
– (1959): Die Alpenrosen von Schneisingen – NZZ, *180*, Nr. 1404.
GAMS, H., & NORDHAGEN, R. (1923): Postglaziale Klimaänderungen und Krustenbewegungen in Mitteleuropa – Landesk. Forsch. Ggr. Ges. München, *25*.
GANDER, M. (1891): Eine merkwürdige Pflanzeninsel – Natur Offenbar., *37* – Münster.
GÖTTLICH, K., & WERNER, J. (1968): Ein vorletztinterglaziales Torfvorkommen bei Hauerz (Landkreis Wangen im Allgäu) – Jb. GLA Baden-Württemb., *10*.
GREBE, H. (1955): Die Mikro- und Makroflora der pliozänen Ton- und Gyttjalinse in den Kieseloolithschichten vom Swisterberg/Weilerwist (Blatt Sechten) und die Altersstellung der Ablagerungen im Tertiär der Niederrheinischen Bucht – G Jb., *70*.
GROOTES, P. M. (1977): Thermal Diffusion Isotopic Enrichment and Radiocarbon Dating – Rijks-U. Groningen.
GRÜGER, E. (1968): Vegetationsgeschichtliche Untersuchungen an cromerzeitlichen Ablagerungen im nördlichen Randgebiet der deutschen Mittelgebirge – E+G, *18*.
– (1972): Interglazialgebiet Samersberg bei Nußdorf/Inn – Pollenanalytische Untersuchungen – In: FRENZEL, B., et. al., 1972.
GUYAN, U., & STAUBER, H. (1942): Die zwischeneiszeitlichen Kalktuffe von Flurlingen (Kt. Zürich) – Ecl., *34/2*.
HAMMEN, TH., V. D., WIJMSTRA, T. A., & ZAGWIJN, W. H. (1971): The floral record of the Late Cenozoic of Europe – In: TUREKLAN, K. K. ed.: The Late Cenozoic Glacial Ages – New Haven, London.
HANNSS, CH., et. al. (1976): Nouveaux résultats sur la stratigraphie et l'âge de la banquette de Barraux (Haut-Grésivaudan, Isère – Rev. Ggr. Alpine, *64*.
HANTKE, R. (1953): Die Blattreste fossiler *Crataegus*-Arten aus der Oberen Süßwassermolasse von Oehningen (Süd-Baden) und von Le Locle (Neuchâtel) – Ber. schweiz. bot. Ges., *63*.
– (1954): Die fossile Flora der obermiozänen Oehninger Fundstelle Schrotzburg (Schienerberg, Süd-Baden) – Denkschr. SNG, *80/2*.
– (1959): Zur Altersfrage der Mittelterrassenschotter – Vjschr., *104/1*.
HAQ, B. U., BERGGREN, W. A., & VAN COUVERING (1977): Corrected age of the Pliocene/Pleistocene boundary – Nature, *269*.
HEER, O. (1855–1859): Flora tertiaria Helvetiae, *1–3* – Winterthur.
– (1858): Die Schieferkohlen von Uznach und Dürnten – Zürich.
– (1865): Die Urwelt der Schweiz – Zürich, (2. Aufl. 1879).
– (1866): Die Pflanzen der Pfahlbauten – Mitt. Antiquar. Ges., *15*.
HEGI, G. (1904): Die Alpenpflanzen des Zürcher Oberlandes – Vh SNG.
HEIM, ALB. (1919): Geologie der Schweiz, *1* – Leipzig.
HEITZ, CHR. (1975): Vegetationsentwicklung und Waldgrenzschwankungen des Spät- und Postglazials im Oberhalbstein (Graubünden/Schweiz) mit besonderer Berücksichtigung der Fichteneinwanderung – Beitr. geobot. Landesaufn., *55*.
HEITZ-WENIGER, A. (1977): Zur Waldgeschichte im unteren Zürichseegebiet während des Neolithikums und der Bronzezeit. Ergebnisse pollenanalytischer Untersuchungen – Bauhinia *6/1*.
– (1978): Pollenanalytische Untersuchungen an den neolithischen und spätbronzezeitlichen Seerandsiedlungen Kleiner Hafner, Großer Hafner und Alpenquai im untersten Zürichsee – Bot. Jb. Syst., 99.
HESS, H. E., LANDOLT, E., & HIRZEL, R. (1967, 1970, 1972): Flora der Schweiz und angrenzender Gebiete, *1, 2, 3* – Basel u. Stuttgart.
HÖHN, W. (1917): Beiträge zur Kenntnis der Einstrahlung des subalpinen Florenelementes auf Zürcherboden im Gebiet der Hohen Rone – Ber. Zürcher Bot. Ges., *13*.
HOFFMANN-GROBÉTY, A. (1939): Beiträge zur postglazialen Waldgeschichte der Glarner Alpen – Mitt. NG Glarus, *6*.
– (1957): Evolution postglaciaire de la forêt et des tourbières dans les Alpes glaronnaises – Ber. Rübel, (1956).
IMHOF, E. (1968): Zürcher Oberland zur Urzeit, um 1650 – In: Geschichte IV. Veränderungen im Landschaftsbild – Urlandschaft von Zürich – In: Zürich, Topographie u. Wachstum – Atlas Schweiz, Bl. 22, 45 – L+T.
JAN DU CHÊNE, R. (1974): Etude palynologique du Néogène et du Pleistocène inférieur de Bresse (France) – Thèse U. Genève.
JERZ, H., BADER, H., & PRÖBSTL, M. (1976): Zur Geologie des Interglazialvorkommens von Samerberg bei Nußdorf am Inn (Geologische und geophysikalische Untersuchungsergebnisse) – In: FRENZEL, B., et al.
–, STEPHAN, W., & ULRICH, R. (1976): Zur Geologie der Interglazialvorkommen von Großweil und Schwaiganger – In: FRENZEL, B., et al.
JUNG, W. (1972): Neue Untersuchungen am frühpleistozänen Profil des Uhlenberges bei Dinkelscherben (Bayrisch Schwaben) – Führer Exk. 16. wiss. Tagung DEUQUA, 23.–30. Sept. 1972).
–, BEUG, H.-J., & DEHM, R. (1972): Das Riß/Würm-Interglazial von Zeifen, Landkreis Laufen a. d. Salzach – Bayer. Akad. Wiss., math.-natw. Kl., Abh. NF, *151*.

Kägi, H. (1920): Die Alpenpflanzen des Mattstock-Speer-Gebietes und ihre Verbreitung im Zürcher Oberland – Jb. st. gall. NG, *56*.
King, L. (1974): Studien zur postglazialen Gletscher- und Vegetationsgeschichte des Sustenpaßgebietes – Basler Beitr. Ggr., *18*.
Kirchheimer, F. (1949): Zur Kenntnis der Pliocaenflora von Soufflenheim im Elsaß – Ber. Oberhess. Ges. Natur- u. Heilkde., Gießen, NF, *24*.
– (1957): Die Laubgewächse der Braunkohlenzeit – Halle (Saale).
Kleiber, H. (1974): Pollenanalytische Untersuchungen zum Eisrückzug und zur Vegetationsgeschichte im Oberengadin I – Bot. Jb. Syst., *94/1*.
Kramer, K. (1974): Fossile Pflanzen aus der Braunkohlenzeit – Die obermiozäne Flora des unteren Fischbachtones im Tagebau Frechen bei Köln – Mitt. Dt. Dendrol. Ges., *67*.
Kräusel, R. (1937): Pflanzenreste aus den diluvialen Ablagerungen im Ruhr-Emscher-Lippe-Gebiet – Decheniana, *95* A.
Krebs, E. (1947): Die Waldungen der Albis- und Zimmerbergkette – Winterthur.
Küttel, M. (1977): Pollenanalytische und geochronologische Untersuchungen zur Piottino-Schwankung (Jüngere Dryas) – Boreas, *6/3*.
– (1978): Pollenanalytische Untersuchungen zur Vegetations-, Gletscher- und Klimageschichte des alpinen Spät- und frühen Postglazials im oberen Tessin, im Berner Oberland und im Wallis – Als Diss. Manuskr., 1976,
Kulczynski, St. (1940): Torfowiska Polesia, *2* – Kraków.
Lang, G. (1962): Die spät- und frühpostglaziale Vegetationsentwicklung im Umkreis der Alpen – E+G, *12*.
Laurent, L., & Marty, P. (1923): Flore foliaire pliocène des argiles de Reuver –Meded. Rijks G Dienst, (B) *1*.
Leroi-Gourhan, A., & A. (1965): Chronologie des Grottes d'Acry sur Cure (Yonne) – Gallia Préhist., Fouilles Monum. archéol. France Métropolit., *7* (1964).
Leschik, G. (1951): Mikrobotanisch-stratigraphische Untersuchungen der jungpliozänen Braunkohle von Buchenau (Kr. Hünfeld) – Palaeontogr., *92 B*.
Liese-Kleiber, H. (1977): Pollenanalytische Untersuchungen der spätneolithischen Ufersiedlung Avenue des Sports in Yverdon am Neuenburgersee/Schweiz – Jb. SGUF, *60*.
Litzelmann, E., & M. (1961): Verbreitung von Glazialpflanzen im Vereisungsgebiet des Schwarzwaldes – Ber. NG Freiburg i. Br., *51*.
Lona, F. (1950): Contributi alla storia della vegetazione e del clima nella Val Padano – Analisi Pollinica del Giacamento Villafranchiano di Leffe (Bergamo) – Atti SISN, *89*.
– (1963): Floristic and glaciologic sequence (from Donau to Mindel) in a complete diagram of the Leffe deposit – Ber. Rübel, *34*.
–, & Follieri, M. (1958): Successione pollinica della serie superiore (Günz-Mindel) di Leffe (Bergamo) – Veröff. Rübel, *34*.
–, & Bertoldi, R. (1973): La storia del Plio-Pleistocene Italiano in alcune sequenze vegetazionale lacustri e marine – Mem. atti Acad. nat. Lincei, (8), *11*.
–, –, & Ricciardi, E. (1969): Plio-Pleistocene boundary in Italy based on the Leffian and Tiberian vegetational and climatological sequences – VIII Congr. INQUA, Paris.
–, –, – (1971): Synchronication of outstanding stages of some Italian Upper Pliocene and Lower Pleistocene sequences, especially by means of palynological researches – V. Congr. Neogene Mediterraneen, 1–9.
Longo, V. (1968): Geologie und Stratigraphie des Gebietes zwischen Chiasso und Varese – Diss. U. Zürich.
Lüdi, W. (1928): Die Alpenpflanzenkolonien des Napfgebietes und die Geschichte ihrer Entstehung – Mitt. NG Bern, (1927).
– (1953): Die Pflanzenwelt des Eiszeitalters im nördlichen Vorland der Schweizer Alpen – Veröff. Rübel, *27*.
– (1955): Die Vegetationsentwicklung seit dem Rückzug der Gletscher in den mittleren Alpen und ihrem nördlichen Vorland – Ber. Rübel, (1954).
– (1958 a): Interglaziale Vegetation im schweizerischen Alpenvorland – Veröff. Rübel, *34*.
– (1958 b): Beobachtungen über die Besiedlung von Gletschervorfeldern in den Schweizer Alpen – Flora, *146*.
Mädler, K. (1939): Die pliozäne Flora von Frankfurt – Abh. Senckenb. NG, *446*.
Mai, D. H., Majewski, J., & Unger, K. P. (1963): Pliozän und Altpleistozän von Rippersroda in Thüringen – G, *12*.
Markgraf, F. (1968): *Berardia lanuginosa* (Lam.) Fiori – eine kostbare Pflanze der südwestlichen Hochalpen – Jb. Ver. Schutze Alpenpfl. Tiere, *32* (1967).
Markgraf, V. (1969): Moorkundliche und vegetationsgeschichtliche Untersuchungen an einem Moorsee an der Waldgrenze im Wallis – Bot. Jb., *89/1*.
– (1970): Waldgeschichte im Alpenraum seit der letzten Eiszeit – Umschau, *24*.
– (1972): In: Schindler, C.: Zur Geologie der Gotthard-Nordrampe der Nationalstraße N2 – Ecl., *65/2*.
Menke, B. (1969): Vegetationsgeschichtliche Untersuchungen an altpleistozänen Ablagerungen aus Lieth bei Elmshorn – E+G, *20*.

MENKE, B. (1970): Ergebnisse der Pollenanalyse zur Pleistozän-Grenze in Schleswig-Holstein – E + G, *21*.
– (1972): Wann begann die Eiszeit? – Umschau Wiss. Techn. (*1972*).
– (1975): Florengeschichte und Florenstratigraphie NW-Deutschlands im Pliozän und Frühquartär – G Jb., A *26*.
– (1976): Pliozäne und ältestquartäre Sporen- und Pollenflora von Schleswig-Holstein – G Jb., A *32*.
–, & BEHRE, K. E. (1973): State of Research of the Quaternarny of the Federal Republic of Germany, 2. History of Vegetation and Biostratigraphy – E + G, *23/24*.

MÉON-VILAIN, H. (1970): Palynologie des formations miocènes supérieures et pliocènes du Bassin du Rhône (France) – Doc. Lab. G Fac. Sci. Lyon, *38*.
–, (1971): Evolution de la flore de l'Helvétien au Pliocène d'après les analyses polliniques effectués aux environs de Berne (Suisse) et dans le bassin du Rhône – Doc. Lab. G Fac. Sci. Lyon, hors sér.

MOECKLI, B. E. (1952): Beiträge zur Kenntnis der Vegetationsgeschichte der Umgebung von Bern unter besonderer Berücksichtigung der Späteiszeit – Beitr. geobot. Landesaufn. Schweiz, *32*.

MÜLLER, H. (1965): Eine pollenanalytische Neubearbeitung des Interglazialprofils von Bilshausen (Unter Eichsfeld) – G Jb., *83*.
– Pollenanalytische Untersuchungen und Jahresschichtenzählungen an der eem-zeitlichen Kieselgur von Bispingen/Luhe – G Jb., A *21*.

MÜLLER, H. J. (1972): Pollenanalytische Untersuchungen zum Eisrückzug und zur Vegetationsgeschichte im Vorderrhein- und Lukmaniergebiet – Flora, *161*.

MÜLLER, P. (1950): Pollenanalytische Untersuchungen in eiszeitlichen Ablagerungen bei Weiherbach (Kt. Luzern) – Ber. Rübel, (*1949*).
– (1957): Zur Bildungsgeschichte der Mergel von Noranco bei Lugano – Ber. Rübel, (1956).
– (1958): Pollenanalytische Untersuchungen im Gebiet des jüngeren Deckenschotters und Lößes im Frauenwald zwischen Rheinfelden und Olsberg – Veröff. Rübel, *33*.
– (1961): Die Letzte Eiszeit im Suhrental – Eine pollenanalytische Studie – Mitt. aarg. NG, *26*.

MÜLLER-STOLL, W. R. (1938): Die jüngsttertiäre Flora des Eisensteins von Dernbach (Westerwald) – Beih. Bot. Cbl., *58*B.

NATHORST, A. G. (1874): Sur la distribution de la végétation arctique en Europe au nord des Alpes pendant la période glaciaire – Arch. Genève, (2[e]) 51.

NEUWEILER, E. (1901): Beiträge zur Kenntnis der schweizerischen Torfmoore – Vjschr., *46*/1–2.
– (1910): Die prähistorische Pflanzenwelt Mitteleuropas mit besonderer Berücksichtigung der schweizerischen Funde – Vjschr., *50*/1–2.
– (1924a): Die Pflanzenwelt der jüngeren Stein- und Bronzezeit der Schweiz – Mitt. Antiq. Ges. Zürich, *26*/4.
– (1924b): Die Pflanzenreste aus den Pfahlbauten des ehemaligen Wauwilersees – Mitt. NG Luzern, *9*.
– (1925a): Über Hölzer in prähistorischen Fundstellen – Veröff. Rübel, *3*.
– (1925b): Pflanzenreste aus den Pfahlbauten vom Hausersee, Greifensee und Zürichsee – Vjschr., *70*/3–4.

NÖTZOLD, T. (1957): Miozäne Pflanzenreste von der Schrotzburg am Bodensee – Ber. NG Freiburg i. Br., *47*.

PAEPE, R. (1977): The Herzeele-Formation: a strato-type of the marine Middle Pleistocene – X INQUA Congr., Birmingham, 1977, Abstr.

PENCK, A. (1909): Die Alpen im Eiszeitalter, *3* – Leipzig.

PESCHKE, P. (1976): Pollenanalytische Untersuchungen an Schieferkohlen aus dem Gebiet um Penzberg und Murnau/Oberbayern – In: FRENZEL, B., et al., 1976.

PONS, A. (1964): Contribution palynologique à l'étude de la flore et de la végétation pliocènes de la région rhodanienne – Ann. Sci. Nat. Bot. Paris (12) 5.

REICH, H. (1952): Zur Vegetationsentwicklung des Interglazials von Großweil – E + G, *2*.
– (1953): Die Vegetationsentwicklung der Interglaziale von Großweil – Ohlstadt und Pfefferbichl im bayerischen Alpenvorland – Flora, *140*.

REID, C. (1882): The geology of the country around Cromer – Mem. G Surv. England Wales.
–, & E. M. (1908): On the Preglacial Flora of Britain – J. Linnean Soc., Bot., *38*.
–, – (1915): The Pliocene Floras of the Dutch-Prussian border – Meded. Rijksopspor. Delfstoffen, *6*.

REID, E. M. (1920): Two preglacial floras from Castle Eden – Quart. J. GS London, *76*.

REIN, U. (1955): Die pollenstratigraphische Gliederung des Pleistozäns in Nordwestdeutschland. 1. Die Pollenstratigraphie im älteren Pleistozän – E + G., *6*.

RIKLI, M. (1904): Das alpine Florenelement der Lägern und die Reliktfrage – Vh. SNG (1904).

ROCHOW, M. v. (1952): *Azolla filiculoides* im Interglazial von Wunstorf bei Hannover – Ber. dt. bot. Ges., 65

RYTZ, W. (1913): Geschichte der Flora des bernischen Hügellandes zwischen Alpen und Jura – Mitt. NG Bern, *(1912)*.
– (1923): In BAUMGARTNER et. al.: Die diluvialen Schieferkohlen der Schweiz – Beitr. G Schweiz, geot. Ser., *8*.

RYTZ, W. (1925): Über Interglazialfloren und Interglazialklimate, mit besonderer Berücksichtigung der Pflanzenreste von Gondiswil-Zell und Pianico-Sellere – Veröff. Rübel, *3*.
SAPORTA, G., DE, & MARION, A. F. (1876): Recherches sur les végétaux fossiles de Meximieux – Arch. Mus. HN Lyon.
SCHMEIDL, H. (1972): Die Schieferkohlen bei Großweil und Schwaiganger – In: FRENZEL, B., et al.
SCHMIDT, C., & STEINMANN, G. (1980): Geologische Mitteilungen aus der Umgebung von Lugano – Ecl., *2/1*.
SCHNEIDER, R. (1978): Pollenanalytische Untersuchungen zur Kenntnis der spät- und postglazialen Vegetationsgeschichte am Südrand der Alpen zwischen Turin und Tessin (Italien) – Bot. Jb., Syst. *99*.
SCHRÖTER, C. (1882): Die Flora der Eiszeit – Njbl. NG Zürich, (1883).
SCHWEINGRUBER, F. H. (1976): Prähistorisches Holz – Die Bedeutung von Holzfunden aus Mitteleuropa für die Lösung archäologischer und vegetationskundlicher Probleme – Acad. Helv., *2*.
SCHWERE, S. (1937): Nochmals die Aargauer und Thurgauer Alpenrosen und ihre Herkunft – Mitt. aarg. NG, *20*.
ŠERCELJ, A. (1966): Pollenanalytische Untersuchungen der pleistozänen und holozänen Ablagerungen von Ljubljansko Barje – Acad. sci. art. Slovenica, 4: Hist. natur. med., *9*/9.
– (1969): Pollenanalytische Untersuchungen der altpleistozänen Ablagerungen aus Nordkroatien – Acad. sci. art. slovenica, *12*/6.
SERET, G., & ROUCOUX-WOILLARD, G. (1976): The Glaciations in the «Vosges Lorraines» – in FRENZEL, B., et. al., (1976).
SOBOLEWSKA, M. (1956): Interglacial at Barkowice Mokre near Sulejow – Binl. I. g, *66*, Warschau.
SORDELLI, F. (1877): Observations sur quelques plantes fossiles du Tessin méridional et sur les gisements qui les renferment – Arch. Genève, *50*.
– (1879): Le Filliti della Flora d' Induno presso Varese e di Pontegana tra Chiasso e Balerna nel Cantone Ticino – Atti Soc. ital., NS, *21*.
– (1883): Sulli filliti quaternare di Re in Val Vigezzo – Rend. I. lomb. Sci. Lett., *16*.
STRAUS, A. (1930): Dicotyle Pflanzenreste aus dem Oberpliocän von Willershausen (Kreis Osterode, Harz), *1* – Jb. preuss. g LA, *51*/1.
– (1952, 1954): Beiträge zur Pliocänflora von Willershausen, *3*, *4* – Palaeontogr. *93* B, *96* B.
– (1956): Beiträge zur Kenntnis der Pliozänflora von Willershausen, Krs. Osterode (Harz), 5 – Abh. dt. Akad. Wiss. Berlin, *4*.
SZAFER, W. (1931): The oldest Interglacial in Poland – B. Acad. Pol. Sci. Lett., Cl. math.-natw. B. Krakau,
– (1946, 1947): The Pliocene Flora of Krościenko in Poland I, II – Pol. Akad. Umieij. Rozpr. Wydz., *3*. Krakau.
– (1953): Pleistocene stratigraphy of Poland from the floristical point of view – Ann. SG Pologne, *22*.
– (1954): Plioceñska Flora okolik Czors ztyna – Prace I. G, *11*, Warsawa.
TRALAU, H. (1963): Über *Rhododendron ponticum* und die fossilen Vorkommen des naheverwandten *Rhododendron Sordellii* – Phyton, *10*.
TRELA, J. (1929): Pollen Analysis of the interglacial formations in Olszewice – Spraw. Kom. Fiz. Pol. Akad. Umiej, *64*, Kraków.
VANHOORN, R. (1977): The Holsteinian in Belgium and Northern France – X INQUA Congr., Birmingham, 1977, Abstr.
VENT, W. (1955): Über die Flora des Riß-Würm-Interglazials in Mitteldeutschland – Wiss. Z. U. Jena, *4*, math.-natw. Reihe 4, 5.
VENZO, S. (1955): Le attuali conoscenze sul Pleistocene Lombardo – Atti SISN, *94*.
VLERK, J. M. VAN DER, & FLORSCHÜTZ, F. (1950): Nederland in het Ijstijdvak – Utrecht.
VOGT, M. (1921): Pflanzengeographische Studien im Obertoggenburg – Jb. st. gall. NG, *57*/2.
WEBER, C. A. (1896): Über die fossile Flora von Honerdingen und das nordwestdeutsche Diluvium – Abh. NV Bremen, *13*.
– (1911): Sind die pflanzenführenden diluvialen Schichten von Kaltbrunn bei Uznach als glazial zu bezeichnen? – Englers Bot. Jb., *45*/3.
WEBER, J. (1915): Geologische Wanderungen durch die Schweiz, *3* – Clubführer SAC.
WEGMÜLLER, H. P. (1976): Vegetationsgeschichtliche Untersuchungen in den Thuralpen und im Faningebiet (Kantone Appenzell, St. Gallen, Graubünden/Schweiz) – Bot. Jb. Syst., *97*/2.
WEGMÜLLER, S. (1966): Über die spät- und postglaziale Vegetationsgeschichte des südwestlichen Juras – Beitr. geobot. Landesaufn. Schweiz, *48*.
– (1972): Neuere palynologische Ergebnisse aus den Westalpen – Ber. dt. Bot. Ges., *85*.
– (1977): Pollenanalytische Untersuchungen zur spät- und postglazialen Vegetationsgeschichte der französischen Alpen (Dauphiné) – Bern.
WELTEN, M.) 1944): Pollenanalytische, stratigraphische und geochronologische Untersuchungen aus dem Faulenmoos bei Spiez – Veröff. Rübel, *21*
– (1947): Pollenprofil Burgäschisee. Ein Standard-Diagramm aus dem solothurnisch-bernischen Mittelland – Ber. Rübel, (1946).

Welten, M. (1950): Beobachtungen über den rezenten Pollenniederschlag in alpiner Vegetation – Ber. Rübel (1949).
– (1958 a): Pollenanalytische Untersuchungen alpiner Bodenprofile: Historische Entwicklung des Bodens und säkulare Sukzession der örtlichen Pflanzengesellschaften – Veröff. Rübel, *33*.
– (1958 b): Die spätglaziale und postglaziale Vegetationsentwicklung der Berner Alpen und -Voralpen und des Walliser Haupttales – Veröff. Rübel, *34*.
– (1972): Das Spätglazial im nördlichen Voralpengebiet der Schweiz. Verlauf, Floristisches, Chronologisches – Ber. dt. Bot. Ges., *85*.
– (1976): Das jüngere Quartär im nördlichen Alpenvorland der Schweiz auf Grund pollenanalytischer Untersuchungen – In: Frenzel, B., et al.
West, R. G. (1969): Stratigraphy and Palaeobotany of the Cromer Forest Bed Series – Comm. VIII INQUA Cgr., Paris.
– (1977): East Anglia – Guidebook for Excursions A 1 und C 1 – INQUA 1977.
– (1978): The Pre-glacial Pleistocene of the Norfolk and Suffolk coast – Cambridge U. Press.
Widmer, R. (1966): Die Pflanzenwelt des Appenzellerlandes – Das Land Appenzell – Appenzeller H., *4* – Herisau.
Woillard, G. (1975): Recherches palynologiques sur le Pleistocène dans l'Est de la Belgique et dans les Vosges Lorraines – Acta Ggr. Lovan., *14* – Louvain-la Neuve.
Woldstedt, P. (1951): Das Vereisungsgebiet der Britischen Inseln und seine Beziehungen zum festländischen Pleistozän – G Jb., *65* (1949).
Würtenberger, Th. in Würtenberger, O. (1905): Die Tertiärflora des Kantons Thurgau – Mitt. thurg. NG, *14*.
Wyssling, L. & G. (1978): Interglaziale Seeablagerungen in einer Bohrung bei Uster, Kt. Zürich – Ecl., *71/2*.
Zagwijn, W. H. (1959): Zur stratigraphischen und pollenanalytischen Gliederung der pliozänen Ablagerungen im Roertal-Graben und Venloer Graben der Niederlande – Fortschr. G Rheinl. Westf., *4*.
– (1960): Aspects of the Pliocene and Early Pleistocene Vegetation – Meded. g Sticht. (C), *3/1*, 5.
– (1961): Vegetation, Climate and Radiocarbon-Datings in the Late Pleistocene of the Netherlands, Part I: Eemian and early Weichselian – Medd. G Sticht., NS, *14*.
– (1963): Pleistocene Stratigraphy in the Netherlands, based on changes in vegetation and climate – Vh. Kon. Ned. G Mijnb. Gen., GS., dl *21–2*.
– (1971a) Bemerkungen zur stratigraphischen Gliederung der plio-pleistozänen Schichten des niederländisch-deutschen Grenzgebietes zwischen Venlo und Brüggen – Z. dt. GG, *125*.
– (1974): The Pliocene-Pleistocene boundary in western and southern Europe – Boreas, *3*.
–, van Montfrans, H. M., & Zandstra, J. G. (1971): Subdivision of the «Cromerian» in the Netherland Pollen-Analysis, Palaeomagnetism and Sedimentary Petrology – G + Mijnb., *50/1*.
Zoller, H. (1960): Pollenanalytische Untersuchungen zur Vegetationsgeschichte der insubrischen Schweiz – Denkschr. SNG, *83/2*.
– (1962): Die Vegetation der Schweiz in der Steinzeit – Vh. NG Basel, *73*.
– (1968): Die Vegetation vom ausgehenden Miozän bis ins Holozän. In: Die ältere und mittlere Steinzeit – UFAS, 1.
Zoller, H., et al. (1966): Postglaziale Klimaschwankungen und Gletscherstände im Gotthardgebiet und Vorderrheintal – Vh. NG Basel, *77*.
–, & Kleiber, H. (1974a): Vegetationsgeschichtliche Untersuchungen in der montanen und subalpinen Stufe der Tessintäler – Vh. NG Basel, *81/1*.
– & – (1971b): Überblick der spät- und postglazialen Vegetationsgeschichte in der Schweiz – Boissiera, *19*.

# Die Entwicklung der Tierwelt

## *Die Lebensräume der eiszeitlichen Säuger als Klima-Zeiger*

Als Warmblüter sind die Säugetiere – unter ihnen besonders die Großformen – gegenüber Klimaschwankungen gewappnet. Während manche Formen weitgehend unempfindlich sind und daher in verschiedensten Lebensräumen auftreten, bevorzugen andere ganz bestimmte Biotope: die Tundra, die alpine Region, den subalpinen Nadelwald, den subarktischen Wald, den Mischwald gemäßigter Klimate, die warme kontinentale Waldsteppe, die warme kontinentale Steppe, die Lößsteppe.
Eine weit stärkere Abhängigkeit von Klimaschwankungen zeigen die Kleinformen, etwa die Nagetiere, vor allem die Wühlmäuse, die Microtidae. Dank ihrer weiten Verbreitung und ihrer hohen Populationsdichte sind sie gute Klima-Anzeiger.

## *Großsäuger im mitteleuropäischen Pleistozän*

Die *ältestpleistozäne Großsäuger-Fauna* Mitteleuropas zeigt eine eigenartige Mischung altertümlicher Formen mit neu auftretenden. Zu den Tertiär-Überständern gehören Tapir – *Tapirus arvernensis*, dreizehiges Pferd – *Hipparion* – und zwei Mastodonten – *Anancus (Bunolophodon) arvernensis* und *Mammut (Zygolophodon) borsoni*. Dazu treten neue charakteristische Formen: Pferde – *Allohippus stenonis* und *Equus bressanus*, der Südelefant – *Archidiskodon meridionalis* – sowie erste Rinder, das Etrusker Rind – *Leptobos etruscus* – und der Wisent – *Bison*. Zugleich waren bereits viele heutige Gattungen vertreten: *Canis* – Wolf, *Ursus* – Bär, *Gulo* – Vielfraß, *Crocuta* – Fleckenhyäne, *Panthera* – Großkatze, *Lynx* – Luchs, dicerorhine (zweihörnige) Nashörner, *Sus* – Wildschwein, *Cervus* – Hirsch. Unter den Wiederkäuern hatten nur die Horntiere, die sich zuletzt zu differenzieren begannen, noch nicht die heutige Entwicklungsstufe erreicht.
Im *Alt- und Mittelpleistozän* hatten sich verschiedene Gattungen weiter entwickelt und wurden durch neue Arten vertreten, so *Gulo*, *Ursus*, dicerorhine Nashörner, die Pferde, *Sus*, *Cervus*, *Alces* – Elch – und die Elefanten. Aus dem NW wanderte bei zunehmender Vereisung der irische Riesenhirsch – *Megaceros giganteus* – ein und aus dem E stieß, als Nachfahre ursprünglich in den Fußketten des Himalaja aufgetretener Ahnen, der Ur – *Bos primigenius* – bis nach SW-Europa vor.
Die Faunen der frühmittelpleistozänen *Cromer-Forest-Bed-Abfolge* besteht im unteren Teil, in der *Paston-Warmzeit*, aus *Mimomys pliocenicus*, *M. newtoni*, *Allohippus stenonis*, *Euctenoceros sedgwicki*, *E. tetraceros*, *Dama nestii* und *Alces gallicus*. Sie zeigt damit eine große Ähnlichkeit mit derjenigen des altpleistozänen Norwich Crag, doch fehlen zwei der dort charakteristischen Formen: *Anancus arvernensis* und *Euctenoceros falconeri*.
Aus dem oberen Teil, aus dem *Cromer-Interglazial*, erwähnt A. J. STUART (1977) zunächst – aus Cr II (S. 150): *Sorex runtonensis*, *S. savini*, *Mimomys savini*, *Dicerorhinus etruscus*, *Megaloceros verticornus*, *Dama dama*, *Alces latifrons* und *Capreolus capreolus* – Reh. Einige Säuger, darunter *Macaca*, *Sciurus whitei* und *Mimomys savini*, wurden auch aus den über-

lagernden marinen Schottern, aus Cr III, bekannt. In der noch jüngeren Fauna des Cr IV wird *Mimomys savini* durch die entwickeltere *Arvicola cantiana* ersetzt.
Als Anzeichen einer Verschärfung der Kaltzeiten traten erstmals kälteliebendere Formen auf: Eisfuchs – *Alopex*, Ren – *Rangifer*, Ur-Moschusochse – *Praeovibos*, Mammut – *Mammonteus primigenius* – und wollhaariges Nashorn – *Coelodonta antiquitatis*. Zugleich verschwanden die letzten altertümlichen, noch an wärmere Klimate gebundenen Formen: Makak-Affe – *Macaca*, Gepard – *Acinonyx*, Säbelzahntiger – *Homotherium*, Wasserbüffel – *Buffelus*, später auch das Flußpferd – *Hippopotamus*.
Im *Jungpleistozän* drangen neue Einwanderer nach W vor: die Saiga-Antilope – *Saiga tatarica* – und der Steppeniltis – *Mustela putorius eversmanni*. Die Fauna der *letzten Kaltzeiten* zeichnet sich durch nordische Einwanderer aus: Moschusochse – *Ovibos moschatus*, Ren – *Rangifer tarandus*, wollhaariges Nashorn – *Coelodonta antiquitatis*, Mammut und Vielfraß – *Gulo gulo*, die bis nach S-Frankreich vorstießen.
In den letzten Interstadialen der beginnenden Würm-Eiszeit verschwanden der Waldelefant – *Palaeoloxodon antiquus*, das Waldnashorn – *Dicerorhinus kirchbergensis* – und der Damhirsch – *Dama dama*.
Mit dem ausgehenden Pleistozän starben charakteristische Großformen aus: Mammut, wollhaariges Nashorn, Höhlenbär, Höhlenlöwe, Höhlenpanther, Höhlenhyäne, Steppenwisent. Zudem wanderten zahlreiche Großformen aus Mitteleuropa ab. In der Schweiz fielen in geschichtlicher Zeit dem Menschen zum Opfer: Elch, Wisent, Ur, Braunbär – *Ursus arctos*, Luchs – *Lynx lynx* – und Biber – *Castor fiber;* vor dem Aussterben stehen Fischotter – *Lutra lutra* – und Wildkatze – *Felis silvestris* (E. KUHN-SCHNYDER, 1968; E. THENIUS, 1969).
Aufgrund der Fauna wie auch der Flora bildet die letzte Kaltzeit den schärfsten Schnitt in der Reihe der Kaltzeiten. Es scheint, als ob diese den interglazialen Formen am stärksten zugesetzt hätte. Ob sie deswegen als die kälteste oder allenfalls als die trockenste zu betrachten ist, sei einstweilen noch dahingestellt.

### *Die stammesgeschichtliche Entwicklung einiger Groß-Säuger*

Der Übergang von einer Art in eine andere ist durch Formen charakterisiert, bei denen konservative und progressive Merkmale auftreten. Auf die Ausbildung einer neuen Harmonie folgen Zeiten langsamer Entwicklung mit beträchtlicher Variationsbreite. Bei Stammlinien treten nicht Reihen scharf gegeneinander abgegrenzter Stufen auf, sondern stark übereinandergreifende Variationsbezirke.
Bei vielen Säugern ist das Ausmaß der Änderungen im Skelett und im Gebiß zweier aufeinanderfolgender Arten nur gering. Andere wiederum zeigen gut faßbare, gerichtete Umwandlungen. Um diese im Lauf der Zeit verfolgen zu können, bedarf es eines reichen Fossilmaterials altersmäßig bekannter Fundpunkte. Bisher liegen jedoch erst für wenige Stammreihen hinreichend fossile Reste vor. Die Entwicklung der europäischen Elefanten ist vorab aufgrund des erhaltungsfähigen Backenzahngebisses bekannt geworden (K. D. ADAM, 1961, 1964).
Ausgangsform der Entwicklung der weltweit verbreiteten Elefanten ist der Südelefant – *Archidiskodon meridionalis*. Er trat im ältesten Quartär auf und hat sich aus einer jungtertiären indischen Stammform – *A. planifrons* – entwickelt. Aus dem primitiven, aber entfaltungsfähigen Südelefanten bildeten sich zwei Reihen heraus. Die eine führte an

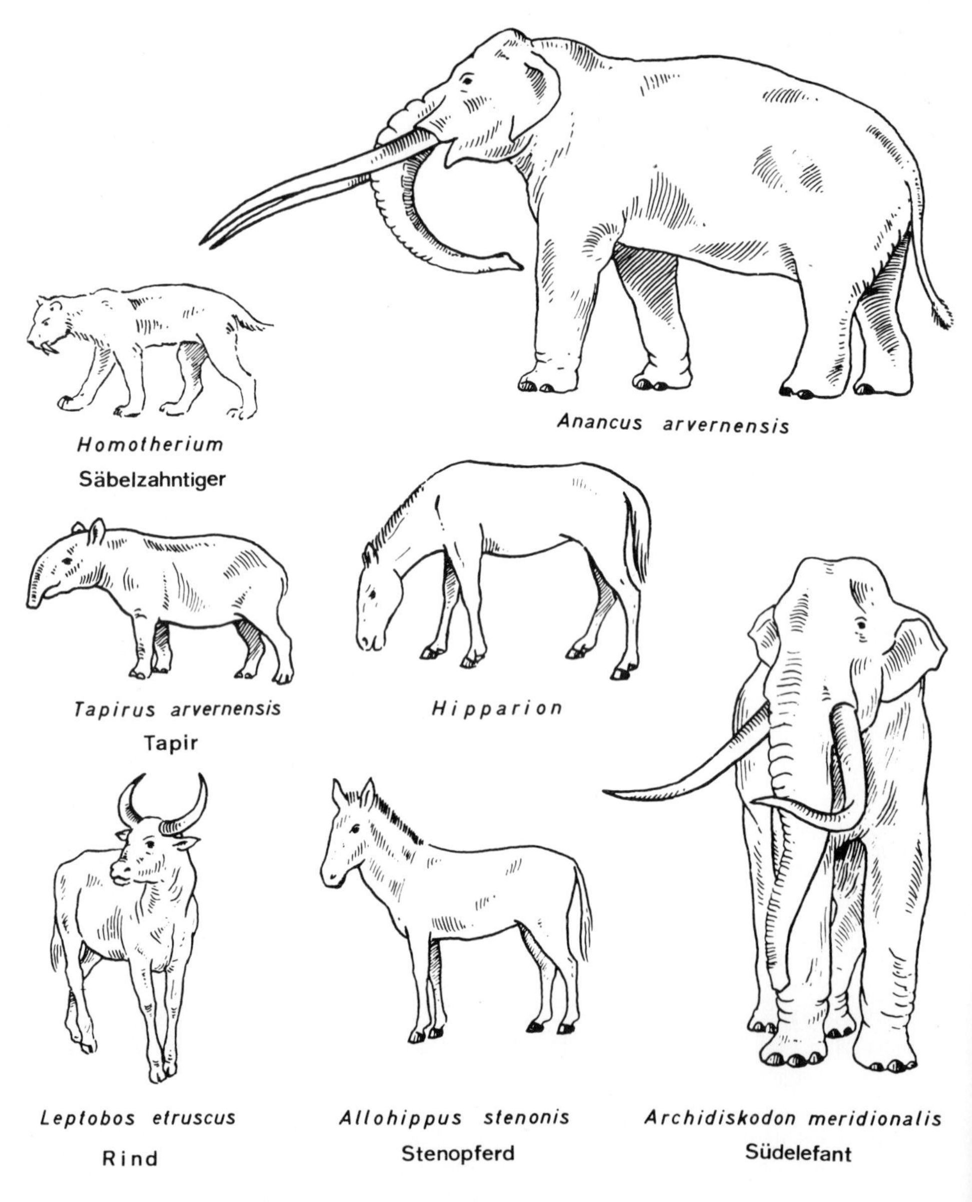


Fig. 93 Großsäuger des ältesten und des Alt-Pleistozäns.
Aus E. Kuhn-Schnyder (1968)

Fig. 94 Arktische Vertreter von Großsäugern des Jungpleistozäns (oben), warmzeitliche Vertreter des Pleistozäns (unten).
Aus E. Kuhn-Schnyder (1968) ▷

*Rangifer*
Ren

*Praeovibos*
Moschusochse

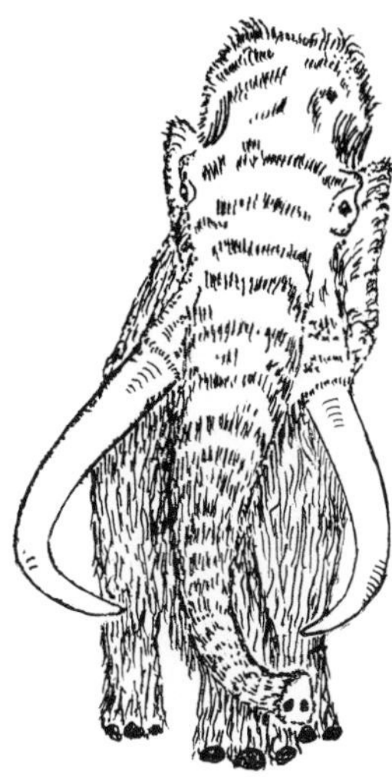

*Mammonteus primigenius*
Mammut

*Coelodonta antiquitatis*
Wollnashorn

*Buffelus*
Wasserbüffel

*Dicerorhinus kirchbergensis*
Waldnashorn

*Macaca*
Makak - Affe

*Hippopotamus*
Flusspferd

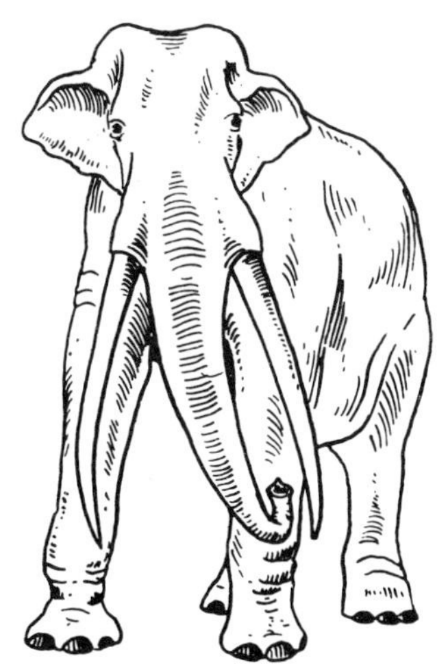

*Palaeoloxodon antiquus*
Waldelefant

der Wende zum Mittelpleistozän unter Größenzunahme des Körpers und der Stoßzähne zum Waldelefanten – *Palaeoloxodon antiquus*, dem Charaktertier der Warmzeiten, mit mächtigen, breitausladenden Stoßzähnen und hochkantigen Backenzähnen mit dicken Lamellen, geeignet für die Aufnahme faserarmer, saftiger Nahrung. Im weiteren Verlauf des Eiszeitalters hat sich die Gestalt des Waldelefanten, der seinem Biotop treu blieb, nur wenig gewandelt. In einem späten Interstadial der beginnenden Würm-Eiszeit starb der Waldelefant aus.
Die andere vom Südelefanten ausgehende Reihe führte in einer ersten Etappe zum mittelpleistozänen Steppenelefanten – *Mammonteus trogontherii* – mit riesigen Vertretern. Erst mit der Mindel (? Elster)-Kaltzeit begann sich bei ihm eine Kälte-Anpassung abzuzeichnen, die zum Mammut – *Mammonteus primigenius*, dem Charaktertier der jüngeren Kaltzeiten – führte. Es zeichnet sich durch stark gekrümmte Stoßzähne und breitkronige, englamellige Backenzähne aus, die als Reibplatten die Aufnahme der faserreichen Steppen- und Tundren-Nahrung ermöglicht hatten. Die in dieser Entwicklungsreihe in Skelett und Gebiß sich abzeichnenden Wandlungen sind Anzeichen einer physiologischen Umstellung, Ausdruck einer Änderung des Lebensraumes. Das sich einstellende dichte Haarkleid hat dem Mammut ein Leben unter härteren Umweltbedingungen ermöglicht.
Eine ganze Mammutherde fand – nach den Fossilfunden von Niederweningen (A. LANG, 1892; ALB. HEIM, 1919) – in einem während eines hochwürmzeitlichen Sommers aufgetauten Flachmoor im unteren Wehntal ein jähes Ende.
Auch in den spätwürmzeitlichen Schottern von Praz-Rodet SW von Le Brassus VD konnte ein nahezu vollständiges Mammut-Skelett geborgen werden (M. WEIDMANN, 1969, 1974; D. AUBERT, 1971). Eine $^{14}C$-Datierung ergab $10\,320 \pm 210$ Jahre v. h. (Fig. 95). Die fossilen Elefanten sind somit nicht nur Dokumente eines bestimmten Lebensraumes, einer bestimmten Fazies; sie sind zugleich wichtige Leitformen für die Großgliederung des europäischen Pleistozäns (ADAM, 1961, 1964). Dagegen ist die Entwicklungsgeschichte der Nashörner mit *Dicerorhinus* und *Coelodonta*, beide mit frontalem Horn, noch nicht geklärt. Als Begleiter des Südelefanten war das etruskische Nashorn – *Dicerorhinus etruscus* – im Altpleistozän weit verbreitet. Mit entwickelteren Formen reichte es bis ins Mittelpleistozän, in dem es vom Merck'schen oder Wald-Nashorn – *D. kirchbergensis* – abgelöst wurde. Zusammen mit dem Waldelefanten charakterisiert es die Warmzeiten. Beide Nashörner nährten sich von Laub, nur untergeordnet von Gräsern. Eine dritte, zweihörnige Form, das mittel- und jungpleistozäne *D. hemitoechus*, ein Steppentier, scheint erdgeschichtlich wie ökologisch zu dem an kaltzeitliches Klima und dessen Vegetation angepaßten wollhaarigen Nashorn, zu *Coelodonta antiquitatis*, hinzuführen. Es trat in Mitteleuropa erstmals in der Riß-Eiszeit auf und war in der Letzten recht häufig. Seine Vorgeschichte steht noch offen (E. WÜST, 1922; F. ZEUNER, 1934; K. STAESCHE, 1951). Wie von seinem Zeitgenossen, dem Mammut, sind auch vom wollhaarigen Nashorn neben zahlreichen Zähnen und Skelettresten sowie Weichteilfunden aus dem sibirischen Bodeneis, lebensnahe Skizzen eiszeitlicher Künstler überliefert (Fig. 98). Aus jungpleistozänen Flußsanden konnten in Galizien zwei Kadaver geborgen werden, die dank der Durchdringung der Weichteile mit Salz und Erdöl erhalten blieben (E. L. NIEZABITOWSKI, 1911; J. NOVAK et al., 1930).
Bereits im Altpleistozän erschien das Flußpferd – *Hippopotamus maior*, dessen jüngere Nachfahren vom heutigen *H. amphibius* kaum zu unterscheiden sind. Durch einen Zahnfund ist es aus den Spätriß (?)-Schottern S von Aarau belegt (S. 194). Noch in der

Fig. 95 Das Mammut von Praz-Rodet, Le Brassus VD, montiert im Musée géologique cantonal in Lausanne. Aus M. WEIDMANN, 1974. Photo: F. DOLEYRES.

letzten Warmzeit war es bis nach S-England vorgedrungen, während es die östlichen Gebiete mit strengeren Wintern mied.

Eine reiche Entfaltung zeigten die *Pferde*. Die erste Entwicklung aus jungtertiären Stammformen vollzog sich in Nordamerika (A. KLEINSCHMIDT, 1966). Mit *Allohippus robustus* und *A. stenonis* traten zu Beginn des Eiszeitalters in Europa *zebroide* Formen auf. Im mittel- und osteuropäischen Mittelpleistozän entwickelten sich weitere. Mit *Equus mosbachensis* erschien erstmals ein *caballines* Pferd, ein großwüchsiges Grassteppentier. Im Altpleistozän erschienen die ersten Wildesel, die im Jungpleistozän mit *Asinus hydruntinus* die Steppen von S-England bis zum Schwarzen Meer belebten. In Italien sind sie durch Fossilreste bis in die ausgehende Würm-Eiszeit (H. G. STEHLIN & P. GRAZIOSI, 1935) und im Jungpaläolithikum von Schaffhausen durch eine Gravur belegt (H.-G. BANDI, 1947, 1968).

Mit dem Etrusker Rind – *Leptobos etruscus* – setzten im Altpleistozän Italiens und S-Frankreichs die Wildrinder ein. Der Wisent, der von südasiatischen Ahnen abstammt, trat in zwei Entwicklungsreihen auf: in der des kräftigen Steppenbisons – *Bison priscus* – mit

langen weitgeschweiften Hörnern und in der des schwächeren Waldwisents – *B. schoetensacki* – mit kurzen, gedrungenen Hörnern.
In den Kaltzeiten stieß der hocharktische, zwischen Rind und Schaf stehende Moschus – *Ovibos moschatus*, der sich aus dem altpleistozänen *Praeovibos priscus* entwickelt hat, zusammen mit dem Ren bis nach S-Frankreich vor (W. Soergel, 1941, 1943).
Das Ren trat, zunächst noch selten, bereits im Alt- und Mittelpleistozän auf. In der Letzten Eiszeit, besonders in der «Rentierzeit», war es als wichtigstes Jagdtier des späteiszeitlichen Menschen weit verbreitet (S. 222).
Unter den Raubtieren war im jüngeren Eiszeitalter der Höhlenbär – *Ursus spelaeus*, der auf den Etrusker Bär – *U. etruscus* – zurückgeht, reich vertreten. In den von altsteinzeitlichen Jägern besiedelten Ostschweizer Höhlen sind in jeder Reste von gegen 1000 meist jungen Tieren gefunden worden (E. Bächler, 1940; Fig. 96). Erst im Spätwürm trat der Braunbär – *U. arctos* – häufiger auf.
Im Jungpleistozän kommt den *Nagern* große Bedeutung zu. Einerseits sind es Tundrenformen – Schneehase und Lemming-Arten, anderseits Steppentiere – Ziesel, Springmäuse, Pfeifhase, Steppen-Murmeltier (D. Jánossy, 1961). Verbreitet war der Biber – *Castor* – und im Altpleistozän eine Urform, das *Trogontherium*.

Fig. 96 Lebensbild des Höhlenbären – *Ursus spelaeus* – nach einer Montage im Naturhistorischen Museum Basel
Aus: E. Kuhn-Schnyder, 1968.

*Kleinsäuger im mitteleuropäischen Pleistozän*

Unter den Kleinsäugern waren – besonders im jüngsten Pleistozän – die Nagetiere und die Insectivoren reich vertreten. Die Reste – vor allem Zähne – stammen meist aus Eulen-Gewöllen.
Die Nager, vorab die Wühlmäuse, haben sich im Pleistozän stammesgeschichtlich rasch entwickelt, so daß sie für eine Fein-Biostratigraphie herangezogen werden können. Anderseits bietet ihre strenge Anpassung an ganz bestimmte Lebensräume und Klima-Bedingungen die Möglichkeit, den Landschaftscharakter und das Paläoklima zu rekonstruieren. Der mehrfache Klimawandel im Pleistozän zwang auch die Nager zu bedeutenden Wanderungen (J. Chaline, 1977 a, b, c).
Wie bei den Großformen, so zeigt sich auch bei den Kleinsäugern an der Schwelle zum Mittelpleistozän eine entscheidende Wendung: Altformen – *Trogontherium*, ein Verwandter des Bibers – starben aus; viele wurden in Mitteleuropa ausgelöscht.

Als Überlebende aus der Tertiärzeit reichen Pfeifhase – *Prolagus* – und von den echten Hasen *Pliolagus* und *Hypolagus* noch ins Altpleistozän. Wann sich Schnee- und Feldhase stammesgeschichtlich getrennt haben, ist noch ungeklärt. Im Jungpleistozän sind sie klimatisch scharf geschieden.
Eine Blüte erlebten im Pleistozän vor allem die Hamster – *Cricetidae* – und die Mäuse. Mit dem beginnenden Mittelpleistozän erschienen artenreiche Gattungen: *Pitymys* – Kleinwühlmaus, *Arvicola* – Schermaus – und *Microtus* – Wühlmaus, die als gute Klima-Anzeiger gelten. Hausmäuse – *Mus* – traten erst in der Nacheiszeit auf, und Ratten – *Rattus* – sind in der Schweiz erst aus historischer Zeit nachgewiesen (E. KUHN-SCHNYDER, 1968).
Auch bei den Kleinsäugern muß mit mehreren Wanderungen gerechnet werden. In den Kaltzeiten trafen Tundren- und Steppenformen aus dem E, in den Warmzeiten wärmeliebendere aus dem S in Mitteleuropa ein.
In den Steppenzeiten des Jungpleistozäns stießen die Großsäuger weiter gegen W vor als die Kleinsäuger (D. JÁNOSSY, 1961). So drangen Saiga-Antilope und Ren im Spätpleistozän bis an die Pyrenäen vor; der Ziesel – *Citellus* – erreichte N-Frankreich, der Hamster – *Cricetus* – NW-Belgien.
CHALINE (1977 b, c) unterscheidet im mittleren Pleistozän 3 biostratigraphische Einheiten: Montierien, Estévien und Aldénien, die er ihrerseits in 4–8 Klimazonen unterteilt. Zugleich gliedert er den europäischen Raum in 4 Groß-Areale: das boreale, das kontinentale das mediterane und das atlantische.
Bei Funden von grabenden Formen ist allerdings eine gewisse Vorsicht geboten. Diese können sich im verfestigten Sediment Wohnbauten gegraben haben, die später einstürzten, so daß den Fossilresten ein jüngeres Alter zukommt als dem umgebenden Sediment.

*Mollusken im mitteleuropäischen Pleistozän*

Die pleistozäne Molluskenfauna Mitteleuropas unterscheidet sich von der heutigen durch mehrere ausgestorbene und ausgelöschte Formen sowie in der abweichenden Zusammensetzung der Gesellschaften.
Entwicklungsgeschichtlich bedeutsam war für die Mollusken besonders das Pliozän, in dem bereits zahlreiche pleistozäne und rezente Arten erschienen. Im Pleistozän selbst treten grundlegende artliche Veränderungen zurück. Dagegen zeichnen sich die Klimaschwankungen in den Mollusken-Gesellschaften scharf ab. Dabei ist jedoch eine strenge chronologische Zuordnung einstweilen noch nicht möglich. Biostratigraphische und paläogeographische Resultate erfordern eine Massengewinnung von Schalen und deren statistische Auswertung (V. LOŽEK, 1964; H. M. BÜRGISSER, 1971).

*Marine Mikroorganismen des Pleistozäns*

Für die Unterteilung des marinen Quartärs werden heute vor allem weltweit auftretende Foraminiferen und Nannoplanktonten herangezogen. Sie erlauben nicht nur eine zeitliche Gliederung mariner Sedimente, sondern zugleich eine Korrelation der quartären Ablagerungen zwischen den Kontinenten (D. M. ERICSON & G. WOLLIN, 1968).

Mit dem ersten Auftreten von *Globorotalia truncatulinoides*, einer planktonischen Foraminifere, die von *G. tosaensis* abstammt, wird in Italien, im Karibischen Raum und an den Küsten Kaliforniens das Pleistozän eingeleitet. Im Nannoplankton löscht *Discoaster brouweri* aus. Dafür setzt wenig früher – zusammen mit benthonischen Formen, der Muschel *Arctica islandica* und der Foraminifere *Hyalinea baltica*, beides nordische Einwanderer – die Coccolithen-Art *Gephyrocapsa caribbeanica* ein (W. W. HAY et al., 1967; W. A. BERGGREN, 1968; D. D. BAYLISS, 1969; J. D. HAYS et al., 1969; O. L. BANDY & J. A. WILCOXON, 1970; Fig. 97).
Das Aufkommen einer vorwiegend linksgewundenen Population der Kaltwasserform *Globorotalia pachyderma* kennzeichnet in N-Italien die Kältezyklen des späteren Pleistozäns, wohl der klassischen Eiszeiten (M. A. CHIERICI in L. DONDI & I. PAPETTI, 1968).
In der Häufigkeitsverteilung von Kalt- und Warmwasserformen – etwa von *Globigerina bulloides* und *Globorotalia inflata* einerseits und von *Globigerinoides ruber* und *Globorotalia menardii tumida* anderseits – spiegeln sich die marinen Temperaturverhältnisse während des Quartärs wider. Zugleich lassen sich daraus Sedimentationsraten für die einzelnen Zeitabschnitte ermitteln. Auch zeigen die marinen Organismen, daß sich die Abkühlung des Wassers in subtropischen Meeren ganz allmählich und erst relativ spät, wohl erst mit der der Saale (= ? Riß)-Eiszeit gleichzusetzenden Häufigkeitsspitze der Kaltwasserformen, vollzogen hat (F. RÖGL & H. M. BOLLI, 1973; RÖGL, 1974).
In der *Vrica-Abfolge* in Calabrien, dem Typus-Profil des marinen Grenzbereiches (M. L. COLALONGA, 1977; COLALONGA & G. PASINI, 1977), lassen sich 3 Abschnitte unterscheiden: ein erster, 178 m mit typischer pliozäner Fauna, ein nächster, 62 m, in den die Pliozän/Pleistozän-Grenze fällt, da in diesem mit *Cytheropteron testudo* der erste nordische Gast erscheint, und ein dritter, 64 m, mit einheitlicher planktonischer Foraminiferen-Vergesellschaftung mit *Globorotalia inflata*, *Globigerina* gr. *bulloides*, *G. falconensis*, seltenen *G. atlantica* und *G. umbilicata*.
An der Basis des mittleren Abschnittes nimmt die Zahl der Arten und ihre Größe ab, zugleich häufen sich *Globigerina pachyderma*, unter denen die linksgewundenen Individuen deutlich vorherrschen.
Nach einigen m nehmen Arten- und Individuen-Zahl plötzlich zu, vorab *Neogloboquadrina dutertrei;* auch erscheinen neue Formen: *Globigerina cariacoensis*, *Globigerinoides tenellus*, Übergangsformen zwischen *Globigerina digitata praedigitata* und *G. digitata digitata*, sowie Horizonte mit zahlreichen Exemplaren von *Globorotalia crassaformis ronda* und *G. crassaformis oceanica*. Innerhalb des mittleren Abschnittes verschwindet *Globigerinoides bollii*. *G. obliquus extremus* und *Globigerina* gr. *decoraperta* konnten nicht gefunden werden. Die Formen des mittleren Abschnittes finden sich auch im oberen, wo in gewissen Horizonten besonders *Globigerinoides conglobatus* und *G. ruber* häufig sind. Dagegen fehlen im mittleren und oberen Abschnitt *Globorotalia truncatulinoides*, was mit der Beobachtung verschiedener Autoren übereinstimmt, wonach diese Form erst nach dem Beginn des Pleistozäns einsetzt, dagegen sind *G. cariacoensis* und *G. tenellus* bessere Leitformen für die Ermittlung der *Pliozän/Pleistozän-Grenze*.
*G. crassaformis ronda*, die auch in pliozänen Ablagerungen außerhalb des Mittelmeers auftritt, scheint in italienischen Profilen das Tiefmeer-Pleistozän zu charakterisieren.

Im *Spätglazial* und im *Holozän* konnten R. W. FEYLING-HANSSEN et al. (1971) in N-Dänemark (Vendsyssel) und S-Norwegen (Sandnes) eine enge Korrelation zwischen den arktischen Mollusken – und der Foraminiferen-Fauna aufzeigen.

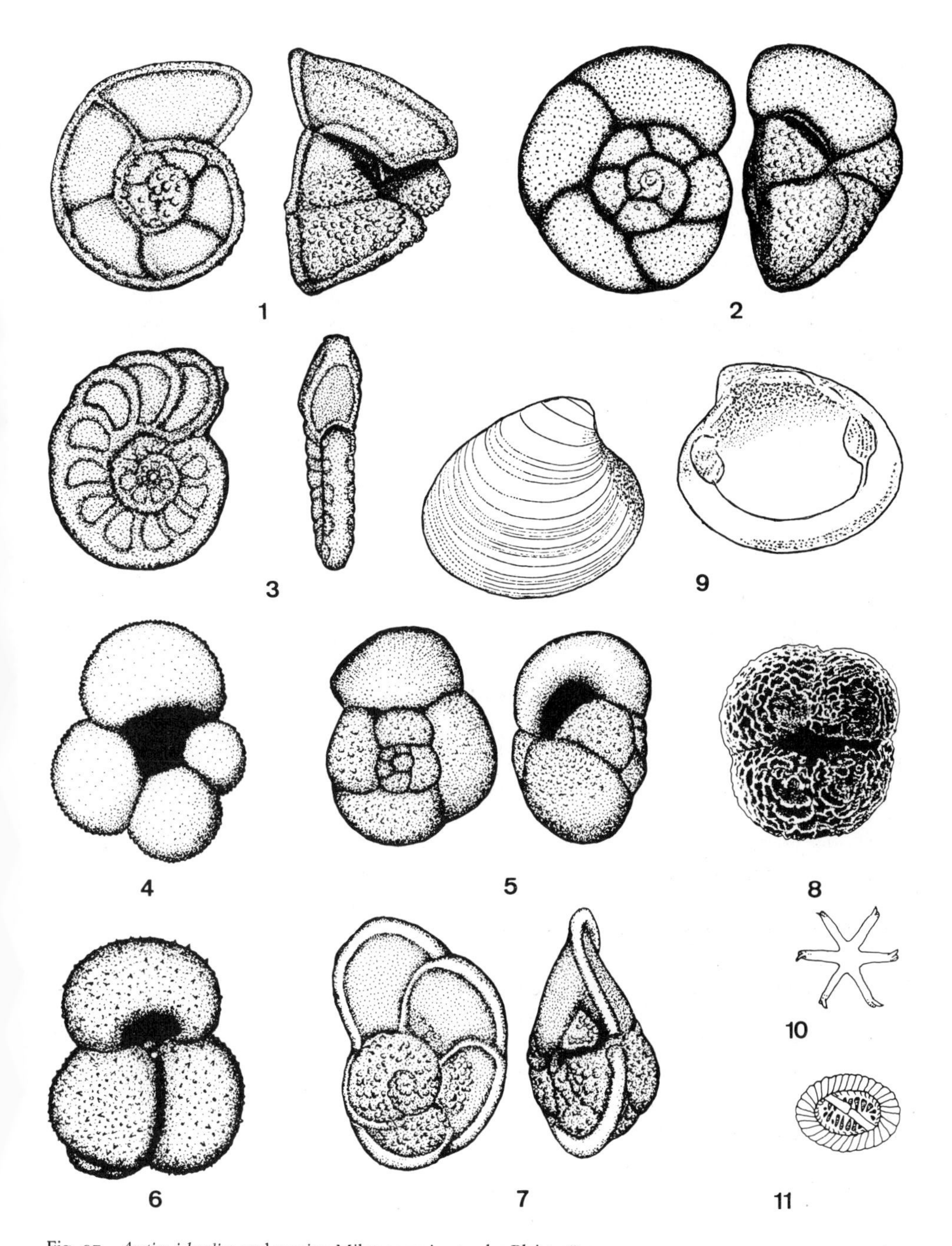


Fig. 97 *Arctica islandica* und marine Mikroorganismen des Pleistozäns

1 *Globorotalia truncatulinoides* D'ORBIGNY, 50 ×
2 *G. tosaensis* TAKAYANAGI & SATTO, 60 ×
3 *Hyalinea baltica* SCHROETER, 75 ×
4 *Globorotalia pachyderma* (EHRENBERG), 75 ×
5 *Globigerina bulloides* D'ORBIGNY, 50 ×
6 *Globorotalia inflata* D'ORBIGNY, 50 ×
7 *Globigerinoides ruber* D'ORBIGNY, 70 ×
8 *Globorotalia tumida* (BRADY), 27 ×
9 *Arctica islandica* (LINNÉ), 3/8 ×
10 *Discoaster brouweri*, 2000 ×
11 *Gephyrocapsa oceanica*, 12000 ×
umgezeichnet von O. KÄLIN, Brugg.

Unter den subatlantischen *Mya arenaria-Schichten* liegen zunächst die *Tapes-* oder *Littorina-Ablagerungen* mit *Ammonia batavus* und *Protelphidium anglicum*. Sie lassen sich in *Dosinia-* oder *Jüngere Tapes-* und *Ältere Tapes-Schichten* unterteilen und umfassen das Subboreal und das Atlantikum. Der *Fastlandstid-Hiatus*, der die Spanne vom Boreal bis in die Ältere Dryaszeit umfaßt, trennt sie von den Bölling-zeitlichen *Zirfaea-Schichten* mit *Elphidium clavatum* und *Cassidulina crassa*, die darin über 90% der Faunengesellschaft ausmachen. Der darunter liegende *Jüngere Yoldia-Ton* mit seinen Flachwasser-Äquivalenten, dem Oberen und dem Unteren Saxicava-Sand über bzw. unter ihm, bekundet die Ältere Dryaszeit. Sandige Grundmoräne und glazifluviale Ablagerungen belegen den maximalen Weichsel-zeitlichen Eisvorstoß. Darunter konnte verschiedentlich der *Ältere Yoldia-Ton* erbohrt werden, der – neben *Elphidium clavatum* und *Cassidulina crassa* sowie weiteren Charakter-Arten – auch nordische Elemente einschließt, wie *Uvigerina peregrina*, *Nonion barleeanum*, *Hyalinea baltica* und *Ammonia batavus*. Er scheint zwei Weichsel-Interstadiale zu umfassen. Dann folgt die *Portlandia arctica-Zone*, die zunächst von der *Abra nitida-*, dann von der *Turritella terebra-Zone* mit ganz verschiedenen Foraminiferen-Vergesellschaftungen abgelöst wird. Diese beiden dokumentieren ein echtes Interglazial, wohl bereits das Eem.

### *Mittel- und frühjungpleistozäne Tierreste aus der Schweiz*

Zwischen den jüngsten fossilbelegten Pliozän-Ablagerungen, den fluvialen Vogesensanden der Ajoie und den Vogesenschottern des Bois de Robe im westlichen Delsberger Becken (S. 267) sowie den ufernahen marinen Mergeln von Balerna im S-Tessin, und den Ablagerungen des Pleistozäns klafft in der Schweiz eine große Lücke in der Überlieferung fossilführender Sedimente.

Wohl der älteste pleistozäne Säugerrest der Schweiz, der Schädel eines Bibers – *Castor*, dessen Backenzähne intensive Schmelzfalten zeigen, stammt aus einer Spaltenfüllung S von Zwingen im Laufener Becken (H. G. STEHLIN, 1922). Da die überlagernden kaltzeitlichen Schotter rund 40 m höher liegen als die rißzeitlichen Hochterrassenschotter des Birstales, werden sie den mindelzeitlichen Tieferen Deckenschottern zugewiesen. Der Fund wäre demnach in die nächst ältere Warmzeit, ins *Günz/Mindel*-Interglazial, (= ? Cromerian) zu stellen, was sich mit STEHLINS Auffassung eines höheren Alters als «prä-Hochterrasse» deckt.

In einer der letzten Wärmeschwankungen der Vorstoßphase der Riß-Eiszeit wurde der Stoßzahn von *?Palaeoloxodon antiquus* in die von Moräne bedeckten Hochterrassenschotter von Holziken S von Aarau eingebettet. Auch ein Zahn von *Hippopotamus amphibius* – Flußpferd – stammt wohl ebenfalls aus dieser Warmzeit und gelangte in rißzeitliche Vorstoßschotter (F. MÜHLBERG, 1908K).

W von Oberentfelden wurde in von Grundmoräne eines rißzeitlichen Vorstoßes bedeckten Schottern das Humerus-Ende eines Edelhirsches – *Cervus elaphus* – gefunden (F. MÜHLBERG, 1896). Auch die Reste aus begleitenden Sanden und Tonen einer von Moräne überlagerten Torfschicht vom Distelberg S von Aarau – ein oberer Backenzahn eines Mammuts, Kniescheibe und Beckenfragment eines Wildpferdes – *Equus caballus* – und das Bruchstück eines Nashorn-Backenzahnes – *?Coelodonta antiquitatis* – stammen aus dieser Wärme-Schwankung.

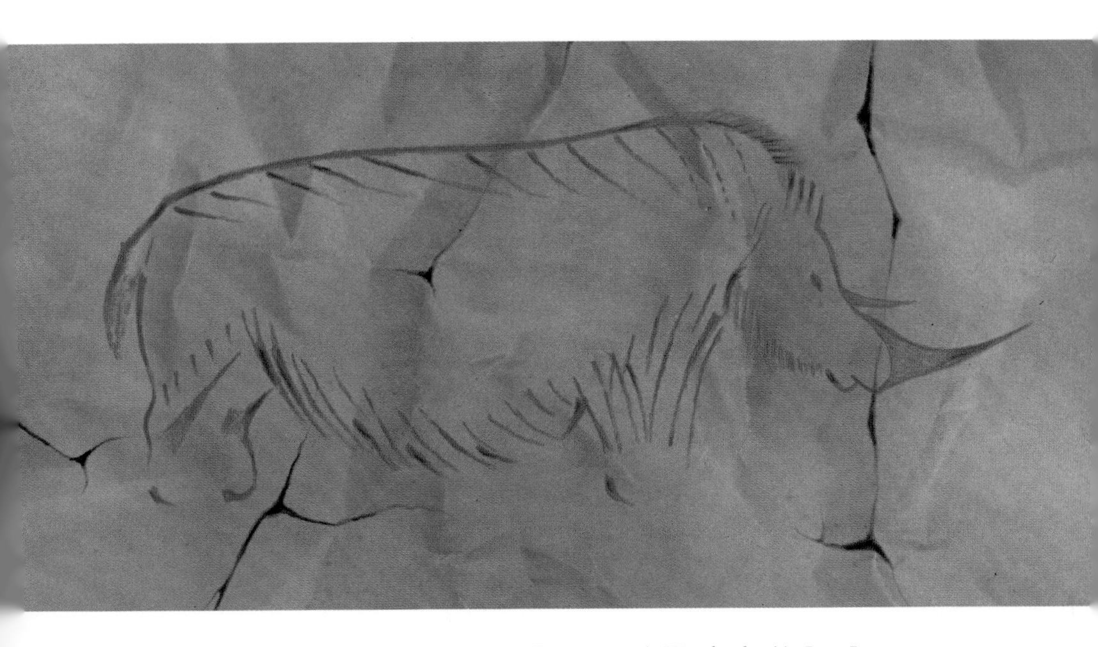

Fig. 98 Wollhaariges Nashorn, *Coelodonta antiquitatis* (Blumenbach), Wandmalerei in Rot, Länge 70 cm. Aus der Höhle Font-de-Gaume bei Les Eyzies (Dép. Dordogne), Magdalénien.
Nach Bandi, H.-G. & Maringer, J. (1955), Abb. 88, umgezeichnet von O. Garraux, Basel.

Fig. 99 Felsritzungen auf den sandigen Bündnerschiefern (Platte III) des Crap Carschenna S von Sils im Domleschg (Graubünden).
Photo: Dr. L. Mazurczak, Zürich.

Aus dem «älteren Löß» über den rißzeitlichen Hochterrassenschottern von Wyhlen E von Basel ist in über 70 Jahren eine reiche Säuger-Fauna geborgen worden: neben Stoß- und Backenzähnen sowie Skelettteilen auch ein vollständiges Mammut, Reste von *Rhinoceros tichorhinus*, von Wildpferd, Rind, Geweihstücke von Ren, ein Hornzapfen von *Bison priscus*, ebenso eine reiche Lößschnecken-Fauna (L. RÜTIMEYER, 1891; A. GUTZWILLER, 1895; F. MOOG, 1939; H. FISCHER et al., 1971; O. WITTMANN, 1977). MOOG fand einen Großteil der Knochen, die keinerlei Spuren von Abrollung zeigten, auf einem Haufen in einer Einmuldung im «älteren Löß». Offenbar wurden die Knochen vom Altpaläolithiker zusammengetragen. Die Mitbeteiligung des Menschen wird gestützt durch Knochen- und Geweihreste mit Rillen und Kerben (MOOG & G. KRAFT, 1940).
Während die Fauna von Wyhlen früher als altersgleich mit den liegenden Hochterrassenschottern und damit als sensationell für die Riß-Eiszeit betrachtet worden ist, weist sie WITTMANN (1977) in die Würm-Eiszeit (Bd. 2).
Aus hochrißzeitlichen randglaziären Deltaschottern vom Gitterli S von Liestal stammt das Fragment eines Mammut-Backenzahnes, von *Mammonteus primigenius*.
In einer spätrißzeitlichen Vorstoßphase wurde bei Wasterkingen ZH ein Mammut-Stoßzahn in jüngere Hochterrassenschotter eingebettet. Damals dürfte auch der Mammut-Molar von Egerkingen SO zum Geröll gerundet und von Moräne eingedeckt worden sein (STEHLIN, 1922). Dagegen lag das von MÜHLBERG aus «Hochterrassenschottern» erwähnte Geweih-Fragment eines *Rens* von Rupperswil in Niederterrassenschottern.

### *Funde aus der Riß/Würm-Warmzeit und aus Frühwürm-Interstadialen*

Erst aus dem Jungpleistozän sind die Funde reichhaltiger. Während die aus schweizerischen Schieferkohlen stammenden Reste früher als warmzeitliche Dokumente dem Riß/Würm-Interglazial zugewiesen wurden, bekunden diese, wo sie in eisrandnahen Schotterabfolgen liegen, einen wärmeren Abschnitt der beginnenden Hochwürm-Eiszeit, was sich mit dem Floren-Inhalt und den $^{14}C$-Datierungen deckt. Beim Zurückweichen des Eises kam jeweils ein Wald hoch, der beim nächsten Vorstoß wieder zerstört und überschottert wurde (S. 157).
In den Schieferkohlen von Dürnten konnten Waldelefant – *Palaeoloxodon antiquus*, Merck'sches Nashorn – *Dicerorhinus kirchbergensis*, Ur – *Bos primigenius*, Edelhirsch und Elch – *Alces alces* – nachgewiesen werden. Aus denjenigen von Uznach, am Rande der Linthebene, sind – neben Edelhirsch, Wildrind und Waldelefant – Höhlenbär – *Ursus spelaeus*, Wildschwein – *Sus scrofa* – und Eichhörnchen – *Sciurus vulgaris* – gefunden worden. Ein weiterer Rest von *A. alces* wurde bei Gommiswald geborgen.
In den Schieferkohlen des nördlichen Napfgebietes unterschied TH. STUDER (in E. BAUMBERGER et al., 1923) eine ältere Fauna mit Edelhirsch, Reh – *Capreolus capreolus*, Biber, Wildschwein, Fischotter – *Lutra lutra*, Sumpfschildkröte – *Emys orbicularis* – und eine jüngere Vergesellschaftung mit Mammut, Ren, Riesenhirsch – *Megaceros*, einem Nashorn – wohl *Coelodonta antiquitatis* – und Murmeltier – *Marmota marmota*. Diese jüngere Fauna wurde von STUDER noch in den zweiten Vorstoß der Riß-Eiszeit gestellt. Mit H. G. STEHLIN (in A. DUBOIS & STEHLIN, 1933), der diese Fauna mit derjenigen aus der Höhle von Cotencher (Neuchâtel) verglich und als «très répandu à l'époque moustérienne» bezeichnet hat, ist sie in die Wachstumsphase der Würm-Eiszeit zu stellen.

Aus den Schieferkohlen von Grandson konnten geborgen werden: *Cervus elaphus* – Hirsch, *Sus scrofa*, *Castor fiber* – Biber, *Alces alces* – Elch, *Equus caballus* – Pferd – und *Bison priscus* – Wisent (M. WEIDMANN, 1974).
In frühwürmzeitlichen Schieferkohlen und in begleitenden Tonen finden sich häufig blau-grün schillernde Flügeldecken, seltener Brustreste und Beine von Rohrkäfern, die auf Sumpf- und Wasserpflanzen der Torfmoore gelebt haben und mit den in Sümpfen lebenden *Donacea discolor* und *D. sericea* übereinstimmen. In Dürnten fand O. HEER (1879) eine Flügeldecke eines Rüsselkäfers, einer mit dem auf Föhren lebenden *Hylobius pineti* verwandten Form. Seeletten bergen Flügeldecken und Brustreste von Laufkäfern. Eine Art stimmt mit *Pterostichus nigrita* überein; zwei *Carabites*-Arten betrachtet HEER als ausgestorben.
Aus den interglazialen Mergeln von St. Jakob an der Birs sind Drehkäfer – *Gyrinus*, Wasserkäfer – *Hydrophilus*, Laufkäfer – *Pterostichus vernalis*, Springkäfer – *Elater* – und Rohrkäfer – *Donacea* – bekannt geworden. Daneben enthalten diese Ablagerungen, wie diejenigen von Flurlingen und jene aus frühwürmzeitlichen Interstadialen, zahlreiche Schnecken, vorab Heliciden, ferner *Planorbis*, *Physa*, *Succinea*, *Clausilia*, *Pupa*, Lymnaeaceen, *Vitrina*.
Neulich fanden L. & G. WYSSLING (1978) Käferreste – *Hylurgops palliatus*, *Tachinus*, *Acidota crenata*, Cerambycidae und ein Hemipteren-Abdomen – in warmzeitlichen Ablagerungen in einer Kernbohrung in Uster in einer Tiefe von 61–66 m.
Die Molluskenfauna aus den Zeller Schottern (S. 333), die auf einen Mischwald mit vorherrschenden Nadelhölzern hindeutet, ist ebenfalls einem Frühwürm-Interstadial zuzuordnen (HANTKE, 1968), während sie A. ERNI, L. FORCART & H. HÄRRI (1943) als Fauna der «Hochterrassenschotter» der Riß-Eiszeit zugewiesen haben.
Dagegen ist für das Quelltufflager von Flurlingen bei Schaffhausen, in dem Edelhirsch und Merck'sches Nashorn gefunden worden sind (J. MEISTER, 1898), interglaziales Alter wahrscheinlich. Von den Mollusken fehlen heute drei Arten in der N-Schweiz: *Retinella hiulca*, *Goniodiscus perspectivus* und *Lindholmiola contorta*. Während *R. hiulca* noch am Alpen-S-Rand auftritt, findet sich *L. contorta* im östlichen Mittelmeergebiet (FORCART in ERNI et al., 1943).
In den interstadialen Schottern von Bioley-Orjulaz fanden sich *Ovibos moschatus* – Moschus – und Mammut (F. & M. BURRI & WEIDMANN, 1968). Eine $^{14}$C-Datierung ergab 34600 +2700, −1800 Jahre v. h. (WEIDMANN, 1974).
In einen letzten Abschnitt des vorstoßenden Würm-Eises gehört das Mammutlager von Niederweningen (ALB. HEIM, 1919; W. LÜDI, 1953; E. BUGMANN, 1958; HANTKE, 1959). Neben älteren und jüngeren Mammut-Exemplaren sind Wildpferd, Wisent – *Bison priscus*, Wolf – *Canis lupus*, Wühlmaus – *Arvicola amphibius*, Grasfrosch – *Rana temporaria* – sowie Insektenreste geborgen worden (A. LANG, 1892).
Aus den Niederterrassenschottern von Hüntwangen wurden neben Stoß- und Backenzähnen von Mammut auch ein Nashorn-Molar, aus den Weiacher Kiesen neben Mammut-Stoßzähnen eine Geweihstange eines Rens, die am ehesten mit *Rangifer tarandus arcticus* vergleichbar ist, geborgen.

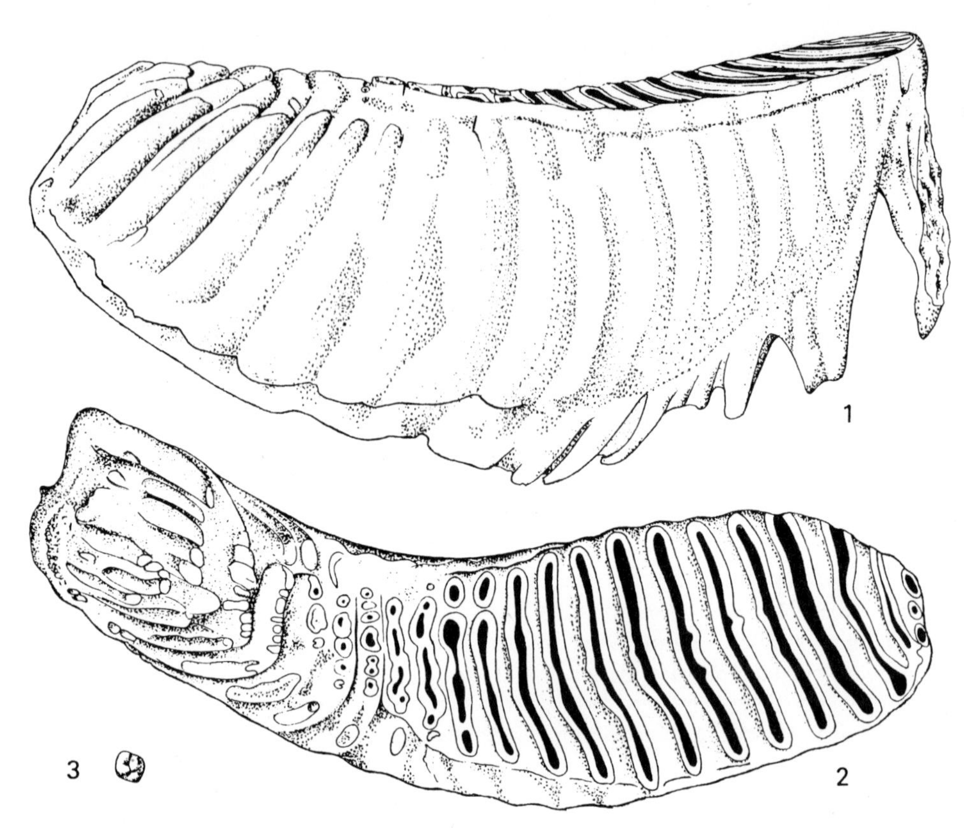


Fig. 100 Backenzahn von 30 cm Länge von *Mammonteus primigenius* – Mammut – aus der Kiesgrube Witzberg NW von Pfäffikon ZH, wo er in einem Unterkiefer-Bruchstück gefunden wurde.
1 Seitenansicht, 2 Kauflächen-Ansicht, 3 menschlicher Backenzahn.
Aus H. WILDERMUTH, 1977.

## *Würmzeitliche Faunenfunde aus Höhlen*

Den umfassendsten Einblick in die pleistozänen Faunen gewähren Tierreste, die, zusammen mit menschlichen Artefakten, in Höhlen und unter Felsvorsprüngen gefunden worden sind. Neben dem Menschen wurden die Höhlen vor allem von Raubtieren als Unterschlupf aufgesucht.
All diese Höhlenfunde bieten jedoch nur eine für die Höhle und ihre allernächste Umgebung gültige biostratigraphische Gliederung der Sedimente. Immerhin lassen sich die Höhlensedimente, aufgrund ihrer Bildung unter analogem Klima, gleichwohl miteinander vergleichen (E. SCHMID, 1958).

### Faunen aus Moustérien-Höhlen

Über die Faunen des Moustérien unterrichten die Funde aus altpaläolithischen Höhlen: Wildkirchli (1486 m) im Säntisgebirge, Drachenloch (2445 m) im St. Galler Oberland und Wildenmannlisloch (1628 m) in den Churfirsten (E. Bächler, 1921, 1934, 1936, 1940; E. Schmid, 1961), Steigelfadbalm (960 m) an der Rigi (W. Amrein, 1939), Cotencher im Val de Travers (Dubois & Stehlin, 1932, 1933), die bis 1845 m hinaufreichenden Höhlen des Simmentales (D. Andrist, W. Flükiger & A. Andrist, 1964), der Freiberge (F. E. Koby, 1944; O. Tschumi, 1949), des Birstales (E. Vogt & Stehlin, 1936; S. Schaub & A. Jagher, 1945, Th. Schweizer et al., 1959, Schmid, 1966) und der Säckinger Gegend (E. Gersbach, 1969).

Mit Ausnahme der Höhlen und Balmen im unteren Birstal waren es eigentliche Bären-Höhlen mit bis zu 90% der Reste von Höhlenbären – *Ursus spelaeus*. Nach W. Soergel (1940) gründeten die Höhlenbärenjäger ihren Lebensunterhalt nicht allein auf die Bärenjagd; für die Versorgung stand leichter erlegbares Wild im Vordergrund.

Durch Analysen der Höhlensedimente konnte E. Schmid (1958) zeigen, daß die Bildung der Höhlenbärenschichten in die lange Vorstoßphase der Würm-Kaltzeit fällt.

Neben dem Höhlenbären – einem ausgesprochenen Pflanzenfresser – verleihen katzenartige Raubtiere – Höhlenlöwe – *Felis spelaea*, Panther – *Felis pardus*, Pardelluchs – *Lynx pardina* – sowie Alpenwolf – *Cuon alpinus* var. *europaeus* – und Höhlenhyäne – *Crocuta spelaea* – den Faunen der Birstaler Höhlen ein altertümliches Gepräge.

Die bedeutendste Faunen-Fundstelle, die *Höhle Cotencher*, spiegelt eine Mischung verschiedenster Elemente wider. Den arktisch-alpinen Vertretern kommt noch nicht die Bedeutung zu wie später im Magdalénien. Neben dem absoluten Vorherrschen des Höhlenbären und der katzenartigen Feliden unterschied Stehlin vier Gruppen:

Fig. 101 *Dicrostonyx torquatus* – Halsbandlemming. Zeichnung von O. Garraux, Basel. Aus K. Hescheler† & E. Kuhn, 1949.

- *klimatisch indifferente Formen.*
- *arktische Einwanderer:* wollhaariges Nashorn – *Coelodonta antiquitatis*, Halsbandlemming – *Discrostonyx torquatus*, nordische Wühlmäuse – *Microtus ratticeps* und *M. anglicus*, Eisfuchs – *Alopex lagopus*, Moorschneehuhn – *Lagopus lagopus*, Vielfraß – *Gulo gulo* – und Ren – *Rangifer tarandus*.
- *alpine Vertreter:* Schneehase – *Lepus timidus*, Murmeltier, Schneemaus – *Microtus nivalis*, Gemse – *Rupicapra rupicapra*, Steinbock – *Capra ibex* – und Alpendohle – *Pyrrhocorax alpinus*.

– *mediterrane* oder *«interglaziale» Arten:* Spitzmaus – *Sorex*, eine Langohr-Fledermaus – *Plecotus auritus*, Langflügel-Fledermaus – *Miniopterus schreibseri*, Hamster – *Allocricetus bursae*, Pardelluchs – *Lynx* cf. *pardina*, Korsakfuchs – *Vulpes corsac* sowie ein zweifelhafter Rest des Merck'schen Nashorns.

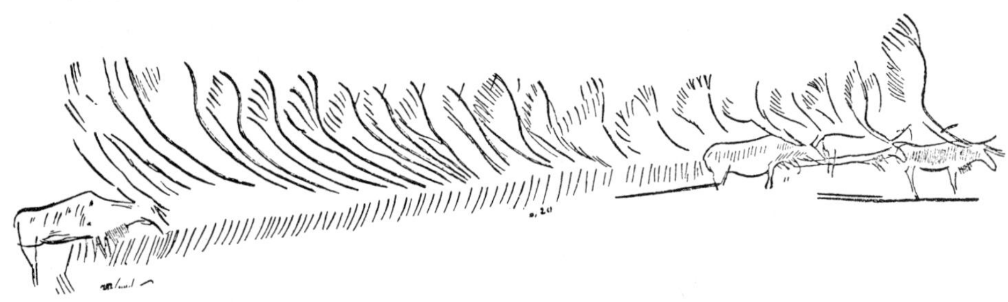

Fig. 102 Rentierherde, Gravierung auf einem Adlerknochen. Breite 20 cm. Aus der Magdalénien-Grotte von Mairie in Teyjat bei Varaignes (Dordogne). Aus BANDI, H.-G. & MARINGER, J. (1955).

In den *alpinen Höhlen* sind – neben dem Höhlenbären – Gemse, Steinbock, Murmeltier, Schneehase und Schneemaus gut vertreten; größere Huftiere – Wildpferd, Wildrind, Ren – sowie Nashorn und Elefant fehlen aus orographischen Gründen. Dagegen hielten sich alpine Arten – wohl vor allem im Winter – auch im Flachland auf.
Im Schnurenloch ist der Moschus schon in der tiefsten Schicht nachgewiesen, was seine Anwesenheit im Simmental bereits in der beginnenden Würm-Kaltzeit belegt, während er sonst erst in eisrandnahen hochglazialen Schottern gefunden wurde.
In der Höhle *Schalberg* bei Aesch (Baselland) lieferte die Höhlenhyäne die meisten Reste. Nach STEHLIN (in VOGT & STEHLIN, 1936) dokumentiert die Fauna ein kaltes Milieu mit nordischen Einwanderern – Ren und Eisfuchs. Die alpinen Elemente wurden ins Flachland verdrängt. Mammut, wollhaariges Nashorn, Höhlenbär und Höhlenhyäne deuten auf eine Vergesellschaftung des späten würmzeitlichen Eisvorstoßes. In den Hyänenhorsten waren viele Knochen in charakteristischer Weise zerbrochen, was nicht auf den prähistorischen Menschen, sondern auf knochenfressende Raubtiere, vor allem auf die Höhlenhyäne, zurückzuführen ist (H. ZAPFE, 1939).

Faunen aus Magdalénien-Höhlen

Faunen des Magdalénien fanden sich im Kanton Schaffhausen, am Genfersee, im Birstal und in der Umgebung von Olten.
Im *Keßlerloch* bei Thayngen SH, der reichsten Magdalénien-Fundstelle, wiesen L. RÜTIMEYER (in K. MERK, 1875), TH. STUDER (in J. NÜESCH, 1904) und K. HESCHELER (1907) eine Fauna nach, die auf engstem Raum Tiere vereinigt, welche heute über ein weites Areal verstreut leben. Nur wenige Vertreter sind in vorhistorischer Zeit ausgestorben: Mammut, wollhaariges Nashorn und Höhlenlöwe. Der Steppenwisent ist wohl der Vorläufer des heutigen Wisents – *Bison bonasus*. Der Ur lebte noch in historischer Zeit; er wurde erst 1627 ausgerottet. Von den übrigen Arten sind viele schon vor dem Neolithikum aus der Schaffhauser Gegend oder gar aus Mitteleuropa abgewandert. STUDER (1904) unterschied vier ökologische Gruppen:

- eine *Tundrafauna* mit Eisfuchs, Vielfraß, Schneehase, Halsbandlemming, Mammut, wollhaariges Nashorn, Ren, Moschusochse und Moorschneehuhn.
- eine *Steppenfauna* mit arktischem Einschlag mit Zieselarten, Hamster, Wildpferd, Kulan – *Equus hemionus*, Steppenwisent.
- eine *alpine Fauna* mit Schneehase, Murmeltier, Gemse, Steinbock, Schneemaus, Alpenschneehuhn – *Lagopus mutus*.
- eine *Wald-*, *Wiesen-* und *Wasserfauna* mit Braunbär, Luchs – *Lynx lynx*, Baummarder – *Martes martes*, Fischotter, Wolf, Fuchs, Biber, Wildschwein, Hirsch, Reh, Ur.

Eine derartige Mischung von Tundra-, Steppen- und Waldtieren lebt heute im subarktischen Sibirien. Offenbar herrschten auch im Alpen-Vorland in dem vom spätwürmzeitlichen Eis freigegebenen Raum zunächst ebenfalls noch kurze Vegetationszeiten und damit ähnliche Lebensbedingungen. Während diese Faunen im Spätglazial noch nebeneinander lebten, sind sie heute geographisch und ökologisch getrennt.
Wie aus den Individuenzahlen hervorgeht, waren Ren, Schneehase, Wildpferd und Schneehuhn die wichtigsten Jagdtiere des Magdalénien-Menschen. Die markführenden Knochen sind in allen Schichten zerschlagen; viele zeigen zudem Brandspuren: es liegen also wohl Reste von Mahlzeiten vor.
Mit den Funden von *Schweizersbild* bei Schaffhausen ergibt sich faunistisch eine gute Übereinstimmung. In den beiden Nagetierschichten waren auch kleine Vogelarten, Reste von Reptilien, Amphibien und Fischen gefunden worden. Der Felsen von Schweizersbild war offenbar ein bevorzugter Aufenthalt von Raubvögeln, deren Gewölle zur Bildung der Nagetierschichten beitrugen, in der auch die sibirische Zwiebelmaus – *Microtus gregalis* – und der Zwergpfeifhase – *Ochotona pusilla* – nachgewiesen sind.
Die Faunen der *Birstal-Höhlen* zeigen eine große Ähnlichkeit mit denen der Schaffhauser Magdalénien-Stationen (STEHLIN in F. SARASIN, 1918). Am Thiersteiner Schloßfelsen traten Höhlenbär und Braunbär zusammen auf.
In den Fundstellen der *Genfersee-Gegend* – Veyrier am Salève und Scé oberhalb von Villeneuve – herrschten Ren und Schneehuhn vor; weniger häufig waren Wildpferd und Alpenhase sowie die übrigen alpinen Arten. Dagegen fehlten Mammut, wollhaariges Nashorn, Moschus, Vielfraß, Wisent, Höhlenlöwe, Lemming. Die Waldfauna wird bekundet durch Luchs, Dachs, Marder und einen großwüchsigen Hirsch (RÜTIMEYER, 1873, 1875; STUDER, 1896, 1902; A. JAYET, 1943). Das Klima zur Zeit des Magdalénien hält JAYET für weniger hart als das der heutigen Tundren; immerhin deutet die arktische Steppenfauna auf kontinentales Klima, wie es heute in Sibirien und in Kanada zwischen 50° und 60° n. Br. anzutreffen ist.
Die *Rislisberg-Höhle* in der Klus von Oensingen lieferte Knochen von Schneehase, Steinbock, Murmeltier, Ren, Eisfuchs, Braunbär, Wildpferd, Vielfraß, Dachs, Cerviden und großen Carnivoren. Häufigste Fleischlieferanten der *Spätmagdalénien Bewohner* waren: Schneehühner, Schneehase, Steinbock und Ren. Aus Gewöllen von Raubvögeln konnten zahlreiche Knochen von Kleinsäugern erkannt werden. Ebenso wurden fast 40 Vogelarten, mehrere Fische – Forellen, Äschen, Hechte, Döbel, Quappen – sowie rund 30 Schneckenarten nachgewiesen (E. MÜLLER, 1977).
Neben Funden aus Höhlen, die wie jungpleistozäne naturhistorische Museen anmuten, decken Reste aus Flußablagerungen und Lössen auf, was im offenen Land, ohne Zutun des Menschen, vor sich ging. Die Lagerung der Streufunde erlaubt jedoch meist keine genaue zeitliche Einstufung. Sie sind aus altersanzeigenden Pflanzen- und Tiervergesellschaftungen herausgerissen, und begleitende Artefakte, die für die Datierung jungpleisto-

zäner und altholozäner Ablagerungen wichtig sind, fehlen. Da Einbettung, Erhaltung, Entdeckung sowie Auswertung solcher Funde sehr vom Zufall abhängt, ist – abgesehen von Löß-Mollusken und Großsäuger-Resten – erst ein kleiner Teil bekannt (K. HESCHELER & E. KUHN, 1949; KUHN, 1968).

*Die Tierwelt des Alt-Holozäns*

Ist die Tierwelt im ausgehenden Paläolithikum im außeralpinen Gebiet noch durch nordische – vor allem Ren – und alpine Arten gekennzeichnet, zu der sich mit zunehmender Erwärmung und einsetzender Wiederbewaldung Vertreter der Weide- und Waldfauna hinzugesellen, so beginnen diese im Alt-Holozän aus dem Flachland mehr und mehr zu verschwinden. Die nordischen Formen zogen sich nach N zurück. Ein Teil wandte sich den Alpen zu, wo sie ausgelöscht oder nachträglich zu «alpinen» Formen wurden, deren Unterscheidung von angestammten größte Schwierigkeiten bereitet.
Im Maße, wie Wald und Naturwiesen sich ausbreiteten, gewannen die Wald- und Weidefaunen die Oberhand, bis sie zu Alleinbesitzerinnen des Bodens wurden.
Etappenweise nähert sich die Fauna im Mesolithikum durch gestaffelte Einwanderungen aus dem östlichen Periglazialbereich mehr und mehr der heutigen (G. STORCH, 1974). Die Faunen mesolithischer Fundstellen sind bereits ausgesprochene Waldtiergesellschaften. In *Birseck* (STEHLIN in F. SARASIN, 1918) sind noch Hamster – *Cricetus cricetus*, ein Steppentier, das in der Schweiz erst mit dem Neolithikum verschwunden ist, und nordische Wühlmaus – *Microtus ratticeps*, ein weiteres Pleistozän-Relikt, nachgewiesen. Heute treten beide nur noch in NE-Europa auf.
In der *Birsmatten-Basisgrotte* sind von alpinen Vertretern Gemse und Murmeltier belegt (E. SCHMID in BANDI, 1963). Häufigste Beutetiere der mesolithischen Jäger waren Wildschwein und Edelhirsch. In der am Birsufer gelegenen Fundstelle lieferte auch der Biber zahlreiche Reste. Während der Schneehase für den Paläolithiker ein wichtiger Fleischlieferant war, trat der Feldhase – *Lepus europaeus* – als Jagdtier im Mesolithikum kaum hervor. Seine zögernde Rückwanderung aus fernen Refugien war durch die gleichzeitige Ausbreitung des Waldes behindert. Erst die großen Rodungen und weiten Ackerbauflächen zur Römerzeit boten ihm eine reichere Entfaltungsmöglichkeit (E. SCHMID in BANDI, 1963).
Wie schon STUDER (in SARASIN, 1918) in Birseck festgestellt hat, bewegt sich die Vogelwelt des Azilien innerhalb der heutigen Vielfalt, was durch die Funde von Birsmatten bestätigt wurde. Die horizontmäßig durchgeführte Grabung zeigte jedoch, «daß die Vögel deutlich den Wandel der Landschaft während der Sedimentation von offenem, mit Büschen bestandenem Gelände bei stetiger Zunahme der Bäume bis zum geschlossenen Wald im Tarnenoisien wiedergeben» (SCHMID in BANDI). Auch in der Molluskenfauna spiegelt sich dieser Wandel wider, da zunehmend ans veränderte Milieu angepaßte Schnecken auftreten.
Die Funde der mesolithischen Halbhöhle *Balm* bei *Günzberg* am S-Abhang des Weißenstein bekunden eine Wald- und Wiesenfauna. Haustiere fehlten noch, ebenfalls fanden sich keine arktischen Arten mehr, dagegen waren noch alpine Säuger vertreten (STEHLIN, 1941). In einer benachbarten Grabung mit zwei Kulturschichten enthielt die tiefere neben der Wald- und Wiesenfauna, den alpinen Arten – Murmeltier, Schneemaus, Alpenhase, Steinbock, Gemse – noch Alpenschneehuhn sowie zwei nordische

Vertreter – Ren und Moorschneehuhn. Das Auftreten des Waldrapp – *Geronticus eremita* – verleiht dem Faunenbild eine eher wärmere Note (K. HESCHELER & E. KUHN, 1949; KUHN, 1960, 1968).

Fig. 103 *Geronticus eremita* – Waldrapp
Aus CONRAD GESNER, 1557.
(Faksimile-Druck 1969).

Der Übergang vom Paläolithikum zum Neolithikum wird gekennzeichnet durch das Ausbleiben der arktischen Formen und der östlichen Steppentiere sowie durch den Rückzug der alpinen Vertreter in ihr jetziges Areal. Aus der reichen Mischfauna des Paläolithikums entwickelte sich eine reine Waldfauna, der – nach den schweizerischen Funden – Haustiere noch fehlten.

## *Die Fauna des Neolithikums*

### Wildtiere

Durch die Ausbreitung der menschlichen Bevölkerung und die beginnende Zivilisation wurde manche Tierart in ihrem Lebensraum beschnitten oder dessen gar beraubt. Die Jagd schränkte den Wildbestand weiter ein, so daß manche Formen schon im Neolithikum stark zurückgingen.
Charaktertier der neolithischen Wildfauna war der *Edelhirsch*. Er war nicht nur Fleischtier, sondern zugleich Lieferant harter Knochen mit scharfkantigem Bruch und von leicht zu bearbeitendem Geweih. Wie schon RÜTIMEYER (1862) festgestellt hatte, waren die vor- und frühgeschichtlichen Formen noch recht stattliche Tiere, was für ganz Mitteleuropa zutraf (J. BOESSNECK, 1958a, b; J.-P. JÉQUIER in BOESSNECK et al., 1963). Für die Größenabnahme ist der Rückgang der Waldareale mitverantwortlich, da Hirsche aus Waldgebieten, in denen der menschliche Eingriff weniger tief hineinreicht – Karpaten, Siebenbürgen, Bialowieska – noch heute ihren neolithischen Vorläufern kaum nachstehen (BOESSNECK, 1956). Das *Reh* – vom Hirsch konkurrenziert und von Raubtieren bedroht – war weniger häufig als im Mittelalter und in der Neuzeit, in denen zunehmende Rodungen ihm günstigere Lebensbedingungen schufen. Der *Elch*, im Neolithikum noch reich vertreten, wurde allmählich seltener (E. BÄCHLER, 1911), fand sich

Fig. 104 *Bos primigenius* – Ur, Rekonstruktion des Schädelrestes aus dem Altholozän von Ober-Illnau, Seitenansicht, 0,2 × nat. Gr. Orig. Paläontol. Museum. Univ. Zürich.
Aus K. A. HÜNERMANN (1968)
Gezeichnet von O. GARRAUX, Basel.

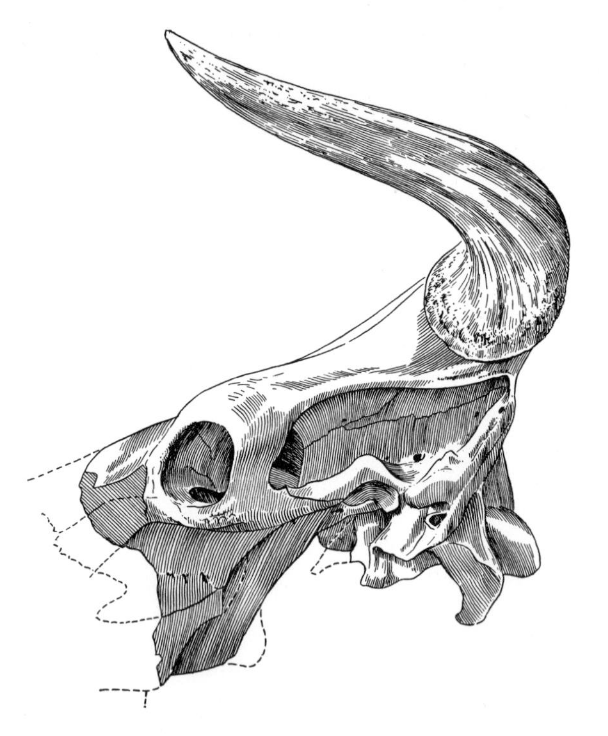

in Schaan (Liechtenstein) aber noch in spätrömischen Ablagerungen (F. E. WÜRGLER, 1958). Der *Ur* war noch weit verbreitet (K. A. HÜNERMANN, 1968; Fig. 104).
Ein fast vollständiges Skelett konnte neulich in Ober Goldach aus holozänen Alluvionen des Dorfbaches geborgen werden (Frl. Dr. I. GRÜNINGER, mdl. Mitt.).
Dagegen trat der *Wisent* in der Schweiz eher zurück.
Neben dem Edelhirsch war besonders das *Wildschwein* ein wichtiges Jagdtier. Da es unter optimaleren Bedingungen lebte, entwickelte es sich kräftiger als das heutige. Auch der *Braunbär* war noch ein markanter Bewohner unserer Wälder, und in den Flußtälern mit den verzweigten Wasserläufen, Auenwäldern und Sümpfen fand der *Biber* zusagende Umweltbedingungen (HESCHELER & KUHN, 1949; H. P. HARTMANN-FRICK, 1969).

## Haustiere

Mit dem Beginn des Neolithikums sind fünf Haustierformen nachzuweisen: *Hund, Schwein, Ziege, Schaf* und *Hausrind*. Sie wurden nicht aus unserer angestammten Wildfauna gewonnen, sondern von der einwandernden Bevölkerung mitgebracht oder durch Handelsbeziehungen erworben. Einzelne Tiere einer Wildart wurden durch den Menschen von ihren Artgenossen isoliert, gezähmt und ihre Fortpflanzung über Generationen so beeinflußt, daß nur solche zu Nachkommen gelangten, welche die gewünschten Eigenschaften besaßen. Dabei ist jeder Haustierart nur *eine* Wildart zuzuordnen. Diese kann an verschiedenen Orten und zu verschiedener Zeit domestiziert worden sein. Stammart und Haustierform bilden eine Spezies, diese nur eine ökologische Unterart (M. RÖHRS, 1961; H. BOHLKEN, 1961; HARTMANN-FRICK, 1970).

Im Vergleich mit ihren Ahnen und den heutigen Haustieren waren die neolithischen kleinwüchsig. Seit RÜTIMEYER (1862) werden sie als Torfhund, Torfschwein, Torfziege, Torfschaf und Torfrind bezeichnet.
Die *Torfhunde* waren kleine bis mittelgroße, schlanke Tiere. Bis an umfangreichem Material die relative Konstanz von Merkmalen nachgewiesen ist, können noch keine verschiedenen Rassen unterschieden werden.
Das *Torfschwein* war das einzige Haustier, das nur als Fleischtier gehalten wurde. Als Ursprungsgebiete fallen Europa bis Vorderasien in Betracht (BOESSNECK et al., 1963).
Die *Torfziege* gleicht der Hausziege, war jedoch kleiner. Im Gegensatz zur Ziege traten beim *Torfschaf*, einer feingliedrigen Form, bereits im Neolithikum auch hornlose Tiere auf. Schaf und Ziege dürften nach BOESSNECK (1958a) aus Vorderasien stammen.
Bei dem vom Ur abstammenden *Torfrind* zeigen sich bedeutende Variationsbreiten in den Hornzapfen und im Schädel, doch drücken sich darin nicht verschiedene Rassen, sondern nur Schwankungen einer Primitivrasse mit Geschlechtsdimorphismus aus (HARTMANN-FRICK, 1960, 1970). Als wichtigstes Wirtschaftstier kam ihm in schweizerischen Stationen eine Vorrangstellung zu. Vom Frühneolithikum bis ins Mittelalter nahmen die Hausrinder an Größe ab (BOESSNECK, 1958a, b; HARTMANN-FRICK, 1960). Der Grund hiefür könnte im winterlichen Futtermangel liegen (C. F. W. HIGHAM, 1968).

### *Glazial-Relikte in der Fauna*

Wie in der Flora, so weist auch die Fauna der Schweiz Glazial-Relikte auf. Dabei sind es vorab begrenzt bewegliche, streng umweltsabhängige Kleinformen: Laufkäfer – *Carabus fabricii* und *Trechus*-Arten (K. HOLDHAUS, 1954; G. DE LATTIN, 1967), Heuschrecken (A. NADIG, 1971, 1977), Spinnen (K. THALER, 1976; R. MAURER, 1978) und Milben. Auch sie wurden einst durch die vorstoßenden Gletscher in eisfrei gebliebene inner- und außeralpine Refugien abgedrängt, die ihnen noch halbwegs zusagende Lebensbedingungen boten. In den inneralpinen verblieben sie noch nach dem Eisabbau oder breiteten sich nur begrenzt aus. Von den außeralpinen vermochten sie längs orographisch und ökologisch vorgezeichneten Achsen in ausgeaperte Areale vorzustoßen.
Im Jura können nach MAURER (schr. Mitt.) einige alpine Spinnen als Glazial-Relikte gedeutet werden: *Meioneta beata* – Möhlin, *Bathyphantes similis*, *Diplocephalus helleri* und ein Weberknecht – *Neobisium jugorum* – Falkenfluh. Bei weiteren (boreal)-subalpinen Arten ist die Frage Glazial-Relikt oder reliktische Verbreitung nach früher spätglazialer Einwanderung und nachfolgender Arealregression noch offen: in der Schaffhauser Gegend bei *Agyneta conigera* und *Gnaphosa lugubris* – Merishausen – und *Walckenaera cuspidata* – Schaarenweiher, im Aargau bei *Hahnia montana* – Remigen, Villnachern, im Basler- und Solothurner Jura bei *Zygiella montana* und *Leptyphantes pulcher* – Langenbruck, im Berner Jura bei *Robertus truncorum* – Raimeux – und *Hilairia excisa* – Lajoux – und im Waadtländer Jura bei *Pardosa ferruginea* von St-Georges.
In der E-Schweiz fand H. WILDERMUTH (mdl. Mitt.) *Planaria alpina* – Alpen-Strudelwurm – bis Kempten und *Perlodes intricata* – eine Steinfliegen-Larve – noch im Töß-Bergland.
Aus eisfrei gebliebenen außeralpinen Relikt-Standorten erkannte NADIG das Einwandern verschiedener Heuschrecken ins Engadin, aus den westlichen Bergamasker Alpen durchs Bergell und Puschlav, etwa *Antaxius difformis*, eine kurzflüglige iberische Art; die meisten jedoch – wie auch viele Insekten, wie Alpen-Schneehase, Alpen-Schneehuhn,

Tannenhäher, Dreizehen-Specht, Ringdrossel – drängten von N und vorab von NE, durchs Inntal, nach.

Östliche Heuschrecken vermochten aus dem ungarischen und aus dem Schwarzmeer-Raum ins Engadin und über den Maloja an den Comersee vorzustoßen. *Tettigonia caudata* und *Bryodema tuberculata* erreichten eben noch das Unterengadin.

Aus SE, wohl über die Reschen-Scheideck, drang der Tiroler Baumschläfer – *Dryomys nitedula* – ins Unterengadin ein, während *Xylocopa violaea*, eine mediterrane Holzbiene, von S bis ins Oberengadin vorstieß. Das Bergell erreichten – neben vielen Insekten – auch Smaragd-Eidechse, Aeskulap- und Zorn-Natter und Skorpione.

*Anataxius pedestris*, eine ursprünglich iberische, heute am Alpen-S-Rand verbreitete Heuschrecke, vermochte wohl im nacheiszeitlichen Klima-Optimum – über die Reschen-Scheideck ins unterste Unterengadin einzudringen.

*Zitierte Literatur*


ADAM, K. D. (1961): Das Mammut aus dem Grabental bei Münsingen (Kt. Bern). Ein überfordertes Leitfossil – Ecl., *53*/2.

– (1964): Die Großgliederung des Pleistozäns in Mitteleuropa – Stuttgarter Beitr. Naturk., *132*.

AMREIN, W. (1939): Urgeschichte des Vierwaldstätter Sees und der Innerschweiz – Aarau.

ANDRIST, D., FLÜKIGER, W., & ANDRIST, A. (1964): Das Simmental zur Steinzeit – Acta Bernensia, *3*.

AUBERT, D. (1971): Les graviers du Mammouth de Praz Rodet (Vallée de Joux, Jura vaudois) – B. Soc. vaud. SN, *78* (1968/70).

BÄCHLER, E. (1911): Der Elch und fossile Elchfunde aus der Ostschweiz – Jb. st. gall. NG, (1910).

– (1921): Das Drachenloch ob Vättis im Taminatal – St. Gallen.

– (1934): Das Wildenmannlisloch am Selun – St. Gallen.

– (1936): Das Wildkirchli – St. Gallen.

– (1940): Das alpine Paläolithikum der Schweiz – Monogr. UFS, *2*.

BANDI, H.-G. (1947): Die Schweiz zur Rentierzeit – Frauenfeld.

– (1963): Birsmatten-Basisgrotte. Eine mittelsteinzeitliche Fundstelle im unteren Birstal – Acta Bernensia, *1*.

– (1968): Das Jungpaläolithikum – UFAS, *1*.

BANDI, H.-G., & MARINGER, J. (1955): Kunst der Eiszeit – Berlin & Darmstadt.

BANDY, O. L., & WILCOXON, J. A. (1970): The Pliocene-Pleistocene Boundary, Italy and California – B. GS America, *81*/10.

BAUMBERGER, E., et al. (1923): Die diluvialen Schieferkohlen der Schweiz – Beitr. G Schweiz, geot. Ser., *8*.

BAYLISS, D. D. (1969): The distribution of *Hyalinea baltica* (SCHRÖTER) and *Globorotalia truncatulinoides* (D'ORBIGNY), Foraminiferida, in the type Calabrian – Lethaia, *2*/2.

BERGGREN, W. A. (1968): Micropaleontology and the Pliocene/Pleistocene boundary in a deep-sea cave from the south-central North Atlantic – G. G (Bologna), *35*/2.

BOESSNECK, J. (1956): Studien an vor- und frühgeschichtlichen Tierresten Bayerns. 1. Tierknochen aus spätneolithischen Siedlungen Bayerns – Tieranat. I. U. München.

– (1958 a): Herkunft und Frühgeschichte unserer mitteleuropäischen landwirtschaftlichen Nutztiere Züchtungskde., *30*.

– (1958 b): Studien an vor- und frühgeschichtlichen Tierresten Bayerns. 2. Zur Entwicklung vor- und frühgeschichtlicher Haus- und Wildtiere Bayerns im Rahmen der gleichzeitigen Tierwelt Mitteleuropas – Tieranat. I. U. München.

–, JÉQUIER, J.-P., & STAMPFLI, H. R. (1963): Seeberg, Burgäschisee-Süd, 3: Die Tierreste – Acta Bernensia, *2*.

BOHLKEN, H. (1961): Haustiere und zoologische Systematik – Z. Tierzüchtung u. Züchtungsbiol., *76*.

BUGMANN, E. (1958): Eiszeitformen im nordöstlichen Aargau – Mitt. aarg. NG, *25*.

BÜRGISSER, H. M. (1971): Zur Kenntnis der Molluskenfauna in postglazialen Seesedimenten – Schweizer Jugend forscht, *4*/3–4.

BURRI, F. et M., & WEIDMANN, M. (1968): Les graviers de Bioley-Orjulaz VD – B. Soc. vaud. SN, *70*.

CHALINE, J. (1977a): Les rongeurs et l'évolution des paysages et des climats au Pléistocène supérieur en France – Approche écologique de l'homme fossile – Suppl. B. AFEQ.

– (1977b): Essai de biostratigraphie et de corrélations climatiques du Pléistocène inférieur et moyen continental holartique d'après l'évolution et la dynamique des migrations de rongeurs – Recherches françaises sur le Quaternaire INQUA 1977 Suppl. B. AFEQ *1977*/1, 50.

– (1977c): Rodents and Middle Pleistocene environments in Europe – X INQUA Congr., Birmingham.

COLALONGA, M. L. (1977): The Vrica Section (Calabria, Italy) II: Planktonic Foraminifera as indicators of Neogene/Quaternary Boundary – X INQUA Congr., Birmingham, 1977, Abstr.
–, & PASINI, G. (1977): The Vrica Section (Calabria, Italy) III: Ostracoda distribution and their importance for the Neogene/ Quaternary Boundary – X INQUA Congr., Birmingham, 1977, Abstr.
DONDI, L., & PAPETTI, I. (1968): Biostratigraphical zones of Po Valley Pliocene – G. G, Ann. Mus. G Bologna, (2a) *35*/3.
DUBOIS, A., & STEHLIN, H. G. (1932, 1933): La grotte de Cotencher, station moustérienne, *1*, *2* – Mém. SPS, *52*, *53*.
ERICSON, D. M., & WOLLIN, G. (1968): Pleistocene climates and chronology in deep-sea sediments – Sci., *162*.
ERNI, A., FORCART, L., & HÄRRI, H. (1943): Fundstellen pleistozäner Fossilien in der Hochterrasse von Zell (Kt. Luzern) und in der Moräne der größten Eiszeit von Auswil bei Rohrbach (Kt. Bern) – Ecl., *36*/1.
FEYLING-HANSSEN, R. W., JØRGENSEN, J. A., KNUDSEN, K. L., & ANDERSEN, A.-L. L. (1971): Late Quaternary Foraminifera from Vendsyssel, Denmark, and Sandnes, Norway – B. GS Denmark, *21*/2–3.
GERSBACH, E. (1969): Urgeschichte des Hochrheins. Funde und Fundstellen in den Landkreisen Säckingen und Waldshut – Bad. Fundber., Sonderheft, *11*.
GESNER, CONRAD (1557): Das Vogelbuch – Zürich; Faksimile-Druck: 1969 – Dietikon.
GUTZWILLER, A. (1895): Die Diluvialbildungen der Umgebung von Basel – Vh. NG Basel, *10*.
HANTKE, R. (1959) : Zur Altersfrage der Mittelterrassenschotter – Vjschr., *104*/1.
– (1968): Erdgeschichtliche Gliederung des mittleren und jüngeren Eiszeitalters im zentralen Mittelland – UFAS, *1*.
HARTMANN-FRICK, H.-P. (1960): Die Tierreste des prähistorischen Siedlungsplatzes auf dem Eschner Lützelgüetle, Fürstentum Liechtenstein – Jb. HV Fürstent. Liechtenstein, *59*.
– (1969): Die Tierwelt im neolithischen Siedlungsraum – UFAS, *2*.
HAY, W. W., et al. (1967): Calcareous nannoplankton zonation of the Cenozoic of the Gulf Coast and Caribbean-Antillean area and transoceanic correlation – Trans. Gulf Coast Ass. GS.
HAYS, J. D., et al. (1969): Pliocene-Pleistocene sediments of the equatorial Pacific: Their paleomagnetic, biostratigraphic, and climatic record – B. GS America, *80*.
HEER, O. (1879): Die Urwelt der Schweiz, 2. Aufl. – Zürich.
HEIM, ALB. (1919): Geologie der Schweiz, *1* – Leipzig.
HESCHELER, K. (1907): Die Tierreste im Keßlerloch bei Thayngen – N. Denkschr. SNG, *43*.
–, & RÜEGER, J. (1942): Die Reste der Haustiere aus den neolithischen Pfahlbaudörfern Egolzwil 2 (Wauwilersee, Kt. Luzern) und Seematte – Gelfingen (Baldeggersee, Kt. Luzern) – Vjschr., *87*/3–4.
–, & KUHN, E. (1949): Die Tierwelt der prähistorischen Siedlungen der Schweiz – In: TSCHUMI, O., et al.: Urgeschichte der Schweiz, *1* – Frauenfeld.
HIGHAM, C. F. W. (1968): Pattern of prehistoric economic exploration on the Alpine Foreland – Vjschr., *113*.
HOLDHAUS, K. (1954): Die Spuren der Eiszeit in der Tierwelt Europas – Abh. Zool-Bot. Ges. Wien, *18*.
HÜNERMANN, K. A. (1968): Der Schädel eines Auerochsen (*Bos primigenius* BOJANUS 1828) von Ober-Illnau, Kt. Zürich – Vjschr., *113*/4.
JÁNOSSY, D. (1961): Die Entwicklung der Kleinsäugerfauna Europas im Pleistozän (Insectivora, Rodentia, Lagomorpha) – Z. Säugetierkde., *26*.
JAYET, A. (1943): Le Paléolithique de la région de Genève – Globe, *82*.
KLEINSCHMIDT, A. (1966): Zur Geschichte des Pferdes – Z. rhein. NG, Mainz, *4*.
KOBY, F. E. (1944): Über das gleichzeitige Vorkommen von Höhlenbären und Braunbären im Jura – Ecl., *36*/2 (1943).
KUHN, E. (1960): Die Tierwelt – Repert. UFAS, *6*.
KUHN-SCHNYDER, E. (1968): Die Geschichte der Tierwelt des Pleistozäns und Alt-Holozäns – UFAS, *1*.
LANG, A. (1892): Geschichte der Mammutfunde nebst einem Bericht über den schweizerischen Mammutfund in Niederweningen 1890/1891 – Njbl. NG Zürich, *94*.
LATTIN, G., DE (1967): Grundriß der Zoogeographie – Stuttgart.
LOŽEK, V. (1964): Quartärmollusken der Tschechoslowakei – Rozpravy, *31*.
LÜDI, W. (1953): Die Pflanzenwelt des Eiszeitalters im nördlichen Vorland der Schweizer Alpen – Veröff. Rübel, *27*.
MAURER, R. (1978): Beitrag zur Zoogeografie der schweizerischen Spinnen (Arachnida: Araneae) – In Vorber.
MEISTER, J. (1898): Neuere Beobachtungen aus glacialen und postglacialen Bildungen um Schaffhausen – Jber. Gymn. Schaffhausen (1897/98).
MERK, K. (1875): Der Höhlenfund im Keßlerloch bei Thayngen – Mitt. Antiquar. Ges. Zürich, *19*.
MOOG, F. (1939): Paläolithische Freiluftstation im älteren Löß von Wyhlen (Amt Lörrach) – Bad. Fundber., *15*, Freiburg i. Br.
–, & KRAFT, G. (1940): Ornamentale Zeichen aus der Rißeiszeit – Forsch. Fortschr., *16*, Berlin.
MÜHLBERG, F. (1896): Der Boden von Aarau – Festschr. Eröffn. neuen Kantonsschulgeb. Aarau.
– (1908K): Geologische Karte der Umgebung von Aarau, 1:25000; m. Erl. – GSpK, *45* – SGK.
MÜLLER, E. (1977): Archäologische Entdeckungen im Kanton Solothurn – Helv. archaeol., *31*.

NADIG, A. (1971): Über die zoogeographische Bedeutung des Engadins – Hydrol., *33* 1.
– (1977): Die heutige Zusammensetzung der Orthopteren-(Heuschrecken-)Fauna der Schweiz im Zusammenhang mit den Eiszeiten – Vjschr., *122*/4.
NIEZABITOWSKI, E. L. (1911): Die Überreste des in Starunia in einer Erdwachsgrube mit Haut und Weichteilen gefundenen *Rhinoceros antiquitatis* Blum. (*tichorhinus* Fisch.) – B. int. Acad. Sci. Cracovie.
NOVAK, J., et al. (1930): The second woolly rhinoceros from Starunia, Poland – B. Acad. Polon. Sci. Lett. Cracau, Cl. math. nat. (B).
NÜESCH, J. (1904): Das Keßlerloch, eine Höhle aus paläolithischer Zeit. Neue Grabungen und Funde – Neue Denkschr. SNG, *59*.
RÖGL, F. (1974): The evolution of the *Globorotalia truncatulinoides* and *Globorotalia crassiformis* group in the Pliocene and Pleistocene of the Timor trough DSDP Leg 27 Site 262 – Init. Rep. Deep Sea Drill. Proj., *27*.
–, & BOLLI, H. M. (1973): Holocene to Pleistocene planktonic foraminifera of Leg 15, Site 147 (Cariaco Basin ‹Trench›, Caribbean sea) and their climatic interpretation – Init. Rep. Deep Sea Drill. Proj., *15*.
RÖHRS, M. (1961): Biologische Anschauungen über Begriff und Wesen der Domestikation – Z. Tierzüchtung u. Züchtungsbiol., *76*.
RÜTIMEYER, L. (1862): Die Fauna der Pfahlbauten der Schweiz – Denkschr. allg. Schweiz. Ges. Natw., *19*.
– (1873): Über die Rennthier-Station von Veyrier am Salève – Arch. Anthrop., *6*.
– (1875): Die Veränderungen in der Thierwelt in der Schweiz seit Anwesenheit des Menschen – Basel.
– (1891): Neuere Funde von fossilen Säugetieren in der Umgebung von Basel – Vh. NG Basel, *9*.
SARASIN, F., & STEHLIN, H. G. (1918): Die steinzeitlichen Stationen des Birstales zwischen Delsberg und Basel – N. Denkschr. SNG, *59*.
SCHAUB, S., & JAGHER, A. (1945): Zwei neue Fundstellen von Höhlenbären und Höhlenhyäne im unteren Birstal – Ecl., *38*/2.
SCHMID, E. (1958): Höhlenforschung und Sedimentanalyse – Schr. I. UFS, *13*.
– (1961): Neue Grabungen im Wildkirchli (Ebenalp, Kt. Appenzell) – Ur-Schweiz, *25*.
– (1966): Höhlenbären im Bärenloch bei Tecknau BL – Ur-Schweiz, *30*.
SCHWEIZER, TH., BAY, R., & SCHMID, E. (1959): Die Kastelhöhle – Jb. Soloth. Gesch., *32*.
SOERGEL, W. (1940): Das Massenvorkommen des Höhlenbären. Ihre biologische u. stratigraphische Deutung – Jena.
– (1941): Rentiere des deutschen Alt- und Mitteldiluviums – P Z., *22*.
– (1943): Der Klimacharakter der als nordisch geltenden Säugetiere des Eiszeitalters – Sitzber. Heidelberger Akad. wiss., math.-natw. Kl.
STAESCHE, K. (1951): Nashörner der Gattung *Dicerorhinus* aus dem Diluvium Württembergs – Abh. Reichsamt Bodenforsch., NF, *200*.
STEHLIN, H. G. (1922): Revision der Säugetierfunde aus Hochterrasse und aus Ablagerungen der größten Vergletscherung – Ecl., *17*/3.
– (1941): Eine interessante Phase in den Wandlungen unserer pleistocaenen Säugetierfauna – Ecl., *34*/2.
STEHLIN, H. G., & GRAZIOSI, P. (1935): Ricerche sugli Asinidi fossili d'Europa – Mém. SPS, *56*.
STORCH, G. (1974): Zur Pleistozän-Holozän-Grenze in der Kleinsäugerfauna Süddeutschlands – Z. Säugetierkde., *39*/2.
STUART, A. J. (1977): Early Middle Pleistocene Mammal Faunas from England – X INQUA Congr., Birmingham, 1977, Abstr.
STUDER, TH. (1896): Die Tierreste aus den pleistocaenen Ablagerungen des Schweizersbildes bei Schaffhausen – Denkschr. SNG, *35*.
– (1902): Les ossements trouvés dans la caverne de Thayngen – CR Trav. SHSN, *85*; Arch. Genève, (4) *14*.
THALER, K. (1976): Endemiten und arktoalpine Arten in der Spinnenfauna der Ostalpen (Arachnida: Araneae) – Ent. Germ. *3*/1–2.
THENIUS, E. (1969): Stammesgeschichte der Säugetiere (einschließlich der Hominiden) – In: Handbuch der Zoologie, *8*/2 – Berlin.
TSCHUMI, O. (1949): Urgeschichte der Schweiz, *1* – Frauenfeld.
VOGT, E., & STEHLIN, H. G. (1936): Die paläolithische Station in der Höhle am Schalbergfelsen – Denkschr. SNG, *71*.
WEIDMANN, M. (1969): Le mammouth de Praz-Rodet (Le Brassus, Vaud) – BS vaud. SN, *70*.
– (1974): Sur quelques gisements de vertébres dans le Quaternaire du canton de Vaud – B. Soc. vaud. SN, *72*.
WILDERMUTH, H. (1977): Der Pfäffikersee – Ein natur- und heimatkundlicher Führer – Wetzikon.
WITTMANN, O. (1977): Das Lößprofil Wyhlen (Landkreis Lörrach) – Regio Basil., *18*/1.
WÜRGLER, F. E. (1958): Die Knochenfunde aus dem spätrömischen Kastell Schaan (4. Jahrhundert n. Chr.) – Jb. HV Fürstentum Liechtenstein, *58*.
WÜST, E. (1923): Beiträge zur Kenntnis der diluvialen Nashörner Europas – Zbl. Min. (1922).
WYSSLING, L. & G. (1978): Interglaziale Seeablagerungen in einer Bohrung bei Uster (Kt. Zürich) – Ecl., *71*/2.
ZAPFE, H. (1939): Lebensspuren der eiszeitlichen Höhlenhyäne – Palaeobiologica, *7*.
ZEUNER, F. (1934): Die Beziehungen zwischen Schädelform und Lebensweise bei rezenten und fossilen Nashörnern – Ber. NG Freiburg i. Br., *34*.

# Der Mensch und seine Kulturen

## *Das Werden des Menschen*

Neben der Entwicklung von Flora und Fauna als Folge des mehrfachen und tiefgreifenden Klimawandels kommt dem Eiszeitalter auch durch das Auftreten und die Evolution des Menschen innerhalb der erdgeschichtlichen Epochen eine Sonderstellung zu. Die körperliche Entwicklung des Menschen wird durch anthropologische Funde, vorab von widerstandsfähigen Skeletteilen – Zähne, Unterkiefer, Schädelkapsel und Gliedmaßen – bekundet. Jagd- und Wohnplätze mit zerschlagenen Knochen, Spuren von Feuer, Waffen und Geräte, Gravuren, Malereien und Bestattungsformen vermitteln Einblick in seine Handfertigkeit und seine technische, geistige und kulturelle Entfaltung.
Umgekehrt bilden Überreste des Menschen und vorab Dokumente seines materiellen und kulturellen Schaffens auch wertvollste Hinweise für das erdgeschichtliche Geschehen, gründet doch die Gliederung des jüngeren Quartärs geradezu auf kulturellen Wandlungen und Modeströmungen (H. DE LUMLEY, 1969; J. PIVETEAU, 1969; N. THÉOBALD, 1972).
Als nächste Verwandte des Menschen gelten seit TH. H. HUXLEY (1863) die Menschenaffen, die *Pongiden*, was seither durch verschiedenste Forschungsrichtungen bestätigt wurde, so daß Mensch und Menschenaffen auf eine gemeinsame stammesgeschichtliche Wurzel zurückgeführt werden. Als Wurzelgruppe werden die *Dryopithecinen*, eine Unterfamilie der Menschenaffen, betrachtet, die im Miozän in der Alten Welt in tropischen Regenwäldern, Galeriewäldern und in busch- und baumbestandenen Savannen lebten. Ihr Gebiß glich stark dem heutiger Menschenaffen. Im Schädelbau und in der Konstruktion des Bewegungsapparates waren sie noch weniger spezialisiert (R. P. DAVIS & J. NAPIER, 1963; A. REMANE, 1965).
Im Miozän trennten sich die Entwicklungswege. Die Affen bewohnten weiterhin – wie die heutigen Menschenaffen – die Urwälder; andere Vertreter der Dryopithecinen lösten sich vom angestammten Milieu und entfalteten eine werkzeugbenutzende, jägerische Lebensweise (J. BIEGERT, 1968). Sie führten mit der Entwicklung des aufrechten, zweibeinigen Ganges zu den *Hominiden*, den *Menschenartigen*. Ihre frühesten Formen waren mit ihrem kleinen, noch wenig differenzierten Gehirn, ohne Sprache und materielle Kultur noch keine Menschen. Mit dem aufrechten Gang und den damit verbundenen Abwandlungen des Beckens, der Beine und des Fußes wurden die Hände frei; zugleich vollzog sich eine progressive Entfaltung des Neuhirns. Dabei wurden bestimmte Rindenregionen betroffen, vor allem diejenigen für die Manipulierfähigkeit der Hand, die Assoziationszentren und die Stirn- und Schläfenlappen, welche höhere Denkfunktionen erlaubten (D. STARCK, 1965). Zugleich gingen damit Veränderungen der Schädeltopographie und des Gebisses einher (BIEGERT, 1968). Typisch hominid ist ferner die Entwicklung von Sprache, Geist und materieller Kultur. Dabei laufen die evolutiven Tendenzen weder gleichmäßig noch gleichzeitig.
Die ältesten bekannten Vertreter aufrecht gehender Menschenartiger, die 1924 erstmals in S-Afrika aufgefundenen *Australopithecinen*, reichen bis ins älteste Pleistozän zurück. Der Schädel von *Australopithecus africanus* klingt stark an denjenigen des Schim-

pansen an, doch steht er bereits dem Menschen näher als dem Menschenaffen. Der größere, zunächst als *A. robustus*, heute als *Paranthropus robustus*, bezeichnete zeigt mehr Ähnlichkeit mit dem des Gorilla. Es scheint, daß die erfolgreichste Phase der Menschwerdung in Afrika ablief. Gegen Ende des ältesten Pleistozän setzte dann eine Ausbreitung nach Asien und Europa ein (F. C. HOWELL, 1959; BIEGERT, 1968). Durch Funde aus E-Afrika in der Olduway-Schlucht in der Serengeti-Steppe, wo die frühere vulkanische Tätigkeit eine Altersbestimmung von 2,5 Millionen Jahren erlaubte, (L. S. B. LEAKEY, 1963) zeigt sich bei bedeutender Variabilität und Ausbildung von Rassen eine fließende Entwicklung vom *Australopithecus africanus* mit noch äffischen Zügen und einer Schädelkapazität von 500–560 $cm^3$ zum *Homo erectus*. Beim Schimpansen liegt die Schädelkapazität zwischen 400 und 480 $cm^3$, beim Menschen im Mittel zwischen 1300 und 1500 $cm^3$.
Zusammen mit Resten von Australopithecinen findet sich in S-Afrika eine Steppenfauna mit Zebras, Hipparionen, Steppennashörnern, Warzenschweinen, Antilopen, Büffeln, Hyänen und Pavianen: ein Lebensraum der tropischen Ebenen und Savannen.
Die zusammen mit *Australopithecus* vorkommenden Artefakte waren roh bearbeitete Steinwerkzeuge, die jedoch bereits eine bewußte Auswahl und Ansätze zur Handfertigkeit voraussetzen. Daneben aufgefundene Knochen von Amphibien, Reptilien, Vögeln, kleinen und jungen Säugern waren absichtlich zerschlagen. Fleisch und Knochenmark wurden roh verzehrt; der Gebrauch des Feuers war noch unbekannt. Daneben wurden Früchte, Beeren, Wurzeln und Kleingetier gesammelt. Zudem konnte LEAKEY (1960) zeigen, daß die Australopithecinen nicht nur Werkzeuge gebrauchten – das tun auch Menschenaffen – sondern, daß sie bewußt Geräte für bestimmte Zwecke herstellten.
Die mittlere Lebensdauer der Australopithecinen lag bei 18 Jahren. Bei einer Geschlechtsreife um 13 besaßen sie somit oft bereits keine Eltern mehr, so daß wohl eine soziale Organisation für die Erhaltung der Gruppe sorgen mußte (E. KUHN-SCHNYDER, 1977).
E des Rudolfsees förderte R. E. F. LEAKEY (1973) neue Skelettreste sowie davon abweichende Reste eines «fortgeschrittenen» (?) Typs.
Die Australopithecinen unterscheiden sich damit nicht nur biologisch von den Menschenaffen, sondern sie zeigen mit ihrem «kulturellen Verhalten» Anfänge des Menschseins und repräsentieren damit das «Übergangsfeld zwischen der animalischen Phase im Tertiär und der menschlichen Phase, die mit dem Erscheinen des *Homo erectus* im Altpleistozän» einsetzt (BIEGERT, 1968).
Erste Reste von *Homo erectus* wurden bereits 1891 auf Java entdeckt (E. DUBOIS, 1894). Sie wurden von DUBOIS zunächst als *Pithecanthropus erectus*, als aufgerichteter Affenmensch, bezeichnet.
Seither sind auf Java, in China, in E- und N-Afrika sowie in E- und Mitteleuropa weitere Reste aufgefunden worden, die als geographische Rassen von *H. erectus* zu betrachten sind. Im Fortbewegungsapparat unterscheidet er sich kaum vom heutigen Menschen, vom *Homo sapiens;* dagegen ist der Schädel mit einem Gehirnvolumen um 1000 $cm^3$

Fig. 105 Die Entwicklung des Schädels der Hominiden ▷
1 Schädel eines *Australopithecus africanus* aus Sterkfontein (S-Afrika)
2 Schädel eines heutigen Schimpansen
3 Schädel eines *Paranthropus robustus*
4 Schädel eines heutigen Gorilla
5 Schädel eines *Homo erectus* von Choukoutien, China. Rekonstruktion von F. WEIDENREICH
Alle Figuren aus J. BIEGERT, 1968; umgezeichnet von O. KÄLIN, Brugg.

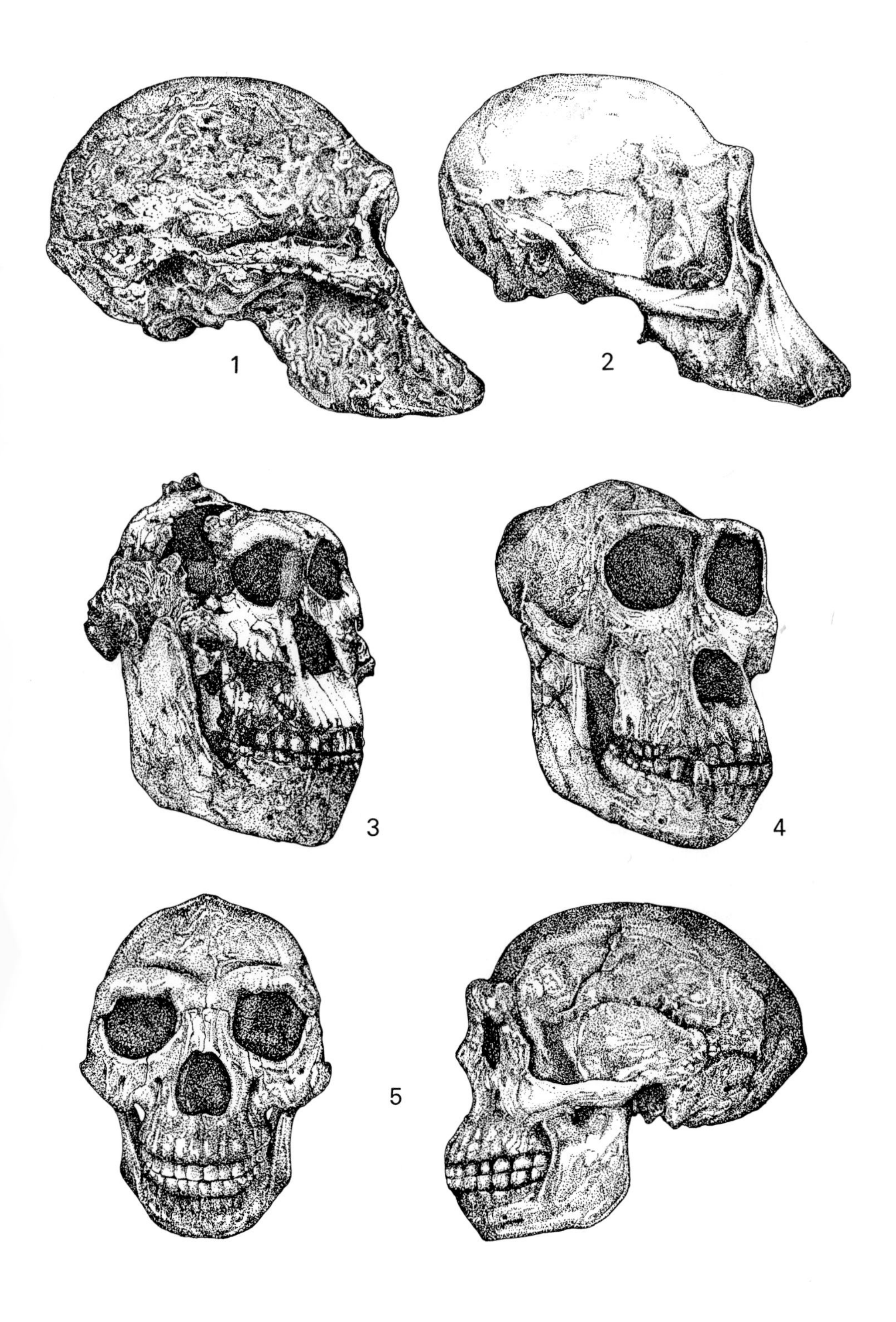
1
2
3
4
5

noch urtümlich, was sich in der niedrigen dickwandigen Hirnkapsel mit fliehender Stirn und im schweren Unterkiefer mit fliehendem Kinn äußert.
Ein besonders reiches Fundgut wurde SW von Peking geborgen. Der mit 450000 Jahren etwas jüngere Peking-Mensch, der *Homo erectus pekinensis*, unterscheidet sich nur wenig vom rund 500000 Jahre alten Java-Menschen, vom *H. erectus erectus*. Charakteristisch ist die Kombination eines noch relativ kleinen Gehirns (900–1200 cm³) mit einem massiven Kauapparat, mit einer schnauzenartig vorspringenden Kieferpartie.
Der Lebensraum des Peking-Menschen war eine hügelige offene Landschaft mit Waldstreifen längs den Flußläufen. Dieser war belebt von Wildpferd, Nashorn, Wildschaf, Gazelle, Kamel, Moschus, Reh, Hirsch, Wasserbüffel, Wisent, Bär, Hyäne, Säbelzahnkatze, Luchs und zahlreichen Kleinsäugern (KUHN-SCHNYDER, 1977).
Die Pithecanthropinen waren gute Jäger, die gar Großwild erlegten und in China und in Europa erstmals das Feuer gebrauchten. Ihr kulturelles Inventar ist reicher geworden (J. D. CLARK, 1963). Es läßt den Beginn von Formalisierung der Geräte erkennen. Dies deutet auf Tradition hin, die von Generation zu Generation weitergegeben und weiter entwickelt wurde. Die Lernfähigkeit ließ Kultur hervorbringen, und dank ihr vermochte sich der Urmensch den Umwelteinflüssen gegenüber zu behaupten. So konnte er in Europa und in E-Asien auch in klimatisch weniger begünstigten Gebieten, die er als Jäger und Sammler durchstreifte, Fuß fassen und sich weiter entwickeln (K. P. OAKLEY, 1961).
Die ältesten Reste, die bereits an den modernen Menschen erinnern und daher dem *Homo sapiens* zugerechnet werden können, stammen vorab aus dem für die Entwicklung des Menschen eher randlich gelegenen Europa, aus dem vorletzten, dem Holstein-Interglazial SE-Englands, SW-Frankreichs und von Steinheim an der Murr, N von Stuttgart (K. D. ADAM, 1954).
Beim Schädel von Steinheim, einem weiblichen Individuum mit eingeschlagenem Hinterhaupt und einer Kapazität von 1100 cm³, ist die Kapsel höher gewölbt, die Stirne abgesetzt und das Hinterhaupt nicht mehr winklig ausgezogen, sondern gerundet; das Gesicht mit eingezogener Nasenwurzel und Wangengraben erscheint profiliert und läßt Anklänge an den heutigen Menschen erkennen. In ihrer Merkmalskombination sind diese ersten Sapientes-Formen entwickelter als *Homo erectus*, aber noch ursprünglicher als der würmzeitliche europäische Neandertaler, der *Homo sapiens neanderthalensis*, und der moderne Mensch, *H. sapiens sapiens*. Sie sind Vertreter von Populationen, aus denen sich die beiden entwickelt haben.
Die Reste mit einer Schädelkapazität zwischen 1200 und 1300 cm³, steiler Stirn und gerundetem Hinterhaupt aus dem Letzten Interglazial von Weimar-Ehringsdorf, aus Kroatien, der Slowakei und von Mittelitalien betrachtet BIEGERT (1968) als polymorphe Populationen eines *Prä-Neandertalers*. Aus ihnen hätte sich im Frühwürm durch klimatisch bedingte Isolation in Europa der *Neandertaler* als eine an extreme Klimabedingungen angepaßte Form entwickelt, von der 1856 im Neandertal bei Düsseldorf der erste Ver-

▷

Fig. 106 Die Entwicklung des Schädels der Hominiden (Fortsetzung)
6 Ältester Schädel eines *Homo sapiens* aus dem Mindel/Riß-Interglazial von Steinheim a. d. Murr, Württemberg
7 Schädel eines Neandertalers, *Homo sapiens neanderthalensis*, aus La-Chapelle-aux-Saints, S-Frankreich
8 Schädel eines modernen Menschen, *Homo sapiens sapiens*, aus dem Aurignacien von Cro-Magnon, Dordogne.
Alle Figuren aus J. BIEGERT, 1968; umgezeichnet von O. KÄLIN, Brugg.

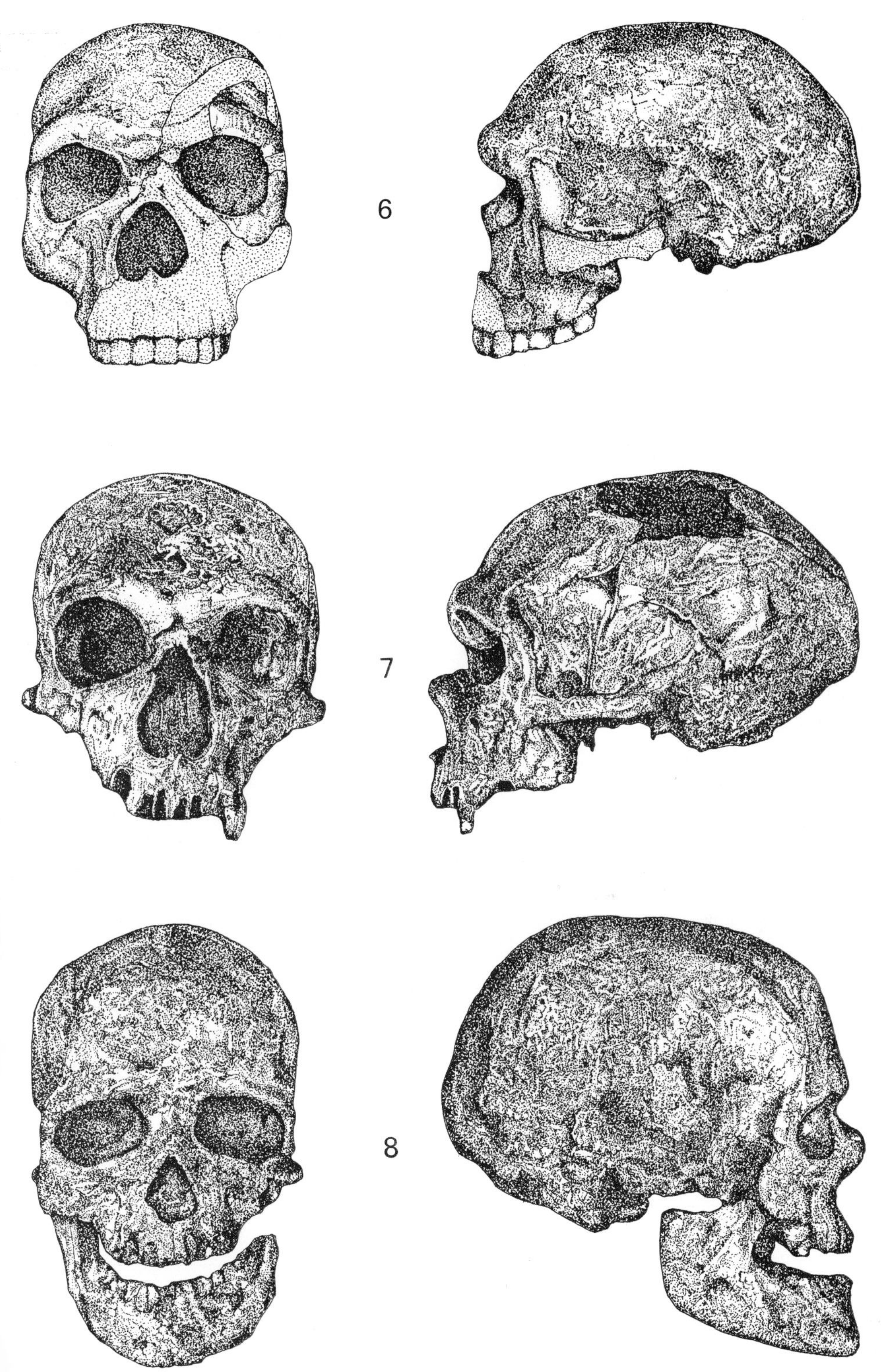
6
7
8

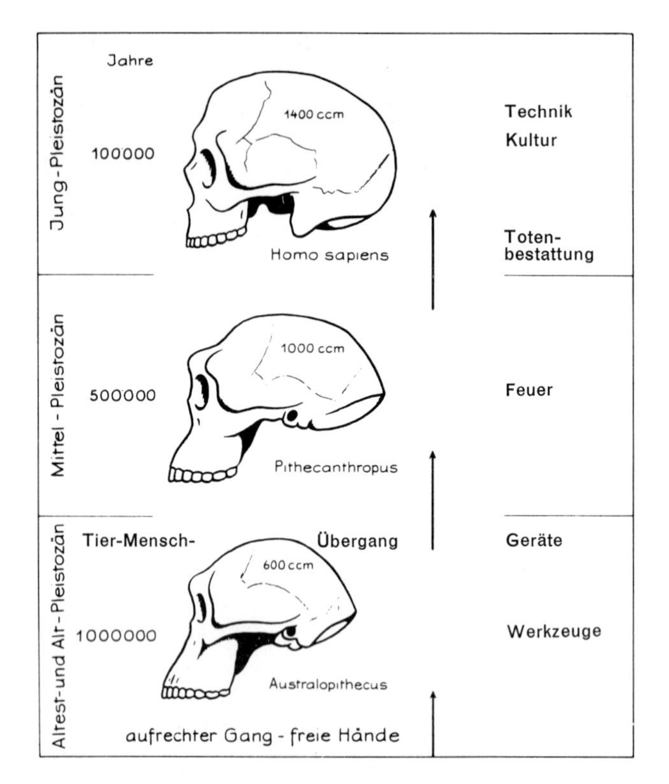


Fig. 107 Schema der körperlichen und kulturellen Menschwerdung nach J. BIEGERT (1962) aus E. KUHN-SCHNYDER (1977a, b).

treter bekannt wurde. Seither sind – zusammen mit Knochen von Mammut, wollhaarigem Nashorn, Ren und Höhlenbären – Schädel und Skelette von weiteren Lokalitäten bekannt geworden. Infolge des unwirtlichen Klimas war die Nahrungsgrundlage vorwiegend auf Wild und Kleingetier beschränkt, da die Flora außer Pilzen, Beeren und Wurzeln wenig bieten konnte (K. TACKENBERG, 1956).

Die Schädelkapsel ist groß, ihre Kapazität oft größer als bei heutigen Rassen, die Stirn fliehend und wenig abgesetzt, das Hinterhaupt ausgezogen und oben abgeflacht, die Seitenwände ausgewölbt. Der Gesichtsteil ist gegenüber anderen Sapientes-Formen noch stärker entwickelt als der Hirnteil. Oberschenkel und Speiche sind noch gekrümmt. Das Skelett läßt auf muskulöse Gestalten von einer Körpergröße von 155–165 cm schließen. Der Neandertaler verstand sich auf die Jagd, das Herstellen von Geräten und den Gebrauch des Feuers. Er beerdigte die Toten mit Sorgfalt. Die reichen Beigaben bekunden einen Glauben an ein Weiterleben nach dem Tod.

Im letzten prähochwürmzeitlichen Interstadial verschwindet der Neandertaler. An seine Stelle tritt in Europa der moderne Mensch, der *Homo s. sapiens*, was sich auch kulturgeschichtlich zu erkennen gibt. Sein Auftreten in Europa vor gut 30 000 Jahren beruht wohl auf Einwanderung, wobei die erste Welle bereits etwas früher ins östliche Mittelmeergebiet eingedrungen war. Bereits vor dem Hochwürm hat sich dieser eiszeitliche *Homo s. sapiens* über ganz Europa ausgebreitet und den Neandertaler verdrängt oder aufgesogen (BIEGERT, 1968). Vom Neandertaler unterscheidet er sich deutlich, vom modernen Menschen kaum. Die Extremitäten sind schlank und lang. Die Hirnkapsel

ist hoch gewölbt mit steiler Stirn und gerundetem, heruntergezogenem Hinterhaupt mit vertikal gestellten Seiten. Der Gesichtsschädel wirkt profilierter, der Unterkiefer graziler als beim Neandertaler. Die Gehirngröße entspricht derjenigen heutiger Europäer.
In der Kombination der Merkmale unterscheidet sich der *Homo s. sapiens* von allen früheren Menschen. Auch kulturell hat er ein neues Niveau erreicht. Erstmals gewinnt er eine weltweite Verbreitung; er ist zum Kosmopolit geworden. Alle spätwürm- und nacheiszeitlichen Menschen gehören zur selben Unterart. Ihre morphologischen und metrischen Unterschiede bewegen sich in der Größenordnung geographischer Rassen und Populationen. Sie sind nur bei großen Serien zu gliedern. Solche Voraussetzungen sind bisher weder im Jungpaläolithikum noch im Mesolithikum Europas gegeben. Nach H. V. Vallois (1952) schälen sich zwei Rassen heraus: die Cro-Magnon- und die Chancelade-Rasse. Die Vertreter der *Cro-Magnon-Rasse* – Leitform Skelett I von Cro-Magnon bei Les Eyzies, Dordogne – sind von hoher Statur, oft über 170 cm, gekennzeichnet durch einen «disharmonischen» Langschädel mit niedriger Wölbung und durch Fünfeckform mit breitem, niedrigem Gesicht und ausgeprägtem Kinn. Die *Chancelade-Rasse* – die Leitform stammt aus der Grotte Raymonden bei Chancelade, Dordogne – ist von geringerer Körpergröße, unter 165 cm. Ihre Vertreter besitzen einen langen, schmalen und hohen «harmonischen» Hirnschädel von elliptischem Umriß bei breitem und hohem Gesicht.

### *Früh- und Altpaläolithikum in W- und Mittel-Europa*

Älteste, von einer Fauna des Oberen Villafranchian begleitete Steingeräte Europas – einfache Geröll- und Abschlaggeräte – wurden aus der Grotte du Vallonet bei Roquebrune (Alpes-Maritimes) bekannt. Sie dienten zur Anfertigung hölzerner Jagdwaffen, die ihre Hersteller zur Erlegung der Beute – vor allem Pferd und Südelefant – einsetzten. Bereits sorgfältiger zugerichtete Geröll- und Abschlaggeräte charakterisieren den etwas jüngeren Zeitabschnitt der Fundstelle des *Homo heidelbergensis* von Mauer bei Heidelberg (A. Rust, 1955).
Erst am Ende des Mosbachian treten in W-Europa mit dem Abbevillien erste Industrien mit echten Faustkeilen auf. Sie unterscheiden sich von beidseitig überarbeiteten Geröllgeräten durch eine ausgeprägte Spitze. Damit erscheint die durch das Auftreten der ersten Faustkeile definierte Grenze zwischen Früh- und Altpaläolithikum recht fließend (R. Grahmann/H. Müller-Beck, 1966; Müller-Beck, 1968).
Später, im Achellien, sind echte Faustkeile in W-Europa bereits häufig. In Ungarn dagegen waren Geröllgeräte frühpaläolithischer Tradition noch in der Elster-Eiszeit verbreitet (M. Kretzoi & L. Vértes, 1965). Bis ins Mittelpleistozän zeigen die Faustkeile nur eine geringe Entwicklung; dagegen hat sich die Abschlagtechnik verbessert. Zur Jagd dienten auch Holzwaffen: Wurfspeere und Wurfhölzer; ebenso ist einfache Knochenbearbeitung nachgewiesen. Jagdtiere waren Waldelefant, Steppennashorn, Ur und Pferd. Der Gebrauch des Feuers ist durch Feuerstellen mit Windschutz belegt. Im Clactonien entwickelten sich in NW-Europa, besonders in E-England, faustkeilfreie Industrien mit Holzlanzen.
In W- und Mitteleuropa sind Hinterlassenschaften aus dem Letzten Interglazial noch durch Faustkeile gekennzeichnet. Im NE treten diese zurück; doch erinnern die Geräte

durch ihre beidseitige Bearbeitung noch an die Faustkeil-Tradition. Gut bearbeitete steinerne Waffenspitzen bekunden eine Verbesserung der Jagdgeräte. Für diesen, durch die Funde der Weimarer Speer-Spitzen charakterisierten Zeitabschnitt (G. BEHM-BLANCKE, 1960) schlägt MÜLLER-BECK (1968) die Bezeichnung Weimarien vor. Aus dem selben geographischen Raum, von Salzgitter-Lebenstedt, stammt die älteste knöcherne Waffenspitze sowie weitere Knochenwaffen: dolchartige Stoßlanzen und beilartige Geweihhauen. Sie ersetzten dem eiszeitlichen Menschen bei seiner Jagd auf Mammut und Ren das in seiner subarktischen Umwelt fehlende Holz (A. TODE et al., 1953). Im ausgehenden Altpaläolithikum verschwinden die Faustkeile. Dafür gewinnen mit dem Jungpaläolithikum die Abschlaggeräte an Bedeutung, so daß auch die Grenze zwischen diesen Zeitabschnitten bei einschneidend werdenden technologischen Veränderungen gleitend wird (MÜLLER-BECK, 1969). In NE-Europa dienten vermehrt Steinklingen beim Herstellen der Geräte, wobei die Technik der Flächenretusche beibehalten wurde. Zugleich wurden die steinernen Waffenspitzen schlanker und wirksamer. Mit den von einer Steingerät-Industrie begleiteten Lautscher Spitzen aus den frühen Aurignac-Schwankungen erfuhren auch die knöchernen Waffenspitzen eine Verbesserung.
Dem urgeschichtlichen Silex-Bergbau nahm sich nach W. DEEKE (1933) vorab E. SCHMID (1952a, b, 1968, 1973, 1974) an. W. B. STERN (1977) versuchte aufgrund der Spurenelemente von frischem Jaspis-Material signifikante Unterschiede zwischen den einzelnen Fundkomplexen aufzudecken.

### *Die Funde menschlicher Überreste in der Schweiz*

Aus der Schweiz und ihren Nachbargebieten sind nur wenige menschliche Reste aus dem *Paläo-* und aus dem *Mesolithikum* bekannt geworden. Der älteste, ein oberer innerer Schneidezahn eines Neandertalers, stammt von St. Brais im Berner Jura (F. KOBY, 1956; R. BAY, 1958). In der Grotte du Bichon bei La Chaux-de-Fonds wurde ein Skelett mit Schädel gefunden (M.-R. SAUTER, 1956, 1957), das wohl – wie die Funde aus der Grotte du Scé bei Villeneuve und aus der Höhle Freudental SH (O. SCHLAGINHAUFEN, 1949) – ins Magdalénien zu stellen ist. Die Magdalénien-Fundstellen von Veyrier am NE-Fuß des Salève haben zahlreiche Reste geliefert: ein Skelett eines jungen, 169 cm großen Mannes vom Chancelade-Typ mit verheiltem Unterschenkelbruch

Fig. 108 Früh- und Altpaläolithikum

1 Geröll-Abschlag, Grotte du Vallonet (Alpes-Maritimes), ausgehendes unteres Alt-Pleistozän, ⅓ ×; aus H. DE LUMLEY-WOODYEAR, 1969

2 Früher Faustkeil von Abbeville (Somme), oberes Alt-Pleistozän, ½ ×; aus H. MÜLLER-BECK, 1966

3 Weimarer Spitze von Weimar-Ehringsdorf (Thüringen), Riß/Würm-Interglazial, ½ ×; aus R. GRAHMANN/H. MÜLLER-BECK, 1968

4–6 Cotencher, Boudry NE, Frühwürm-Interstadial

4 Bifaziell bearbeitetes Werkzeugfragment, «Blattschaber», nat. Gr.

5 «Bogenschaber», nat. Gr.

6 Faustkeilschaber oder «Keilmesser» mit flächiger Retuschierung, nat. Gr.

7 Abschlaggerät, Schaber aus dem Wildkirchli im Säntisgebirge AI, Frühwürm-Interstadial, nat. Gr.

4–7 nach H. MÜLLER-BECK, 1968; umgezeichnet von F. SEGER, Luzern. ▷

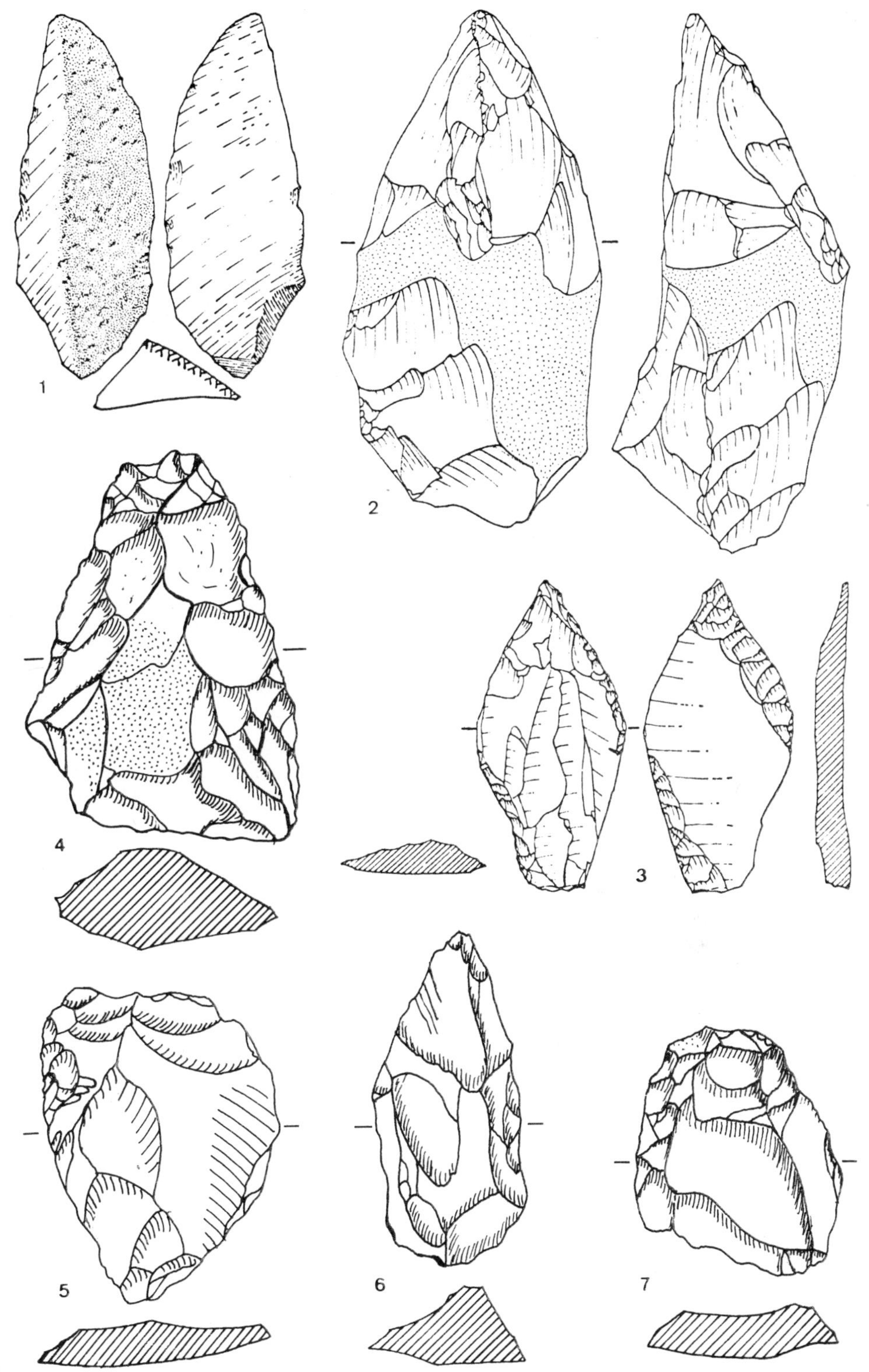
1
2
3
4
5
6
7

(E. Pittard & Sauter, 1946) sowie Schädel- und Skelettreste mehrerer Cro-Magnon-Individuen (A. Jayet, 1943).
Aus der Birsmatten-Basisgrotte in Nenzlingen BE konnte ein nahezu vollständiges Skelett geborgen werden, das nach J. Biegert (1968) eine verblüffende Ähnlichkeit mit der neolithischen kleinwüchsigen Frau von Egolzwil LU und aus dem Wauwiler Moos, Fund Tedeschi (Schlaginhaufen, 1949) aufweist.
Im *Neolithikum* werden die Funde zahlreicher; Einzelfunde überwiegen gegenüber den Gräberfeldern. Von diesen lassen sich nur wenige anthropologisch auswerten: Schaffhausen-Schweizersbild, Lenzburg-Goffersberg AG, Chamblandes-Vernay VD und die beiden von La Barmaz-Collombey VS. Die nachweisbaren Unterschiede zwischen den einzelnen Populationen erreichen nicht das Ausmaß von verschiedenen Rassen. Mit Ausnahme derjenigen von Lenzburg-Goffersberg bildeten sie in sich geschlossene Siedlungsgemeinschaften. Bei der Lenzburger Population zeigte sich ein uneinheitlicheres Bild (W. Scheffrahn, 1967), was vielleicht damit zusammenhängt, daß diese im Grenzbereich zwischen der Cortaillod-Kultur im W und der Pfyner Kultur im E lebte (R. Wyss in Scheffrahn, 1969).
Im Neolithikum war die Kindersterblichkeit überaus hoch; nur etwa 30% erreichten das Erwachsenenalter, nur wenige das 40. Lebensjahr. Die Lebenserwartung lag zwischen 20 und 25 Jahren; die der Männer war höher als die der Frauen (Scheffrahn).
Spätneolithische Skelettreste konnten besonders in Dolmengräbern der Basler Gegend geborgen werden: in Aesch BL, in Schwörstadt, Ldkr. Lörrach (E. Gersbach, 1969), und neulich in Laufen BE (Bay, 1977).
Nach den Zahnfunden ermittelte Bay in Laufen und in Aesch mindestens 8 bzw. 14 Kinder und 24 bzw. 33 Erwachsene, woraus sich eine Kindersterblichkeit von 25 bzw. von 30% ergäbe. Aus den kleinen Kniescheiben von Aesch schließt Bay auf eine Körpergröße von 150–160 cm und aufgrund der gleich kleinen Zähne an beiden Fundorten auf die gleiche Völkerschaft.

*Das schweizerische Altpaläolithikum (= Mittelpaläolithikum)*

Wie aus den Funden hervorgeht, dienten Höhlen und Felsdächer dem altpaläolithischen Menschen in der Letzten Interglazialzeit wiederholt als Unterkunft. Ob sie jedoch die Hauptsiedlungsplätze darstellten, ist fraglich, dürften doch damals auch in der Schweiz Freilandsiedlungen bevorzugt worden sein.
Der älteste Rest menschlicher Tätigkeit in der Schweiz stellt wohl der 1974 am Rande eines kleinen Vorkommens von Tieferem Deckenschotter E von Pratteln aufgefundene Silex-Faustkeil dar. Aufgrund der Bearbeitung ist dieser nach R. d'Aujourd'hui (1977) am besten mit den bifaces amygdaloides des älteren und mittleren Acheuléen der mittleren Somme-Terrasse von Cagny-la-Garenne zu vergleichen. Diese fallen nach F. Bourdier (1976) frühestens in die ausgehende Mindel-, spätestens in die ausgehende Riß-Eiszeit.
In den Alpen sind altpaläolithische Funde – kleine Steingeräte ohne gewollte Formen

▷

Fig. 109 Wildkirchli, Bodenprofil aus der Altarhöhle, Photomontage aus über 200 Einzelaufnahmen. Aus E. Schmid, 1977.

| Tiefe m | Material | Höhlenbären-Knochen | Knochen anderer Tiere | Steingeräte (Silex) | Zeitstellung | Zeit in Jhr. v.h. |
|---|---|---|---|---|---|---|
| 0 (Oberer Schichtkomplex) | Pflaster | fehlen | fehlen | fehlen | Nacheiszeit | 0 |
| | weisser Kalksinter | | | | | |
| 1 | hellbrauner Lehm mit stark wechselndem Anteil an Steinen | kleinstückig, z. T. gerollt | Hirsch<br>Braunbär<br>Fuchs<br>Hase | häufig, meist klein, auch Rohstücke | Abwitterung vor Ende Eiszeit<br>Hauptphase der Würm-Eiszeit (Hochwürm) | 30000 |
| 2 (Mittl. Schicht) | rotbrauner Lehm mit mürben Steinen<br>Kollophan | kantige und angewitterte Stücke | Murmeltier<br>Dachs | | Zwischen-Warmzeit | 40000 |
| (Unterer Schichtkomplex) | grobe Steine und wenig brauner Lehm | **auch grössere Knochenstücke, einzelne ganze Unterkieferteile z. T. angereichert** | Marder<br>*Gemse | fehlen | **Abwitterung Ende 2. Kälte-Gipfel** | |
| 3 | hellbrauner Lehm und Löss und kleine Steine | | *Steinbock<br>*Wolf | | 2. Kälte-Gipfel | |
| | grobe Steine und dunkelbrauner Lehm | ↕ | *häufiger | | 2. Vorrückungsphase der Würm-Eiszeit | |
| 4 | Steine+Lehm+Löss | | nur unten | | 1. Kälte-Gipfel | |
| | Steinplatten und dunkelbrauner Lehm | | Höhlenhyäne<br>Höhlenpanther<br>Höhlenlöwe | | 1. Vorrückungsphase der Würm-Eiszeit | |
| | grosse Steine und dunkelbrauner Lehm | Schädel und Unterkiefer | | | | |
| 5 | | | | | Bildung der Höhlen durch Karstwässer | 90000 ? |

aus ortsfremdem Quarzit und Radiolarit sowie Knochengeräte ohne gezielte Formgebung – bekannt geworden vom Wildkirchli im Säntisgebirge (E. Bächler, 1936, 1940; E. Schmid, 1958, 1961, 1977), vom Wildenmannlisloch im Toggenburg (Bächler, 1934), vom Drachenloch im St. Galler Oberland (Bächler, 1921, 1940; Schmid, 1958), der Steigelfadbalm an der Rigi (W. Amrein, 1939) und aus den Simmentaler Höhlen: Schnurenloch und Chilchli (F. A. Volmar, 1944; Schmid, 1958; D. Andrist, W. Flükiger & A. Andrist, 1964; J.-P. Jéquier, 1974; Fig. 110).
Lebensraum – Höhle, Jagdreviere in Karmulden – und Wirtschaftsform des Paläolithikers der Ostschweizer Höhlen wurden bereits von E. Egli (1935) wirklichkeitsnah dargestellt. Wie das Fundgut zeigt, war jedoch schon der Altpaläolithiker stärker an den Jura als an die Alpen gebunden. Die bedeutendste Fundstelle ist die Höhle von Cotencher bei Boudry NE (A. Dubois & H.-G. Stehlin, 1932, 1933; O. Tschumi et al., 1949; Fig. 108). Die Fundschichten werden von würmzeitlichen Ablagerungen bedeckt und ihr Eingang von Vorstoßschottern des Rhone-Gletschers versiegelt. Daneben seien erwähnt: die Grotte des Plains im Neuenburger Jura (Jéquier in Müller-Beck, 1968; 1974), Gondenans-les-Moulins im Saône-Tal, St-Brais in den Berner Freibergen (F. E. Koby, 1938, 1954), Liesberg (S. Schaub & A. Jagher, 1946), die Kastelhöhle bei Grellingen (Th. Schweizer, R. Bay & E. Schmid, 1959), Schalberg bei Pfeffingen (E. Vogt & Stehlin, 1936), allenfalls das Bärenloch bei Tecknau (Schmid, 1966) sowie Funde aus lößigen Sedimenten am Jurarand bei Münchenstein und am Rheintalrand (Schaub & Jagher, 1945). Neufunde bei Münchenstein förderten weitere Stein-Artefakte zutage; Schaber und Levallois-Abschläge aus recht verschiedenem Material – Quarzit, Silex, Radiolarit – sowie Geröll-Artefakte aus Kieselkalk (A. R. Furger, 1977). Die wenigen Funde können jedoch noch nicht als klassisches mittelpaläolithisches Inventar bezeichnet werden; doch lassen sie sich gut mit Stücken vom S-Rand des Schwarzwaldes – Murg und Säckingen – von Allschwil (E. Gersbach, 1969) und von Cotencher (Dubois & Stehlin, 1933) vergleichen. Aufgrund der Begleitfauna, die neben indifferenten Formen – Hyäne, Pferd, Riesenhirsch – eine Vergesellschaftung von Wildrind und Edelhirsch mit kälteliebenden Formen – Ren, Mammut, Wollhaariges Nashorn – umfaßt, sowie den durch Holzkohlen nachgewiesenen Birken-Beständen dürfte die Station in ein kühles Prähochwürm-Interstadial zu stellen sein.
An der S-Abdachung des Schwarzwaldes liegen in der Umgebung von Säckingen mehrere Fundplätze auf offener Anhöhe (E. Gersbach, 1969); solche sind auch S des Rheins zu erwarten, dagegen fehlen sie aus dem Mittelland. Durch die periglaziale Umgestaltung der Oberfläche und vor allem durch die Eisüberfahrung wurden dort die Spuren verwischt.
In der Markgräfler Vorbergzone treten im Raume Schliengen–Liel NW von Kandern Jaspis-Abschläge und Schaber lokal derart gehäuft auf, daß diese Stellen wohl als Schlagplätze zu deuten sind, umsomehr als die nähere Umgebung zum Siedeln eingeladen haben mag (St. Unser, 1977).
Für die Kenntnisse der altpaläolithischen Kultur lieferten besonders die Steingeräte und die Knochenreste aus der Höhle von Cotencher wertvolle Hinweise. Einflächig randlich retuschierte Abschlaggeräte mit geringer Kantenbearbeitung herrschen vor. Ein kleiner Teil – die in ihrer Form recht variablen «Schaber» – lassen eine intensivere, gekonnte Bearbeitung der Randzonen erkennen. Daneben treten beidflächig retuschierte Stücke – Blattschaber – auf, die an die Herstellungstechnik der Faustkeile erinnern. Ein «Faustkeilschaber» oder «Keilmesser» zeigt eine flächige Retuschierung (Müller-Beck, 1968).

Fig. 110 Die 1941 entdeckte Höhlenbärenjäger-Station im Chilchli ob Erlenbach im Simmental (1810 m) lieferte neben Knochen und Zähnen von Höhlenbären – vorab von Jungtieren – und weiteren Beutetieren auch zahlreiche Silex-Werkzeuge.
Aus: A. F. Volmar, 1944.

Aus den Knochenfunden, unter denen solche des Höhlenbären vorherrschen, geht hervor, daß dieser das Hauptjagdtier war. Auffällig ist das Fehlen des Waldelefanten, während dieser noch bei Pfeffingen im Basler Jura auftrat. Aufgrund der Begleitfauna war das Klima bereits kalt-gemäßigt bis subarktisch. Das Vorkommen des Hirschs deutet auf Baumbestände und Auenwälder hin.
Die vorstoßenden und wieder etwas zurückschmelzenden Gletscher reichten zunächst nur bis an die Ausgänge der alpinen Täler. Davor breiteten sich von Büschen und einzelnen Baumgruppen unterbrochene Grasfluren aus, in denen sich der Höhlenbär und die arktisch-alpine Fauna entfalteten.
Eine fundierte zeitliche Gliederung der altpaläolithischen Kulturen läßt sich noch kaum durchführen. Immerhin scheinen Drachenloch, wo noch keine klaren Artefakte gefunden werden konnten, aufgrund von $^{14}$C-Datierungen von > 50000 Jahren bereits während des ausgehenden Letzten Interglazials und in den frühen Interstadialen besiedelt gewesen zu sein. Im Wildkirchli (1477 m), einer seit Jahrhunderten bekannten Schrattenkalk-Höhle unterhalb der Ebenalp, fand Bächler zusammen mit Höhlenbären-Knochen zugeschlagene Silices, typische Geräte des Moustérien-Menschen. Mit der Sedimentanalyse konnte Schmid sowohl die Schichten der Tierknochen und der Kulturreste klimazeitlich einstufen. In den Höhlensedimenten erkannte sie eine Dreiteilung (Fig. 108 und 109), wobei die Schicht mit den Kulturresten in die letzte prähochwürmzeitliche Wärme-Schwankung fällt. Im Schnurenloch und in St-Brais könnten sich bereits Spuren eines frühen Jungpaläolithikums abzeichnen (Müller-Beck, 1968).
Aufgrund der Funde durchstreifte der altpaläolithische Mensch – nach dem Zahn von St-Brais noch der Neandertaler – auf seinen Weidgängen das gesamte Areal von den

Flußniederungen bis ins Hochgebirge. Daneben sammelte er Wildfrüchte. Seine Kleidung war wohl bereits aus Fellen und Häuten geschneidert, die ihm die für die Jagd notwendige Bewegungsfreiheit ließ. Ohne sie wäre ein Aufenthalt im Lebensraum der subarktischen Fauna undenkbar. Die Höhlen – selbst Wildkirchli und Cotencher – dürften ihm eher als gelegentlicher Wetterschutz, denn als länger belegte Wohnplätze gedient haben (Müller-Beck, 1968).

## *Das schweizerische Jungpaläolithikum*

Mit den späteren frühwürmzeitlichen Wärmeschwankungen zeichnete sich kulturgeschichtlich ein Wechsel ab: die altpaläolithischen Kulturen wurden durch jungpaläolithische abgelöst. Dies dürfte damit zusammenhängen, daß der primitive Neandertal-Typ durch den wohl von E neu einwandernden *Homo sapiens sapiens* verdrängt wurde. Aus dem Wildbeutertum des Altpaläolithikums mit Jagd, Fischfang und Sammeltätigkeit bildeten sich Kulturtendenzen heraus, die zum Pflanzer- und Hirtentum und zu einem höheren Jägertum führten.

Die Existenz des jungpaläolithischen Menschen gründete sich auf die Jagd. Wirtschaftsleben, Sozialstruktur und Geistesleben wurden von ihr bestimmt (K. J. Narr, 1961). Der Mensch steht in engem Verhältnis zum Tier, was sich in Felsbildern und Kleinkunstwerken widerspiegelt (H.-G. Bandi & J. Maringer, 1955; A. Leroi-Gourhan, 1965; Bandi, 1947, 1968). Bereits zeichnet sich in der Herstellung von Waffen und Geräten eine Tendenz zur Spezialisierung ab; dazu kommen ausgeklügelte Jagdmethoden.

▷

Fig. 111 Jungpaläolithikum
1– 5 Freilandstation Moosbühl, Moosseedorf BE:
1 Kratzer
2 Stichel
3 Stichelkratzer
4 Bohrer
5 Kantenmesserchen
6, 7 Abri Neumühle, Roggenburg BE
6 Segmentmesser
7 Dreiecksmesser
1– 7 aus H.-G. Bandi, 1968
8–17 Keßlerloch, Thayngen SH:
8–13 Geräte aus Rentiergeweih und -knochen:
8 Stabharpune
9 Speerspitze
10, 11 Nähnadeln aus Knochen
12 Lochstab (Pfeilstrecker)
13 Fragment einer Speerschleuder mit der Andeutung eines Tierkopfes (Pferd); erkennbar ist das plastisch herausgearbeitete Ohr;
8–13 nach K. Merk aus H.-G. Bandi, 1968
14–17 Kleinkunst:
14 Pferdekopf, Gravierung auf Gagat-Plättchen
15 Skulptiertes Moschus-Köpfchen aus Rentiergeweih
16 Rentierbulle während der Brunstzeit («Weidendes Rentier») Gravierung auf einem Lochstab aus Rentiergeweih
17 Wildpferd-Gravierung auf einem Lochstab aus Rentiergeweih
16, 17 Rosgartenmuseum, Konstanz
14–17 aus H.-G. Bandi, 1968; 14, 16, 17 umgezeichnet von F. Seger, Luzern.
Sämtliche Abbildungen 2/3 nat. Gr.

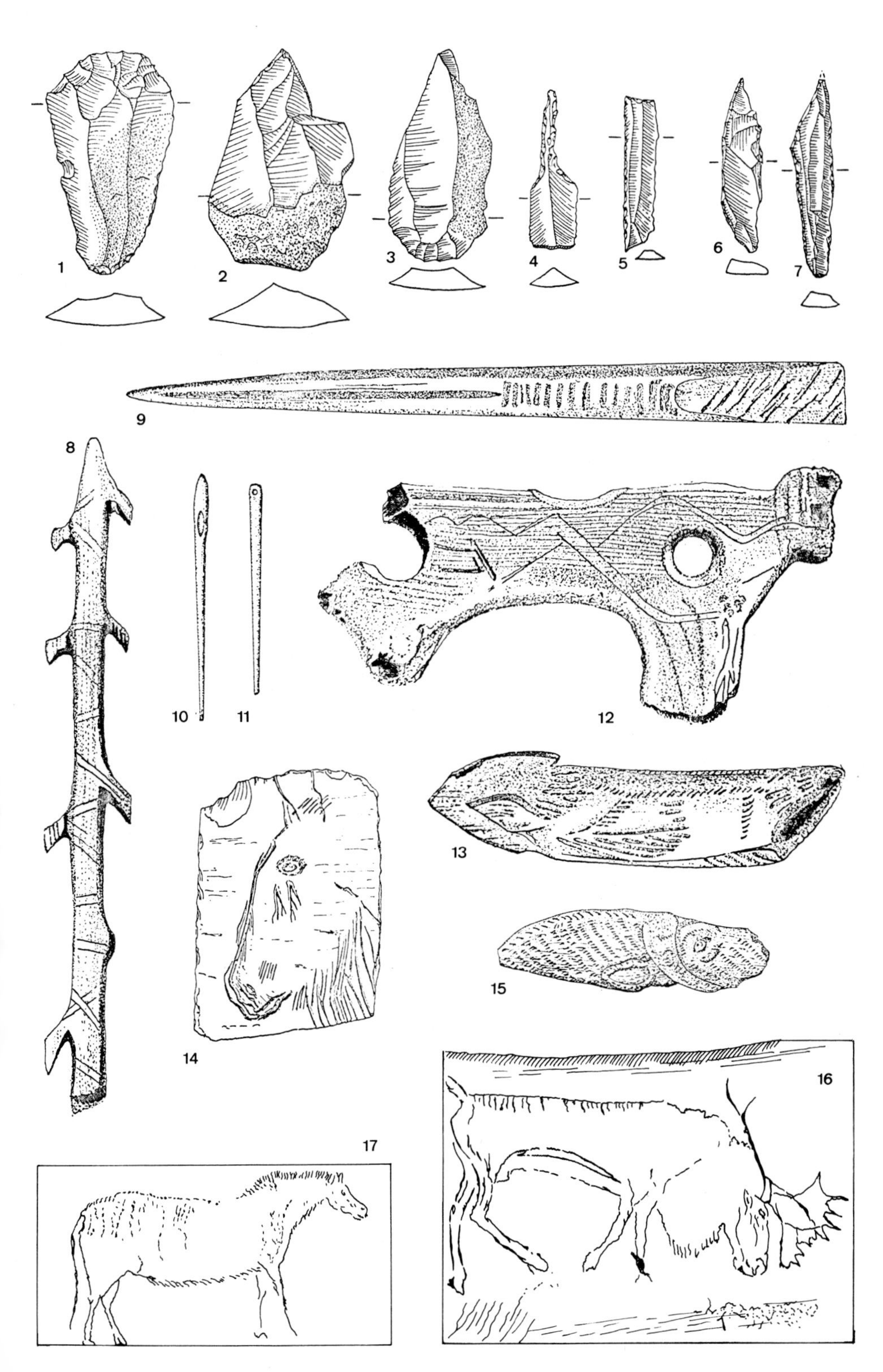
1
2
3
4
5
6
7
8
9
10
11
12
13
14
15
16
17

Im Laufe des Jungpaläolithikums, eines Zeitraumes von rund 30 000 Jahren, existierten in Europa zahlreiche Kulturgruppen (NARR, 1954), die sich zeitlich und räumlich ablösten. In W-Europa folgten auf das ältere Péricordien das Aurignacien – in den jugoslawischen Karawanken das ihm entsprechende Olschewien –, jüngeres Péricordien (= Gravettien), Solutréen und Magdalénien, das in S-Frankreich im Azilien ausklang. Einige Stationen des alpinen Altpaläolithikums, so die Simmentaler Höhlen und St-Brais (S. 221), reichen bereits ins ältere Jungpaläolithikum, worauf eine Silex-Klinge aus den obersten Höhlenbären-Knochenlagern des Schnurenlochs, hindeutet. Anderseits leiten die vom Ränggloch bei Boltigen gewonnenen Alterswerte von 8200 und 7550 v. Chr. (C. GFELLER, H. OESCHGER & U. SCHWARZ, 1961) bereits ins Mesolithikum hinüber.
Häufiger werden die Dokumente mit der Infiltration der spätjungpaläolithischen Magdalénien-Kulturen: im Birstal (F. SARASIN et al., 1918; H.-G. BANDI et al., 1954; C. LÜDIN, 1963), bei Olten (TH. SCHWEIZER, 1937), im Kanton Schaffhausen (J. NÜESCH, 1896, 1904), bei Moosseedorf im bernischen Mittelland (BANDI, 1957), bei Villeneuve am Rande der Waadtländer Alpen (M.-R. SAUTER, 1952). Skelettreste der Cro-Magnon-Rasse wurden von der Grotte du Bichon bei La Chaux-de-Fonds (R. GIGON, 1956; SAUTER, 1957) und von Veyrier am Salève (E. PITTARD & L. REVERDIN, 1929; A. JAYET, 1943) bekannt. Sie scheinen mit der Abwanderung der an die Kälte angepaßten Tiere – vor allem des Rens – aus W-Europa in der ausklingenden Würm-Eiszeit in Zusammenhang zu stehen. Die auf die Rentierjagd spezialisierten Jäger dürften ihren Lebensraum von S-Frankreich immer weiter gegen NE verschoben haben (R. FEUSTEL, 1961; BANDI, 1963, 1968), bildete doch das Ren ihre Existenzgrundlage, und seine jahreszeitlich bedingten Wanderungen zwangen auch die Jäger zum Standortwechsel, zu einem unsteten Wanderleben. Kleine Siedlungsplätze, Halbhöhlen, Felsdächer und Funde in offenem Gelände – wohl mit zeltartigen Konstruktionen – deuten auf zeitweiligen Aufenthalt kleiner Jägergruppen (BANDI, 1945, 1961, 1968). Neben dem Ren wurden Schneehuhn und Wildpferd erlegt; die übrigen Vertreter der arkto-alpinen Fauna sind nur in geringer Individuenzahl nachgewiesen.
Die Steingeräte, vorwiegend aus Feuersteinknollen von Kalken des Jura-Gebirges und der Voralpen, wurden aus einem Kernstück durch Abschlagen langer, unregelmäßiger Splitter erzeugt. Aus den abgeschlagenen Splittern wurden Kratzer, Stichel, Bohrer, Messer sowie charakteristische Dreieck- und Segmentmesser hergestellt. Mit ihrer Hilfe wurden Gegenstände aus Knochen und Rentiergeweihen angefertigt: Speer- und Pfeilspitzen, Speerschleudern, Lochstäbe, Harpunen, Meißel, Spateln und Nadeln. Knochen, Geweihe, fossile Schnecken- und Muschelschalen sowie kleine Ammoniten dienten als Schmuck.
Im Gegensatz zu S-Frankreich und N-Spanien gab es in der Schweiz keine Höhlenkunst. Dies dürfte wohl ebenfalls damit zusammenhängen, daß sich die Magdalénien-Jäger nur sommersüber in der Schweiz aufhielten und ihnen daher die Höhlen nur als kurzfristige Unterkunft dienten.
Dagegen wurden aus den Schaffhauser Höhlen Keßlerloch und Schweizersbild sowie von denen am Salève Kleinkunstwerke, gravierte und geschnitzte Darstellungen auf und aus Knochen, Geweih, sowie auf Stein bekannt. Daneben zeugen geschnitzte Gegenstände und Gefäße aus Holz und Rinde, Geflechte, aus Fellen genähte Kleidungsstücke, hölzerne Bestandteile von Waffen – Bogenstäbe, Pfeil- und Speerschäfte – sowie Fassungen für Steinwerkzeuge von hohem handwerklichem Geschick. Keramik dagegen fehlte (BANDI et al., 1977).

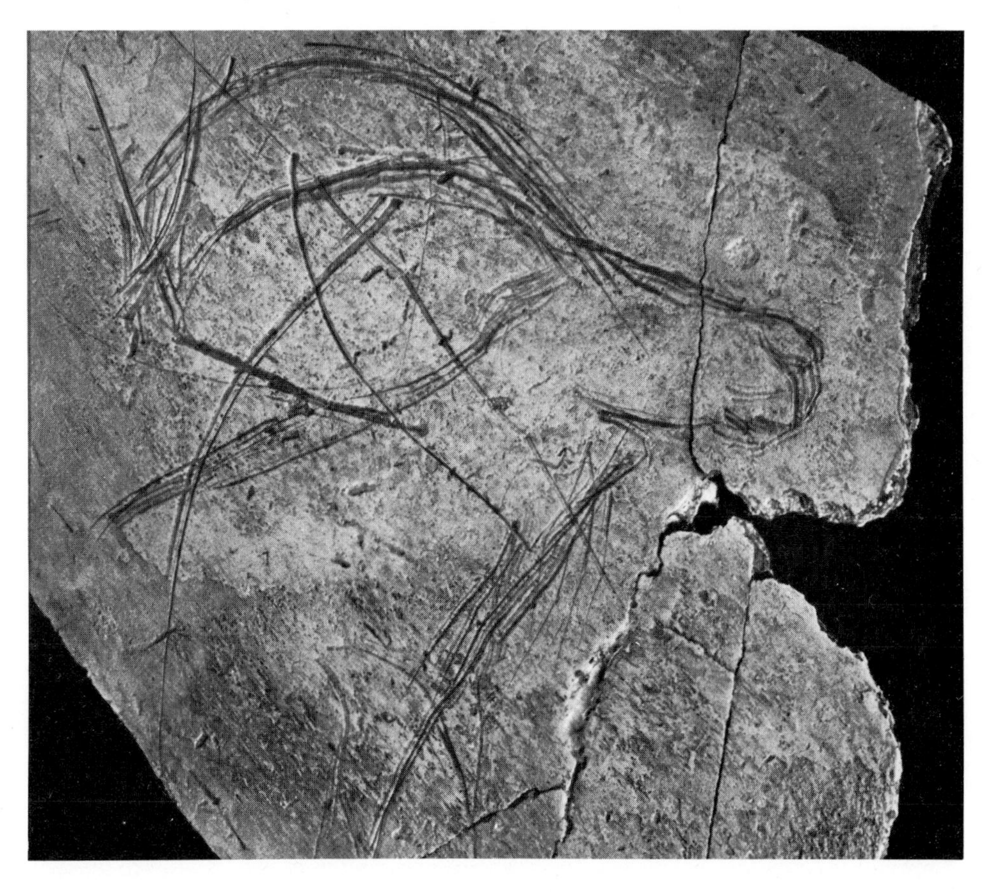

Fig. 112 In ein Rentier-Schulterblatt gravierter Steinbock-Kopf, 2,2 × nat. Gr., eines Spätmagdalénien-Künstlers aus der Rislisberg-Höhle, Klus von Oensingen, 15 m über dem Talboden der Dünnern.
Photo: Dr. M. DOERFLINGER, Solothurn.
Aus E. MÜLLER, 1977.

Fig. 113 Rislisberg-Höhle, Oensinger Klus.
Kernstück – Nucleus – und Klingen aus Silex, nat. Gr.
Photo: Dr. M. DOERFLINGER.
Aus E. MÜLLER, 1977.

Mit der *Rislisberg-Höhle* in der Klus von Oensingen SO ist 1971 eine weitere bedeutende Station des Spätmagdalénien gefunden worden. Neben einer Reihe von faunistischen Dokumenten – Säugern, Vögel und Fischen (S. 201) – wurden über 20000 Jaspis- und Hornstein-Stücke gefunden worden (E. MÜLLER, 1977). Kernstücke – Nuclei, Klingen (Fig. 111) Stichel, Klingenkratzer und Kerbkratzer sowie Werkzeuge aus Rentier-Knochen und -Geweih – Nadeln mit Öhr, Ahlen, Harpunen und Speerspitzen – erlaubten auch eine klare Datierung. Schneide-Zähne von Rentieren, fossile Haifisch-Zähne und Muscheln dienten als Schmuck. Ein Schulterblatt-Fragment läßt als naturalistische Gravur eines Spätmagdalénien-Künstlers den Kopf eines Steinbocks erkennen (Fig. 112). Im 1,15 m mächtigen Höhlenboden fand S. WEGMÜLLER (schr. Mitt.) teilweise korrodierte Pollen von *Picea*, *Pinus*, *Abies*, *Betula* und *Alnus* sowie schon zu unterst neben Gramineen und liguliflioren Compositen – etwas Pollen von *Carya* – Hickory. Diese erreichen, wie *Pterocarya* und *Celtis* – Zürgelbaum, in der Kulturschicht (–60 bis –35 cm) ein Maximum. Ebenso treten immer wieder *Quercus*, *Tilia*, *Ulmus* und *Corylus* auf. Sie bekunden jedoch nicht die lokale Flora, da hohe Werte an Nichtbaumpollen – *Artemisia*, *Helianthemum*, *Thalictrum*, Chenopodiaceen, *Botrychium*, *Lycopodium* und Selaginella – auf waldlose Vegetation hindeuten, so daß die Kulturschicht vor das Bölling-Interstadial einzustufen ist. Darnach müßten die Spätmagdalénien-Jäger offenbar ihr Werk-Holz für den sommerlichen Höhlen-Aufenthalt wohl aus dem Winterquartier, den Wäldern S-Frankreichs, oder von unterwegs mitgeführt haben. Damit und an Fellen haftendem Sediment könnten sie wohl auch Pollen eingeschleppt haben.

Zeitlich setzt das Eindringen in die Schweiz frühestens gegen Ende des mittleren Magdalénien ein. Die Siedlungen sind zwischen 11000 und 8000 v. Chr., ins Bölling und vor allem ins Alleröd einzustufen, was pollenanalytisch und sedimentologisch bestätigt werden konnte (BANDI et al., 1954; TH. SCHWEIZER et al., 1959). Kulturelle Beziehungen bestanden zu SW-Europa.

Aufgrund der $^{14}$C-Daten von der Spätmagdalénien-Station an der Schussen-Quelle S des Federsees lebten auch dort Rentierjäger noch bis ins Alleröd, bis 11100 ± 200 v. h. (G. LANG, 1962).

Hinsichtlich des Silex-Inventars lassen sich zwei Gruppen unterscheiden: die durch Langbohrer und Kantenmesserchen gekennzeichnete *Moosbühl-Gruppe* und die *Thaynger-Gruppe*, welche durch Dreieck- und Segmentmesser charakterisiert wird und in der Gegend von Olten, im Birstal, im Kanton Schaffhausen und im angrenzenden SW-Deutschland auftrat (H. SCHWABEDISSEN, 1954; BANDI, 1953, 1961, 1968). Die Wurzeln beider Gruppen lassen sich bis nach S-Frankreich verfolgen (D. DE SONNEVILLE-BORDES, 1963).

Eine weitere, wahrscheinlich jungpaläolithische Freilandstation entdeckten E. & N. JAGHER-MUNDWILER (1977) auf dem Löwenburg-Ziegelacker im Lützeltal, wo sie einen Silex-Schlagplatz mit zahlreichen Nuclei sowie reichem lokalem Rohmaterial nachweisen konnten. Aufgrund des typenarmen Fundgutes läßt sich dieses mit demjenigen der Brügglihöhle bei Nenzlingen BE (BANDI et al., 1954) und der oberen Schicht der Kastelhöhle (R. BAY in SCHWEIZER, TH., 1959) vergleichen, von denen allerdings ein typen- und zahlenmäßig reicheres Material bekannt geworden ist. Übereinstimmend typenarme Artefakte fand BANDI (1971) auch in der Halbhöhle, im Abri, Neumühle, 1 km ENE der Löwenburg. Dieses ist anhand der Begleitfauna ins ausgehende Jungpaläolithikum zu stellen.

Im 7 km entfernten Abri Mannlefelsen in Oberlarg (Haut-Rhin) begann die Besiedlung um 10220 ± 300 v. h. mit einer Kultur des späten Azilien. Gegen Ende des Präboreal – um 9030 ± 160 v. h. – treten mesolithische Mikrolithen auf, kleine Silex-Werkzeugteile, die in Holz oder Knochen gefaßt wurden. Diese zeigen Beziehungen zum nordöstlichen Kulturbereich, während die Kultur des knapp 40 km weiter WSW gelegenen Abri von Rochedane in Villars-sous-Dampjoux (Doubs) bereits Verbindungen zum südwestlichen Mittelmeerraum aufzeigt (A. Thévenin & J. Sainty, 1977).
Eine Weiterexistenz eines Teiles der Magdalénien-Bevölkerung bis anfangs Mesolithikum wird durch die Fürsteiner Fazies am Burgäschisee glaubwürdig belegt. Sie existierte noch im beginnenden Präboreal, um 8000 v. Chr.

*Das schweizerische Mesolithikum*

Mit dem Wechsel von einer offenen Föhren-Birken-Vegetation zu dichteren Laub- und Nadelwäldern sah sich der mesolithische Mensch am Beginn des Holozäns völlig veränderten Lebens- und Umweltbedingungen gegenüber. Mit der Wiederbesiedlung der vom Eis freigegebenen Areale durch anspruchsvollere Bäume und Sträucher wurde die pflanzliche Ernährung mit Beeren und Nüssen bedeutend erweitert. Zugleich hatten sich die Siedlungs- und Verkehrsmöglichkeiten grundlegend verändert.
Die auf das Spät-Magdalénien folgenden Kulturen, denen die das Neolithikum auszeichnenden Merkmale – Ackerbau und Viehzucht – noch abgehen, werden als Mesolithikum zusammengefaßt. Zeitlich lassen sie sich zwischen 8100 und 3000 v. Chr. einordnen. Waldgeschichtlich umfaßt das Mesolithikum die auf das Spätwürm folgenden Abschnitte Präboreal bis ins Jüngere Atlantikum.
Bis 1930 schienen in der Schweiz mesolithische Funde zu fehlen. Dann wurden solche in rascher Folge aus dem Jura, dem Mittelland und aus den Alpen bekannt: Col des Roches bei Le Locle (L. Reverdin, 1930), Günzberg am Weißenstein (Th. Schweizer, 1941), Birstal (H.-G. Bandi, 1953; R. Wyss, 1957), im Wauwilermoos (V. Bodmer-Gessner, 1951), am N-Ufer des Zugersees, im Glatt- und im Limmattal, am Greifensee, am Pfäffikersee (Wyss, 1960, 1961, 1968), am Burgäschisee (Wyss, 1952; W. Flükiger, 1950, 1962, 1964), zwischen Biel und Solothurn, SE des Neuenburgersees (M. Egloff, 1965), am Bodensee, im St. Galler Rheintal und im Simmental (D. Andrist, Flükiger, A. Andrist, 1964).
Neben Knochenfunden und aus Silex hergestellten Geräten – verschiedenste Typen von Kratzern, Sticheln, Klingen und Pfeilspitzen sowie zahlreichen Mikrolithen, verschiedenartigen Einsatzbestandteilen – und den dabei entstandenen Splittern konnten in Schötz-Fischhäusern LU Überreste von Wohnbauten gefunden werden: rundliche Behausungen, die wohl mit Reisig, Schilf, Häuten und Rindenbahnen bedacht waren, einen seeseitigen Eingang und eine eingetiefte Herdgrube besaßen (Bodmer-Gessner, 1951).
Im Jura boten die an Balmen und Höhlen reichen Flußtäler sowie höher gelegene Balmen bevorzugte Siedlungsplätze. Besonders die Halbhöhle Birsmatten, 15 km S von Basel (Bandi, 1963), lieferte in durchgehender Schichtfolge Knochenartefakte und eine reiche Fauna. Die von der Basishöhle gewonnenen $^{14}C$-Datierungen bewegen sich zwischen 5500 und 3400 v. Chr. (Gfeller, Oeschger & Schwarz, 1961).
Ein mesolithischer Abri ist am Tschäpperfels im Lützeltal bekannt geworden (J. Sedlmeier, 1971).

Im Alpengebiet konnten bei Mannenberg im Simmental und im Diemtigtal mesolithische Siedlungen festgestellt werden. Rohstoff für die Geräte war noch immer Silex. Neben den gebräuchlichsten Werkzeugtypen zeichnet sich das Mesolithikum durch zahlreiche Mikrolithe aus, die mit Birkenteer und ähnlichen Klebstoffen in Holz geschäftet wurden. Die Klingen wurden gewonnen durch Präparation einer Schlagfläche, die durch randliches Überarbeiten, durch Abheben von Lamellen, weiter verarbeitet wurden. WYSS (1968) unterscheidet aufgrund der Inventare früh- (bis ca. 5300 v. Chr.) und spätmesolithische Kulturen. Gegen Ende des Mesolithikums tritt Oberflächenbearbeitung auf. An Arbeitsgeräten aus organischer Substanz fanden sich Pfrieme aus Knochen und Eckzähnen von Ebern, Hacken und Harpunen aus Hirschgeweihen und Knochen. Als Schmuck dienten durchbohrte Tierzähne (WYSS, 1961, 1968).
Im alpinen Raum wurde beim Bau der Nationalstraße am NW-Fuß des Burghügels von Mesocco eine Siedlung des ausgehenden Mesolithikums entdeckt. Ein $^{14}$C-Datum weist das Fundgut ins 5. Jahrtausend v. Chr. Einige tausend Silices-, Radiolarit- und Bergkristall-Absplisse, darunter mehrere hundert Klein- und Kleinst-Werkzeuge, sowie einige Keramikstücke gestatten eine Zuweisung zur Fiorano-Kultur Oberitaliens (CH. ZINDEL, 1977a).
Während in Talsiedlungen dem Fischfang eine hohe Bedeutung zukam, oblagen die Bewohner alpiner Siedlungen und der Höhenstationen des Jura vor allem der Jagd auf Braunbär, Dachs, Hirsch, Reh und Wildschwein.

▷

Fig. 114 Mesolithikum
1–5 Fürsteiner Stufe: Fürstein, Seeberg BE:
1 Rindenkratzer
2 Klingenkratzer
3 Gestumpftes Messerchen
4 Linksstichel
5 Mikromesserklinge mit Gebrauchsretusche
6–8 Federmesser-Horizont: Balm, Günzberg SO:
6 Nucleusstichel
7 Mikrokratzer
8 Kegelförmiger Nucleus
9–14 Fürsteiner Stufe mit geometrischer Komponente: Robenhausen-Furtacker, Wetzikon ZH:
9 Doppelkratzer
10 Kerbkratzer
11 Klingenkratzer
12, 13 Dreiecksmesserchen
14 Mikrostichel
15–19 Horizont mit Hirschhorn-Harpunen:
15, 18, 19 Schötz 7, Schötz LU, 2/3 ×:
15 Hirschgeweihaxt
18 Meißel aus Knochen
19 Geschliffene Eberzahnlamelle
16 Birsmatten, Nenzlingen BE: Pfriem, 2/3 ×
17 Wachtfelsen, Grellingen BE: Hirschhorn-Harpune, 2/3 x
16, 17 Bern. Histor. Museum, Bern
20–27 Fällander Horizont, Usserriet, Fällanden ZH:
20, 22 Mikrokratzer
21 Pfeilspitze
23 Regulärer Kratzer
24, 25 Messerklingen mit Gebrauchsretuschen
26 Mikroklingenspitze
27 Trapez (Querschneider)
28–31 Horizont mit Spitzenvarianten und neolithischer Flächenretusche, Tägerhard III, Wettingen AG
28, 29 Pfeilspitzen
30 Mikromesserklinge
31 Dreiecksmesserchen
1–15, 18–31 Schweiz. Landesmuseum, Zürich, nat. Gr. Sämtliche Abbildungen aus R. WYSS, 1968
15–19 umgezeichnet von F. SEGER, Luzern.

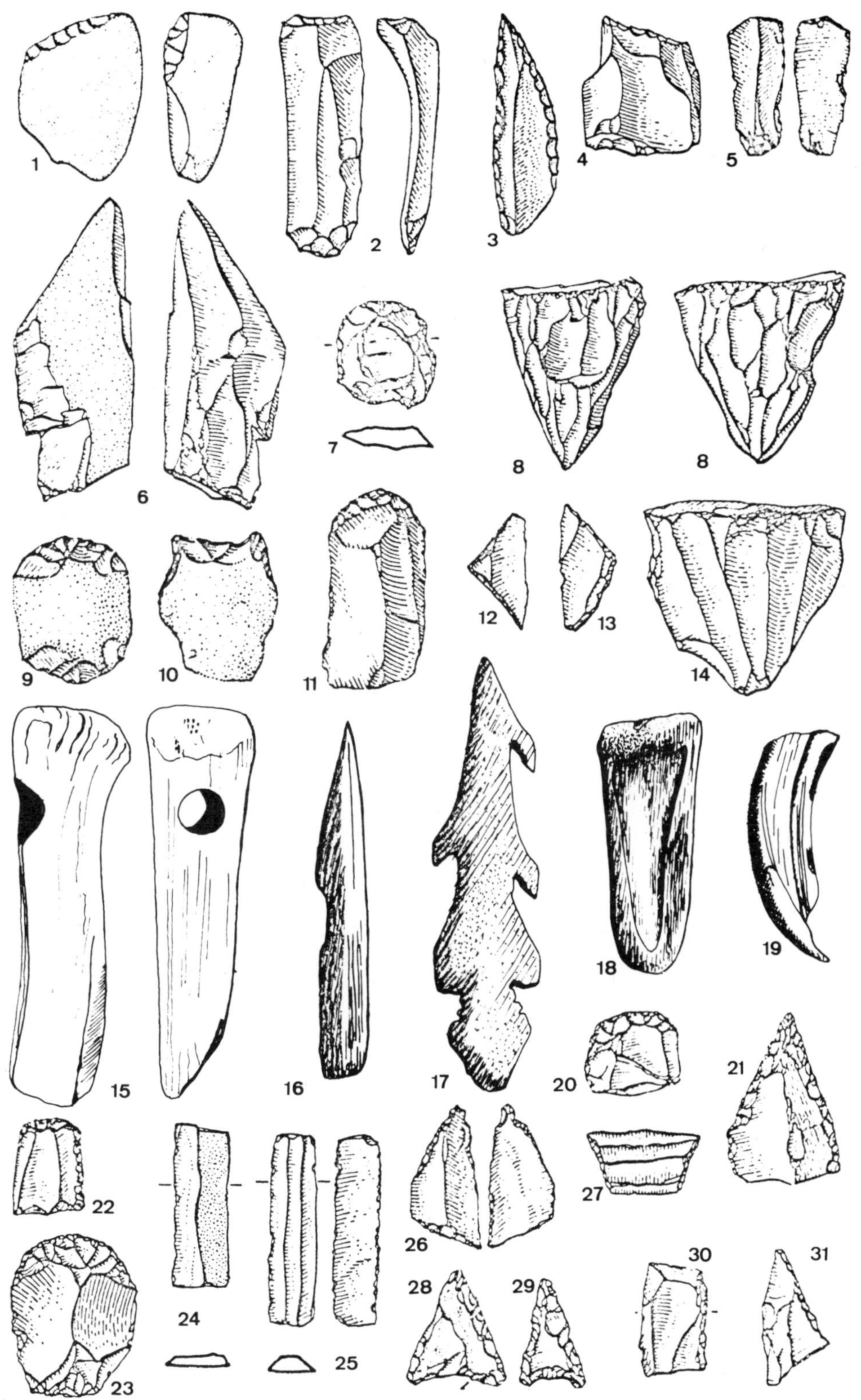
1
2
3
4
5
6
7
8
8
9
10
11
12
13
14
15
16
17
18
19
20
21
22
23
24
25
26
27
28
29
30
31

Über geistige und künstlerische Fähigkeiten liegen – mit Ausnahme geometrisch ornamentierter Knochen und bemalter Kiesel – kaum Belege vor.
Das Fehlen von Bestattungen kann nach Wyss (1968) damit zusammenhängen, daß die Toten oberirdisch unter Steinpackungen zur Ruhe gebettet wurden.

## *Das schweizerische Neolithikum*

Das Neolithikum stellt innerhalb des Steinzeitalters den letzten, zeitlich kürzesten, in der Geschichte der Menschheit jedoch den bedeutendsten Abschnitt dar. In Mitteleuropa ist es eine Zeit großer Völkerwanderungen, gekennzeichnet durch bäuerliche Gruppen, durch welche die Landnahme erfolgte. Ihr Ursprung ist im Gebiet des fruchtbaren Halb-

Fig. 115 Neolithikum
1, 13 Egolzwiler Kultur
1 Egolzwil 3 LU: Vorratsgefäß, 1/8 ×
aus M.-R. Sauter & A. Gallay, 1969
Frühe Cortaillod-Kultur
2 Egolzwil 4/1 LU: Vorratsgefäß mit S-förmigem Profil, Standboden und seltenen Knubben, ¼ ×; aus E. Vogt, 1967
Ältere Cortaillod-Kultur
3 Zürich-Bauschanze: Topf-Scherbe mit gekerbtem Wellenlinienmuster, ¼ ×; aus Vogt, 1967
4–6 Jüngere Cortaillod-Kultur
4, 5 Tivoli, St-Aubin NE: 4 tellerförmiges Hängegefäß, ¼ ×; 5 napfförmiges Hängegefäß, ¼ ×
6 Egolzwil 2 LU: Knickkalottenschale, 1/8 ×
7, 8 Dickenbännli-Kultur
Dickenbännli, Trimbach SO:
7 «Dickenbännli-Spitze», ½ ×; 8 Pfeilspitze, ½ ×
9–12 Rössener Kultur
9 Nußbaumersee, Hüttwilen TG: «Schuhleistenkeil», ¼ ×
10 Oberdießbach BE: Steinbeil, ¼ ×
4–10 aus Sauter & Gallay, 1969
11 Kleiner Hafner, Zürich: Gefäß mit Ösenhenkeln und Zickzackband, ¼ ×
12 Gutenberg, Balzers FL: Kugelbecher mit Tiefstichverzierung, ¼ ×
11, 12 aus W. Drack, 1969
13 Egolzwil 3 LU: Rössener Kugelbecher, ¼ ×
14, 15 St-Léonard-Kultur (Chasséen)
St-Léonard VS: 14 importierte Rössener Kugelvase, 1/8 ×, 15 Schale 1/8 ×
16, 17 Chamblandes-Gräberfunde
16 Vidy, Lausanne: Silex-Klinge, 1/6 ×
17 Chamblandes, Pully VD: Beilhammer, ¼ ×
13–17 aus Sauter & Gallay, 1969
18–21 Lutzengüetle-Kultur
18, 19 Lutzengüetle, Eschen FL: 18 Steinbeil, ¼ ×; 19 Henkelkrug, 1/6 ×
20, 21 Grüthalde bei Herblingen SH: 20 Pfeilspitze, ½ ×, 21 «Dickenbännli-Spitzen», ½ ×
22–26 Pfyner Kultur
22, 23 Weier, Thayngen SH: 22 Tulpenbecher, Michelsberger Kulturform, 1/8 ×
23 Vorratstopf, 1/8 ×
24, 25 Egelsee bei Niederwil, Gachnang TG:
24 Gefäß mit Knubbenverzierung, 1/8 ×; 25 Knaufaxt, 1/6 ×
26 Dietikon ZH: Kupferbeil, ¼ ×
18–26 aus W. Drack, 1969.

▷

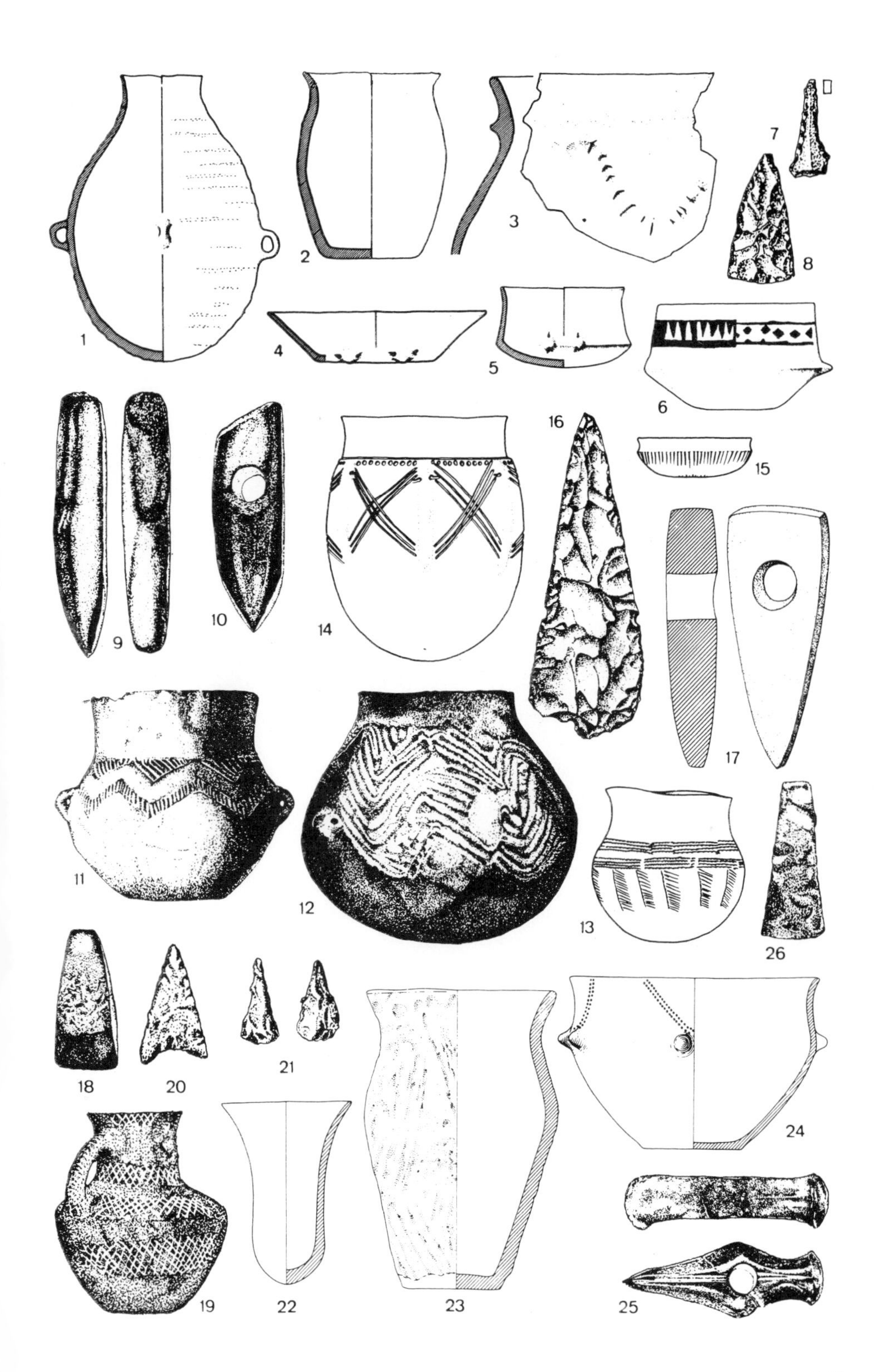
1
2
3
7
8
4
5
6
16
15
9
10
14
17
11
12
13
26
18
20
21
24
19
22
23
25

mondes zu suchen, wo eine Ernte von Wildgetreide bereits in der mesolithischen Natuf-Kultur nachgewiesen ist (R. J. Braidwood, 1958). Durch die Produktion von pflanzlichen und tierischen Nahrungsmitteln, die eine Vorratshaltung ermöglichten, wurde die Abhängigkeit des Menschen von der Natur – vor allem vom Winter – gemildert. Es lassen sich zwei Einwanderungswege nachweisen: der eine führte Donau-aufwärts, der andere Rhone-aufwärts. Für das Walliser Neolithikum fällt noch ein solcher von Piemont über die Alpenpässe, etwa über den Großen St. Bernhard, in Betracht (M. R. Sauter & A. Gallay, 1969).

Aus SE-Frankreich (Camp-de-Chassey, Saône-et-Loire) drangen um 3000 v. Chr. Ableger des *mediterranen* Frühneolithikums in die Schweiz ein. Noch offen steht die

Fig. 116 Neolithikum (Fortsetzung)
1– 3 Pfyner Kultur
1 Robenhausen, Wetzikon ZH: Schmelztiegel, ¼ ×
2, 3 Breitenloo bei Pfyn TG: 2 Tasse, $^1/_6$ ×; 3 Topf, $^1/_{12}$ ×
1– 3 aus W. Drack, 1969
4– 8 Horgener Kultur
4– 6 Zürich-Utoquai: 4 Leinengewebe mit Abschlußborte und Fransen, ⅓ ×; 5 Zylindrisches Gefäß mit Standboden, $^1/_{12}$ ×; 6 Beil-Zwischenfutter aus Hirschgeweih, ¼ ×
7, 8 Maur ZH: 7 Dolchklinge aus Silex, ¼ ×; 8 steinerne Beilklinge, ¼ ×; 4–8 aus M. Itten, 1969
9–12 Auvernier-Kultur
La Saunerie, Auvernier NE: 9 tonnenförmiges Gefäß mit Zickzacklinie, $^1/_8$ ×; 10 Beilklinge aus Silex, ⅓ ×; 11, 12 Pfeilspitzen aus Silex, ⅓ ×
13–17 Schnurkeramische Kultur
13, 14 Sutz-Lattrigen, Sutz BE: 13 Steinaxt, $^1/_4$ ×; 14 Becher, ¼ ×
15, 16 Vinelz BE: 15 Topf, ¼ ×; 16 Schale mit frühbronzezeitlichem Muster, ¼ ×
17 Zürich-Utoquai: Holzgefäß, ⅓ ×
18, 19 Glockenbecher-Kultur
18 Basel, Hörnlifriedhof: Armschutzspange, ¼ ×
19 Sion, Petit-Chasseur: Glockenbecher, $^1/_6$ ×
20–24 Fremde Einflüsse im Spätneolithikum
20 Auvernier NE: Doppelspiralanhänger, ⅓ ×
21 Gerolfingen BE: Flügelperle, ½ ×
22 Chevroux VD: Pfeilspitze mit seitlichen Kerben, ⅓ ×
23 Vinelz BE: Armorikanische Pfeilspitze, ⅓ ×
24 St-Blaise NE: Nachahmung einer Kupferklinge aus Silex
9–24 aus Chr. Strahm, 1969
Neolithische Wirtschaft und Technik
25–28 Pflanzenbau
25 Greng FR: Hacke, $^1/_8$ ×
26 Seematte, Hitzkirch LU: Erntemesser, $^1/_8$ ×
27 Zürich-Utoquais Getreidemühle, 8 ×
28 Weier, Thayngen SH: Doppelstampfer, $^1/_{16}$ ×
29, 30 Viehzucht
29 Weier, Thayngen SH: Milchsatte, $^1/_8$ ×
30 Zürich-Utoquai: Quirl, $^1/_8$ ×
31–34 Fischerei
31, 32 Egolzwil 2 LU: 31 Angelhaken, ¼ ×; 32 Netzschwimmer, ¼ ×
33 Seematte, Hitzkirch LU: Netzsenker, ¼ ×
34 Meilen ZH: Fangnetz, ½ ×
35 Jagd
Robenhausen, Wetzikon ZH: Pfeilbogen, $^1/_{16}$ ×
25–35 aus R. Wyss, 1969
1, 5–8, 10–15, 17, 19, 22–33 und 35 nachgezeichnet von O. Kälin, Brugg.

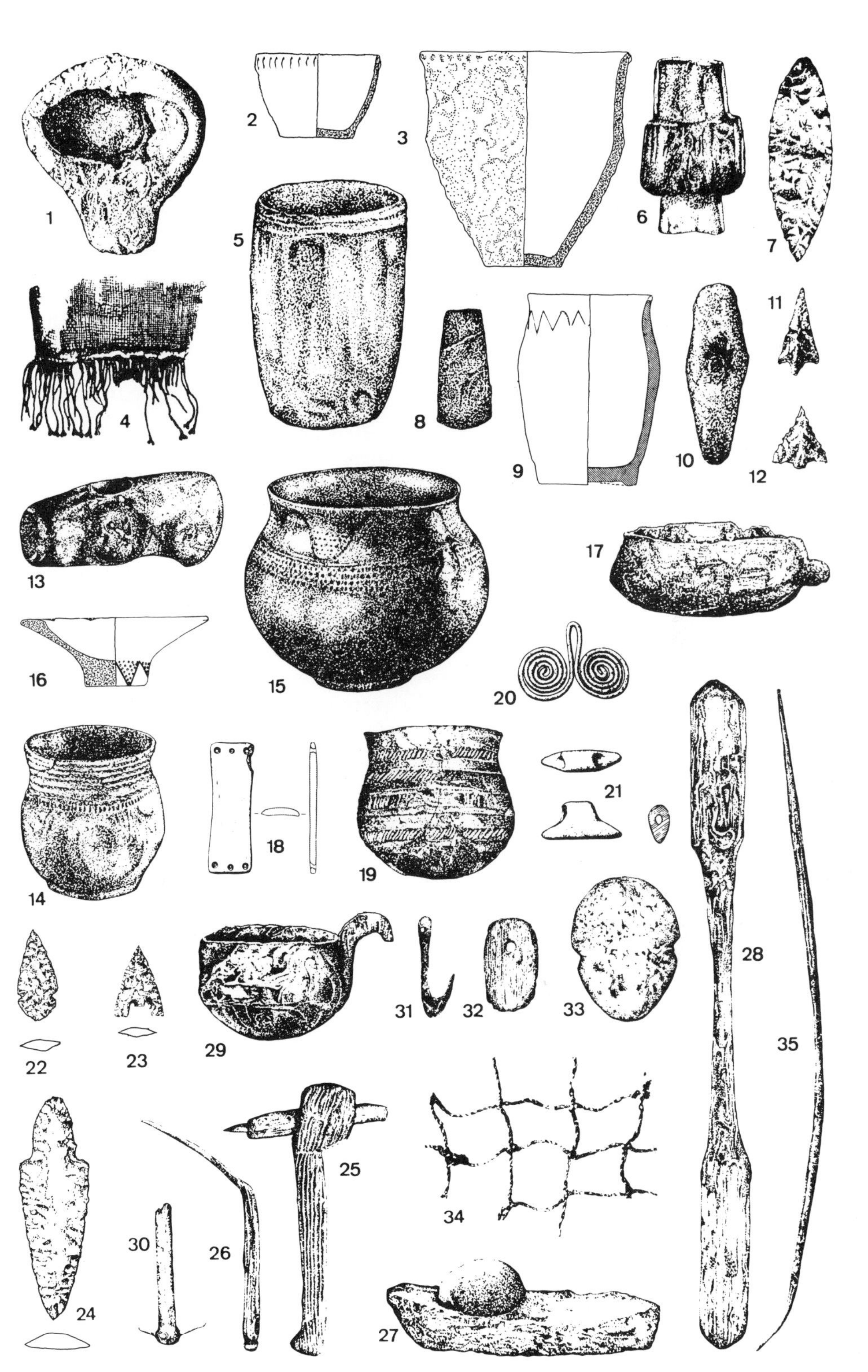
1
2
3
4
5
6
7
8
9
10
11
12
13
14
15
16
17
18
19
20
21
22
23
24
25
26
27
28
29
30
31
32
33
34
35

Herkunft der ältesten, der *Egolzwiler Kultur* (nach Egolzwil LU; E. VOGT, 1934, 1951, 1967) mit formenarmer Keramik – Rundbögen-Töpfe mit Henkeln und Krüge mit verengtem Hals –, einfachen Steinbeilen und Sicheln mit schief eingelassener Silex-Klinge.

Bei der später auftretenden *Cortaillod-Kultur* (nach Cortaillod am NW-Ufer des Neuenburgersees; P. VOUGA, 1934; VOGT, 1934; V. v. GONZENBACH, 1949), die im westlichen und zentralen Mittelland bis an den Zürichsee nachgewiesen ist, schienen sich zunächst mehrere Abschnitte typologisch auseinander halten zu lassen (VOGT, 1934, 1967; SAUTER & GALLAY, 1969; H. SCHWAB, 1971 a, b).

Die *Frühe* Cortaillod-Kultur wäre gekennzeichnet durch eine Keramik mit S-förmigem Profil, Standböden und durchbohrten Knubben. In der *Älteren* Cortaillod-Kultur wäre die Keramik bereits formenreicher geworden. Als Verzierung kommen verdickte Ränder mit Eindrücken auf. In der *Jüngeren* Cortaillod-Kultur, deren Ausläufer bis an den Bodensee vordrangen, wäre die Formenfülle durch das Auftreten gekielter Näpfe – Knickkalottenschalen – noch reicher geworden. Ferner fand sich Keramik mit Flickstellen von Birkenrindenteer. Als neuer Rohstoff trat mit der Späten Cortaillod-Kultur erstmals Kupfer auf. Auch Steinklingen- und Pfeilspitzen-Industrien haben sich entwickelt (v. GONZENBACH, 1949). Im Abris von Vallon de Vaux E von Yverdon fanden sich noch Elemente des Chasséen (nach Camp-de-Chassey, S.-et-L.) und dreieckige Pfeilspitzen (SAUTER & GALLAY, 1966, 1969; M. SITTERDING, 1972). Während diese Kulturen in Frankreich meist aus Landsiedlungen und Grotten bekannt sind, dominieren in der Schweiz Seeufersiedlungen (H. REINERTH, 1926). Anklänge ans französische Chasséen sowie eine gewisse Eigenständigkeit bekunden auch die Walliser Funde (SAUTER, 1966).

Als erste neolithische Kultur überzog im 4. vorchristlichen Jahrtausend die von E kommende *Linearbandkeramik*, eine an Lößböden gebundene Bauernkultur mit kürbisförmigen Gefäßen mit Bandliniendekor, Hackgeräten, Hausbau und besonderen Waffen, Mitteldeutschland. Gegen 3000 v. Chr. erreichte eine Gruppe das westliche Bodensee-Gebiet (K. MAUSER-GOLLER, 1969), den Klettgau (W. U. GUYAN, 1953; E. GERSBACH, 1956) und die Basler Gegend (R. D'AUJOURD'HUI, 1965; R. WYSS, 1966), während im Mittelland noch spätmesolithische Fischer und Jäger ohne Keramik lebten. Solche trat in der N-Schweiz erst mit der zweiten neolithischen Welle, mit der späten Linearbandkeramik, auf. Zu einer Neolithisierung scheint es erst nach einer weiteren Entwicklungsphase gekommen zu sein, als in Mitteldeutschland eine Kultur mit Tiefstichdekor verzierter Keramik, die *Rössener Kultur*, erwachsen war. Ihre Zier- und Formelemente – schuhleistenartig geschliffene Beile – setzten sich gegen SW durch. In S-Württemberg entwickelte sich aus ihr eine eigenständige Kultur mit ausladenden Schüsseln und Henkeltöpfen. Verwandte Formen und amphorenartige Vorratsgefäße mit Aufhängeösen und Einritzmustern von fliegenden Vögeln entdeckte D. BECK (1949) auf dem Lutzengüetle am Eschnerberg FL. Gleichartige Dekors wurden am Überlingersee, in Zürich-Bauschänzli sowie in einer Höhensiedlung NE von Schaffhausen gefunden, wo sie mit Pfeilspitzen und Kleinwerkzeugen auftraten, wie sie vom Hauenstein und aus der NW-Schweiz bekannt wurden (A. GALLAY in W. DRACK, 1969). Am Eschnerberg folgen über der *Lutzengüetle-Kultur* (VOGT, 1961) Relikte der Pfyner und der Horgener Kultur.

Den Landschafts-Charakter im Zürcher Oberland und um Zürich versuchte E. IMHOF (1968) kartographisch festzuhalten (Fig. 89–92).

In Chur-Welschdörfli konnten unter bronze- und eisenzeitlichen Kulturresten dort, wo in römischer Zeit die Hauptstadt der Rätia Prima, Curia, stand, auch noch Reste einer

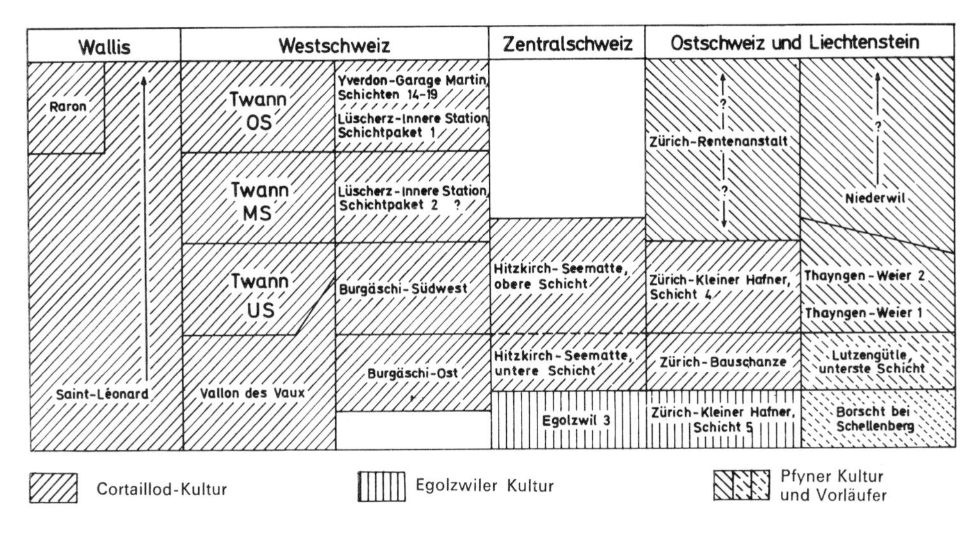


Fig. 117 Chronologie-Schema über die Cortaillod-Schichten von Twann im Rahmen des schweizerischen Neolithikums. OS = Oberes, MS = Mittleres, US = Unteres Schichtpaket.

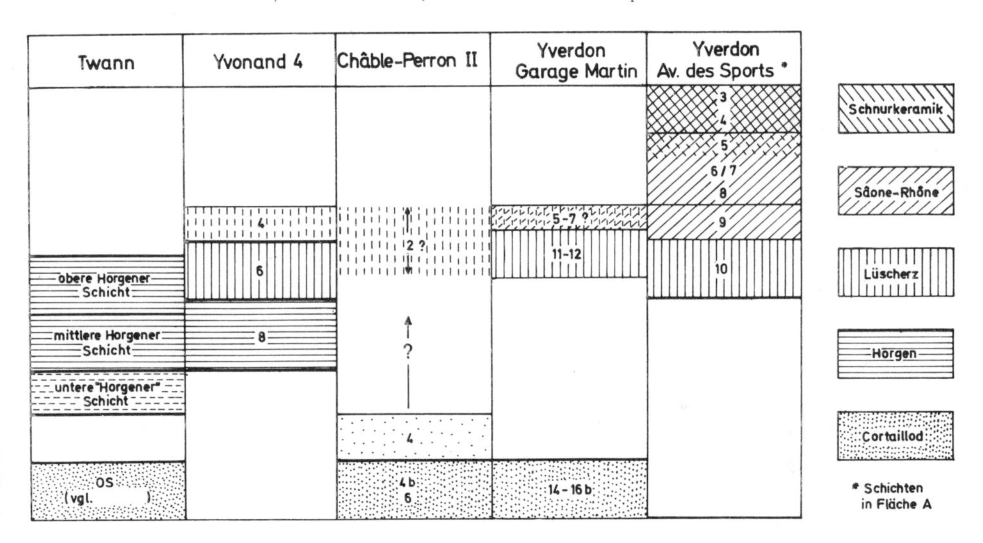


Fig. 118 Chronologische Parallelisierung der Horgener Schichten von Twann mit einigen Stationen des frühen End-Neolithikums (Horgen/Lüscherz) der Westschweiz.
OS = Oberes Schichtpaket, Ziffern = Schichtnummern.
Aus A. R. Furger in Furger et al., 1977.

jungsteinzeitlichen Siedlung gefunden werden. Die Keramik zeigt enge Verwandtschaft zur Liechtensteiner Lutzengüetle-Kultur (Ch. Zindel, 1977a; S. Nauli, schr. Mitt.). Eine weitere jungsteinzeitliche Siedlung wurde von W. Burkart auf dem Petrushügel bei Cazis entdeckt. Bisher wurde sie der Horgener Kultur zugewiesen. Neueste Funde drängen nach einer Überprüfung der zeitlichen Einstufung (Zindel, 1977a, Nauli, schr. Mitt.). Verschiedene Einzelfunde, vorab aus dem Churer Rheintal und aus dem Domleschg belegen ein allmähliches Eindringen des Neolithikers nach Graubünden.
Eine dritte Welle brachte südöstliche Ausstrahlungen der *Michelsberger Kultur* mit ent-

wickeltem Töpferhandwerk - Backteller, Tulpenbecher, eiförmige Flaschen mit Trichterhals und tief liegenden Ösen und konische Näpfe – (VOGT, 1953; A. BAER, 1959; J. DRIEHAUS, 1960; J. LÜNING, 1968) ins Donau-Gebiet – die *Altheimer Kultur* – und in den Bodensee–Zürichsee-Raum – die *Pfyner Kultur* mit zahlreichen Fundplätzen (K. KELLER-TARNUZZER, 1944; VOGT, 1961, 1964; GUYAN, 1967, 1976; H. T. WATERBOLK & W. VAN ZEIST, 1967; J. WINIGER, 1971, U. RUOFF, 1976).

Eine außerordentlich reiche Fundstelle mit Cortaillod- (W. E. STÖCKLI, P. J. SUTER in A. R. FURGER et al., 1977) und Horgener Schichten (FURGER) wurde beim Autobahnbau am NW-Ufer des Bielersees bei Twann angetroffen und teilweise bereits ausgewertet.

Bei der Analyse der Schichtprofile konnte A. ORCEL (in FURGER et al.) eine feine Aufgliederung der Kulturschichten vornehmen und mehrfache Einlagerungen von Seekreide feststellen. Ein Fremdkörper bildet in Twann der 1976 geborgene Einbaum (S. 248).

Da die aus den bisher bekannten Schichtprofilen gewonnene Kulturfolge zu Kontroversen über die Chronologie und die Parallelisierung der Cortaillod-Kultur geführt hat – die $^{14}$C-Daten liegen zwischen 5200 ± 90 und 4790 ± 70 v. h. (H. OESCHGER & T. RIESEN in FURGER et al.) – seien die Chronologie-Schemata von STÖCKLI (Fig. 117) und FURGER (Fig. 118) mit den Zuordnungen früher bekannt gewordener Abfolgen wiedergegeben, umsomehr als davon auch die zeitliche Stellung der Pfyner Kultur berührt wird.

Auch am Ufer des Neuenburger Sees konnten in der Bucht von Auvernier-Colombier bei Notgrabungen im Bereich des Nationalstraßenbaus neulich auf einer 1,5 km langen Uferzone 10 Siedlungen freigelegt werden, deren Alter vom mittleren Neolithikum – Cortaillod-Kultur – bis in die Spätbronzezeit fällt (M. EGLOFF et al., 1977).

In der Pfyner Seeufer-Siedlung Horgen-«Dampfschiffsteg» fanden B. PAWLIK & F. H. SCHWEINGRUBER (1976) neben Resten terrestrischer Pflanzen auch Samen von Wasserpflanzen (*Najas marina* und *N. flexilis*), Schalen aquatischer Mollusken und durch die Wasserbewegung abgerundete Holzkohlenreste, die mindestens eine temporäre Anwesenheit von Wasser – Hochwasserstände (?) – belegen.

Die Untersuchung der hölzernen Reste spricht bereits für eine gezielte Auswahl der Hölzer durch den Neolithiker je nach dem Verwendungszweck.

An die Pfyner, Thaynger und Gachnanger Funde schließt die 1857 von J. MESSIKOMMER (1913) entdeckte Moorsiedlung im Robenhauser Ried an, aus der neben durchbohrten Steinbeilen und reichlichem Töpfergut – Henkelkrüge und Schmelztiegel – auch Kupferäxte, Holzgeräte, Geflechte, Gewebe, Lehmbrocken von Hauswänden sowie Pfeilspitzen und Kleinwerkzeuge aus Bergkristall geborgen werden konnten. Ähnlich reiche Inventare liegen von Ufersiedlungen des westlichen Bodensee- und Zürichsee-Gebietes vor (VOGT, 1964; DRACK, 1961). Als Handelsware sind die auf Metallvorbilder zurückgehenden Knaufäxte zu deuten (DRACK, 1969).

Aus der nordfranzösischen *Seine-Oise-Marne-Kultur*, die über Basel ins schweizerische Mittelland, nach S-Deutschland und in die Alpentäler bis an den Heinzenberg eindrang, entwickelte sich um 1900 v. Chr., vor allem zwischen Zuger- und Pfäffikersee, die *Horgener Kultur* (VOGT, 1934, 1938; M. ITTEN, 1969, 1970). Sie zeichnet sich aus durch eine grobe Keramik mit großen zylindrischen Gefäßen mit Standböden – nach anhaftenden verkohlten Getreideresten wohl Koch- und Vorratstöpfe –, figürliche Darstellungen in Stichmanier (VOGT, 1952), durch lorbeerblattartige Dolche mit beidseitigen Flächenretuschen sowie durchlochte Äxte mit gedrungener Klinge und geradem oder rund gearbeitetem Nacken. Die Beilklingen sind in der N- und E-Schweiz, wo die Horgener

Kultur vieles von der Pfyner Kultur übernommen hatte, von rechteckigem Umriß; in der W-Schweiz überwiegen Klingen mit spitzem Nacken und ovalem Querschnitt, was – wie die in Hirschhorn-Fassungen geschäfteten Beilklingen – auf eine Beeinflussung durch die Cortaillod-Kultur hindeutet (VOGT, 1938). Steinplatten dienten als Sägen für die Rohformen (W. BURKART, 1945). Merkwürdigerweise wurde erst eine einzige kupferne Dolchklinge gefunden.

Seine-Oise-Marne- wie Horgener Kultur stellen in der Entwicklung einen Rückschritt dar. In der Keramik haben beide mit jeder Tradition gebrochen, dagegen deutet die Steinbearbeitung auf große Geschicklichkeit (ITTEN, 1969).

In den Ufersiedlungen Zürich-Utoquai mit 3 typologisch unterscheidbaren Fundschichten wird die Horgener von der schnurkeramischen Streitaxt-Kultur abgelöst (ITTEN, 1969, 1970).

Im *Spätneolithikum* entstanden in den Kontaktbereichen der einzelnen Kulturen lokale Gruppen. Als *Auvernier-Kultur* bezeichnet CHR. STRAHM (1969) eine auf das Gebiet der drei Juraseen beschränkte Kultur, die neben schnurkeramischen Zügen neue Elemente aus dem W aufzeigt (VOUGA, 1929; VOGT, 1953, 1964, 1967). Die Keramik ist formenarm, nur selten mit Fingertupfen, Einstichen und Zickzacklinien verziert. Charakteristisch sind flachbödige tonnenförmige Gefäße mit Griffknubben. Bei der Herstellung der walzenförmigen Steinbeile wurde der Stein grob zurecht geschlagen, «retuschiert» und nur die Schneide angeschliffen. An Silex-Produkten fanden sich Dolchklingen, Pfeilspitzen und Messer.

Bereits während der Auvernier-Kultur erschien in der W-Schweiz die *schnurkeramische Streitaxt-Kultur*, die in der E-Schweiz auf die Horgener Kultur folgte. In ganz Mitteleuropa ist sie *die* spätneolithische Kultur. Ihre Ausbreitung erfolgte von N her durch den Klettgau und das untere Aaretal.

Die Keramik – Becher, Töpfe und Amphoren – wurde durch Schnur-Eindrücke verziert; sie findet sich zusammen mit Holzgefäßen und feingeschliffenen schlanken Streitäxten mit leicht geschweifter Schneide. Daneben tritt Kupfer auf, vor allem bei Dolchen, Beilen, Nadeln und Knöpfen.

Einer frühen Phase dürften die wenig geschweiften Becherprofile und regelmäßigen Schnurgürtel von Sutz BE, einer späteren das Gräberfeld von Schöfflisdorf ZH angehören. Diese läßt sich am ehesten mit spätschnurkeramischen Funden aus NW-Deutschland vergleichen (STRAHM, 1961, 1969).

Die bedeutendste Phase stellen Funde vom Typ Zürich-Utoquai mit Wellenlinienmuster dar. Damals scheint das ganze Mittelland von Schnurkeramikern besiedelt gewesen zu sein. Wechselbeziehungen bestanden zu Nachbar-Kulturen, so zur frühbronzezeitlichen, was sich in der Verzierung der Keramik abzeichnet. Einerseits zeigt sie Schnurverzierung, anderseits frühbronzezeitliche Ornamentik: von Punkten erfüllte Dreiecke und Halbkreisbogen, Zickzackmuster und Tupfenleisten. Ebenso wurden frühbronzezeitliche Formen übernommen und aus Silex, Knochen sowie aus Hirschgeweih nachgebildet.

Die *Glockenbecher-Kultur* stellt eine der eigenartigsten in der Urgeschichte dar. Ihre Träger scheinen einer zuvor in Europa unbekannten nomadisierenden Rasse von streng organisierter Prägung anzugehören, die mit der Metallgewinnung oder dem Metallhandel in Beziehung stand. Sie konnte neben und mit Kulturen des neolithischen Bauerntums existieren und diese gar ergänzen (STRAHM, 1969). Um 2000 v. Chr. zeichnet sie sich am Oberrhein, im Hegau, im Donautal, im Mittelland und im Wallis ab.

Von ihrer Hinterlassenschaft, die vorwiegend aus Gräbern stammt, sind neben dem typischsten Gefäß, dem Glockenbecher, glockenbecherartige Henkelkrüglein, Armschutzplatten und v-förmig durchbohrte Knöpfe bezeichnend.
Formenvergleiche haben gezeigt, daß die Glockenbecher-Kultur an der alpinen bronzezeitlichen Kultur beteiligt war (VOGT, 1967).
Daneben zeichnen sich im Spätneolithikum noch weitere fremde Einflüsse ab, so spitznackige Silexbeile. In der W-Schweiz treten blattförmige Pfeilspitzen mit seitlichen Kerben sowie neue spätneolithische Geräteformen auf. Geflügelte Steinperlen weisen nach S-Frankreich, armorikanische Pfeilspitzen nach der Bretagne hin.
Die materielle Hinterlassenschaft des Neolithikums zeichnet sich neben einer rundlichen, plump wirkenden Keramik noch immer durch zahlreiche Geräte aus Feuerstein aus. Daneben konnten Getreidemühlen aus Granit sowie Ambosse und Schleifsteine aus Sandstein aufgefunden werden. Hirschgeweih und Knochen wurden zu Pfriemen, Pfeilspitzen, Harpunen und für Fassungen von Geräten verwendet; für Schäfte von Beilen, Messern, Pfeilen, Sicheln und Keulen, für Pfeilbogen, Schalen und Becher fand Holz Verwendung.
Belege für den *Pflanzenbau*, der die neolithische Wirtschaft kennzeichnet, liegen als Samen, Früchte und Pollen vor. Hinweise über den Anbau von Kulturpflanzen lassen sich aus den Geräten gewinnen. In den meisten Siedlungen ist der Getreidebau durch Ansammlungen verkohlter Körner nachgewiesen: Einkorn, Zwergweizen, sechs- und zweizeilige Gerste sowie Hirse; Ähren fanden sich nur selten. Zur Erhöhung der Haltbarkeit dürfte das Getreide über dem Feuer leicht angeröstet, gedarrt, worden sein, was die Keimfähigkeit nicht beeinträchtigte. An Kochgefäßen haftende Speisereste verraten, daß es meist als Brei gegessen wurde. Anbau, Ernte und Verarbeitung sind durch Geräte belegt: Erdhacke, Erntemesser und Sichel, Dreschhölzer und Vorratsgefäße mit Aufhängeösen zum Schutz vor Nagern. Für den Anbau mußte der an den Strandgürtel angrenzende Urwald gerodet werden, wobei die Asche einmalig als Dünger wirkte. Der Ertragsrückgang, infolge ausbleibender Kali-Düngung, zwang zu neuen Rodungen. Anderseits bildeten verunkrautete Getreideäcker eine Voraussetzung für die aufkommende Viehzucht.
Als ölliefernde Kulturpflanze ist Mohn – nebst Früchten der Buche und der Hasel – nachgewiesen und archäologisch durch Doppelstampfer belegt. Der Anbau von Erbsen, Linsen, Bohnen sowie das Sammeln von Pastinak-Wurzeln dienten der Vorratshaltung. In großen Mengen wurden Haselnüsse und Äpfel eingebracht, diese als halbierte Stücke gedörrt. Als vegetabiler Rohstoff für Textilien wurde Flachs gepflanzt, was durch Rohfasern, Geräte zur Verarbeitung und durch Fertigprodukte belegt ist (R. WYSS, 1969).
Als zweites, die neolithische Wirtschaft kennzeichnendes Element tritt die *Viehzucht* hervor. In den ältesten Kulturgruppen sind nur Kleintiere: Hund, Ziege, Schaf und Schwein nachgewiesen, was bei den zunächst noch fast geschlossenen Urwäldern gegeben war. Das Auftreten des Rindes scheint bereits eine höhere Stufe darzustellen. Haustiere wurden als Milchlieferanten und Fleischreserve gehalten. Im Herbst erfolgte – wegen des beschränkten Winterfutters – jeweils eine Dezimierung der Bestände (C. F. W. HIGHAM, 1967); durch Trocknen und Räuchern wurden Fleischvorräte angelegt. Als Belege für die Tierhaltung konnten – außer Schapfe und Quirl, welche die Milchwirtschaft bekunden – Stallbesen, Mist, Fliegenpuppen, ein Viehtreiberstock sowie Tonplastiken von Haustieren aufgefunden werden (WYSS, 1969).
Neben Ackerbau und Kleintierzucht kam der Jagd auf Hirsch, Wildschwein und Reh,

dem Fischfang und dem Sammeln von Wildfrüchten – Haselnüssen, Äpfeln, Birnen, Pflaumen, Erdbeeren, Himbeeren, Brombeeren, Buchnüssen und der Wassernuß – *Trapa natans* – Bedeutung zu.

Eine Rekonstruktion des Waldbildes der Umgebung von Zürich aufgrund pollenanalytischer Untersuchungen wurde in Fig. 91 versucht.

Mit der aufkommenden Landwirtschaft haben sich nach der Erfindung der Beilklinge auch *Handwerk* und *Technik* rasch entwickelt. Sie erlaubten eine ausreichende Beschaffung von Holz für den Siedlungsbau. Die Töpferei brachte mit dem Kochen von Speisen eine Bereicherung der Ernährungsmöglichkeiten. Durch das Sägen, Bohren und Polieren von Gestein, Knochen und Holz vermochte sich eine Stein-, Hirschhorn-, Knochen- und Holzindustrie zu entfalten. Während die Flechterei schon auf vorneolithischer Tradition aufbauen konnte, stellt das Weben eine neolithische, an den Flachsanbau gebundene Errungenschaft dar (VOGT, 1937).

Im aufkommenden Metallhandwerk gelangte Kupfer zur Verarbeitung. In Schmelztiegeln wurde es aufbereitet und in Lehmformen zu Schmuckgegenständen und zu Flachbeilen gegossen. Erst im Spätneolithikum, in der von E beeinflußten Pfyner Kultur, erlangte es größere Bedeutung (WYSS, 1969).

Die fast geschlossenen Wälder, die nur Seeuferbereiche und Moore offenließen, und die Wirtschaftsform des neolithischen Wanderbauerntums vorzeichneten, bestimmten auch Siedlungsplatz und Siedlungsart: Ufer- und Moorsiedlungen in Dorfgemeinschaft (VOGT, 1951, 1955, 1969; GUYAN, 1967; H. T. WATERBOLK & W. VAN ZEIST, 1967). Nach außen, gegen die Gärten, Äcker, das Brachland und die Waldweide waren die Dörfer durch einen Zaun abgegrenzt.

Egolzwil 4a, ein Dorf der Älteren Cortaillod-Kultur, bestand aus einer einzigen Häuserreihe. In Egolzwil 4d, datiert als Jüngere Cortaillod-Kultur, gruppierten sich die Bauten – 10 Wohnhäuser mit Herdstellen und zwei Ställe – um einen Platz (VOGT, 1969). In Thayngen-Weier konnte GUYAN (1967) 8 Häuser und einen Stall mit Mistrückständen und Fliegenpuppen nachweisen. In Gachnang-Niederwil standen bis 60 m lange Häuserreihen an parallelen Wegen.

Bei Bauten über wenig tragfähigem, nassem Grund wurde eine Isolation durch Einbringen von Laub und von Rindenbahnen, bei nassen Böden durch gestelzte, zuweilen gestaffelte Unterzüge versucht. Für die Herdstellen wurden Lehmplatten errichtet, bei wenig tragfähigem Grund ein Prügelrost eingezogen.

Die Häuser von Ufer- und Moorsiedlungen waren meist Pfostenbauten. Die Träger des Daches, die zugleich das Skelett der Wände bildeten, waren in den Boden eingetrieben. Daneben wurden auch Ständerbauten auf Schwellen errichtet.

Spitzenhochwasser, häufige Brände sowie die rasche Erschöpfung des landwirtschaftlich nutzbaren Bodens zwangen oft zum Verlassen der Siedlung. Vielfach wurden die Plätze später erneut benutzt.

Aus dem oberschwäbischen Federseemoor wurden durch A. REINERTH (1936) neben den beiden Siedlungen Riedschachen auch die Moordörfer Aichbühl – mit 41 zweiräumigen Giebelhäusern – und Dullenried bekannt. Durch zahlreiche spätere Arbeiten (W. ZIMMERMANN edit., 1961; K. GÖTTLICH, E. WALL et al., 1962, 1964, 1965, 1967; R. SCHÜTRUMPF, 1968; H. SCHWABEDISSEN & J. FREUNDLICH, 1968) wurden die Kenntnisse um den Siedlungsraum des Federseemoores erweitert.

Talrandsiedlungen (GUYAN, 1942), Geländekanten und Höhensiedlungen (SAUTER, 1963; VOGT, 1969) boten nur kurzfristige, gut zu verteidigende Wohnplätze. Höhlen und Halb-

höhlen (Abris) waren im Neolithikum – mit Ausnahme derjenigen von Vallon des Vaux – wohl nur vorübergehend bewohnt.
Recht fragmentarisch sind Belege über die geistig-religiöse Welt des jungsteinzeitlichen Menschen. Die wichtigste Grundlage bilden die Gräber und ihre Beigaben, Plastiken sowie die Megalithe. Grabgruben mit Hockerbestattung ohne Beigaben treten in der N-Schweiz auf, Gräber mit Beisetzung in gestreckter Rückenlage, oft in Steinkisten unter Felsdächern, mit Beigaben von Feuersteingeräten, Beilklingen, Pfeilspitzen und Schmuck, in der N- und NW-Schweiz. Hockerbestattungen in Steinkistengräbern mit Deckplatten und Orientierung der Verstorbenen nach E sind in der Rhone-Genfersee-Gegend, aber auch im Mittelland verbreitet. Dreieckige Streitäxte und Silexbeile als Beigaben bekunden wohl Rangstufen. Bei Sippengräbern wurden die Toten in ihrer Sterbesequenz übereinander bestattet.
Eine nur bis an den Jurafuß reichende Grabform stellen im W die Megalith-Gräber dar: Steinkisten mit Silexgeräten, Tierzähnen und Schädelamuletten als Beigaben, die von einem Erdhügel überschüttet waren. Sie werden als Ausläufer der Seine-Oise-Marne-Kultur betrachtet und wurden wohl von den aus ihr hervorgegangenen Trägern der Horgener Kultur erbaut (Wyss, 1969b).
Grabhügel mit Brandbestattung greifen von N tief ins Mittelland ein. Ihre Verbreitung deckt sich mit der schnurkeramischen Kultur. Der Tote wurde auf einem Holzhaufen verbrannt, dem Grab Feuersteingeräte und Keramik – wohl mit letzter Wegzehrung – beigegeben, Erde angeschüttet, eine Steinpackung aufgeschichtet und diese mit Erde eingedeckt.
Die Glockenbecher-Leute bestatteten ihre Toten liegend oder in Hockerstellung, in Erdgruben oder in Steinkisten. Als Beigaben fanden sich Pfeil und Bogen, Armschutzplatte und Glockenbecher, wohl mit Speise und Trank. Die Grabform ist der landesüblichen angepaßt. Spätneolithische Steindenkmäler geben – in stilisierter Form – Menschen-Gestalten in ihrer Tracht mit Dolch, Lendentasche und Halsschmuck wieder. Aus dem westlichen Mittelland und dem Jura wurden aufgerichtete Megalithe, meist Erratiker, bekannt, am Neuenburgersee finden sie sich in Kreisen angeordnet.
Neolithisch und postneolithisch sind die Schalensteine und Felszeichen, wie sie aus der Val Camonica (E. Anati, 1963), dem Veltlin und von Carschenna ob Thusis (Chr. Zindel, 1968 a, b, 1970; H. Liniger, 1970) bekannt wurden.

### *Die Bronzezeit in der Schweiz*

Auf die bunte Folge von Kulturen verschiedenster Herkunft und Sprache traten mit der *frühen Bronzezeit*, um 1800 v. Chr., neue Gruppen auf, die sich weder nach den Geräten, noch wirtschaftlich und sozial aus Vorangegangenen ableiten lassen. Bereits existierte der Pflug. Dies bedeutet wiederholt kultiviertes Land und Felder von einem gewissen Ausmaß. Zugleich zeigt sich – neben Rind, Schwein, Ziege, Schaf und Hund – die Haltung des Pferdes, das größerer Weideflächen bedurfte und das neben der Landwirtschaft als Zug- und Reittier im Handel, Verkehr und Kriegsdienst eingesetzt wurde.
Siedlungen zeigen, daß nicht nur für Ackerbau und Viehzucht geeignete Böden ausgewählt, sondern daß auch für den Hausbau günstige Standorte bevorzugt wurden. Neue Bearbeitungsstätten belegen eine Spezialisierung des Handwerks, fremde Gegenstände und das Rad eine Handelszunahme, neue Grabformen veränderte Sozialstrukturen.

Fig. 119 Neolithische Bodenhorizonte in moränenreicher Schutthalde bei Veyrier am NW-Fuß des Salève.

Anstelle des weichen Kupfers im ausgehenden Neolithikum tritt das Legieren mit Zinn. Der Beginn der Bronzezeit ist jedoch erst dort zu setzen, wo alle mit dem neuen Werkstoff zusammenhängenden Fakten das Kulturbild bestimmen (CH. STRAHM, 1961, 1971). Die spätneolithische Schnurkeramik mit Streitäxten und Einzelbestattung in Grabhügeln, die von E über Polen–Deutschland gegen SW vordrang, reichte noch in die frühe Bronzezeit, so daß zunächst zwei soziologische Gruppen nebeneinander lebten.
Während im Neolithikum die einzelnen Kulturen sich zeitlich ablösten, entwickelten sie sich in der Bronzezeit räumlich nebeneinander: die eine im Mittelland und Jura, die andere in den Alpen. Die Bewohner des Mittellandes gehörten frühen Kelten mit indogermanischer Sprache an (E. VOGT, 1971). Im alpinen Raum siedelte eine fremde Volksgruppe, deren Sprache schon vor der schriftlichen Überlieferung verschwunden wäre. Ihre Kultur zeigt Beziehungen zu denen SE-Frankreichs, der Alpen-S-Seite und der E-Alpen, jene des Mittellandes und des Jura solche zu denen E-Frankreichs und S-Deutschlands (G. KRAFT, 1927, 1928).
In der *frühen Bronzezeit* unterscheidet STRAHM zwei Phasen. Die ältere, charakterisiert durch die Gräberfelder von Singen am Hohentwiel und Thun-Wiler BE, ist im Mittelland kaum vertreten – sie dürfte mit der jüngeren Schnurkeramik zusammenfallen. Die jüngere ist gekennzeichnet durch die Funde von Arbon-Bleichi TG (K. KELLER-TARNUZZER, 1945; F. FISCHER, 1971) und Baldegg LU.
Frühbronzezeitliche Siedlungen wurden auf geschützten Anhöhen – Wartenberg ob Muttenz – und an Ufern der Mittelland-Seen errichtet. Einfache Rechteckhäuser wurden

oft in Zeilen angelegt, in Höhensiedlungen aus Stein mit Holzoberbau, an den Seeufern mit senkrechten, mit Zweigen und Lehm verputzten Stangen.
Der Tote wurde in Rücken- oder Seitenlage in einem Grab mit Steinverkleidung beigesetzt. Beigaben waren nach Frau und Mann getrennt. Gräberfelder sind ferner aus dem unteren Rhonetal, dem Greyerzerland, dem Broyetal sowie aus dem Schams bekannt geworden (Y. Mottier, 1971).
Viele Funde belegen die materielle Kultur. Die Keramik – Krüge, Schüsseln, Schalen, Becher, Tassen – ist herstellungstechnisch verbessert worden; dem Rohmaterial und der Oberflächenbehandlung wurden vermehrte Aufmerksamkeit geschenkt. Die Formen sind vielfältiger, kantiger, profilierter, die Ornamente, vorab geometrische Formen, eingeritzt; einige erinnern an schnurkeramische Muster. Die Grobkeramik – hohe Vorratsgefäße mit S-förmigem Profil – besaß horizontale Leisten.
Einzelne Geräte – Ahlen, Pfrieme und Meißel – waren noch immer aus Knochen, Hirschgeweih oder Stein; sie unterscheiden sich kaum von neolithischen. Dagegen treten Silex-Geräte zurück.
Aus Bronze wurden vor allem Waffen und Werkzeuge hergestellt. Waffen – besonders Dolche – waren auch Statussymbol. Fein gearbeitete Objekte waren kurzlebig, Form und Verzierung stark der Mode unterworfen.
Hohe Bedeutung kam dem Schmuck zu. Die Formbarkeit des Metalls ermöglichte eine große Vielfalt. Wegen der großen Verbreitung und schnellen Veränderung gehören

Fig. 120 *Bronzezeit* ▷

1– 8 Frühe Bronzezeit im Mittelland und Jura
1 Munimatt, Großaffoltern BE: Randleistenbeil vom Typ Neyruz-sur-Moudon, ¼ ×.
2 Öfeli, Gerolfingen BE: Henkeltasse, ¼ ×.
3– 6 Bleiche, Arbon TG: 3 Armring, ⅓ ×; 4, 5 Gewand-Nadeln, ¼ ×; 6 Dolchklinge, ¼ ×.
7, 8 Les Roseaux, Morges VD: Grobkeramik 0,075 ×. Aus: Ch. Strahm (1971).
9–13 Mittlere Bronzezeit im Mittelland und Jura.
9 Zürich-Haumesser: Gewand-Nadel mit vierkantigem Schaft, ca. ½ ×.
10, 11 Gewand-Nadeln des Weininger Horizontes, ⅓ ×; 11 von Zürich-Letten, 12 von Cortaillod NE.
12 Thun-Allmend: Vollgriff-Schwert, 1/8 ×.
13 Wiesental, Beringen SH: Griffplatten-Schwert, 1/8 ×. Aus: Ch. Osterwalder (1971).
14–16 Frühe und mittlere Bronzezeit im alpinen Raum.
14 Renzenbühl, Thun BE, Grab 2: Horkheimer Nadel, ¼ ×.
15 Cresta Petschna bei Surrin, Lugnez GR: Doppelflügel-Nadel, ¼ ×.
16 Gaggiole, Gordola TI: Armspange, ⅓ ×. Aus M. Lichardus-Itten (1974).
17–20 Beginnende Spätbronzezeit im Mittelland und Jura.
17 Wangen a. A. BE: Armspange, ⅓ ×.
18 Moosseedorf BE: Gewand-Nadel mit schwergeripptem Schaft, 1/8 ×.
19 Endingen AG: Keramik-Gefäß mit Buckel- und Kannelüren-Verzierung, 1/8 ×.
20 Muttenz BL: Zylinderhals-Gefäß mit gekerbter Schnurleiste, 1/12 ×.
Aus M. Primas (1971).
21–30 Entwickelte und ausgehende Spätbronzezeit im Mittelland und Jura
21–23 Schulterbecher, 1/6 ×: 21 von Zürich-Großer Hafner, 22 von Muntelier FR, 23 von Cortaillod NE.
24 Zürich-Großer Hafner: Keramik, 1/6 ×.
25 Zug-Sumpf: Messerklinge, ¼ ×.
26 Zürich-Haumesser: Messerklinge, ¼ ×.
27, 28 Keramik, 1/6 ×: 27 von Zürich-Haumesser, 28 von Le Landeron NE.
29 Auvernier NE: Armring, ⅓ ×.
30 Zürich-Haumesser: Bombenkopf-Nadel, ¼ ×. Aus U. Ruoff (1971).
30 nachgezeichnet von F. Seger, Luzern.

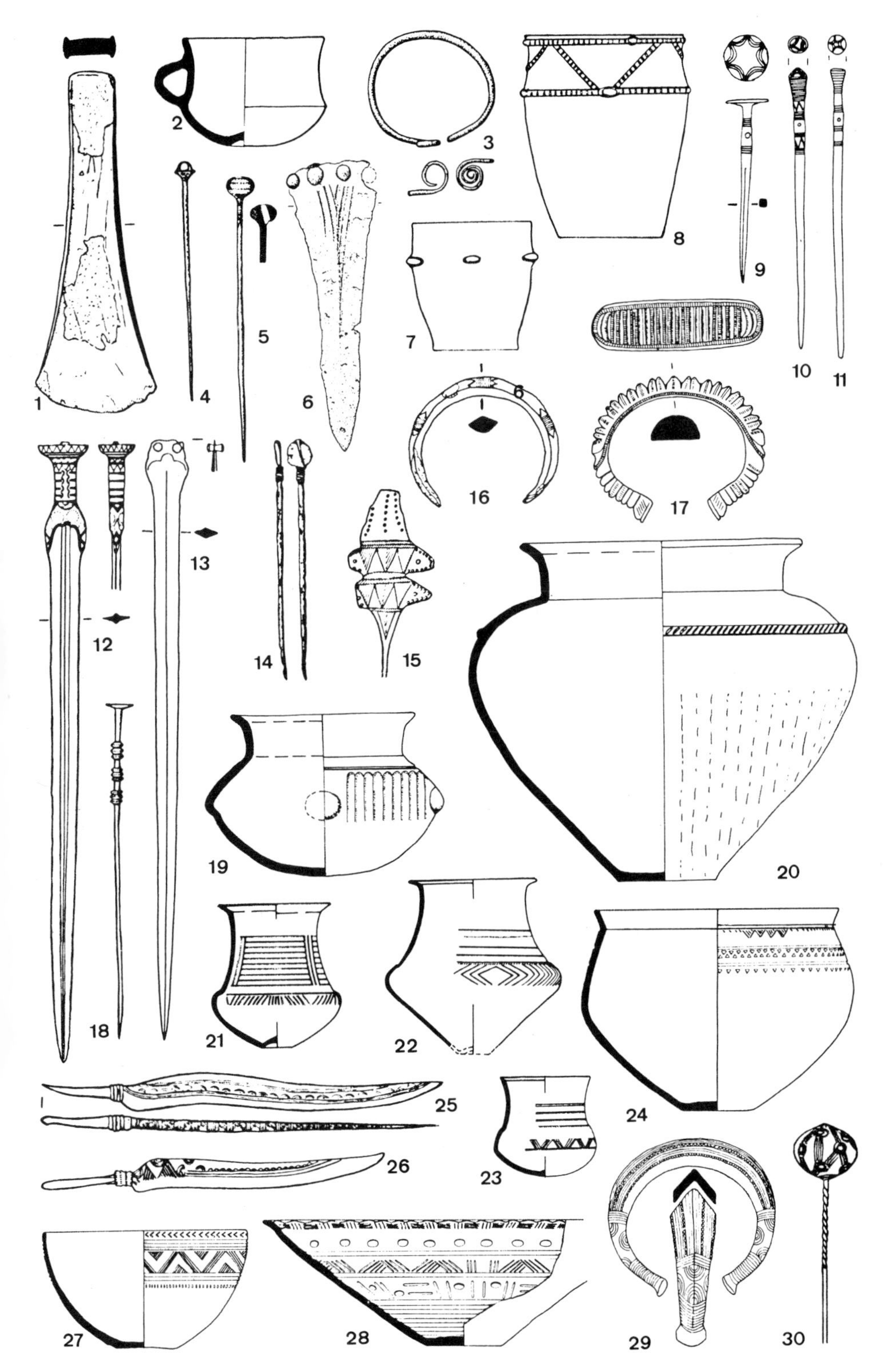
1
2
3
4
5
6
7
8
9
10
11
12
13
14
15
16
17
18
19
20
21
22
23
24
25
26
27
28
29
30

Schmucksachen, besonders Gewandnadeln, zu den wichtigsten Leitfunden. Über S-Deutschland drang die Ösenkopf-Nadel der böhmischen Aunjetitzer Kultur bis in die Schweiz vor. Gegenüber dem Schmuck der alpinen Gruppe wirkt derjenige der mittelländischen geradezu nüchtern (M. LICHARDUS-ITTEN, 1971). Dies hängt wohl mit dem im alpinen Raum hochkommenden Bergbau, der Erschließung der großen Alpentäler und der wichtigsten Alpen-Übergänge zusammen.

Fig. 121 Rekonstruktion des mittelbronzezeitlichen Dorfes auf der Flue bei Sissach BL, bestehend aus hangseitig gestaffelten Blockbauten mit Steinunterbau. Nach dem von E. VOGT entworfenen Modell.
Aus R. WYSS, 1971.

In den durch Rodungen erweiterten Seeufersiedlungen der späten Frühbronzezeit bildeten Ackerbau und Viehzucht die wirtschaftliche Grundlage. Zu den alten Getreidesorten – Einkorn, Zwergweizen, Emmer, Gerste und Hirse – wird auch Hafer und Spelz, an Gartenpflanzen Kohl, Räben, Linsen, Erbsen und besonders Ackerbohnen angebaut. Neben den Weidegebieten um die Talsiedlungen kommt denen über der Baumgrenze, einer durch viele Einzelfunde belegten Alpwirtschaft, vermehrte Bedeutung zu. Die Viehzucht offenbart sich, neben figürlichen Darstellungen, vor allem im Tierknochen-Inventar bronzezeitlicher Siedlungen: 90% Haustieren stehen noch 10% Wildtiere gegenüber (R. WYSS, 1971b).
Mit der *mittleren Bronzezeit*, in SW-Deutschland und in der Schweiz zwischen 1500 und 1300 v. Chr., zeichnen sich neue Impulse in Schmuck und Waffen aus dem ungarisch-rumänischen Kulturgebiet ab; sie lassen aber noch eine eigenständige Kontinuität erkennen.
Neben den bis in die Mittelbronzezeit bewohnten landwärts geschützten Ufersiedlungen Arbon-Bleichi und Baldegg mit 10–12 Häusern und Raum für 80–100 Menschen sind auch Landsiedlungen bekannt, etwa Bürg oberhalb Spiez (H. SARBACH, 1958). Anfangs der mittleren Bronzezeit wurden die Seeufersiedlungen wohl aus klimatischen Gründen aufgelassen. Besser belegt ist der mittlere Abschnitt, die Zeit der Hügelgräber. Von Weiningen ZH lieferten einige ein reiches Fundgut: Nadeln mit verdicktem und durchbohrtem Hals, gerundetem oder umgekehrt konischem Kopf, schmale Arm- und breite, spiralige Beinringe (VOGT, 1949). Schmuckstücke aus getriebenem Bronzeblech

werden selten und durch Guß ersetzt. Die Dolche sind noch viernietig mit trapezförmiger Griffplatte, die Klingen geradseitig. Streitaxt war das schmale Randleistenbeil. Leitformen sind Nadeln mit verdicktem, aber nicht durchbohrtem, fein geripptem Hals. Die ausgehende Mittelbronzezeit zeichnet sich durch lange Nadelschäfte aus. Dann vollzieht sich ein Übergang zu spätbronzezeitlichen gezackten Nadeln. Auch die Mohnkopf-Nadeln lassen sich auf mittelbronzezeitliche Formen zurückführen.

Die Schwerter besitzen schmale, lange Klingen; die Griffplatte ist rund mit zwei Nietlöchern, die Schwertform im SW-deutschen und mittelländischen Raum flach- oder dreibogig, der Griff oft aus organischem Material; Vollgriff-Schwerter treten nur vereinzelt auf.

Die Keramik entwickelt sich andauernd; sie erlaubt nur selten – etwa die Weininger Tasse – eine Zuordnung. Häufig sind mit Kerbschnitt verzierte Gefäße. In Siedlungen überwiegt Keramik mit unregelmäßiger Ornamentik und mit schwach S-förmigem Profil sowie Grobkeramik mit Tupfenleisten auf Schulter und Gefäßrand; häufig sind Knubben (Ch. Osterwalder, 1971).

Zwischen der Mittelländischen und Württembergischen Gruppe und der E-Französischen lassen sich mannigfache kulturelle Beziehungen erkennen.

Vom Lago di Ledro W des Gardasees (G. Tomasi in M. Ferrari et al., 1973) und besonders von Fiavè in den äußeren Judikarien (R. Perini, 1976) sind – neben Insel- und Ufersiedlungen – auch *echte Pfahlbauten* bekannt geworden (Fig. 122–124).

In Fiavè konnte Perini 3 Siedlungsphasen unterscheiden. Eine älteste spätneolithische Siedlung stand auf einer Insel oder Halbinsel auf trockenem Grund. Mittelst einer durch Baumstämme, Fichten- und Erlenäste zusammengehaltenen Auffüllung wurde die Siedlungsfläche in den Wasserbereich hinaus gebaut.

Eine zweite Siedlung mit einer Pfahlbau-Konstruktion, wie sie bisher kaum bekannt geworden ist, nahm ihren Anfang am Ufer und wurde 20 m weit in den See hinaus gebaut. Der Oberbau wurde durch Brand zerstört; doch ist der Unterbau, eine rechtwinklig angelegte Konstruktion über Seekreide mit limnischen Mollusken, noch weitgehend erhalten. In der Uferzone fand Perini Reste eines Bretterbodens, darüber eine Brandschicht mit Bretter- und Balkenresten. Bei der Unterkonstruktion waren zunächst Längshölzer, darauf paarweise Querbalken gelegt. Zwischen diese wurden Tannen-Pfähle mit einer Lochöffnung getrieben, in die ein bearbeitetes Hartholzstück gefügt wurde. Dadurch wurde ein Einsinken der Pfähle verhindert und das Gewicht des Baues über eine größere Fläche verteilt. Gegen den See war die Siedlung durch eine Palisade begrenzt (Fig. 124). Ein reiches, durch Feuer teilweise deformiertes Fundgut der entwickelten Mittelbronzezeit, einer Zeit aus der von den Schweizer Seen noch keine Siedlungen bekannt sind (U. Ruoff in Perini), lag unter der Brandschicht; nur die Keramik-Fragmente auf dem verkohlten Bretterboden lagen darüber. Ebenso ragten die Pfähle ohne Brandspuren um einen Meter über die Brandschicht empor, so daß die Wasseroberfläche nur wenig über den Pfahlenden gelegen haben dürfte (Fig. 123).

Im landfesten Streifen über der Insel mit dem spätneolithischen Fundgut fehlt die Unterkonstruktion und wurde durch kleine Querbalken ersetzt. Darüber lag eine Schicht mit Ästen, Laub, Stroh und Moos, eine Isolationsschicht, so daß auf der Insel selbst offenbar keine Pfahlbauten standen. Die dritte Siedlungsphase fällt in die frühe Spätbronzezeit und ist nicht durch Pfahlbauten belegt.

Die Alpen boten dem prähistorischen Menschen stets ein Hindernis. Erst Handelsbeziehungen, die sich aus dem Bedarf an Kupfer und Zinn ergaben, und ein günstiges

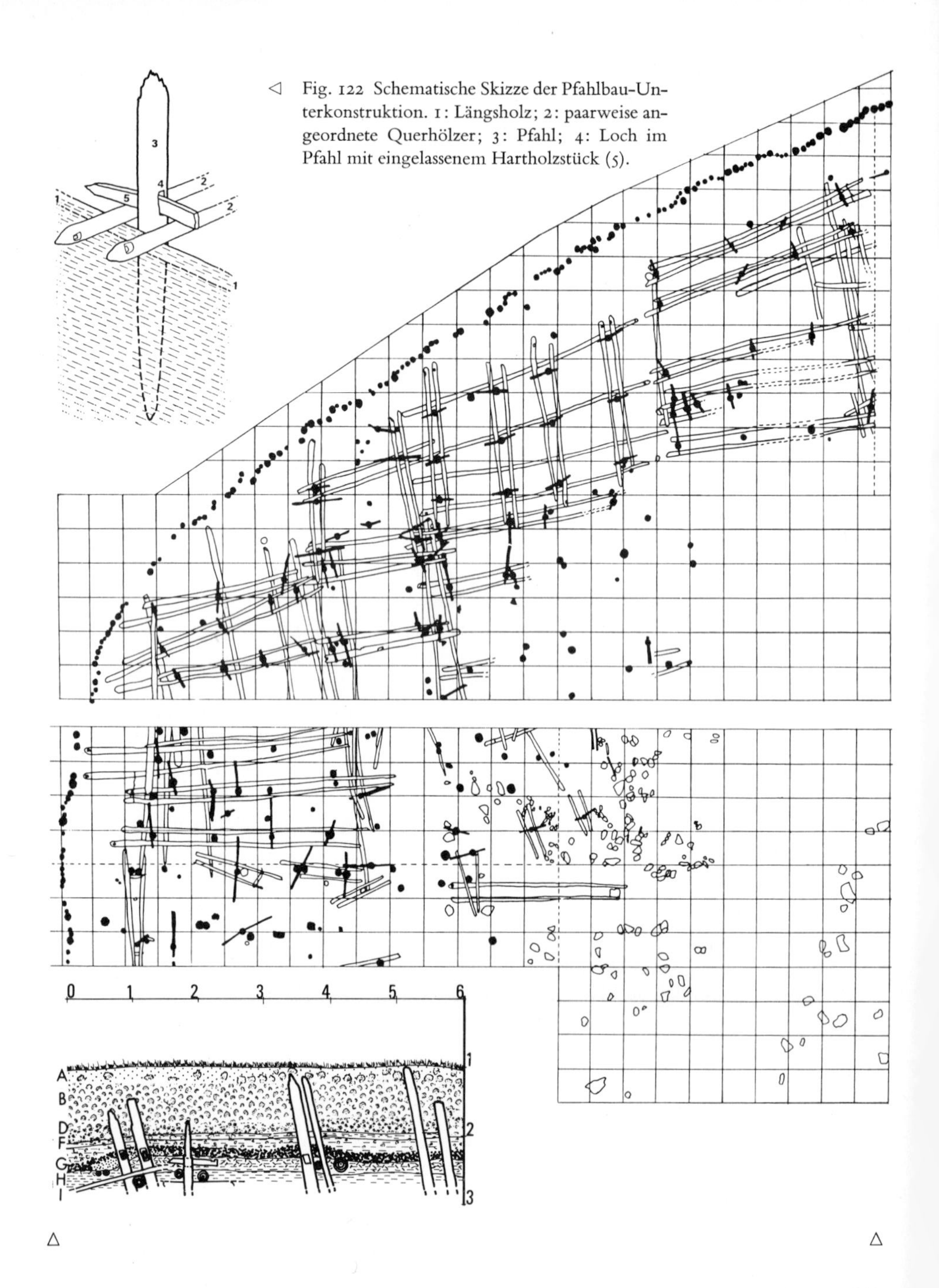


◁ Fig. 122 Schematische Skizze der Pfahlbau-Unterkonstruktion. 1: Längsholz; 2: paarweise angeordnete Querhölzer; 3: Pfahl; 4: Loch im Pfahl mit eingelassenem Hartholzstück (5).

△ Fig. 123 Profil durch die Pfahlbau-Unterkonstruktion. A: Oberfläche mit neuzeitlichen Funden, B, D, F: Torfschichten, G: Brandschicht, H: Gyttjaschicht, I: Seegrund, auf dem die Holzkonstruktion auflag.

△ Fig. 124 Grundriß der mittelbronzezeitlichen Pfahlbauten von Fiavè (Trentino).
Die Pfähle und die in sie eingelassenen Harthölzer sind voll, die Längshölzer und die daraufliegenden Querhölzer nur umrandet gezeichnet.

Klima bewogen ihn, sich auch in höheren Lagen niederzulassen. Alpine Höhensiedlungen kennzeichnen geradezu die Bronzezeit. Im Wallis, in Uri, S des Walensees und besonders in Graubünden kam ein Bergbau hoch. Einzelfunde bis gegen 3000 m Höhe belegen, daß hohe Pässe, so der Col de Riedmatten (2919 m), begangen wurden. Das Auftreten von spätneolithischem Schnurkeramik-, von Glockenbecher- und von frühbronzezeitlichem Kulturgut im alpinen Raum bekunden ein Vordringen bis tief in die Alpen, so im Berner Oberland über Spiez ins Simmental und ins Saanenland.
Funde von Bronze-Gegenständen bei Lungern und bei Rosenlaui sowie bronzene Lanzenspitzen auf dem Kirchet zwischen Meiringen und Innertkirchen belegen, daß auch Brünig, Große Scheidegg und Grimsel begangen wurden. Dagegen dürfte der Gotthard vor der Bezwingung der Schöllenen durch den Göschener Schmied Heini um 1225 als Alpenübergang – trotz einiger vorrömischer Funde – kaum in Betracht gefallen sein.
Eine frühe Phase ist in den W-Alpen durch Muschel-Anhänger, Schneckenhäuschen von *Columbella rustica*, bogenförmige, stichverzierte Blechanhänger, Ruder- und Scheibenkopf-Nadeln, Horkheimer Nadeln und Vollgriffdolche charakterisiert. Gräber wurden bei Thun-Allmendingen, spätere mit Parallelen zum Wallis bei Thun-Renzenbühl entdeckt. Eine Beilklinge mit Goldstiftverzierung wird mit mykenischen verglichen und ins 16. Jahrhundert v. Chr. gestellt. Reiche Funde aus dem Unterwallis (O.-J. Bocksberger, 1964) lassen sich über die Gräberfunde von Singen mit süddeutschen und östlichen korrelieren.
Der Blechstil der Bronzen deckt Beziehungen nach W auf; Importe von Mittelmeer-Muscheln im Wallis belegen Verkehrs- und Handelswege entlang der Rhone.
In der späteren Frühbronzezeit wird ein vermehrter Einfluß der Mittelland-Kultur spürbar, der sich in der mittleren Bronzezeit durch Importe von Ösenkopf-Nadeln und Beilen noch verstärkt.
Der Tessin lieferte – mit Ausnahme der Funde von Castione mit Doppelspiralen, ringförmigen Blechanhängern, Bronzespangen und Nadeln mit rautenförmiger Kopfplatte – wenig Typisches. Auch die Bündner Funde mit Flügel- und Doppelflügel-Nadeln gehören in diesen Abschnitt.
Zu Beginn der mittleren Bronzezeit bestanden frühbronzezeitliche Traditionen neben Fremdeinflüssen aus dem Mittelland und von S-Deutschland. Mit den Gräberfunden von Lumbrein im Lugnez ergeben sich Beziehungen nach N-Tirol, Niederösterreich und Ungarn (Vogt, 1948). In Graubünden läßt sich eine Siedlungskontinuität zwischen Früh- und Mittelbronzezeit feststellen und damit ein Bevölkerungswechsel ausschließen. Ein Zusammentreffen alpiner und mittelländischer Elemente zeigt sich am Freiburger Alpenrand, am Thunersee und im Schams. Kleeblatt- und Flügelnadeln, wie im Wallis und am Thunersee, sind auch aus Graubünden und vom Gardasee-Gebiet bekannt. Die Gußform einer Kleeblatt-Nadel aus Lavezstein von Savognin-Patnal beweist, daß solche dort hergestellt worden sind. Da sich daneben das Negativ einer Kolbenkopf-Nadel findet, belegt sie das Nebeneinander früh- und mittelbronzezeitlicher Typen.
Die *späte Bronzezeit*, das 13. und 12. Jahrhundert v. Chr., zeichnet sich neben spätmykenischer Import-Keramik, die eine Verbindung vom östlichen Mittelmeer über Sizilien-Unteritalien nach Mitteleuropa belegt, durch Waffen-Funde aus, die bei Flußkorrektionen gefördert wurden. Sie könnten als unfreiwilligen Verlust bei Flußübergängen gedeutet werden; oder wurden sie absichtlich dem Wasser übergeben? (M. Primas, 1971). Neben Brandbestattung in Urnen fanden weiterhin Körperbeisetzungen statt, vorab in der W- und in der NE-Schweiz. Männern wurden Waffen, Frauen Schmuck und Messer

mitgegeben. Speise-Beigaben deuten auf einen Glauben an ein Weiterleben nach dem Tod, an eine vom Körper unabhängige, unsterbliche Seele, die im Jenseits wieder Gestalt angenommen und irdische Bedürfnisse gehabt hätte (Y. MOTTIER, 1971).
In der Stufe 1 (Mels SG) herrschen schwere, pompöse Bronzen vor: Armringe, Doppelspiralhaken, Mohnkopf-Nadeln sowie Rixheim-Schwerter.
In der Stufe 2 (Binningen BL) mit Nadeln mit massivem Kopf und fünf Schaftrippen, sind pompöse Bronzen verschwunden. Beim Schmuck tritt von E-Frankreich bis SW-Böhmen Blattgold mit eingepreßter Verzierung auf; die Heimat ist wohl in SE-Europa und in Ungarn zu suchen. Aus ihrer geringen Zahl geht hervor, daß nur wenige sich solchen Schmuck leisten konnten, was auf soziale Schichtung hindeutet.
Der größte Teil der reichen Funde der entwickelten und ausgehenden Spätbronzezeit stammt aus Seeufer-Siedlungen. Nach einem Unterbruch seit der frühesten Mittelbronzezeit setzte deren Besiedlung im 11. Jahrhundert v. Chr. wieder ein. Der Reichtum an Kulturgut ist auf rasche Einbettung und Luftabschluß zurückzuführen. Ebenso sind viele Höhensiedlungen bekannt, dagegen treten Grabfunde zurück. Die Altertümer aus Jura, Mittelland, Alpen-N-Rand und aus dem Wallis wirken recht einheitlich; gegen Ende der Bronzezeit treten zwischen NE- und W-Schweiz Unterschiede auf.
Dokumente zur Altersgliederung erbrachten die Siedlungen von Zug-Sumpf (J. SPECK, 1954), Chestenberg, Schalberg bei Pfeffingen BL (R. LAUR-BELART, 1951, 1952, 1955) und Zürich-Großer Hafner.
Stufe 3 zeichnet sich durch straffe Keramikformen aus: den Schulterbecher mit eingeritzten Linienbändern und Teller mit abgesetzter Randfläche. Die Kleiderschließ-Nadeln mit abgeplattetem Kugelkopf unterscheiden sich von den Binninger Formen

▷

Fig. 125 *Bronzezeit* (Fortsetzung), *Eisenzeit*

1–9 Späte Bronzezeit im alpinen Raum.
1 Wallabitz, Mels SG: Griffangel-Schwert, ¼ ×.
2 Depotfund Lac de Luissel bei Bex VD: Antennen-Schwert, $^1/_6$ ×.
3 Brandgrab von Heiligkreuz, Mels SG: Urne, $^1/_6$ ×.
4 Grab Maison de Torrenté, Sion VS: Tordierter Halsring, $^1/_6$ ×.
5, 8, 9 Depotfund unter dem erratischen Block von Charpigny bei Aigle VD.
5 Stollenarmring, $^1/_6$ ×; 8 Lanzenspitze, $^1/_6$ ×; 9 Lappenaxt mit Öse, $^1/_6$ ×.
6 Cerinasco, Arbedo TI: Armring, $^1/_3$ ×.
7 Montlingerberg SG: Radförmiges Amulett, $^1/_6$ ×. Aus: B. FREI (1974).

*Eisenzeit*
10–19 Frühe (10, 11) und entwickelte (12–19) Hallstatt-Zeit.
10 Auvernier NE: Ring mit eingraviertem Gittermuster, ⅓ ×.
11 Zürich-Alpenquai: Gefäß mit hohem Trichterrand, $^1/_8$ ×.
12, 14, 16 Unterlunkhofen AG, Hügel 20: 12 Kegelhals-Gefäß, $^1/_8$ ×; 14, 16 Kragenschüsseln, $^1/_8$ ×.
13 Unterlunkhofen, Hügel 14: Getreppter Teller, ¼ ×.
15 Zürich-Alpenquai: S-förmig geschweifte Schüssel mit Randsaum (charakteristisch für die östliche Schweiz), $^1/_8$ ×.
17 Subingen SO: Armring, ⅓ ×.
18–19 Niederweningen ZH, Grab 4: Keramik, $^1/_6$ ×. Aus: U. RUOFF (1974).
20, 21 Späte Hallstatt-Zeit im Mittelland und Jura.
20 Burgenrain BL, Stufe D/1: Bogenfibel aus Bronze, ⅓ ×.
21 Obfelden ZH: Tonnen-Armband aus Bronze-Blech, ¼ ×. Aus: W. DRACK (1974).
3, 7 nachgezeichnet von F. SEGER, Luzern.

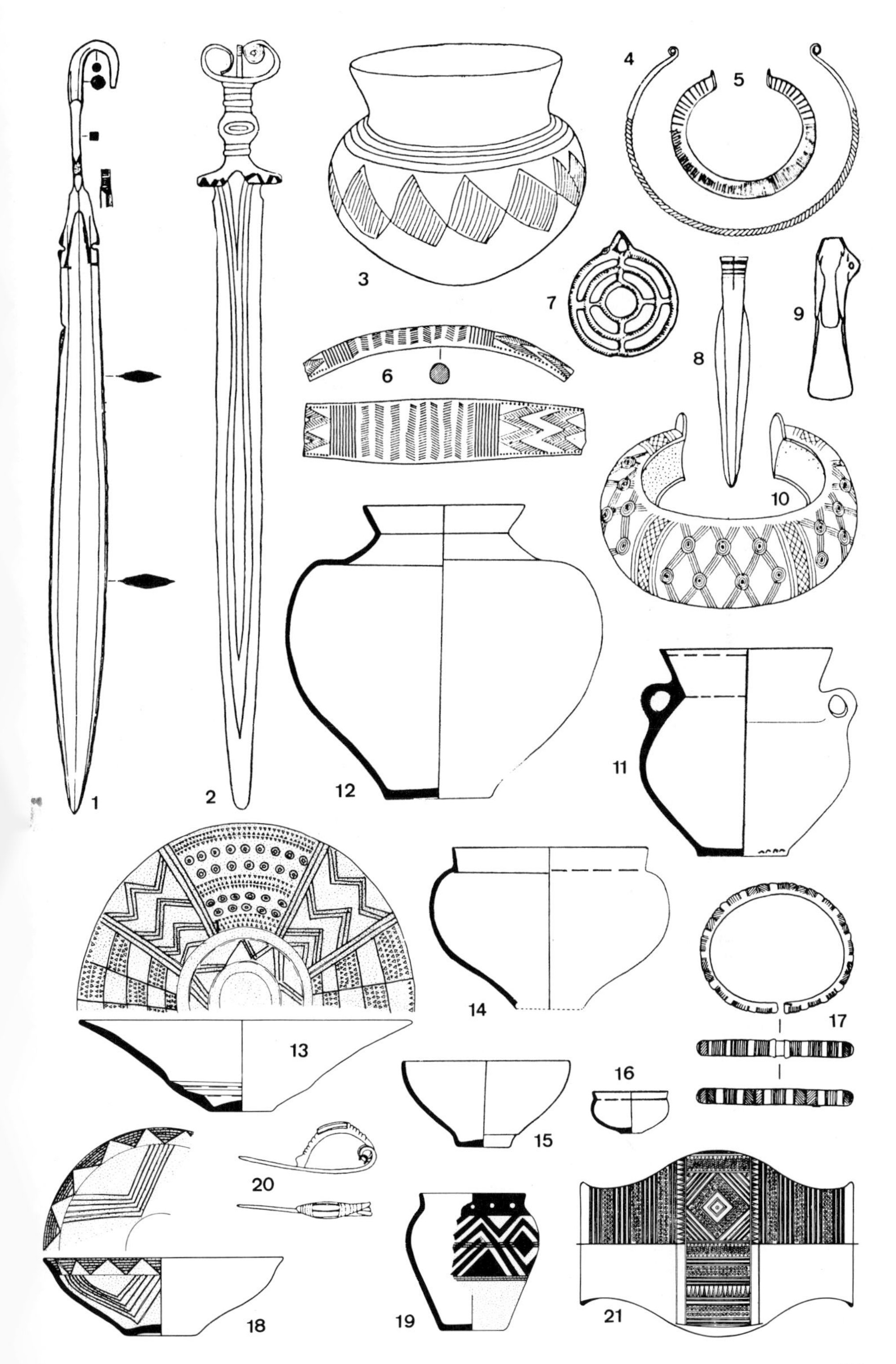

1
2
3
4
5
6
7
8
9
10
11
12
13
14
15
16
17
18
19
20
21

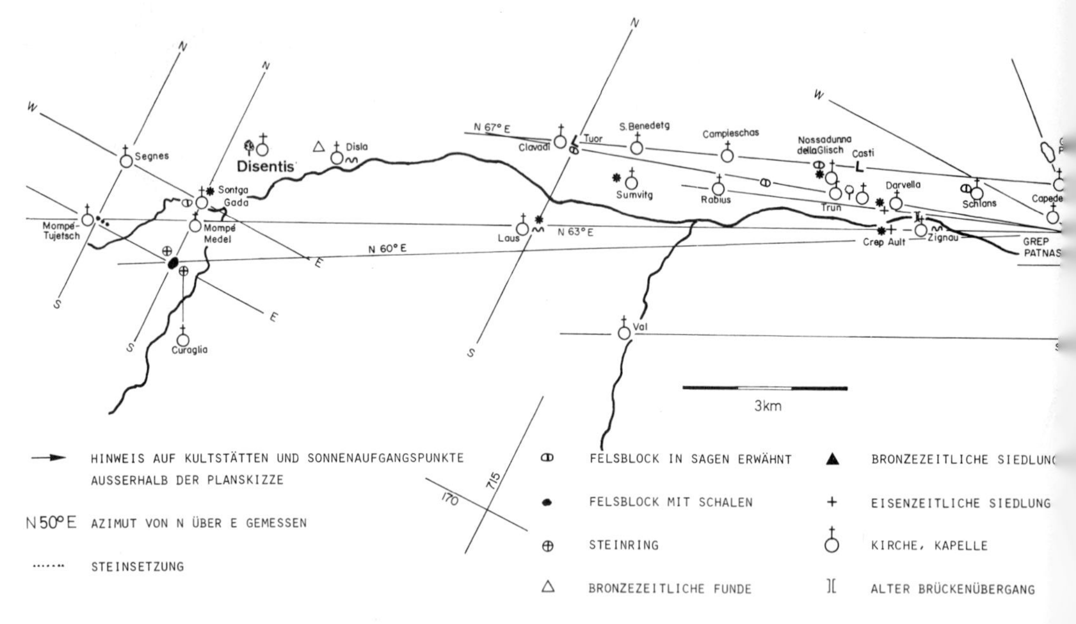


Fig. 126 Auspeilung der Surselva, aus U. P. u. G. Büchi, 1975.

durch geringere Halsrippenzahl. Die Nadeln SW-Deutschlands besitzen einen Zwiebelkopf und weniger ausgeprägte Rippen. In der Schweiz sind Dreikopf-Nadeln mit schraubiger Halsrillung häufig.
Eine Entwicklung in Form und Verzierung zeigt sich bei den Messern. Bereits in Stufe 2 sind Stich- durch Hiebschwerter ersetzt worden. Die Keramik der Stufe 4 zeichnet sich in der NE-Schweiz durch reiche Verzierung aus: langgezogene Wellen oder doppelte Sanduhr- und Kerbdreieck-Reihen. Anstelle des scharfen Absatzes im Profil erscheinen Kannelüren. Als Leitform tritt die halbkugelig geschweifte Schale hervor, anstelle des Schulterbechers eine weichere Form mit breiterem Musterstreifen.
Die Bronzen zeigen eine autochthone Weiterentwicklung. Neben Bombenkopf-Nadeln mit hohlem, durchbrochenem und verziertem Kugelkopf finden sich vom Rhein bis an den Fuß der SE-Alpen Zwiebelkopf-Nadeln mit Wellenband. In der W-Schweiz führte die Entwicklung zu immer barockeren Formen (U. Ruoff, 1971). Steigbügelförmige Ringe schließen in Gestalt und Verzierung an fünf-kantige Formen der Stufe 3 an. Bei den Waffen dominieren lange, breitklingige Hiebschwerter.
Die *Verarbeitung* der Bronze erfolgte in besonderen Betrieben, was durch Rohgüsse, Gußabfälle, Gußkuchen, Barren und Einfülltrichter belegt wird. Die verschiedenen Gußtypen bekunden ein entwickeltes Handwerk (R. Wyss, 1971a, c). Neben chronologisch bedeutsamen Objekten konnten in den Ufersiedlungen zahlreiche Arbeitsgeräte geborgen werden, vorab Sicheln. Netzfragmente, Netzsenker, Schwimmer und Angeln belegen den Fischfang; Schwerter, Lanzen- und Pfeilspitzen das Jagd- und Kriegshandwerk; Korbreste eine hohe Flechtkunst. Verbesserte Werkzeuge erlaubten eine kunstvollere Bearbeitung des Holzes, das zu Schäften und Gebrauchsgegenständen verarbeitet wurde. Neben Nadeln, Ringen und Anhängern aus Bronze fanden sich Perlen aus

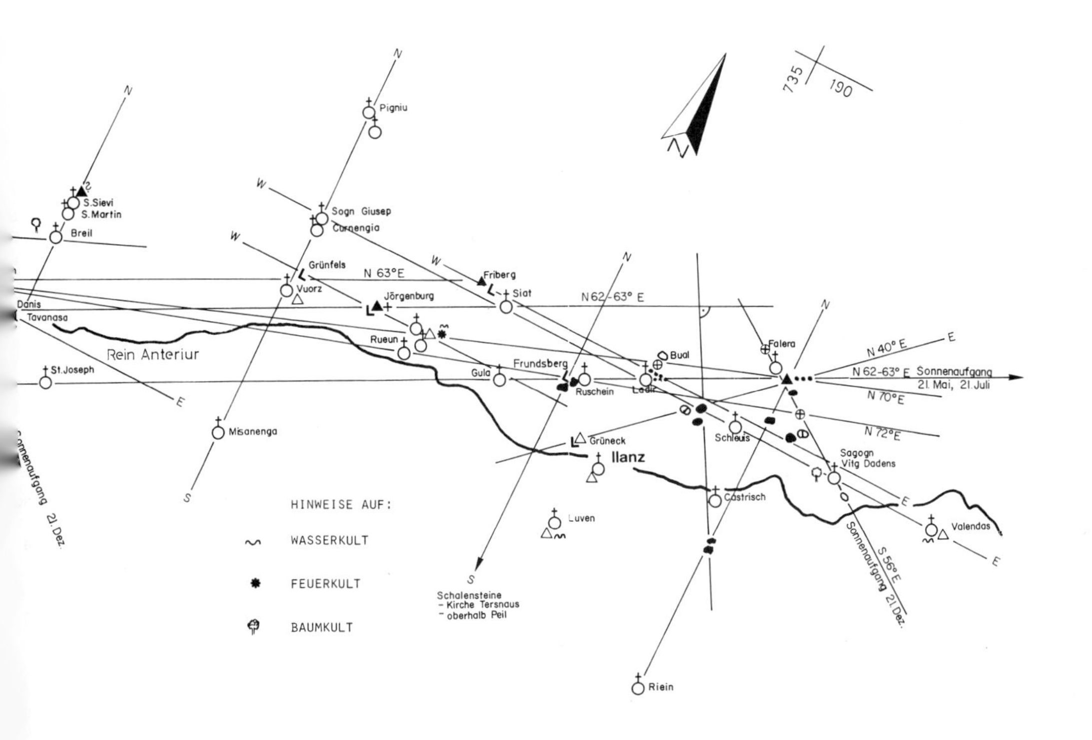


Knochen, Bernstein, Fayence und Glas, die zu Ketten gereiht wurden. Bedeutsam ist ferner Ruoffs Rad-Fund in Zürich-Seefeld.

Über einer wohl auf Wellenwirkung und Spiegelabsenkung zurückgehenden Schichtlücke (S. 236) fand sich in Twann ein Einbaum mit eingesetztem Heckbrett und nach innen vorspringendem Buggrat, wie sie bisher nur von Apremont (Haute-Saône) und Vingelz bei Biel bekannt wurden. Der geringe Anteil an kulturzeigenden Pollen im Sediment im und über dem Einbaum belegen für Twann kein bronzezeitliches Dorf, während die Petersinsel und das rechte Seeufer besiedelt waren. Ein $^{14}$C-Datum ergab 1300 $\pm$ 60 v. Chr.; Keramik-Scherben im Boot von Vingelz deuten auf (?) Spätbronzezeit (B. Ammann-Moser et al., 1977).

In mehreren Uferdörfern sind zwei durch Seekreide getrennte Kulturschichten nachgewiesen. Offenbar hatte schon vor der letzten Klimaverschlechterung um 800 v. Chr., bei der die Siedlungen endgültig aufgelassen wurden, eine Hochwasserperiode stattgefunden. Aus dem Fundgut ergeben sich Handelsbeziehungen nach E-Frankreich, in die W-Schweiz und nach Savoyen.

Höhensiedlungen und durch Brand zerstörte Ufersiedlungen wurden lange Zeit als Dokumente für Einwanderungswellen aus dem E betrachtet; die kontinuierliche Entwicklung der Hinterlassenschaft widerspricht jedoch einer solchen Deutung. Einflüsse aus dem E spielten mit, belegen aber keine bedeutenderen Wechsel; das Kulturgut Mittel- und W-Europas deutet vielmehr auf Wanderungen von der W-Schweiz gegen S-Frankreich, NE-Spanien und zum Niederrhein (Ruoff, 1971).

N der Schweiz, im Mittelland und in den Alpen wurden in der beginnenden Spätbronzezeit die Toten auf Scheiterhaufen verbrannt, die ausgeglühten Knochen in einem Tongefäß in Urnenfeldern beigesetzt, den Männern ein Dolch oder ein Stichschwert beige-

geben, im W ein Rixheim-, im E ein Riegsee-Schwert. Mit der Spätbronzezeit treten vereinzelt erstmals Wagengräber auf. Der Tote wurde von einem von Pferden gezogenen Wagen zum Begräbnisplatz gefahren und dort meist mit oder ohne Wagen verbrannt (S. SCHIEK, 1956; W. DRACK, 1961; Y. MOTTIER, 1971).
Obwohl aus den Alpen kaum Siedlungen oder Gräberfelder bekannt sind, belegen doch viele Einzelfunde die Anwesenheit des spätbronzezeitlichen Menschen. Funde vom Oberen Zürichsee, im vordersten Glarnerland, im Seeztal und im Rheintal bekunden Verbindungen vom Mittelland zu den E-Alpen, jene von Mels, im Vorderrheintal, im Domleschg mit dem mehrfach vom Feuer heimgesuchten Cresta bei Cazis (R. WYSS, 1971b). Funde im Oberhalbstein (S. NAULI, 1977; J. RAGETH, 1977a, b; WYSS, 1977) und im Albulatal führen ins Engadin nach St. Moritz, von wo eine Quellfassung mit Weihegaben bekannt wurde (J. HEIERLI, 1907), und weiter nach dem S in die Gegend von Mailand sowie über den Passo S. Jorio in den Tessin (B. FREI, 1971).
Neben den Bronzen zeigt auch die Keramik, vorab die Verzierung, verwandte Züge. Anstelle der straffen Profilierung der Gefäße N der Alpen treten weichere, doppelkonische Formen.
Der nächste Abschnitt ist durch Höhensiedlungen belegt: Montlinger Berg im St. Galler Rheintal, Mottata bei Ramosch, Kirchhügel Schuls und Ardez im Unterengadin. Auf Mottata und in Schuls wurde bei Grabungen die mittlere Bronzezeit erreicht. Darüber erschien eine eigenartige Keramik mit doppelkonischem Henkelkrug. Dieser von Trento bis an den Montlinger Berg auftretende Krug charakterisiert die *Melauner Kultur*, der eigenständige Bronzen fehlen. Innerhalb ihres Raumes zeichnen sich drei Schwerpunkte ab: im oberen Etsch-, im Inn- und im Alpenrheintal, sowohl im Vorderrheintal – Fellers/Falera, Waltensburg, Trun-Grepault, im Lugnez – Lumbrein-Surrin (W. BURKART, 1946) – als auch im Bereich des Hinterrheins und seiner Zuflüsse – Cazis-Cresta, Savognin-Padnal, Salouf-Motta Vallac (J. RAGETH, 1976, 1977a, b; WYSS, 1977). Nach E strahlt sie bis Kärnten aus. Ihre Eigenart läßt an eine besondere Volksgruppe denken, vor allem an die in geschichtlicher Zeit erscheinenden *Räter* (S. 258).
Ein Bronzemesser mit abgesetzter Scheide bekundet in Schuls auch den jüngeren Abschnitt, das 10. und 9. Jahrhundert v. Chr. Dieser läßt sich in Graubünden und im Rheintal verschiedentlich nachweisen und zeitlich mit Funden der Mittelland-Gruppe verbinden (FREI, 1971).
*Felsgravuren* auf Schalensteinen und Menhiren – aufgerichteten Kultsteinen – treten bereits im Neolithikum, vor allem aber in der Bronzezeit auf. Ihre sinnvolle Ausdeutung steht noch in den Anfängen. Sie vermitteln Hinweise über Sonnen- und Mondkult. Viele sind als Ortungen, als winkeltreue Darstellungen ausgezeichneter Sonnenstände, und damit als Kalender zu werten. Vorzugsweise finden sie sich an beherrschenden Standorten von den südlichen Walliser Tälern (H. LINIGER, 1969) ins Vorderrheintal, über Mittelbünden – am Crap Carschenna E von Thusis (CHR. ZINDEL, 1968a, b, 1970; LINIGER, 1970; H. SCHWAB, 1974; Fig. 99) – bis ins Unterengadin, nach S ins Bergell, in den S-Tessin und in die Val Camonica nach Capo di Ponte (E. ANATI, 1968, 1970).
Neben Sonnen-, Mond- und Fruchtbarkeits-Symbolen enthalten diese Felszeichnungen Darstellungen von Tieren, vorab von Hirschen und Pferden, von Wagen und Reitern, in Capo di Ponte auch von Pfahlbauten, sowie Zahlen, meist astronomischen Inhaltes. Isolierte Gravuren ohne Zusammenhang und Sinn dürften wohl dem Spiel- und Nachahmungstrieb bronzezeitlicher Buben entsprungen sein (LINIGER, 1971).
Die bronzezeitlichen *Steinsetzungen* von Fellers/Falera NE von Ilanz (J. MAURIZIO, 1948)

markieren – neben den Haupthimmelsrichtungen – Sonnen-Auf- und -Untergänge an bestimmten Kulttagen: an Sonnwenden, am 21. Mai und am 21. Juli. Andere Richtungen deuten U. & G. Büchi (1976) als Visuren zu Schalensteinen benachbarter Talschaften, so daß damals verbindende Feuerzeichen von Kultstätte zu Kultstätte geleuchtet haben mögen. Chr. Caminada (1970) möchte gewisse Schalenstein-Gruppen mit Sternbildern vergleichen und darin Beziehungen zu den Gestirnen und zum Weltall sehen.

*Die Eisenzeit in der Schweiz*

Die Geschichte des Eisens nahm ihren Anfang in Anatolien und im Taurus-Gebirge mit ihren leicht abbaubaren Erzen und ausgedehnten Waldgebieten. Diese bildeten denn auch den Rückhalt der Machtentfaltung des Hethiterreiches im 13. Jahrhundert v. Chr. Um 1100 v. Chr. kamen die Erzgebiete in den Machtbereich der Assyrer. Über den Balkan gelangten die Kenntnisse um die Eisenbearbeitung zu den Etruskern und über Noricum (Kärnten–Steiermark–Salzburg) nach Mitteleuropa (R. Wyss, 1974a).
Nachdem Eisen in den Seeufer-Siedlungen der späteren Bronzezeit nur ganz vereinzelt als Schmuck auftritt, gewinnt es in der Eisenzeit – dank seinen gegenüber der Bronze besseren Eigenschaften – rasch an Bedeutung für Handwerksgeräte und Waffen.
In der frühen Eisenzeit versiegt der Materialreichtum der Ufersiedlungen fast schlagartig. In der Folge werden daher die Kenntnisse der Siedlungen über weite Teile des Landes recht gering. So ist die Eisenzeit in der Schweiz eine «Epoche der Grabfunde» mit einseitigen Ausschnitten aus der materiellen Kultur (E. Vogt, 1974). Nur die persönliche Ausstattung des Menschen ist durch Funde belegt.
Stilistische und typologische Kriterien lassen die Eisenzeit in zwei Hauptabschnitte, eine ältere Hallstatt- und eine jüngere Latène-Zeit, unterteilen, wobei sich der Übergang, wie schon derjenige von der späten Bronze- in die *Hallstatt-Zeit*, nach Hallstatt im Salzkammergut, kontinuierlich vollzog (Vogt, 1950; U. Ruoff, 1974a).
In der *älteren Hallstatt-Zeit*, Hallstatt C, von 750–600 v. Chr. hatten sich im schweizerischen Mittelland – trotz des gemeinsamen keltischen Volkstums – die Gegensätze zwischen dem NE und dem SW verschärft, was sich archäologisch im Keramikstil zu erkennen gibt. Auf die früheren Ritzverzierungen wird verzichtet und bei den Bronzen entwickelt sich der Rippenstil (Vogt, 1950; Ruoff, 1974b). Vielgestaltige Verzierung verband den NE mit S-Deutschland, während in der W-Schweiz einheitliches Gut vorherrschte (W. Drack, 1958, 1959, 1960, 1964). Töpfer und Waffenschmiede prägten den Stil der älteren Hallstatt-Zeit. Die Bestattung erfolgte in Grabhügeln; Brandgrab dominierte in der frühen, Körperbestattung in der späten Hallstatt-Zeit. Die Grabhügel finden sich in der Schweiz einzeln, zu zweit oder in Gruppen. Sie sind 0,5–8 m hoch und 6–40 m im Durchmesser. Oft wurde um die Urne, den Sarg oder den Totenwagen und die Beigaben – Tracht, Schmuck, Gefässe mit Speis und Trank, Waffen – ein Steinkern oder ein hölzernes Totenhaus errichtet, sandig-lehmige oder kiesige Erde aufgeschüttet, der Hügel von einem Steinring umgeben und zuweilen durch einen Menhir, einen aufgerichteten Erratiker, gekennzeichnet.
Dem Toten – auch bei Leichenbrand – mitgegebene Güter deuten darauf hin, daß die Hallstatt-Leute an ein Leben nach dem Tode glaubten. Dies wird auch belegt durch beigegebene Kultwagen mit Menschen- und Tiergestalten oder mit einem Gefäß sowie durch Situlen mit figürlichen Darstellungen von Wettkämpfen, Totenmahl, Leichenzug.

Wie bereits zur Bronzezeit kommt auch in der Hallstatt-Zeit stark stilisierten figürlichen Darstellungen eine weite Verbreitung zu. Ihre Deutung und vor allem das Erkennen um ihre inneren Zusammenhänge steht jedoch noch in den Anfängen (H. SCHWAB, 1974). Im alpinen Gebiet war die Besiedlung recht dünn und auf die Haupttäler – Wallis, Tessin und Misox, Unter-Engadin, N-Bünden, St. Galler Rheintal – beschränkt, was wohl mit der Klimaverschlechterung zusammenhing (VOGT, 1957; B. FREI, 1957; M. PRIMAS, 1974a).

An der Wende vom 7. zum 6. Jahrhundert änderte sich das Kulturbild der Schweiz, vorab im Mittelland und im Jura. Der Metallschmuck wird reicher; an die Stelle der Hiebwaffe tritt die Stichwaffe, der Dolch.

Die Zunahme von Importgütern aus ost- und südalpinen sowie mediterranen Kulturzentren und die Anfertigung eines reichen Goldschmucks und von Metallgeschirr deuten in der *jüngeren Hallstatt-Zeit*, Hallstatt D, von 600–450 v. Chr., auf eine intensive Besiedlung namentlich auch der alpinen Gebiete (W. BURKART, 1953; M.-R. SAUTER, 1955; FREI, 1955, 1957). Anstoß zu dieser Wandlung gaben wohl drei im Mittelmeerraum sich anbahnende, nach N gerichtete Entwicklungstendenzen: die Gründung des grie-

Fig. 127 *Eisenzeit* (Fortsetzung) ▷

1– 8 Späte Hallstatt-Zeit im Mittelland und Jura (Fortsetzung).
1 Dörflingen SH: Paukenfibel der Hallstatt-Zeit D/2, ⅓ ×.
2 Großholz bei Ins BE: Rekonstruktionsversuch eines Wagenrades aufgrund von Elementen des Grabhügels VI, 1/12 ×.
3– 5 Dolche der Hallstatt-Zeit D, 1/8 ×.
3 von Estavayer-le-Lac FR, 4 von Neuenegg BE, 5 von Concise VD.
6, 7 Armbrust-Fibeln aus Bronze der Hallstatt-Zeit D/1, ⅓ ×, 6 von Neunforn TG, 7 von Neuchâtel.
8 Hemishofen SH: Kahnfibel aus Bronze der Hallstatt-Zeit D/1, ⅓ ×.
9 Wangen ZH: Schlangenfibel der Hallstatt-Zeit D/2, ⅓ ×. Aus: W. DRACK (1974).
10–13 Hallstattzeitliche Funde aus dem alpinen Raum.
10 Mesocco GR: Henkelkrug, Hallstatt-Zeit A, 1/8 ×.
11 Mesocco: Gerippte Ziste, Hallstatt-Zeit B, 1/8 ×.
12 Cerinaso, Arbedo TI: Gürtelblech, Hallstatt-Zeit C, 1/8 ×.
13 Chur: Fibel, ⅓ ×. Aus: M. PRIMAS (1974a).
14–17 Frühe Latène-Zeit im Mittelland und Jura.
14 Rain, Münsingen BE, Grab 8: Armring, ⅓ ×.
15 Rain, Münsingen, Grab 6: Fibel der Stufe A, ⅓ ×.
16 Rain, Münsingen, Grab 149: Fibel der Stufe B/2, ⅓ ×.
17 Rain, Münsingen, Grab 149: Armring mit Hohlbuckeln, ⅓ ×. Aus: M. SITTERDING (1974).
18, 19 Späte Latène-Zeit im Mittelland und Jura.
18 Basel-Münsterhügel: Geschweifte Fibel der Stufe D, ⅓ ×, nach Foto gezeichnet.
19 Genf: Keramik-Gefäß mit Waldrapp, 1/6 ×. Aus: L. BERGER (1974).
20–22 Latène-Zeit im alpinen Raum.
20 Stalden VS: Armring, ¼ ×.
21 Montlingerberg, bei Oberriet SG: Früh-latènezeitliches Gefäß, 1/8 ×.
22 Pazallo TI, Grab 1: Becher. ¼ ×. Aus: M. PRIMAS (1974b).
23–25 Figürliche Kleinkunst.
23 Russonch, Scuol GR: Pferdchen-Fibel, ⅓ ×.
24 Giubiasco TI, Grab 248: Armring mit Wasservögeln, ⅓ ×.
25 Giubiasco, Grab 29: Gürtelplatte mit Drachen- und Vogel-Figuren, ⅓ ×. Aus: R. WYSS (1974b).
26–28 Handwerk der Holz- und Textil-Verarbeitung aus Marin-Epagnier NE, La Tène. 26: Säge, ¼ ×; 27 Schafschere, ¼ ×; 28 Zimmermannsaxt, 1/8 ×. Aus: R. WYSS (1974a).
18, 26–28 nachgezeichnet von F. SEGER, Luzern.

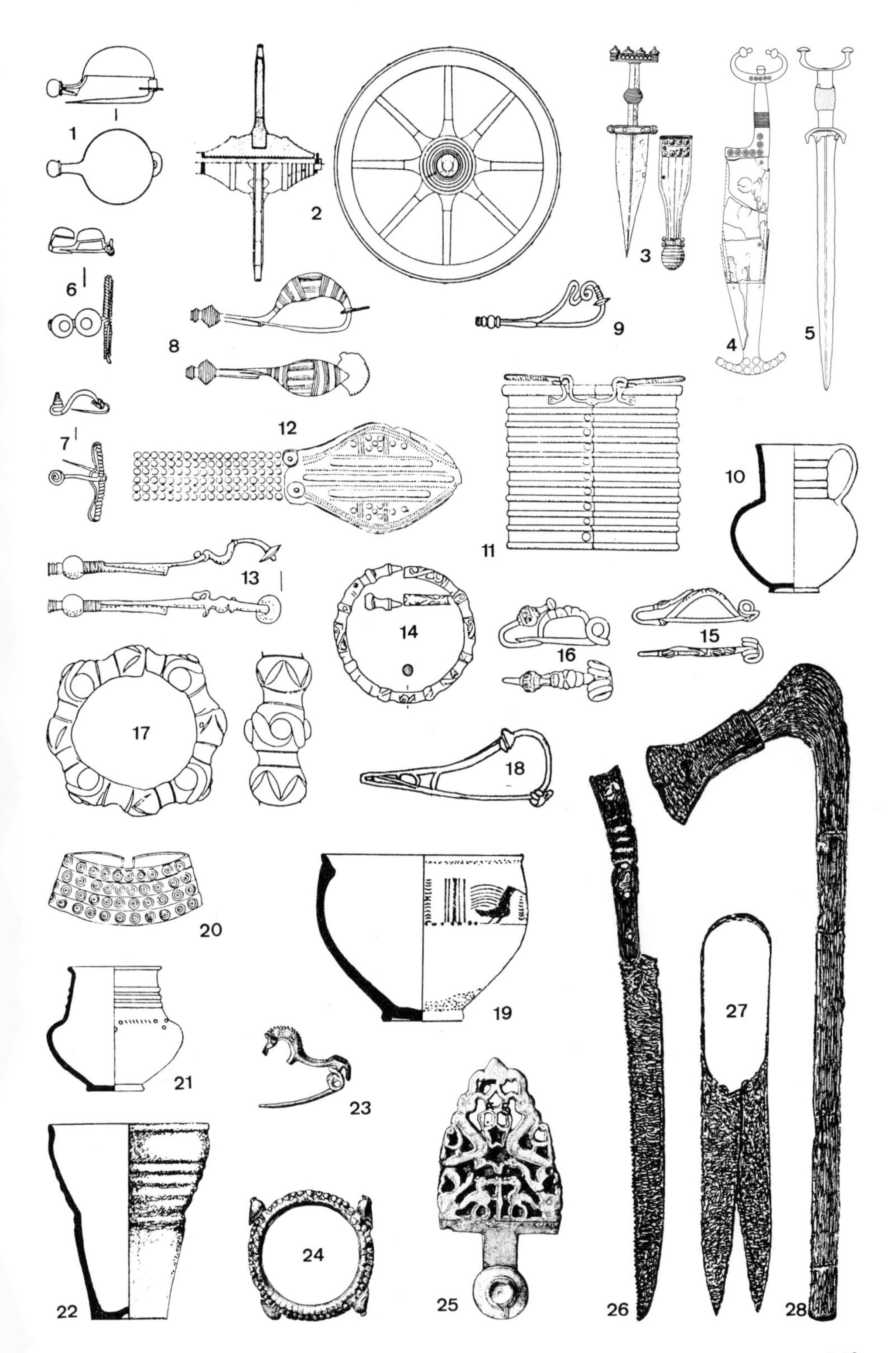
1
2
3
4
5
6
7
8
9
10
11
12
13
14
15
16
17
18
19
20
21
22
23
24
25
26
27
28

chischen Handelszentrums Spina im Po-Delta, das Übergreifen der Etrusker über den Appennin und der Ausbau der griechischen Kolonien an der französischen SE-Küste (DRACK, 1974).
Im Mittelland bestanden die Unterschiede zwischen E und W vorwiegend in der Tracht. Vermehrt traten in den Gräbern Metallbeigaben auf, besonders italienische Fibeln. Schmuckformen, teils aus Gold, bezeugen eine reiche Oberschicht (VOGT, 1957; DRACK, 1957, 1974). Umfangreiche Befestigungen auf Anhöhen bekunden Gemeinschaftswerke, die in Zeiten der Gefahr Schutz boten und eine Verteidigung ermöglichten (G. BERSU, 1945; DRACK, 1947, 1957, 1974; A. TANNER, 1974).
In Graubünden und im St. Galler Rheintal verrät eine feine Keramik mit wenigen Verzierungen starke Veränderungen gegenüber der Melauner Kultur (FREI, 1957). Ob nur ein Stilwechsel vorliegt oder ob eine neue Bevölkerung zuzog, steht noch offen. Leitformen bilden Henkelkrüge mit Tannenzweig-Ornament.
Die Ausgrabungen der Höhensiedlung Mottata bei Ramosch und auf dem Munt Baselgia von Scuol/Schuls erbrachten Hausgrundrisse und zeigten eine analoge Entwicklung wie in S-Tirol.
Die bedeutendsten «keltischen» Siedlungen sind Chur-Welschdörfli, Haldenstein-Lichtenstein, Bonaduz-Bot Panadisch, Lantsch-Bot da Loz und Trun-Grepault; wichtige «rätische» Siedlungen sind Ardez-Suot Chasté, Ramosch-Mottata, Scuol, Susch-Padnal, Zernez-Muottas da Clüs und – mit keltischem Kulturgut gemischt – am Heinzenberg, in Cazis-Cresta (J. RAGETH, 1977a).
In der *spätesten Hallstatt-Zeit* zeichnet sich wieder ein Stilwandel mit neuen Gefäßformen und eingestempelten Verzierungsmustern ab (FREI, 1959, 1970; PRIMAS, 1974a).
Im Brandgräberfeld von Tamins und in der späthallstattzeitlichen Siedlung im Welschdörfli in Chur deckten Fibeln und stempelverzierte Keramik Handelsbeziehungen über die Alpen auf (E. CONRADIN, CH. ZINDEL in PRIMAS, 1974a).
Aus dem Oberhalbstein ist von Marmorera eine späthallstattzeitliche Ausbeute von Eisenerzen sowie deren Verhüttung durch Reste von Ofenkeramik zusammen mit Schlakkenstücken bekannt geworden (ZINDEL, 1977c).
In den Tälern des Tessins, im Misox und im Calancatal, begannen mit der späten Hallstatt-Zeit die großen Gräberfelder, denen eine dichte Besiedlung entsprochen haben muß (R. ULRICH, 1914). Die Keramik-Beigaben deuten auf eine kontinuierliche Entwicklung. Anhand des reichhaltigen Fundmaterials – Fibeln und Anhängerschmuck – lassen sich in der S-Schweiz drei Phasen unterscheiden (PRIMAS, 1970, 1974a). Wie schon in der späten Bronzezeit bestanden enge Beziehungen zum oberitalienischen Seengebiet.
Neben Brand- kommen im Tessin auch Körper-Bestattungen vor. Auffällig ist dabei das venetische Element: Gefäße mit horizontalen Rippen und große Gürtelbleche. Sie weisen auf Zuwanderungen hin. In der späten Hallstatt-Zeit lebten in der Schweiz, entsprechend den räumlichen Gegebenheiten, vier Völkerschaften (VOGT, 1957, 1974).
Der Stilwechsel in der keltischen Metallindustrie leitete um 450 v. Chr. die *Latène-Zeit* ein, nach La Tène, dem Fundort am Neuenburgersee (P. REINECKE, 1902; P. VOUGA, 1923; R. GIESSLER & G. KRAFT, 1942; D. TRÜMPLER, 1957; R. WYSS, 1957, 1974a; M. SITTERDING, 1974; L. BERGER, 1974; PRIMAS, 1974b). Zugleich setzten im Mittelland neben Grabhügeln Flachgräberfelder ein (J. WIEDMER-STERN, 1908a, b; D. VIOLLIER, 1912; WYSS, 1974b).
Als bedeutende technische Neuerungen sind Töpferscheibe und Eisenpflug zu nennen

(WYSS, 1974a). Vierkantige Roheisenbarren wurden aus der Limmat in Zürich bekannt, eine Schmiedezange aus dem Wauwiler Moos, Werkzeuge zur Eisenverarbeitung in La Tène selbst (WYSS, 1974a).
Die reicheren Funde der W-Schweiz decken Beziehungen zum Oberrhein auf. Die Weiterentwicklung des formenreichen Stiles führte zu einer Vereinfachung. Dabei stellten sich zwischen W- und E-Schweiz Unterschiede und gemeinsame Züge zwischen E-Schweiz, Württemberg und dem Oberrhein ein. Mit dem Höhepunkt der keltischen Macht um 400 v. Chr. und der Unterwerfung weiter Gebiete Oberitaliens traten im Tessin und Wallis keltische Metallgegenstände auf, die das Eindringen keltischer Volksteile, wenn auch nur als dünne Oberschicht, bekunden; der Hauptteil der Bevölkerung blieb nach wie vor veneto-ligurisch (VOGT, 1957).
Mit der Niederlage bei Bibracte im Jahre 58 v. Chr. verloren die unter zunehmendem Druck der Germanen nach SW vorgestoßenen Helvetier ihre Unabhängigkeit. Durch Cäsar wurden sie genötigt, wieder in ihre Heimat, ins schweizerische Mittelland, zurückzukehren. Dabei kam es zunächst noch nicht zur römischen Besetzung. Die römischen Funde beginnen erst später, so daß die Latène-Kultur in die Römische übergeht und in die geschichtliche Epoche einmündet (E. HOWALD & E. MEYER, 1940; F. STAEHELIN, 1948; R. FELLMANN et al., 1958; MEYER, 1969; 1972; W. DRACK & E. IMHOF, 1977).

### *Zum schweizerischen Volkstum in vorgeschichtlicher Zeit*

Neben archäologischen Funden können aus Zeiten fehlender schriftlicher Überlieferung auch sprachliche Eigenarten mithelfen, die Zusammenhänge – Kontinuität und Wandlungen – im Volkstum aufzudecken.
Im weiteren Alpenraum hat sich eine Reihe von Wörtern, «Alpenwörter», über die heutigen Sprachgrenzen hinweg behauptet. Sie sind offenbar vorindogermanisch: Wörter für charakteristische Geländeformen des Gebirges, für Pflanzen und Tiere. Es scheint, daß es sich – nach E. MEYER (1974) – um die gleiche «mediterrane» Sprachschicht handelt, die im Mittelmeerraum vor dem Eindringen der Indogermanen verbreitet war.
Anderseits zeigen die materiellen Überlieferungen, daß neolithische und frühbronzezeitliche Kulturen der W-Schweiz, Teile der N-Schweiz und besonders des alpinen Raumes mit denen von N-Italien und W-Frankreich zusammenhängen, so daß die frühe seßhafte Bevölkerung der Schweiz größtenteils aus dem mediterranen Raum stammt.
Auch das Rätische – nach LIVIUS ein entartetes Etruskisch – und das Lepontische sind indogermanische Sprachen mit mediterranem Substrat.
Seit dem älteren Neolithikum wanderten außerdem in mehreren Schüben von N her mitteleuropäische, wohl indogermanisch sprechende Stämme in die N-Schweiz ein (M.-R. SAUTER & A. GALLEY, 1969; E. VOGT, 1972).
In römischer Zeit war das Schweizer Mittelland von einem *Kelten-Stamm*, den *Helvetiern*, besiedelt. Offen steht noch, seit wann dort Kelten lebten – nach VOGT (1971) seit der Siedlungskontinuität der späteren Bronzezeit – und seit wann es den Stamm der Helvetier gab. Sicher traf dies bereits vor 100 v. Chr. zu, als POSEIDONIOS von Apameia die Helvetier als Flußgoldwäscher – wohl in den Quellästen der Emmen – erstmals literarisch erwähnt (E. HOWALD & E. MEYER, 1940; MEYER, 1974). Eine bei Klagenfurt aufgefundene Inschrift aus augusteischer Zeit verrät, daß es später auch dort Helvetier gab. Diese

wären – zusammen mit den *Tigurinern* – mit den *Kimbern* nach SE abgewandert und in Kärnten zurückgeblieben (MEYER, 1969).
In Graubünden tritt die Schrift erstmals in der späten La-Tène-Zeit im Misox – Mesocco (E. RISCH, 1971) und Castaneda (J. WHATMONGH, 1939), im Unter-Engadin – Ardez-Suot Chasté (CH. ZINDEL, 1977) – und am Heinzenberg – Raschlinas (CH. SIMONETT, 1959; L. TSCHURR, 1959) in Erscheinung.
Da die Kulturen der W-Schweiz und der westlichen Mittelschweiz, vorab in der Latène-Zeit, sich etwas von denen der NE-Schweiz unterscheiden, sind diese vielleicht den Tigurinern zuzuschreiben, deren Wohngebiet in der Kaiserzeit die W-Schweiz war.
Noch im 1. Jahrhundert v. Chr. wohnten die *Rauraker* rechts-rheinisch, die *Sequaner* im Oberelsaß und weiter gegen SW mit Vesontio – Besançon – als Hauptstadt.
Mit den Helvetiern verließen auch Rauraker und Sequaner ihre Wohngebiete. Die Rauraker siedelten sich im Basler Jura und wohl auch im Oberelsaß an. Nach CAESAR waren noch andere benachbarte Kelten-Stämme abgewandert und mußten nach Bibracte wieder in ihre alte Heimat zurückkehren, so die *Tilingi* und die *Larobrigi*, die wohl die größeren Täler der N-Alpen – Haslital, Uri, Glarus? – bewohnten.
Ebenso lebten im Wallis noch in römischer Zeit keltische Stämme: die *Nantuades* im Unterwallis, die *Veragri* um Martigny, die *Sedani* um Sitten und die *Uberer* im Oberwallis, oberhalb des Pfinwaldes. Aufgrund der spärlichen archäologischen Funde dürfte die Einwanderung erst um 400 v. Chr., in der frühen Latène-Zeit, erfolgt sein.
Im heutigen Graubünden, im St. Galler Rheintal und in Liechtenstein hatten sich, in Einzelstämme aufgespalten, die *Räter* niedergelassen. In der späten Bronzezeit strahlte die Melauner Kultur von Südtirol aus. Ihr Verbreitungsgebiet stimmt so gut mit dem für die Räter bezeugten Siedlungsgebiet überein, daß das Vordringen der Melauner Kultur über Ofen- und Flüelapaß nach Graubünden und ins Rheintal mit der Einwanderung der Räter zusammenzufallen scheint.
Probleme bietet das Verhältnis von Rätern und Kelten. Archäologische Funde und Ortsnamen keltischen Ursprungs sind oft mit rätischen so eng verzahnt, daß es unmöglich ist, Grenzlinien zu ziehen.
Mit dem engen Nebeneinander von Rätern und Kelten hängt auch die Frage nach den Wohnsitzen der *Lepontier* zusammen. Sicher lag das Kerngebiet im Tessin, wo ihr Name in der Valle Leventina und in Ortsnamen weiterlebt (MEYER, 1969, 1974). Im Misox und im Calancatal wohnte die lepontische Gruppe der Golasecca-Kultur (CH. ZINDEL, 1977b). Die materielle Kultur der Lepontier hängt eng mit derjenigen Oberitaliens zusammen (M. PRIMAS, 1974 a, b), in der sich seit dem 4. Jahrhundert v. Chr. auch vermehrt keltische Einflüsse abzeichnen. Die lepontische Sprache wird für indogermanisch oder eine frühe Sonderform des Keltischen gehalten. Ebenso waren die Uberer des Oberwallis, die sich auch archäologisch von den übrigen Wallisern unterscheiden, Lepontier, wie schon PLINIUS festhält. Anderseits griffen die Lepontier in die Quelltäler des Rheins über: ins Hinterrheintal und ins Lugnez, in das nach ihnen benannte «Vallis Leponetica», was wiederum durch Funde bestätigt wird. So entsprechen die Grabformen des Gräberfeldes von Darvella im Vorderrheintal denen des Tessins. Ferner zeigen sich sprachliche Besonderheiten, die Uri und Glarus mit dem Tessin verbinden. Damit wären – nach MEYER (1969, 1974) – allenfalls die Lepontier das große Volk der Haupttäler der zentralen Schweizer Alpen.

## Zeittafel für die Schweiz

*Konventionelle Zeitansätze*

| | | |
|---|---|---|
| 50000–<br>8000 v. Chr. | Altsteinzeit/Paläolithikum<br>Paléolithique/Paleolitico<br>Paleolithic | Altpaläolithikum: Moustérien<br>Jungpaläolithikum: Aurignacien, Magdalénien |
| 8000–<br>4000 v. Chr. | Mittelsteinzeit/Mesolithikum<br>Mésolithique/Mesolitico<br>Mesolithic | Epipaläolithikum: Azilien, Sauveterrien, Tardenoisien<br>Spätmesolithikum |
| 4000–<br>1800 v. Chr. | Jungsteinzeit/Neolithikum<br>Néolithique/Neolitico<br>Neolithic | Bandkeramische Kultur<br>Rössener-/Egolzwiler-Kultur<br>Lutzengüetle-Kultur<br>Michelsberg-/Chassey-Kultur<br>Pfyner-/Cortaillod-Kultur<br>Horgener-Kultur/Sâone-Rhône-Kultur<br>Schnurkeramische Kultur<br>Glockenbecher-Kultur |
| 1800–<br>800 v. Chr. | Bronzezeit<br>Age du Bronze/Età del Bronzo<br>Bronze Age | Frühbronzezeit (1800–1500) Bronzezeit A<br>Mittelbronzezeit (1500–1250) Bronzezeit B–C<br>Spätbronzezeit (1250–800) Bronzezeit D–Hallstatt A/B: Urnenfelderzeit |
| 8.–5. Jh.<br>v. Chr. | Ältere Eisenzeit<br>Premier Age du Fer<br>Prima età del ferro<br>Older Iron Age | Hallstatt-Zeit C–D |
| 5.–1. Jh.<br>v. Chr. | Jüngere Eisenzeit/Second Age du Fer/Secondo età del ferro<br>Younger Iron Age | La-Tène-Zeit A–D<br>58 v. Chr.: Bibracte |
| 1.–5. Jh.<br>n. Chr. | Römische Zeit<br>Epoque romaine/Età romana<br>Roman times | 50/45 v. Chr.: Gründung von Nyon<br>44 v. Chr.: Gründung von Augst<br>15 v. Chr.: Alpenfeldzug, Eroberung bis Rhein und Donau<br>260: Fall des Limes, Grenze wieder Rhein/Donau<br>406/407: Auflösung der römischen Grenzverteidigung |
| 5.–8. Jh.<br>n. Chr. | Frühmittelalter<br>Haut moyen âge/Alto medio evo<br>Early Middle Ages | 443: Ansiedlung der Burgunder<br>5.–7. Jh.: Landnahme der Alamannen<br>532: Burgund wird fränkisches Teilreich<br>537: Alamannien wird fränkisches Teilreich |

Aus: Archaelogica helvetica, *29/30* (1977).

ADAM, K. D. (1954): Die zeitliche Stellung der Urmenschen-Fundschicht von Steinheim an der Murr innerhalb des Pleistozäns – E+G, *4/5*.
AMMANN-MOSER, B., et al. (1977): Der bronzezeitliche Einbaum und die nachneolithischen Sedimente – Die neolithischen Ufersiedlungen von Twann, *3* – Arch. Dienst Kt. Bern.
AMREIN, W. (1939): Urgeschichte des Vierwaldstätter Sees und der Innerschweiz – Aarau.
ANATI, E. (1968): Capo di Ponte, Centro dell'arte Rupestre Camuna, 4a ed. – Brescia.
– (1970): Symposium Valcamonica – Actes Symp. int. préhist., 23–28 sept. 1968.
ANDRIST, D., FLÜKIGER, W., & ANDRIST, A. (1964): Das Simmental zur Steinzeit – Acta Bernensia, *3*.
D'AUJOURD'HUI, R. (1965): Eine Fundstelle der Linearbandkeramik bei Basel – Jb. SGU, *52*.
– (1977a): Ein altpaläolithischer Faustkeil aus Pratteln BL – Regio Basil., *18/1*.
– (1977b): Der Faustkeil von Pratteln, Hohli Gaß – Baselbieter Heimatb., *13*.
BÄCHLER, E. (1921): Das Drachenloch ob Vättis im Taminatal – St. Gallen.
– (1934): Das Wildenmannlisloch am Selun – St. Gallen.
– (1936): Das Wildkirchli – St. Gallen.
– (1940): Das alpine Paläothikum der Schweiz – Basel.
BANDI, H.-G. (1945): Die Schweiz zur Rentierzeit. Kulturgeschichte der Rentierjäger am Ende der Eiszeit – Frauenfeld.
– (1954): Das Silexmaterial der Spät-Magdalénien-Freiland-Station Moosbühl bei Moosseedorf (Kt. Bern) – Jb. BHM, *32/33* (1952/53).
– (1961): Das Jungpaläolithikum – Rep. UFS, *6*.
– (1963): Birsmatten-Basisgrotte – Acta Bernensia, *1*.
– (1968): Das Jungpaläolithikum – UFAS, *1*.
– (1971): Untersuchung eines Felsschutzdaches bei Neumühle (Gemeinde Pleigne, Kt. Bern) – Jb. BHM, *47/48* (1967/68).
–, et al. (1977): Die Kultur der Eiszeitjäger aus dem Keßlerloch und die Diskussion über ihre Kunst auf dem Anthropologen-Kongreß in Konstanz 1877 – Konstanz.
BANDI, H.-G., LÜDIN, C., MAMBER, W., SCHAUB, S., SCHMID, E., & WELTEN, M. (1954): Die Brügglihöhle an der Kohlholzhalde bei Menzingen, Kt. Bern eine neue Fundstelle des Magdaléniens im unteren Birstal – Jb. BHM Bern, *32/33* (1952–53).
BANDI, H.-G., & MARINGER, J. (1955): Kunst der Eiszeit – Berlin & Darmstadt.
BAY, R. (1949): Die Körpergröße der Neolithiker aus dem Steinkistengrab von Aesch im Kanton Baselland – Arch. Julius-Klaus-Stiftung, *24*.
– (1958): Das Gebiß des Neanderthalers. In KOENIGSWALD, G. H. R., v.: Hundert Jahre Neanderthaler – Beih. Bonner Jb., *7*.
– (1977): Die menschlichen Skelettreste aus dem neolithischen Dolmengrab von Laufen BE – Regio Basil., *18/1*.
BECK, D. (1947, 194,8 1949): Ausgrabungen auf dem Borscht 1947 – 47., 48., 49. Jb. Hist. Ver. Fürstentum Liechtenstein.
BEHM-BLANCKE, G. (1960): Altsteinzeitliche Rastplätze im Travertingebiet von Taubach, Weimar, Ehringsdorf – Alt-Thüringen, *4*.
BERGER, L. (1974): Die mittlere und späte Latènezeit im Mittelland und Jura – UFAS, *4*.
BERSU, G. (1945): Das Wittnauer Horn – Monogr. UFS, *4*.
BIEGERT, J. (1960): Fortschritte in der Kenntnis der menschlichen Evolution – Vjschr., *105/2*.
– (1968): Herkunft und Werden des Menschen – UFAS, *1*.
BOCKSBERGER, O.-J. (1964): Age du bronze au Valais et dans le Chablais vaudois – Lausanne.
BODMER-GESSNER, V. (1951): Provisorische Mitteilungen über die Ausgrabungen einer mesolithischen Siedlung in Schötz («Fischhäusern»), Wauwilermoos, Kt. Luzern, durch H. REINERTH im Jahre 1933 – Jb. SGU, *40* (1949/50).
BOURDIER, F. (1976): Les industries paléolithiques anté-würmiennes dans le Nord-Ouest-In: La Préhistoire française, *2* – Paris.
BRAIDWOOD, R. J. (1958): Near Eastern Prehistory. The swing from foodcollecting cultures to village-farming communities imperfectly understood – Sci., *127*.
BÜCHI, U. & G. (1976): Die Steinsetzungen von Falera und deren Bedeutung für den Ilanzerraum – Vjschr., *121*/4.
BURKART, W. (1945): Zum Problem der neolithischen Steinsägetechnik – Schr. I. UFS, *3*.
– (1946): Crestaulta, eine bronzezeitliche Hügelsiedlung bei Surin im Lugnez – Monogr. UFS, *5*.
– (1953): Die urgeschichtliche Besiedlung Alträtiens – Bündner Schulbl., *13*.
CAMINADA, CHR. (1970): Die verzauberten Täler, Kulte und Bräuche im alten Rätien – Olten und Freiburg i. Br.
CLARK, J. D. (1963): The evolution of culture in Africa – Amer. Naturalist, *97*.
DAVIS, R. P., & NAPIER, J. (1963): A reconstruction of the skull of *Proconsul africanus* (R. S. 51) – Folia primat., *1*.

DEEKE, W. (1933): Die mitteleuropäischen Silices nach Vorkommen, Eigenschaften und Verwendung in der Prähistorie – Jena.
DRACK, W. (1947): Der Bönistein ob Zeiningen, eine spätbronzezeitliche und späthallstättische Höhensiedlung des Jura – Beitr. Kulturgesch., Festschr. R. Bosch.
– (1957): Die Hallstattzeit im Mittelland und Jura – Rep. UFS, *3*.
– (1958, 1959, 1960): Ältere Eisenzeit der Schweiz, Kanton Bern, I., II., III. Teil – Mat.-H., UFS, *1*, *2*, *3*.
– (1961): Spuren von urnenfelderzeitlichen Wagengräbern aus der Schweiz – Jb. SGU, *48* (1960/61).
– (1964): Ältere Eisenzeit der Schweiz, Westschweiz – Mat.-H., UFS, *4*.
– (1969): Die frühen Kulturen mitteleuropäischer Herkunft – UFAS, *2*.
– (1974): Die späte Hallstattzeit im Mittelland und Jura – UFAS, *4*.
– & IMHOF, E. (1977): Römische Zeit im 1., 2. und 3. Jahrhundert und im späten 3. und im 4. Jahrhundert – Geschichte II – Atlas Schweiz, Bl. 20 – L+T.
DRIEHAUS, J. (1960): Die Altheimer Gruppe und das Jungneolithikum in Mitteleuropa – Mainz.
DUBOIS, E. (1894): *Pithecanthropus erectus*, eine menschenähnliche Übergangsform aus Java – Batavia.
DUBOIS, A., & STEHLIN, H. G. (1932, 1933): La grotte de Cotencher, station moustérienne, *1*, *2* – Mém. SPS, *52*, *53*.
EGLI, E. (1935): Der Lebensraum und die Lebenseigenart des Menschen der Wildkirchlistufe – Jb. st. gall. NG, *67* (1933 u. 1934).
EGLOFF, M. (1965): La Baume d'Ogens, gisement épipaléolithique du plateau vaudois – Jb. SGU, *52*.
– (1977): Les fouilles d'Auvernier de 1971 à 1975 – Mittbl. SGUF, *30/31*.
FELLMANN, R. (1957): Die Eisenzeit der Schweiz im Bilde der antiken Überlieferung – Rep. UFS, *3*.
–, LAUR-BELART, R., DEGEN, R., ETTLINGER, E., BÖGLI, H., JUCKER, H., & v. GONZENBACH, V. (1958): Die Römer in der Schweiz – Rep. UFS, *4*.
FERRARI, M., SCRINZI, G., & TOMASI, G. (1973): Das Ledrotal und seine Pfahlbauten – Trento.
FEUSTEL, R. (1961): Remarques sur le Magdalénien suisse – Arch. suisses Anthrop., *26*/1–2.
FISCHER, F. (1971): Die frühbronzezeitliche Ansiedlung in der Bleiche bei Arbon TG – Schr. UFS, *17*.
FLÜKIGER, W. (1950): Die mittelsteinzeitliche Siedlung Rüteliacher – Jb. SGU, *40* (1949/50).
– (1962): Die mittelsteinzeitliche Siedlung Aeschi-Moosmatten – Jb. Soloth. Gesch., *35*.
– (1964): Die steinzeitliche Siedlung «Hintere Burg» – Jb. Soloth. Gesch., *37*.
FREI, B. (1955): Zur Datierung der Melauner Kultur – ZAK, *15*.
– (1957): Die Eisenzeit in den Alpentälern – Rep. UFS, *3*.
– (1959): Die Ausgrabungen auf der Mottata bei Ramosch im Unterengadin 1956–1958 – Jb. SGU, *47*.
– (1970): Urgeschichtliche Räter im Engadin und Rheintal – Jb. SGU, *55* (1970).
– (1971): Die späte Bronzezeit im alpinen Raum – UFAS, *3*.
FURGER, A. R. (1977): Die mittelpaläolithische Station beim unteren Steinbruch von Münchenstein BL – Regio Basil., *18*/1.
–, ORCEL, A., STÖCKLI, W. E., SUTER, J. P. (1977): Die neolitischen Ufersiedlungen von Twann, *1*. – Bern.
GERSBACH, E. (1956): Ein Harpunenbruchstück aus einer Grube der jüngeren Linearbandkeramik (bei Grießen, Ldkr. Waldshut) – Germania, *34*.
– (1969): Urgeschichte des Hochrheins. Funde und Fundstellen in den Landkreisen Säckingen und Waldshut – Bad. Fundber., Sonderh., *11*.
GFELLER, C., OESCHGER, H., & SCHWARZ, U. (1961): Radiocarbon Dates II – Radiocarbon, *3*.
GIESSLER, R., & KRAFT, G. (1942): Untersuchungen zur früheren und älteren Latènezeit am Oberrhein und in der Schweiz – Ber. Röm.-Germ. Komm., *32*.
GIGON, R. (1956): La grotte préhistorique du Bichon (La Cchaux-de-Fonds, Neuchâtel) – Arch. suisses Anthr. *21/2*.
GÖTTLICH, K., WALL, E., et al. (1962, 1964, 1965, 1967): Federseestudien – Jh. Ver. vaterl. Naturkde. Württemberg, *117*, *119*, *120*, *122*.
GONZENBACH, V. v. (1949): Die Cortaillod-Kultur in der Schweiz – Monogr. UFS, *7*.
GRAHMANN, R., & MÜLLER-BECK, H. (1966): Urgeschichte der Menschheit – 3. Aufl. – Stuttgart.
GUYAN, W. U. (1942): Mitteilung über eine jungsteinzeitliche Kulturgruppe von der Grüthalde bei Herblingen (Kt. Schaffhausen) – Z. schweiz. Archäol., *4*.
– (1953): Eine bandkeramische Siedlung in Gächlingen (Kt. Schaffhausen) – Ur-Schweiz, *17*.
– (1967): Die jungsteinzeitlichen Moordörfer im Weier bei Thayngen – ZAK, *25*.
– (1976): Jungsteinzeitliche Urwald-Wirtschaft am Einzelbeispiel von Thayngen «Weier» – Jb. SGUF, *59*.
HEIERLI, J. (1907): Die bronzezeitliche Quellfassung von St. Moritz – ASA, *9*.
HIGHAM, C. F. W. (1967): A Consideration of the Earliest Neolithic Culture in Switzerland – Vjschr., *112/2*.
HOWALD, E., & MEYER, E. (1940): Die römische Schweiz – Zürich.
HOWELL, F. C. (1959): The Villafranchian and human origins – Sci., *130*.
HUXLEY, T. H. (1863): Evidence as to Man's Place in Nature – London.
IMHOF, E. (1968): Geschichte IV, Veränderungen im Landschaftsbild; Zürich, Topographie und Wachstum – Atlas Schweiz, Bl. 22, 45 – L+T.

ITTEN, M. (1969): Die Horgener Kultur – UFAS, *2*.
– (1970): Die Horgener Kultur – Monogr. UFS, *17*.
JAGHER-MUNDWILER, E. & N. (1977): Ein jungpaläolithischer Silexschlagplatz im Lützeltal (Löwenburg-Ziegelacker, Pleigne BE) – Regio Basil., *18/1*.
JAYET, A. (1943): Le Paléolithique de la région de Genève – Globe, *82*.
JÉQUIER, J.-P.† (1974): Révision critique du «Paléolithique ou Moustérien alpin» – Eburodunum, *2*.
KELLER-TARNUZZER, K. (1944): Pfyn (Bez. Steckborn, Thurgau). Pfahlbau Breitenloo – Jb. SGU, *35*.
– (1945): Arbon-Bleiche – Jb. SGU, *36*.
KOBY, F. E. (1938): Une nouvelle station préhistorique (paléolithique, néolithique, âge du bronze): Les cavernes de St-Brais (Jura bernois) – Vh. NG Basel, *49*.
– (1954): Les paléolithiques ont-ils chassé l'ours des cavernes? – Actes soc. jur. d'émul., 1953/54.
– (1956): Une incisive néandertalienne trouvée en Suisse – Vh. NG Basel, *67/1*.
KRAFT, G. (1927, 1928): Die Stellung der Schweiz innerhalb der bronzezeitlichen Kulturgruppen Mitteleuropas, 1–4, 5–6 – ASA, NF, *29*, *30*.
KRETZOI, M., & VÉRTES, L. (1965): Upper Biharian (Intermindel) pebble-industry occupation site in Western Hungary – Curr. Anthrop., *6*.
KUHN-SCHNYDER, E. (1971): Die Evolution des Menschen in paläontologischer Sicht – Acta Teilhard. Suppl. II.
– (1977a): Die Geschichte des Lebens auf der Erde – Mitt. NG Kt. Solothurn, *27*.
– (1977b): Paläozoologie zwischen gestern und heute – Vjschr., *122/2*.
LANG, G. (1962): Vegetationsgeschichtliche Untersuchungen der Magdalénienstation an der Schussenquelle – Veröff. Rübel, *37*.
LAUR-BELART, R. (1951, 1952, 1955): Lehrgrabung auf dem Kestenberg – Ur-Schweiz, *15*; Kestenberg II – US, *16*; Kestenberg III 1953 – US, *19*.
LEAKEY, L. S. B. (1960): Adam's Ancestors – 4th ed. – London.
– (1963): Very early East African Hominidae and their ecological setting. In: HOWELL, F. C., & BOURLIÈRE, F.: African ecology and human evolution – Chicago.
LEAKEY, R. E. F. (1973): Australopithecines and Hominines: A summary on the Evidence from the Early Pleistocene of Eastern Africa – Symp. zool. soc. London, *33*.
LEROI-GOURHAN, A. (1965): Préhistoire de l'art occidental – Paris.
LICHARDUS-ITTEN, M. (1971): Die frühe und mittlere Bronzezeit im alpinen Raum – UFAS, *3*.
LINIGER, H. (1969): Schalensteine des Mittelwallis und ihre Bedeutung – Basler Beitr. Schalensteinproblem, *1–3*.
– (1970): Schalenbrauchtum und Felsgravieren in Zeit und Raum – Basler Beitr. Schalensteinproblem, *4*, *5*.
– (1971): Die Grundlagenforschung der Petroglyphen – Basler Beitr. Felsbildproblemen, *6*.
LÜDIN, C. (1963): Die Silexartefakte aus dem Spätmagdalénien der Kohlerhöhle – Jb. SGU, *50*.
LÜNING, J. (1968): Die Michelsberger Kultur. Ihre Funde in zeitlicher und räumlicher Gliederung – 48. Ber. Röm.-Germ. Komm. (1967).
LUMLEY, H. DE (1969): Les civilisations préhistoriques en France. Correlations avec la chronologie quaternaire – VIIIe Congr. internat. INQUA – Suppl. B. AFEQ.
LUMLEY-WOODYEAR, H. DE (1970): Le Paléolithique inférieur et moyen du Midi méditerranéen dans son cadre géologique, I: Ligurie – Provence – Paris.
MAURIZIO, J. (1948): Die Steinsetzung von Mutta bei Fellers und ihre kultgeographische Bedeutung – Ur-Schweiz, *12*.
MAUSER-GOLLER, K. (1969): Die relative Chronologie des Neolithikums in Südwestdeutschland und der Schweiz – Schr. I. UFS, *15*.
MESSIKOMMER, J. (1913): Die Pfahlbauten von Robenhausen. L'époque robenhausienne – Zürich.
– (1974): Zur Frage des Volkstums der Eisenzeit – UFAS, *4*.
MEYER, E. (1969): Neuere Forschungsergebnisse zur Geschichte der Schweiz in römischer Zeit – Jb. SGU, *54*.
– (1972): Römische Zeit – Handbuch der Geschichte, *1* – Zürich.
– (1974): Zur Frage des Volkstums der Eisenzeit – UFAS, *4*.
MOTTIER, Y. (1971): Bestattungssitten und weitere Belege zur geistigen Kultur – UFAS, *3*.
MÜLLER, E. (1977): Archäologische Entdeckungen im Kanton Solothurn – Helv. archaeol., *31*.
MÜLLER-BECK, H. (1968): Das Altpaläolithikum – UFAS, *1*.
NARR, K. J. (1954): Formengruppen und Kulturkreise im europäischen Paläolithikum – 34. Ber. Röm.-Germ. Komm.
– (1961): Urgeschichte der Kultur – Stuttgart.
NAULI, S. (1977): Eine bronzezeitliche Anlage in Cunter/Caschligns – Helv. arch., *29/30*.
NÜESCH, J. (1886): Das Schweizersbild, eine Niederlassung aus paläolithischer und neolithischer Zeit – N. Denkschr. SNG, *35*.
– (1904): Das Kesslerloch, eine Höhle aus paläolithischer Zeit. Neue Grabungen und Funde – N. Denkschr. SNG, *59*.

Oakley, K. P. (1961): On man's use of fire with comments on toolmaking and hunting – In: Washburn, S. L.: Social life of early man.
Osterwalder, Chr. (1971): Die mittlere Bronzezeit im Mittelland und Jura – UFAS, *3*.
– (1977): Die ersten Schweizer – Urzeit und Frühgeschichte Helvetiens von den Eiszeitjägern bis zum Ende der Römerherrschaft – Die archäologische Biographie eines Volkes – Bern u. München.
Pawlik, B., & Schweingruber, F. H. (1976): Die archäologisch-vegetationskundliche Bedeutung der Hölzer und Samen in den Sedimenten der Seeufersiedlung Horgen «Dampfschiffsteg» – Jb. SGU, *59*.
Perini, R. (1976): Die Pfahlbauten im Torfmoor von Fiavé (Trentino/Oberitalien) – Mittbl. SGUF, *27*.
Piveteau, J. (1969): La Paléontologie humaine en France – VIIIe Congr. internat. INQUA – Suppl. B – AFEQ.
Pittard, E., & Reverdin, L. (1929): Les Stations magdaléniennes de Veyrier – Geneva, *7*.
–, & Sauter, M.-R. (1946): Squelettes nouveaux découverts à Chamblandes (Pully, Vaud) – Etude craniologique – B. Schweiz. Ges. Anthrop. Ethn., *22*.
Primas, M. (1970): Die südschweizerischen Grabfunde der älteren Eisenzeit und ihre Chronologie – Monogr. UFS, *16*.
– (1971): Der Beginn der Spätbronzezeit im Mittelland und Jura – UFAS, *3*.
– (1972): Zum eisenzeitlichen Depotfund von Arbedo (Kt. Tessin) – Germania, *50*.
– 1974a): Die Hallstattzeit im alpinen Raum – UFAS, *4*.
– 1974b): Die Latènezeit im alpinen Raum – UFAS, *4*.
Rageth, J. (1976): Die bronzezeitliche Siedlung auf dem Padnal bei Savognin (Oberhalbstein GR), Grabungen 1971 und 1972 – Jb. SGU, *59*.
– (1977a): Die endgültige Besitznahme Graubündens durch die bronzezeitlichen Bauern – Terra Grischuna/ Bündnerland, *36*/2.
– (1977b): Die bronzezeitliche Siedlung auf dem Padnal bei Savognin – Helv. arch., *29/30*.
Reinecke, P. (1902): Zur Kenntnis der La Tène-Denkmäler der Zone nordwärts der Alpen – Festschr. 50jähr. Best. Röm.-Germ. Zentralmus. Mainz.
Reinerth, H. (1926): Die jüngere Steinzeit in der Schweiz – Augsburg.
– (1927): Die Wasserburg Buchau – Augsburg.
– (1936): Das Federseemoor als Siedlungsland des Vorzeitmenschen – 4. Aufl. – Leipzig.
– (1973): Pfahlbauten am Bodensee – 10. Aufl. – Überlingen.
Remane, A. (1965): Die Geschichte der Menschenaffen – In: Heberer, G.: Menschliche Abstammungslehre – Stuttgart.
Reverdin, L. (1930): La station préhistorique du Col des Roches près du Locle (Neuchâtel) – Jb. SGU, *22*.
Risch, E. (1971): Die Räter als sprachliches Problem – Schr. Reihe Rät. Museum, *10*.
Ruoff, U. (1971): Die Phase der entwickelten und ausgehenden Spätbronzezeit im Mittelland und Jura – UFAS, *3*.
– (1974a): Zur Frage der Kontinuität zwischen Bronze- und Eisenzeit – Basel.
– (1974b): Die frühe und die entwickelte Hallstattzeit – UFAS, *4*.
– (1976): Tauchuntersuchung bei der Pfyner Siedlung Horgen «Dampfschiffsteg» – Jb. SGU, *59*.
Rust, A. (1955): Artefakte aus der Zeit des *Homo heidelbergensis* in Nord- und Süddeutschland – Bonn.
Sarasin, F., & Stehlin, H. G. (1918): Die steinzeitlichen Stationen des Birstales zwischen Delsberg und Basel – N. Denkschr. SNG, *59*.
Sarbach, H. (1958): Neue mittel- und spätbronzezeitliche Funde von Spiez – Jb. BHM, *37/38* (1957/58).
Sauter, M.-R. (1952): Les races de l'Europe – Paris,
– (1955): Préhistoire du Valais. Premier supplément 1950–54 – Vallesia, *10*.
– (1956. 1957): Le squelette préhistorique de la grotte du Bichon (Côtes-du-Doubs, La Chaux-de-Fonds, Neuchâtel) – Arch. Genève, (9) *3*; B. Schweiz. Ges. Anthrop. Ethnol., *33*.
– (1966): Les relations du Néolithique du type Saint-Léonard (Valais, Suisse) avec Cortaillod, Chassey et Lagozza – 7e Congr. int. Sci. préhist. protohist. Prague 1966.
Sauter, M.-R., & Gallay, A. (1966): Les matériaux néolithiques non céramiques du Vallon des Vaux (Chavannes-le-Chêne, Vaud) – Arch. suisses Anthrop., *31*.
–, – (1969): Les premières cultures d'origine méditerranéenne – UFAS, *2*.
Schaub, S., & Jagher, A. (1946): Zwei neue Fundstellen von Höhlenbär und Höhlenhyäne im unteren Birstal – Ecl., *38*/2 (1945).
Scheffrahn, W. (1967): Paläodemographische Beobachtungen an den Neolithikern von Lenzburg, Kt. Aargau – Germania, *45*.
– (1969): Die menschlichen Populationen – UFAS, *2*.
Schiek, S. (1956): Ein Grabfund der frühen Urnenfelderzeit aus Bern – Jb. BHM, *35/36* (1955/56).
Schlaginhaufen, O. (1949): Der Mensch. Die Anthropologie der Steinzeit der Schweiz – In: Tschumi, O.: Urgeschichte der Schweiz, *1* – Frauenfeld.
Schmid, E. (1952a): Jungsteinzeitliches Jaspis-Bergwerk am Isteiner Klotz – Der Anschnitt, *4*/5.

Schmid, E. (1952b): Vom Jaspisbergbau an der Kachelfluh bei Kleinkems (Baden) – Germania, *30*.
– (1958): Höhlenforschung und Sedimentanalyse – Ein Beitrag zur Datierung des Alpinen Paläolithikums – Basel.
– (1961): Neue Grabungen im Wildkirchli (Ebenalp, Kt. Appenzell), 1958/59 – Ur-Schweiz, *25*.
– (1966): Höhlenbären im Bärenloch bei Tecknau BL – Ur-Schweiz, *30*.
– (1968): Ein Silex-Abbau aus dem Moustérien im Berner Jura – Ur-Schweiz, *32*.
– (1973, 1974): Die Reviere urgeschichtlichen Silexbergbaus in Europa, 1, 2; 3, 4 – Der Anschnitt, *25*/4, 6; *26*/1, 3.
– (1977): Zum Besuch der Wildkirchli-Höhlen – SGUF, Mitt.bl., *29*.
Schütrumpf, R. (1968): Die neolithischen Siedlungen von Ehrenstein bei Ulm, Aichbühl und Riedschachen – In: Zürn, H. (1968).
Schwab, H. (1971a): Der Kanton Freiburg in ur- und frühgeschichtlicher Zeit – Neue Ausgrabungen und Entdeckungen – B. Soc. Frib. SN, *60*/1.
– (1971 b): Jungsteinzeitliche Fundstellen im Kanton Freiburg – Schr. UFS, *16*.
– (1973): Die Vergangenheit des Seelandes in neuer Sicht – Freiburg
– (1974): Grabriten und weitere Belege zur geistigen Kultur der Hallstattzeit – UFAS, *4*.
Schwabedissen, H. (1954): Die Federmesser-Gruppen des nordeuropäischen Flachlandes – Neumünster.
Schwabedissen, H., & Freundlich (1968): Die 14C-Datierung im Vergleich mit einem Fundplatz der Schussenrieder Kultur von Riedschachen – In: H. Zürn (1968).
Schweizer, Th. (1937): Urgeschichtliche Funde in Olten und Umgebung – Olten.
– (1941): Die Azilien-Station «Unter der Fluh» – Jb. Soloth. Gesch., *14*.
–, Bay, R., & Schmid, E. (1959): Die Kastelhöhle – Jb. Soloth. Gesch., *32*.
Sedlmeier, J. (1971): Der Abri Tschäpperfels. Eine mesolithische Fundstelle im Lützeltal – Jb. BHM, *47/48*, (1967/68).
Simonett, Ch. (1959): Die nordetruskische Inschrift von Raschlinas bei Präz – Bündner Monatsbl. (1959).
Sitterding, M. (1972): Le Vallon de Vaux, fouilles 1964–66, Rapports culturelles et chronologiques – Monogr. SGU, *20*.
– (1974): Die frühe Latène-Zeit im Mittelland und Jura – UFAS, *4*.
Sonneville-Bordes, D., de (1963): Le Paléolithique Supérieur en Suisse – L'Anthropologie, *67*/3–4.
Speck, J. (1954): Die Ausgrabungen in der spätbronzezeitlichen Ufersiedlung Zug-«Sumpf» – In: Das Pfahlbauproblem – Monogr. UFS, *11*.
Staehelin, F. (1948): Die Schweiz in römischer Zeit, 3. Aufl. – Basel.
Starck, D. (1965): Die Neencephalisation – In: Heberer, G.: Menschliche Abstammungslehre – Stuttgart.
Stern, W. B. (1977): Zur Geochemie einiger Silices aus der Regio Basiliensis – Regio Basil., *18*/1.
Strahm, Chr. (1961): Die Stufen der Schnurkeramik in der Schweiz – Bern.
– (1969): Die späten Kulturen – In: Die Jüngere Steinzeit – UFAS, *2*.
– (1971): Die frühe Bronzezeit im Mittelland und Jura – UFAS, *3*.
Suter, P. J. (1977): Die Hirschgeweih-Artefakte von Twann und ihre Bedeutung für die Chronologie der Cortaillod-Kultur – In: Furger, A. R. (1977).
Tackenberg, K. (1956): Der Neanderthaler und seine Umwelt – Beih. Bonner Jb., *5*.
Tanner, A. (1974): Siedlung und Befestigung der Eisenzeit – UFAS, *4*.
Théobald, N. (1972): Fondements géologiques de la Préhistoire – Essai de chronostratigraphie des formations quaternaires – Ann. Sci. U. Besançon, G.
Thévenin, A. & Sainty, J. (1977): Les débuts de l'Holocène dans le Nord du Jura Français – Regio Basil., *18*/1.
Tode, A., et al. (1953): Die Untersuchung der paläolithischen Freilandstation von Salzgitter-Lebenstedt – E + G, *3*.
Trümpler, D. (1957): Die frühe La Tène-Zeit im Mittelland und Jura – Rep. UFS, *3*.
Tschumi, O., et al. (1949): Urgeschichte der Schweiz – Frauenfeld.
Tschurr, L. (1959): Zur Inschrift von Raschlinas bei Präz – Bündner Monatsbl. (1959).
Ulrich, R. (1914): Die Gräberfelder in der Umgebung von Bellinzona (Kt. Tessin) – Zürich.
Unser, St. (1977): Alt- bis mittelpaläolithische Abschlagkulturen von Schliengen-Liel (Landkreis Lörrach) – Regio Basil, *18*.
Vallois, H. V. (1952): Die Menschen im Jungpaläolithikum und Mesolithikum – In: Kern, F.: Historia Mundi, *1* – Bern.
Viollier, D. (1912): Le cimetière gallo-helvète d'Andelfingen (Zurich) – ASA, *14*.
Vogt, E. (1934): Zum schweizerischen Neolithikum – Germania, *18*.
– (1937): Geflechte und Gewebe der Steinzeit – Monogr. UFS, *1*.
– (1938): Horgener Kultur, Seine-Oise-Marne-Kultur und nordische Steinkisten – ASA, *40*.
– (1948): Die Gliederung der schweizerischen Frühbronzezeit – Festschr. O. Tschumi – Frauenfeld.
– (1949): Die bronzezeitlichen Grabhügel von Weiningen – ZAK, *10*.

VOGT E., (1950): Der Beginn der Hallstattzeit in der Schweiz – Jb. SGU, *40* (1949/50).
– (1951): Das steinzeitliche Uferdorf Egolzwil 3 (Kt. Luzern). Bericht über die Ausgrabung 1950 – ZAK, *12*.
– (1952): Neues zur Horgener Kultur – Germania, *30*.
– (1953): Die Herkunft der Michelsberger Kultur – Acta Archaeol., *26*.
– (1955): Pfahlbaustudien – In: Das Pfahlbauproblem – Monogr. UFS, *11*.
– (1957): Die Eisenzeit der Schweiz im Überblick – Rep. UFS, *3*.
– (1961): Der Stand der neolithischen Forschung in der Schweiz – Actes. Symp. probl. néolith. europ. Prague 1959.
– (1964): Der Stand der neolithischen Forschung in der Schweiz – Jb. SGU, *51*.
– (1967): Ein Schema des schweizerischen Neolithikums – Germania, 45.
– (1969): Siedlungswesen – In: Die Jüngere Steinzeit – UFAS, *2*.
– (1969b): Die Gräber und weitere Belege zur geistigen Kultur – In: Die Jüngere Steinzeit - UFAS, *2*.
– (1971): Zur Einführung – In: Die Bronzezeit – UFAS, *2*.
– (1972): Urgeschichte in: Handbuch der Schweizer Geschichte, *1* – Zürich.
– (1974): Zur Einführung – In: Die Eisenzeit – UFAS, *4*.
–, & STEHLIN, H. G. (1936): Die paläolithische Station in der Höhle am Schalbergfelsen – Denkschr. SNG, *71*.
VOLMAR, F. A. (1944): Auf den Spuren Simmentalischer Höhlenbärenjäger – Berner Z. Gesch. Heimatkde. (*1944*)/1.
VOUGA, P. (1923): La Tène – Monographie de la station – Leipzig.
– (1929): Classification du néolithique lacustre suisse – ASA, *31*.
– (1934): Le Néolithique lacustre ancien – Neuchâtel.
WATERBOLK, H. T., & VAN ZEIST, W. (1967): Preliminary report on the neolithic bog settlement of Niederwil – Palaeohist., *12* (1966).
WHATMONGH, J. (1939): Eine neue rätische Inschrift der Sondriogruppe – Bündner Monatsbl. (*1939*).
WIEDMER-STERN, J. (1908 a): Die Grabhügel bei Subingen – ASA, *10*.
– (1908 b): Das Latène-Gräberfeld bei Münsingen (Kt. Bern) – Arch. Hist. Ver. Kt. Bern, *18*.
WINIGER, J. (1971): Das Fundmaterial aus den neolithischen Siedlungen im Weier bei Thayngen im Rahmen der Pfyner Kultur – Monogr. UFS, *18*.
WYSS, R. (1952): Fürsteiner-Seeberg, eine spätjungpaläolithische Freilandstation – Jb. SGU, *42*.
– (1957): Eine mesolithische Station bei Liesbergmühle (Kt. Bern) – ZAK, *17*.
– (1960): Zur Erforschung des schweizerischen Mesolithikums – ZAK, *20*.
– (1961): Betrachtungen zum Mesolithikum der Schweiz – Ber. 5. int. Kongr. Vor- + Frühgesch. Hamburg 1958.
– (1966): Mesolithische Harpunen in Mitteleuropa – Helv. Antiqua, Festschr. E. VOGT.
– (1968): Das Mesolithikum. In: Die ältere und mittlere Steinzeit – UFAS, *1*.
– (1969a): Wirtschaft und Technik – In: Die Jüngere Steinzeit – UFAS, *2*.
– (1969b): Die Gräber und weitere Belege zur geistigen Kultur – In: Die Jüngere Steinzeit – UFAS, *2*.
– (1971 a): Die Eroberung der Alpen durch den Bronzezeitmenschen ZAK, *28*. –
– (1971b): Siedlungswesen und Verkehrswege – In: Die Bronzezeit – UFAS, *3*.
– (1971c): Technik, Wirtschaft und Handel – In: Die Bronzezeit – UFAS, *3*.
– (1974a): Technik, Wirtschaft, Handel und Kriegswesen der Eisenzeit – UFAS, *4*.
– (1974b): Grabriten, Opferplätze und weitere Belege zur geistigen Kultur der Latènezeit – UFAS, *4*.
– (1977): Motta Vallac, eine bronzezeitliche Höhensiedlung im Oberhalbstein – Helv. arch., *29/30*.
ZIMMERMANN, W., edit. (1961): Der Federsee – Stuttgart.
ZINDEL, CHR. (1968a): Felszeichnungen auf Carschenna, Gemeinde Sils im Domleschg – Ur-Schweiz, *32*/1.
– (1968b): Zu den Felsbildern von Carschenna – Jber. Hist.-antiq. Ges. Graubünden (*1967*).
– (1970): Incisioni rupestri a Carschenna (Canton Grigioni, Svizzera) – Symposium Internat. d'Art préhistorique Valcamonica, 23–28 Septembre 1968 – Union internat. Sci. préhist. protohist.
– (1977a): Graubünden, das Refugium der letzten steinzeitlichen Wildbeuter und Pionierland für die ersten Bauern – Terra Grischuna/Bündnerland, *36*/2.
– (1977b): Graubünden als alpiner Teil verschiedener europäischer Kulturen während der Eisenzeit und Kontaktgebiet im Bereiche der Paßübergänge – Terra Grischuna/Bündnerland, *36*/2.
– (1977c): Prähistorische Eisenverhüttung in der Gegend von Marmorera – Helv. arch., *29/30*.
ZÜRN, H. (1968): Das jungsteinzeitliche Dorf Ehrenstein – Veröff. staatl. Amt Denkmalpfl. (A) 10/2.

# Pliozän, Alt- und Mittel-Pleistozän

## Pliozän und Alt-Pleistozän zwischen Bas-Dauphiné, Sundgau und N-Jura

### *Pliozän und Alt-Pleistozän im Bas-Dauphiné*

Ablagerungen des Pliozäns und des ältesten Pleistozäns finden sich im Vorfeld von Rhone- und Isère-Gletscher, in den Hochflächen der Plateaux de Bonnevaux und du Chambaran, die durch die Talung der Bièvre-Valloire getrennt werden.
Über Ligniten mit *Nyssa* – Tupelobaum, Land- und Süßwasserschnecken folgen auf dem pliozänen Plateau du Chambaran Schotter, die von einem Niveau à galets de quartzites géants überlagert werden. S von St-Vallier liegt über einem roten Verwitterungshorizont mit Quarzitgeröllen Löß mit verfestigten Bänken und einer reichen Fauna mit Hirschen und Gazellen (J. Viret, 1954) des ältesten Pleistozäns. Im Tal der Galaure, die sich in dieses Plateau eingeschnitten hat und bei St-Vallier in die Rhone mündet, findet sich bei Hauterive Gehängeschutt mit gekritzten Geschieben (F. Bourdier, 1961, 1962), die auf einstige Eisrandnähe hindeuten.
Etwas tiefere, über die Schotterfluren der Bièvre-Valloire emporreichende Ablagerungen um Roussillon im Rhonetal betrachtet Bourdier als Alt-Pleistozän.
Die Bildung des Plateau de Louze stellt U. Kuhne (1974) in die Donau-Eiszeit.

### *Das älteste Pleistozän am E-Rand der Bresse*

Am E-Rand der Bresse, bei Desnes, Vincent und Bletterans, NW von Lons-le-Saunier, konnten M. Campy, C. Guérin, H. Méon-Vilain & G. Truc (1973) eine Vergesellschaftung aufdecken von Großsäugern – *Dicerorhinus jeanvireti* und *Anancus arvernensis* – des unteren Villafranchian und Landschnecken – vor allem *Viviparus* und *Melanopsis* – des ausklingenden Pliozäns oder beginnenden Villafranchians mit bereits unter ungünstigem Klima erworbenen Merkmalen und artenreichen Pollenfloren mit bedeutenden Unterschieden in ihrer prozentualen Zusammensetzung. Auch sie deuten auf einen Klima-Rückschlag und charakterisieren offene, ziemlich feuchte, lokal farnreiche Wälder. Einige Analysen zeigen auch eine große Ähnlichkeit mit denen des unteren Villafranchian von Vialette (Haute-Loire), wo die gleichen Großsäuger gefunden worden sind (Méon-Vilain, 1972).

### *Die pliozänen Ablagerungen in der Ajoie, im Delsberger Becken und im Sundgau*

Die Ajoie ist eines der wenigen Gebiete der Schweiz, in denen über eine größere Zeitspanne pliozäne Sedimente über einer älteren – miozänen – Abtragungsfläche abgelagert wurden. Es sind zuunterst gelbe bis braune Sande – Hipparion-Sande – mit Linsen und

Schnüren von kleinen Vogesen-Geröllen. Schwermineralogisch zeichnen sie sich durch hohen Zirkon- und niedrigen Staurolith- und Granat-Gehalt aus. Sie wurden in einer 5–8 km breiten, bis 80 m tiefen, generell NNW–SSE verlaufenden Rinne abgelagert. Im Sundgau haben die Vogesen-Flüsse Sandsteine der Molasse alsacienne aufgearbeitet, was sich im hohen Karbonat-, im Anschwellen des Epidot- und im Andalusit-Gehalt abzeichnet (H. LINIGER, 1963, 1967, 1969K, 1970).

Bei Charmoille und Lugnez haben diese Sande eine reiche Säugerfauna geliefert mit *Miotragocerus pannoniae* – einer Antilope, *Euprox dicranoceros* – einem Hirsch, *Hypotherium palaeochoerus* – einem Wildschwein, *Chalicotherium goldfussi* – einem krallentragenden Huftier, *Hipparion gracile* – einem dreizehigen Pferd, dem Charaktertier des Alt-Pliozäns, Rhinocerotiden – Flußpferden, *Dinotherium giganteum* und *Tetralophodon longirostris* – zwei Rüsseltieren. Damit stimmen diese Faunen mit den wohl etwas älteren Faunen von Eppelsheim in Rheinhessen und den 12,5 Millionen Jahre alten des Höwenegg im Hegau überein (H. SCHAEFER, 1961, D. BERG, mdl. Mitt.).

Bei Charmoille liegen über den Hipparion-Sanden *Vogesen-Schotter* mit bis 50 cm großen Geröllen. Mit flächenhafter Streuung greifen sie weit über die Rinne hinaus. Gegen S lassen sie sich mit abnehmender Geröllgröße bis ins Delsberger Becken verfolgen, wo sie zwischen Bassecourt und Develier, im Bois (Pâturage) de Robe, einen mächtigen Schuttfächer aufbauen (LINIGER, 1925, in W. T. KELLER & LINIGER, 1930K). Dort lieferten sie *Dinotherium giganteum* und *Acerotherium incisivum* – ein Nashorn, sowie Blätter von *Populus mutabilis* – einer der Euphrat-Pappel nahestehenden Form (P. MERIAN, 1852; J. B. GREPPIN, 1855). Ihre Unterlage, ein quarzreicher Sandstein mit roten Hornstein-Fragmenten, findet sich auch am SE-Rand des Laufener Beckens, bei Steffen und SE von Fehren. Dieses Vorkommen liegt über obermiozäner Jura-Nagelfluh und enthält eine Grobsandlinse mit Geröllen – Quarziten, Kristallin und Buntsandstein. F. MÜHLBERG (in R. KOCH, 1923) und O. WITTMANN (in LINIGER, 1967) beheimaten sie im Schwarzwald. Die roten Hornsteintrümmer deuten auf aufgearbeiteten Grobsand der obersten Unteren Meeresmolasse. Auch der übereinstimmende hohe Turmalin-Gehalt mit der Bois de Robe-Unterlage spricht für eine enge Verwandtschaft der beiden.

Der pliozäne Vogesenfluß mußte – aufgrund kleiner Gerölle im Laufener Becken – im Bereich der jetzt abgetragenen miozänen Strandsedimente N des Delsberger Beckens zunächst erodiert haben. Zu Beginn des Pliozäns muß sich das Land gehoben haben, so daß sich die Flüsse einschnitten; nach dem Abklingen der Hebung konnten sie akkumulieren und die Rinnen füllen. Die Gerölle – Buntsandstein-Konglomerate, rotviolette Quarzite, rotbrauner Rothübel-Porphyr, graugrüne Labrador-Porphyrite, paläozoische Grauwacken, gelbe bis dunkelrote Hornsteine – stammen aus den S-Vogesen, Hauptrogenstein und Malmkalke von ihrem S-Rand.

Als *Höhenschotter* finden sich in weitem Umkreis solche, die an Vogesen-Material verarmt sind (A. BUXTORF & KOCH, 1920; LINIGER, 1925, 1964b, 1970), gegen E bis Vermes (A. WAIBEL, 1925; in R. KOCH et al., 1933K). Ihr Fehlen weiter E ist wohl auf spätere Verfrachtung durch Jura-Eis und Schmelzwässer zurückzuführen. Damit steht der weitere Weg dieses Vogesen-Flußsystems noch offen.

Die Vogesen-Schotter können wohl nur in einer Kühlphase, wahrscheinlich im Mittelpliozän, im Brunssumian, geschüttet worden sein. Damals dürfte die Waldgrenze in den Vogesen kräftig abgesenkt gewesen sein. Möglicherweise waren die höchsten Partien bereits verfirnt.

Da die wohl durch Schmelzwässer und intensive Regengüsse verfrachteten Vogesen-Schotter nach S nur bis ins Delsberger Becken nachzuweisen sind, erfolgte deren Schüttung erst nach einer ersten Faltungsphase, die bereits die südlichen Ketten erfaßt und die obermiozäne Molasse hier, wie auch weiter SW, in der Synklinale von La Chaux-de-Fonds – Le Locle, randlich verbogen hätte.
Da Vogesen-Schotter NE von Levoncourt im obersten Largue-Tal unter die Überschiebung der Bürgerwald-Falte einfallen, ist die Jura-Faltung um Ferrette jünger (LINIGER, 1970). Damit dürfte der Aufstau des Vorbourg-Gewölbes und der N anschließenden Jura-Schuppen ins Oberpliozän fallen.
Auf dem S-Schenkel des Vorbourg-Gewölbes zerfällt der Schotterverband in einzelne Relikte und eine Lehmdecke mit eingestreuten Geröllen (H. P. LAUBSCHER, 1963). In dieser fanden sich Blätter von *Populus mutabilis* und *P. balsamoides* – einer Balsampappel, *Salix angusta* und *S. varians* – zweier Weiden, von *Liquidambar europaea* – dem Amberbaum – und von *Podogonium oehningense* – einem ausgestorbenen, fraglichen Hülsenfrüchtler (O. HEER, 1859).
Die bisher ins Pliozän gestellte Einebnung der Franches Montagnes (E. SCHWABE, 1939) kann damit erst im Quartär erfolgt sein. Sie ist wohl nicht einfach als Rumpfflächenbildung abzustempeln, sondern hätte im Altpleistozän, bei der bereits damals mehrfach sich wiederholenden Vereisung dieser Hochflächen subglaziär ihren Anfang genommen. Im Mittelpleistozän wurde die Bildung der Fastebene (Peneplaine) vom Jura-Eis weitergeführt und von dem über die höchsten Jurapässe übergeflossenen und bis tief in den französischen Jura vorgestoßenen Rhone-Eis kräftig unterstützt. Noch in der Würm-Eiszeit wurde diese Hochfläche von Eis überprägt (Bd. 2).
Da in den Freibergen «Verwitterungslehm (Pliozän – Quartär)» (PH. BOURQUIN et al., 1946K) lokal über Lehmen mit alpinen Erratikern (L. ROLLIER, 1893) liegt, ist dieser dort wohl als spätriß- und als würmzeitliche Firnmoräne zu deuten.
Im jüngeren Pliozän wurde in den Triasgebieten der Vogesen und im SW-Schwarzwald, um Kandern, Verwitterungsschutt – Sande und Tone – gebleicht und als «Weiße Serie» nach S verfrachtet (LINIGER, 1969K, 1970).
In der Bresse fanden schon F. DELAFOND & CH. DEPÉRET (1894) in gebleichten Erden *Anancus (Bunolophodon) arvernensis* und *Mammut (Zygolophodon) borsoni*. Auch im nördlichen Rheintalgraben werden gebleichte Sande ins untere Oberpliozän gestellt und dem Pflanzenhorizont von Frankfurt gleichgesetzt (J. BARTZ, 1960).
Einschwemmungen der «Weißen Serie» finden sich noch in den überlagernden Sundgau-Schottern (N. THÉOBALD, 1935, 1953).

### *Die Wanderblock-Formation im NW-Jura, Zeugen einer ältestpleistozänen Vereisung?*

N der Blauen-Kette, im Laufener Becken und im nordwestlichen Tafeljura ruhen auf alter Erosionsfläche – mit obermiozäner Jura-Nagelfluh als Jüngstem – Quarzsande, Quarzitschotter und in sandig-tonigem Lehm bis 1 m große Wanderblöcke (A. GUTZWILLER, 1910; GUTZWILLER & GREPPIN, 1917K; R. KOCH, 1923; et al., 1933K; P. BITTERLI, 1945). Bei Tenniken BL liegen sie in einer sanften Rinne (L. HAUBER, 1960). Im östlichen Laufener Becken enthält die Wanderblock-Formation (A. BUXTORF & KOCH, 1920) große Blöcke. Gegen W nehmen diese an Zahl und Größe rasch ab; dafür beginnt sandiger Lehm mit nierenförmigen Brauneisenkonkretionen vorzuherrschen, der in gelb-

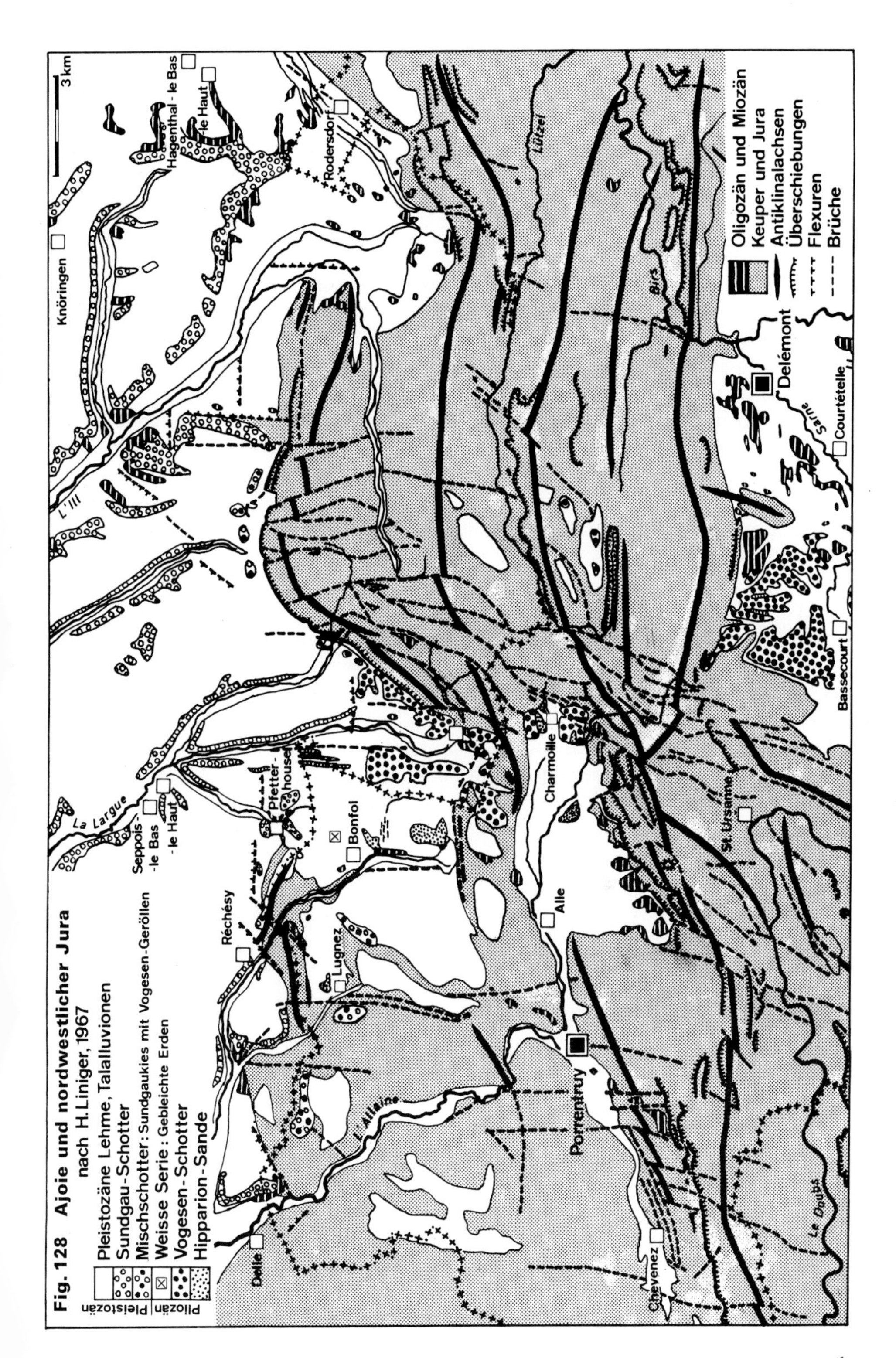

**Fig. 128** Ajoie und nordwestlicher Jura nach H. Liniger, 1967

rote Verwitterungserde übergeht. Gegen S lassen sie sich über Erschwil bis an den Matzendorfer Stierenberg verfolgen, wo sie bereits A. GRESSLY bekannt waren (A. WAIBEL, 1925; in R. KOCH et al., 1933k).

Wie in der Ajoie, so ist auch im Grenzbereich zwischen SW-Schwarzwald und Tafeljura das plio- und pleistozäne Geschehen eng an reaktivierte tektonische Vorgänge im Rheintalgraben und seine Ausstrahlungen gebunden.

Sollte die Absenkung der Trias-Scholle des Dinkelberg längs der Schwarzwald-Verwerfung Kandern–Hausen, deren Sprunghöhe rund 800 m beträgt (G. RAHM, 1961) und deren $SiO_2$-Imprägnation im frühen Pleistozän stattfand, ebenfalls erst dann erfolgt sein, dann wäre für den SW-Schwarzwald mit einer kräftigen ältestpleistozänen Vereisung zu rechnen. Bei einer klimatischen Schneegrenze um 900 m (um 800 m in der Riß- und um 950 m in der Würm-Eiszeit), wäre Schwarzwald-Eis auf gegen S geneigter Fläche auf den Tafeljura vorgefahren (HANTKE, 1973).

Die Wanderblöcke – Quarzporphyr-Brekzien des Rotliegenden, Buntsandstein mit freigewordenen Rollsteinen des Hauptkonglomerates, fossilführender Hauptmuschelkalk, unterster Lias und verkieselte Oolithgesteine des Dogger – stammen vom SW-Schwarzwald und vom N-Rand des Dinkelberg, die im Laufener-Becken häufigen, eckigen bis kopfgroßen Gerölle von Tüllinger Kalk aus dem Gebiet zwischen Lörrach und dem S-Rand des Bruederholz. Sie alle sind sekundär verkieselt (GUTZWILLER, 1910; KOCH, 1923), was wohl hydrothermal längs Klüften geschah.

Die auf dem Vogesenhof, beim Naturdenkmal der Schweizerischen Naturforschenden Gesellschaft auf Chastel SW von Grellingen, auf Läger E von Breitenbach und bei Fehren gefundenen Wanderblöcke aus verkieseltem Buntsandstein, teils von bis über 1 m Länge (KOCH, 1923, 1933k), die in brauner, stark verwitterter sandig-toniger Matrix stecken, sowie der 2 $m^3$ große Block im Moosgraben N von Lörrach (J. WILSER, 1912) ließen sich als teils etwas verdriftete Erratiker, die Gerölle und der sandige Lehm als ausgewaschene, verschwemmte und tiefgründig verwitterte Moräne deuten.

Auch das Fehlen von Fossilresten spricht für kaltzeitliche Ablagerung der Wanderblock-Formation. Als S-Rand der größeren Blöcke ergibt sich eine Linie Grellingen-Fehren–Himmelried-Hölstein–Tenniken–Oltingen. Stellt diese die S-Grenze des ältestpleistozänen Schwarzwald-Eises dar? Kleinere Gerölle und Sande wären durch Schmelzwässer noch weiter gegen W und S verfrachtet worden. Vielleicht sind gar die Schwarzwald-Gerölle weiter E, etwa auf dem Tiersteinberg und auf dem Chaistenberg, als verschwemmte Relikte einer ältestpleistozänen Vereisung des S-Schwarzwaldes zu deuten.

Bis 50 cm lange Buntsandstein- und vereinzelte Muschelkalk-Geschiebe, – «Wanderblöcke» (HAUBER, 1960) – auf dem Dogger-Plateau des Hard N von Sissach deuten auch im nordöstlichen Basler Jura auf eine ältestpleistozäne Eisverfrachtung vom südlichen Schwarzwaldrand her (Fig. 131).

Ein merkwürdiges Geröll-Vorkommen, das wohl ebenfalls mit der Wanderblock-Formation in Zusammenhang zu bringen ist, beschrieb HAUBER (1973) aus einer archäologischen Grabung von Zig, einer frontalen Muschelkalk-Schuppe des östlichen Basler Faltenjura SW von Oltingen BL. Zu polygonalen Steinringen angeordnet fanden sich in alten Verwitterungslehmen zahlreiche Quarzit-, Arkose- und Kristallin-Gerölle, die nach A. GÜNTHERT (in HAUBER) aus dem Schwarzwald stammen. Da sich auch einige alpine darunter fanden, dürfte das Gebiet des Zig später von rißzeitlichem alpinem Eis wieder aufgegriffen und überfahren worden sein, oder das alpine Eis hätte sich bereits im ältesten Pleistozän über dem Zig mit dem Schwarzwald-Eis vereinigt.

Fig. 129 Wanderblock-Formation, ältestpleistozäne Moräne mit bis über 1 m großen Blöcken – vorwiegend Buntsandstein und Schwarzwald-Granit – aus dem südöstlichen Schwarzwald über verwitterten Malm-Kalken. Vogesenhof, Chastel (555 m) am E-Rand des Laufener Beckens (Gem. Himmelried SO).

Fig. 130 Naturdenkmal der Schweiz. Naturforschenden Gesellschaft beim Vogesenhof, Chastel, Gem. Himmelried SO. Die Wanderblöcke werden noch als «Flußgerölle aus dem Schwarzwald» gedeutet.

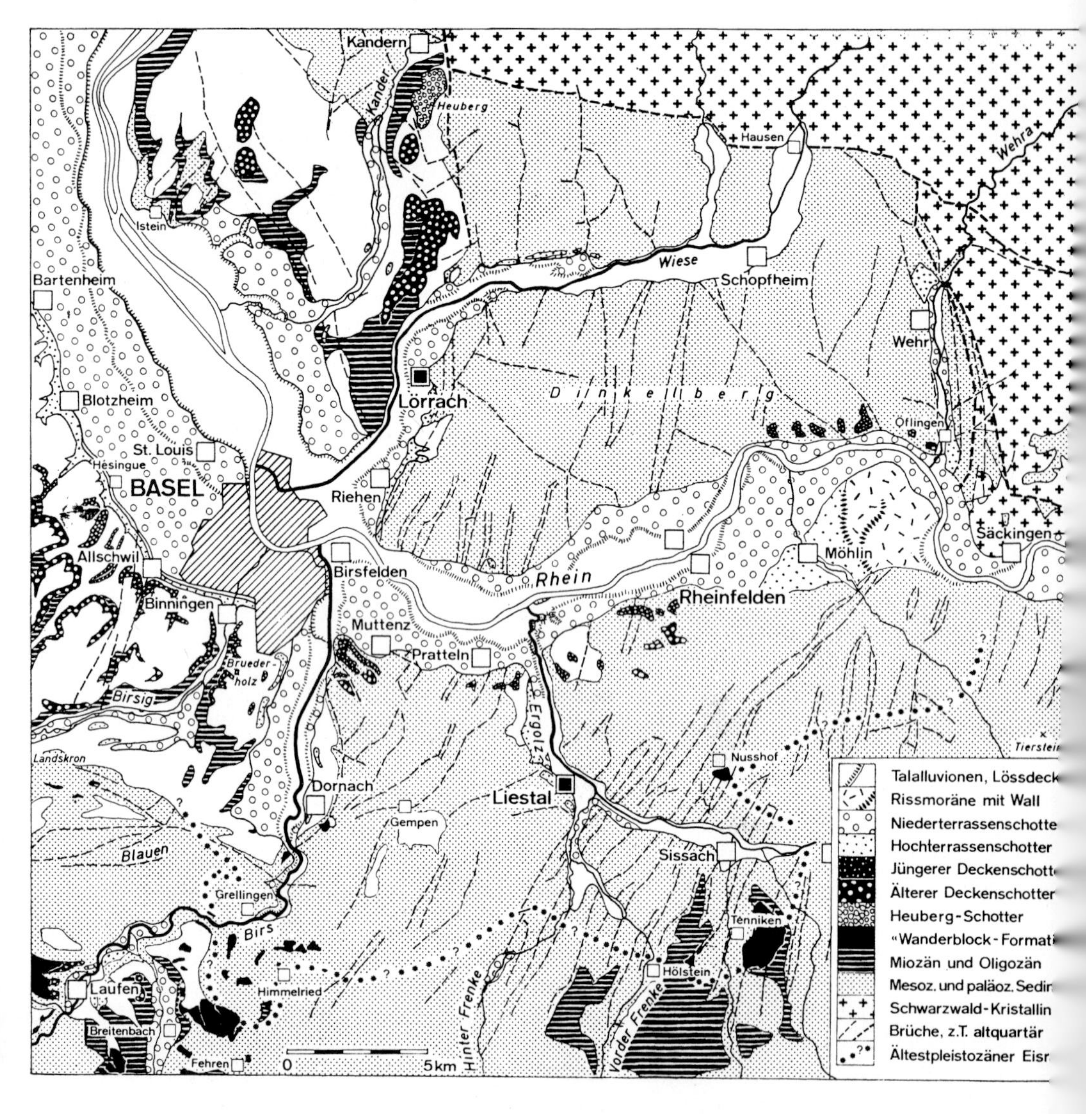


Fig. 131 Quartärgeologische Kartenskizze zwischen dem südwestlichen Schwarzwald und dem nordwestlichen Tafeljura: 1:450000.
Nach Aufnahmen von P. BITTERLI, L. HAUBER, R. KOCH, H. LINIGER und O. WITTMANN. Aus HANTKE 1973.

## *Die Verbindung Aare–Donau im ältesten Pleistozän*

Während im Miozän, zur Ablagerungszeit der Oberen Süßwassermolasse, noch ein generelles Schüttungsgefälle von E nach W bestanden hat, scheint dieses gegen deren Ende, allenfalls durch die weiter im NE erfolgte Schüttung der Adelegg, umgekippt zu sein. Damals erfolgte in der NE-Schweiz noch die Schüttung der höchsten Geröllfracht, eine Flysch-Schüttung aus dem Einzugsgebiet der Ur-Ill, die sich in der NE-Schweiz auf dem

Tannenberg NW von St. Gallen abzeichnet (F. HOFMANN, 1958), sich aber im ganzen östlichen und nördlichen Bodensee-Gebiet, vorab im Pfänder und im Gehrenberg zu erkennen gibt (HOFMANN, 1977).
Dann fehlen aus der Schweiz und aus dem angrenzenden Bodensee-Raum über eine längere Zeit jegliche Ablagerungen.
Eine östliche fluviale Fazies der Wanderblock-Formation scheint sich allenfalls in den Eichberg-Schottern N von Blumberg (F. SCHALCH, 1908K) abzuzeichnen. Eine Zählung von über 500 Geröllen ergab 55% Gangquarze, 43% quarzitische bzw. verkieselte Sandsteine – wohl beide aus dem Buntsandstein – und 2% Muschelkalk.
Als Epidot-reiche Schüttung bekunden sie – mit den in der Matrix vergleichbaren Quarzit-Schottern am Villiger Geißberg N von Brugg (F. HOFMANN in H. LINIGER, 1967) – eine kurzfristige Aare–Donau-Verbindung, die jünger ist als die obermiozäne Fauna des Höwenegg (H. TOBIEN, 1957). Analoge Quarzit-Schotter, denen Radiolarite noch zu fehlen scheinen, die aber viele frei gewordene Gerölle aus dem Buntsandstein enthalten, konnte schon O. MANZ (1934) in Relikten über Tuttlingen bis Ulm verfolgen.
Im schwäbisch-bayrischen Alpenvorland wies B. EBERL (1930) eine ältere Kaltzeit, die *Donau*-Eiszeit, nach, und I. SCHÄFER (1956) konnte um Augsburg noch höhere Schotterrelikte auffinden, die er einer noch früheren, der *Biber*-Eiszeit, zuschrieb, benannt nach einem kleinen Zufluß der Schmutter NW von Augsburg (Fig. 132).
Auch in Bayern treten entlang der Alb-Donau bis in die Gegend um Passau noch verschiedentlich alte Schotter auf (K. BRUNNACKER, 1964). Ebenso dürften die gut gerundeten kristallinhaltigen Ottobeurer Schotter mit sandig-glimmerigem Bindemittel ins älteste Pleistozän zu stellen sein, da sie von ganz anders gearteter, kalkreicheren Nagelfluh mit tiefen Verwitterungstaschen (Orgeln) überlagert werden. Schon B. EBERL (1930) vergleicht sie mit den Schottern auf dem Staufenberg. Bei Kastl (Bayern) beschreiben G. ABELE & W. STEPHAN (1953) Schotter, die sie ebenfalls ins frühe Pleistozän stellen.
Ein Großteil dieser W-alpinen Quarzit- und Gangquarz-Gerölle dürfte jedoch aus der Quarzit-reichen Napf-Schüttung stammen. In diese wären sie durch die miozäne Ur-Aare aus den sich damals hochtürmenden Lepontinischen Alpen verfrachtet worden.
Im Pliozän wurde die südliche Napf-Wachthubel-Molasse aufgerichtet, von der Erosion amgegriffen und in ein Relief umgestaltet.
Mit der Ankunft der Helvetischen Randelemente, des Hohgant und der Schrattenflue, mit ihren vorgelagerten Flysch-Kissen wurde die oligozäne subalpine Molasse zu Schuppen zusammengestaucht über den S-Rand der Napf-Wachthubel-Molasse geschoben (H. A. HAUS, 1935, 1937; gem. Exk. mit H. A. HAUS).
Bereits im jüngeren Pliozän, vor allem aber mit der bereits im ältesten Pleistozän mächtig einsetzenden Vereisung wäre die kaum zementierte Quarzit-Nagelfluh fluvial und besonders vom Eis und den Schmelzwässern wieder aufgenommen worden und als Aare-Donau nach NE verfrachtet worden.
Bei einem um rund 800 m höheren und daher vergletscherten SW-Schwarzwald ließe sich auch die Entwässerung vom unteren Aaretal über Blumberg zur Donau verstehen. Diese hätte vor Einbruch des Hochrheintales und einem wohl damit zusammenhängenden Hochstau des E-Schwarzwaldes und seiner randlichen Sedimenthülle die einzige Abflußmöglichkeit geboten. Die bis kopfgroßen W-alpinen Quarzit-Gerölle vom Villiger Geißberg, – sie stammen wohl aus der miozänen Quarzit-Nagelfluh des Napf-Gebietes – über die noch rißzeitliches Eis hinwegging, können kaum rein fluvial, sondern nur glazifluvial bis in den nördlichen Aargau verfrachtet worden sein. Falls diese tat-

sächlich ältestpleistozän sind, scheint es plausibel, daß bereits damals ein Rhone/Aare/Reuß-Gletscher das Mittelland bedeckt und die Quarzite herangeschafft hätte; von seinen Schmelzwässern wären diese nur weiter verfrachtet worden (HANTKE, 1973).
Zudem hätten diese Eismassen auch bei der Hauptphase der Jurafaltung mitgewirkt, indem dadurch die Starrheit des Molasseblockes zwischen Alpen und bereits etwas emporgestauchtem Jura zusätzlich verstärkt worden wäre, womit die Fernschub-Hypothese von A. BUXTORF (1916) und H. P. LAUBSCHER (1961, 1962) eine weitere Stütze erhielte. Erst gegen E, wo das Eis an Mächtigkeit eingebüßt hätte, wäre es zum Ablösen von Falten gegen das Mittelland gekommen. Die Senkungs-Tendenz des Molassebekkens wird auch durch die negativen Werte des Präzisionsnivellements belegt (S. 397).

*Die ältesten quartären Ablagerungen im Sundgau und in der Ajoie*

Im Sundgau sind über 30 m mächtige alpine Schotter flächenhaft verbreitet (A. GUTZWILLER, 1912; H. LINIGER, 1964a, 1967, 1969K, 1970). Als höchste Schotterflur liegen sie W von Basel auf oberoligozäner Molasse des Rheintalgrabens; in der nördlichen Ajoie greifen sie lokal bis hinunter auf Kalke des Unteren Malm. Auf Schweizerboden treten sie nur in Relikten auf: im Fiechtenwald SW von Basel (GUTZWILLER et al., 1917K), im Bois de St-Brice NW von Rodersdorf (H. FISCHER, 1965K) und – flächenhafter – in der nördlichen Ajoie (LINIGER, 1969K, 1970). Die Schotter fallen sanft gegen NW. Durch spätere Einsenkung im Bereich des Rheintalgrabens wurden sie muldenförmig verbogen. Im Mittel- und Jung-Pleistozän verwitterten sie tiefgreifend und wurden riedelförmig zerschnitten. Geringer Granat- und hoher Epidot-Gehalt deuten mit blauen Hornblenden auf eine Napf-Schüttung. Gut gerundete Gerölle – Radiolarite, Kieselkalke der helvetischen Kreide, Flysch-Sandsteine, Spilite, Klippenmalm, Rigi-Nagelfluh und bis 50 cm große, wohl penninische Quarzite sowie Hauptrogenstein – lassen sie als glazifluviale Schotter einer Ur-Aare erkennen (LINIGER, 1967). Durch die lange Exposition wurden sie entkalkt.
Als mäandrierender Strang strebte die Ur-Aare von Basel durch Sundgau und Doubstal der Bresse zu. In einer ersten Phase floß sie über Hagenthal-le-Haut–Moernach–Pfetterhouse–Bonfol–Boncourt S des Réchésy-Gewölbes. Längs des Jura-N-Randes griff sie Vogesen-Schotter auf, so daß sich in der nördlichen Ajoie ein Streifen von Mischschottern ausbildete. Nach dem Aufstau der Réchésy-Falte fand die Ur-Aare N davon, über Réchésy–Courtelevant, ein neues Bett. Senkungen um Dannemarie verlegten sie gegen Montbéliard. Später wandte sie sich – infolge von Senkungen im Wittelsheimer Becken (NW von Mulhouse) – dem Rheingraben zu: der Sundgau wurde zur Wasserscheide. In den zeitlich entsprechenden Sanden von Chagny SW von Beaune fanden sich Mastodonten – *Anancus (Bunolophodon) arvernensis* und *Mammut (Zygolophodon) borsoni* – und in Schottern der Forêt de Chaux E von Dôle *Archidiskodon meridionalis.* LINIGER (1967) stellt daher den Beginn der Sundgau-Schotter-Schüttung ins Obere Pliozän, doch kann diese Fauna – namentlich so weit S – noch im ältesten Quartär aufgetreten sein.

▷

Fig. 132 Das schwäbisch-bayerische Alpenvorland, das Typusgebiet der alpinen Eiszeiten mit dem alteiszeitlichen Donaulauf und dem Donau/Günz(?)-Interglazialen Torf vom Uhlenberg NE von Dinkelscherben. Die Flüsse des schwäbisch-bayerischen Alpenvorlandes, nach denen A. PENCK, B. EBERL und I. SCHAEFER die Eiszeiten in alphabetischer Reihenfolge benannt haben, sind mit Großbuchstaben hervorgehoben.

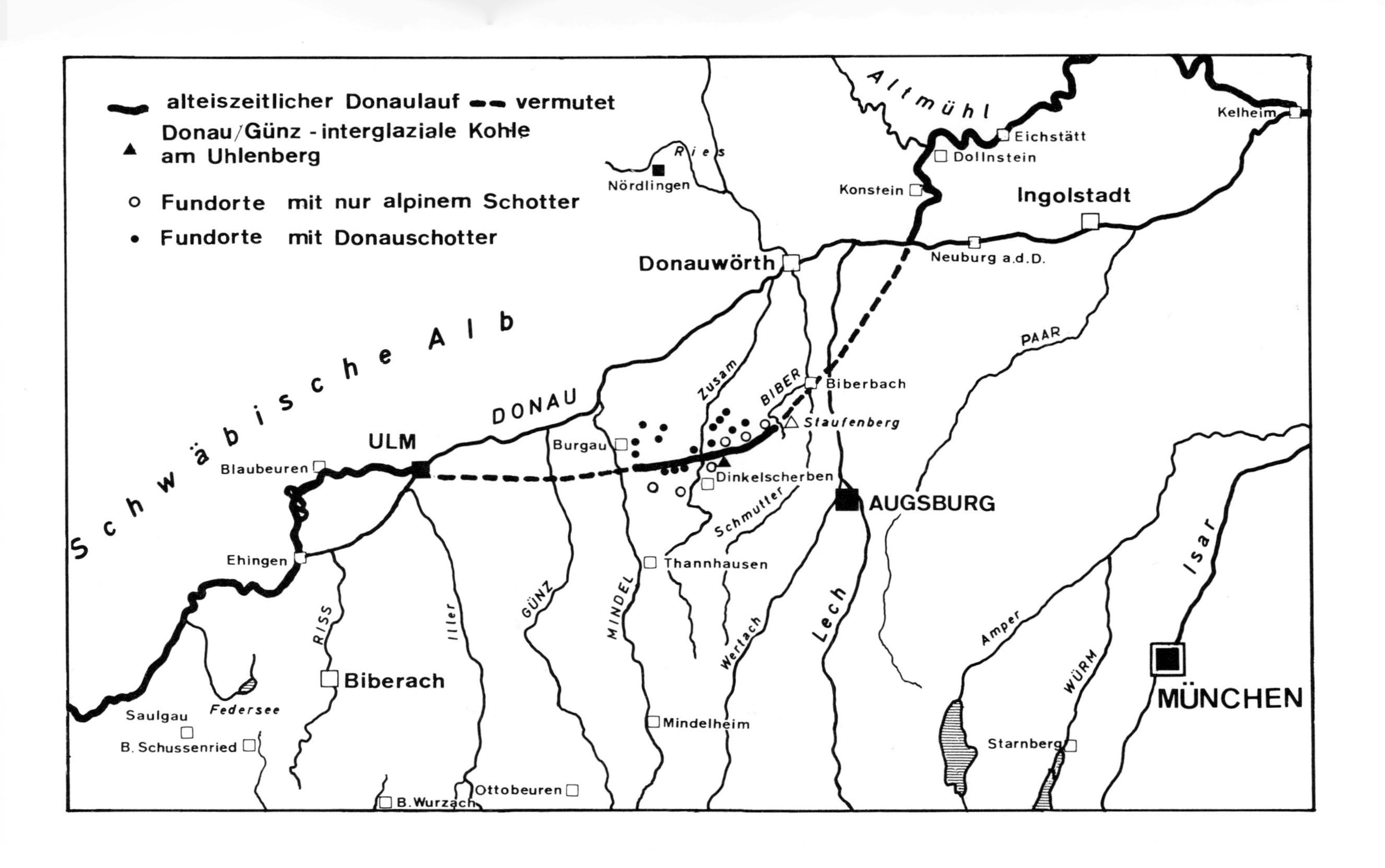

alteiszeitlicher Donaulauf
vermutet
Donau/Günz - interglaziale Kohle am Uhlenberg
Fundorte mit nur alpinem Schotter
Fundorte mit Donauschotter
Altmühl
Kelheim
Eichstätt
Dollnstein
Ries
Nördlingen
Konstein
Ingolstadt
Neuburg a.d.D.
Donauwörth
Schwäbische Alb
PAAR
Zusam
BIBER
Biberbach
Staufenberg
DONAU
ULM
Burgau
Blaubeuren
Dinkelscherben
AUGSBURG
Schmutter
Ehingen
Thannhausen
Isar
Lech
Amper
MINDEL
GÜNZ
Iller
RISS
Wertach
WÜRM
Biberach
MÜNCHEN
Saulgau
Federsee
B. Schussenried
Mindelheim
Starnberg
Ottobeuren
B. Wurzach

An der SW-Ecke des Schwarzwaldes dürften ihnen die am Heuberg S von Kandern um 550 m einsetzenden «Heuberg-Schotter» (F. PFAFF, 1893; O. WURZ, 1912) entsprechen. Diese bestehen aus eisrandnahen (?), fluvial kaum eingeregelten Geröllen von Buntsandstein von bis 30 cm Länge, verwittertem Kristallin – Granite, Gneis, Porphyr – und Hornsteinsplittern des Muschelkalk (E. RUTTE, 1950) in kaolinisierter Grundmasse, Die Gerölle wechseln mit durchgewitterten Weißerden. O. WITTMANN (1952K) verglich sie mit den Sundgau-Schottern, bei denen N. THÉOBALD (1935) bei Froidefontaine SE von Belfort eine Auflagerung auf Wanderblöcken feststellen konnte. Auch die etwas tieferen, näher dem Rheintalgraben gelegenen verwitterten Schotter auf Lingert und Tüllinger Berg NE bzw. W von Lörrach dürften allenfalls damit zu verbinden sein (WITTMANN, 1965; WITTMANN et al., 1970K; H. FISCHER et al., 1971).
Dies deckt sich auch mit den Schwermineral-Spektren aus dem Niederrhein-Gebiet, wo W. BOENIGK (mdl. Mitt.) im ältesten Pleistozän das Einsetzen geringer Mengen alpiner – wohl aus der Molasse alsacienne aufgearbeiteter Schwermineralien feststellen konnte. Erst mit der Schleifung der Wasserscheide am Kaiserstuhl, zwischen Emmendingen und Colmar, war die Verbindung des Alpenrheins durch die Oberrheinische Tiefebene mit dem Niederrhein hergestellt. Dies wird am Niederrhein durch den Einsatz alpiner Schwermineralien in der altpleistozänen Hauptterrasse belegt.
Die Sundgau-Schotter scheinen somit ein westliches Äquivalent zu den höchsten Schottern des schwäbisch-bayerischen Raumes darzustellen, die ebenfalls ältesten – prägünzzeitlichen – Kaltzeiten zugeschrieben werden (B. EBERL, 1930; P. SINN, 1972; I. SCHAEFER 1956, 1957, M. LÖSCHER, 1976; L. SCHEUENPFLUG, 1977).
Der Bodensee-Rhein-Gletscher dürfte schon damals die sich bildende Bodensee-Senke erfüllt haben; das Schweizerische Mittelland lag unter dem Eis des vorrückenden Reuß/Aare/Rhone-Gletschers. Die Sundgau-Schotter wären als zugehörige Schotterflur zu deuten, diejenigen vom Heuberg und vielleicht auch diejenigen von Egisholz zum Tüllinger Berg als von Schmelzwässern des südwestlichen Schwarzwald-Eises geschüttete. Die höchsten Schotter Oberschwabens wären von Schmelzwässern des Rhein-Gletschers, der bayerischen Eisströme und des östlichen Schwarzwaldes geschüttet worden.

## Talbildung, Gehängeverflachungen und «präglaziale» Landoberfläche in den Alpen und im Jura

### *Die Bildung der alpinen Täler*

Die Anlage der alpinen Täler ist weitgehend durch die Tektonik und damit durch *Spannungsfelder* bestimmt. *Längstäler* verdanken ihre Entstehung durchhaltenden Längsstörungen, dem Hochstau der Massive, den Grenzen von Decken – ihrer Stirn und ihrem rückwärtigen Erosionsrand – Mulden oder aufgebrochenen Gewölben, die *Quertäler* bedeutenderen Querstörungen: Brüchen, Blattverschiebungen, Querflexuren, seitlichen Deckenrändern, Achsendepressionen und Quermulden. Die Ausbildung der Talanlagen bestimmte die Abflußwege des Wassers, so daß das primäre Flußnetz die tektonischen Strukturen nachzeichnet.

In den Helvetischen Kalkalpen reichen die ältesten Deformationsphasen bis ins Oligozän zurück (O. A. PFIFFNER, 1977). Die Talbildung folgte dann jedoch vorab jüngern, mio- und pliozänen Bruchzonen und kleinere Täler folgen noch jüngern, wohl ältestpleistozänen Störungen, etwa das Widersteiner Tal, die Murgsee- und die Mürtschenfurggel. Die Zerbrechung der Gesteinsserien erfolgte dabei längs scharfen Flächen, in stark zementierten Nagelfluh-Gebieten verlaufen die Klüfte durch die Gerölle hindurch.
Von den Flanken niedergebrochene Felsmassen stauten Wasserläufe auf, bis der Schuttriegel durchbrochen wurde. Die mitgerissenen Blöcke wurden zerkleinert, gerollt und wirkten als Schleifgut zur Unterschneidung der Flanken und zur Vertiefung des Bettes, so daß die Täler weiter ausgeräumt wurden. Lage der Erosionsbasis, Resistenz der Gesteine, Frost, Ausmaß und Häufigkeit von Hochwasser sowie Vegetationsdecke wirkten als entscheidende Faktoren.
In Kaltzeiten folgten auch die Gletscher den fluvial vorgezeichneten Linien. Da ihre Akkumulationsgebiete während des intensivsten Hochstaues der Alpen noch höher hinaufreichten, ist in Kühlphasen bereits zur jüngeren Molassezeit, vorab im Pliozän, bereits mit Gebirgsvergletscherungen zu rechnen. Da anderseits viele subtropische oder gar tropische Florenelemente der jüngeren Tertiärzeit einer kritischen Überprüfung nicht standhalten – viele erweisen sich als Arten warmgemäßigter bis gemäßigter Klimate – lagen auch im Alpen-Vorland die Temperaturen tiefer als früher angenommen wurde (HANTKE, 1954).
Infolge der immer noch zu wenig genau bekannten Einstufung der jungtertiären und altquartären Abfolgen im Alpenvorland verliert sich eine präzisere tektonische Geschichte und damit eine solche der Talanlagen und ihrer weiteren Entwicklung noch im Dunkel der Erdgeschichte. Eine Intensivierung der Erforschung der Molasse, der pliozänen und pleistozänen Ablagerungen im Vorland sowie von Strukturanlagen im alpinen Raum verheißen zusätzliche Daten, so daß die Grundzüge, die R. STAUB (1934, 1952) entwickelt hat, in Verbindung mit paläomagnetischen Untersuchungen und absoluten Altersbestimmungen verifiziert und verfeinert werden könnten.
Vielfach wurde versucht, das erosive jungtertiäre und quartäre Geschehen alpiner Bereiche aufgrund von Felsterrassen zu rekonstruieren. Diese wurden zu Systemen verbunden, als ehemalige Talböden gedeutet und meist ohne ausreichende paläontologische Grundlagen bestimmten Epochen zugeordnet (S. 278); doch erstreckten sich diese über beträchtliche Zeiträume – das Miozän über 20 Millionen, das Pliozän über 5 Millionen Jahre –, so daß die Bildung der ältesten Verflachungen in einem recht kurzen, paläontologisch kaum faßbaren Ausschnitt erfolgt wäre.

### *Gehängeverflachungen und deren Deutung beidseits der Alpen*

Beidseits der Alpen lassen sich in den Gehängen Verflachungen feststellen. Für ihre Entstehung mußten bei der Talbildung Eintiefungs- und Ausweitungsphasen abwechseln, was durch unstetige Hebung oder durch klimatische Veränderungen erklärt wurde.
Die Idee, solche Verflachungen in den Alpen mit alten, durch fluviale Erosion entstandenen Talböden in Zusammenhang zu bringen, geht auf L. RÜTIMEYER (1869) zurück. ALB. HEIM (1878, 1919) verfocht vehement ihre rein fluviale Entstehung; andere, vor allem A. PENCK & E. BRÜCKNER (1909), vertraten die Ansicht, daß die Gletscher maßgebend beteiligt gewesen sein mußten.

Im Wallis und im Reußtal hielten F. MACHATSCHEK & W. STAUB (1927; MACHATSCHEK, 1928; STAUB, 1946) Terrassen-Systeme auseinander, deren Entstehung sie den Gletschern zuschrieben und mit den vier Eiszeiten PENCKS & BRÜCKNERS in Beziehung brachten. Im *Berner Oberland* unterschied P. BECK (1921) mehrere Eintiefungsniveaus:

- Simmenfluh-Niveau
- Tschuggen-Niveau
- Burgfluh-Niveau
- Kirchet-Niveau
- Hilterfingen-Niveau

BECK brachte sie zunächst mit früh- bis mittelpleistozänen Abtragungszeiten in Zusammenhang. Später (1933, 1934) betrachtete er erst das Burgfluh-Niveau, das er in Riegelrücken, Terrassenresten, Talböden, Trockentälern, Wasserscheiden weitherum festzustellen glaubte, als günzzeitlichen Talboden; im Simmenfluh-Niveau sah er Reste präglazialer Altformen eines ausgereiften Talsystems.
In der Landschaft Davos versuchte J. CADISCH (1926) mehrere Hochflächen und Terrassenreste ins damals gültige zeitliche Schema einzupassen.
Am Freiburger Alpenrand glaubte P. GERBER (1927) drei Niveaus auseinanderhalten zu können:

- das Stockhorn-Niveau als Gipfelflur
- das Berra-Niveau = Simmenfluh-Niveau
- das Molasse-Niveau = Burgfluh-Niveau

Auf der Alpen-S-Seite hatte schon H. LAUTENSACH (1912) im Sopraceneri drei Haupteintiefungsphasen unterschieden, denen er Terrassensysteme zuordnete:

- die breiten Hochverflachungen, das *Pettanetto*-System
- die meist als Trogschulter ausgebildete Terrasse, das *Bedretto*-System
- das in den Taltrog eingeschachtelte *Sobrio*-System

F. GYGAX (1934, 1935) hielt diese drei Hauptniveaus auch in der Valle Verzasca auseinander.
Zu einem analogen Ergebnis gelangte H. ANNAHEIM (1946) im Sottoceneri. Seine drei Haupteintiefungsniveaus parallelisierte er wie folgt mit denjenigen LAUTENSACHS im Sopraceneri:

| Sottoceneri (ANNAHEIM) | Sopraceneri (LAUTENSACH) |
|---|---|
| Arbostora-System | Pettanetto-System |
| Barro-System | Bedretto-System |
| Pura-System | Sobrio-System |

Neben diesen dreien glaubte ANNAHEIM noch Reste von 13 weiteren Eintiefungsniveaus nachweisen zu können.
Das Pura-System stellt ANNAHEIM ins Präglazial. Dabei stützt er sich auf eine Alterszuordnung G. NANGERONIS, der im Varesotto ausgedehnte, von jüngeren, glazifluvialen und glazialen Bildungen bedeckte Vorkommen von bis 70 m mächtigen Tonen mit eingelagerten gekritzten Geschieben festgestellt hatte. NANGERONI betrachtet diese als günzzeitlich. Da F. PASQUIER (1972, 1974) an der Basis der Schotter-Terrasse von Pura eine würmzeitliche Flora auffinden konnte (Bd. 3), ist dieses System weit eher mit frühhochwürmzeitlichen Ablagerungen der Alpen-N-Seite zu vergleichen.

ANNAHEIM versuchte ferner die Eintiefungssysteme der Alpen-S-Seite mit denjenigen der N-Seite zu verbinden. Dabei glaubte er folgende Parallelen zu erkennen:

| Alpen-S-Seite | Alpen-N-Seite |
|---|---|
| Pettanetto-System | Simmenfluh-Niveau |
| Bedretto-System | Tschuggen-Niveau |
| Pura-System | Burgfluh-Niveau |

Bei der Zuordnung von Gehängeverflachungen zu alten Talboden-Systemen ist vorab im Bereich der Helvetischen Decken mit flacher Schichtlage Vorsicht geboten. Da lassen sich stets solche finden, die in ein postuliertes System alter Talböden eingepaßt werden können. Sie sind jedoch kaum je Talbodenreste, sondern meist Schichtterrassen, oft Moränen- und Eisrandterrassen oder Verflachungen, die durch Sackungen oder Bergstürze verursacht wurden. Dies konnte schon J. OBERHOLZER (1933) in den Glarneralpen bei den von E. GOGARTEN (1910) unterschiedenen Terrassen- Systemen nachweisen. E. K. GERBER (1945) erkannte, daß selbst im klassischen glazialen Taltrog von *Lauterbrunnen* die Anlage bis in die Kleinformen durch Tektonik und die verschiedene Erosionsresistenz bedingt ist. Die Wanne von Wengen vermag GERBER nur als glaziale Mündungslandschaft zu erklären. Verflachungen, die gegen die Wannenmitte gerichtet sind, deutet er als alte Gletscherböden bei verschiedenem Eisstand (Fig. 133).
Im *Sernftal* hält E. HELBLING (1952) ebenfalls drei Verflachungssysteme auseinander: das Wildmaad-, das Wichlen- und das Wald-Niveau. Sie setzen im Talschluß in 2300 m, in 2100 m und in 1800 m ein und würden sich mit einem durchschnittlichen Gefälle von 8‰, 10‰ und 28‰ talauswärts verfolgen lassen. Bei der Deutung dieser Verflachungen als alte Talbodenreste und ihrer zeitlichen Einstufung wird er sich der Schwierigkeit dieses Unterfangens teilweise bewußt, weist diese dann aber doch – in Analogie zu andern Gebieten – ins frühe Altpliozän, ins späte Altpliozän und ins Präglazial.
Im *Calancatal*, im Gebiet der gegen E axial abtauchenden Tessiner und Adula-Decken, versuchte R. SEIFFERT (1960) die von LAUTENSACH und ANNAHEIM im Tessin unterschiedenen Talbodenreste ebenfalls nachzuweisen. Dabei glaubte er – nach Rückweisung der von E. HEYDWEILLER (1918) vorgebrachten Einwände – gar noch weitere Talbodenreste feststellen und damit den morphologischen und genetischen Stockwerkbau noch verfeinern zu können.
Unterhalb der höchsten, nicht verknüpfbaren Verflachungen hat SEIFFERT ein Pian di Mem- und ein Scignan-Niveau unterschieden, die er mit dem Pettanetto-System verbindet.
Darunter folgen seine Preplianto- und Giova-Niveaus, die er mit dem Bedretto-System parallelisiert, dann das Sta. Maria-Niveau, das er mit dem Sobrio- oder Pura-System in Verbindung bringt, und, zu unterst, das Buseno-Niveau, das zur Hauptsache den heutigen Talboden, ein glazial ausgeschürftes präglaziales System, darstellt. Dabei betont SEIFFERT richtig, daß die endgültige Umgestaltung zur heutigen Landschaftsform – von geringfügigen Retouchen abgesehen – im Eiszeitalter stattgefunden hat.
Auch in den Quelltälern des Blenio versuchten M. REIST (1960), G. HIRSBRUNNER (1960), G. ZELLER (1964) und E. GRÜTTER (1967) den von ihrem Lehrer, F. GYGAX, dargelegten Stockwerkbau aufzufinden.
Selbst in kristallinen Gebieten ist es keineswegs erwiesen, daß all die vielen Verflachungen wirklich Reste alter Talböden darstellen, welche stufenweise, auf episodische Hebungen des Alpenkörpers zurückgehende Eintiefungen belegen. In Gebieten, in denen

Fig. 133 Das Lauterbrunnental, ein durch Klüftung aus flacher Schichtlage durch Talklüfte glazial herauspräparierter Trog. Im Talschluß das Lauterbrunner Breithorn.
Aus V. Boss, 1973. Photo: A. Steiner, St. Moritz.

hinsichtlich Erosionsresistenz homogenere Gesteine vorliegen, wurden andere Entstehungsmöglichkeiten von Gehängeverflachungen – Kluftscharen, Sackungen und vor allem jungquartäre Eisstände – kaum erwogen und oft ohne gründliche Kenntnisse der geologischen Fakten zu problematischen oder zumindest kaum sicher datierbaren Terrassensystemen verbunden.
Wie R. Staub (1934, 1952) dargelegt hat, gehen alpine Talanlagen in hohem Maße auf den tektonischen Bauplan zurück. Diesem kommt vorab in den Zentralalpen eine lange und bewegte Geschichte zu, was sich auch im Alter der Täler ausdrücken muß.
Daß orogene Hebungen unstetig erfolgten, zeichnet sich am Alpenrand in den brüsk einsetzenden Nagelfluh-Schüttungen ab. Es ist daher wahrscheinlich, daß sich auch die Täler im jüngeren Tertiär episodisch, ineinander geschachtelt, eintieften.
Im Quartär wurden jedoch die Alpentäler von den mehrfach vorstoßenden und mit verschiedenen Eisständen stagnierenden Gletschern derart überprägt, daß sich vor allem diese späteren Stände abzeichnen.

*Die «präglaziale» Landoberfläche*

Das Ermitteln der «präglazialen» Landoberfläche, des Zustandes vor dem Vorstoß der alpinen Gletscher ins Vorland im ältesten Quartär, gestaltet sich recht schwierig. Der Grund liegt nahe: es fehlen paläontologisch datierbare Ausgangslagen, fossile Triangulationspunkte, welche die Rekonstruktion einer solchen Landoberfläche erlauben.
Relikte dieses Reliefs, das für das pleistozäne Eisstromnetz entscheidend ist, finden sich in der Schweiz und ihren Randgebieten nur in Resten in den Auflageflächen ältestpleistozäner Ablagerungen, die dadurch vor weiterm Abtrag bewahrt blieben: die Unterlage der Deckschichten der Plateaus zwischen stirnendem Isère- und Rhone-Gletscher, der nördlichen Ajoie, des Sundgau, der Schwarzwald-Vorberge und der höchsten Schotterplatten N der Bodensee-Senke.
Nahezu erhalten ist das «präglaziale» Relief nur außerhalb der Reichweite eiszeitlicher Gletscher: auf den verwitterungsresistenten, reliefarmen Hochflächen des französischen Plateau-Jura, der Ajoie, in der Umrahmung von Delsberger und Laufener Becken sowie auf den Molassenhöhen NW des Bodensees. Doch selbst an diesen Stellen ist es von einer bis ins Pleistozän – in den Zentralalpen bis ins Holozän – reichenden aktiven Tektonik, von letzten Verbiegungen im Faltenjura und von Brüchen – etwa im Wirkungsbereich des Rheintalgrabens – umgestaltet worden. Im gesamten übrigen Areal erfuhr das präglaziale Relief durch erosive Wirkung der mehrmals vorrückenden Gletscher, Schmelzwässer, Kargletscher, durch Flußläufe, Frostsprengung, Flächenspülung und Bodenfließen eine mannigfache Umprägung.
Im nördlichen *Mittelland* wie im *Tafeljura* zeigen reliefarme Hochflächen – in der N-Schweiz werden sie oft von verkitteten Schotterplatten gekrönt – noch am ehesten ihre präglaziale Gestalt, da diese unter den meist von Wald bedeckten Schotterfluren vor weiterem Abtrag geschützt und fossil erhalten blieben. Dabei ist es unwesentlich, ob der Höhere (Ältere) Deckenschotter günzzeitlich ist, wie bisher angenommen wurde, oder ob jüngere Ablagerungen, randliche Vorstoßschotter der Größten Vergletscherung, vorliegen.
Vorkommen im alpennäheren, stärker durchtalten Bereich, die, aufgrund ihrer Lage zu den Talsystemen und ihres gegen die Alpen stärkeren Ansteigens, zum Höheren Deckenschotter gestellt wurden (A. Weber, 1928, 1934), ließen Zweifel aufkommen, ob ihnen wirklich altpleistozänes Alter zukommt. Selbst in Gebieten, wo dies zutrifft, belegen die Auflagerungsflächen keineswegs die Sohlen «präglazialer» Täler, selbst wenn diese, wie R. Frei (1912a, b) erkannt hat, in Rinnen liegen, sondern Plateauflächen mit geringem Relief, auf denen die Schotter als randglaziale Fluren abgelagert wurden.
Schon E. Blösch (1911) konnte bei Laufenburg ein tief eingeschnittenes prärißzeitliches Rheintal nachweisen. Durch die Kernbohrungen im Federsee- und im Wurzacher Becken (R. German et al., 1965, 1967, 1968) sind prärißzeitliche, in mehrere Warm- und Kaltphasen gegliederte Abfolgen auch paläontologisch belegt.
Die *glaziale Ausräumung* im *Molassegebiet* ist – mit Ausnahme der tektonisch vorgezeichneten Täler – gar nicht so groß wie oft angenommen worden ist. In der *Pfannenstil-Kette* zwischen Zürichsee- und Glattal-Arm des Linth/Rhein-Gletschers zeichnet die Gelände-Oberfläche zwischen den Transfluenzen von Hombrechtikon und Zürich-Milchbuck noch weitgehend die geologischen Strukturen nach.
Im zentralen *Hörnli-* und im *Napf-Gebiet* zwischen Thur/Rhein- und Linth/Rhein- bzw. zwischen Aare/Reuß- und Aare/Rhone-Gletscher ist der glaziale Abtrag minimal. Diese

Fig. 134 Die weite, vom Eis relativ wenig überprägte Hochfläche von Altein (Vordergrund) und Alteingrat (Mittelgrund) zwischen Arosa und Landwassertal mit den Seitentälern von Sertig und des Leidbach.
Photo: A. BAYER, Zürich.

jungtertiären Nagelfluh-Schüttungszentren trugen in den Kaltzeiten Firnkappen, deren Eismassen in den beiden größten Vereisungen vom Taleis gebremst wurden, so daß dort schon ursprünglich wohl kaum viel mächtigere jüngere Molasseabfolgen abgelagert worden sind.

Selbst zwischen Aare- und Saane/Rhone-Gletscher ist im Bereich der miozänen Schüttung *Giebelegg–Schwendelberg–Guggershorn* wohl das ursprüngliche geologische Relief reliktisch noch erhalten, umso mehr als auch die rißzeitliche Eishöhe kaum viel über die Gipfelflur emporgeragt hat, so daß auch dort die Glazialerosion minimal gewesen sein dürfte.

Erkenntnisse über Tektonik und Dynamik der Gebirgsbildung haben auch in den *Alpen* der morphologischen Betrachtung den Weg gewiesen. Wo jüngere Schichtglieder fehlen, wurden diese früher meist als der Erosion anheim gefallen betrachtet; heute steht fest, daß bereits in orogenen Spätphasen, im Pliozän, längs vorgezeichneten Horizonten ganze Schichtstöße – in den Helvetischen Kalkalpen Schönbüel-Schiefer, Quarten- und Molser Serie, Schiltschiefer, Zementsteinschichten und Amdenermergel – von ihrer Unterlage abgeglitten und als selbständige Deckenteile verfrachtet worden sind. Solche Kalk-Hochflächen wurden in den pliozänen Kühlphasen und in den pleistozänen Kalt-

Fig. 135 Die Greina-Hochebene, Plaun la Greina, vom Paß Diesrut mit den Moränen des ausgehenden Spätwürm (Bildmitte) und der davor gelegenen Sander-Ebene, die vom Rein da Sumvitg mäanderartig durchflossen wird. Im Hintergrund Piz Ner (links), der Sattel Crap la Crusch (Mitte) und Pizzo Coroi (rechts), davor die zum Greina-Paß ansteigende Hochfläche.
Aus: Natur und Mensch, *17*/4. Photo: P. Dr. F. MAISSEN, Degen/Igels GR.

zeiten durch Verfirnung weitgehend vor erosivem Abtrag bewahrt, so daß diese – etwa die Karstgebiete zwischen *Braunwald* und *Melchsee-Frutt* – seit dem «Präglazial» in ihren Großformen kaum stark umgestaltet wurden. Selbst in den Interglazialzeiten war der Abtrag dort, infolge der bescheideneren Reliefunterschiede und der geringeren Löslichkeit, kaum nennenswert, da das Oberflächenwasser vorwiegend durch Karstsysteme abfloß.
In den westlichen Berner Alpen sind die Gebiete der *Plaine morte* und die Paß-Hochfläche des *Rawil* (2429 m) im Laufe des Quartärs verhältnismäßig wenig umgestaltet worden. Rundhöcker und vermoorte Senken bekunden jedoch, daß das von den beiden Flanken des Passes abgeflossene Eis längs Brüchen und Klüften auch den Depressionsbereich der Helvetischen Decken erosiv überprägt hat.
In Mittelbünden glaubte J. CADISCH (1926) in der Hochfläche von *Altein* (um 2400 m) zwischen Arosa und dem Landwassertal noch weitgehend eine präglaziale Oberfläche zu erkennen. Durch die Eiszuschüsse von der Kette Valbellahorn (2763 m) – Amselflue (2771 m) wurde allerdings auch diese im Laufe des Quartärs kräftig umgestaltet (Fig. 134).
Ein weiteres, in seiner ursprünglichen Gestalt noch weitgehend erhaltenes Gebiet bildet das abgeschiedene Hochland der *Greina* im Grenzbereich zwischen den Orthogneisen des Gotthard-Massivs, der Medel–Vial-Kette im N, und dessen Sedimenthülle, des Pizzo Coroi im S. Im jüngeren Quartär wurde jedoch auch dieses von der insubrischen Eintiefung angegriffen. Von dem von beiden Flanken abfließenden Eis wurden vorab die

wenig verwitterungsresistenten Trias-Rauhwacken ausgeräumt und das Hochtal in eine flache Rundhöcker-Landschaft umgestaltet. Neben den beiden Abflußrichtungen des Paßgebietes – einerseits erst nach E, dann nach NNW in die Val Sumvitg abdrehend, anderseits nach W und dann nach S durch die Val Camadra – wandte sich das Greina-Eis auch über die niedrige Senke des Crap la Crusch (2259 m) und die Alpe di Motterascio durch die Val Luzzone in die Val Blenio, was Augengneis-Erratiker belegen (Fig. 135).
Daß die Val di Campo und die Valle Santa Maria sich einst von Olivone über Compietto mit der Val Carassino und der V. Scaradra durch die V. Luzzone über Alpe di Motterascio–Plaun la Greina–Paß Diesrut ins Lugnez entwässert hätten (ALB. HEIM, 1891, 1922; H. LAUTENSACH, 1912; G. ZELLER, 1964) läßt sich kaum belegen. Wohl bildete der Karkessel S des Piz Medel einst den obersten Quellabschnitt der Greina-Talung. Der Durchbruch gegen S zur V. Camadra erfolgte wohl erst im jüngeren Quartär.
Auch die Val Carassino entwässerte zunächst in ihrer Fortsetzung über den Passo di Muazz in die unterste V. Luzzone. Erst in jüngster Zeit, mit der Versteilung des Gefälles, wandte sie sich direkt gegen Olivone. Für weitere postulierte Talverbindungen lassen sich gewisse strukturelle Anlagen anführen, doch fehlen sichere Anhaltspunkte für eine Längsentwässerung am SE-Rand des Gotthard-Massivs.
Auch am S-Rand der Alpen sind Hinweise über die «präglazialen» Talböden noch immer recht spärlich. Fest steht jedoch, daß die Täler – etwa im südlichsten Tessin – bereits tief eingeschnitten waren, was durch das fjordartige Eindringen des jüngsten Pliozänmeeres belegt wird.

### *Zur Entstehung der Jura-Klusen*

Nach der Faltung und dem Hochstau des Jura kam es bei dessen Vereisung zur Klusen-Bildung.
Die aus der Vallon de St-Imier und aus den Mulden von Mümliswil und von Balsthal sich quer zu den Strukturen bildenden Flußdurchbrüche, die ebensohlig durch die Klus von Oensingen ins Mittelland münden, sind wohl bereits im jüngeren Pliozän angelegt worden. Durch sie dürfte der mittelpliozäne Vogesenfluß, der sich aus dem Delsberger Becken über Vermes gegen SE wandte, sowie die Schmelzwässer der ältestpleistozänen Schwarzwald-Vereisung (S. 270), deren Gerölle gegen S bis an den Matzendorfer Stierenberg nachzuweisen sind (A. WAIBEL, 1925; in R. KOCH et al., 1933K), ihren Abfluß genommen haben. Schmelzwässer des Jura-Eises hätten die Durchbrüche sukzessive vertieft.
Im Mittelpleistozän drang Rhone-Eis von S in die Klusen ein und hinderte das Jura-Eis am Abfließen ins Mittelland. Die Schmelzwässer fanden ihren Abfluß subglaziär. Im rißzeitlichen Maximalstand floß gar Rhone-Eis über die Paßwang-Kette ins Lüsseltal (S. 346).
Auch die Anlage der Klusen von Court–Choindez und von Undervelier dürften bis ins ausgehende Pliozän zurückreichen. Ihre Ausräumung und weitere Vertiefung erfolgte vorab durch alt- und mittelpleistozäne Schmelzwässer.

Fig. 136 Der Staufenberg bei Bonstetten, NW von Augsburg, mit Fernmelde- und Fernseh-Turm trägt eine Kappe von ca. 7 m ältestpleistozänen-bibereiszeitlichen vollständig durchverwitterten Schottern.
Photo: L. SCHEUENPFLUG, Neusäß-Lohwald.

## Alt- und Mittel-Pleistozän in Schwaben

### *Der Stirnbereich von Rhein-, Iller- und Lech-Gletscher im Alt- und Mittel-Pleistozän*

Im deutschen Alpenvorland lassen sich drei Landschaftstypen auseinanderhalten:
– Am Alpenrand das Jung-Moränengebiet mit eisüberschliffenen Hügeln, Endmoränenstaffeln und reichlich Schmelzwasser-Ablagerungen.
– N schließt eine durch kaltzeitliches Bodenfließen geformte Altmoränen-Landschaft an.
– Gegen die Sammelader der pleistozänen Donau wird sie von einer Schotterlandschaft abgelöst, in der Schmelzwasserströme ihre mitgeführte Geröllfracht ablagerten.
Im Laufe des Pleistozäns schnitten sie sich – als Folge eines stärkeren Emporhebens des Alpenkörpers – immer mehr in die weiche jüngste Molasse ein und bewirkten eine sukzessive Tieferlegung der jeweils wirksamen Erosionsbasen. Die älteren Schotterablagerungen liegen daher heute auf den höchsten Stufen einer treppenförmigen Hochfläche, die in Oberschwaben als Iller-Riß-, im E als Iller-Lech-Platte bezeichnet wird.
In der Erforschung des Alt- und Mittel-Pleistozäns nehmen die Vorfelder von Rhein- und Iller-Gletscher eine zentrale Stellung ein. Nachdem A. STEUDEL (1866, 1869) die Girlanden der äußeren Würm-Endmoränen als «große, ehemalige Endmoräne des Rhein-Gletschers» erkannt hatte, trennte H. BACH (1869) diese Zeugen einer «jüngeren Gletscherzeit» von den N anschließenden Gebieten einer «älteren Eiszeit» ab.

Auf den Arbeiten württembergischer Geologen fußend, gingen von A. PENCK (1882) nach der Erkenntnis des genetischen Zusammenhanges von Moränen und glazifluvialen Schotterfluren und A. E. FORSTER (in PENCK, 1893, 1909) neue Forschungs-Impulse aus. Durch B. EBERL (1930) erfuhr die Pleistozän-Stratigraphie weiter E, im Frontbereich des Iller-Gletschers und in der südlichen Iller-Lech-Platte, mit dem Postulat einer weiteren Kaltzeit, der prägünzzeitlichen Donau-Eiszeit, eine Erweiterung.

Auf noch höherer Molasse-Unterlage – am Staufenberg (576 m) 15 km NW von Augsburg bis auf 568 m – fand bereits PENCK (in PENCK & BRÜCKNER, 1901) einen höchsten Schotterrest. I. SCHAEFER (1956, 1957K, 1968) wies diesen verwitterten Restschotter mit weiteren Relikten einer noch älteren Kaltzeit, seiner Biber-Eiszeit, zu (Fig. 136, 137). An Geröllen finden sich in diesem stark verwitterten, bereits PENCK bekannten Rotkies Glaukonitsandsteine, Ölquarzite, schwarze Hornsteine, Radiolarite, Quarzite und Gangquarze sowie entkalkte Kieselkalke und Sandkalke. Ihre Größe variiert meist zwischen 2 und 6 cm, erreicht maximal 12 cm.

M. LEGER (1970, 1972, 1974 in M. LÖSCHER & LEGER) bearbeitete Deckschichten und Substratböden auf den Schotterkörpern im Bereich des Oberlaufes der Donau mit paläopedologischen Methoden.

Im Vorland des Iller-Gletschers hat P. SINN (1971, 1972) die schotterstratigraphischen Ergebnisse EBERLS im Sinne PENCKS revidiert und die unteren Deckschotter GRAULS aufgrund von schotteranalytischen Untersuchungen und neuen Vorstellungen über die Paläogeographie, besonders über die Verlegung des Iller-Laufes, wieder weitgehend in die Günz-Eiszeit gestellt.

Im S, zwischen Mindelheim und Dinkelscherben, unterscheidet auch H. JERZ (1975) Älteste Deckenschotter (= Hochschotter und Deckschotter H. GRAUL, 1943, 1949 und LÖSCHER 1976 = Höhenterrassen und Deckterrassen SCHAEFER, 1953, 1975). Diese bilden N und NE von Markt Wald eine bewaldete, von kleinen Tälern zerschnittene Schotterflur, die als donauzeitlich betrachtet wird.

Die 7–10 m mächtigen, fest verbackenen Schotter auf dem Hochfirst (709 m) und von Plattenberg–Arlesried weiter SW werden gar als prädonauzeitlich eingestuft. Sie sind lokal 6–7 m tief verwittert, entkalkt, und von bis über 10 m mächtigen Deckschichten – älteren Decklehmen und jüngeren Lößlehmen bedeckt. Eine weite Verbreitung besitzen im Iller-Mindel-Gebiet die ebenfalls bewaldeten Schotterplatten des Älteren Deckenschotters. Seit PENCK & BRÜCKNER werden sie meist der Günz-Eiszeit zugewiesen, von GRAUL (1962) und LÖSCHER (1976) ganz oder teilweise als donauzeitlich angesehen. Im S liegen in Rinnen kristallinreiche und dolomitarme periglaziale Schotter, die von mächtigeren, kristallinarmen und dolomitreichen glazifluvialen Schotter überlagert werden und von Schmelzwässern des hochglazialen Iller-Gletschers geschüttet wurden. Gegen S setzen sich die Älteren Deckenschotter als meist verbackene, bis gegen 30 m mächtig werdende Stränge unter Mindel- und Riß-Moränen fort. Zugehörige günzzeitliche Moränen sind noch nicht sicher nachgewiesen. Mit Lehm erfüllte Verwitterungsschlote reichen zuweilen bis auf die Molasseoberfläche hinunter. Die äolischen Deckschichten sind lokal wieder über 10 m mächtig.

Zwischen unterem Günz- und unterem Illertal verlaufen dolomitfreie, kristallinarme Schotterstränge, die Zwischenterrassenschotter LÖSCHERS, die sich höhenmäßig nicht in ein System einfügen lassen. Sie stellen wohl fluviale Rinnenfüllungen dar und belegen ein altpleistozänes Relief.

Der nördliche Abschnitt der Iller-Lech-Platte, die Zusam-Platte, erstreckt sich von der

Fig. 137
Biberzeitliche Hölle-Schotter,
4 km NW von Biburg
(E von Augsburg).
Photo: Prof. F. CARRARO, Turin.

Fig. 138 Günzzeitliche Moräne
über tiefgründig verwitterten
donauzeitlichen Schottern
bei Rottum, Oberschwaben.
Photo: L. SCHEUENPFLUG,
Neuwald-Lohsäß.

unteren Mindel zum unteren Lech und von der Donau nach S zur Dinkelscherbener Altwasserscheide, einem ursprünglichen Höhenzug zwischen der unteren Mindel und der unteren Schmutter (GRAUL 1943, 1949). An diesen, lokal von ältestpleistozänen Schottern abgedeckten Molasserücken, den LÖSCHER noch weiter nach W nachweisen konnte, sind Schotterplatten angelagert worden, die schließlich zu einer Reliefumkehr führten. L. SCHEUENPFLUG (1970, 1971, 1973) fand neben alpinen Geröllen solche aus dem Oberen Jura der Alb und Blöcke aus dem Ries, in basalen Lagen bis über 70% (A. PENCK, in PENCK & BRÜCKNER, 1901; L. REUTER, 1925). Daneben treten Schwarzwald-Gesteine: Kristallin-, Buntsandstein- und Muschelkalk-Gerölle auf. Da SCHEUENPFLUG (mdl. Mitt.) gar kleinere Blöcke von Buntsandstein fand, ist dabei wohl an Eisschollen-Transport zu denken, analog dem bereits von P. ZENETTI (1913) aus den Hochterrassenschotter beschriebenen Erratiker. In den basalen Teilen deuten Verwürgungen, die bis in die obermiozänen Molassesande hinabgreifen, auf kaltzeitliches Klimaregime. Aufgrund von Kornverteilung und Zusammensetzung wurden in der Schwäbischen Alb in einer Frühphase der pleistozänen Aufschotterung unverwitterte Jura-Gesteine abgetragen und größere Blöcke wohl ebenfalls in Eisschollen verfrachtet.
Im Schotterstrang, der aufgrund des Geröllinhaltes gegen W bis zur Günz, gegen E bis zum Lech zu verfolgen ist, erkannten SCHEUENPFLUG (1971, 1973) und LÖSCHER (1976) einen alten Donaulauf. Aus dem Vorkommen von Geröllen aus dem Schwarzwald, der Alb und aus der Oberen Süßwassermolasse des Alpenrandes, von der Adelegg, muß der ablagernde Fluß vor der Zusam-Platte Zufuhren erhalten haben, entweder von Schmelzwässern des Rhein-Gletschers oder von einem zwischen Riß und Mindel mündenden Wasserlauf (Fig. 132).
SCHEUENPFLUG verbindet diesen einstigen Donaulauf im W mit der Talung Ehingen–Blaubeuren–Ulm, im E, nach Aufnahme des Lech, mit demjenigen, der zwischen Donauwörth und Ingolstadt nach Dollnstein ins Altmühltal hinüberführt. Darnach wäre die Donau bis in die Günz-Eiszeit durch das bei Kelheim wieder ins alte Donautal mündende Altmühltal geflossen, der Donau-Durchbruch bei Neuburg erst später erfolgt.
Über weite Bereiche der nördlichen Zusam-Platte konnten SCHEUENPFLUG und LÖSCHER über Sanden der Oberen Süßwassermolasse zunächst eine reine Weißjura-Geröllfazies feststellen. Darüber folgt dann – etwa in Wörleschwang WNW von Augsburg – zunächst eine Mischfazies zwischen Weißjura- und alpinen Schottern und erst dann alpine graublaue, lokal verbackene Schotter (Fig. 139, 140).
Am *Uhlenberg* NE von Dinkelscherben fanden P. FILZER & SCHEUENPFLUG (1970) in grauen und braunen Lehmen, die von glazifluvialen Schottern der Zusam-Platte unterlagert werden, eine 75 cm mächtige kohlige Schicht mit einer altpleistozänen Vegetationsentwicklung. Über der Basis mit viel *Osmunda* – Königsfarn – folgen zunächst *Alnus* – Erle, *Tsuga* – Hemlocktanne – und *Pinus haploxylon* (= *Cathaya* ?), Beigaben von *Castanea*, Spuren von *Pterocarya* – Flügelnuß – und von ? *Carya* – Hickory. Gegen oben findet eine Verarmung des Waldes statt; zuoberst stellen sich Hinweise auf kaltzeitliches Klima mit viel *Betula* ein.
An Großresten fand W. JUNG (1972b) *Picea abies*, *P. omoricoides*, *Pinus*-Samen, ebenso Reste einer japanischen Scheinzypresse, die an *Chamaecyparis pisiformis* und *Ch. obtusa* erinnert. Daneben ließen sich Früchtchen von *Carex* und *Alnus* sowie Steinkerne von *Rubus idaeus* und von *Cornus* bestimmen. Ebenso konnten Land- und Süßwasserschnecken, einige Säuger, Käfer und Ostracoden geborgen werden.
Aufgrund der stratigraphischen Stellung unter mächtigen tonig-lehmigen Deckschich-

Fig. 139 Kiesgrube auf dem Schweinsberg bei Dinkelscherben, 23 km W von Augsburg.
Auf Sanden der obermiozänen Oberen Süßwassermolasse liegen auf 525 m verkittete 10–12 m mächtige Schotter der altpleistozänen – nach I. SCHAEFER günz-, nach M. LÖSCHER donauzeitlichen Zusam-Platte. An der Basis und etwa 2 m höher liegen im Schotter aus der Molasse aufgearbeitete Bentonit-Brocken.
Photo: L. SCHEUENPFLUG, Neusäß-Lohwald.

Fig. 140 Alpine, altpleistozäne Schotter über Sanden der Oberen Süßwassermolasse am Schweinsberg bei Dinkelscherben (W von Augsburg). An der Schotterbasis ist ein fast 1 m langer Bentonit-Block eingelagert. Dieser ist wohl in gefrorenem Zustand vom Ufer niedergebrochen, mit Treibeis verfrachtet und von Schottern eingedeckt worden.
Photo: L. SCHEUENPFLUG, Neusäß-Lohwald.

ten und über den Schottern der Zusam-Platte, die als günz- oder – nach M. LÖSCHER (1976) – als donauzeitlich betrachtet werden, würde diese Schieferkohle ins Günz/Mindel- bzw. in Donau-/Günz-Interglazial fallen. Aufgrund der bereits stark zurücktretenden Tertiärelemente ist sie jünger als die Tegelen-Warmzeit.

Da paläomagnetische Untersuchungen unter der Kohle eine umgekehrte Magnetisierung der Matuyama-Epoche ergaben, darüber das normal magnetisierte Jaramillo-Ereignis folgt, dürfte der Kohle ein Alter von 1 Million Jahren zukommen (nach A. KOČI, Prag, in SCHEUENPFLUG, schr. Mitt.).

SE an die Zusam-Platte schließt die *Staufenberg-Terrassentreppe* an, mit Schotterrelikten auf höher gelegener Tertiärunterlage. Nach SCHEUENPFLUG (1976) würden jedoch einige Treppen wegfallen, da mehrere Schottervorkommen SCHAEFERS (1957K) einer kritischen Prüfung nicht standhalten. Ein Teil der von SCHAEFER unterschiedenen Schotterreste sind nur abgeglittene Pakete oder Quarzriesel-Lagen der Oberen Süßwassermolasse. SE der Schmutter wird die Staufenberg-Terrassentreppe von der *Stauden-Platte* abgelöst, auf der donauzeitliche Schotterfluren vorherrschen (SCHAEFER, 1953).

Die Weißjura-Fazies wird von LÖSCHER (1976) einstweilen als älteste Schotterablagerung der Donau-Kaltzeiten betrachtet. Sie liegt maximal 80 m über dem heutigen Talboden der Donau. Am Aufbau der unteren Deckschotter GRAULS sind außer der Weißjura-Fazies, vorab im S und im SW zwei unterschiedlich zusammengesetzte alpine Schotterfazien beteiligt. Da diese auf ein bis über 20 m tieferes Vorfluterniveau eingespielt sind, möchte LÖSCHER zwischen den beiden eine bedeutende Zeitspanne, eine donau-interstadiale Warmphase, sehen.

Im vorfluternahen Bereich unterscheidet LÖSCHER noch 2–3 Zwischenterrassenschotter, die hinsichtlich der Verwitterungsintensität und Entkalkungstiefe von den unteren Deckschottern nicht zu trennen sind.

M. MADER (1976) möchte die Deckschotter der Iller-Lech-Platte ins Pliozän stellen, da sie die selben westalpinen Serizit-Quarzite führen, wie das Aare-Donau-System auf der Schwäbischen Alb (O. MANZ, 1934). Über das Alter dieses Systems steht aber nur fest, daß es jünger als die Fauna des Höwenegg und älter als die Sundgau-Schotter ist.

Glazifluviale Ablagerungen einer nächstjüngeren Kaltzeit wurden in den Schmelzwasserrinnen der nördlichen Iller-Lech-Platte wieder ausgeräumt. Nur im unteren Zusamtal konnte W. ESSIG (1977) Reste periglazial-fluvialer Ablagerungen nachweisen. Mit ihrer Hilfe läßt sich nach LÖSCHER im Vorfluterbereich ein Niveau konstruieren, das 16–20 m über dem heutigen Talboden lag.

Auch im nordöstlichen *Stirnbereich* des *Rhein-Gletschers* konnten H. GRAUL (1962) und K. SCHÄDEL & J. WERNER (1963) eine bis ins Altpleistozän zurückreichende Abfolge aufdecken, wie sie durch L. WEINBERGER (1955) aus dem oberösterreichischen Innviertel bekannt geworden war und von H. EICHLER (mdl. Mitt.) und P. SINN (1972) bestätigt werden konnten. Während sich die Ansichten im Riedlinger Becken decken, bestanden E der Riß im glazifluvialen Altpleistozän und in der Günz-Eiszeit sowie im Altmoränengürtel W von Ochsenhausen chronologische Differenzen, die EICHLER (1970) zu klären versuchte.

Die Iller und die Adelegg-Flüsse verliefen im ältesten Pleistozän noch S der Dinkelscherbener Altwasserscheide, so daß sie erst im Bereich des unteren Lech die Donau erreichten. Bereits im Altpleistozän durchbrach die Iller nach LÖSCHER (1976) die Altwasserscheide N von Mindelheim, zwischen Kirchheim und Burgau, und floß ihr entlang gegen NE, was durch eine dolomitreiche Schotterfazies längs des SE-Randes der Zu-

sam-Platte belegt wird. Zur Zeit der Zwischenterrassenschotter kann die Iller nur durchs Mindel- oder Günztal geflossen sein, da die Schotter der Zusamplatte nur von autochthonen Flüssen zerschnitten ist.
In der drittletzten, der Mindel (oder der Riß ?)-Eiszeit floß die Iller noch im Günztal, wo sie den oberen Hochterrassenschotter, das Hawanger Feld, ablagerte. Diese liegen im N im gleichen Niveau wie der Kirchheim-Burgauer Schotter im Mindeltal. Der untere Hochterrassenschotter im Weißenhorner Rothtal, das Hitzenhofener Feld, wird von SINN und LÖSCHER als glazifluviale Iller-Ablagerungen der Riß (oder Spätriß-?)-Eiszeit betrachtet. Damit wurde der Iller-Lauf während des älteren Pleistozäns sukzessive nach W verlagert, eine Entwicklung, die bis in die Würm-Eiszeit anhielt.
In der Mindel-Eiszeit erreichte der Iller- wie weiter W der östliche Rhein-Gletscher seine größte Ausdehnung. Um Obergünzburg liegen die äußersten Mindel-Moränen noch bis 4 km außerhalb der äußersten Riß-Moränen (G. GLÜCKERT, 1974; JERZ et al., 1975; R. STREIT et al., 1975K). Sie lassen sich als verwaschene Wälle von Brandholz-Manneberg zwischen Kempten und Memmingen über Ittelsburg bis Linden und Schönlings NE von Obergünzburg verfolgen und bestehen meist aus grobem, stark verbackenem Kies- und Blockmaterial von 20–30 m Mächtigkeit. Bei Ollarzried und W von Eggenthal (NW bzw. NE von Obergünzburg) konnten 2–3 m mächtige Günz/Mindel-interglaziale Böden erbohrt werden (H. JERZ et al., 1975).
Schmelzwässer der Mindel-Eiszeit schütteten in breiten Rinnen die Stränge des Jüngeren Deckenschotters. Mehrfach konnte eine Verknüpfung mit mindelzeitlichen Moränen beobachtet werden (SINN, 1972; SCHAEFER, 1973; GLÜCKERT, 1974). W von Grönenbach, S von Memmingen und bei Wineden N von Obergünzburg sind noch Sanderkegel zu erkennen. Im Mindeltal sind die Jüngeren Deckenschotter als Rinnenschotter noch weitgehend erhalten; in den andern Tälern wurden sie dagegen fast ganz ausgeräumt. S von Ottobeuren lassen sich an der Basis kristallinreiche, dolomitarme periglaziale Schotter und darüber kristallinarme, dolomitreiche glazifluviale Schotter erkennen. Ihre Mächtigkeit fällt von über 20 m im S auf unter 10 m im N. Zugleich nimmt auch der Verkittungsgrad ab. Verwitterungsschlote erreichen Tiefen von über 5 m. Die Deckschichten – im N Löß, im S Lößlehm – betragen bis über 10 m.

### *Alt- und mittelpleistozäne Schotterfluren im nördlichen Rhein-Gletschergebiet*

Der *Erlenmooser* und der morphologisch entsprechende *Erolzheimer* (oder *Kirchberger) Schotterriedel* mit tief durchwitterten glazifluvialen Schotterkörpern, die sich durch ein kleingerölliges, kristallinarmes, nur im basalen Teil kristallinreicheres Spektrum ohne Rhein-Kristallin auszeichnen, liegen im nördlichen Vorland des Rhein-Gletschers dem höchsten Molassesockel auf. Sie werden als *donauzeitlich* betrachtet (H. GRAUL, 1962; M. LÖSCHER, 1974). Auch die um 20 m tiefer auflagernden kristallinarmen *Heggbacher Schotter* werden von ihm als *donauzeitlich* angesehen und mit dem zwischen Iller und unterer Weihung auftretenden *Dorndorfer Schotter* parallelisiert (Fig. 146).
Während I. SCHAEFER (1953) der Donau-Vereisung ein fast dem rißzeitlichen Maximalstand vergleichbares Ausmaß zuschrieb, erwies sich diese nach P. SINN (1971) im Iller-Lech-Gebiet als weniger ausgedehnt. Die glazifluviale Natur der Stauden-Platte ist geröllpetrographisch durch die häufig vertretenen Dolomite erwiesen, eine echte Vorland-Vergletscherung unbestritten, doch steht ihre Reichweite noch offen.

Für den Rhein-Gletscher dagegen ist N des Bodensees selbst der strenge Nachweis einer prägünzzeitlichen Vorland-Vergletscherung noch nicht erbracht, da die ältesten Schotter kein typisches Rhein-Material führen und deshalb geröllmäßig auch als periglazialfluviale Sedimente gedeutet werden können (GRAUL, 1962; SINN, 1973). Auch K. SCHÄDEL & J. WERNER (1963) fanden nirgends Anzeichen eines Eisrandes und vermuten daher einen kleineren Vorlandgletscher.
Die 4 km breite Schotterplatte der *Holzstöcke* zwischen Roth und Weihung und die etwas kristallinreicheren *Thannheimer Schotter* des oberen und mittleren Rothtales schreibt GRAUL der Günz-Eiszeit zu. Nach TH. HAAG (mdl. Mitt.) soll jedoch zwischen Holzstöcke- und Heggbacher Schotter keine Tertiär-Wasserscheide bestehen; damit wären die beiden wohl altersgleich (Fig. 146).
Der W der Roth verlaufende *mindelzeitliche Haslach-Laupheimer Schotterstrang* setzt sich nach GRAUL (1952, 1953) und LÖSCHER (1968) aus geröllpetrographisch verschiedenen Talfüllungen von Riß-, Rottum- und Roth-Schottern zusammen. Nach HAAG (mdl. Mitt.) vereinigt sich der Haslach-Laupheimer Strang mit demjenigen im Rißtal.
Die *Höheren Hochterrassenschotter* von Baltringen und Assmannshardt–Eichelsteig, NE bzw. NW von Biberach, stehen im Raum Biberach-Warthausen in Verbindung mit der *rißzeitlichen* Endmoräne von Warthausen–Oberhöfen. Die um 10 m tiefer gelegenen *Tieferen Hochterrassenschotter* von Donaustetten–Äpfingen lassen sich mit den *Jungrißmoränen* von *Rißegg* 3 km S von Biberach verbinden.

### *Die Stoßbahnen des nördlichen Rhein-Gletschers*

Wie die Hauptrichtung des vorstoßenden Rhein-Gletschers stets der Achse des Bodensees, einer tektonischen Schwächezone, folgt (F. HOFMANN, 1951, 1973), scheinen auch die nach NE und N vorstoßenden Gletscherlappen vorgezeichnete Bahnen bevorzugt zu haben. Die zwischen den Senken des Wurzacher Ried und dem Ried-Riß-Tal über 100 m emporragenden Sporne – Hochgeländ und Haisterkircher Höhe – werden von hochgelegenen Schottern und Moränen bedeckt. Ihr über 730 m aufragender Molassesockel wirkte bereits im Alt- und Mittelpleistozän als Eisscheide zwischen der nach N vorstoßenden Federsee-Zunge, dem Schussen-Lappen, und der nach NE durchs Wurzacher Becken vordringenden Roth-Zunge, dem Argen-Lappen des Rhein-Gletschers.
Während die Talfüllungen der Iller-Riß-Platte mit Altmoränenständen zusammenhängen, streichen die älteren, in die jungtertiäre Molasse eingeschnittenen Rinnen nach S in die Luft aus. Ihre Wurzeln sind teilweise der Erosion des mehrmals vorgestoßenen Rhein-Gletschers zum Opfer gefallen.

### *Die quartäre Sedimentabfolge außerhalb des würmzeitlichen Rhein-Gletschers*

Über die quartäre Sedimentabfolge außerhalb der Würm-Endmoränen informieren die Kernbohrungen aus dem Ur-Federsee- und dem Wurzacher Becken mit Quartär-Mächtigkeiten von 143,7 m und 189 m (R. GERMAN et al., 1965, 1967, 1968; P. BROSSE et al., 1965; Fig. 146; S. 281).
Mit der Bohrung im Wurzacher Becken gelang es, die letzte Warmzeit, und – bis auf einen Bohrkernverlust von 70 cm – ihren Übergang in die Würm-Eiszeit, zu gewinnen.

Fig. 141 Das Wurzacher Becken mit Bad Wurzach (links im Hintergrund) von NE, ein vom präwürmzeitlichen Rhein-Gletscher ausgekolktes Zungenbecken, in dem sich ein Hochmoor mit alpinen Arten gebildet hat. Luftbildaufnahme: F. THORBECKE, Lindau i/B., freigegeben durch das Luftamt Südbayern.

Bis in die beginnende Hochwürmzeit lag im Wurzacher Becken ein See mit einer Spiegelhöhe um 600 m; bis vor dem Würm-Höchststand entwässerte dieser zum Bodensee (GERMAN, 1965). Das vorrückende Eis staute den Abfluß zu einem Eisstausee, zunächst im Karbachtal N von Wangen im Allgäu, später im Wurzacher Becken, was durch Bändertone belegt wird (GERMAN et al., 1968; Fig. 141, 142, 146).

In der Bohrung im *Ur-Federsee-Becken* folgt über der jungtertiären Oberen Meeresmolasse eine Wechsellagerung von Ton, Schluff und Kies (144–127 m) mit warmzeitlicher Flora: Buchau 1. Föhre und Fichte – teilweise vom Omorika-Typ – halten sich etwa die Waage; die Tanne ist nur gering vertreten. Im Eichenmischwald treten Eiche und Ulme hervor, Linde und Esche zurück. Unregelmäßig beteiligt sind Hasel, Erle, Birke, nur sporadisch Ahorn. Oft tritt auch Buche auf, Hainbuche dagegen nur vereinzelt. Als Besonderheit findet sich regelmäßig *Pterocarya* – Flügelnuß, in 129 m gar über 10%, während sie heute auf das E-Ufer des Schwarzen Meeres beschränkt ist. Ebenso fanden sich einige Pollen weiterer Juglandaceen, *Juglans* und ?*Carya*. Sie deuten um 450 m Höhe auf eine prä-riß-würmzeitliche Warmzeit.

Aus einer pollenarmen Ablagerung entwickelt sich in der Warmzeit Buchau 2 (124–92 m) ein fichtenreicher Nadelwald, in dem neben der Föhre auch Tanne und ?Lärche reich vertreten sind. Der Laubwald-Anteil – Birke, Eichenmischwald, Erle und Hasel – bleibt zunächst gering. Bei 113 m erreicht der Eichenmischwald mit *Quercus*, *Tilia* und *Fraxinus* – Esche – eine gewisse Bedeutung; im oberen Abschnitt tritt er mit Ulme, Linde und Esche stärker hervor.

Das in 113,5 m Tiefe gefundene Bruchstück einer Schildkrötenplatte, wohl der europäischen Sumpfschildkröte – *Emys orbicularis*, deutet auf ein Interglazial (Riß/Würm?).

Die nächsten Pollenhorizonte, Buchau 3 (bei 75 m) und Buchau 4 (70–69 m), stellen nur kurzfristige durch *Pinus* und *Picea* sowie reichlich Krautpollen (Buchau 3) bzw. etwas *Corylus*, *Alnus* und *Quercus* (Buchau 4) charakterisierte Abschnitte in der pollenarmen Abfolge zwischen 48 m und 91 m dar.

In Buchau 5 (46–45 m) treten die Nadelhölzer zurück. Dagegen ist *Corylus* reichlich und der Eichenmischwald mit *Quercus*, *Tilia* und *Fraxinus* mit 5–8% und *Alnus* mit 8–13% vertreten. Auffällig ist der subatlantische Einschlag mit *Fagus* – Buche – bis 26%.

Die Spektren von Buchau 6 (um 34 m) belegen Nadelhölzer mit *Pinus*-Dominanz. Zu Beginn und am Schluß dieses kurzfristigen Interstadials treten die Gramineen stark hervor.

In den grobsandigen Schichten vor Buchau 7 (28–26 m) dokumentiert sich eine waldarme Zeit mit über 70% Krautpollen mit *Artemisia* – Wermut, *Helianthemum* – Sonnenröschen, Nelkengewächsen, Gräsern und Riedgräsern.

In den Spektren von Buchau 7 (25–13 m) überwiegen mit wechselnder Dominanz *Pinus* und *Picea*. Gegen oben tritt auch *Abies* reichlich auf. Hasel erscheint nur in der Mitte häufiger, Erle und Birke bleiben sporadisch; Vertreter des Eichenmischwaldes fehlen fast ganz.

Ein eigenartiges Pollenbild stellt sich im *Wurzacher Becken* in einer Tiefe von 108,1–99,9 m ein. Zunächst (108,1–107,6 m) dominiert die Fichte; die Föhre fällt zurück. Die Tanne ist nur in Spuren vorhanden. Dann geht die Fichte zurück; ein kurzer Vorstoß der Föhre (107,1 m) wird von einem steilen Anstieg der Tanne abgelöst, die im mittleren Abschnitt bis auf 80% ansteigt. Dann (ab 103,9 m) fällt sie zurück; Föhre und Fichte steigen prozentmäßig bei abnehmender Häufigkeit an. Meist sind auch Laubhölzer, vor allem Erle und Hasel, zugegen. Bemerkenswert ist *Pterocarya* – Flügelnuß.

In 97,1 m fanden sich bei Föhren-Vormacht, zurücktretender Fichte und geringen Mengen von Tanne, Hasel und Elemente des Eichenmischwaldes sowie über 30% Krautpollen.

In 95–94,7 m Tiefe sieht P. Filzer (in R. German et al., 1968) das Riß/Würm-Interglazial mit folgender Vegetationsentwicklung:

1. Zeit der beginnenden Wiederbewaldung mit Föhre und – stark zurücktretend – Weide und Birke, hohen Krautpollen-Werten und geringen Anteilen von *Artemisia*, *Helianthemum* und Chenopodiaceen – Gänsefußgewächsen.
2. Zeit des geschlossenen Föhrenwaldes mit minimalem Krautpollen-Anteil, beginnende Einwanderung von Eiche, Hasel, Erle und Fichte.
3. Zeit des Eichenmischwaldes mit überwiegend Eiche, raschem Anstieg der Hasel, später der Fichte; die Föhre wird zurückgedrängt.
4. Hasel-Eichenmischwald-Fichten-Zeit mit über 30% Hasel, gegen das Ende zurücktretend, Eichenmischwald und Fichte um 25% und langsamer Anstieg der Tanne.
5. Kurze Fichten-Tannen-Phase unter Zurückdrängung der Laubhölzer.

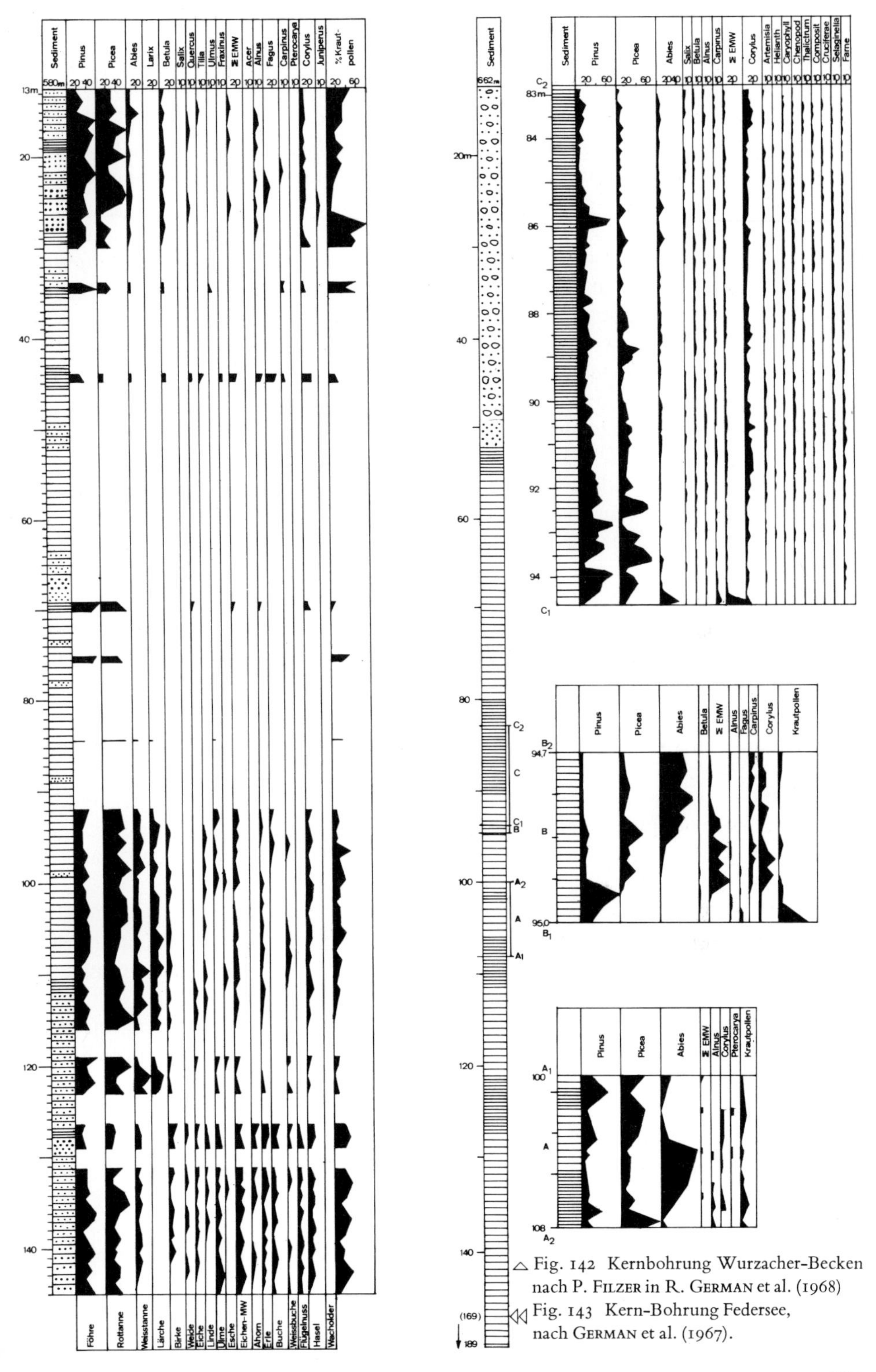


△ Fig. 142 Kernbohrung Wurzacher-Becken nach P. FILZER in R. GERMAN et al. (1968)

◁◁ Fig. 143 Kern-Bohrung Federsee, nach GERMAN et al. (1967).

6. Tannen-Zeit mit schwankenden Anteilen von Fichte und Hasel, beginnender Anstieg der Hainbuche.

7. Tannen-Hainbuchen-Zeit: Tanne weiterhin vorherrschend, Hainbuche mit steigendem Anteil.

Diese Abfolge vergleicht FILZER mit den Profilen von *Großweil bei Murnau* (H. REICH, 1953), stellt dabei aber einige Unterschiede fest: eine schwächere Vertretung von Erle und Fichte und eine stärkere Beteiligung des Eichenmischwaldes, später der Weißtanne, ein frühes, schon zur Haselzeit einsetzendes Auftreten der Tanne und ein verspätetes Erscheinen der Hainbuche. FILZER deutet dies rückwanderungsgeschichtlich. Umgekehrt weist die Vormacht der Tanne im Wurzacher Becken auf ein ozeanisches Klima und auf eine W–E gerichtete Einwanderung hin.

Auf einen Kernverlust von 30 cm folgt (von 94,4–90,6 m) ein dreimaliger Wechsel von Föhren- und Fichten-Vormacht. Da mit den Föhren-Dominanzen nicht nur die Krautpollen-Anteile, sondern auch die Hasel ansteigt, dürften sich darin nicht Temperatur-Schwankungen, sondern ein Wechsel von kontinentalen und ozeanischen Phasen widerspiegeln. Kontinentales Klima mit ausgeprägteren Temperaturgegensätzen und geringeren Niederschlägen oder geringerer jahreszeitlicher Verteilung benachteiligt die Fichte, lockert ihre Bestände auf und begünstigt die lichtbedürftigeren Gegenspieler: Föhre, Hasel und die Krautschicht. Umgekehrt ermöglicht ozeanischeres Klima der Fichte dichteren Kronenschluß, der einen Rückgang lichtliebender Elemente bewirkt.

An dieses Wechselspiel von Föhren- und Fichten-Vormacht schließt eine Föhren-Zeit mit Fichte an (92,4–90,6 m) mit bis auf 30% ansteigendem Hasel-Anteil.

Eine starke Zunahme der Krautpollen läßt die Baumpollen auf unter 30% absinken. Zugleich tritt Hasel zurück, so daß sich von 90,5 bis 89,3 m ein *erstes Stadial* abzeichnet. Dann (von 89,3 m an) fällt der Krautpollen-Anteil kräftig ab, zugleich steigt die Fichte auf über 50% an. Kurzfristig – wohl in einer Trockenphase gewinnt die Föhre – die Oberhand, dann sucht ihr die Fichte die Vormacht streitig zu machen. Gleichzeitig kommt die Tanne hoch. Mit einem Baumpollen-Anteil von über 80% zeichnet sich (bis 88 m) ein erstes *Interstadial* ab.

Erneut fallen die Baumpollen-Werte (von 88–86,6 m) stark ab, bis auf 25%, Tanne und Hasel fehlen beinahe, was auf ein *zweites Stadial* hindeutet.

Mit einem erneuten Anstieg von Fichte und Tanne, weniger markant auch der Hasel, setzt wiederum ein wärmerer Abschnitt (86,5–85,6 m) ein. Dann herrscht mit rund 80% – wohl in einer wärmeren Phase – die Föhre vor. Bei ihrem Rückgang dominieren abermals Fichte und Tanne, was auf ozeanischeres Klima, ein *zweites Interstadial*, hinweist. In der Folge fällt der Baumpollen-Anteil wieder bis auf 30% zurück; dabei macht die Hasel fast einen Drittel aus, so daß dieser Abschnitt (85,5–83,9 m) als kühlere Zeit, als *drittes Stadial*, zu deuten ist.

Ein erneuter Anstieg der Gehölzpollen bis 60%, wozu neben Föhre, Erle und Tanne auch die Hasel erheblich beisteuert, bekundet ein *drittes Interstadial* (83,9–83,1 m). Ein starker Hasel-Anteil, bis 25%, am Ende (83,0–82,9 m) deutet auf eine Auflichtung der Baumschicht, in der sich die Hasel – trotz ungünstiger werdendem Klima – nochmals entfalten konnte.

FILZER möchte im ersten Interstadial (89,3–88 m) ein süddeutsches Äquivalent des Amersfoort-, im zweiten (86,6–85,5 m) ein solches des Brörup- und im dritten möglicherweise das Hengelö-Interstadial erkennen. Während die Zuordnung der ersten beiden gerechtfertigt ist, da auch S. TH. ANDERSEN (1961) im Brörup Jütlands einen ähnlichen

Klima-Ablauf feststellen konnte, dürfte im dritten Interstadial eher ein älteres, eines der Denekamp-Schwankungen Hollands, vorliegen.
Anderseits fanden K. Göttlich & J. Werner (1967) auf dem Ziegelberg SW von Bad Wurzach auf 740 m zwischen mindelzeitlicher Grundmoräne im Liegenden und rißzeitlicher im Hangenden einen pollenführenden Torf. Dieser enthält reichlich *Pinus* und *Picea*, *Abies*, etwas *Alnus* und *Betula* sowie *Corylus*; gut vertreten ist auch der Eichenmischwald mit *Quercus* und *Ulmus* sowie Pollen, die wohl als *Pterocarya*, *Carya* und als *Brasenia*, eine erloschene Seerose, zu deuten sind.
Ebenso konnten Göttlich & Werner (1968) einen vorletzt-interglazialen Torf – wiederum mit etwas *Pterocarya* – bei Hauerz unter rißzeitlicher kristallinreicher Grundmoräne auf fast 700 m feststellen.
M. Mader (1971, 1976) möchte den Torf von Hauerz eher einem Interstadial der Mindel-Eiszeit zuordnen, da die Schotter, die sich aus den Torf überlagernder Grundmoräne entwickeln, mit dem mindelzeitlichen Haslach-Laupheimer Schotterstrang verzahnen.

### *Alt- und Mittel-Pleistozän im Hochgeländ SE von Biberach*

Eine älteste Schotterrinne ohne Moränen-Zusammenhang verläuft von Schloß Horn (S von Fischbach) über Häusern–Winterreute–Unterschnaitbach nach NNE in die donauzeitliche Schotterplatte von Heggbach (A). Eine Zusammengehörigkeit mit den Haisterkircher Schottern der W-Seite der Haisterkircher Höhe scheint nach H. Eichler (1970) nicht gegeben (Fig. 146).
Im Fischbach- und im Schorrentobel wird der Heggbacher Schotter von einem verwitterten Periglazial-Schotter (P) unterschnitten. M. Mader (1976) verbindet diesen mit einem solchen, der N von Füramoos vom Heggbacher Strang abzweigt und E des Dürnachtales nach N verläuft. Über die Basisschichten von Zum Stein (7 km E von Biberach) läßt er ihn in die höhere Schotterterrasse von Maselheim fortsetzen, deren Basis 25–30 m tiefer liegt als diejenige des Schotterriedels von Heggbach. Mader sieht darin die Fortsetzung des günzzeitlichen Ziegelbacher Schotters, mit dem sich der Periglazial-Schotter auch gefällsmäßig über das Wurzacher Becken verknüpfen läßt.
Eine jüngere Rinnenfüllung (B) konnte Eichler vom westlichen Hochgeländ-Abfall bei Unteressendorf gegen NE bis S von Zum Stein verfolgen. Eichler betrachtet diese Schotterfüllung als günzzeitlich, Mader dagegen als mindelzeitlich, da diese in den Schotter P eingeschnitten ist. Der Schotter B wird von Grundmoräne überlagert, die bis zur Linie Zum Stein–Wasenburg (NNW von Ochsenhausen) reicht. Damit wäre in diesem Abschnitt der mindelzeitliche Eisrand der äußerste.
Da sie im Hochgeländ über der Auflagerungsfläche des Heggbacher Schotterstranges einsetzt und zwischen Fischbach und Häusern unter diese hinuntergreift, ergibt sich eine Kreuzung der beiden (Fig. 144, 145).
Da Eichler N von Eberhardzell (11 km S von Biberach) und weiter im NNE, W von Ringschnait eine Moränenverzahnung nachweisen konnte, ist noch E von Biberach mit einem über die Grenze des Riß-Eises vorgedrungenen günzzeitlichen Rhein-Gletscher zu rechnen. Ähnliche Verhältnisse sind aus dem oberösterreichisch-salzburgischen Alpenvorland bekannt (H. Kohl, 1968).
Die an der E-Flanke des Rißtales angelagerten verkitteten Schotter (C) werden von Eichler – aufgrund ihrer gegenüber der durch die Hochgeländ-Molasse getrennten

günzzeitlichen Schotterrinne (B) um mindestens 15 m tieferen Einschachtelung und ihrer hoch über der jungrißzeitlichen Schotterfüllung gelegenen Aufschüttungsbasis – als *mindelzeitlich* betrachtet und mit der *Haslach–Laupheimer Schotterplatte* korreliert. Im westlichen Hochgeländ ist eine Verzahnung mit gleichaltriger Moräne nachweisbar, die über den rißzeitlichen Eisrand hinausreichte.

Im N des Hochgeländes weist MADER (1976) eine Rinne nach, in die der Schotter C eingelagert ist. Von der Rinne des Schotters B durch einen Molasserücken getrennt, streicht sie SW–NE und verläuft zwischen Fischbach und Ummendorf nach N. Da sie zwischen Biberach und Äpfingen in eine Entwässerungsrinne des rißzeitlichen Biberacher Gletscherlappens mündet, weist sie MADER der Riß-Eiszeit zu.

Eine noch jüngere Rinne als die des Schotters C durchschneidet das südliche Hochgelände in Richtung NW über Eberhardzell gegen Hochdorf und zieht über Degernau W von Rißegg gegen Scholterhaus N von Biberach, wo sie gegen NE abschwenkt. Zwischen Galmutshofen und Äpfingen wird sie vom Rißtal abgeschnitten. Nach MADER wurde die Schotterrinne von Schmelzwässern eines rißzeitlichen Eisvorstoßes gebildet. Relikte fossiler Böden lassen zuweilen eine Trennung der Altmoränendecke in Mindel- und Riß-Moräne durchführen. Diese bestimmen mit ihren Rückzugsstaffeln weitgehend die Oberflächenformen um Biberach, unter denen fensterartig Reste älterer Moränendecken und glazifluvialer Schotter hervortreten.

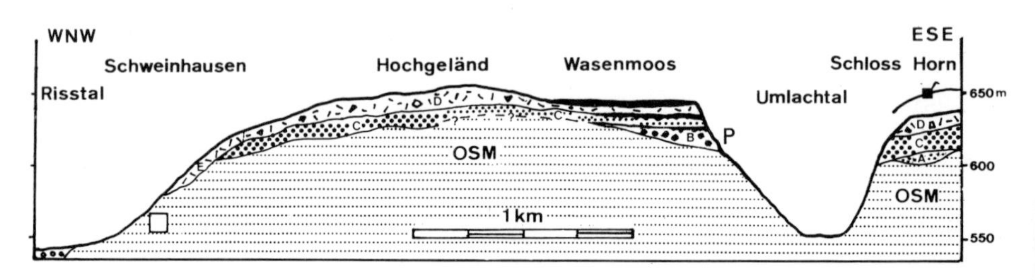


Fig. 144 Profil durch das Hochgeländ SE von Biberach. Nach H. EICHLER, 1970.

| | | | |
|---|---|---|---|
| E | Jungriß-Moräne | B | Günz/Mindel-interglazialer Boden Deutung MADER, s. Text |
| D | Hochriß-Moräne | P | Günz-Schotter |
| C | Mindel/Riß-interglazialer Boden Mindel-Schotter, Mindel-Moräne | A | Glazialfluvialer Schotter: Donau |
| | | OSM | Obere Süßwassermolasse |

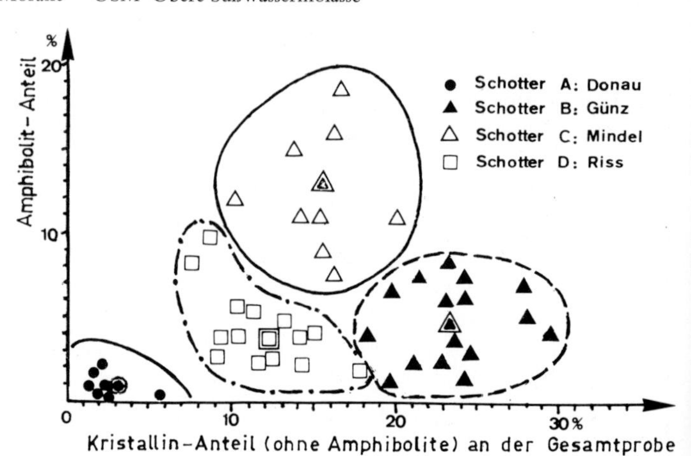


Fig. 145
Differenzierung
der Hochgeländ-Schotter
anhand des
Kristallin-Anteiles
Nach H. EICHLER, 1970.

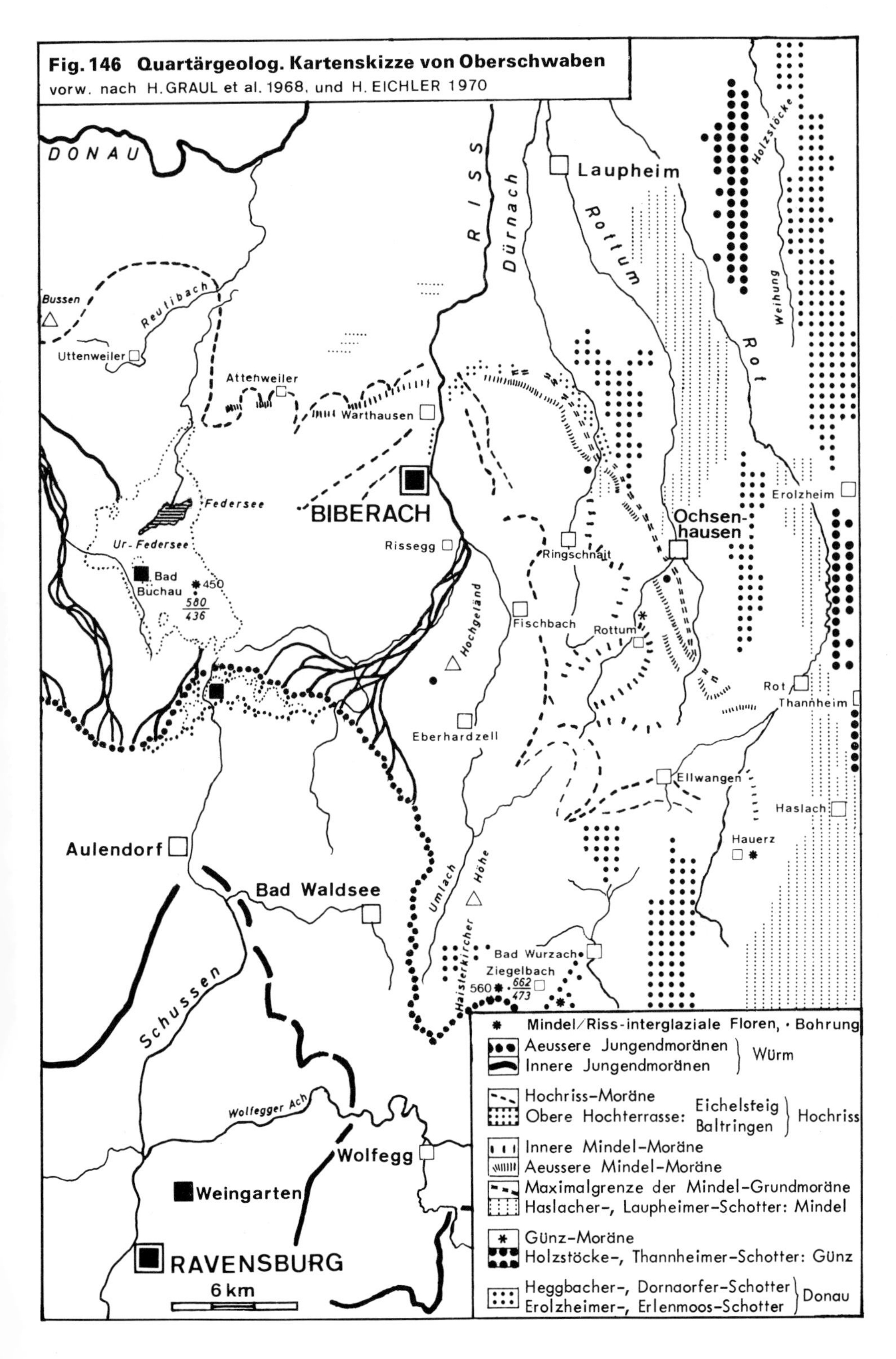

**Fig. 146 Quartärgeolog. Kartenskizze von Oberschwaben**
vorw. nach H. GRAUL et al. 1968, und H. EICHLER 1970

Die zwischen frontalem Rhein- und Iller-Gletscher seit A. PENCK als Mindel angesehenen glazialen Serien weisen H. EICHLER & P. SINN (1975) in die viertletzte Vereisung. Für die Ablagerungen der drittletzten möchten sie analog zu I. SCHAEFER (1968) einen neuen Terminus einfügen.

## Die Deckenschotter im Vorfeld der helvetischen Gletscher

### *Die Deckenschotterreste um Basel, im Birs- und im Hochrheintal*

Um Basel lassen sich außer den höchstgelegenen Fluren der Heuberg- und der Sundgau-Schotter noch 4 weitere auseinanderhalten. Aufgrund ihrer Auflagerungsniveaus werden sie – unter Annahme einer sukzessiven Eintiefung – als Älterer und Jüngerer Deckenschotter, die tieferen als Hoch- und Niederterrassenschotter bezeichnet und den Kaltzeiten Günz, Mindel, Riß und Würm gleichgesetzt (A. GUTZWILLER, 1895, 1912; E. BRÜCKNER in PENCK & BRÜCKNER, 1909; R. FREI, 1912b).
F. JÄGGLI (1968) hat in Bodenprofilen über den Deckenschottern, dem Hoch- und dem Niederterrassenschotter die Tonfraktion mineralogisch – röntgenographisch und differential-thermoanalytisch – sowie chemisch – elementaranalytisch und auf Kationen-Tauschkapazität – untersucht und dabei signifikante Unterschiede festgestellt, wobei in den Deckenschottern der Illit vorherrscht.

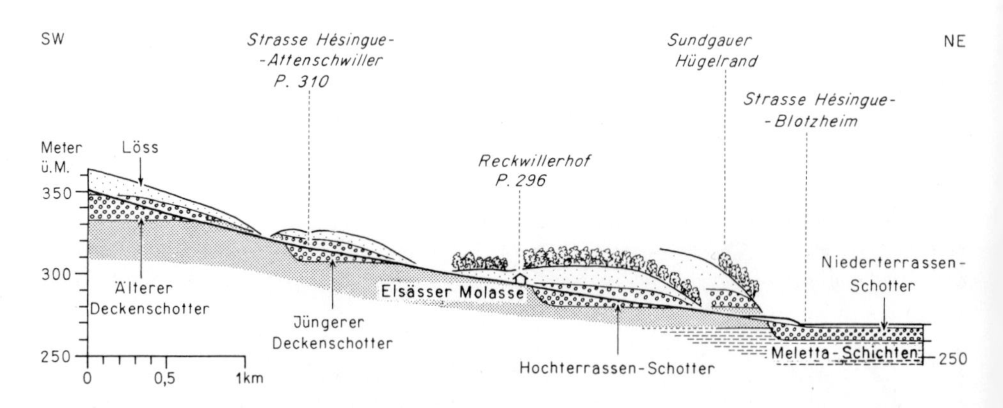


Fig. 147 Profil durch die Schotterabfolgen am E-Rand des Sundgauer Hügellandes längs des Liesbaches W von Basel. Die sukzessiv tiefere Lage der nächst jüngeren Schotterflur dürfte neben der Erosion auf Absenktendenzen im Rheintalgraben zurückzuführen sein, die noch heute anhalten.
Aus: H. FISCHER et al., 1971.

Für eine gesicherte chronologische Zuordnung der beiden älteren Schotterfluren im weiteren Raum um Basel, meist oberflächlich verkitteten Fluren, fehlen jedoch weitgehend paläontologische Daten (HANTKE, 1962, 1967k; H. FISCHER et al., 1971; Fig. 147). Geröll- und Schwermineral-Untersuchungen erlauben wohl die verschiedenen Schotterfluren gegeneinander abzugrenzen und Rückschlüsse auf die Liefergebiete zu ziehen. Ein Vergleich über verschiedene Einzugsgebiete hinweg ist dagegen nur schwer durchzuführen und wird über größere Räume zu problematisch.

Aus der Basis des Vorkommens von Tieferem Deckenschotter im Frauenwald SW Rheinfelden konnte P. Müller (1958) ein Pollenspektrum gewinnen (S. 150).

Eine weitere Datierungsmöglichkeit bietet allenfalls der gut erhaltene Silex-Faustkeil mit Griff-Retuschen, der 1974 an einem Terrassenrand des Tieferen Deckenschotterrestes E von Pratteln gefunden worden ist. Dieser läßt sich nach R. d'Aujourd'hui (1977) am besten mit den bifaces amygdaloides vergleichen, die dem älteren und mittleren Acheuléen zugeordnet werden. Analoge Stücke finden sich auf der mittleren Terrasse der Somme in Cagny-la-Garenne. Auch von St. Acheul, aus dem Atelier Commont, liegen ähnliche, aber bereits feiner überarbeitete Formen vor.

Die periglazialen Schotter von Cagny werden von F. Bourdier (1976) ans Ende der Mindel-Eiszeit, die unteren Schichten von St. Acheul ins ausklingende Mindel-Riß-Interglazial gestellt. Darüber folgt dort ein Kalktuff, der zunächst einen Horizont mit *Pinus*, dann einen solchen mit einer wärmeliebenden Flora mit *Cercis siliquastrum* – Judasbaum, *Laurus canariensis* – Lorbeer – und *Viburnum tinus* – Stein-Lorbeer – enthält. Da dort bereits eine eindeutig ältere Flora große Ähnlichkeit mit derjenigen des Cromer-Komplexes zeigt, kann diese höchstens das Holstein-Interglazial dokumentieren. Die darunter liegenden Periglazial-Ablagerungen mit den Faustkeilen wären damit in die ausgehende Elster-Eiszeit zu stellen.

Doch besteht auch die Möglichkeit, daß diese auf ein eindeutig wärmeres Klima als das heutige hindeutende Flora erst das Eem-Interglazial dokumentiert, indem die Schieferkohlen-Funde am bayerischen Alpenrand mit ihrem kühlzeitlichen Floren-Inhalt nun zum größten Teil Frühwürm-Interstadiale bekunden (M. P. Grootes, 1977). Damit wären dann die tiefer liegenden Schotter ebenfalls eine Eiszeit jünger, also rißzeitlich.

Während im ersten Fall der Tiefere Deckenschotter und auch der Faustkeil von Pratteln wohl in die Mindel-Eiszeit zu stellen wären, müßte im zweiten allenfalls an einen späteren Transport durch den Menschen – wohl erst nach der Riß-Eiszeit – angenommen werden.

Dabei stellt sich allerdings noch ein weiteres Korrelations-Problem: Sind in Oberschwaben, dem klassischen Gebiet der Quartär-Stratigraphie, auch wirklich sämtliche als mindel- bzw. rißzeitlich bezeichneten Ablagerungen tatsächlich vom angegebenen Alter, vorab lassen sich die als rißzeitlich angesprochenen effektiv altersmäßig mit denen von Scholterhaus–Röhrwangen N von Biberach an der Riß vergleichen? Dies steht bereits E des Rhein-Gletschers noch keineswegs fest. Damit sind aber auch die zeitlichen Einstufungen der alt- und mittelpleistozänen Ablagerungen noch keineswegs so gesichert wie etwa aus vergleichenden tabellarischen Darstellungen zwischen der nordeuropäischen und der alpinen Chronologie hervorzugehen scheint und was sich auch in den verschiedenen Alterszuordnungen selbst neuester Autoren zu erkennen gibt. Daß dies auch Auswirkungen auf die Gliederung des schweizerischen Quartärs hat, ist einleuchtend und die Gefahr von Zirkelschlüssen wird dadurch noch weiter erhöht.

Bei der erosiven Ausräumung dürfte die Subsidenz im Rheintalgraben noch mitgewirkt haben, wodurch die Erosionsbasis tiefer gelegt wurde.

Zwischen Basel und dem Sundgauer Hügelland liegt der Ältere Deckenschotter um 350–380 m, der Jüngere um 290–340 m dem Tertiär auf. Die Aufschüttungen reichen von 360 bis auf 390 m bzw. von 330 bis auf 360 m empor. Die Schüttung der Hochterrassenschotter erfolgte bereits über stärkerem Relief, von 270 bis 320 m, und reichte bis auf 350 m (FISCHER in O. WITTMANN et al., 1970K).

Die bis 30 m mächtigen Deckenschotter um Basel enthalten rechts des Rheins vorab verwitterte Schwarzwald-Gerölle – Gneise, Granite, Porphyre und Buntsandsteine. Seltener sind Rotliegend-Brekzien, Kieselschiefer des Karbons und Muschelkalk-Hornsteine. Die Auflagerungsfläche liegt am Rande der Weitenauer Vorberge auf 410 m, bis NW von Lörrach fällt sie auf 360 m, bis E des Isteiner Klotz auf 370 m (WITTMANN, 1952K, 1970K, in FISCHER et al., 1971).

SW von Basel werden verkittete Schotter mit Jura-Geröllen und einer Auflagerung von 380–390 m dem Älteren, solche, die um 340 m einsetzen, dem Jüngeren Deckenschotter zugewiesen (GUTZWILLER, 1917K; H. LINIGER, 1964b).

Im untersten Birstal ruhen höhere Schotterreste auf 370 m und auf den Höhen um Olsberg auf gut 400 m, tiefere im Rütihard zwischen Münchenstein und Muttenz um 330 m (GUTZWILLER & GREPPIN, 1916K; P. HERZOG, 1956K). Rheinaufwärts finden sie sich bis SE von Rheinfelden, rechtsrheinisch bis gegen die Wehra-Mündung (R. TSCHUDI, 1904; E. BRÜCKNER in PENCK & BRÜCKNER, 1909).

Im Laufener Becken liegen beidseits der Lüssel von S geschüttete Schotter mit kopfgroßen Dogger- und Malm-Geröllen, die von 405 bis 460 m der Elsässer Molasse aufliegen. R. KOCH (1923, KOCH et al., 1936K) betrachtet sie als altquartär, mit Vorbehalt als Deckenschotter.

Bei Laufen (R. KOCH et al., 1933K) und E von Liesberg (W. T. KELLER & H. LINIGER, 1930K) ruhen Schotter mit Geröllen aus aufgearbeiteten Vogesen-Schottern und Malmkalken der oligozänen Molasse bzw. dem Malm auf. Sie werden dem Jüngeren Deckenschotter (?) zugewiesen und liegen 50–70 m über der Birs. Rund 30 m tiefere Schotter-Vorkommen bekunden Hochterrassenschotter der Riß-Eiszeit (D. BARSCH, 1968).

*Die Deckenschotter zwischen Riß- und Würm-Eisrand im nördlichen Alpen-Vorland*

Während die Deckenschotter im Hochrheintal von Säckingen bis über Basel hinaus als prärißzeitlich feststehen – die Zuordnung zu den einzelnen Kaltzeiten ist jedoch noch durch paläontologische Daten zu festigen – erweist sich deren Alterszuweisung zwischen Riß- und Würm-Eisrand als noch unsicherer. Wohl haben A. PENCK & E. BRÜCKNER (1909) und R. FREI (1912b) im Linth/Reuß/Aare/Rhone-, Linth/Rhein- und im Bodensee-Rhein-System Ältere und Jüngere Deckenschotter unterschieden; doch fehlen paläontologische Belege für deren günz- bzw. mindelzeitliches Alter. Weder Geröllspektren noch Auflagerungshöhe bringen Gewißheit über ihr Alter, haben sich doch die Einzugsgebiete der einzelnen Gletscher nicht derart prinzipiell geändert. Doch dürfte der Anteil an aufgearbeiteten Molasse-Geröllen beim Vorstoß je nach Eishöhe verschieden gewesen sein. Aufgrund von Schneckenfaunen an der Lägeren (A. JAYET, 1950) und *Pterocarya*-Pollen im nordöstlichen Bodenseegebiet (K. GÖTTLICH & J. WERNER, 1967, 1968) und der tiefen, bereits prärißzeitlichen Ausräumung von Federsee- und Wurzacher Becken (R. GERMAN et al., 1968), des Hochrheintals (E. BLÖSCH, 1911; H. HEUSSER, 1926), wohl auch des unteren Aare- und des unteren Reußtals (H. JÄCKLI, 1966K; P. MÜLLER, schr. Mitt.) fallen zusammenhängende Schotterfluren (FREI, 1912b) außer Betracht. Für die Alterszuordnung ergeben sich somit nur aufgrund von Auflagerung und Geröllspektren gewisse Zweifel, und da es auch beim Vorstoß und

Fig. 148 Ältere Deckenschotter, durch kalkhaltige Wässer zementiert, auf der S-Seite des Üetliberg W Zürich. Aus: SUTTER/HANTKE, 1962. Photo: Dr. E. FURRER, Zürich.

Rückzug des Riß-Eises zur Schüttung randglaziärer Schotter kam, bedürfen diese einer durch paläontologische Fakten ergänzten Überprüfung, umsomehr als sich auch die Deckenschotter-Vorkommen im luzernisch-aargauischen Mittelland als rißzeitlich deuten lassen (S. 328, 330).

### *Die Höheren Deckenschotter der N-Schweiz*

Bei den nordschweizerischen Deckenschottern zeigt sich einerseits eine starke randliche Verkittung durch ausgefallene Karbonate. Dabei entspricht das Geröll-Spektrum – analog dem von Molasse-Nagelfluhen – noch weitgehend dem der ursprünglichen Schüttung. Im Innern der Schotterplatten dagegen sind dieselben Schotter tiefgründig verwit-

tert – nach H. CONRADIN (1977) bis über 5,5 m tief – so daß nur noch die verwitterungsresistenten Gerölle – Quarzite, Gangquarze, quarzreiche Gneise, Amphibolite und Radiolarite – zurückblieben. Von den Kiesel- und von den Sandkalken liegen nur noch die Skelette vor. Die Granite sind vergrust, die Kalke und Dolomite verschwunden. Der Karbonatanteil wurde gelöst und weggeführt, der Tonanteil hat sich in der Matrix angereichert, und das verlagerte Eisen hat diese intensiv braun gefärbt.
Als Höhere Deckenschotter werden im Rhein-System Schotterreste auf dem Schienerberg (708 m), auf der Schrotzburg (691 m), dem Herrentisch (682 m), im Neuhuserwald (587 m) und, von der Vereinigung mit dem Linth/Rhein-Gletscher, jene auf dem Irchel (694 m) und an beiden Rhein-Seiten vom Stadler Berg (637 m) zum Acheberg (534 m) SE der Aaremündung bezeichnet.
Im Raum Aare-, Limmat- und Surbtal konnte L. RYBACH (1962) die Auflagerungsfläche des Höheren Deckenschotters refraktionsseismisch auf der Oberen Süßwassermolasse bestimmen.
Auf dem Stadler Berg hat N. TARASS (1955) versucht, die Auflagefläche auf der Molasse geoelektrisch zu ermitteln. Gegenwärtig führt CONRADIN (mdl. Mitt.) zwischen Surb und Rhein bodenkundliche Untersuchungen durch. Dabei stellte er lokal eine tiefgründige Verwitterung fest, während an anderen Stellen – auch über dem Tieferen Deckenschotter – ein darauf sich gebildeter Boden offenbar durch das darüber vorgestoßene Eis gekappt wurde und sich über diesem Bodenrelikt ein jüngerer Boden mit beginnender Podsolierung, einem Lösen des Rostes durch Humin-Säuren, ausbildete.
Lokal sind die Vorkommen von Höherem Deckenschotter von mächtigem Löß bedeckt. Im Linth/Rhein-System treten solche auf dem Albis (915 m), dem Üetliberg (Fig. 148), dem Heitersberg (787 m), dem Altberg (616 m), SE der Lägeren, auf der Egg (Schöfflisdorfer Platten, 670 m) sowie den Plateaus zwischen Schneisingen und Unterendingen und zwischen Baden und dem Surbtal auf (605 bzw. 624 m). All diese wurden früher (A. PENCK & E. BRÜCKNER, 1909; R. FREI, 1912a, b; ALB. HEIM, 1919) als Reste einer in der Günz-Eiszeit im Vorland der Alpen zusammenhängenden Schotterflur angesehen, die im nächsten, im Günz/Mindel-Interglazial, zerschnitten worden wäre. In der Mindel-Kaltzeit wäre in flachen Tälern der Tiefere Deckenschotter abgelagert und in der nächsten Warmzeit, im «Großen Interglazial», zerschnitten worden.
Für die Vorkommen von Höherem Deckenschotter des süddeutschen Alpenvorlandes ist allerdings ein vorgünzzeitliches (donauzeitliches?) Alter nicht auszuschließen.
Wie in der Iller-Lech-Platte, dem Typus-Gebiet A. PENCKS, führen auch die nordschweizerischen Deckenschotter als glazifluviale Rinnenfüllungen keine Fossilreste, so daß versucht wurde, die meist rein lagemäßig zu den Talsystemen vorgenommene Alterszuordnung mit Hilfe von quantitativen geröllpetrographischen Kriterien abzustützen.
E. GEIGER (1961, 1969) hat um Winterthur und N des Bodensees zahlreiche Schotteranalysen durchgeführt. Je nach dem Geröllinhalt glaubte er die einzelnen Fluren durch zahlenmäßiges Erfassen der Gerölle nach Herkunftsgebieten verschiedenen Eiszeiten zuweisen zu können. Dabei unterschied er drei Gruppen:
- Molasse + Helvetische Decken + Aar- und Gotthard-Massiv,
- Penninische + Ostalpine Decken und
- Flysch-Gesteine + Silvretta-Kristallin + Amphibolite.

Die Schottervorkommen der NE-Schweiz (HOFMANN, 1958, GEIGER, 1969) und vom Buechbüel W von Schaffhausen mit einer Auflehnungsfläche in 550 m Höhe (HOFMANN, 1977) zeichnen sich durch eine auffallende Armut an Kristallin-Geröllen aus, wäh-

rend alpine Karbonat-Gesteine oft 99% ausmachen. Jura-Kalke sind auch in der Nähe des Tafeljuras selten; Hegau-Vulkanite fehlen ganz. Ob das Vorkommen vom Buechbüel der Rest einer Talrinne dokumentiert, ist fraglich. Möglicherweise liegen eisrandnahe Schotter zwischen einem in den obersten Klettgau und einem gegen das Rafzerfeld geflossenem Eislappen vor.
Für ihre zeitliche Einstufung übernahm GEIGER die Zuordnung nach der Höhenlage. Die Verschiedenheit in der Geröllttracht führte er auf die zunehmende Erosionstiefe im alpinen Deckengebäude zurück. Dieser plausibel scheinende, fast Allgemeingut gewordene Ablauf des quartären Geschehens wird jedoch einigen Tatsachen nicht gerecht. So ist die Geröllttracht auch abhängig von der jeweiligen Eishöhe. Daß die hochgelegenen Schotter zwischen Limmat und Rhein eisrandnah abgelagert sein mußten, hatte bereits L. DU PASQUIER (1891) bemerkt. An der Egg fand er gekritzte Geschiebe und N von Siggenthal eine Blockfazies. Ebenso wies J. HUG (1917) auf Grundmoräne-Einlagerungen hin, die er zu einer Unterteilung der Günz-Eiszeit in einen älteren Egg- und einen jüngeren Albis-Vorstoß heranzog.
Zudem sind sehr viele Gerölle aus der 2. und 3. Gruppe GEIGERS aus den Molasse-Nagelfluhen aufgearbeitet worden, so daß diese nur primär aus dem selben Liefergebiet stammen. Dies wird dadurch belegt, daß auch Deckenschotter-Gerölle zuweilen noch Lösungs-Eindrücke von kleineren Geröllen erkennen lassen, die – nach der Wiederaufnahme durch die Deckenschotter-zeitlichen Schmelzwässer – nicht vollends abgeschliffen worden sind.
Unterschiede in der Schotterfracht können damit – mindestens zum Teil – auch auf die verschiedenen Liefergebiete der Molasse-Schuttfächer zurückgehen.
Die Zerschneidung der Schotterflur durch Surb, Fisi- und Tägerbach kann nur durch Schmelzwässer erfolgt sein. Das erfordert einen Eisstand, bei dem die Zungen über Niederweningen hinaus gereicht haben, was nur in einer präwürmzeitlichen Kaltzeit, aber noch in der Riß-Eiszeit zutraf, so daß diese Schotter damals noch als randliche Stauschuttmassen auf den eisfreien Tafelbergen abgelagert worden sein konnten. Die größeren Täler waren wohl, wie N des Bodensees, bereits eingetieft (R. GERMAN et al., 1965, 1967, 1968; K. GÖTTLICH & J. WERNER, 1967, 1968).
Fossilien liegen bisher nur aus dem Deckenschotter der Lägeren NE von Boppelsen vor. A. GÜLLER (1944) stellte fest, wie der Molasse-Sandstein in unverfestigte Sande und diese in lehmig-sandige Moräne übergehen. Der Schotter selbst enthält Gerölle von 3–15 cm, vereinzelt bis 40 cm Durchmesser und wurde randglaziär abgelagert. A. JAYET (1950) fand in einer erdigen Kalktuff-Zwischenlage mit kohligen Spuren eine jungpleistozäne Molluskenfauna mit *Goniodiscus ruderatus*.
Bereits zur Zeit des Höheren Deckenschotters scheint sich neben dem Hochrheintal eine Talung durchs Klettgau und durchs Thurgauer Thurtal abzuzeichnen (HOFMANN, 1977).

### *Die Tieferen Deckenschotter in der N-Schweiz*

Ein größeres Areal von Tieferem Deckenschotter findet sich auf den Molasse-Tafelbergen im Stirnbereich des würmzeitlichen Rhein-Gletschers: im Hörnliwald (587 m) N von Frauenfeld, auf dem Stammerberg (639 m) – die Vorkommen sind viel kleiner als bisher angenommen (R. FREI, 1912a, b; E. GEIGER, 1943 K; J. HÜBSCHER, 1961 K; HANTKE et al., 1967 K) – auf dem Schiener- und dem Rauhenberg (621 m), auf dem

Fig. 149 Die aus Tieferem Deckenschotter gebildete waldbedeckte Hochfläche des Stein ESE von Weiach. Im Vordergrund die noch in den jüngsten Ständen des rißzeitlichen Linth/Rhein-Gletschers aktive Schmelzwasserrinne Raat–Weiach ZH.
Photo: A. Isler, Bülach.

Fig. 150 Höhle an der Basis des verkitteten Tieferen Deckenschotters am Leuenchopf E von Weiach.
Photo: A. Isler, Bülach.

Fig. 151 Der Zusammenfluß der Aare, Reuß und Limmat bei Turgi (Bildmitte) und der Durchbruch zwischen Bruggerberg (links) und Iberig (rechts).
Aus: H. U. BERNASCONI, 1969. Swissair-Photo AG, Zürich.

Cholfirst (580 m), N von Schaffhausen und N von Neuhausen sowie in Rinnen im Klettgau: auf dem Hasenberg (503 m) zwischen Neunkirch und Wilchingen und auf dem Rechberg (496 m) W von Grießen. Im Gebiet Schaffhausen–Klettgau sind die Tieferen Deckenschotter bereits etwas reicher an Kristallin-Geröllen als der Höhere. Jura-Kalke sind noch immer selten und Hegau-Vulkanite fehlen weiterhin (HOFMANN, 1977). Beide werden von Löß überlagert.
Auch diese Schotter müssen noch nicht unbedingt im damaligen Talboden abgelagert worden sein. Eine Schüttung vom Eisrand aus und eine spätere Ausräumung des zentralen Abschnittes sind ebenfalls denkbar. Daß hernach eine Ausräumung und später eine Wiederauffüllung der Klettgau-Rinne erfolgte, wird durch die abweichende Schotterzusammensetzung belegt. Der Anteil an alpinen Karbonatgesteinen liegt um 90%, derjenige an Graniten, Porphyren, kristallinen Schiefer und vor allem Amphiboliten um 5%. Ebenso sind stets Ophiolithe, Jura-Kalke sowie Hegau-Phonolithe und Krustenkalke der marinen Molasse vertreten (HOFMANN, 1977).
Relikte von Tieferem Deckenschotter häufen sich auch im Konfluenzbereich mit dem

Fig. 152 Von Tieferem Deckenschotter erfüllte Rinne in den Jura-Kalken des Iberig S von Würenlingen AG.

Linth/Rhein-Gletscher: auf den Molassehöhen von Rinsberg (567 m) und Laubberg (545 m). Rhein-abwärts – auf dem Stein (546 m), dem Sanzenberg (580 m), dem Belchen (527 m) SW von Kaiserstuhl – und auf badischer Seite zwischen Lienheim und Dangstetten, wo sie in einer Rinne liegen, die bis auf den Dogger hinuntergreift.
Im Furttal wies H. Suter (1944) die Schotterkappe auf dem Chrästel NE von Buchs ZH dem Tieferen Deckenschotter zu. Auch beidseits des Limmattales treten verkittete Schotterreste auf: am Zürichberg, auf dem Gubrist (615 m) – dieser wurde vom Furttal her geschüttet und ist bis über 50 m mächtig –, der Hasleren (533 m), und auf der Baregg (531 m) S von Baden, im frontalen Reuß-System W von Birmenstorf, auf dem Gebenstorfer Horn (514 m), auf dem Bruggerberg (518 m), beidseits des untersten Aaretales und auf dem Aarberg (444 m) E von Waldshut.
Wie Frei und Suter festgestellt hatten, liegen diese oberflächlich meist verkitteten Schotter in Rinnensystemen, besonders am Iberig N von Turgi. Ihre Tracht zeichnet sich durch hohe Anteile an umgelagerten Molassegeröllen und Lokalschutt sowie randlich durch mitunter große Blöcke aus (Frei; J. Hug, 1917; Fig. 152).
Das Vorkommen der Baregg W von Wettingen (S. 351) mit seiner Geröllführung – Sernifit, Russein-Diorit, Julier-Granit, Oberhalbsteiner Gabbro (R. Frei, 1912b) – stellt eine randliche, gegen S abdrehende Rinne des Linth/Rhein-Gletschers dar (C. Schindler, 1977).

*Die Deckenschotter der NE-Schweiz und N des Bodensees*

NW von St. Gallen entdeckte C. Falkner & A. Ludwig (1903k) mehrere der Molasse aufliegende Kappen von verkitteten Schottern. A. Gutzwiller (1900) deutete sie als Ältere, R. Frei (1912a, b) als Jüngere Deckenschotter. Da sie fast nur Flysch-Gerölle ent-

halten und die Sand-Fraktion mit ihrer Granat-Zirkon-Rutil-Erz-Schwermineral-Kombination, dem Quarz-Reichtum und dem kalkigem Karbonatgehalt an die Hörnli-Schüttung anschließt, betrachtet F. HOFMANN (1958, 1973K) das höchste Vorkommen auf dem Tannenberg (903 m) als Molasse-Ablagerung, als Relikt der aus Vorarlberg stammenden Bodensee-Schüttung. Die etwas tiefer gelegenen Schotter von Grimm-Ätschberg sind schlecht aufbereitet und kaum geschichtet. Da sie wenig außerhalb der Wälle des Stein am Rhein (=Zürich)-Stadiums einsetzen und von Jungmoräne bedeckt werden, können sie auch erst während dem entsprechenden würmzeitlichen Vorstoß-stadium geschüttet worden sein (HANTKE, 1962).
Die Schotterkappe auf der Heid (772 m) NE von Wil wurde von H. WEGELIN & E. GUBLER (1928) ebenfalls dem Jüngeren Deckenschotter zugewiesen. Doch kann auch sie im gleichen würmzeitlichen Vorstoßstadium geschüttet worden sein (HANTKE, 1962). Bereits in einem älteren Vorstoßstadium sind wohl die Schotter des Bischofsberg und des Holenstein, S bzw. N von Bischofszell, abgelagert worden (HOFMANN, 1951, 1973K; HANTKE, 1959, 1970).
Im Zürcher Oberland entdeckte A. WEBER (1928) um Bauma hochgelegene verkittete Schotter auf dem Stoffel (928 m), bei Ober-Rellsten und auf Ghöchweid. Diese, sowie die Schottermoräne auf dem Regelstein, würden sich gut in die alpenwärts ansteigende Flur des Älteren Deckenschotters einfügen. Die Vorkommen von Salweid N des Stoffel und am Schloßchopf (920 m) SW von Steg ordnete er dem 100 m tieferen, konform verlaufenden Niveau des Jüngeren Deckenschotters zu. Diejenigen auf dem Regelstein sind jedoch, wie die Erratiker, dem zum rißzeitlichen Eishöchststand anschwellenden Vorstoß zuzuweisen.
N des Bodensees werden alte Schotterreste auf den Hochflächen zwischen Heiligenberg und Doggenhausen, um Königsegg und S von Saulgau, von Hirschach N von Isny, vom Schloß Zeil und weiter NE und NW als Höhere Deckenschotter der Günz-Eiszeit zugewiesen.
Als der Mindel-Eiszeit zuzuordnende Tiefere Deckenschotter werden die Vorkommen E von Thayngen, N von Gottmadingen, NW und E von Stahringen, S von Bodman, N von Sipplingen, um Heiligenberg und bei Königsegg betrachtet (A. PENCK, 1909; K. SCHÄDEL & J. WERNER, 1963; L. ERB et al., 1967K; E. GEIGER, 1969; A. SCHREINER, 1970).

Eine Darstellung des älteren Pleistozäns der Alpen-Südseite sowie Hinweise auf alte Strandterrassen des Mittelmeers finden sich im Band 3.

*Zitierte Literatur*


ABELE, G., & STEPHAN, W. (1953): Zur Verbreitung des Quartärs am Südostrand des Ingolstädter Beckens – G Bavar., *19*.
ANDERSEN, S. TH. (1965): Interglacialer og interstadialer i Danmarks Kvarteer – Medd. dansk g F., *15*.
ANNAHEIM, H. (1946): Studien zur Geomorphogenese der Südalpen zwischen St. Gotthard und Alpenrand – GH, *1/2*.
D'AUJOURD'HUI, R. (1977): Ein altpaläolithischer Faustkeil aus Pratteln BL – Regio Basil, *18/1*.
BACH, H. (1869): Die Eiszeit. Ein Beitrag zur Kenntnis der geologischen Verhältnisse von Oberschwaben – Jh. Ver. vaterl. Naturk., Württemb., *25*.
BARSCH, D. (1968): Die pleistozänen Terrassen der Birs zwischen Basel und Delsberg – Regio Basil., *9*.
BARTZ, J. (1960): Zur Gliederung des Pleistocaens im Oberrheingebiet – Z. dt. GG, *111* (1959).
– (1961): Die Entwicklung des Flußnetzes in Südwestdeutschland – Jh. GLA Baden-Württemb., *4*.

Beck, P. (1921): Grundzüge der Talbildung im Berner Oberland – Ecl., *16/2*.
– (1933): Über das schweizerische und europäische Pliozän und Pleistozän – Ecl., *26/2*.
– (1934): Das Quartär – In: G Führer Schweiz, *1* – Basel.
Bernasconi, H. U. (1969): Baden – Schweizer Wanderb., *14*.
Bitterli, P. (1945): Geologie der Blauen- und Landskronkette südlich von Basel – Beitr., NF, *81*.
Blösch, E. (1911): Die Große Eiszeit in der Nordschweiz – Beitr., NF, *31/2*.
Boss, V. (1973): Lütschinentäler – Wilderswil, Lauterbrunnen, Grindelwald – Berner Heimatb., *6*.
Bourdier, F. (1961, 1962): Le Bassin du Rhône au Quaternaire – Géologie et Préhistoire, *1*, *2* – CNRS.
– (1976): Les industries paléolithiques anté-würmiennes dans le Nord-Ozest – In: La Préhistoire française, *2* – Paris.
Bourquin, Ph., et al. (1946 k): Flles. 114–117 Biaufond – St-Imier, N. expl. – AGS – CGS.
Brosse, P., Filzer, P., & German, R. (1965): Neues zur Geologie der Umgebung von Bad Wurzach (Württ. Oberschw.) – N. Jb. GP, Mh., *1965/5*.
Brunnacker, K. (1964): Quartär – Erläuterungen zur Geologischen Karte von Bayern 1:500000 – Bayer. GLA.
Buxtorf, A. (1916): Prognosen und Befunde beim Hauenstein-Basis- u. Grenchenbergtunnel – Vh. NG Basel, *27*.
–, & Koch, R. (1920): Zur Frage der Pliozänbildungen im nordwestschweizerischen Juragebirge – Vh. NG Basel, 31.
Cadisch, J. (1926): Zur Talgeschichte von Davos – Jber. NG, Graubündens, NF, *64* (1925/26).
Campy, M., Guérin, C., Méon-Vilain, H., & Truc, G. (1973): Présence d'une association de grands mammifères, de mollusques continentaux et d'une microflore d'âge villafranchien inférieur dans la région de Desnes, Vincent, Bletterans (Bordure occidentale de la Bresse, Département du Jura, France) – Ann. Sci. U. Besançon G., *18*.
Conradin, H. (1977): Böden aus Schottern verschiedener Terrassen zwischen Eglisau und Zurzach – Manuskr.
Delafond, F., & Depéret, Ch. (1894): Les terrains tertiaires de la Bresse et leurs gîtes de lignites et de minerais de fer – Paris.
Du Pasquier, L. (1891): Über die fluvioglacialen Ablagerungen der Nordschweiz – Beitr., NF, *1*.
Eberl, B. (1930): Die Eiszeitenfolge im nördlichen Alpenvorlande – Augsburg.
Eichler, H. (1970): Das präwürmzeitliche Pleistozän zwischen Riß und oberer Rottum. Ein Beitrag zur Stratigraphie des nordöstlichen Rheingletschergebietes – Heidelberger Ggr. Arb., *30*.
–, & Sinn, P. (1975): Zur Definition des Begriffs «Mindel» im schwäbischen Alpenvorland – N. Jb. G P, Mh. *(1975/12)*.
Erb, L., et al. (1967 k): Geologische Karte des Landkreises Konstanz mit Umgebung, 1:50000 – GLA Baden-Württemb.
Essig, W. (1977): Die fluvio-periglazialen Schotterablagerungen im Zusamtal – Heidelberger Ggr. Arb., *46*.
Falkner, C., & Ludwig, A. (1903 k): Geologische Karte von St. Gallen 1:25000 – Jb. st. gall. NG, *43* (1901/02).
Filzer, P., & Scheuenpflug, L. (1970): Ein frühpleistozänes Pollenprofil aus dem nördlichen Alpenvorland – E+G *21*.
Fischer, H. (1965 k): Bl. 1066 Rodersdorf, m. Erl. – GAS – SGK.
–, Hauber, L., & Wittmann, O. (1971): Erläuterungen zu Bl. 1047 Basel – GAS – SGK.
Frei, R. (1912 a): Zur Kenntnis des ostschweizerischen Deckenschotters – Ecl., *11/6*.
– (1912 b): Monographie des schweizerischen Deckenschotters – Beitr., NF, *37*.
Geiger, E. (1943 k): Bl. 56–59: Pfyn-Bußnang – GAS – SGK.
– (1961): Der Geröllbestand des Rheingletschergebietes im allgemeinen und im besonderen um Winterthur – Mitt. NG Winterthur, *30*.
– (1969): Der Geröllbestand des Rheingletschergebietes im Raum nördlich von Bodensee und Rhein – Jh. GLA Baden-Württemb., *11*.
Gerber, E. K. (1945): Lage und Gliederung des Lauterbrunnentales und seiner Fortsetzung bis zum Brienzersee – Mitt. aarg. NG, *22*.
Gerber, P. (1927): Morphologische Untersuchungen am Alpenrand zwischen Aare und Saane (Freiburger Stufenlandschaft) – Mitt. NG Freiburg, *10/2*.
German, R. (1968): Altquartäre Beckensedimente und die Entstehung des Bodensees – E+G, *19*.
–, et al. (1965): Ergebnisse der wissenschaftlichen Kernbohrung Ur-Federsee 1 – Oberrhein. G Abh., *14*.
–, Lohr, J., Wittmann, D., & Brosse, P. (1967): Die Höhenlage der Schichtgrenze Tertiär-Quartär in Oberschwaben – E+G, *18*.
–, et al. (1968): Ergebnisse der wissenschaftlichen Kernbohrung Wurzacher Becken 1 (DFG) – Jh. Ver. vaterl. Naturk. Württemb., *123*.
Glückert, G. (1974): Mindel- und rißzeitliche Endmoränen des Illervorlandgletschers – E+G, *25*.
Gogarten, E. (1910): Über alpine Randseen und Erosionsterrassen, im besonderen des Linthtales – Peterm. ggr. Mitt., Erg. H. *165*.
Göttlich, K., & Werner, J. (1967): Ein Pleistozän-Profil im östlichen Rheingletscher-Gebiet – N. Jb. GP, Mh., *4*.
–, – (1968): Ein vorletztinterglaziales Torfvorkommen bei Hauerz (Landkreis Wangen im Allgäu) – Jh. GLA Baden-Württemb., *10*.

GRAUL, H. (1943): Zur Morphologie der Ingolstädter Ausräumungslandschaft – Forsch. dt. Landesk., *43*.
– (1949): Zur Gliederung des Altdiluviums zwischen Wertach-Lech und Floßach-Mindel – Ber. NG Augsburg, *2*.
– (1952): Zur Gliederung der mittelpleistozänen Ablagerungen in Oberschwaben – E+G, *2*.
– (1953): Über die quartären Geröllfazien im deutschen Alpenvorlande – G Bavarica, *19*.
– (1962): Eine Revision der pleistozänen Stratigraphie des schwäbischen Alpenvorlandes. Mit einem bodenkundlichen Beitrag von K. BRUNNACKER – Peterm. ggr. Mitt., *106*.
–, et al. (1968): Beiträge zu den Exkursionen anläßlich der DEUQUA-Tagung August 1968 in Biberach an der Riß – Heidelberger Ggr. Arb., *20*.
GREPPIN, J. B. (1855): Notes géologique sur les terrains modernes, quaternaires et tertiaires du Jura bernois et en particulier du Val de Delémont – Nouv. Mém. SHSN, *14*.
GRÜTTER, E. (1967): Beiträge zur Morphologie und Hydrologie des Val Verzasca – Beitr. G Schweiz, Hydrol., *15*.
GÜLLER, A. (1944): Über den Deckenschotter am Südhang der Lägern (Kt. Zürich) – Ecl., *37/1*.
GUTZWILLER, A. (1895): Die Diluvialbildung der Umgebungen von Basel – Vh. NG Basel, *10/3* (1894).
– (1900): Ältere diluviale Schotter in der Nähe von St. Gallen und von Bischofszell – Ecl., *6/4*.
– (1910): Die Wanderblöcke auf Kastelhöhe – Vh. NG Basel, *21*.
– (1912): Die Gliederung der diluvialen Schotter in der Umgebung von Basel – Vh. NG Basel, *23*.
–, & GREPPIN, E. (1916 K, 1917 K): Geologische Karte von Basel I: Gempenplateau und unteres Birstal; II: S.–W. Hügelland mit Birsigtal – GSpK, *77*, *83*, m. Erl. – SGK.
GYGAX, F. (1934, 1935): Beitrag zur Morphologie des Verzascatales, *1*, *2*, – Schweizer Ggr., *11*, *12*.
HANTKE, R. (1954): Die fossile Flora der obermiozänen Oehninger-Fundstelle Schrotzburg (Schienerberg, Süd-Baden) – Denkschr. SNG, *80/2*.
– (1959): Zur Altersfrage der Mittelterrassenschotter – Die riß/würminterglazialen Bildungen im Linth/Rhein-System und ihre Äquivalente im Aare/Rhone-System – Vjschr., *104/1*.
– (1962): Zur Altersfrage des höheren und des tieferen Deckenschotters in der Nordostschweiz – Vjschr., *107/4*.
– (1970): Aufbau und Zerfall des würmeiszeitlichen Eisstromnetzes in der zentralen und östlichen Schweiz – Ber. NG Freiburg i. Br., *60*.
– (1973): Des dépôts du Quaternaire le plus ancien de la région frontière France-Allemagne-Suisse, indiquent-ils des glaciations remarquables du SW de la Forêt-Noire? – Ann. sci. U. Besançon, G (3) *18*.
HANTKE, R., et al. (1967 K): Geologische Karte des Kantons Zürich und seiner Nachbargebiete – Vjschr., *112/2*.
HAUBER, L. (1960): Über das Tertiär im nordschweizerischen Tafeljura – Ecl., *53/2*.
– (1973): Die Geröllfunde auf Zig bei Oltingen (Kanton Baselland) – Jurabl., (1972).
HAUS, H. A. (1935): Über alte Erosionserscheinungen am Südrand der miocaenen Nagelfluh des oberen Emmentales und deren Bedeutung für die Tektonik des Alpenrandes – Ecl., *28/2*.
– (1937): Geologie der Gegend von Schangnau im oberen Emmental (Kanton Bern), ein Beitrag zur Stratigraphie und Tektonik der subalpinen Molasse und des Alpenrandes – Beitr., NF, *75*.
HEER, O. (1859): Flora tertiaria Helvetiae, *3* – Winterthur.
HEIM, ALB. (1878): Untersuchungen über den Mechanismus der Gebirgsbildung – Basel.
– (1891): Geologie der Hochalpen zwischen Reuß und Rhein – Beitr., *25*.
– (1919): Geologie der Schweiz, *1* – Leipzig.
– (1922): Geologie der Schweiz, *2/2* – Leipzig.
HELBLING, E. (1952): Morphologie des Sernftales – GH, *7/2*.
HERZOG, P. (1956 K): Die Tektonik des Tafeljuras und der Rheintalflexur südöstlich von Basel – Ecl., *49/2*.
HEUSSER, H. (1926): Beiträge zur Geologie des Rheintales zwischen Waldshut und Basel – Beitr., NF, *57/2*.
HEYDWEILLER, E. (1918): Geologische und morphologische Untersuchungen in der Gegend des St. Bernhardinpasses – Ecl., *14/2*.
HIRSBRUNNER, G. (1960): Beiträge zur Morphologie und Hydrologie der Rovanatäler – Beitr. G Schweiz, Hydrol., *11/2*.
HOFMANN, F. (1951): Zur Stratigraphie und Tektonik des st. gallisch-thurgauischen Miozäns (Obere Süßwassermolasse) und zur Bodenseegeologie – Jb. st. gall. NG, *74*.
– (1958): Pliozäne Schotter und Sande auf dem Tannenberg NW St. Gallen – Ecl., *50/2*.
– (1973): Horizonte fremdartiger Auswürflinge in der ostschweizerischen Oberen Süßwassermolasse und Versuch einer Deutung ihrer Entstehung als Impaktphänomen – Ecl., *66/1*.
– (1973 K): Bl. 1074 Bischofszell, m. Erl. – GAS – SGK.
– (1977): Neue Befunde zum Ablauf der pleistocaenen Landschafts- und Flußgeschichte im Gebiet Schaffhausen–Klettgau–Rafzerfeld – Ed., *70/1*.
HÜBSCHER, J. (1961 K): Bl. 1032 Dießenhofen – GAS – SGK.
HUG, J. (1917): Die letzte Eiszeit der Umgebung von Zürich – Vjschr., *62*.
JÄCKLI, H. (1966 K): Bl. 1090 Wohlen, m. Erl. – GAS – SGK.
JAYET, A. (1950): Découverte d'une faunule malacologique de la fin du Pleistocène au contact de gravies günziens à Boppelsen (Canton de Zurich) – Ecl., *42/2*.
JERZ, H., STEPHAN, W., STREIT, R., & WEINIG, H. (1975): Zur Geologie des Iller-Mindel-Gebietes – G Bavar., *74*.

KELLER, W. T., & LINIGER, H. (1930 K): Flles. 92–95 Movelier Courendlin, N. expl. – AGS – CGS.
KOCH, R. (1923): Geologische Beschreibung des Beckens von Laufen im Berner Jura – Beitr., NF, *48/2*.
–, et al. (1936 K) Bl. 96–99 Laufen–Mümliswil, m. Erl. – GAS – SGK.
KOHL, H. (1968): Neue Ergebnisse zur Quartärforschung im oberösterreichisch-salzburgischen Alpenvorland – E+G, *19*.
KUHNE, U. (1974): Zur Stratifizierung und Gliederung quartärer Akkumulationen aus dem Bièvre-Valloire, einschließlich dem Schotterkörper zwischen St-Rambert-d'Albon und der Enge von Vienne – Heidelberger Ggr. Arb., *39*.
LAUBSCHER, H. P. (1961): Die Fernschubhypothese der Jurafaltung – Ecl., *54/1*.
– (1962): Die Zweiphasenhypothese der Jurafaltung – Ecl., *55/1*.
– (1963): Erläuterungen zu Bl. 1085 St. Ursanne – GAS – SGK.
LAUTENSACH, H. (1912): Die Übertiefung des Tessingebietes – Penck's ggr. Abh., NF, *1*.
LÉGER, M. (1970): Paléosols quaternaires de l'avant-pays au nord des Alpes – B. Ass. fr. Et. Quatern., *7/23*.
– (1972): La vallé subalpine du Danube en Souabe et en Haute-Bavière – Ann. Ggr., *81*.
LINIGER, H. (1925): Geologie des Delsberger Beckens und der Umgebung von Movelier – Beitr., *55/4*.
– (1963): Zur Revision des Pontien im Berner Jura – Ecl., *56/1*.
– (1964 a): Sundgauschotter in der nördlichen Ajoie – Regio Basiliensis, *5/1*.
– (1964 b): Beziehungen zwischen Pliozän und Jurafaltung in der Ajoie. Mit sedimentpetrographischen Analysen von F. HOFMANN – Ecl., *57/1*.
– (1967): Pliozän und Tektonik des Juragebirges. Sedimentpetrographische Untersuchungen an den Vogesensanden, Vogesenschottern und Sundgauschottern – Ecl., *60/2*.
– (1969K, 1970): Bl. 1065 Bonfol, mit Anhängsel von Bl. 1066 Rodersdorf m. Erl. – GAS – SGK.
LÖSCHER, M. (1968): Die Schotterfüllungen im unteren und mittleren Rottumtal – In: GRAUL, H., et al., 1968.
– (1976): Präwürmzeitliche Schotterstratigraphie in der nördlichen Iller-Lech-Platte – Heidelberger Ggr. Arb.,
LÖSCHER, M., & LÉGER, M. (1974): Probleme der Pleistozänstratigraphie in der nördlichen Iller-Lech-Platte – Heidelberger Ggr. Arb., *40*.
MADER, M. (1971): Das Quartär zwischen Adelegg und Hochgelände – Jh. Ges. Naturkde. Württemb., *126*.
– (1976): Schichtenfolge und Erdgeschichte im Bereiche des Schussenlobus des pleistozänen Rhein-Vorlandgletschers – Diss. U. Tübingen (Manuskr.).
MACHATSCHEK, F. (1928): Talstudien in der Innerschweiz und in Graubünden – Mitt. ggr.-ethn. Ges. Zürich, *27* (1927/28).
–, & STAUB, W. (1927): Morphologische Untersuchungen im Wallis – Ecl., *20/3*.
MANZ, O. (1934): Die Ur-Aare als Oberlauf und Gestalterin der pliozänen Oberen Donau – Hohenzoll. Jh., *1*.
MÉON-VILAIN, H. (1972): Analyse palynologique de la flore du gisement villafranchien de Vialette (Haute-Loire) – Lab. G Fac. Sci. Lyon, *49*.
MERIAN, P. (1852): Über das Vorkommen von *Dinotherium giganteum* im Delsberger Thal des Bernischen Jura – Ber. Vh. NG Basel, *10*.
MÜLLER, P. (1958): Pollenanalytische Untersuchungen im Gebiet des jüngeren Deckenschotters und Lößes im Frauenwald zwischen Rheinfelden und Olsberg – Veröff. Rübel, *33*.
OBERHOLZER, J. (1933): Geologie der Glarneralpen – Beitr., NF, *28*.
PASQUIER, F. (1972): Géologie quaternaire du Bas Malcantone (Tessin méridional) – DA ETHZ.
– (1974): Les dépôts du retrait würmien dans le Malcantone méridional (Tessin) – Ecl., *67/1*.
PENCK, A. (1882): Die Vergletscherung der deutschen Alpen, ihre Ursachen, periodische Wiederkehr und ihr Einfluß auf die Bodengestaltung – Leipzig.
– (1893): Bericht über die Exkursion des 10. Deutschen Geographentages nach Oberschwaben und dem Bodensee (10.–14. 4. 1893) – Vh. 10. Dt. Geographentages Stuttgart 1893 – Berlin.
–, & BRÜCKNER, E. (1901–1909): Die Alpen im Eiszeitalter, *1–3* – Leipzig.
PFAFF, F. (1893): Untersuchungen über die geologischen Verhältnisse zwischen Kandern und Lörrach im badischen Oberlande – Ber. NG Freiburg i. Br., *7*.
PFIFFNER, O. A. (1977): Tektonische Untersuchungen im Infrahelvetikum der Ostschweiz – Diss. ETH Zürich.
RAHM, G. (1961): Über den Betrag des Wehratal-Abbruches – Ber. NG Freiburg i. Br., *51/2*.
REICH, H. (1953): Die Vegetationsentwicklung der Interglaziale von Großweil-Ohlstadt und Pfefferbichl im Bayrischen Alpenvorland – Flora, *140*.
REIST, M. (1960): Beiträge zur Morphologie und Hydrologie des Bavonatales – Beitr. G Schweiz, Hydrol., *11/1*.
REUTER, L. (1925): Die Verbreitung jurassischer Kalkblöcke aus dem Ries im südbayerischen Diluvial-Gebiet. Beitrag zur Lösung des Riß-Problems – Jber. Oberrhein. GV, *14*.
ROLLIER, L. (1893): Structure et histoire géologiques de la partie du Jura central – Mat. CGS, *8*, 1er suppl.
RÜTIMEYER, L. (1869): Über Thal- und See-Bildung – Basel.
RUTTE, E. (1950): Über Jungtertiär und Altdiluvium im südlichen Oberrheingebiet – Ber. NGFreiburg i. Br., *40*.
RYBACH, L. (1962): Refraktionsseismische Untersuchungen im Raum Aare-, Limmat- und Surbtal – Beitr. G Schweiz, Geophys., *5*.

Schädel, K., & Werner, J. (1963): Neue Gesichtspunkte zur Stratigraphie des mittleren und älteren Pleistozäns im Rheingletschergebiet – E+G, *14*.
Schaefer, H. (1961): Die pontische Säugetierfauna von Charmoille (Jura bernois) – Ecl., *54*/2.
Schaefer, I. (1953): Die donaueiszeitlichen Ablagerungen an Lech und Wertach – G Bavarica, *19*.
– (1956): Sur la division du Quaternaire dans l'avant-pays des Alpes en Allemagne – Actes INQUA *4*, Rome, *1*.
– (1957): Geomorphologische Analyse des elsässischen Sundgauschotters – Peterm. ggr. Mitt., Erg.-H., *262*.
– (1957 k): Geologische Karte von Augsburg und Umgebung 1:50000, m. Erl. – Bayer. GLA.
– (1968): The Succession of Fluvioglacial Deposits in the Northern Alpine Foreland – U. Colorado Studies, Earth sci., *7*.
– (1973): Das Grönenbacher Feld – E+G, *23/24*.
Schalch, F. (1908 k): Bl. 133 Blumberg, m. Erl. – GSpK Bad. GLA.
Scheuenpflug, L. (1970): Weißjurablöcke und -gerölle der Alb in pleistozänen Schottern der Zusamplatte (Bayerisch Schwaben) – G Bavarica, *63*.
– (1971): Ein alteiszeitlicher Donaulauf in der Zusamplatte (Bayer. Schwaben) – Ber. NG Augsburg, *27*.
– (1973): Zur Problematik der Weißjuragesteine in der östlichen Iller-Lech-Platte – E+G, *23/24*.
– (1976): Erste Hinweise auf eine pliozäne Donau in der östlichen Iller–Lech-Platte (Byaerisch Schwaben) – E+G, *27*.
Schindler, C. (1977): Zur Geologie von Baden und seiner Umgebung – Beitr. G. Schweiz, Kl. Mitt., *67*.
Schreiner, A. (1970): Erläuterungen zur Geologischen Karte des Landkreises Konstanz mit Umgebung, 1:50000 – GLA Baden-Württemb.
Schwabe, E. (1939): Morphologie der Freiberge (Berner Jura) – Mitt. geogr.-ethn. Ges. Basel, *5* (1935–38).
Seiffert, R. (1960): Zur Geomorphologie des Calancatales – Basler Beitr. Ggr. + Ethnol., *1*.
Sinn, P. (1971): Zur Ausdehnung der Donau-Vergletscherung in schwäbischen Alpenvorland – E+G, *22*.
– (1972): Zur Stratigraphie und Paläogeographie des Präwürm im mittleren und südlichen Illergletscher-Vorland – Heidelberger Ggr. Arb., *37*.
– (1973): Geröll- und geschiebekundliche Untersuchungen im mittleren und südlichen Illergletscher-Vorland – Heidelberger Ggr. Arb., *38*.
Staub, R. (1934): Grundzüge und Probleme alpiner Morphologie – Denkschr. SNG, *69*/1.
– (1952): Der Paß von Maloja. Seine Geschichte und Gestaltung – Jber. NG Graubünden, *83*.
Staub, W. (1946): Über Alter und Talbildung des Reußtals von Amsteg bis Flüelen – Ecl., *38*/2.
Steudel, A. (1866): Über die Heimath der oberschwäbischen Geschiebe – Jh. Ver. vaterl. Naturk. Wüttemb., *22*.
– (1869): Über die erratischen Blöcke Oberschwabens – Jh. Ver. vaterl. Naturk. Württemb., *25*.
Streit, R., Weinig, H., Jerz, H., & Stephan, W. (1975k): Geologische Übersichtskarte des Iller-Mindel-Gebietes 1:100000 mit Gewinnungsstellen für Lockergesteine – Bayer. GLA – G Bavarica, *74*.
Suter, H. (1944): Glazialgeologische Studien im Gebiet zwischen Limmat, Glatt und Rhein – Ecl., *37*/1.
Tarass, N. (1955): Geoelektrische Bestimmung von Schichtgrenzen eines tertiären Plateaus mit Quartärbedekkung – Ecl., *47*/2 (1954).
Théobald, N. (1935): Les Alluvions du Pliocène supérieur de la Région du Sundgau – BS industr. Mulhouse, *101*.
– (1953): Comparaison entre les dépôts pliocènes et quaternaires de Lorraine et de la plaine d'Alsace – Actes IV Congr. INQUA Rome.
Tobien, H. (1957): Die Bedeutung der unterpliozänen Fossilfundstelle Höwenegg für die Geologie des Hegau – Jh. GLA Baden-Württemb., *2*.
Tschudi, R. (1904): Zur Altersbestimmung der Moränen im untern Wehratale – Diss. U. Basel.
Viret, J. (1954): Les lœss à bancs durcis de Saint-Vallier (Drôme) et sa fauna de mammifères villafranchiens – Nouv. Arch. Mus. HN Lyon, *4*.
Waibel, A. (1925): Geologie der Umgebung von Erschwil – Beitr., NF, *55*/2.
Weber, A. (1928): Glazialgeologie des Tößtales und ihre Beziehungen zur Diluvialgeschichte der Nordostschweiz – Mitt. NG Winterthur, *17/18*.
– (1934): Zur Glazialgeologie des Glattales – Ecl., *27*/1.
Wegelin, H., & Gubler, E. (1928): Deckenschotter auf der Heid – Mitt. thurg. NG, *27*.
Weinberger, L. (1955): Exkursion durch das österreichische Salzachgletschergebiet und die Moränengürtel der Irrsee- und Atterseezweige des Traungletschers – Vh. GBA Wien, Sonderh. D.
Wilser, J. L. (1912): Die Rheintalflexur nordöstlich von Basel zwischen Lörrach und Kandern und ihr Hinterland – Mitt. Bad. GLA, *7*.
Wittmann, O. (1952k): Bl. 8311 Lörrach, m. Erl. – GSpK Baden – Bad. GLA.
– (1965): Geologische und geomorphologische Untersuchungen am Tüllinger Berg bei Lörrach – Jh. GLA Baden-Württemb., *7*.
–, et al. (1970 k): Bl. 1047 Basel – GAS – SGK.
Wurz, O. (1912): Über das Tertiär zwischen Istein, Kandern, Lörrach-Stetten und Rhein – Mitt. Bad. GLA, *7*.
Zeller, G. (1964): Morphologische Untersuchungen in den östlichen Seitentälern des Val Blenio – Beitr. G Schweiz, Hydrol., *13*.
Zenetti, P. (1913): Ein erratischer Block im Hochterrassenschotter bei Höchstedt a. d. Donau – Jh. Ver. vaterl. Naturk. Württemb., *69*.

# Die Riß-Eiszeit

## *Zur Definition der Riß-Eiszeit*

Die *Endmoränenwälle* von *Möhlin* und von *Liestal* sowie die von diesen äußersten Eisrandlagen ausgehenden Schotterfluren, die *echte Hochterrasse*, von der im Hochrhein- und im untersten Ergolztal noch zusammenhängende Reste erhalten geblieben sind, werden in der Schweiz der Riß-Eiszeit zugewiesen (Fig. 154). Unter Hochterrassenschottern konnte E. BLÖSCH (1911) bei den Fundationen für das Kraftwerk Laufenburg, bei Schäffigen, folgendes Profil (Fig. 153) beobachten:

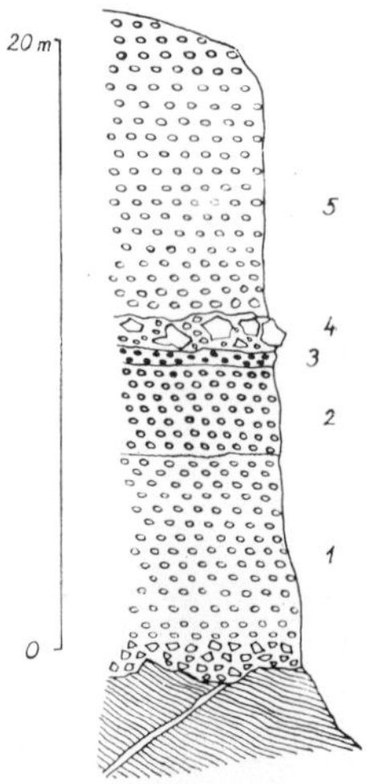

Über dem Gneis zunächst einen unteren Schotterkomplex (1) mit eckigen Gneis-Trümmern, der unten frisch, gegen oben mehr und mehr verwittert war (2), dann eine 1,4 m mächtige Verwitterungsschicht (3), die BLÖSCH über 4 km verfolgen konnte. Mit scharfer Grenze folgte darüber (4) eine frische, schlecht geschichtete, kiesige Grundmoräne mit zahlreichen Erratikern: Gneise und Ganggesteine der Umgebung, große geschliffene Blöcke von verkittetem Schotter, alpine und jurassische Blöcke sowie Tiefensteiner Granit und Porphyr. Diese – hochrißzeitliche – Grundmoräne war so frisch, daß sie gegen oben ohne scharfe Grenze in die höheren – wohl späthochrißzeitlichen – Schotter (5) überging (S. 324).

Fig. 153 Schotterprofil von Schäffigen, Kraftwerk Laufenburg. Nach E. BLÖSCH, 1911.

Damit läßt sich das Areal Laufenburg–Möhlin–Rheinfelden sehr gut mit der Gegend um Biberach an der Riß vergleichen (S. 321), die bereits A. PENCK (in PENCK & BRÜCKNER, 1901–09) als besonders klar für die Definition seiner Riß-Eiszeit heranzog, und die nach langen Untersuchungen noch immer als Typus-Region verwendet werden kann (zuletzt H. GRAUL et al., 1968, 1973; A. BRAUN et al., 1976; M. MADER, 1976).
Dagegen sind die Ablagerungen – Moränen und Schotterfluren – E des Rheins, bereits im Gebiet der Iller, nicht unbedingt identisch mit den als Hochriß angesprochenen in Biberach und im Raum Laufenburg–Rheinfelden. Analoge Bildungen dürften in der Gegend um Biberach dem Jungriß, in der Schweiz dem Spätriß, zugewiesen werden.
Wie das Wasser in den Einzugsgebieten der heutigen Flußsysteme, so sammelte sich in den Kaltzeiten bei fortschreitend weiter absinkender Schneegrenze immer ausgedehntere Firnmassen zu heranwachsenden Talgletschern. Unter ständig neuen Zuschüssen drangen diese bis an den Alpenrand vor und breiteten sich ins Vorland aus.
Mit der Riß-Eiszeit lassen sich in der Schweiz die einzelnen Eisströme durch Leitgeschiebe abgrenzen und auf der Alpen-N-Seite präziser als Rhein-, Linth/Rhein-, Aare/Reuß- und Aare/Rhone-System unterscheiden.

Fig. 154 Die rißzeitliche Endmoräne von Möhlin AG, die sich als Wall vom Zeiningerberg loslöst.

# Das nordöstliche Alpen-Vorland: Isar-Loisach-, Iller / Wertach- und nordöstlicher Rhein-Gletscher

## *Der präwürmzeitliche Isar-Loisach-Gletscher*

Die zwischen Lech und Mangfall mächtig ins bayerische Alpenvorland vorgefahrenen Eismassen faßt I. SCHAEFER (1975) als Isar-Loisach-Gletscher zusammen, dessen Alt- und äußerstes Jungendmoränen-Gebiet er in Kartenskizzen darstellt. Bei aller Geschlossenheit des Altmoränen-Gebietes zeichnen sich die drei Austrittstore aus den Alpen in drei großen Moränenbögen ab: vor dem Loisach-Tor die Moränen um das Ammersee-Becken, vor dem Walchensee-Kochelsee-Tor diejenigen um den Starnberger See und das Isartal-Becken und vor dem Isar-Tor jene um das Becken von Bad Tölz–Holzkirchen.
Die Anordnung der Endmoränen vollzog sich in den einzelnen Abschnitten für sich. Über lange Strecken begrenzt ein Doppelwall den äußersten Altmoränen-Bereich, an dem die Hochterrassenfluren einsetzen.
Im Ammersee-Lech-Gebiet kam es mit dem Überfließen von zentral-alpinem Inn-Eis über den Fernpaß zu einem kräftigen Eisvorstoß nach W und NW, wobei das Eis neotektonischen Linien folgend den Molasse-Untergrund überprägte.
Aufgrund von 7 Profilen mit fossilen Böden werden die würmzeitlichen Jungmoränen durch mindestens ein Interglazial von den Altmoränen getrennt. Bei diesen unterscheidet

Schaefer zwei Gruppen, die ihrerseits durch ein in 8 Aufschlüssen nachgewiesenes älteres Interglazial getrennt wären. Die jüngere umspannt den größten Teil des Altmoränen-Gebietes. Im W, im Bereich des Loisach-Gletschers, bekundet sie den äußersten Eisrand, wogegen die ältere im E, im Bereich des Isar-Gletschers, den äußersten Stand belegt.
Während Schaefer die jüngeren Altmoränen der Riß-Eiszeit zuordnet, weist er die älteren – um die Penck'sche Grundgliederung nicht umzustoßen – nicht der Mindel-Eiszeit zu, sondern schlägt hiefür eine neue Eiszeit, die *Paar-Eiszeit*, vor, nach der Paar, die unterhalb von Ingolstadt in die Donau mündet.
Zu ähnlichen Schlußfolgerungen gelangten H. Eichler & P. Sinn (1975) im Vorland zwischen dem östlichen Rhein- und dem Iller-Gletscher.

### *Iller- und Wertach-Gletscher zur Mindel- und zur Riß-Eiszeit*

Die Riß-Moränen des E an das Helvetische Eis anschließenden Iller-Gletschers verlaufen von Legau S von Memmingen, wo sie mit denen des Rhein-Gletschers zusammentreffen, über Ronsberg–Mindelberg nach Webams bei Eggenthal (A. Penck, 1882; Penck & Brückner, 1901; P. Sinn, 1974; G. Glückert, 1974; H. Jerz et al., 1975; R. Streit et al., 1975 k). Bei Legau scheinen zudem rißzeitliche Schmelzwässer einen mindelzeitlichen Stirnwall zu durchbrechen.
E der Iller bildeten sich zwischen als riß- und als mindelzeitlich gedeuteten Wällen Schmelzwasserrinnen aus, welche auch die mindelzeitliche Moräne durchschneiden. Während sich der innere Wall mit Hochterrassenschottern E von Grönenbach verknüpfen läßt, geht die mindelzeitliche Moräne mit Übergangskegeln in Jüngere Deckenschotter über (I. Schaefer, 1973; H. Jerz et al., 1975).
Am Simmerberg W von Obergünzberg reicht der höchstgelegene Endmoränenwall des Alpenvorlandes bis auf 900 m. Die Glazialformen erscheinen oft noch frisch, nur bei mächtigeren Deckschichten sind sie stärker verwischt.
Die Riß-Moränen bestehen aus sandigem, bereits vor den Endmoränenwällen bis 20 m mächtigem Kies- und Blockmaterial. S von Ollarzried wurde unter 15 m Rißmoräne ein 3–4 m mächtiger Mindel/Riß-interglazialer Boden erbohrt (Jerz et al., 1975).
Die von den Schmelzwässern geschütteten Hochterrassenschotter bilden um Memmingen bis 4 km breite Schotterfelder. Im S, bei Legau, sind sie mit Riß-Moräne verknüpft. In dem ins Günztal hinüberführenden, 15 m höher gelegenen Schotterstrang beträgt der Anteil an Kristallingeröllen nur rund 1%, in demjenigen im Iller-Roth-Tal dagegen bis über 5% (P. Sinn, 1973; M. Löscher, 1976). Niveau- und Materialunterschiede werden von Sinn (1972) mit dem Einbruch der Schmelzwässer des östlichen Rhein-Gletschers in Zusammenhang gebracht.
Nach kräftiger Seitenerosion wurden die Schmelzwässer des Iller-Gletschers bei Memmingen in die tiefere, von Schmelzwässern des Rhein-Gletschers durchflossene Ur-Eschach-Aitrach-Rinne abgelenkt.
Mächtigkeit und Verfestigung nehmen generell von S gegen N ab. Die Deckschichten sind meist 2–3 m, selten bis 6 m mächtig.
Im Vergleich mit den Gebieten weiter W, vom östlichen Rhein-Gletscher bis Möhlin, steht noch zur Diskussion, ob die im östlichen Alpenvorland vorgenommenen Zuordnungen von Moränen und Schottern zur Riß-Eiszeit, tatsächlich denen im Typus-Profil von Biberach an der Riß entsprechen (S. 321).

*Der rißzeitliche Rhein-Gletscher in der E-Schweiz, in Vorarlberg und im Allgäu*

In der NE-Schweiz ragten im Riß-Maximum nur wenige verfirnte Voralpen-Gipfel über das Eis empor: Stockberg (1781 m), Hinterfallenchopf (1532 m), Hochalp (1530 m), Petersalp (1590 m), Kronberg (1663 m), Fänerenspitz (1506 m), weiter N die Gipfelgräte Hochhamm (1275 m), Hundwiler Höhi (1306 m) und SW von Degersheim der Wilket (1170 m).
Zwischen der nördlichsten Säntis-Kette und dem Stockberg hingen Luteren- und Thur-Eis über den Risipaß (1459 m) miteinander zusammen. Über Neßlau dürfte das Eis noch bis auf über 1450 m gereicht haben, was sich auch an der Eisüberprägung auf der gegenüberliegenden Seite des Thurtales, auf Wolzen, beobachten läßt.
Am Kronberg reicht die Eisüberprägung am E-Grat ebenfalls bis auf 1450 m, auf der S-Seite gar bis auf über 1550 m. Auch am Fänerenspitz stand das Eis bis auf über 1450 m. Die Molassehöhen des Appenzeller Vorderlandes sind alle überschliffen; selbst der Gäbris (1251 m) lag 100 m unter dem Eis.
Im Grenzbereich von Rhein- und Iller-Gletscher lag die rißzeitliche Eishöhe S von Oberstaufen um gut 1200 m, was durch Transfluenzen von Rhein-Eis über Kojen und S von Steibis sowie von Bregenzer Ach-Eis E des Hohen Häderich belegt wird.
In Vorarlberg und im Allgäu ragten Hittisberg (1337 m), Hoher Häderich (1566 m), Hochgrat (1833 m), Prodel-Kette (1487 m), Salmaser Höhe (1254 m), Hauchenberg (1244 m) und die Adelegg (1119 m) empor; Pfänder, Hochberg und Hirschberg wurden von rund 100 m Eis überfahren.
Da die klimatische Schneegrenze über dem obersten Bodensee um rund 900 m zu veranschlagen ist, reichte die Eisoberfläche rund 300 m in den Firnbereich empor, der sich bis über das NW-Ende des Bodensees erstreckt haben dürfte.

*Der rißzeitliche Vorstoß des nördlichen Rhein-Gletschers*

Für den Verlauf des rißzeitlichen Maximalstandes des nordöstlichen Rhein-Gletschers kommt dem vorgängigen Relief Bedeutung zu. Während rißzeitliche Sedimente im NE bis zum Ur-Federsee-Becken von über 700 m sanft abfallen und sich W von Biberach um 600 m bewegen, reichen sie in der zentralen Senke des nördlichen Rhein-Gletschers, im Ur-Federsee-Becken, bis auf mindestens 490 m hinab (S. 293). Der Molasse-Untergrund wurde auf 436 m erbohrt, die rißzeitliche (?) Sohle reichte bis auf 550 m. Nach der im Wurzacher Becken niedergebrachten Bohrung liegt der Molasse-Untergrund auf 460 m (P. Brosse et al., 1965).
S von Fischbach erhaltene Rinnenschotterreste bekunden eine frühere Umlach-Rinne, durch die vom Rand des Wurzacher-Beckens bei einem bis auf 680 m reichenden Gletscherstand Schmelzwässer über Eggmannsried abflossen (H. Eichler, 1970).
Während der Wurzacher Lappen durch den Beckenrand in seiner Ausbreitung weitgehend festgelegt war und vorwiegend vertikal anschwoll, hatte der Schußen-Federsee-Lappen seinen äußersten Stand noch nicht erreicht. Von SW und W drang Eis über das Hochgeländ vor, überfuhr die alte Umlach-Rinne und endete auf den Molassehöhen W von Fischbach (Fig. 146, 155).

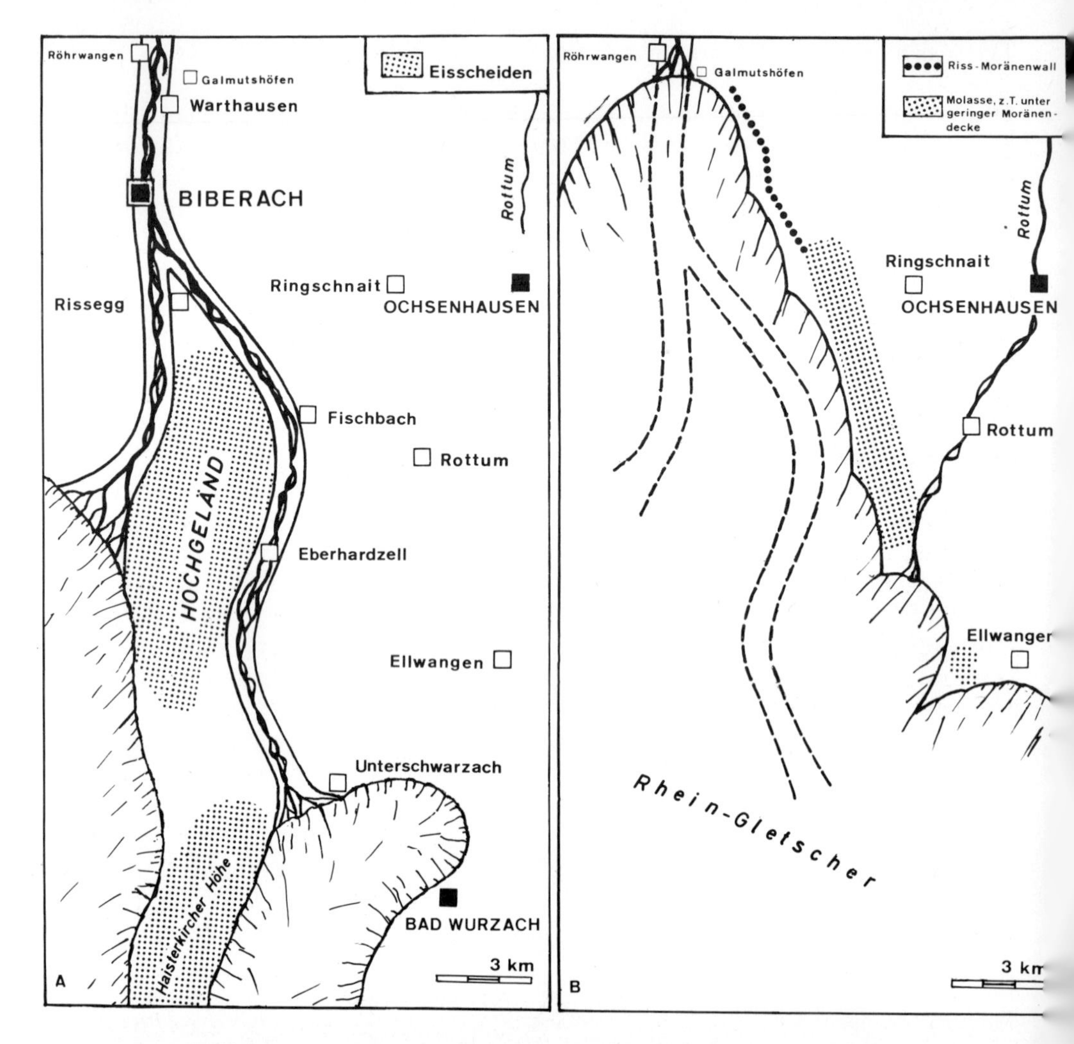


Fig. 155 Eisvorstoß und Entwässerung des rißzeitlichen Rhein-Gletschers im Raum von Biberach.
A: späte Vorstoßphase der Riß-Eiszeit mit Eggmannsrieder Rinne als Schmelzwasserabfluß des Wurzacher Beckens.
B: Riß-Hochglazial, Stand von Warthausen-Ellwangen.
Nach H. Eichler, 1970.

### *Die Altmoränenwälle im Raum von Biberach an der Riß*

Im Gegensatz zu der von K. Schädel & J. Werner (1963) vertretenen Auffassung vom rißzeitlichen Alter der äußersten Altmoränen um Biberach, des Doppelwalles von Laupertshausen–Ringschnait–Rottum, steht ihre *mindelzeitliche* Einstufung durch H. Graul (1962).

Chemo-physikalische Relativdatierungen von Paläoböden deuten auf prämindelzeitliches (günzzeitliches) Alter für das Substrat des Bodens (W. Fritz, 1968; K. Metzger,

Fig. 156 Kiesgrube N von Schloß Zeil bei Leutkirch. Der Zeiler Schotterplatte (wohl günzzeitlich, S. 309) liegt eine rißzeitliche Stauchmoräne auf. Dazwischen wahrscheinlich mindel/riß-interglaziale, durch eistektonische Schuppung gestörte warmzeitliche Parabraunerde.
Unten: Ausschnitt aus der Kiesgrube.
J. WERNER in B. FRENZEL et al., 1976.

1968). Auch bei den Böden der Moränenkuppen (U. HERRMANN, 1967) ergaben sich Altersunterschiede zwischen den äußeren «Riß I-Ständen» und dem inneren, dem «Riß IIa-Wall» F. WEIDENBACHS (1936K, 1937, 1937K). Zudem ist der Amphibolit-Anteil in diesem nur halb so groß wie im mindelzeitlichen Moränenzug von Ringschnait-Rottum. Der innere Wall deckt sich mit demjenigen GRAULS (1962), der morphologischen Grenze seiner «Hauptriß»-Vergletscherung. Kurz dahinter setzt das zur Donau entwässernde Abflußnetz ein, das sich nach dem Riß-Maximum zentrifugal entwickelt hat (GRAUL, 1968). An seinem S-Ende liegt der rißzeitliche Moränenwall. E der Riß läßt sich der Eisrand von Oberhöfen gegen SSE, gegen Ellwangen, verfolgen, wo sich eine Verknüpfung mit glazifluvialen Schottern durch Ölbach- und Roth-Tal zur Schotterflur von Eichelsteig–Baltringen abzeichnet (A. SCHREINER, 1952; GRAUL, 1952). Diese rißzeitliche Moräne bekundet jedoch noch nicht den nur kurzfristigen Maximalstand von Röhrwangen–Galmutshöfen (GRAUL, 1968).
Über dem Grundmoränenband liegen zunächst eine unregelmäßige Blockmoräne, dann geschichtete kleingeröllige Schotter, der Sander eines Rückzugshaltes. Nach oben gehen sie in Blockmoräne über. Trotz periglazialer Abflachung erscheinen die Altmoränen von Warthausen und Oberhöfen als deutliche Wälle.
Auch W von Biberach bilden zunächst mindelzeitliche Moränen den äußersten Eisrand. M. MADER (1976) fand Grundmoräne gar noch N der rißzeitlichen Schmelzwasserrinne Aßmannshardt–Eichelsteig, so S von Hausen ob Rusenberg und im Buchtal N von Untermarchtal. Weiter W drang der rißzeitliche Rhein-Gletscher weit nach N vor. Dabei wurden die mindelzeitlichen Ablagerungen größtenteils ausgeräumt; nur ein kleiner Teil wurde von Schmelzwasser-Sedimenten überschüttet. N des Federsees, im Uttenweiler Lappen, und W des Molassesporns des Bußen (767 m), im Attenweiler Lappen, schob sich das Rhein-Eis um 20 km über den äußersten würmzeitlichen Stand vor. Bis W von Sigmaringen verlief der rißzeitliche Eisrand N der Donau.
Von Sigmaringen verlief der Rand des rißzeitlichen Bodensee-Rhein-Gletschers über Engelswies–Rohrdorf–Talheim–Schwandorf–Heudorf gegen SW, gegen Talmühle zurück. Ein Lappen drang von Engen gegen N, gegen Mauenheim, vor, wobei sich eine rand- und gegen Engen subglaziär gewordene Schmelzwasserrinne ausbildete. Am inselartig emporragenden Basaltstock des Hohenhöwen (848 m) reichen alpine Geschiebe bis auf 700 m Höhe (A. SCHREINER, 1966K). Dann verlief der Eisrand über Blumenfeld gegen Wiechs an den Randen zurück und umfloß diese Juratafel (F. SCHALCH, 1916K). Von den verfirnten Höhen des Randen (924 m) sowie vom Eisrand des Rhein-Gletschers tieften sich rand- und subglaziär aggressive Schmelzwässer in die Juratafel und schnitten die gegen Schaffhausen entwässernden Randentäler weiter ein. Zwischen Siblinger Höhe (NW von Schaffhausen) und Waldshut traf der Rhein-Gletscher mit gegen SE vorstoßenden Schwarzwald-Eis zusammen (S. 351).

*Die rißzeitlichen Schotter um Biberach und das Typus-Profil beim Scholterhaus*

Die Flanken des Rißtales um Biberach zeigen den Aufbau der rißzeitlichen Glazialen Serie: Liegendschotter und darüber Grund- und Obermoräne, die sich bis in die Endmoräne verfolgen lassen. Nach A. PENCK (in PENCK & BRÜCKNER, 1901) soll sich der Hochterrassenschotter des unvergletscherten Vorlandes bei Biberach mit den Altmoränen verzahnen. K. KRAUSS (1930) hatte in der Kiesgrube Scholterhaus beobachtet, daß etwa 20 m über der Sohle Grundmoräne auftritt, die sich in zwei Schichten aufspaltet. Über der Molasse-Oberkante, wenige Meter über dem Talboden, folgen zunächst geschichtete glazifluviale Vorstoßschotter, in denen bei Warthausen ein Zahn vom *Coelodonta antiquitatis* – Nashorn – gefunden wurde. Beim Vorgleiten des rißzeitlichen Eises wurden die Schotter etwas ausgehobelt und das darüber gelegene 3–5 m mächtige gegen N sanft ansteigende Grundmoränenband gestaucht (F. Weidenbach, 1937, 1951; H. Graul, 1952). Dieses bekundet den maximalen Riß-Vorstoß, der bis Röhrwangen und Galmutshöfen reichte. An den Endmoränen setzt die Schotterflur ein.

Von der Basis erwähnt Graul (1968, 1973) geglättete Blöcke von verkitteten Schottern von ebenfalls kristallinreicher Gerölltracht, die nach ihm aus verfestigten prärißzeitlichen Ablagerungen stammen, deren Existenz auch die Ursache für die Enge des prärißzeitlichen und rißzeitlichen Gletscher- und Schmelzwasserabflusses im Schussen-Rißtal-Lappen war.

M. Mader (1971, 1976; in A. Braun et al., 1976) untersuchte den *Aufschluß Scholterhaus* und wählte diesen zum *Typus-Profil* für die Riß-Eiszeit. Über Oberer Süßwassermolasse liegen an der Basis feinkörnige Schotter (1), aufgrund ihrer unruhigen Schichtung und der eingestreuten Findlinge, eisrandnahe Vorstoßschotter. Darüber lag ursprünglich wohl eine Grundmoräne. Reste davon, gerundete und gekritzte Findlinge, sind nur noch in der Basisgroblage von (2) vorhanden. Entsprechende Vorstoßschotter lassen sich bei Oberhöfen mit dem Hochterrassenschotter von Äpflingen–Baltringen–Laupheim verbinden. Diskordant darüber folgen 2 m gewaschene Schotter (2). Die zugehörige Randlage wird durch eisrandnahe Schmelzwassersedimente am Jordanberg (SE von Biberach) gekennzeichnet. Dadurch ist zunächst nur eine Oszillation angedeutet. Aufgrund der Bohrung Dietmanns (K. Göttlich & J. Werner, 1974) soll der Zeitraum zwischen (1) und (2) einem Interstadial mit Verwitterungsbildungen entsprechen.

Die Schotter (2) sind von Fe- und Mn-Horizonten durchzogen und enthalten Dolomitaschen. Diese Verwitterungsanzeichen deuten auf ein weiteres rißzeitliches Interstadial, da auch die diskordant aufliegenden 15 m Vorstoßschotter (3a), die wiederum mit einer Basisgroblage mit aufgearbeitetem Grobmaterial beginnen, auf die Hauptriß-Terrasse von Äpflingen–Baltringen–Laupheim einspielen. Nach oben gehen die Vorstoßschotter (3a) in Grundmoräne (3b) über, die bis Windberg NW von Warthausen zu verfolgen ist. Damit muß der dritte Gletschervorstoß nahezu die Ausdehnung des ersten erreicht haben. Auf die Grundmoräne (3b) folgt erneut Grundmoräne (4b). Sie unterscheidet sich von der unteren (3b) durch einen Farbunterschied, der noch 5 km weiter S in Baugruben zu erkennen war. In der Kiesgrube Scholterhaus werden die beiden Grundmoränen (3b, 4b) lokal durch geringmächtige feinkiesig bis sandige Schmelzwassersedimente (4a) getrennt. Nach Mader liegen die Randmoränen dieses vierten Eisvorstoßes unmittelbar hinter denen des dritten. S von Rissegg, zwischen Mettenberg und Oberhöfen sowie E von Galmutshöfen findet sich an den Hängen des Rißtales zwischen den Schottern des dritten und der Grundmoräne des vierten Vorstoßes ein Verwitterungshorizont (Mader, 1976). Demnach lag auch zwischen diesen beiden Vorstößen ein Zeitraum, der Gesteinsverwitterung zuließ.

Die Grundmoräne des vierten Eisvorstoßes wird durch Sander-Sedimente (5a) der «Lindele-Moräne» (5b) Weidenbach's (1937), überlagert. Während des zugehörigen Vorstoßes wurden im S die Grundmoränen des dritten und vierten Vorstoßes gestaucht. Einzelne Schollen sind dabei über die Schotter des Übergangskegels geschoben worden. Da Mader bislang für den «Lindele»-Vorstoß weder einen eigenen Vorstoßschotter

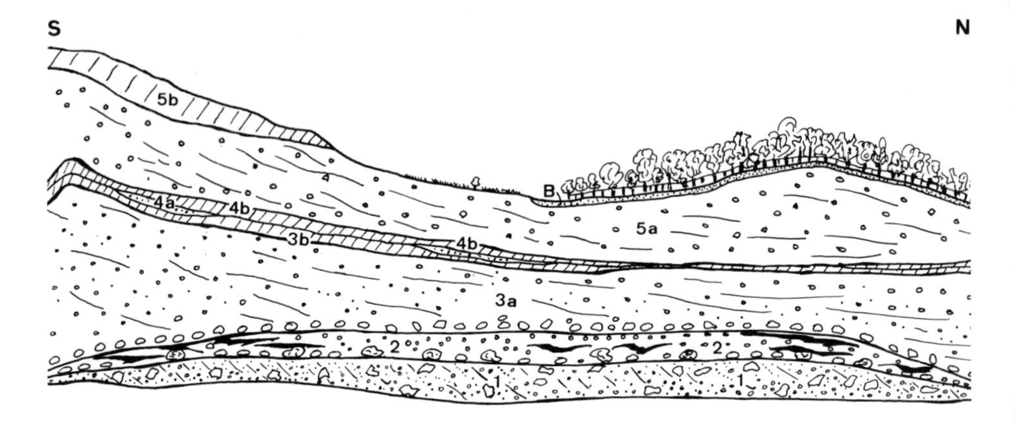


Fig. 157 S-N-Profil durch die Kiesgruben beim Scholterhaus, N von Biberach an der Riss. B = Bodenbildung, Nummern siehe S. 321.
Nach M. MADER in A. F. BRAUN et al., 1976.

Fig. 158 Schottergrube Scholterhaus (Zustand Frühling 1977) N von Biberach an der Riß mit den durch Grundmoräne getrennten Schotterkomplexen (vgl. Fig. 157).

noch eine Grundmoräne, sondern nur die «Lindele»-Randmoräne und Stauchungsspuren feststellen konnte, nimmt er an, daß sie in der Abschmelzphase nach dem vierten Stadial entstanden ist.
Wie die Schmelzwässer der früheren Vorstöße, so haben sich auch diejenigen des «Lindele»-Vorstoßes in ältere Ablagerungen eingeschnitten. Ihnen verdankt eine nach NNE, gegen Warthausen, einfallende Fläche ihre Entstehung. Diese wurde von GRAUL (1968, 1973) als jungrißzeitlich bezeichnet, da sie sich mit der unteren Hochterrasse des Rißtales von Achstetten und Donaustetten verbinden läßt. Die zugehörige Endmoräne soll nach GRAUL bei Rißegg liegen. Eine solche existiert aber erst 3 km weiter S. Die zugehörigen Schmelzwasserbildungen gehören zum Schotterkörper der unteren Hochterrasse. An drei Stellen fand MADER Verwitterungsbildungen, die zeigen, daß zwischen dem Gletschervorstoß bis S von Rißegg und dem der «Lindele»-Moräne wiederum eine Zeit der Gesteinsverwitterung, ein viertes Interstadial, existiert haben muß.
Das stärkere Vordringen des Riß-Eises im Vorland der Schweizeralpen ist wohl darauf zurückzuführen, daß sich zwischen Mindel- und Riß-Eiszeit Aar- und Montblanc-Massiv noch herausgehoben haben, so daß in ihrem Vorgelände neue Bereiche über die klimatische Schneegrenze emporgerückt wurden oder/und in diesem zentralen Voralpen-Abschnitt vermehrt Niederschläge in Form von Schnee fielen. Hinweise auf ein junges Herausheben der Massive – im östlichen Berner Oberland rund 2000 m seit dem Pliozän – werden durch eine gegen W zunehmende Versteilung der Schubbahn der Helvetischen Decken veranschaulicht, die sich vor den Berner Hochalpen gar in einem S-förmigen Verbiegen manifestiert. Auch die vielen Erratiker aus dem Bereich des Rhone-Durchbruches von Martigny–St-Maurice im westlichen Mittelland und im Jura deuten auf einen aktiven Hebungsbereich, der vom Rhone-Eis laufend ausgeräumt wurde. Noch aktive Hebungsbeträge bis 1 mm/Jahr – bezogen auf Luzern – konnte F. JEANRICHARD (1972, 1975) im Bereich des Penninischen Deckenscheitels nachweisen, und E. GUBLER (1976) fand längs der Linie Brig–Chur – bezogen auf die stabilere Basis Aarburg – Werte von über 2 mm (S. 395, 397).

## Das Helvetische Eisstromnetz: Rhein-, Linth-, Reuß-, Aare- und Rhone-Gletscher

### *Die äußersten rißzeitlichen Stände des Helvetischen Eisstromnetzes*

In der Mindel- und in der Riß-Eiszeit vereinigten sich im Schweizerischen Mittelland, wie schon in früheren, altpleistozänen Kaltzeiten, die aus den Alpentälern ausgetretenen Gletschersysteme – Bodensee-Rhein-, Linth/Rhein-, Aare/Reuß-, Emmen- und Aare/Rhone-Gletscher mit ihren Zuflüssen – zu einem zusammenhängenden Helvetischen Eisstromnetz. Nur die höchsten Flysch- und Molasseberge, die Jurakämme und der Randen ragten über das Eis empor. Doch waren selbst diese, mindestens auf ihrer N- und E-Seite, verfirnt und lieferten Zuschüsse.
Während der Rhein-Gletscher NE und N des Bodensees bis über die Wasserscheide zur Donau reichte, vereinigte er sich zwischen Hörnli und Koblenz mit dem Linth/Rhein-Eis. Dieses hing vom Hohronen bis zur Aare-Mündung mit dem Reuß-Gletscher zusammen, der vom Stanserhorn bis Turgi erst Aare-, dann Emmen-, abermals Aare-

und schließlich Rhone-Eis aufnahm (R. Frei, 1912b; R. F. Rutsch, 1967). Bei den Kraftwerkbauten von Laufenburg konnte E. Blösch (1911) unter tiefgründig, wohl Mindel/Riß-interglazial verwitterten Schottern noch ältere, wohl mindelzeitliche, beobachten (S. 314 und Fig. 153).

Bei Stein-Säckingen nahm der Helvetische Gletscher noch das über Bänkerjoch, Staffelegg und Bözberg übergeflossene Rhone-Eis auf (Karte 3).

Durch H. Heusser (1926) sind im Rheintal zwischen Waldshut und Basel verschiedene ehemalige Rhein-Rinnenabschnitte bekannt geworden, die durch das vorstoßende Eis mit Schottern und Moräne eingedeckt wurden, so daß sich der Rhein nach dem Abschmelzen des mindel- und des rißzeitlichen Eises neue Rinnenstücke ausräumen mußte. Zwischen Randen und Wehra-Mündung stand das Helvetische Eis wiederholt in Kontakt mit mündendem Schwarzwald-Eis (C. Schmidt, 1892; R. Tschudi, 1904; M. Pfannenstiel, 1958; Pfannenstiel & G. Rahm, 1964, 1966; Rahm, 1970). Die rißzeitliche Stirn lag im Hochrheintal E von *Möhlin*. Flache Endmoränenwälle begrenzen das Bekken von Säckingen–Wallbach. Sie lösen sich vom Fuß des Zeinigerberg ab und sitzen echten flachliegenden Hochterrassenschottern auf (Fig. 154). Als schmale Reste lassen diese über Basel längs des Sundgauer Hügelrandes bis gegen Mulhouse verfolgen. An sich den Mündungen von Ergolz, Birs, Birsig, Wiese und Kander stehen sie in Verbindung mit denen der Seitentäler.

N von Säckingen stand das Helvetische Eis bis auf 500 m Höhe. An der S-Flanke des Eggbergs bildete sich eine periglaziale Blockhalde. Mit steiler Zunge mündete von N der Wehra-Gletscher. Im bewegungsarmen Kontaktbereich entwickelte sich eine Rundhöckerflur mit subglaziären Abflußrinnen. Bereits beim Eisrückzug wurde ihre Oberfläche von Schmelzwässern zerschnitten. Ihre unregelmäßige Auflagerungsfläche fällt bis Bartenheim bis 250 m, ihre Oberfläche bis 270 m ab (A. Gutzwiller & E. Greppin, 1916k, 1917k; P. Herzog, 1956k; O. Wittmann, 1952k, et al., 1970k). In tieferen Teilen treten bis über $m^3$-große, durch Eisschollen verdriftete Blöcke auf.

Die Hochterrassenschotter mit alpinen und Schwarzwald-Geröllen werden bei Wyhlen von mächtigen, verrutschten, verschwemmten und solifluidal umgelagerten Lössen bedeckt. Über den Hochterrassenschotterrest am Hörnli, an der Landesgrenze S von Riehen, lassen sie sich zwanglos mit denjenigen des Oberrheintales verbinden.

Im Löß-Profil von Wyhlen (F. Moog, 1939; O. Wittmann, 1977) folgt über dem Hochterrassenschotter zunächst der «untere Lehm», ein 3–8 m mächtiger Schwemmlehm, darüber – mit einer zweiten Diskordanz – der «ältere Löß», der – neben einer berühmten Säuger- und Schnecken-Fauna (L. Rütimeyer, 1891; Gutzwiller, 1895; Moog, 1939; Fischer et al., 1971, sowie S. 196) – sich durch Kalkgehalt, Farbe, Größe der Konkretionen und eingelagerte Kalkbänke auszeichnet. Doch liegen die Karbonat-Konkretionen nicht mehr in der ursprünglichen Situation, unter dem zugehörigen Paläoboden. Wittmann möchte sie vom höheren Hang herleiten, so daß er dieses rund 5 m mächtige Schichtglied gar nicht mehr der Riß-Eiszeit zuordnen möchte, um so mehr als er am E-Ende des Aufschlusses auch noch ein Relikt eines noch älteren, überfluteten Lösses feststellen konnte. Da das Fossillager noch von einem 4–8 m mächtigen jüngeren Würm-Löß überlagert wird, rückt diese Fauna in den Bereich der Würm-Eiszeit.

Im Raum von Basel liegt das Aufschüttungsniveau des Hochterrassenschotters rund 20 m höher als dasjenige der würmzeitlichen Niederterrasse.

Das über den Oberen und Unteren Hauenstein geflossene Eis sammelte sich als Ergolz-Lappen, der unterhalb von Liestal stirnte (Karte 3).

Durch die Jura-Klusen eingedrungenes Rhone-Eis rückte mit von den Ketten abgeflossenem Eis auf breiter Front über die Jura-Hochflächen bis nach Burgund vor. Dabei reichte seine Oberfläche in weiten Bereichen über die Schneegrenze empor, so daß das ohnehin spärliche Moränengut weiter «verdünnt» wurde. Der Außenrand ist schwer zu fassen, da Endmoränen fehlen und nur geringe Moränendecken, Erratiker, Abflußrinnen und Stauschotter Hinweise geben.

*Der rißzeitliche Linth/Rhein-Gletscher*

Von Sargans wandte sich neben dem durch das Rheintal abfließenden Rhein-Eis bereits zur Riß-Eiszeit ein kräftiger Arm durch die Walensee-Talung zum Linth-Gletscher. Spuren der Eisüberprägung zeichnen sich noch auf dem Gonzen (1829 m) und auf dem Tschuggen (1881 m) ab, so daß die Eisoberfläche an der Bifurkation von Sargans bis auf über 1900 m gereicht haben dürfte (Bd. 2).
N von Walenstadt stand das Eis noch auf über 1750 m, auf Säls NE von Quinten auf über 1650 m. In der Churfirsten-Alvier-Kette dürften einzig durch den Sattel N des Sichelchamm (1836 m) und durch die Nideri (1833 m) etwas Eis nach N übergeflossen sein. Ebenso floß wohl noch Eis NE von Amden über die Hinter Höhi (1416 m) ins Toggenburg, während von der rund 120 m höheren Vorder Höhi das Firn-Eis einerseits ins Toggenburg, anderseits gegen Amden abgeflossen sein dürfte.
Am Durchbruch von Ziegelbrücke treten rißzeitliche Rundhöcker bis auf 1465 m auf. Auch an der Höch Farlen (1623 m) deuten Eisüberprägungen darauf hin, daß das rißzeitliche Eis an der Konfluenz mit dem Linth-Gletscher bis auf 1500 m stand.
Würmzeitliche Erratiker liegen am E-Grat des Hirzli bis auf 1100 m (J. Oberholzer, 1933, 1942k; A. Ochsner, 1969k), am SW-Ende des Mattstock auf 1220 m (Arn. Heim in Heim & Oberholzer, 1907k). Am SW-Grat des Federispitz reichte würmzeitliches Linth/Rhein-Eis bis auf 1270 m. Auf Ober Nideren NW des Hirzli fand H.-P. Frei (mdl. Mitt.) noch einen rißzeitlichen Biotitgneis-Erratiker auf 1470 m.
Am Regelstein S des Ricken liegen oberhalb des Regulasteins Schrattenkalk-Findlinge auf 1285 m (Arn. Escher, 1867, Tageb. XI; A. Gutzwiller, 1872; Fig. 38), weitere, ein Kieselkalk, gar auf der Kuppe, auf 1315 m (Fig. 159). Damit stand das rißzeitliche Eis um 200 m höher als das würmzeitliche (Bd. 2).
Am Stöcklichrüz (1248 m) SW von Lachen reichen Kieselkalk-, Schrattenkalk- und Hirzli-Nagelfluh-Blöcke bis auf 1240 m, die höchsten Würm-Moränen bis auf 1035 m. Auf Chrüzweid zwischen Dritte Altmatt und Einsiedeln liegen Findlinge bis auf 1190 m (R. Frei, 1912b; H.-P. Müller, 1967), E des Gottschalkenberg bis 1170 m, die höchste Würm-Moräne auf 970 m. Alpeneinwärts dürfte sich die Differenz zwischen den Maximalständen der Riß- und der Würm-Eiszeit etwas verringert haben, zungenwärts stieg sie wenig an. Bei Boppelsen, S der höchsten Erratiker – vorwiegend Verrucano – die auf der Lägeren bis auf 810 m reichen (F. Mühlberg, 1901k), beträgt sie 230 m. Darüber erscheint dieser östlichste Faltenjuragrat schärfer. Zugleich treten vermehrt Kalkblöcke auf, die im Periglazialbereich losgesprengt worden sind.
Verrucano-Erratiker am Sihlsee S von Willerzell (Müller, 1967) bekunden ein Eindringen des Linth/Rhein-Eises, das den Sihl-Gletscher stark zurückgestaut hatte. Rundhöcker auf 1260 m belegen eine Transfluenz von Wägital-Eis über die Sattelegg (1190 m). Da in den Schottern am Ratengütsch, S des Überganges von Biberbrugg zum Ägerisee,

Fig. 159 Im östlichen Mittelland liegen die höchsten rißzeitlichen Erratiker – helvetischer Kieselkalk – auf der vom Eis überprägten Kuppe des Regelstein (1315 m) SE des Rickenpasses.

noch Verrucano-Gerölle auftreten (R. FREI, 1914), drängte das Linth- das über Rothenthurm vorstoßende Muota/Reuß-Eis bis Dritte Altmatt–St. Jost zurück. Verrucano-Erratiker auf dem Albishorn (910 m) und Blöcke von Speer-Nagelfluh auf dem Üetliberg auf 850 m bekunden über dem Albiskamm Linth/Rhein-Eis noch in einem Abschmelzstand.

Der Zufluß würmzeitlichen Hohronen-Eises (Bd. 2) sowie die Bildung eiszeitlicher Kargletscher in den Vogesen, die von 800 m bis 650 m ins Moseltal abstiegen (S. 399), geben auch Hinweise auf die Bildung der Erosionstrichter der Albiskette. Die klimatische Schneegrenze lag im Würm-Maximum am Bachtel um 1050 m (Bd. 2); bis Zürich sank sie auf unter 1000 m. In diesen Trichtern häufte sich Schnee an, vor allem in späten Vorstoßphasen; noch im beginnenden Spätglazial blieb er dort lange liegen. In Vorstoßphasen früherer Kaltzeiten bildeten sich bei einer Schneegrenze um 900 m in Quelltrichtern Kargletscher aus, bis der heranrückende Linth/Rhein-Gletscher ihre Erosionsleistung mit steigender Eishöhe mehr und mehr bremste und beim Höchststand die ganze Kette – zusammen mit dem Reuß-Gletscher – überfuhr.

Im Hörnli-Gebiet liegt ein Riß-Erratiker, ein Glaukonitsandstein aus den Churfirsten, beim Dreiländerstein auf 993 m. Während der Sattel zwischen Chli Hörnli und Silber-

büel noch überschliffen ist, dürften Regelsberg (1085 m), Silberbüel, Chli Hörnli (1073 m) und Hörnli (1133 m) über die rißzeitliche Eisoberfläche emporgeragt haben. Auf ihren N- und E-Seiten entwickelten sich kleine zufließende Firnfelder.
Von der W-Seite des Schauenberg erwähnt J. Hug (1907) Moräne bis auf 870 m. Im Höchststand dürfte das Eis über dem Schauenberg bis auf 900 m gereicht haben.
Die Grenze zwischen rißzeitlichem Bodensee-Rhein- und Linth/Rhein-Gletscher verlief vom Regelstein über Chrüzegg–Schnebelhorn–Hörnli–Schauenberg–Eschenberg–Bülach–Schöfflisdorfer Egg zum Acheberg bei Zurzach. Verrucano-Erratiker fand R. Tschudi (1904) noch in der Moräne bei Säckingen.

*Die rißzeitliche Eishöhe des Reuß-Gletschers in der Zentralschweiz*

In der Zentralschweiz liegen rißzeitliche Erratiker an der NE-Seite der Rigi-Hochflue, am Gottertli, bis auf 1380 m (A. Buxtorf, 1916k). Aufgrund des rundhöckerartig überschliffenen W-Grates dürfte der rißzeitliche *Reuß-Gletscher* W des Kaltbad bis auf 1250 m gereicht haben. Dies bedeutet gegenüber dem würmzeitlichen Maximalstand auf der W-Seite (Bd. 2) eine Differenz von rund 200 m.
An dem vom westlichen Roßberg gegen N abfallenden Grat stellen sich Rundhöcker bis 1250 m ein; am östlichen Gipfel finden sich solche bis 1230 m. J. Kopp (1947) gibt bis gegen 1200 m Riß-Moräne an. R. Frei (1912b) erwähnt Erratiker vom Großmattstollen (1165 m). Damit stand das rißzeitliche Reuß-Eis auch am Roßberg gegen 200 m über dem höchsten würmzeitlichen Niveau. Auf der S-Seite des Hochstuckli (1566 m) reichte das Eis bis auf nahezu 1400 m. An der Haggenegg (1410 m), der Holzegg (1405 m), der Müsliegg (1426 m), der Ibergeregg (1406 m) und an der Sternenegg (1497 m) stand Muota-Eis bis auf die Paßhöhen zum Sihl-Gletscher. Da auch diese von Firneis erfüllt waren, kam es nicht zu Transfluenzen.
Schon zur Riß-Eiszeit erhielt der Reuß-Gletscher über den Brünig einen mächtigen Zufluß von *Aare-Eis*. Wie eisüberprägte Grate belegen, stand das Eis über der Paßhöhe bis auf 1900 m. Am Ächerli, dem Sattel zwischen Stanserhorn und Arvigrat, reichte es auf 1400 m (P. Christ, 1920), an der Mündung des nordöstlichen Pilatus-Gletscher bis auf 1280 m.
In den höchsten Ständen bedeckte das Reuß-Eis zwischen Aare/Rhone- im W und Linth/Rhein-Gletscher im E das zentrale Mittelland von der Bramegg bei Wolhusen und vom Zugerberg bis zum Aare-Durchbruch. Selbst die höchsten Erhebungen lagen noch unter dem Eis, wie Moränendecken mit Erratikern dokumentieren (F. Mühlberg, 1910k).
Durch das von Thun gegen NE vorstoßende *Aare/Rhone-Eis* wurde der Emmen-Gletscher bei Schangnau gestaut und über Marbach–Wiggen–Escholzmatt durch das Entlebuch an den W-Rand des Aare/Reuß-Gletschers abgedrängt. An der Würzenegg SE von Malters finden sich rißzeitliche Erratiker bis auf die Kuppe (Kopp et al., 1955k). Das Eis stand somit dort bis auf mindestens 1170 m, an der Spinnegg, der Konfluenz von Rümlig- und Riseten-Gletscher, bis auf 1070 m, im Mündungsbereich des über Mettilimoos übergeflossenen Entlen-Eises und an der Bramegg bis auf über 1000 m. Im luzernisch-aargauischen Grenzgebiet liegen Erratiker auf den höchsten Kuppen: im Schiltwald (850 m), auf dem Stierenberg (872 m), auf dem Lindenberg (878 m), auf den Eggen E von Ober Kulm auf 780 m bzw. 750 m (Mühlberg, 1910k).

*Die Talanlagen im südlichen Aargau*

Neben den tektonisch angelegten, zur Aare entwässernden Haupttälern von Wigger, Suhre, Wyna, Hallwiler See–Aabach, Bünz und Reuß bildete sich spätestens im Mittelpleistozän im südlichen Aargau eine Reihe von Schmelzwässertälern aus, die später durch das vordringende Eis ausgeweitet wurden.
Als der Wigger-Lappen des *Aare/Reuß-Gletschers* bei Aarburg auf das *Aare/Rhone-Eis* stieß, flossen randliche Schmelzwässer der beiden durch das Pfaffnerental ab. Ein Teil des Wigger-Eises wurde vom Aare/Rhone-Eis S der Born–Engelberg-Kette durch die Talung von Safenwil gegen Kölliken gedrängt.
NE von Reiden fanden Schmelzwässer mit solchen des westlichen Suhren-Lappens ihren Abfluß durchs Ürketal, solche des östlichen flossen durchs Ruedertal gegen Schöftland.
Bis in die Riß-Eiszeit dürfte die Limmat von Wettingen durch die Dättwiler Talung ins Reußtal abgeflossen sein. Erst dann wurde – wohl subglaziär –, tektonischen Linien folgend, der Durchbruch von Baden geschaffen (C. SCHINDLER, 1977).
Aus dem Seetal wandten sich wohl bereits präwürmzeitlich Schmelzwässer von Dürrenäsch ins Wynental und von Fahrwangen über Sarmenstorf ins Bünztal, im Reußtal solche von Fislisbach durch die Talung von Dättwil gegen Baden.

*Riß- und prärißzeitliche(?) Schotter zwischen Suhrental und Hallwiler See*

Auf den Höhen zwischen Suhrental und Hallwiler See liegen außerhalb der Reichweite der würmzeitlichen Gletscher mehrere, teils moränenbedeckte fossilleere Schotter. F. MÜHLBERG (1910K) betrachtete sie als rißzeitlich, stärker verkittete, horizontal geschichtete Vorkommen dagegen – je nach Höhenlage – als Ältere und Jüngere Deckenschotter, die er der Günz- bzw. der Mindel-Eiszeit zuwies. Immerhin gibt er zu, daß die Schotter auf der Fornech NW von Unterkulm «wegen ihrer Lage, ihrer etwas unregelmäßigen Schichtung und der unvollkommenen Rundung der Geschiebe, auch als Schotter der größten Vergletscherung gedeutet werden könnten», er hätte jedoch darin keine gekritzten Geschiebe gefunden. Die Schotter auf dem weiter N gelegenen Pfendel-Ischlag sind mäßig gerundet; die nuß- bis kopfgroßen Gerölle liegen ohne jede Verkittung in oberflächlich stark verwitterten Schotterdecken der marinen Molasse auf. Ferner weist MÜHLBERG darauf hin, daß die Gerölle der von ihm aufgrund der Höhenlage als Ältere Deckenschotter gedeuteten Ablagerung auf dem Buttenberg W von Rickenbach LU und die als rißzeitlich betrachteten Schotter der Wampfle NNE von Zetzwil sehr ähnlich, jene nur geschichtet und stärker verkittet wären. Da verkittete Partien von Schottern der Größten Vergletscherung oft bis tief in die Täler hangparallel einfallen, mußten die Täler bereits existiert haben. W von Leutwil reichen die Schotter

▷ △

Fig. 160 Rißzeitlicher, von Schottern und Erratikern erfüllter Kolk in der Oberen Meeresmolasse am Gigerweg im Rietel SW von Zofingen AG.

Fig. 161 Randglaziäre über 40 m mächtige Schrägschichten in der Grube Gubel SE von Schöftland AG von rißzeitlicher Moräne eingedeckt. Blick gegen N.
Photos von Fig. 160 und 161: Dr. C. ROTH, Zofingen.

▷

der Wampfle bis auf 670 m herab; 2 km SE davon stehen als Ältere Deckenschotter betrachtete Schotter bis 650 m herab; dazwischen, an der Egg, liegen sie in 750 m Höhe der Molasse auf. Das weiter NW, an der Dürrenäscher Egg, auf 715 m auflagernde Vorkommen, das an die rißzeitlichen Wampfle-Schotter anschließt, betrachtete MÜHLBERG als Jüngeren Deckenschotter (S. 303).

Da sich nirgends mächtigere warmzeitliche Verwitterungshorizonte beobachten lassen und weder Verkittungsgrad noch horizontale Schichtung als Kriterien für ein höheres Alter angeführt werden können, sind all diese, im Geröllinhalt sich nicht unterscheidenden Ablagerungen kaum zwingend drei verschiedenen, sondern allenfalls nur einer einzigen, der Riß-Eiszeit, zuzuweisen.

Ebenso dürften auch die von U. P. BÜCHI (mdl. Mitt.) beim Chiesboden und auf der Hochwacht, beide zwischen Egliswil und Ammerswil, festgestellten, hochgelegenen verkitteten Schotter sowie diejenigen auf der Hochfläche von Goferen SE von Lenzburg (H.-P. MÜLLER, mdl. Mitt.) in der späten Riß-Eiszeit abgelagert worden sein. Auch im unteren Wigger- und im Suhrental wurden randliche Schotter abgelagert (Fig. 160, 161).

*Die präwürmzeitliche Ausräumung des Birrfeld*

Da im südlichen Birrfeld (405 m) außerhalb der äußersten Würm-Endmoränen über 130 m mächtige Quartärablagerungen – vorwiegend Schotter – erbohrt wurden, muß die präwürmzeitliche Ausräumung beträchtlich gewesen sein. Die vom E-Ende des Chestenberg gegen den SW-Rand des Reußtales bis auf 410 m bzw. auf 430 m aufragenden Vorkommen von Malmkalken und von Unterer Süßwassermolasse deuten darauf hin, daß der Reuß-Gletscher längs eines eingedeckten Bruch(?)-Randes gegen NW vorgefahren sein muß und längs dieser Schwächezone ausgekolkt hat. Auch weiter S im Reußtal, bei Sulz N von Bremgarten, beträgt die Quartärfüllung über 150 m (H. JÄCKLI, 1966K).

P. MÜLLER (1957, schr. Mitt.) konnte im Birrfeld aus mehreren über 70 m tiefen Bohrungen einigermaßen korrelierbare Pollenprofile aufnehmen. Von einer Tiefe von über 70 m bis 40 m herrscht mit über 70% bald die Rot-, bald die Weißtanne vor. Dann tritt diese zurück und die Föhre steigt rasch an. Um 24 m erscheint *Abies* nochmals, während *Pinus* kurzfristig zurückfällt. Dann wechseln die Anteile erneut: *Pinus* beginnt mit 65–90% vorzuherrschen; *Picea* klingt langsam ab, und *Abies* bleibt meist unter 10%. Untergeordnet treten Buche, Hainbuche, Linde und Eiche, seltener Birke und Erle auf. Da extrem kaltzeitliche Pollen bis in die höchsten Schotter fehlen, spricht diese Abfolge für eine Auffüllung im Letzten Interglazial und in den Interstadialen des vorstoßenden Würm-Gletschers. Bis auf eine Tiefe von über 70 m (= 320 m ü M.) liegen weder riß- noch prärißzeitliche Ablagerungen vor.

*Emmental und Entlebuch zur Riß-Eiszeit*

Im Emmental und Entlebuch auftretende Erratiker belegen das Eindringen des Rhone- und des von ihm aufgestauten Aare-Eises durch Quertäler ins Emmental (I. BACHMANN, 1883; A. BALTZER, 1896; F. ANTENEN, 1902, 1910; H. A. HAUS, 1937; R. F. RUTSCH, 1967). Mehrere Rhone-Findlinge sind um Röthenbach und Eggiwil bekannt geworden

(RUTSCH, 1967). Aare-Erratiker – Tschingelkalk, Grindelwalder Marmor – fanden W. LIECHTI (1928) und G. DELLA VALLE (in RUTSCH, 1967) E von Eggiwil auf 1070 m. Die zur Emme führenden Täler müssen spätestens in der Mindel-Eiszeit, wohl schon in der ersten, über die würmzeitliche Reichweite vorgedrungenen Vereisung angelegt worden sein.
Durch den Stau des Rhone-Eises wurde der Zulg-Gletscher gegen NE über den Sattel von Rotmoos (1190 m) gegen Schangnau abgedrängt. Dort wurde auch dem Emmen-Gletscher der Abfluß gegen NW verwehrt, so daß dieser nur entlang der rechten Flanke durch die Talung von Marbach gegen Wiggen abfließen konnte.
Aufgrund der bis auf 1350 m reichenden Überformung der Molassehöhen um Schangnau, dürfte das Eis um 1400 m gestanden haben, so daß neben der Honegg (1546 m) nur Wachthubel (1415 m), Lochsitenberg (1484 m), Steingrat (1521 m) und, weiter N, Pfyffer (1315 m) und Rämisgummen (1301 m) als firnbedeckte Nunatakker emporragten.
Bei Wiggen wurde dem Aare/Emmen-Eis der Weg durch das auf breiter Front von Röthenbach–Eggiwil und von Langnau gegen E vordrängende Rhone-Eis über den Sattel von Escholzmatt (852 m) ins Entlebuch gewiesen.
Vor Schüpfheim wurde der Waldemmen- und vor Entlebuch der Entlen-Gletscher gestaut und an die rechte Talflanke gedrängt. Von Flühli floß Waldemmen-Eis über flache Sättel (1223 m, 1252 m) längs des Alpenrandes zur Kleinen Entlen. Wiederum zeigt sich eine Eisüberprägung bis auf über 1300 m. Im Entlebuch fand H. MOLLET (1921) E von Schüpfheim Moräne bis auf 1150 m. SE des Dorfes wurde die Molasse bis auf 1200 m glaziär überformt. Über die Sättel der Wissenegg und von Mettilimoos floß Entlen-Eis zum Rümlig, wo es vom Pilatus- und von gegen NW vorrückendem Aare/Reuß-Eis gestaut wurde. Bei Wolhusen wurde auch das durchs Entlebuch abfließende Rhone/Aare/Emmen-Eis gebremst, so daß ihm nur ein schmaler Streifen zwischen Aare/Reuß- und N des Napf gegen E vorstoßendem Rhone-Eis verblieb.
Am Napf konnte A. ERNI (in R. FREI, 1912b) Spuren des Aare/Rhone-Gletschers bis auf mindestens 1050 m nachweisen. Noch am NE-Ausläufer fand er (in ALB. HEIM, 1919) einen Smaragdit-Gabbro und einen Arolla-Gneis SW von Menzberg auf 890 m. Dagegen wurden die von J. STEINER (1926) E von Wolhusen und schon von F. J. KAUFMANN (1872) vom Buttenberg N von Willisau erwähnten Rhone-Blöcke wohl würmzeitlich aufgegriffen.
Als prä- bis frührißzeitliche Ablagerungen betrachtet E. GERBER (1941, 1950K) im Emmental hochgelegene, glazifluviale Schotter, Höhenschotter, die auf beiden Talseiten – besonders S von Lützelflüh und weiter im SE (RUTSCH in/und DELLA VALLE, 1965) – als Relikte der Molasse aufliegen. Sie enthalten vorwiegend Aare-Gerölle, doch sind auch Rhone-Gerölle nachgewiesen. Nach GERBER würden sie sich einem alten Talboden zuweisen lassen, der rund 60–80 m über dem heutigen lag. Bei Lindenweid S von Landiswil werden sie auf 910 m von 2–3 m lehmiger präwürmzeitlicher Grundmoräne überlagert.
Da jedoch die Deckschicht eher bescheiden ist, dürften diese Schotter bei einem Spätriß-Vorstoß abgelagert worden sein. Damals stießen Lappen des vom Rhone-Gletscher gestauten Aare-Eises erneut gegen das Emmental vor. Ihre geröllführenden Schmelzwässer ergossen sich gegen NE. Zugleich schob sich von Burgdorf eine Zunge Emme-aufwärts vor und dämmte einen Stausee ab, in den die Schotter abgelagert worden sind.

Fig. 162 Die bereits im Pliozän fluvial angelegten Gräben von Trub und Risisegg. Die Grateggen (Mittelgrund) wurden noch vom rißzeitlichen Rhone-Eis überprägt. In den Talschlüssen des Höch Sureboden und des Napf entwickelten sich noch in der Würm-Eiszeit kleine Kar-Gletscher.
Aus: P. Burkhalter et al., 1973. Photo: Chr. Wüthrich, Trub.

## *Die Talbildung im Napf-Bergland*

Neben den radialen Entwässerungsrinnen reichen im Napf-Gebiet auch die Anlagen der Talung Sumiswald–Weier–Huttwil–Hüswil und die Ausweitung des Langetentales mindestens bis in die Prärißzeit zurück (Fig. 162). Sie wurden vom vorstoßenden Eis ausgeweitet und vertieft, ihre Sättel überschliffen. Noch im Spätriß waren sie von Zungen des Rhone-Eises erfüllt, das durch das westliche Mittelland vorgedrungen war und auch das Aare-Eis nach NE abdrängte. Rand- und subglaziäre Schmelzwässer fanden ihre Abflußwege durch die Quelläste der Önz und durch das Öschenbachtal. Eine weitere, mit verkitteten, mehrere Meter tief verwitterten Schottern gefüllte Rinne verläuft E des Langetentales E von Rohrbach über Wyßbach gegen Madetswil-Oberdorf und über Gutenberg gegen Lotzwil.
Das Lutherntal war noch von einem vom Napf bis über Luthern-Dorf reichenden Gletscher erfüllt, so daß die Schmelzwässer Rinnen eintieften, die dann von den Baren- und den Zeller-Schottern eingedeckt wurden (Fig. 163).
Von Gettnau dürfte ein Lappen des Aare-Waldemmen-Reuß-Eises Luthern-aufwärts vorgedrungen und auf von Huttwil sich gegen E geflossenes Aare/Rhone-Eis gestoßen sein. Randliche Schmelzwässer floßen durch die Quelläste der Rot gegen Murgenthal.

Fig. 163 Das Lutherntal mit Brisegg, Zell (Bildmitte) und dem Schieferkohlengebiet von Hüswil–Gondiswil von E. Links im Hintergrund Huttwil. Das einst vom rißzeitlichen Aare/Rhone-Gletscher überprägte nördliche Napf-Vorland war bereits kräftig durchtalt, als die frühwürmzeitliche Flur der Zeller Schotter von der von S einbiegenden Luthern geschüttet wurde. Mit dem Abschmelzen der Eisbarriere bei Gettnau wurde sie zerschnitten. Ein Erosionsrelikt ist rechts im Vordergrund zu erkennen.
Aus HANTKE, 1968. Photo: Militärflugdienst, Dübendorf.

## *Das Napf-Bergland zur Riß-Eiszeit*

Die Reichweite des Rhone-Eises gegen das Napf-Bergland läßt sich aufgrund der am nächsten herangeführten Erratiker ermitteln: ein Walliser Quarzit im hinteren Goolgraben (I. BACHMANN, 1883), Smaragdit-Gabbros bei Rafrüti NNE von Langnau, bei Vorder Churzenei E von Sumiswald (A. BALTZER, 1896), bei Bodenänzi SW von Luthernbad (F. NUSSBAUM, 1909) und SW von Menznau (A. ERNI in ALB. HEIM, 1919), sowie rund 70 Rhone-Blöcke im hintersten Älbach WSW von Luthern (ERNI et al., 1943). Ein Quarzsandstein mit Nummuliten im Hornbachgraben, Habkern-Granite um Trub (E. BÄRTSCHI in J. STEINER, 1926) auf 1050 m und ein solcher S von Menzberg auf 920 m belegen eine Mindest-Eishöhe von über 1050 m im W und von 920 m im NE. Im Hornbach fand B. TRÖHLER (1978) neulich einen 7 m³ großen Granit-Erratiker mit Fremdschollen, der entweder aus dem Montblanc-Gebiet oder aus dem Wildflysch stammen dürfte.
Aufgrund der Blöcke im Tügbödili-Graben im hintersten Groß Fontannen zwischen 980 m und 940 m, im Groß Fontannen bis 750 m, im Goldbach bis auf 890 m und im

untersten Chrachengraben bis 825 m (STEINER, 1926) muß Eis aus dem Entlebuch bereits in einer Zunge über den Sattel der Schindelegg (1062 m) NNE von Escholzmatt und – auf breiter Front von der Schüpfer Egg (1021 m) an – ins Fontannengebiet übergeflossen sein. W der Schindelegg reicht die Moränendecke bis auf über 1100 m hinauf. N von Schüpfheim stand das Eis bis auf über 1050 m, worauf auch die rundhöckerartige Überprägung der Molasserippen hindeutet.
Eisfrei blieben nur die breitausladenden Felsgrate über 1100 m sowie die S- und SW-Flanken. Die höchsten Kuppen und Grate trugen Firnkappen und Gipfelgwächten. An den vom Wind schneefrei geblasenen Stellen über der Eisoberfläche, vorab an den S-exponierten Hangflächen, konnte sich selbst während der größten Vergletscherung eine anspruchslose Flora und Fauna überdauern (S. 175).
Aus den NE-Karen traten bei einer Schneegrenze um 1100 m Lokalgletscher aus, die vom Rhone-Eis aufgestaut wurden. Umgekehrt erlaubten diese Napf-Gletscher kein allzu tiefes Eindringen von Aare/Rhone-Eis, so daß die mitgeführten Erratiker nicht bis in die Karmulden gelangen konnten.
Aus dem Wiggertal sind Rhone-Erratiker zwischen Willisau und Gettnau sowie vom Buttenberg bekannt geworden (F. J. KAUFMANN, 1872; R. FREI, 1912b; ERNI, 1943). Daß zwischen gegen NE vordringendem Rhone- und fächerförmig sich ausbreitendem Reuß-Gletscher noch etwas Aare-Eis gegen NE abfloß, wird durch einen Grindelwalder Marmor N des Sattels zwischen Schloßrued und Unterkulm belegt (O. FREY, 1907).

### *Prärißzeitliche (?) Vegetationsabfolgen im Aare-System*

Eine bis in die Mindel/Riß-Interglazialzeit (?) zurückreichende Vegetationsabfolge konnte M. WELTEN (1972, in B. FRENZEL et al., 1976) bei Meikirch NW von Bern unter mächtiger Würm-Moräne aufdecken. Unter warmzeitlichen Abschnitten des Frühwürm und des Riß/Würm-Interglazials (?) tritt – ohne rißzeitliche Grundmoräne und sichtbaren Schnitt im 70 m langen Bohrprofil, jedoch unter einem pollenarmen kaltzeitlichen Abschnitt – nochmals eine für das Alpen-Vorland fremd anmutende Vegetationsabfolge auf. Da sie eine gute Übereinstimmung mit Profilen aus dem Holstein-Interglazial der nordeuropiäschen Vereisung zeigt, möchte sie WELTEN dieser, die darüber liegende Kühlzeit der Riß-Eiszeit gleichsetzen.
Auch in Profilen der untersten Kander, die bis 40 m unter das Thunersee-Niveau reichen, sind die tiefsten Abschnitte nach WELTEN und V. MARKGRAF (in FRENZEL et al., 1976) am ehesten mit solchen aus dem vorletzten Interglazial zu vergleichen. Damit hätte der Aare-Gletscher am Alpenrand und das Rhone/Saane-Eis NW von Bern bereits vor dem vorletzten Interglazial kräftig ausgeräumt.
Die warmzeitlichen Vegetationsabfolgen unterhalb von riß/würm-interglazialen lassen – zusammen mit den außerhalb des nordöstlichen Bodensee-Rhein-Gletschers (S. 293) aufgefundenen – das bereits früher angezweifelte mindel- bzw. günzzeitliche Alter der im Mittelland als Jüngerer und als Älterer Deckenschotter bezeichneten Ablagerungen (HANTKE, 1962) auch aus paläobotanischer Sicht fraglich erscheinen.
Eine kräftige Eintiefung bis unter das heutige Talniveau mußte bereits vor der vorletzten Interglazialzeit, spätestens durch den mindelzeitlichen Gletscher, erfolgt sein. Da die Auskolkung tektonisch angelegte Depressionen und Schwächezonen bevorzugte, kommt diesen für die Rekonstruktion des quartären Reliefs entscheidende Bedeutung zu.

Die bereits im Pliozän, bei der Platznahme der Helvetischen Decken, tektonisch aufgerissene Längsfurche des Brienzersees und die Querstörungen bei Interlaken und im Thunersee-Gebiet wiesen bereits dem altquartären Aare-Gletscher den Weg. Mit den verschiedenen frühen Eisvorstößen bestimmten sie die Kolkbereiche, die im Brienzersee bis auf 700 m, im Thunersee bis auf 500 m Tiefe ausgeschürft worden sind (A. MATTER, et al., 1973, 1971).
Damit gerät die von P. BECK (1934) im Aare-System im Oberhasli und im Simmental aufgestellte Altersdeutung der Felsterrassen-Systeme ins Wanken. Wie weit Teilstücken allenfalls eine andere, etwa durch verschiedene Eisstände bedingte Bedeutung zukommt, bleibt noch zu untersuchen.

### *Der rißzeitliche Aare-Gletscher*

In der Riß-Eiszeit wurde der Aare-Gletscher, der die Eismassen des Berner Oberlandes sammelte, bereits N von Thun vom nach E vorstoßenden Arm des Rhone-Gletschers kräftig zurückgestaut und von ihm durch die seitlichen Täler ins Emmental abgedrängt. Bereits V. GILLIÉRON (1885) fand an der Pfyffe auf 1340 m und am Gurnigel auf 1320 m Rhone-Erratiker, vorab Vallorcine-Konglomerat. Ein solches Geröll und ein Smaragdit-Gabbro, die sich E der Aare auf dem Leenhubel S von Zäziwil in glazifluvialen Schottern unter Würm-Moräne fanden (P. BECK in BECK & RUTSCH, 1949K), wurden wohl bereits nahe dem S-Rand des rißzeitlichen Rhone-Eises abgelagert, vom würmzeitlichen Aare-Gletscher wieder aufgegriffen und weiterverfrachtet. Der nur 2,5 km weiter S, am Churzenberg, auf 1125 m liegende Gneis-Block bezeugt einen Transport durch den Aare-Gletscher.
Der Grat des Churzenberg dürfte oberhalb von 1170 m als Insel emporgeragt sein. Auf Hinter Naters E von Eggiwil liegt ein Glimmerquarzit auf 1170 m und ein Habkern-Granit auf 1180 m. Weiter E, auf Hinter Rämisgummen, stand das Eis, aufgrund von Habkern-Graniten, bis auf 1280 m (ANTENEN, 1902). All diese Erratiker bekunden, neben einer Transfluenz über den Brünig (1008 m), ein Überfließen von Eis ins Emmen-System. S der Zulg fand ANTENEN (in P. BECK, 1911K) einen Gneis-Block auf Vorder Hornegg auf 1300 m.
Auf der E-Seite des hinteren Gießbachtales fand G. RAHM (mdl. Mitt.) faustgroße Aare-Granite auf 1780 m, die über dem oberen Brienzersee eine rißzeitliche Eishöhe um über 1800 m annehmen lassen.

## Der rißzeitliche Rhone-Gletscher und die Vergletscherung des Jura

### *Präriβzeitliche Flußläufe um Fribourg*

Im Gebiet um Fribourg stellten R. SIEBER (1959), CH. EMMENEGGER (1962) und J.-P. DORTHE (1962) tief eingeschnittene Flußläufe der Saane, der Glâne, der Ärgera und ihrer Zuflüsse in die Präriß-Zeit. So floß damals die Saane aus der Schlucht des heutigen Lac de la Gruyère in zwei Schleifen gegen W, zunächst in einer südlichen über Farvagny le Grand–Posat–Magnedens, nahm bei Posat die Glâne und bei La Pile SW von Fribourg

die Ärgera auf und wandte sich dann in einer nördlichen über Matran–Rosé–Corjolens. Während eines zeitweisen Zurückschmelzens beim generellen Vorstoß zum Riß-Maximum stellte sich ein neues Fluß-Regime mit Ablenkungen um bereits existente Moränen-Ablagerungen ein, so etwa am nordöstlichen Lac de la Gruyère.
Aus der Hochriß-Eiszeit haben sich nur in Vertiefungen Reste blockiger Grundmoräne erhalten.
Durch jüngere, wohl Riß/Würm-interglaziale Flußläufe wurden die älteren Rinnenfüllungen wieder angeschnitten und beim nächsten Eisvorstoß zunächst eingeschottert und dann von Moräne überlagert (Bd. 2).

*Die Eisoberfläche des Rhone-Gletschers im westlichen Mittelland zur Riß-Eiszeit*

Bereits V. Gilliéron (1885) hat von der S-Seite der Pfyffe (1666 m) bis auf 1340 m durch Rhone-Eis aus dem Unterwallis verfrachtete Erratiker von Vallocrine-Konglomerat und Verrucano erwähnt.
Auf der SW-Seite des Guggershorn NE von Guggisberg liegt ein Couches-Rouges-Block aus den Romanischen Voralpen auf 1250 m. Das rißzeitliche Eis stand dort – aufgrund der Eisüberprägung – jedoch noch höher. Vom Gipfelgrat des Schwendelberg (1296 m) erwähnt G. Schmid (1970) weitere Erratiker: Klippen-Malmkalke und Flysch-Sandsteine. Weder diese Findlinge, noch jene, die J. Tercier (1961 k) N des Schwyberg und zwischen den beiden Sensen, auf 1435 m, verzeichnet hat, bekunden die höchste Eisoberfläche, floß doch über der Schneegrenze stets noch Eis von den Hängen zu.
In der Letzten Eiszeit glitten zahlreiche Blöcke mit dem Bodenfließen wieder etwas talwärts oder wurden vom Lokaleis aufgegriffen.
Da auf der NW-Seite des Mittellandes, auf dem Mont d'Amin zwischen Neuchâtel und La Chaux-de-Fonds, ein Walliser Block auf 1395 m liegt, dürfte das Eis am Alpenrand mindestens bis auf 1450 m gereicht haben. Weiter E, auf der E-Seite des Gurnigel, liegen die höchsten Findlinge auf 1300 m (Bd. 2).
Am Alpenrand der Haute-Savoie fand bereits A. Favre (1867) an der Pointe d'Andey (1877 m) die höchsten, durch den Arve-Gletscher verfrachteten Montblanc-Granite auf 1665 m. Für das Gebiet der noch gut 20 km weiter NNW gelegenen Voirons (1480 m) E von Genf ergäbe sich damit für den Konfluenzbereich von Arve- und Rhone-Eis eine Eisoberfläche von rund 1450 m, was sich mit den höchsten, rund 250–300 m tiefer gelegenen würmzeitlichen Erratikern decken würde, die nach A. Lombard (1939) dort bis gegen 1200 m hinaufreichen.

*Der äußerste Eisrand des Rhone-Gletschers zwischen der Bresse und der Bas-Dauphiné*

In der Mindel- und in der Riß-Eiszeit überfuhr der Rhone-Gletscher – dank Zuschüssen aus dem südlichen Jura – das Plateau der Dombes und überprägte die liegenden älteren Schotter in eine wellig-kuppige Landschaft mit sumpfigen Senken. Dabei rückte das Eis bis gegen Bourg-en-Bresse (L. A Necker, 1841) und an die Saône vor (E. Benoît, 1858a, b; A. Falsan & E. Chantre, 1879, 1880; A. Penck in Penck & Brückner, 1909; Ch. Depéret, 1913, 1922 k). Diese nahm Schmelzwasserstränge auf und wirkte als Urstrom.

Fig. 164 Die äußersten Riß-Moränen des Rhone-Gletschers auf dem Plateau der Dombes, die auf verwitterten Schottern und rostroten Dombes-Sanden des Villafranchian aufruhen.
Photo: Dr. G. MONJUVENT, Grenoble.

Bei Lyon fuhr das Rhone-Eis auf die östlichen Abhänge des Massif central auf und hinterließ die Moränen von Fourvière (R. BLANCHET, 1844; F. BOURDIER, 1961, 1962). Die Verwirklichung der geologischen Karte von Lyon, die Kenntnis von rund 1000 Bohrungen und der großen Tiefbauwerke der Stadt ließen L. DAVID (1967) erkennen, daß die Geschichte des frontalen Rhone-Gletschers sich erst nach dessen Maximalstand am E-Rand des Massif central nachzeichnen läßt, da neue Überschüttungen von Moräne und Wiederaufarbeitungen sich kaum unterscheiden lassen. Zugleich hätten auch die Periglazial-Effekte vieles wieder zerstört.
Dagegen hinterließ der Rhone-Gletscher beim Abschmelzen von den äußersten Hügeln eine gut erhaltene Glazialmorphologie, die es erlaubt, einzelne Abschmelzphasen zu unterscheiden, wenn es auch nicht gelingt, die einzelnen Schwankungen des beginnenden Zurückschmelzens vom Maximalstand über das Stadium von Fourvière über weitere Stirnbereiche miteinander zu verbinden.
Dann schmolz das Eis kräftiger zurück und stieß erneut gegen den E-Abhang der äußeren Hügels vor. Dabei hinterließ es die Moränen des Stadiums von Grigny und von Chasse-Communay, wobei diese letzten wohl nur Rückzugsstaffeln des Stadiums von Grigny darstellen.
Hernach erfolgte der Eisabbau mit größerer Regelmäßigkeit bis zu den inneren Hügeln. Während dieses Stadiums von St-Just-Chaleyssin wurden die unteren Teile von Abfluß-

rinnen aufgelassen. Die Eisfront stellte sich bei den Hügeln von Grenay ein, wobei sich wiederum mehrere Staffeln abzeichnen.
Dann schmolz der Gletscher erneut zurück und hinterließ schließlich die bereits außerhalb des Lyonnais gelegenen Staffeln des Stadiums von Morestel.
Da DAVID auch in den alten Fluß-Terrassen lediglich Verflachungen in der Moränen-Topographie – und nur selten wirkliche Terrassen – feststellen kann, kommt er zum Schluß, daß der Rhone-Gletscher das östliche Lyonnais nur in einer einzigen Vereisung – nach ihm allerdings in der Würm-Eiszeit – erreicht hätte. Damit meint DAVID allerdings nicht, daß auch im alpinen Raum nur eine einzige Vergletscherung existiert hätte. Ältere Vereisungsspuren wären nach ihm nur weiter im E und sehr wahrscheinlich nur unter diesen Ablagerungen zu finden. Dabei ist es ihm jedoch nicht möglich, seine Stadien den F. BOURDIER (1961) unterschiedenen 5 Phasen der Würm-Eiszeit zuzuordnen. A. PENCK (1909) und mit ihm viele neuere Autoren verbinden indessen die Stände um Lyon mit der Riß-, einige gar die äußersten mit der Mindel-Eiszeit.
Von Lyon verlief die Eisfront längs dem Massiv-Rand. Saône- und Rhone-Schmelzwässer tieften eine Abflußrinne ein, den Torso, der bei Givors wieder die heutige Rhone aufnimmt. Von Givors bog der Eisrand zunächst gegen SE, dann, nach Vienne, gegen E, um das Plateau von Bonnevaux herum.
Auf Sylve-Bénite (740 m), NW von Voiron, liegt unter oberflächlich verwitterter rißzeitlicher Moräne zunächst eine entkalkte tonige Schicht mit Kristallin-Erratikern, darunter ein gekappter, rotgefleckter fossiler Boden über lehmiger Unterlage (Löß ?), dann eine noch ältere Moräne mit kleineren Blöcken und Geröllen (F. BOURDIER, 1961, 1962; G. MONJUVENT in BONNET, A., et al., 1971; Fig. 165).
Im unteren Isère-Tal weist P. MANDIER (1973) zwei höhere Terrassenreste der Riß-Eiszeit zu: einen tieferen, die Terrasse von St-Marcel, mit aufliegenden Schwemmfächern, Sandern, des an den NW-Rand des Vercors vorgestoßenen Gletschers, und einen höheren, die Terrasse von St-Jean.
Das nur in Relikten erhaltene höchste System, die Terrasse von Fouillouse, weist MANDIER in die Mindel-Eiszeit.
Dank des um Voiron-Rives von SE zufließenden Isère-Eises rückte das Rhone/Isère-Eis durch die Talung der Bièvre vor. Bei Faramans–Pajay und Thodure–Beaufort lösen sich von den Talflanken Endmoränen ab. Zugleich setzen Schotterfluren ein, die sich durch die Valloire bis St-Rambert im Rhonetal verfolgen lassen, wo die höchste 60 m über der Rhone ausstreicht. Über Grenoble dürfte das Eis bis gegen 1500 m gereicht haben (MONJUVENT, 1971). Nach dem Durchbruch durch die Subalpinen Ketten am E-Sporn des Plateaus von Chambaran spaltete es sich in zwei Lappen. Der eine floß über die Schwelle von Rives, der andere Isère-abwärts bis St-Lattier unterhalb von St-Marcellin (MONJUVENT in M. GIDON et al., 1969 a, b).
Bei Tourdan W von Faramans tritt eine noch höhere Schotterflur auf, die aufgrund der tiefgründigen Verwitterung der Deckschicht, eines Ferretto, wohl der Mindel-Eiszeit zuzuweisen ist. Darunter liegt eine noch ältere Moräne (BOURDIER, 1961, 1962).
Spätere Rückzugslagen zeichnen sich in der Bièvre-Valloire in einer Folge von Moränenstaffeln ab. Ebenso tritt dort eine tiefere, in die Schotterflur vor den Moränen von Faramans–Beaufort eingeschnittene – eingeschachtelte – Terrasse auf. Bei La Côte St-André konnten W. KILIAN & M. GIGNOUX (1911, 1916) diese mit tieferen, ebenfalls lößbedeckten Seitenmoränen verbinden.
DEPÉRET (1913) glaubte Moränen des Stadiums von La Côte St-André auch in der

Fig. 165 Auf Sylve Bénite (750 m) NW des Lac de Paladru bei Voiron, einem isolierten Hügel aus sandig-mergeliger miozäner Molasse und stets nur geringer Eisdecke, liegt eine über 25 m mächtige Abfolge mit gekritzten Geschieben. Über einer tiefsten Moräne ($M_3$) mit kieseligen Geröllen (Quarze, Quarzite, Quarzsandsteine), einigen Kristallin- und Sandstein-Geröllen und wenigen völlig durchgewitterten Kalken folgt ein unterer 2 m mächtiger Verwitterungslehm ($L_2$) mit basalem Pisolith-Horizont. Mit unregelmäßiger Auflagerungsfläche liegt darüber eine nächste, ca. 5 m mächtige Moräne ($M_2$) mit geringerem Anteil an verwitterungsresistenten Geröllen und reichlich frischen Kalken. Darüber folgt, wiederum mit basalem Pisolith-Horizont, ein oberer 2,5 m mächtiger Verlehmungshorizont ($L_1$) mit Würge-Strukturen im Hangenden. Über einer sandig-lehmigen Kontaktzone gelangte eine oberste rißzeitliche (?) Moräne ($M_1$) mit zahlreichen frischen Kalken und zurücktretenden kieseligen Geröllen zur Ablagerung. Dann folgt noch eine dünne Sandlage und ein bis 2,5 m mächtiger Boden (B). Im Vordergrund liegen verrutschte Massen.
Photo: Dr. G. MONJUVENT, Grenoble.

Plaine lyonnaise zu erkennen, die er mit einer tieferen Terrasse zu korrelieren suchte. U. KUHNE (1974) möchte die Terrassen der Valloire – aufgrund morphologischer, schotteranalytischer sowie chemo-physikalischer Befunde an Paläoböden – vier Eiszeiten zuordnen. An ihrer Bildung war – neben dem Isère-Gletscher – auch durchs Tal von Liers vordringendes Rhone-Eis beteiligt. Wie in der Dombes hält KUHNE den weitesten Vorstoß für prärißzeitlich.

### *Das Eindringen rißzeitlichen Rhone-Eises in den vergletscherten Hochjura*

Zwischen von Bellegarde über Nantua und von Vallorbe und Ste-Croix über Pontarlier – Ornans bis Maizières vordringendem Rhone-Eis (J.-A. DELUC, 1782; J.-A. DELUC le jeune, 1813, 1818, 1819; F. MACHAČEK, 1905; A. PENCK & E. BRÜCKNER, 1909; F. NUSSBAUM & F. GYGAX, 1935; P. FALLOT & A. ROBAUX, 1942 K) rückte das Jura-Eis auf breiter

Front gegen NW und W vor (L. AGASSIZ, 1836; A. FAVRE, 1847; J. PIDANCET & CH. LORY, 1847). In einzelnen Lappen reichte es bis gegen Lons-le-Saunier und gegen Salins. Schon A. DELEBEQUE (1902) beobachtete in der Vallouse, 23 km S von Lons-le-Saunier, alpine Gerölle, und H. VINCIENNE (in F. BOURDIER, 1961) erwähnt welche von Hautecour im Tal des Suran, 16 km E von Bourg-en-Bresse. Dies bedeutet, daß ein Arm – ein geringerer noch in der Würm-Eiszeit – von Bellegarde gegen W über Nantua vordrang, das Jura-Eis in der Valserine, der Val Semine und der V. Romey zurückstaute und mit einer Zunge noch in das untere Tal der Bienne eindrang.

Gestautes Jura-Eis verhinderte auch ein Eindringen von Rhone-Eis durch die Furche des Col de la Faucille (1320 m) in die Valserine, das bis auf gut 1400 m gereicht haben dürfte. Das über den 100 m niedrigeren Col de la Givrine (1228 m) übergeflossene Rhone-Eis wurde durch Jura-Eis «verdünnt», so daß alpine Erratiker äußerst selten sind. Nach NUSSBAUM & GYGAX (1935) wäre es im oberen Tal der Bienne bis Morez gelangt; H. LAGOTALA (1955) lehnt dagegen ein solches Eindringen ab.

Die Jura-Hochtäler – die Vallée de Joux, das oberste Doubs-Tal, die Combe de Mijoux sowie die Senken zwischen La Cure und St-Claude – waren aber selbst noch in der Würm-Eiszeit von den Hochflächen des Mont Tendre (1679 m), des Noirmont (1568 m), von der Dôle (1677 m), vom Grand Risoux (1419 m), von der Forêt de la Frasse (1495 m) und den NW gelegenen Waldhöhen derart von Jura-Eis erfüllt, daß das kalottenartig von den Hochzonen abströmende Jura-Eis das Rhone-Eis am Vordringen nach NW hinderte (Bd. 2).

Auf den Jura-Hochflächen zwischen Frasne und Salins-les-Bains konnte schon L. ROLLIER (1908) verschiedentlich weiter verfrachtetes Moränengut beobachten, so bei der Station Lajoux, N von Boujailles, bei Arc-sous-Montenot und bei Ste-Anne, wo er – wie bei Arc-sous-Montenot – auch Gletscherschliffe feststellen konnte (Karte 1).

Im zentralen Jura bei Pontarlier glaubt J. TRICART (1952) drei Vereisungsphasen auseinanderhalten zu können: jüngste Ablagerungen mit etwas alpinen, vorwiegend aber Gesteinen lokaler Herkunft weist er der Würm-Eiszeit zu. Ältere Moränen im Tal des Doubs mit reichlich Rhone-Erratikern, die von einem braunroten, entkalkten, tonigen Boden mit Manganeisen-Konkretionen eingedeckt werden, weist er der Riß-, aufliegende Fließerde der Würm-Eiszeit zu.

Glazifluviale Schotter um Chaffois-Vuillecin, NW von Pontarlier, möchte TRICART, aufgrund einer stärkeren Oberflächen-Verwitterung und dem Vorherrschen von Residualgeröllen mit hohem alpinem Anteil, der Mindel- und der Günz-Eiszeit zuweisen.

Über Pontarlier drang Rhone-Eis in der Riß- und wohl schon in früheren Eiszeiten durch das seit dem Pliozän sich eintiefende Tal der Loue bis über Ornans hinaus, bis 16 km vor Besançon, vor, was durch Gletscherschliffe und gerundete Jura- und Chloritgneis-Erratiker, des Rhone-Gletschers belegt wird. Dabei erhielt es vom Mont Pelé (1049 m) und vom Bois du Désert letzte Zuschüsse sowie Schneezuwachs bis gegen die Loue-Quelle. Die Verfirnung der Jurahöhen reichte jedoch noch bedeutend weiter gegen N als die äußersten alpinen Erratiker. Die Ketten des Crêt Monniot (1142 m), des M. Vouillau (1160 m) und des Repend (1063 m) lieferten noch Zuschüsse (Karte 1).

N von Le Bizot floß Jura-Eis nicht nur gegen N, sondern auch gegen SE. Dieses bremste das vordringende Rhone-Eis; zugleich verhinderte es die Ausbildung von Stirnmoränen. Spätrißzeitliche Rückzugslagen zeichnen sich in der Vallée de la Loue durch Schotterfluren und Moräne mit Erratikern bei Vuillafans und bei Mouthier ab. Dagegen sind die Rinnen oberhalb der Loue-Quelle als solche würmzeitlicher Jura-Eismassen zu deuten.

Ebenso wandte sich bereits in der Riß- und in älteren Kaltzeiten ein Eislappen vom Lac de St-Point gegen NW und von Pontarlier gegen W, gegen Salins, wobei Schmelzwässer durch die Täler des Lison, der Furieuse und durch die Quelläste der Loue abflossen. Dies bedingte noch am Jura, in der Achse des ins Mittelland austretenden Rhone-Gletschers, bedeutende Eishöhen: am Suchet (1588 m) und am Chasseron (1607 m) rund 1450 m (L. von Buch, 1815; Alb. Heim, 1919).
F. Matthey (1949 in 1971) konnte in der Chasseron–Soliat-Kette rißzeitliche Moräne aufgrund von Schwermineralien – Epidot, Glaukophan, Hornblende, Rutil – bis auf über 1400 m Höhe nachweisen.

*Der Berner Jura im Riß-Maximum*

Auf den Hochflächen der Franches Montagnes sind Rhone-Erratiker selten. L. Rollier (1893) erwähnt solche auf der Montagne du Droit bei La Juillarde auf gut 1200 m, bei Les Pruats auf 1150 m, unter den Torfen von Chaux d'Abel um 1000 m und, als externste, einen Arkesin-Block bei Cerneux-Godat, Chloritschiefer bei Cerneux-Madeux, Le Russey und Bonnétage (Karte 1).

Fig. 166 Das unvermittelte Einsetzen des tief in die Jura-Hochfläche eingeschnittene Tal des Dessoubre, der Vallée de Notre Dame de Consolation, unter dem Roche du Prêtre, 14 km NW von Le Locle, belegt mit dem dahinter gelegenen sanften Senken mindel- und rißzeitliche Eisrandlagen des von Morteau nach N vorgestoßenen Jura- und Rhone-Eises. Austretende aggressive Schmelzwässer haben die wohl bereits pliozän angelegte Talung kräftig vertieft.
Photo: A. Pharisat, Besançon.

Am Ende flacher Becken beginnende Schmelzwasserrinnen deuten auf Eisrandnähe. Das bei den Dessoubre-Quellen mit breiter Sohle einsetzende Tal dürfte durch beidseits des Roche du Prêtre über 300 m abfallende, reichlich Schmelzwasser liefernde Eiszungen entstanden sein. Es wäre so bereits rißzeitlich kräftig eingetieft gewesen und hätte mit dem Quellast der Reverotte schon in früheren Kaltzeiten als Sammelstrang die Schmelzwässer mehrerer Eislappen aufgenommen (Fig. 166).
Weiter gegen NW dürften sich bis in die Montagnes du Lomont (840 m) unzusammenhängende Firnareale mit von Eiszungen erfüllten Becken entwickelt haben, worauf viele breit angelegte Rinnen hindeuten, die von dem von St-Ursanne gegen W sich wendenden Doubs aufgenommen werden.
Walliser Erratiker – ein Gneis auf dem Mont d'Amin in 1395 m (H. L. Otz, 1876; Ph. Bourquin et al., 1968 K[1]), Blöcke beim Hof Jobert NW von Biel auf 1300 m (Rollier, 1893) und an der Montoz-Kette auf der Montagne de Sorvelier in 1265 m – belegen das Vordringen von Rhone-Eis über den Sattel von Boinod (1155 m) NW der Vue des Alpes, über den 1132 m hohen Übergang zwischen Mont d'Amin und Chasseral, und N und NE von Biel in den Berner Jura (Karte 1).
Der in der östlichen Montoz-Kette auf 1200 m gelegene Gneis-Erratiker (E. Grosjean, 1852) wurde wohl durch den Sattel des Bürenberg (1170 m) verfrachtet.
Zwischen Mont d'Amin und Chasseral drang Rhone-Eis aus dem Val de Ruz ins Vallon de St-Imier vor, was zwischen Le Pâquier und St-Imier durch zahlreiche Erratiker – Amphibolite, Quarzite, Prasinite, Chloritgneise, Mont-Blanc-Granite, Kieselkalke, Quarzsandsteine, Flysch- und Molassesandsteine – belegt wird.
Zwischen Montagne du Droit und Montoz floß Eis ins oberste Birstal über. Dadurch wurde dasjenige von der Montagne du Droit oberhalb von Tramelan gestaut, was E von Tavannes, auf La Rochette, durch Rhone-Erratiker bekundet wird. Ebenso drang Rhone-Eis über den Sattel von Le Fuet ins Becken von Bellelay vor. W. Rothpletz (1933) fand in der Rinne E der Anstalt noch Walliser Blöcke.
Die bis auf 1090 m auftretenden vergneisten Granite bei Pré la Patte auf der S-Seite des Montoz sind einer um 150 m tieferen spätrißzeitlichen Randlage zuzuordnen.
Anderseits floß von den Franches Montagnes und von der Moron-Kette (1336 m) Eis über Châtelat–Monible, über Sornetan und über Souboz durch die Sorne-Klusen gegen Bassecourt. Bei Undervelier nahm der *Sorne-Gletscher* einen Zuschuß von Lajoux und von den Höhen von Cerniers de Rebévelier (1075 m) auf. Im Mündungsbereich bildeten sich Rundhöcker (616 m). Von E mündete der Soulce-Gletscher, dessen Firngebiet in der Kette Rochet–Montagne de Moutier gegen 1170 m anstieg. N von Soulce stand das Eis auf 800 m; Schmelzwässer flossen über Pré de Chenal gegen Courfaivre ab (Fig. 167).
Von Montfaucon und St-Brais wandte sich Eis durch die Combe Tabeillon über Glovelier zum Sorne-Gletscher. Die Felsbuckel um Foradrai WSW von Glovelier sind noch überschliffen.
Vom Mont Russelin (872 m), vom Jolimont (1030 m), den Höhen um Frénois (1029 m) und von der Kette Derrière Château–La Montagne (1133 m) hingen Zungen gegen Glovelier, Bassecourt, Courtételle und Châtillon herab, was durch frontale Schmelzwasserrinnen und ausgedehnte Sackungen belegt wird. Die im westlichen Delsberger

[1] Neben dem Konglomerat-Gneis aus dem Wallis (Karbonmulde von Salvan-Dorénaz ?) liegt noch ein Quarzitblock. Die beiden befinden sich jedoch 50 m weiter E als auf der Karte eingezeichnet.

Fig. 167 Im Tal von Soulce–Undervelier lag das rißzeitliche Eis noch so hoch, daß Schmelzwässer durch die 200 m höhere einsetzende Rinne ins westliche Delsberger Becken abfließen konnten. Im Delsberger Becken: Glovelier (Mitte), Bassecourt (rechts), dahinter das Gebiet der Vogesenschotter des Bois de Robe, im Hintergrund die Caquerelle-Kette.
Photo: Militärflugdienst Dübendorf.

Becken zwischen Glovelier und Bassecourt aufragenden Hügel von Vogesen-Schottern wären von den gegen einander vorstoßenden Zungen des Tabeillon- und des Sorne-Gletschers noch etwas modelliert worden. Außerhalb des rißzeitlichen Eisrandes hätten S von Bassecourt und N von Courfaivre die Hochterrassenschotter eingesetzt. A. Favre (1884k) verzeichnet W von Bassecourt noch einen Malmkalk-Erratiker. Dieser, ursprünglich als Menhir aufgestellt, liegt heute christianisiert in der Hubertus-Kapelle in Bassecourt (H. Kirchner, 1955).
Die Jura-Ketten waren gegen N bis in die *Ajoie* vereist. Aus den Karen der Montgremay-Ordons-Kette (995 m) schoben sich Eiszungen bis gegen Courtemautruy, Cornol und Asuel vor. Der Burghügel W von Asuel wurde noch vom Eis überprägt. Die Schmelzwässer durchbrachen in engen Schluchten die Mont Terri-Kette und sammelten sich im Becken von Alle.
Auch die Talung von Rocourt über Chevenaz gegen Porrentruy sowie der Durchbruch der Allaine von Alle über Porrentruy–Boncourt nach Delle sind als glazial angelegte Abflußrinnen zu deuten. Nur über Permafrostboden vermochten sich diese bei erhöhter Schmelzwasserführung in die Oberjura-Kalke einzutiefen.
Vom Höhenrücken der Caquerelle (951 m) hingen Eiszungen bis 700 m in die Combe Chavat E von St-Ursanne herab, was Schuttwälle und Mündungskerben belegen. Eine weitere Zunge endete SW von Seigne-Dessous.

Fig. 168 Rebeuvelier mit zwei Schmelzwasserrinnen (gegen rechts), die vom vergletscherten N-Abfall der Raimeux-Kette hinaus ins eisfreie Delsberger Becken führen. Im Hintergrund der Durchbruch der Birs durch die Vellerat-Montchemin-Kette nach Courrendlin.
Photo: Militärflugdienst Dübendorf.

Kalkige Doubs-Schotter bei Montmelon-Dessous und Brémoncourt (P. Diebold et al., 1963 K) bekunden wohl vor der Stirn von Kargletschern unterhalb des Mont Russelin und von Epiquerez abgelagerte rißzeitliche Schotter.

Auch die Faux d'Enson–Montgremay-Kette S von Porrentruy war auf ihrer N-Seite verfirnt. Vom Faux d'Enson (927 m) reichte ein Gletscher gegen W bis 750 m, unter dem Gros Buisson (912 m) in N-Lage bis 680 m, beim Montgremay (940 m) in NNW-Exposition noch tiefer. Aus verlehmten Lössen N von Porrentruy hat schon J.-B. Greppin (1870) einen Mammut-Stoßzahn erwähnt.

Die E und W von Montavon ausgebildeten Rinnen sind wohl von Schmelzwässern eingekerbt worden, die von den Firnfeldern der Ordons- und der Caquerelle-Kette gegen SE abflossen. Dabei wurden auch die oberpliozänen(?) Vogesenschotter im westlichen Delsberger Becken kräftig zerschnitten.

In der *Vallée* de *Tavannes* erhielt das über Pierre Pertuis überfließende Rhone-Eis außer von den Franches Montagnes Zuschüsse von der Montoz–Grenchenberg-Kette (1405 m) und vom Moron (1336 m). Von der Graitery-Kette (1280 m) hing ein Gletscher bis Les Ordons, bis gegen 1000 m, herab (H. Vogel, 1934). Ebenso erfolgte eine Transfluenz von Rhone-Eis über den Ober Bürenberg (1175 m) zwischen Montoz und Grenchenberg in die Vallée de Tavannes, was neben Rundhöckern auf der NE-Seite des

Montoz ein Arolla-Gneis auf 1200 m belegt (E. GROSJEAN, 1852; L. ROLLIER, 1893; E. SCHLAICH, 1934). Dabei dürfte die Zunge den durch die Vallée de Tavannes abfließenden Birslappen noch erreicht haben. S von Pontenet gibt SCHLAICH Moräne mit alpinen Geschieben bis auf 900 m an.

Im Becken von Bellelay liegen Erratiker bis auf 950 m (ROTHPLETZ, 1933). Am S-Hang reichte das Tal-Eis noch höher hinauf, wurde aber durch Jura-Eis abgedrängt. Noch bei Court stand es um 900 m, was Rundhöcker und eine NE von Champoz (849 m) einsetzende Abflußrinne belegen (SCHLAICH, 1934). Um 800 m verschwanden die Schmelzwässer unter das Eis und schufen die Combe Fabet S von Perrefitte.

Bei Plain Fayen nahm das im *Becken von Moutier* sich ausbreitende Rhone-Eis Zuschüsse von der östlichen Moron-Kette (1200 m) und vom Mont Girod (1045 m) auf; größere Eismassen flossen von der Graitery–Oberdörferberg-Kette (1297 m), von der Walenmatt (1240 m) und vom Mont Raimeux (1302 m) zu.

Auf der S-Seite des Weißenstein liegen Eklogit-Blöcke auf Nesselbodenweid um 1150 m; auf dem Niederwiler Stierenberg fand P. STAEHELIN (1924) einen Flyschsandstein auf 1180 m. Über die Transfluenzsättel des Balmberg (1078 m) und E der Chamben (1050 m) floß Eis ins Dünnerntal. An der Wannenflue W von Oensingen stand das Rhone-Eis, wie Erratiker belegen (ROLLIER, 1893), auf 1010 m. Durch die Klus von Balsthal drang es ins *Dünnerntal*, nahm Firneis von der N-Abdachung der Weißenstein–Leberen-Kette (1333 m) auf und floß über die 769 m hohe Wasserscheide W von Welschenrohr nach Gänsbrunnen. Dort traf es mit Eis von der Hasenmatt (1445 m) zusammen. Im Konfluenzbereich bildeten sich Rundhöcker. Durch die Klus drang es ins Becken von Moutier ein.

Rundhöcker SW und S von Moutier (815 m und 692 m), Moränenreste von Plain Fayen, Stauschuttmassen NW von Moutier auf 770 m, eine W von Moutier einsetzende Schmelzwasserrinne, Serizitschiefer-Blöcke N von Crémines und Corcelles bis auf 650 m und ein Chloritschiefer auf 700 m (GREPPIN, 1855; R. ELBER, 1921) belegen beim Eintritt ins Becken von Moutier eine Eishöhe von über 800 m und beim Ausgang eine solche von 750 m. N von Corcelles wird der höchste Stand durch eine Stauschutt-Terrasse mit verkitteten Partien auf 760 m markiert. Das von der Raimeux-Kette abfallende Eis kolkte in die Molasse Hohlformen bis gegen die Talsohle. Nach dem Ausbleiben der Zuschüsse – vom Mont Raimeux gegen Roches und gegen Rebeuvelier, von der Montagne de Moutier gegen Roches und von La Montagne (1129 m) gegen Choindez – stirnte der Birsarm am Ausgang der Klus von Choindez. Die Verflachung von Hautes Roches (733 m) und der Sporn von Vellerat (666 m) dürften die Eishöhe in der Klus anzeigen. Die von GREPPIN (1855) bei *Courrendlin* neben gerundeten Geröllen erwähnten «petits blocs anguleux» aus den südlichen Walliser Tälern und aus dem Mont Blanc-Gebiet entstammen wohl eisrandnahen Partien des Sanders. Die von H. LINIGER (1925; W.T.KELLER & LINIGER, 1930K) angegebenen Hochterrassenschotter sind heute überbaut.

Gegen Rebeuvelier und gegen Tiergarten W von Vermes floß Raimeux-Eis bis ins Tal. NE von Roches bekunden Birsschotter einen alten Lauf (ELBER, 1921).

Bei Rebeuvelier setzen auf 665 m, am ehemaligen Gletscherende, nach NW und nach NE ins Delsberger Becken entwässernde Abflußrinnen ein (Fig. 168).

Im *Gabiare-* und *Scheltental* stiegen – bei einer klimatischen Schneegrenze um knapp 900 m – Gletscher von der Walenmatt (1240 m), vom Matzendörfer Stierenberg (1220 m) und von der Hohen Winde (1204 m) bis Vermes und Mervelier, bis unter 600 m ab.

Schon im *Delsberger Becken* treten in den Talsystemen Schelte, Birs und Sorne Hochterrassenschotter auf (LINIGER, 1925; W. T. KELLER & LINIGER, 1930K; D. BARSCH, 1968). Von Rossemaison S von Delémont lassen sich nur schmale Terrassenleisten durchs Birstal gegen Basel verfolgen, da der würmzeitliche Talboden fast die Breite des rißzeitlichen erreicht hat (A. GUTZWILLER & E. GREPPIN, 1916K; BARSCH, 1968). Der Schotterkörper ist nur geringmächtig, periglazial – durch Trockentälchen – und fluvial umgestaltet (BARSCH). Im Laufener Becken und am E-Rand des Bruederholz S von Basel wird er von mächtigem Löß bedeckt. An mehreren Stellen sind Erosionsniveaus eingeschachtelt (Fig. 169).

*Der Solothurner, Basler und westliche Aargauer Jura im Riß-Maximum*

Ins Tal von *Mümliswil* drang Rhone-Eis 9 km tief ein, staute das aus dem Talschluß, vom Matzendörfer Stierenberg und vom Zentner (1238 m) abfließende Eis bis gegen 1000 m auf und zwang es zur Transfluenz über Chratteneggli (903 m) ins *Lüsseltal.* Gleichzeitig floß Rhone-Eis über diesen Sattel sowie über den Beibelberg (955 m), was ein Walliser Kalksilikatschiefer-Erratiker auf 570 m in Unterbeinwil bekundet hat[1] (A. WAIBEL, 1925; in R. KOCH et al., 1933K; A. BUXTORF & P. CHRIST, 1936).
Nachdem dieser Transfluenzarm noch Jura-Eis aus dem Paßwang–Geitenberg-Gebiet und von der Hohen Winde aufgenommen hatte, stirnte er auf gut 500 m. Auch die Kare WNW der *Hohen Winde* beherbergten kleine Gletscher, die vom Trogberg (1073 m) und vom Rotmättli (1074 m) S von Erschwil bis 650 m abstiegen; der Schuttgrat SW von Unter Bös ist als Mittelmoräne zu deuten.
Das Lüssel-Tal ist denn auch als rißzeitliche Abflußrinne zu deuten. Noch in der Würm-Eiszeit sammelte es als Urstromtal die Schmelzwässer mehrerer Firnfelder.
Am Hinteren Heuberg NE von Mümliswil fand F. MÜHLBERG (1914K) Erratiker bis auf 945 m. Über den 1013 m hohen Übergang dürfte jedoch kaum Rhone-Eis ins Reigoldswiler Tal gelangt sein. Bei einer klimatischen Schneegrenze um 900 m entwickelten sich in den Quelltälern der Hinteren Frenke, deren Einzugsgebiet am Geitenberg bis 1132 m, am Schuttberg und an der Hinteren Egg WSW von Waldenburg bis gegen 1170 m emporreichte, wiederum Gletscher, die S von Reigoldswil bis 550 m, im südwestlichen Quellast bis Lauwil abstiegen. Aus der Karmulde von Aleten und vom Riedberg schoben sich Zungen bis vor Bretzwil und vor Nunningen; vom Zinglen- und vom Dürrberg stiegen welche gegen Zullwil ab.
Auch mehrere Höhen des *nordöstlichen Berner-*, *Solothurner-* und *Basler Jura* trugen auf ihrer NW-, N- und NE-Abdachung Firndecken.
Im Lee des NE-Kares des Rechtenberg (947 m) SW von Bärschwil dürfte Eis bis gegen 600 m gelegen haben. Auf der N-Seite der Roc-du-Courroux-Kette (855 m) hatten sich kleine Kargletscher ausgebildet, in ihrer Fortsetzung W der Delsberger Klus, in der Vorbourg-Kette (930 m) sowie in den N anschließenden Jura-Ketten markante längs- und querlaufende Abflußrinnen, durch welche sich die Schmelzwässer zur Lucelle/Lützel sammelten.

[1] Dieser ursprünglich 150 m NW von Joggenhus abgelagerte Block wurde später bei der Wirtschaft «Reh» in Unterbeinwil aufgestellt, wo er jedoch 1965 entwendet wurde.

Fig. 169 Ins Laufener Becken schütteten rißzeitliche Schmelzwässer von den vergletscherten Jurahöhen im S (rechts) und dem über den Paßwang übergeflossenen Rhone-Gletscherlappen eine Schotterflur, die von Birs, Lützel (von links unten) und Lüssel (im Hintergrund) durchtalt wurde. An der Birs: Laufen (links), S davon Wahlen, an der Lüssel Büsserach (rechts), dann Breitenbach und Brislach, an der Mündung Zwingen.
Photo: Militärflugdienst Dübendorf.

Auch östliche Quellgebiete der südlichen Birs-Zuflüsse waren verfirnt und die Kare von Gletschern erfüllt. Die bereits vorgezeichneten Furchen von Chaltenbrunnen-, Chastelbach- und Seetal wurden bei reichlichem Schmelzwasseranfall aus ihren verfirnten Einzugsgebieten kaltklimatisch weiter vertieft. SW von Seewen SO brach später ein Bergsturz nieder, der den Seebach zu einem 3 km langen See aufstaute (E. LEHNER in R. KOCH et al., 1933K).
Seismische Untersuchungen ergaben im Tal von Seewen eine Sedimentfüllung von über 20 m. Eine Pollenprobe in 10,7 m Tiefe mit reichlich *Corylus*, *Pinus* und etwas *Quercus* läßt diese – bei Fehlen von *Fagus* und *Abies* – in die frühe Wärmezeit, ins Boreal, stellen. Doch dürfte das Niederbrechen des Bergsturzes bereits früher – im ausgehenden Spätwürm? – erfolgt sein (W. HAEBERLI, A. SCHNEIDER & H. ZOLLER 1976).
Selbst noch auf der E-Seite des Gempen-Plateaus dürften sich im Lee der W-Winde kleine Kargletscher gebildet haben. Ihre Schmelzwässer tieften Oris- und Röserental ein und setzten an ihrer Mündung in die Ergolz bei Liestal dem über die Hauenstein-Pässe übergeflossenen Rhone-Eis zu.
In der *Blauen-Kette* hatten sich ebenfalls Firnfelder aufgebaut. Im Gewölbe-Aufbruch

NW des Brunnenberg (875 m) endete ein Gletscher unter 550 m, was bei der Schattenlage einer klimatischen Schneegrenze um 800 m gleichkommt.
W des Blauen (837 m) hatte sich auf der N-Seite ein Kar gebildet, dessen Gletscher, wie der gegen NE abfließende Firn, bis unter 650 m abstieg. Der gegen Hofstetten abfallende Schuttfächer ist wohl als Sanderkegel zu deuten.
Auch weiter W, auf der N-Seite der *Glaserberg-Kette* (811 m), hatten sich Kare ausgebildet. Die Schmelzwässer der darin gelegenen Gletscher schnitten enge Kerben in die Jurakalke und sammelten sich zur Ill.
Über den Oberen Hauenstein (731 m) floß Rhone-Eis ins *Waldenburger Tal*. Vom Helfenberg (1124 m), von der Hinter Egg (1169 m) und vom Belchenflue–Rehhag-Gebiet empfing es noch Zuschüsse.
Von Waldenburg wandte sich ein Lappen über Liedertswil gegen das Reigoldswiler Tal; die Front reichte N des Dottlenberg über Titterten bis Reigoldswil (P. SUTER, 1962), brandete am Horn (741 m) und an der Chastelen (741 m) auf und stieß über Arboldswil–Ziefen bis W des *Reigoldswiler Tales* vor, wo das Eis auf 570 m stand (KOCH et al., 1933 K; A. BUXTORF & P. CHRIST, 1936). H. SCHMASSMANN (1955) vermutet gar, daß es im hinteren Tal einen See aufgestaut hätte, der über die 610 m hohe Wasserscheide ins Seebacher Tal zur Birs abgeflossen wäre, doch konnte ein solcher nicht nachgewiesen werden (SUTER, 1962).
An der S-Flanke der Belchenflue reichte das Rhone-Eis auf 975 m. Eine geringe Transfluenz erfolgte über die Challhöchi (848 m) ins Diegtertal, eine bedeutendere in der Verlängerung des mündenden Wigger-Armes des Aare/Reuß-Gletschers über den Unteren Hauenstein (691 m) ins *Homburgertal*. Zugleich floß Rhone-Eis nach NE über Wisen gegen Zeglingen–Oltingen–Anwil und von Buckten nach W über Känerkinden ins Diegtertal (MÜHLBERG, 1915). Anderseits erhielt der Homburger Arm Eis vom Wisenberg (1002 m).
Nach den äußersten tektonischen Schuppen der Grenzzone zwischen Ketten- und Tafeljura vereinigte sich das übergeflossene Eis zu einem Ergolz-Lappen. Zungen flossen über die Senke von Anwil ins Fricktal, über Asphof ins Möhliner Tal.
Am Farnsberg (761 m) NE von Gelterkinden reichte das Rhone-Eis noch bis auf 650 m; beidseits flossen Zungen gegen Buus über. Auf der W- und auf der N-Seite bildeten sich kleine Kargletscher, die bis 550 m hinabreichten (Karte 3).
Über die Sättel zwischen Staufen (699 m) und Rickenbacher Flue (745 m) und zwischen Sissacher Flue (701 m) und Hard (661 m) hingen – durch Kristallin- und Quarzit-Geschiebe bzw. durch einen Nummulitenkalkblock dokumentiert – Eislappen gegen Wintersingen hinab. Wie weiter W, von den zwischen Hard, Schwardchöpfli (657 m), Grammet (589 m) und Alti Stell (614 m) übergeflossenen Zungen, tieften zum Rhein abfließende Schmelzwässer Rinnen ein.
Der Hauptstrom des über die Jurapässe übergeflossenen Rhone-Eises sammelte sich im Ergolztal und stirnte – wie die Deltaschotter vom Gotterli und die Moränen am Schilligsrain und an der Burghalde bei Liestal belegen – bei Frenkendorf. Dort setzen Sanderreste und von Löß bedeckte Hochterrassenschotter ein und bekunden das Vorfeld (F. LEUTHARDT, 1920, 1923; SUTER, 1926). C. DISLER (1945) erwähnt noch einen alpinen Gneis an der Mündung des Ergolztales; dieser dürfte jedoch mit einer Eisscholle verdriftet worden sein. Daß Erratiker durch Eisschollen nicht nur bis Basel, sondern zuweilen sehr weit verfrachtet wurden, belegt ein alpiner Nummulitenkalk in den altpleistozänen Mosbacher Sanden bei Wiesbaden (F. KINKELIN, 1901).

Fig. 170 Kar in der N-Flanke des Tiersteinberg vom Sattel zwischen Schupfart und Wegenstetten AG.

Auf der W-Seite des Dottenberg N von Olten stand Rhone-Eis bis auf 880 m (MÜHLBERG, 1914K). Über Balmis (791 m) floß ein Lappen gegen Oltingen, was auf Sodägerten S des Dorfes durch einen Aplit-Block auf 825 m belegt wird (SCHMASSMANN, 1955). N von Anwil, auf Limberg und Buschberg, sowie am S-Hang des Tiersteinberg (749 m) reichte das Eis höher empor als bisher angenommen wurde (R. FREI, 1912b; ALB. HEIM, 1919; HANTKE, 1965). Außer dem schon MÜHLBERG (1878) bekannten Hornblendegneis-Erratiker vom Buschberg auf 675 m fand F. GSELL (1968) bei Wegbauten am Tiersteinberg im Lehm alpine Gerölle – grüner Granit, Diorit, Flysch-Sandsteine, Sand- und Kieselkalke – bis auf 730 m, L. BRAUN (1920) Quarzitgerölle gar nahe dem Grat. Falls diese in der Riß-Eiszeit verfrachtet wurden, hätte das Eis S des Tiersteinberg bis fast auf den Grat gereicht. Bei Ausgrabungen der prähistorischen Siedlung auf dem Wittnauer Horn (668 m) konnte W. MOHLER (1936) jedoch keine glaziale Zeugen feststellen. Die geförderten Quarzitgerölle deutet er als Schleuder- und Mühlsteine. Neben alpinen Graniten, Gneisen, Flyschsandsteinen und Kieselkalken fanden sich Buntsandsteine, rote Quarzporphyre und Granite des Schwarzwaldes mit anthropogenen (?) Spuren; für sie alle nimmt MOHLER menschlichen Transport an. Um den NE-Sporn des Tiersteinberg stieß ein Lappen über Schupfart ins Mumpfer Tal vor. Nach dem Eisabbau brachen mehrere Sackungen nieder. Am N-Fuß der Hauptrogenstein-Wand dürfte sich ein kleines Eisfeld gebildet haben (Fig. 170).

Ein markanteres Kar hat sich in den Winterhalden SW des Tiersteinberg ausgebildet. Offenbar häufte sich in dieser N-exponierten Hohlform der von der Hochfläche des Kei verblasene Schnee zu einem Firn an. Dieser dürfte bis 500 m gegen Wegenstetten gereicht haben. Seine Schmelzwässer flossen mit denen von SW und von E eingedrungenen Rhone-Gletscherlappen über Zuzgen gegen Möhlin ab.

Ein weiteres Überfließen von Helvetischem Eis über die Juraketten ins Fricktal vollzog sich über Salhöf (772 m) gegen Kienberg, wo GSELL (1968) Moräne W der Rumismatt auf 850 m und weiter N, im Sattel der Burg, auf 775 m festgestellt hat, und über die Salhöchi (762 m) gegen Wölflinswil (Karte 3).
Im Stromstrich des Suhrental-Armes des Aare/Reuß-Gletschers floß Eis über die Staffelegg (621 m) gegen Frick und in der Verlängerung des Wynentales zwischen Homberg (776 m) und Gislifluh (772 m) über Thalheim und Buechmatt, die Senke zwischen Zeiher Homberg (783 m) und Dreierberg (758 m), ins Sißletal (Fig. 171).
Die randlichen Schotter mit alpinen Geröllen bekunden eine Stirnlage oberhalb von Frick (L. BRAUN, 1920; HANTKE, 1965; F. GSELL, 1968). In sie tieften sich Schmelzwässer ein. In der neuen Rinne gelangten bei geringerer Wasserführung bis 25 m mächtige, mehrphasig geschüttete Lokalschotter zur Ablagerung (Dr. E. HÖHN, mdl. Mitt.).
Am E-Grat der Gisliflue gibt MÜHLBERG (1908K) Moräne der Größten Vereisung bis auf 750 m an. Auf dem Grund (731 m) NW von Schinznach liegen Erratiker bis fast auf den Grat, bis 710 m (E. GERBER, mdl. Mitt.). Am S-Hang des Villiger Geißberg zeichnet MÜHLBERG (1908K) Moräne bis auf 690 m.
Ein letztes Überfließen von Rhone-Eis über Jurapässe erfolgte in der Verlängerung des Bünztales. Durch dieses stieß wiederum ein Arm des Reuß-Gletschers an den Jura vor. Durch die Bözberg-Senke (569 m) floß es zusammen mit Rhone-Eis, in breiter Front ins Sißletal über und vereinigte sich unterhalb von Frick mit dem durch das unterste Aare- und das Rheintal abfließenden Helvetischen Eis (S. 324). Zwischen Villiger Geißberg (700 m) und Frickberg (650 m) hing es an den Übergängen nach Dottwil, Gansingen, Sulz und Kaisten mit dem des Rheintales zusammen. Nur die allerhöchsten Gräte – Villiger Geißberg, Hottwilerhorn (646 m), Bürerhorn (671 m), Cheisacher (699 m) und Schinberg (722 m) – ragten – teils nur wenige Meter – über die Eisoberfläche empor.

Fig. 171 Buechmatt WN von Schinznach AG. Über die weite Senke der Gisliflue drang Rhone-Eis ins Schenkenberger Tal ein.

F. HOFMANN (1977) möchte die Anlage der Klettgau-Rinne, eine Eintiefung um 170 m (A. VON MOOS & P. NÄNNY, 1970; P. A. GILLIAND, 1970) – zusammen mit derjenigen des Lieblosen- und des Wangentales – erst nach der Ablagerung des Tieferen Deckenschotters (S. 307), vorab in der frühen Riß-Eiszeit sehen. Doch ist die Rinne wohl älter, da dessen Akkumulationsniveau auf 520 m eher die Aufschüttungshöhe während eines längeren, mindelzeitlichen (?) Eisrandes bekunden dürfte. Zugleich wäre damals auch die Thur-Rinne ausgeräumt worden, die sich durchs Rafzerfeld über Kaiserstuhl–Zurzach gegen Waldshut fortsetzt, wo sie sich mit der Klettgau-Rinne vereinigt. Die Wiedereinfüllung mit bis 100 m glazifluvialen Schottern, die in Kiesgruben bis 30 m tief erschlossen sind, wäre dagegen übereinstimmend beim erneuten Vorrücken des rißzeitlichen Thur/Rhein-Eises erfolgt.
Die alpinen Karbonat-Gerölle – vorab die Kalke – liegen bei den Rinnenschottern noch um 90%, der Kristallin-Anteil um 5%. Deutlich vertreten sind Ophiolithe aus dem Oberhalbstein (wohl aus der Molasse aufgearbeitet), Kalke vom Randen und Hegau-Vulkanite, vorab Phonolithe, kieselige Sinterkalke vom Hohentwiel–Mägdeberg und pisolithische Krustenkalke der Oberen Meeresmolasse.
Die Hauptstromrichtung verlief offenbar von Konstanz durch den Zellersee entlang der reaktivierten Schienerberg-Verwerfung. Bei Engen mündete von N ein wohl ebenfalls schon früher angelegtes, subglaziär vertieftes Schmelzwassersystem (A. SCHREINER, 1966K, 1970K). Zugleich wurden im nordwestlichen Bodensee-Gebiet bedeutende Molasse-Mengen ausgeräumt und nach W verfrachtet.
Nach einem längeren Stand um Schaffhausen drang das Eis erneut in den Klettgau vor. Über den Rinnenschottern liegt dort im E eine 3–4 m mächtige Blocklage mit bis 1 m großen Massenkalk-Erratikern der Thaynger Gegend. Das Zungenbecken des Oberen Klettgau stellt HOFMANN in die frühe Hochriß-Eiszeit, während es HANTKE (1963) ins Spätriß einstuft. Die außerhalb des Beckens abgelagerten sandig-tonigen Schwemmlehme sind – entgegen früherer Ansicht – auch nach P. FITZE (1973) kaum als Löß anzusprechen.
Der Eisvorstoß in die Klettgau-Rinne veranlaßte die Schmelzwässer zur Ablenkung nach S zur Thur-Rinne. Zwischen Schaffhausen und dem Rheinfall ist diese schluchtartig in die Malmkalke eingetieft; in der S anschließenden weicheren Molasse erweitert sie sich zusehens (ALB. HEIM, 1931; HEIM & J. HÜBSCHER, 1931K, HÜBSCHER, 1951). Damals erfolgte wohl auch die Ausräumung des Talsystems Untersee–Schaffhausen und der Quertalung Hegau–Ramsen–Rhein.
Die Verbindung von Schaffhausen zur Thur-Rinne und ihre Fortsetzung in den älteren Schottern unter dem Rafzerfeld wurde später mit Phonolith- und Randenkalk-führenden Schottern wieder eingefüllt (R. HUBER, 1956; A. LEEMANN, 1958; HANTKE, 1959, 1963), nach HOFMANN im Riß I/Riß II-Interstadial, wobei er allerdings eine weitere Erosions- und Umlagerungsphase zur Zeit des Vorstoßes zum Würm-Maximum für denkbar hält.
Im Riß-Maximum trafen Rhein- und Schwarzwald-Eis zwischen Klettgau und Wutach zusammen (S. 320). Ein Verrucano-Block auf dem südwestlichen Hallauer Berg bekundet alpines Eis (F. HOFMANN, 1977, 1978K).
Als firnbedecktes Nunatakker-Gebiet erhob sich das Randen-Plateau (924 m) über das anbrandende Rhein- und Wutach-Eis (F. SCHALCH, 1916K; M. PFANNENSTIEL & G.

Fig. 172 Die vom rißzeitlichen Rhein-Gletscher überprägte Hochfläche des Randen E von Hemmenthal SH. Photo: SEEGER, Binningen. Aus: H. ALTMANN et al., 1970.

RAHM, 1963, 1966; Fig. 210). Das Eis dürfte um 700 m gestanden haben. Die zahlreichen abgesackten Malmkalk-Schollen auf der SW-Seite sind auch nach HOFMANN (1977) wohl durch Eisdruck verursacht worden.
Im Klettgau finden sich nur dünne alpine Moränendecken-Reste der Riß-Eiszeit: E von Schleitheim, im Glegg SE von Stühlingen, NW von Gächlingen und auf dem Übergang Hallau–Wunderklingen. Auch alpine Erratiker sind sehr selten (F. SCHALCH, 1916K, 1921K; HOFMANN, 1977, 1978K). Dagegen liegen auf den Äckern alpine, schwarzwäldische – vorab Buntsandstein – und lokale Geschiebe – Malm- und Liaskalke (PFANNEN-

STIEL & RAHM, 1963, HOFMANN, 1977). Wahrscheinlich drang das Schwarzwald-Eis zunächst bis in den Klettgau vor und wurde dann vom Rhein-Gletscher überfahren und zurückgedrängt.
Merishauser- und Hemmentaler-Tal mit ihren Quellästen sind alte, prärißzeitliche Schmelzwassertäler, durch die im Mindel-(?) und im Riß-Maximum gar noch etwas Randen-Eis dem Rhein-Gletscher zuströmte (Fig. 172).

## Spätrißzeitliche Eisrandlagen im nördlichen Alpen-Vorland

### *Der rißzeitliche Eisabbau und die Jungriß-Stände des nördlichen Rhein-Gletschers*

Eine erste Rückzugsstaffel ohne glazifluvialen Schotterflur zeichnet sich im Typus-Gebiet von Biberach a. d. Riß in der *Lindele-Moräne* (1 km NW von Biberach) ab (S. 321). Sie läßt sich auch im Wurzacher Becken beobachten (H. EICHLER, 1970).
Da die Geschwindigkeit des linearen Rückzuges durch die Eismächtigkeit bestimmt wird und diese vom Relief des Untergrundes abhängt, ergibt sich ein verschiedenes Verhalten im Randbereich des Wurzacher und des flachgründigeren Federsee-Lappens, hier ein stärkeres Auseinandertreten der beiden Wallgirlanden, ein Auflösen des Eisrandes, Bildung von Toteis und, in kleineren Tälern, wie im oberen Umlachtal, mehrere Endmoränen-Stände, wogegen sich der mächtigere Wurzacher Lappen durch eine höhere Eisstabilität auszeichnet (R. GERMAN et al., 1967).
Die Moräne von *Rißegg* läßt sich über den Katzenberg nach SW verfolgen (F. WEIDENBACH et al., 1950K); zugleich steht dieses Stadium mit den tieferen Hochterrassenschottern in Verbindung. Das zentrale Hochgelände und, weiter S, die Haisterkircher Höhe, wurden nicht mehr vom Eis überprägt.
Im *Umlachtal* S von Biberach konnte EICHLER (1970) eine Korrelation von Eisständen mit Hangverebnungen beobachten (Fig. 173). Die oberste, sein Niveau I, entspricht der höheren Hochterrasse von Eichelsteig–Baltringen, für die nächst tiefere, Niveau II, konnte eine Verbindung mit dem Moränenbogen von Unterschwarzach N des Wurzacher Riedes festgestellt werden. Die über Eggmannsried verlaufende Schotterfüllung wurde zwischen Mühlhausen und Eberhardzell von einer jüngeren, von SW vorge-

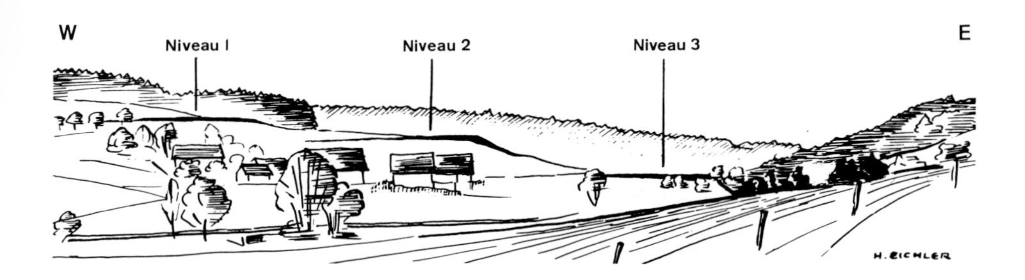


Fig. 173 Rißzeitliche Terrassentreppe im Umlachtal S von Biberach a. d. Riß.
Nach H. EICHLER, 1970.

stoßenen Eiszunge überfahren. Mit zugehörigen Endmoränen, dem *Ritzenweiler Stand*, ist die nächst tiefere Schotterakkumulation, Niveau III, verknüpft. In sie hat sich das letzte, Niveau IV, als Erosionsterrasse des Haltes von *Mühlhausen* – 3 km außerhalb der äußersten Würm-Endmoränen – eingetieft (Fig. 173).
Auch M. MADER (1971, 1976) unterschied im nordöstlichen Rhein-Gletschergebiet vier bedeutende rißzeitliche Vorstöße und zwei länger anhaltende Abschmelzphasen.
Analoge Rückzugsstaffeln konnten bei den über Schaffhausen, Winterthur, Dielsdorf und Baden vorgestoßenen Rhein-Gletscherarmen festgestellt werden (HANTKE, 1965).

### *Die ersten rißzeitlichen Rückzugsstadien des Helvetischen Eises*

Beim Helvetischen Eis sowie bei den über die Jurapässe übergeflossenen Lappen lassen sich mehrere Rückzugsstände beobachten. Ein erster zeichnet sich im Rheintal bei *Laufenburg* ab. Auf der badischen Seite treten randliche Abflußrinnen und Schotter auf: N und NW von Albbruck, bei Birndorf auf 541 m und in einem tieferen Niveau auf 520 m, S von Haide auf 530 m und bei Schachen sowie NE und W von Badisch-Laufenburg. Während die Randlage von Birndorf von BRÜCKNER (in PENCK & BRÜCKNER, 1909) bereits dem äußersten Stand der Größten Vereisung zugeordnet wurde, fand M. PFANNENSTIEL (1958) am Übergang nach Unteralpfen noch alpine Erratiker bis auf 600 m. Auf dem First W von Birndorf berührten sich – durch Mischschotter belegt – Helvetisches und Schwarzwald-Eis (S. 421).
Auf der Schweizer Seite bekunden – neben der sackungsbedingten Schmelzwasserrinne E von Laufenburg – Sanderfluren beim Bossenhus SW von Leibstadt, Moränenreste bis N von Mandach und Rundhöcker diese erste Rückzugslage. Bei Mönthal kam es zum Aufstau eines 30 m hohen Schotterhügels, des Boll, der aus Malm-Geröllen besteht. Über den Bözberg floß Eis ins Fricktal; noch bei Hornussen war es 150 m mächtig; randliche Schmelzwässer flossen ins Kaistertal. N von Thalheim reichte es bis Chillholz und Buechmatt; ein Kieselkalk-Block deutet auf die Anwesenheit von Reuß-Eis. Korallenkalk-Erratiker vom Riff der Gisliflue zeugen von einer Transfluenz über den Sattel zwischen Gisliflue und Homberg. Über die Staffelegg ergoß sich Eis, das SE von Frick mit dem über den Bözberg abgeflossenen zusammentraf. Die Stirn der Fricktaler Zunge lag wohl unterhalb von Frick. Schon L. BRAUN (1920) wies verkittete Schotter um Frick mit vorwiegend Jura-Geröllen der Größten Vereisung zu, da sie mit rißzeitlicher Moräne verknüpft wären. P. VOSSELER (1918) setzte sie den lößbedeckten «Hochterrassenschottern» NE und NW von Eiken gleich. Am Eilez (348 m), dem über 20 m über die höchste Niederterrasse aufragenden Schottersporn zwischen Sißle- und Rheintal, ändert die Gerölltracht, indem sich vorwiegend Gerölle des Helvetischen Gletschers einstellen.

### *Spätere rißzeitliche Stände des Rhein-Gletschers*

In der nächsten Rückzugslage trafen die beiden Hauptarme des Helvetischen Eises – der von Eglisau gegen *Koblenz* abfließende Rhein- und der durchs Aaretal vorstoßende Linth/Reuß/Aare/Rhone-Gletscher – nicht mehr zusammen.
Der Rhein-Gletscher erfüllte noch das Becken von Rietheim–Kadelburg (HANTKE,

1965). Gekritzte Geschiebe in den Schottern am W-Ende des Koblenzer Laubberg und Linth- und Rhein-Erratiker – Taveyannaz-Sandsteine, Verrucano, Speer-Nagelfluh, Gneis, Punteglias-Granit – deuten auf eisrandnahe Ablagerung (A. LEEMANN, 1958). Der Klettgauer Arm dürfte sich noch mit dem von Jestetten durchs Wangental und über Bühl–Grießen vorgestoßenen vereinigt und vor der Wutach gestirnt haben. Die hügelige lößbedeckte Schotterplatte zwischen Wilchingen und Grießen spricht für Eisüberprägung und würmzeitliches periglaziales Bodenfließen.
Nächst internere Randlagen sind am Hochrhein bei *Rümikon* und bei *Kaiserstuhl* angedeutet (HANTKE, 1965). Dabei empfing der Rhein-Gletscher Zuschüsse bei Eglisau, unterhalb von Glattfelden, N von Windlach, durchs Bachsertal und über Raat–Weiach. In der späteren Staffel rissen die beiden letzten Verbindungen ab, so daß Schmelzwässer durch diese Talungen abflossen und der Hochrhein-Zunge zusetzten.
N von Rafz reichte das Rhein-Eis zunächst bis Bühl, später bis auf die Wasserscheide, im Klettgau bis Siblingen und gegen Hallau; später lag es noch im Becken von Guntmadingen.
Beim Stand von Kaiserstuhl dürften die höheren Schotter N der Töß-Mündung (A. WEBER, 1928 K; HANTKE et al., 1967 K; L. ELLENBERG, 1972), vom Straßberg–Chatzenstig (E. SOMMERHALDER, 1968), am W-Ende des Glattfelder Laubberg, am N-Fluß des Sanzenberg und am S-Fuß des Kalten Wangen (A. GÖHRINGER, 1915 K) als Kameschotter abgelagert worden sein. Bei Wasterkingen haben sie einen Stoßzahn und ein Schulterblatt-Fragment eines älteren Mammuts geliefert (K. A. HÜNERMANN, mdl. Mitt.).

### *Der Klettgau und der Randen im Spätriß*

Nach der Trennung der beiden helvetischen Hauptäste bei Koblenz zerfiel der Klettgauer Lappen in einzelne Lappen (S. 354). Dann rückten Guntmadinger und der von Jestetten durchs Wangental vorstoßende Lappen nochmals vor, vereinigten sich wieder und endeten N von Grießen; das zwischen Rafz und Hüntwangen überfließende Eis stieß ebenfalls bis Grießen vor. Dabei wurden die Schotter im Klettgau zu flachen Drumlins überschliffen. Beim Abschmelzen wurden diese zuerst eisfrei; in den Wannen verharrte das Eis länger. Über den Kuppen bildeten sich flache Eisstauseen, in denen sich Gletschertone absetzten.
Von einer Randlage wenig außerhalb des würmzeitlichen Maximalstandes von Schaffhausen–Neuhausen stieß der Rhein-Gletscher vor, schüttete die Schotter des Engiwaldes W von Schaffhausen, überfuhr diese, dämmte das Eschheimertal ab, drang ins Becken von Guntmadingen ein und schotterte am S-Rand bis auf den Sattel zwischen Neuhuserwald und Lauferberg gegen den Rafzer Lappen. Darüber lagerte der bis gegen Löhningen vorstoßende Klettgauer Lappen Moräne mit bis 80 cm langen Phonolith-Blöcken aus dem Hegau ab. Schmelzwässer flossen längs des N-Randes und vom Gletschertor über Neunkirch ab. Beim Rückzug wurde das 100 m tief ausgekolkte Becken (P. A. GILLIAND, 1970, A. VON MOOS & P. NÄNNY, 1970) sukzessive aufgeschottert; über der Engi schmolz der Zufuhrstrang durch, so daß im Guntmadinger Becken Toteis lag.
Da die Schotter mehrere Meter tief verwittert sind, an ihrem S-Rand von Moräne überlagert werden und eine so enorme Schuttlieferung kaum in der Würm-Eiszeit nur

durch die schmale Rinne der Engi erfolgen konnte, sind diese (F. HOFMANN 1977, 1978K) in der Riß-Eiszeit abgelagert worden. Im Würm-Maximum floß nur ein Schmelzwasserstrang durchs Guntmadinger Becken und räumte die Schotterflur zentral wieder etwas aus.

Problematischer in der Altersstellung sind um Schaffhausen vor allem die Engi-Schotter zwischen der Breite-Terrasse und dem Oberklettgau über den Schottern der beginnenden Klettgau-Rinne. HOFMANN möchte sie als spätrißzeitliche Schüttung aufgearbeiteter älterer Schotter deuten, wobei er auf die geröllmäßige Übereinstimmung mit dem Tieferen Deckenschotter hinweist. Analoge Spektren finden sich auch in den Schottern am W-Rand des Rafzerfeldes und am Hochrhein bis Mellikon (HANTKE, 1963, et a., 1967K, HOFMANN, 1977).

In würmzeitliche Vorstoßphasen fällt die Schüttung des Siblinger Schuttfächers, der Malmkalk-Frostschutt bei einem Gefälle von nur 3%, vom Randen bis Neunkirch verfrachtet hat. Bei Beringen ruht ein weiterer derartiger Fächer auf den Schottern des Guntmadinger Beckens. Diese sind bis 3 m verwittert, beim letzten rißzeitlichen Halt abgelagert und in den Maximalständen der Würm-Eiszeit wieder etwas ausgeräumt worden.

Aus dem Bibertal flossen noch im Spätriß Schmelzwässer des Thaynger Lappens durch die Freudentäler gegen Schaffhausen, wo sie unter dem Rhein-Eis verschwanden.

### *Die spätrißzeitlichen Stände des Helvetischen Gletschers*

Im untersten Aaretal endete der Helvetische Gletscher während des Koblenzer Rückzugsstadiums im Becken von *Klingnau*. Linksseitig finden sich Moränen W von Böttstein, bei Schlatt sowie SE und N von Hettenschwil, rechtsseitig N von Klingnau gegen Äpelöö.

Bei einem späteren Vorstoß wurden die tiefere Schotterflur von Imbeholz und Hard, SW bzw. SE der Station Koblenz, sowie diejenige des Ober- und des Ruckfeld geschüttet (Fig. 175). Die ebenfalls lößbedeckten Terrassen von Geißenloo, Breiten und Chunte S bzw. SE von Döttingen sind einer Rückzugsstaffel zuzuweisen (E. BUGMANN, 1958, 1961). Dieser Stand wird rechts der Aare S von Würenlingen und N von Ober Siggingen, links S und W von Remigen, sowie durch die Mittelmoräne von Hinter Rein bekundet. Diese und die Moräne von Remigen belegen ein Überfließen zwischen Bözberg und Bruggerberg.

Ein noch internerer Stand zeichnet sich in den Moränen von Siggenthal-Kirchdorf ab. Limmat-aufwärts gibt er sich in Obersiggenthal um 500 m zu erkennen; die Stirn mochte bei *Turgi* gelegen haben (S. 358). NE von Hertenstein und Ennetbaden reichte das Eis auf die Sättel gegen das Surbtal, so daß randliche Schmelzwässer über Freienwil und über Oberehrendingen abflossen. Zwischen Höhtal und Ennetbaden wurden Kameschotter abgelagert (G. SENFTLEBEN, 1923; C. SCHINDLER, 1977). Durch die Dättwiler Talung und über den Sattel zwischen dem NW-Ausläufer des Heitersberg und der Baregg empfing der spätrißzeitliche Linth/Rhein-Gletscher Zuschüsse von Reuß-Eis.

Vor dem Stand von Turgi dürfte das Eis bis in die Klus von Baden zurückgeschmolzen sein, worauf eine SW der Stadt verlaufende Schmelzwasserrinne hindeutet, die beim Chappelerhof ins Limmattal mündet (H. SUTER, mdl. Mitt.). Beim Abschmelzen verblieb die Zunge abermals im Becken von Wettingen. Dann wich sie weiter zurück.

Fig. 174
Spätrißzeitliche Mittelmoräne und Stauschutt auf der N-Seite der Lägern.

Dabei dürften die verkitteten Schotter des Tüfelscheller vom Baregg–Chrüzliberg-Grat niedergebrochen sein. Diese Schotter, die sich im Geröllspektrum auszeichnen, wurden meist als Tiefere Deckenschotter der Mindel-Eiszeit zugewiesen (R. FREI, 1912a, b).
Die Überprägung der Molasse zwischen Furttal und Lägeren ist wohl auf den gegenseitigen Stau von Limmat- und Furt-Lappen sowie auf das vor Baden von SW vordringende Reuß-Eis zurückzuführen.
Der Wehntaler Arm spaltete sich bei Niederweningen in mehrere Stirnlappen: einer reichte nach N noch bis auf die Wasserscheide zum Rhein, der gegen NW vorstoßende erfüllte das Zungenbecken von Schladwisen, der Surb-Ast drang bis gegen Lengnau vor und entsandte einen Lappen gegen Oberehrendingen (HANTKE, 1965, et al., 1967K). Dabei wurden die Molasse-Kuppen um Niederweningen überprägt, weiter W subglaziäre Rinnen ausgeräumt. SE von Unterehrendingen hinterließ der Gletscher einen Wallrest (Fig. 174).
Ein nächster Halt zeichnet sich bei Niederweningen ab (HANTKE, 1965, et al., 1967K).
Beim Eisabbau ereigneten sich im Wehntal und im Bachsertal ausgedehnte Sackungen.

Fig. 175 Das Ruckfeld, eine spätrißzeitliche Schotterflur zwischen dem untersten Aare- und dem unteren Surbtal. Im Hintergrund die von Höherem Deckenschotter bedeckten Tafeljura-Höhen des Acheberg (links), des Hörndli (Mitte) und Im Berg (rechts), davor das Dorf Unterendingen.

### *Der spätrißzeitliche Stand von Turgi des Linth/Rhein-Reuß-Aare-Rhone-Gletschers*

Im Rückzugsstadium von *Turgi* traf das durchs Wiggertal abfließende Aare/Reuß-Eis bei Aarburg und Olten auf den Aare/Rhone-Gletscher. Aus dem Suhren- und Winental erhielt dieser weitere Zuschüsse. Entsprechende Eisrandlagen geben sich im südlichen Aargau zu erkennen. Pfaffnerental, die Talung von Safenwil, Uerke- und Ruedertal wurden – wohl schon früher als Schmelzwasserrinnen angelegt – wieder benutzt.
Eine stirnnahe Moräne NE von Gränichen fällt von 530 m auf unter 500 m ab. Das durch Wigger-, Suhren- und Winental sowie durchs See- und Bünztal abfließende Reuß-Eis belebte den sterbenden Aare/Rhone-Gletscher, der N von Aarau zunächst bis auf gut 500 m, später auf gut 450 m reichte. Die Bewegungsarmut des Eises erklärt auch die überschliffenen Molasse-Zeugenberge im Raum Suhr–Lenzburg–Mägenwil. W von Auenstein wird die Eishöhe durch Schotter und eine Schmelzwasserrinne belegt. Im Aare-Knie von Wildegg bekunden – neben überschliffenen Kuppen – von Moräne bedeckte, im Lee abgelagerte Kameschotter und Abflußrinnen einen tieferen Stand. Der Zuschuß von Reuß-Eis aus dem Bünztal wird durch Erratiker – Kieselkalk, Taveyannaz- und Altdorfer Sandsteine – dokumentiert. Dadurch wurde das Aare/Rhone-Eis an die rechte Talflanke gedrückt. In Schottern und Moräne finden sich Quarzite, Gneise, Grüngesteine und Flyschsandsteine. Noch über den Sattel von Scherz erhielt das Eis einen Zuschuß aus dem Birrfeld. Dabei wurden die Schotter E von Schinznach-Bad gestaucht.
Ins Schenkenberger Tal drang das Eis bis Thalheim; am N-Fuß der Gisliflue, SW von Schinznach und von Oberflachs wurden Kameschotter aufgestaut. W und N von Umiken wird dieser Stand durch die seitliche Abflußrinne von Riniken belegt. ENE der Habsburg zielt ein Wallrest gegen Brugg (Karte 3).

Das durchs Birrfeld vordringende Reuß-Eis überfuhr den Querriegel des Guggerhübel und traf am Chapf SE von Brugg mit dem über Birmenstorf abfließenden Hauptarm zusammen. Dieser reichte N des Dorfes bis auf 470 m und entsandte Schmelzwässer gegen Gebenstorf.
In einer späteren Staffel endete der Reuß/Aare/Rhone-Gletscher bei *Schinznach*. Am Ausgang des Schenkenberger Tales wurde eine Terrasse aufgestaut. Thalbach und Schmelzwässer des Birrfeld-Lappens setzten der Zunge mächtig zu. Diese Eisrandlage gibt sich neben den Rundhöckern des Staufberg und des Schloßberges von Lenzburg auch in der Schotterstreu auf dem Gofersberg SE des Städtchens zu erkennen.
In den über 25 m mächtigen rißzeitlichen Hochterrassenschottern des Winentales bekunden Erratiker von Altdorfer Sandstein- und Gruontalkonglomerat eine Eiszufuhr aus dem urnerischen Reußtal.
Im *zentralen Mittelland* lagen noch im Spätriß zahlreiche Molasserücken, dokumentiert durch Moränendecke mit Erratikern, unter dem Eis: Meiengrüen (589 m), Heitersberg (787 m), Lindenberg (878 m), Tanzplatz (712 m), Reinacher Homberg (789 m), Leutwiler Egg (781 m), Erlosen (811 m) sowie die rundhöckerartig überprägten Höhen zwischen Dürrenäsch und Suhr, der Stierenberg (872 m) und die Molassehöhen beidseits des Suhrentals (F. MÜHLBERG, 1910K).
Dagegen ragten Chestenberg (647 m) und Chörnlisberg (561 m) – Gebensdorfer Horn – sowie die Lägeren (866 m) und der Tafeljura etwas über die Eisoberfläche empor.

### *Spätrißzeitliche Stände im Grenzgebiet zwischen Bodensee-Rhein- und Linth/Rhein-Gletscher*

Im Grenzgebiet von Bodensee-Rhein- und Linth/Rhein-Gletscher zeichnen sich im Tößtal zwischen Schalchen und Wildberg in den Moränen von Egg (E von Schalchen), Chnüppis (764 m), Hintereggen (755 m) und Egg (SW von Turbenthal) mit zahlreichen Findlingen ab (A. WEBER, 1928K). Diese Wallreste sind wohl als Mittelmoräne zwischen einem Töß- und einem Wildberger Lappen des Linth/Rhein-Gletschers gebildet worden. Beim Bau der Tößtal-Straße bei Rämismühle zeigte sich, daß auf dem Molassesporn, um den einst die Töß floß, eine tiefgründig verwitterte Moräne mit zahlreichen Erratikern – vorwiegend aus subalpiner Molasse-Nagelfluh – ruht. Diese dürfte wohl das Ende der SW des Schauenberg (886 m) in dessen Strömungsschatten einsetzenden Moräne darstellen, die sich zwischen dem durch die Bichelsee-Talung und einem von Schlatt gegen das Tößtal vordringenden Lappen des Bodensee-Rhein-Gletschers gebildet hat. Zugleich bekundet die Moräne bei Rämismühle, daß das Tößtal bereits damals kräftig ausgeräumt gewesen sein muß.
In diesem Zeitpunkt dürften auch die außerhalb des Maximalstandes der Würm-Eiszeit gelegenen Rundhöcker im mittleren und oberen Tößtal noch überprägt und beim Abschmelzen des Eises vereinzelte Erratiker abgelagert worden sein.

### *Spätrißzeitliche Ablagerungen des Linth/Rhein-Gletschers*

Ein spätrißzeitlicher Stand des noch mit dem Muota/Reuß-Eis zusammenhängenden Linth/Rhein-Gletschers gibt sich S, SW und W des Hohronen in einer Rundhöcker-Zeile, in den Moränenresten im Sattel gegen den Gottschalkenberg und, weiter W, beim

Vorder Mangeli und auf Gschwänd, sowie in den Rundhöckern S von Finstersee zu erkennen. Der obere Nettenbach wäre als Schmelzwasserrinne eines Gottschalken-Firns und eines im Sattel zum Hohronen stehenden spätrißzeitlichen Gletschers zu deuten.
Am Rande des spätrißzeitlichen Linth/Rhein-Gletscher abgelagerte, verkittete Schottermoräne mit gekritzten Verrucano-Geschieben (R. Frei, 1912b, 1914; Hantke, 1961) findet sich S des Raten, dem Übergang von Biberbrugg zum Ägeri-See, am Chatzenstrick und an der Kürisegg WNW von Einsiedeln. Sie wurde von der Moräne des nochmals etwas darüber vorrückenden Eises bedeckt. H.-P. Müller (1967) betrachtet auch die Schotter des Schnabelsberg als spätrißzeitlich, da sie mit ihrem Reichtum an Verrucano-Geschieben Ablagerungen eines über das Hessenmoos bis gegen Einsiedeln vordringenden Lappens des Linth/Rhein-Gletschers darstellen, und dort den damals noch vom Alp-Gletscher unterstützten Sihl-Gletscher aufstauten.
Ebenso dürfte der am Friherrenberg SE von Einsiedeln auf über 1070 m gelegene Schrattenkalk-Erratiker bei einem spätrißzeitlichen Eisstand abgelagert worden sein.

### *Die spätrißzeitlichen Rückzugslagen im Aargauer und Basler Jura*

Im Koblenzer Stand endeten die Zungen des über die Staffelegg und über das Bänkerjoch ins Fricktal abgeflossenen Eises bei *Wölflinswil*, das über den unteren und über den oberen Hauenstein zur Ergolz transfluierte Eis bei Diepflingen und Tenniken sowie bei Bennwil und unterhalb von Hölstein (L. Hauber, 1960; F. Mühlberg, 1914k, 1915; Hantke, 1965, 1968). Im Stand von Turgi stirnten die Zungen wenig N der beiden Pässe, so daß kurzfristig noch Schmelzwässer nach N abfließen konnten (Karte 3).
Die Kare W und E der Salhöchi dürften noch von Firneis erfüllt gewesen sein.

### *Die spätrißzeitlichen Rückzugslagen im Birs-Lappen*

Eine erste Rückzugslage gibt sich beim Birs-Lappen im Becken von *Moutier* zu erkennen. Am Eingang stellen sich Rundhöcker, Stauschotter und randglaziäre Rinnen ein.
Eng gescharte Stände zeichnen sich im flachen, rundhöckerartig überprägten Molassegebiet der Forêt de Chaindon N von Tavannes durch Moränen und Schmelzwasserrinnen ab. Mit ihnen dürften die Rundhöcker E von Bévilard und Moränenreste, Schmelzwasserrinnen S und W von Court sowie die eisrandnahen Stauschotter mit Jura- und Walliser-Erratikern N der Kirche und E des Dorfes (E. Schlaich, 1934) sowie die Quarzit-Schotter von Sorvilier zu verbinden sein. Damit reichte der Birs-Lappen in diesem Rückzugsstadium noch bis *Court.*
Bei *Reconvilier* deuten Rundhöcker, seitliche Abflußrinnen und Moränenrelikte auf einen weiteren spätrißzeitlichen Eisstand.
In der Vallée de Tavannes treten von Tavannes bis Court Schotter mit schlecht gerundeten Geröllen aus Malmkalk, Delsberger Süßwasserkalk, Muschelsandstein und alpinen Gesteinen und mit linsenförmigen Einlagerungen von aufgearbeitetem Molassesand auf.
Sie reichen S von Reconvilier bis 40 m über das Birs-Niveau. Bereits L. Rollier (1893) betrachtete sie als nach der Größten Vergletscherung abgelagert.

Eine knappe Darstellung der Riß-Eiszeit der Alpen-Südseite wird im Band 3, der südliche rißzeitliche Eisrand auf einer Karte 1:500000 gegeben.

*Zitierte Literatur*

AGASSIZ, L. (1836): Distribution des blocs erratiques sur les pentes du Jura – B. SG France, (1) *7*.
ANTENEN, F. (1902): Die Vereisungen der Emmenthäler – Mitt. NG Bern, *(1901)*.
– (1910): Mitteilungen über Talbildungen und eiszeitliche Ablagerungen in den Emmentälern - Ecl., *11*/1.
AUBERT, D. & DREYFUSS, M. (1963 K): Flle. 1202 Orbe, N. expl. – AGS – CGS.
BACHMANN, I. (1883): Über die Grenzen des Rhonegletschers im Emmenthal – Mitt. NG Bern, *(1882)*.
BALTZER, A. (1896): Der diluviale Aaregletscher und seine Ablagerungen in der Gegend von Bern – Beitr., *30*.
BARSCH, D. (1968): Die pleistozänen Terrassen der Birs zwischen Basel und Delsberg – Regio Basil., *4*.
BECK, P. (1911 K): Geologische Karte der Gebirge südlich von Interlaken – GSpK, *56a* – SGK.
– (1934): Das Quartär – G Führer Schweiz, *1* – Basel.
–, & RUTSCH, R. F. (1949 K): Bl. 336–339 Münsingen–Heimberg – GAS – SGK.
BENOÎT, E. (1858a): Esquisse de la Carte géologique et agronomique de la Bresse et de la Dombe – B. SG France, (2) *15*.
– (1858b): Note sur la découverte de la Craie dans le département de l'Ain et sur quelques traits du phénomène erratique – B. SG France, (2) *16*.
BLANCHET, R. (1844): Terrains erratiques alluviens du Léman et de la vallée du Rhône de Lyon à la mer – Lausanne.
BLÖSCH, E. (1911): Die Große Eiszeit in der Nordschweiz – Beitr., NF, *31*/2.
BONNET, A., BORNAND, M., & MONTJUVENT, G. (1971): Excursions dans la moyenne vallée du Rhône (AFEQ) 25–27 Mai 1971 – SES – INRA Montpellier.
BOURDIER, F. (1961, 1962): Le Bassin du Rhône au Quaternaire – *1*, *2* – Paris.
BOURQUIN, PH., BUXTORF, R., FREI, E., LÜTHI, E., MÜHLETHALER, C., RYNIKER, K., & SUTER, H. (1968 K): Flle. 1144 Val de Ruz – AGS – CGS.
BRAUN, A., GERMANN, R., MADER, M. (1976): Der Beitrag der Sedimentanalyse zur Quartärstratigraphie – Bez.-Stelle Naturschutz u. Landschaftspfl. Tübingen, *4*.
BRAUN, L. (1920): Geologische Beschreibung von Blatt Frick, (1 : 25 000) im Aargauer Tafeljura – Vh. NG Basel, *31*.
BROSSE, P., FILZER, P. & GERMAN, R. (1965): Neues zur Geologie der Umgebung von Bad Wurzach (Württ.-Oberschw.) – N Jb. GP, Mh., *1965*/5.
BUCH, L. VON (1815): Über die Ursachen und Verbreitung großer Alpengeschiebe – Abh. phys. Kl. Kön.-Preuß. Akad. Wiss. (1804–11).
BUGMANN, E. (1958): Eiszeitformen im nordöstlichen Aargau – Mitt. aarg. NG, *25*.
– (1961): Beiträge zur Gliederung der rißeiszeitlichen Bildungen in der Nordschweiz – Mitt. aarg. NG, *26*.
BURKHALTER, P., et al. (1973): Emmental I – Berner Heimatb., *2* – Bern.
BUXTORF, A. (1916 K): Geologische Vierwaldstättersee-Karte, 1 : 50 000 – GSpK, *66* – SGK.
–, & CHRIST, P. (1936): Erläuterungen zu Bl. 96 Laufen – 99 Mümliswil – GAS – SGK.
CHRIST, P. (1920): Geologische Beschreibung des Klippengebietes Stanserhorn–Arvigrat am Vierwaldstättersee – Beitr., NF, *12*.
DAVID, L. (1967): Formations glaciaires et fluvio-glaciaires de la Region Lyonnaise – Doc. Lab. G Fac. Sci. Lyon, *22*.
DELEBECQUE, A. (1902): Contribution à l'étude des terrains glaciaires des vallées de l'Ain et ses principaux affluents – B. Serv. CG France, *13*/90.
DELLA VALLE, G. (1965): Geologische Untersuchungen in der miozänen Molasse des Blasenfluhgebietes (Emmental, Kt. Bern) – Mitt. NG Bern, NF, *22*.
DELUC, J.-A. (1782): Über die Geschichte der Erde und des Menschen, *1* – Leipzig.
– le jeune (1813): Geological Travels in some parts of France, Switzerland and Germany – London.
– (1818): Extrait d'un mémoire sur les blocs de granite et autres pierres éparses en divers pays – Ann. Chim. Phys., (2) *8*.
– (1819): Lettre sur les blocs de roches primitives épars dans certaines vallées de la chaîne du Jura – Ann. Chim. Phys., (2) *12*.
DEPERÉT, CH. (1913): L'histoire fluviale et glaciaire de la vallée du Rhône aux environs de Lyon – CR séance Acad. Sci., *157*.
– (1922 K): Flle. 168: Lyon – CG France, 80 000$^{e}$, 2$^{e}$ éd.
DIEBOLD, P., LAUBSCHER, H. P., SCHNEIDER, A., & TSCHOPP, R. (1963 K): Blatt 1085 St. Ursanne, m. Erl. – GAS – SGK.
DISLER, C. (1945): Die «größte Vergletscherung» im Tafeljura und benachbarten Schwarzwald, ihre dominierende Stellung in der Eiszeit und ihre vermutliche Ursache – Jura Schwarzwald, *1*.
DORTHE, J.-P. (1962): Géologie de la région au Sud-Ouest de Fribourg – Ecl., *55*/2.
EICHLER, H. (1970): Das präwürmzeitliche Pleistozän zwischen Riß und oberer Rottum. Ein Beitrag zur Stratigraphie des nordöstlichen Rheingletschergebietes – Heidelberger Ggr. Arb., *30*
–, & SINN, P. (1975): Zur Definition des Begriffs «Mindel» im schwäbischen Alpenvorland – N. Jb. GP, Mh. *(1975*/12).
ELBER, R. (1921): Geologie der Raimeux- und der Velleratkette im Gebiet der Durchbruchtäler von Birs und Gabiare (Berner Jura) – Vh. NG Basel, *32*.

ELLENBERG, L. (1972): Zur Morphogenese der Rhein- und Tößregion im nordwestlichen Kanton Zürich – Diss. U. Zürich.

EMMENEGGER, CH. (1962): Géologie de la région Sud de Fribourg – B. Soc. frib. sci. nat., *51*.

ERNI, A., et al. (1943): Fundstellen pleistocaener Fossilien in der «Hochterrasse» von Zell (Kt. Luzern) und in der Moräne der größten Eiszeit von Auswil bei Rohrbach (Kt. Bern) – Ecl., *36*/1.

ESCHER, A. (1867): Tagebuch XI – Dep. ETHZ.

FALLOT, P., & ROBAUX, A. (1942K): Flle. 127 Ornans – CG France, 80000<sup>e</sup>, 2<sup>e</sup> éd.

FALSAN, A., & CHANTRE, E. (1879, 1880): Monographie géologique des anciens glaciers et du terrain erratique de la partie moyenne du bassin du Rhône, *1*, *2* – Lyon.

FAVRE, A. (1847): Lettre à M. Martins sur les anciens glaciers du Jura – B. SG France, (2) 5.

– (1867): Recherches géologique dans les parties de la Savoie, du Piémont et de la Suisse voisines du Mont-Blanc, 1 – Paris.

– (1884K, 1898): Carte du phénomène erratique et des anciens glaciers du versant nord des Alpes Suisses et de la chaîne du Mont-Blanc – Winterthour; Texte explicatif – Mat., *28*.

FISCHER, H., HAUBER, L., & WITTMANN, O. (1971): Erläuterungen zu Bl. 1047 Basel – GAS – SGK.

FITZE, P. (1973): Erste Ergebnisse neuerer Untersuchungen des Klettgauer Lösses – GH, *28*/2.

FREI, R. (1912a): Monographie des schweizerischen Deckenschotters – Beitr., NF, *37*.

– (1912b): Über die Ausbreitung der Diluvialgletscher in der Schweiz – Beitr., NF, *41*/2.

– (1914): Geologische Untersuchungen zwischen Sempachersee und Oberm Zürichsee – Beitr., NF, *45*/1.

FRENZEL, B. et al. (1976): Führer zur Exkursionstagung des IGCP-Projektes 73/1/24 «Quaternary Glaciations in the Northern Hemisphere» vom 5.–13. September 1976 in den Südvogesen, im nördlichen Alpenvorland und in Tirol – Stuttgart-Hohenheim.

FREY, O. (1907): Talbildung und glaziale Ablagerungen zwischen Emme und Reuß – N. Denkschr. SNG, *41*/2.

FRITZ, W. (1968): Bemerkungen zur chemisch-physikalischen Untersuchung interglazialer Böden im nördlichen Alpenvorland – In: GRAUL, H., et al. (1968).

GERBER, E. (1941): Über Höhenschotter zwischen Emmental und Aaretal – Ecl., *34*/1.

– (1950K): Bl. 142–145 Fraubrunnen–Burgdorf, m. Erl. – GAS – SGK.

GERMAN, R., LOHR, J., WITTMANN, D., & BROSSE, P. (1967): Die Höhenlage der Schichtgrenze Tertiär-Quartär in Oberschwaben – E+G, *18*.

GIDON, M. et al. (1969a): Sur la morphologie fluvio-glaciaire aux marges des glaciers würmiens alpins: le dispositif moraine–chenal marginal – B. Ass. fr. Et. Quatern. (1968) 5/15.

– (1969b): Sur la coordination des dépôts glaciaires de la Basse-Isère, de la Bièvre et du Rhône (environs de Voiron, Isère) – CR Acad. Sci., D, Fr, *268*/11.

GILLIAND, P. A. (1970): Etude géoélectrique du Klettgau, Canton de Schaffhouse – Mat. G Suisse, Geophys., *12*.

GILLIÉRON, V. (1885): Description géologique des territoirs de Vaud, Fribourg et Berne – Mat., *18*.

–, et al. (1879K): Bl. 12 Freiburg–Bern – GK Schweiz 1:100000 – SGK.

GLÜCKERT, G. (1974): Mindel- und rißzeitliche Endmoränen des Illervorlandgletschers – E+G, *25*.

GÖHRINGER, A. (1915K): Bl. 169 Lienheim, m. Erl. – GSpK Baden – Bad. GLA.

GÖTTLICH, K., & WERNER, J. (1974): Vorrißzeitliche Interglazialvorkommen in der Altmoräne des östlichen Rheingletschergebietes – G Jb., A *18*.

GRAUL, H. (1952): Zur Gliederung der mittelpleistozänen Ablagerungen in Oberschwaben – E+G, *2*.

– (1962): Eine Revision der pleistozänen Stratigraphie des schwäbischen Alpenvorlandes – Peterm. Ggr. Mitt., *106*.

– (1973): State of Research on the Quarternary of the Federal Republic of Germany. B: Foreland of the Alps. 1. Lithostratigraphy, Palaeeopedology and Geomorphology – E+G, *23*/*24*.

–, et al. (1968): Beiträge zu den Exkursionen anläßlich der DEUQUA-Tagung August 1968 in Biberach an der Riß – Heidelberger Ggr. Arb., *20*.

GREPPIN, J.-B. (1855): Notes géologique sur les terrains modernes, quaternaires et tertiaires du Jura bernois et en particulier du Val de Délémont – Nouv. Mém. SHSN, *14*.

– (1870): Description géologique du Jura Bernois – Mat., *8*.

GROSJEAN, E. (1852): Sur un bloc granitique au revers du Montoz sur Sorvilier à l'altitude d'environs 3800 pieds – Coup d'œil trav. Soc. jurass. d'émul. (1852) – Porrentruy.

GSELL, F. (1968): Geologie des Falten- und Tafeljura zwischen Aare und Wittnau und Betrachtungen zur Tektonik des Ostjura zwischen dem Unteren Hauenstein im W und der Aare im E – Diss. U. Zürich.

GUBLER, E. (1976): Beitrag des Landesnivellements zur Bestimmung vertikaler Krustenbewegungen in der Gotthard-Region – SMPM, *56*/3.

GUTZWILLER, A. (1872): Das Verbreitungsgebiet des Sentisgletschers zur Eiszeit – Ber. Tätigk. NG St. Gallen, *(1871/72)*.

– (1895): Die Diluvialbildungen der Umgebung von Basel – Vh. NG Basel, *10*/3 (1894).

–, & GREPPIN, E. (1916K): Geologische Karte von Basel. Erster Teil: Gempenplateau und unteres Birstal, 1:25000, m. Erl. – GSpK, *77* – SGK.

GUTZWILLER, A. (1917K): Geologische Karte von Basel. Zweiter Teil: SW-Hügelland mit Birsigtal, 1:25000, m. Erl. – GSpK, *83* – SGK.
HAEBERLI, W., SCHNEIDER, A., & ZOLLER, H. (1976): Der «Seewener See»: Refraktionsseismische Untersuchung an einem spätglazialen bis frühholozänen Bergsturz-Stausee im Jura – Regio Basil., *17*/2.
HANTKE, R. (1961): Zur Quartärgeologie im Grenzbereich zwischen Muota/Reuß- und Linth/Rheinsystem – GH, *16*/4.
– (1962): Zur Altersfrage des höheren und des tieferen Deckenschotters in der Nordostschweiz – Vjschr., *107*/4.
– (1963): Chronologische Probleme im schweizerischen Quartär – Jber. Mitt. oberrh. g Ver., NF, *45*.
– (1965): Zur Chronologie der präwürmeiszeitlichen Vergletscherung in der Nordschweiz – Ecl., *58*/2.
– (1968): Features of Pre-Würm Glaciations in Northern Switzerland – U. Colorado Stud., Earth Sci., *7*.
–, et al. (1967K): Geologische Karte des Kantons Zürich und seiner Nachbargebiete – Vjschr., *112*/2.
HAUBER, L. (1960): Geologie des Tafel- und Faltenjura zwischen Reigoldswil und Eptingen (Kanton Baselland) – Beitr., NF, *112*.
HAUBER, L., & BARSCH, D. (1977): Zur Geologie und pleistocaenen Entwicklung des Talkessels von Reigoldswil BL – Regio Basil., *18*/1 – Festschr. ELISABETH SCHMID.
HAUS, H. A. (1937): Geologie der Gegend von Schangnau im oberen Emmental (Kanton Bern) – Beitr., NF, *75*.
HEIM, ALB. (1919): Geologie der Schweiz, *1* – Leipzig.
– (1931): Geologie des Rheinfalls – Mitt. NG Schaffhausen, *10*.
HEIM, ALB., & HÜBSCHER, J. (1931K): Geologische Karte des Rheinfalls, 1:10000 – Mitt. NG Schaffhausen, *10*.
HEIM, ARN., & OBERHOLZER, J. (1907K): Geologische Karte der Gebirge am Walensee – GSpK, *44* – SGK.
HERRMANN, U. (1967): Versuch einer geologischen Datierung von Moränenkuppen im Gebiet zwischen Riß und Roth mit Hilfe physikalisch-chemischer Methoden – Ggr. I. Heidelberg, Manuskr.
HERZOG, P. (1956K): Die Tektonik des Tafeljura und der Rheintalflexur südöstlich von Basel – Ecl., *49*/2.
HEUSSER, H. (1926): Beiträge zur Geologie des Rheintales zwischen Waldshut und Basel (mit besonderer Berücksichtigung der Rheinrinne) – Beitr., NF, *57*/2.
HOFMANN, F. (1977): Neue Befunde zum Ablauf der pleistocaenen Landschafts- und Flußgeschichte im Gebiet Schaffhausen–Klettgau–Rafzerfeld – Ecl., *70*/1.
– (1978K): Bl. 1031 Neunkirch, m. Erl. – GAS – SGK.
HUBER, R. (1956): Ablagerungen aus der Würmeiszeit zwischen Bodensee und Aare – Vjschr., *101*/1.
HÜBSCHER, J. (1951): Über Quellen, Grundwasserläufe und Wasserversorgungen im Kanton Schaffhausen – Njbl. NG Schaffhausen, *3*.
HUG, J. (1907): Geologie der nördlichen Teile des Kantons Zürich und der angrenzenden Landschaften – Beitr., NF, *15*.
JÄCKLI, H. (1966K): Bl. 1090 Wohlen – GAS – SGK.
JEANRICHARD, F. (1972): Contribution à l'étude du mouvement vertical des Alpes – Geodesia, *31*.
– (1975): Summary of geodetic studies of recent crustal movements in Switzerland – Tectonophysics, *29*.
JERZ, H., STEPHAN, W., STREIT, R., & WEINIG, H. (1975): Zur Geologie des Iller-Mindel-Gebietes – GBavar., *74*.
KAUFMANN, F. J. (1872): Rigi und Molassegebiet der Mittelschweiz – Beitr., *11*.
KELLER, W. T., & LINIGER, H. (1930K): Bl. 92–95 Movelier–Courrendlin, m. Erl. – GAS – SGK.
KILIAN, W., & GIGNOUX, M. (1911): Les formations fluvio-glaciaires du Bas-Dauphiné – B. Serv. CG France, *21*/129.
–, – (1916): Les fronts glaciaires et les terraces entre Lyon et la vallée de l'Isère – Ann. U. Grenoble, *28*.
KINKELIN, F. (1901): Über das Vorkommen eines erratischen Blockes von Nummulitenkalk in den Mosbacher Sanden – Z. dt. GG, *53*.
KIRCHNER, H. (1955): Die Menhire in Mitteleuropa – Abh. Akad. Wiss. Mainz, Geistes- u. Sozialwiss. Kl., *9*.
KOCH, R., LEHNER, E., WAIBEL, A., & MÜHLBERG, M. (1933K): Bl. 96 Laufen – 99 Mümliswil, m. Erl. – GAS – SGK.
KOPP, J. (1947): Die Vergletscherung der Roßberg-Nordseite – Ecl., *39*/2 (1946).
–, et al. (1955K): Bl. 202–205 Luzern, m. Erl. – GAS – SGK.
KRAUSS, K. (1930): Untersuchungen im Grenzgebiet und im Vorland der größten Gletschervorstöße zwischen Biberach/R. und dem Bussen – Jh. Ver. vaterl. Naturk. Württemb., *86*.
KUHNE, U. (1974): Zur Stratifizierung und Gliederung quartärer Akkumulationen aus dem Bièvre-Valloire, einschließlich dem Schotterkörper zwischen St-Rambert-d'Albon und der Enge von Vienne – Heidelberger Ggr. Arb., *39*.
LAGOTALA, H. (1955): Pseudo-dépôts glaciaires et récurrence des glaciers jurassiens – Arch. sci., *8*/1.
LEEMANN, A. (1958): Revision der Würmterrassen im Rheintal zwischen Dießenhofen und Koblenz – GH, *13*/2.
LEUTHARDT, F. (1920): Eine Grundmoräne mit Gletscherschliffen in der Umgebung von Liestal – Ecl., *15*/4.
– (1923): Glazialablagerungen aus der Umgebung von Liestal – Tätigk.ber. NG Baselland, (1917/21).
LIECHTI, W. (1928): Geologische Untersuchungen der Molassenagelfluhregion zwischen Emme und Ilfis (Kanton Bern) – Beitr., NF, *61*.

LINIGER, H. (1925): Geologie des Delsberger Beckens und der Umgebung von Movelier – Beitr., NF, *55/4*.
LÖSCHER, M. (1976): Präwürmzeitliche Schotterstratigraphie in der nördlichen Iller-Lech-Platte – Heidelberger Ggr. Arb., *39*.
LOMBARD, A. (1939): Géologie des Voirons – Mém. SHSN, *74/1*.
MACHAČEK, F. (1905): Der Schweizer Jura, Versuch einer geomorphologischen Monographie – Peterm. ggr. Mitt., Erg. H., *150*.
MADER, M. (1971): Das Quartär zwischen Adelegg und Hochgelände – Jh. Ges. Naturkde. Württemb., *126*.
– (1976): Schichtenfolge und Erdgeschichte im Bereich des Schussenlobus des pleistozänen Rhein-Vorlandgletschers – Diss. U. Tübingen (Manuskr.).
MANDIER, P. (1973): Quelques observations morphologiques sur les terrasses de la Basse-Isère – Rev. ggr. Lyon, *48/4*.
MATTER, A., SÜSSTRUNK, A. E., HINZ, K., & STURM, (1971): Ergebnisse reflexionsseismischer Untersuchungen im Thunersee – Ecl., *64/3*.
–, et al. (1973): Reflexionsseismische Untersuchung des Brienzersees – Ecl., *66/1*.
MATTHEY, F. (1971): Contribution à l'étude de l'évolution tardi- et postglaciaire de la végétation dans le Jura central – Mat. levé géobot. Suisse, *53*.
METZGER, K. (1968): Physikalisch-chemische Untersuchungen an fossilen und relikten Böden im Nordgebiet des alten Rheingletschers – Heidelberger Ggr. Arb., *19*.
MOHLER, W. (1936): Geologische Beobachtungen auf dem Horn bei Wittnau – Tätigk.ber. NG Baselland, *10*.
MOLLET, H. (1921): Geologie der Schafmatt-Schimberg-Kette und ihrer Umgebung (Kt. Luzern) – Beitr., NF, *47*.
MONTJUVENT, G. (1971): Le Drac – Morphologie, stratigraphie et chronologie quaternaires d'un bassin alpin – Thèse U. Paris VII.
MOOG, F. (1939): Paläolithische Freilandstation im älteren Löß von Wyhlen (Amt Lörrach) – Bad. Fundber., *15*, Freiburg i. Br.
MOOS, A., VON & NÄNNY, P. (1970): Grundwasseruntersuchungen im Klettgau, Kanton Schaffhausen – Ecl., *63/2*.
MÜHLBERG, F. (1878): Zweiter Bericht über die erratischen Bildungen im Aargau – Mitt. aarg. NG, *1*.
– (1901 K): Geologische Karte der Lägernkette, m. Erl. – GSpK, *25* – SGK.
– (1908 K): Geologische Karte der Umgebung von Aarau, 1:25000, m. Erl. – GSpK, *45* – SGK.
– (1910 K): Geologische Karte des Hallwilersees und des obern Winen- und Surtales, 1:25000, m. Erl. – GSpK, *54* – SGK.
– (1914 K): Geologische Karte des Hauenstein-Gebietes, Waldenburg-Olten – GSpK, *73* – SGK.
– (1915): Erläuterungen zur Geologischen Karte des Hauenstein-Gebietes (Waldenburg-Olten) – SGK.
MÜLLER, H.-P. (1967): Die subalpine Molasse zwischen Alptal und Sattelegg – DA U. Zürich.
NECKER, L. A. (1841): Etudes géologiques dans les Alpes – Paris.
NUSSBAUM, F. (1909): Neu aufgefundene erratische Blöcke im Napfgebiet – Mitt. NG Bern, *(1908)*.
–, & GYGAX, (1935): Zur Ausdehnung des rißeiszeitlichen Rhonegletschers im französischen Jura – Ecl., *28/2*.
OBERHOLZER, J. (1933): Geologie der Glarneralpen – Beitr., NF, *28*.
– (1942 K): Geologische Karte des Kantons Glarus – GSpK, *117* – SGK.
OCHSNER, A. (1969 K): Bl. 1133 Linthebene – GAS – SGK.
OTZ, H.-L. (1876): Bloc erratique sur le Mont d'Amin – B. Soc. SN Neuchâtel, *10*.
PAVONI, N. (1975): Recent Crustal Movements – In NIGGLI, E. ed.: Internat. Geodyn. Proj., First Rep. Switzerland, July 1975 – SNG.
PENCK, A. (1882): Die Vergletscherung der deutschen Alpen, ihre Ursachen, periodische Wiederkehr und ihr Einfluß auf die Bodengestaltung – Leipzig.
–, & BRÜCKNER, E. (1901–09): Die Alpen im Eiszeitalter, *1–3* – Leipzig.
PFANNENSTIEL, M. (1958): Die Vergletscherung des südlichen Schwarzwaldes während der Rißeiszeit – Ber. NG Freiburg i. Br., *48/2*.
–, & RAHM, G. (1963): Die Vergletscherung des Wutachtales während der Rißeiszeit – Ber. NG Freiburg i. Br., *51*.
–, – (1964): Die Vergletscherung des Wutachtales und der Wiesetäler während der Rißeiszeit – Ber. NG Freiburg i. Br., *54*.
–, – (1966): Nochmals zur Vergletscherung des Wutachtales während der Rißeiszeit – Jh. GLA Baden-Württemberg, *8*.
PIDANCET, J., & LORY, CH. (1847): Note sur le phénomène erratique dans les hautes vallées du Jura – Mém. Soc. Emul. Doubs, *3* et CR Acad. Sci., *25*.
RAHM, G. (1970): Die Vergletscherung des Schwarzwaldes im Vergleich zu derjenigen der Vogesen – Alemann. Jb. (1966/67).
ROLLIER, L. (1893): Structure et histoire géologique de la partie du Jura centrale – Mat., *8*, 1er suppl.
– (1908): Polis glaciaires dans le Jura français – B. Soc. Belfortaine Emul., *27*.
ROTHPLETZ, W. (1933): Geologische Beschreibung der Umgebung von Tavannes im Berner Jura – Vh. NG Basel, *43*.

RÜTIMEYER, L. (1891): Neuere Funde von fossilen Säugetieren in der Umgebung von Basel – Vh. NG Basel, *9*.
RUTSCH, R. F. (1967): Leitgesteine des rißeiszeitlichen Rhonegletschers im Oberemmental und Napfgebiet (Kanton Bern und Luzern) – Mitt. NG Bern, NF, *24*.
SCHÄDEL, K., & WERNER, J. (1963): Neue Gesichtspunkte zur Stratigraphie des mittleren und älteren Pleistozäns im Rheingletschergebiet – E + G, 14.
SCHAEFER, I. (1973): Das Grönenbacher Feld – E + G, *23/24*.
– (1975): Die Altmoränen des diluvialen Isar-Loisachgletschers – Mitt. ggr. Ges. München, *60*.
SCHALCH, F. (1916 K): Bl. 145 Wiechs-Schaffhausen, m. Erl. – GK Baden – Bad. GLA + SGK.
SCHALCH & GÖHRINGER, K. (1921 K): Bl. 158 Jestetten-Schaffhausen, m. Erl. – GK Baden – Bad. GLA + SGK.
SCHINDLER, C. (1977): Zur Geologie von Baden und seiner Umgebung – Beitr. G. Schweiz, Kl. Mitt., *67*.
SCHLAICH, E. (1934): Geologische Beschreibung der Gegend von Court im Berner Jura – Beitr., NF, *26*/1.
SCHMASSMANN, H. (1955): Die Verbreitung der erratischen Blöcke im Baselbiet – Tätigk.ber. NG Baselland, *20* (1953–54).
SCHMID, G. (1970): Geologie der Gegend von Guggisberg und der angrenzenden subalpinen Molasse – Beitr., NF, *139*.
SCHMIDT, C. (1892): Mitteilung über Moränen am Ausgange des Wehrathales – Ber. 25. Vers. Oberrh. GV, Basel.
SCHREINER, A. (1952): Diluvial-geologische Untersuchungen im Wurzacher Becken (Oberschwaben) – Jber. Mitt. Oberrh. GV, *33* (1951).
– (1966 K): Bl. 8118 Engen, m. Erl. – GK Baden-Württemb. – GLA Baden-Württemberg.
– (1970): Geologische Karte des Landkreises Konstanz mit Umgebung, 1:50000, m. Erl. – GLA Baden-Württemb.
SENFTLEBEN, G. (1923): Beiträge zur geologischen Erkenntnis der West-Lägern und ihrer Umgebung – Diss. U. Zürich.
SIEBER, R. (1959): Géologie de la région occidentale de Fribourg – B. Soc. frib. sci. nat., *48* (1958).
SINN, P. (1972): Zur Stratigraphie und Paläogeographie des Präwürm im mittleren und südlichen Illergletscher-Vorland – Heidelberger Ggr. Arb., *37*.
– (1973): Geröll- und geschiebekundliche Untersuchungen im mittleren und südlichen Illergletscher-Vorland – Heidelberger Ggr. Arb., *38*.
– (1974): Glazigene, fluvioglaziale und periglazial-fluviatile Dynamik in ihrem Zusammenwirken an der präwürmzeitlichen Talgeschichte der Eschach zwischen Rhein- und Illergletscher – Heidelb. Ggr. Arb., *40*.
SOMMERHALDER, E. R. (1968): Glazialmorphologische Detailuntersuchungen im hochwürmeiszeitlichen vergletscherten unteren Glattal (Kanton Zürich) – Diss. U. Zürich.
STAEHELIN, P. (1924): Geologie der Juraketten bei Welschenrohr (Kanton Solothurn) – Beitr., NF, *55*/1.
STEINER, J. (1926): Morphologische Untersuchungen im Entlebuch – Diss. U. Bern.
STREIT, H., WEINIG, H., JERZ, H., & STEPHAN, W. (1975 K): Geologische Übersichtskarte des Iller-Mindel-Gebietes 1:100000 mit Gewinnungsstellen für Lockergesteine – Bayer. GLA – G Bavarica, 74.
SUTER, P. (1926): Beiträge zur Landschaftskunde des Ergolzgebietes – Mitt. ggr.-ethnol. Ges. Basel, *1*.
– (1962): Eine neue Moräne bei Reigoldswil – Regio Basil., *3*/1 (1961).
TERCIER, J. (1961 K): Flle. 348–351 Gurnigel – AGS – CGS.
TRICART, J. (1952): Les formations détritiques quaternaires du Val de Pontarlier (Feuille de Pontarlier au 50000e) – B. CG France, *50*.
TRÖHLER, B. (1978): Ein einzigartiger Zeuge rißeiszeitlicher Präsenz des Rhonegletschers im zentralen Emmental – Mitt. NG Bern, NF, *35*.
TSCHUDI, R. (1904): Zur Altersbestimmung der Moränen im untern Wehratale – Diss. U. Basel.
VOGEL, H. (1934): Geologie des Graitery und des Grenchenbergs im Juragebirge – Beitr., NF, *26*/2.
VOSSELER, P. (1918): Morphologie des Aargauer Tafeljura – Vh. NG Basel, *29*.
WAIBEL, A. (1925): Geologie der Umgebung von Erschwil (Gebiet der Hohen Winde) – Beitr., NF, *55*/2.
WEBER, A. (1928 K): Geologische Karte des unteren Töß- und Glatttales zwischen Dättlikon, Bülach und Eglisau, 1:25000 – Mitt. NG Winterthur (1927–30). Als Diss. 1928.
WEIDENBACH, F. (1936 K) Bl. 164 Waldsee, m. Erl. – GSpK Württemberg 1:25000 – Württ. Statist. LA Stuttgart.
– (1937): Bildungsweise und Stratigraphie der diluvialen Ablagerungen Oberschwabens – N. Jb. Min. GP, Beil. *78*/B.
– (1937K): Bl. 157 Biberach, m. Erl. – GSpK Württemberg 1:25000 – Württ. Statist. LA Stuttgart.
– (1951): Geologische Exkursionen in das Quartär des nördlichen Alpenvorlandes – Z. dt. GG, *102*.
WEIDENBACH, F., GRAUL, H., & KIDERLEN, H. (1950 K): Geologische Übersichtskarte des Iller-Riß-Gebietes – G Abt. Württ. Statist. LA, Stuttgart.
WELTEN, M. (1972): Das Spätglazial im nördlichen Voralpengebiet der Schweiz. Verlauf, Floristisches, Chronologisches – Ber. dt. Bot. Ges., *85*.
WITTMANN, O. (1952 K): Bl. 8311 Lörrach, m. Erl. – GSpK Baden – Bad. GLA.
– (1977): Das Lößprofil Wyhlen (Landkreis Lörrach) – Regio Basil., *18*/1 – Festschr. ELISABETH SCHMID.
–, HAUBER, L., FISCHER, H., RIESER, A., & STAEHELIN, P. (1970 K): Blatt 1047 Basel – GAS – SGK.

# Die Würm-Eiszeit und das Holozän (Überblick)

## *Zur Unterteilung der Würm-Eiszeit*

Gliederungsversuche der Würm-Eiszeit haben sich in den letzten Jahrzehnten stark gemehrt. Da die einzelnen Kaltphasen – Stadiale –, insbesonders die Bezeichnungen «Würm I» bis «Würm...», von den verschiedenen Autoren jeweils für zeitlich recht verschiedene Abschnitte bzw. Eisrandlagen verwendet worden sind, trägt eine weitere Verwendung dieser Bezeichnungen – selbst eine revidierte – kaum zu einer Klärung bei. J. Büdel (1957, 1960) sprach denn auch schon vor Jahren von einem «Würm-Wirrwarr».
Analog zur Gliederung in N-Deutschland, wo P. Woldstedt (1955) und Woldstedt/K. Duphorn (1974) die letzte, die Weichsel-Kaltzeit in eine *Früh-*, eine *Hoch-* und in eine *Spätweichsel*-Kalt*zeit* unterteilt haben, hat sich auch in der Schweiz eine Unterteilung in ein *Früh-*, ein *Hoch-* und ein *Spätwürm* eingebürgert, die sich auch im Gelände gegeneinander abgrenzen lassen. Dabei steht aber noch offen, ob das Brandenburger Stadium, mit dem Woldstedt und Duphorn in N-Deutschland die Hochweichsel-Zeit beginnen lassen, den kräftigen würmzeitlichen Vorstößen in der Schweiz und der Schluß des Pommerschen Stadium, mit dem sie die Hochweichsel-Zeit enden lassen, zeitlich den letzten hochwürmzeitlichen Staffeln des Zürich-Stadiums entsprechen.
Der Beginn der Würm-Eiszeit, d. h. die Grenze gegen die eigentliche Warmzeit zwischen der vorletzten und der letzten Kaltzeit, das Riß/Würm-Interglazial, läßt sich im Alpenvorland erst «theoretisch», d. h. entsprechend den in vollständigen Profilen im Gebiet der nordischen Vereisung mit dem ersten Abfall der Klimakurve zur ersten Tundrenphase ziehen. Darauf folgten dort, wie in der alpinen Vereisung, nach einer ersten Wiedererwärmung und einer Tundrenphase nochmals kräftigere Klimaverbesserungen. Dann verschlechterte sich – offenbar auch im Alpenvorland – das Klima, wobei sich aber noch weitere Wärme-Schwankungen einschalten, über deren Eisrandlagen sich aber noch kaum sichere Angaben machen lassen.

## *Die Zeit zwischen der Riß- und der Würm-Eiszeit*

Zwischen Riß- und Würm-Kaltzeit schaltet sich ein längerer und offenbar recht komplexer, durch mehrere Warm- und Kaltphasen gekennzeichneter Abschnitt ein. Dabei hält es bereits schwer, das eigentliche Interglazial, die wärmste Zeitspanne, von den wärmeren Interstadialen, etwas kühleren Wärmeschwankungen, abzutrennen.
Während der entsprechende Zeitabschnitt in der Nordischen Vereisung, die Zeit zwischen Saale- und Weichsel-Eiszeit, das Eem-Interglazial und die von Interstadialen unterbrochene Vorstoßphase der Weichsel-Eiszeit, durch verschiedene Profile heute bekannt geworden ist, beginnt diese Zeit im alpinen Raum sich erst abzuzeichnen, umso mehr als hier auch noch Parallelisationsfragen auftreten (J. Werner, 1974).
Daß unter der würmzeitlichen Moränendecke und über einer älteren, der Molasse aufliegenden Grundmoräne sich verschiedentlich Schotter und Schieferkohlen einstellen,

war bereits A. MORLOT (1858) und O. HEER (1858) bekannt. Diese Schieferkohlen, wie auch jene in den W- und in den E-Alpen – im Inntal und im bayerischen Alpenvorland – wurden indessen früher meist dem Riß/Würm-Interglazial zugewiesen (E. BAUMBERGER et al., 1923; W. LÜDI, 1953, etc.). Neuere Untersuchungen haben jedoch gezeigt, daß ihr Vegetationscharakter zum Teil weit weniger wärmeliebend ist und auch die $^{14}C$-Daten nicht so weit zurückreichen, wie dies für den wärmsten Abschnitt, für eine dem nordeuropäischen Eem entsprechende alpine Warmzeit, gefolgert werden müßte. Selbst die wärmeliebendsten Pflanzengesellschaften des Alpenvorlandes – die stets als Riß/Würm-interglazial betrachtete Schieferkohlen-Florenabfolge von Großweil bei Murnau (H. REICH, 1953), das Seekreide-Profil von Zeifen (H.-J. BEUG in W. JUNG et al., 1972) die Flora der Kalktuffe von Flurlingen ZH (J. MEISTER, 1898; U. W. GUYAN & H. STAUBER, 1941) oder die Flora der Alluvion ancienne der Gegend von Genf (E. JOUKOWSKI, 1941; LÜDI, 1946, 1953) müssen noch nicht alle unbedingt dem Eem entsprechen, das sich zwischen Saale- und Weichsel-Kaltzeit einschaltet. Wie verschiedene holländische Profile zeigen, zeichnet sich dieses durch ein überragendes Vorherrschen thermophiler Elemente aus. Wohl treten auch in den Schieferkohlen des nördlichen Alpenrandes wärmeliebende Elemente auf; doch nehmen sie in den einzelnen Profilen meist nur einen relativ geringen Prozentsatz ein. Es scheint jedoch, daß diese in ihrem Charakter sich unterscheiden und – mindestens zum Teil – weit eher interstadiale Vegetationsentwicklungen bekunden, etwa das *Brörup*- und das *Odderade-Interstadial* (R. JESSEN & V. MILTHERS, 1928; F.-R. AVERDIECK, 1965, 1967), oder gar kalt- oder doch kühl-interstadiale Abschnitte, etwa das *Moershoofd*, das *Hengelo*- und das *Denekamp-Interstadial*.

Im bayerischen wie im schweizerischen Alpenvorland konnten B. FRENZEL & P. PESCHKE (1972; in FRENZEL et al., 1976) und M. WELTEN (in FRENZEL et al., 1976) feststellen, daß sich in den Schieferkohlen-Abfolgen effektiv verschiedene Vegetationsentwicklungen abzeichnen. Zugleich haben die neuesten $^{14}C$-Datierungen von P. M. GROOTES (schr. Mitt., 1977) gezeigt, daß sie in S-Bayern offenbar altersmäßig und in ihren Klimaansprüchen sich unterscheidende Interstadiale dokumentieren (S. 157).

Für die wärmste, das Brörup-Interstadial gibt W. H. ZAGWIJN (1961) ein Juli-Mittel von 17°C an – was etwa dem heutigen Wert für Holland entspricht – während er für das Optimum des Eem-Interglazials, für die jüngere *Quercus*- und die *Corylus*-Zone, das Juli-Mittel bis auf 21° ansteigen läßt.

BEUG (in JUNG et al.) möchte den eher auf ein kühleres Klima hindeutenden Charakter der Schieferkohlen-Floren auf das Vorherrschen kühler getönter Moor-Assoziationen zurückführen. Das Profil von Zeifen am Wagingersee im Drumlingebiet des Salzach-Vorlandgletschers mit thermophileren Arten würde dagegen eher das Vegetationsbild des offenen Landes widerspiegeln. Doch ist auch der optimalste Klima-Abschnitt dieser Vegetations-Abfolge kaum thermophiler als derjenige, der sich heute um den Wagingersee eingestellt hat.

Durch M. WELTEN und V. MARKGRAF (in FRENZEL et al., 1976) wurden die Schieferkohlen im Glütschtal und im Emmental bei Mutten E von Signau, sowie die Höhlensedimente im Simmental pollenanalytisch untersucht.

Ein weit zurückreichendes Profil konnte WELTEN bei Meikirch NW von Bern analysieren und dabei unter Würmmoräne mehrere, durch kühlere Abschnitte getrennte Warmphasen nachweisen. Da ihm, neben den bisherigen, aus dem Zürcher Oberland und vom Buechberg (BAUMBERGER und A. JEANNET in BAUMBERGER et al., 1923; LÜDI, 1953; J.-R. KLÄY, 1969; HANTKE, 1970), bekannten Profilen, auch neue – Ambitzgi SE von Wetzi-

kon, Großriet N von Greifensee und vom Knonauer Amt – wichtige Daten zur Gliederung der Gletschervorstöße und damit der Kaltphasen zwischen dem Riß/Würm-Interglazial und dem Holozän geliefert haben, schlägt er für diese die Bezeichnung *Turicum 1–3*, für die wärmeren Interstadiale T 1/2 und T 2/3 vor.
Bei Betzholz SE von Hinwil zeigte sich, daß die dort beim Autobahnbau aufgeschlossenen Schieferkohlen durch den vorrückenden Gletscher zerrissen und schiefgestellt worden waren, was BAUMBERGER (1923) bereits bei den Schieferkohlen von Dürnten festgehalten hatte. Zugleich muß der zuvor erfolgte Vorstoß des Linth-Gletschers, wie Moräne mit gekritzten Geschieben unter der Schieferkohle von Dürnten, Betzholz und Schöneich S von Wetzikon gezeigt haben, mindestens bis Wetzikon und damit bis ins untere Zürichsee-Becken gereicht haben.
Auch im Knonauer Amt und N des Zugersees konnten WELTEN (mdl. Mitt.) und B. AMMANN-MOSER (mdl. Mitt.) verschiedene warmzeitliche, durch kaltzeitliche Sedimente getrennte Profilabschnitte mit sich unterscheidender Florenentwicklung erkennen. Doch ist es bisher weder im deutschen Alpenvorland noch im schweizerischen Mittelland, weder um Bern – Meikirch, Seeland, Aaretal (in FRENZEL et al., 1976) – noch um Zürich – Oberland, Buechberg, Knonauer Amt – geglückt, ein «durchgängiges Profil» aufzufinden. Wohl sind an den verschiedenen Stellen, aufgrund der eingeschlossenen Floren, im Wärmeinhalt sich unterscheidende Sedimente abgelagert worden. Doch geschah dies offenbar über einem durch Tektonik und mehrfach vorgestoßene Gletscher vorgezeichneten Relief.
Auch bei den späteren, würmzeitlichen Vorstößen wurden offenbar nicht stets streng die gleichen Bahnen benutzt, sondern bald da, bald dort etwas von früher abgelagertem Material vom Eis wieder aufgenommen. Dabei wurde der organische Inhalt aufgearbeitet und irgendwo – zusammen mit kaltzeitlichen Sedimenten – wieder abgelagert. Damit sind derartig ideale Abfolgen, wie sie aus dem nordischen Relief-armen Vereisungsgebiet vorliegen, außerhalb der Würm-Eiszeit nur in Becken, die von jeglicher Ausräumung verschont geblieben sind, wohl gar nicht zu erwarten. Und in solchen können wiederum die kaltzeitlichen Schnitte oft nicht klar genug durch Sedimente und minimalste Schichtlücken für die Zeit des Hochglazials gefaßt werden. So liegen für diesen langanhaltenden Zeitabschnitt zwischen dem Riß- und dem Würm-Maximum erst vorläufige Ergebnisse vor.

### *Der frühwürmzeitliche Eisaufbau*

Während sich der geschichtliche Ablauf des würmzeitlichen Eiszerfalls beidseits der Alpen und der Rückzug der Gletscher in die Alpentäler langsam abzuzeichnen beginnt, sind die Kenntnisse über dessen Aufbau, das Vordringen und über den vom Würm-Eis überfahrenen Bereich des rißzeitlichen Rückzuges noch recht bescheiden.
Da im Mittelland jede Moräne unter einer Ober- und Grundmoränendecke – meist a priori – der nächst älteren, der Riß-Eiszeit zugeordnet und Schieferkohlen sowie moränenbedeckte Schotter, die wärmere und feuchtere Klimaabschnitte bekunden, oft allzu schematisch der Letzten Interglazialzeit zugewiesen wurden, schienen Sedimente aus der Zeit des Eisaufbaues, des generellen Vorstoßes, zu fehlen. Da zudem Ausräumungen und Eintiefungen nur schwer zeitlich eingestuft und miteinander verglichen werden können, stand diese Zeit meist gar nicht zur Diskussion. Immerhin wies bereits H.-G.

Stehlin in Dubois, A., & Stehlin (1933), aufgrund paläozoologischer Funde in der Höhle von Cotencher NE, auf eine lange Vorstoßphase hin. Ebenso können sogar Ablagerungen älterer Interglaziale und Interstadiale des vorletzten Rückzuges vorliegen, was sich im Fossilinhalt zeigen müßte.

Voraussetzungen für eine vollständige Überlieferung der Sedimentabfolgen bieten – außer den Subsidenzgebieten E-Englands, der Niederlande, N-Deutschlands, Dänemarks und Polens – im Alpenvorland: Wurzacher und Federsee-Becken (R. German et al., 1965, 1967) sowie die Schieferkohle-Abfolgen am bayerischen Alpenrand (B. Frenzel & P. Peschke, 1972; Frenzel et al., 1976; P. M. Grootes, 1977) im Glattal, im Knonauer Amt und im Aaretal (M. Welten in Frenzel et al.). In all diesen Gebieten wurde erkannt, daß der Vorstoß des Weichsel (= Würm)-Eises nicht stetig vor sich ging, sondern daß feucht-kühle Abschnitte durch biostratigraphisch ausgewiesene wärmere Zeitspannen mehrfach unterbrochen wurden (W. H. Zagwijn & R. Paepe, 1968).

So gelang es, Schichtstoß und Zeitraum zwischen dem Letzten Interglazial mit dem weitesten Eisrückzug und dem letzten Maximalstand der Weichsel-Eiszeit in den Niederlanden zeitlich zu unterteilen, so daß dort die erdgeschichtlichen Ereignisse präziser eingestuft werden können.

Leider fehlt der Mehrzahl der außerhalb des äußersten weichselzeitlichen Eisstandes gelegenen Profile eine Verknüpfung mit bestimmten Ständen der nordeuropäischen Vereisung. Den Lagebeziehungen zwischen Eisrändern und Schotterkomplexen mit eingelagerten Schieferkohlen im Bereich der alpinen Vergletscherung sind daher große Beachtung zu schenken, um so mehr, als hier über Rückzugslagen und zugehörige Schnee- und Waldgrenzen konkretere Angaben gewonnen werden können und für die Schieferkohlen des bayerischen Alpenvorlandes nunmehr verläßlichere $^{14}$C-Daten vorliegen.

### *Zur Chronologie der Frühwürm-Interstadiale*

Aufgrund umfangreicher Radiocarbon-Datierungen (P. M. Grootes, schr. Mitt., 1977) scheint die frühe Würm-Kaltzeit – neben dem eigentlichen *Riß-Würm-Interglazial*, das vor 70000 Jahren zu Ende ging – durch mehrere *frühwürmzeitliche Interstadiale* unterbrochen gewesen zu sein.

Das älteste, das *Amersfoort-Interstadial* hat um rund 68000 Jahre v. h. begonnen und wurde in Amersfoort (Niederlande), Odderade (Schleswig-Holstein) und wahrscheinlich in La Croix Rouge bei Chambéry (Savoie) festgestellt.

Das zweite, das «*Brörup-Interstadial*» hat in Amersfoort um 65000–64000 Jahre v. h. angefangen und wurde in Amersfoort, in Höfen (NE von Penzberg, S-Bayern), in Mauern, in Aschersleben und in La Flachère (Isère-Tal), vielleicht auch in Pömetsried (E von Murnau, S-Bayern) nachgewiesen. Es dürfte vor 61000 v. h. zu Ende gewesen sein.

Das dritte, das *Odderade-Interstadial*, hat inzwischen 61000 und 60000 v. h. eingesetzt und wurde von Amersfoort, Odderade und Padul (Spanien) datiert. Da in Odderade die obere Seite der oberen Torfschicht ein Alter von rund 56000 ergab, ging es erst darnach zu Ende.

Nach diesen 3 älteren Frühwürm-Interstadialen schiebt sich zwischen 50000 und 45000 v. h. ein «pleniglaziales», das *Moershoofd-Interstadial* ein, das von Voorthuizen (bei Amersfoort) und Breinetsried (W von Penzberg) datiert wurde.

Dann folgen noch weitere Interstadiale, die nach den bisher vorliegenden Datierungen – diejenigen aus schweizerischen Schieferkohlen bewegen sich zwischen 45000 und 30000 v. h., doch muß ihre Zuverlässigkeit noch neu überprüft werden – jünger wären und mit den *Hengelo-Schwankungen* – um 39000 bis 37000 v. h. – und dem *Denekamp-Interstadial* – 32000–29000 v. h. verglichen werden müssen.

*Die würmzeitlichen Höchststände und der spätwürmzeitliche Eiszerfall N der Alpen*

Im alpinen Raum bildeten sich während den würmzeitlichen Höchstständen mehrere Vereisungszentren aus, Gebiete, von denen das Eis nach verschiedenen Richtungen abfloß, so von den Arealen Arlberg–Lech, Davos-Weißfluhjoch, Stilfserjoch, Murtaröl, Samaden-Pontresina, Klausen, Oberalp, Grimsel–Gletsch–Furka, Griespaß.
Aufgrund von End- und Seitenmoränen und im Konfluenzbereich einsetzender Mittelmoränen, randlichen Schmelzwasserrinnen und Erratiker-Zeilen läßt sich die Oberfläche einstiger Gletscher unterhalb der jeweiligen klimatischen Schneegrenze rekonstruieren. Bei den weit ins Vorland vorgedrungenen pleistozänen Eisströmen fiel sie recht sanft – mit 8–25‰, erst gegen die Zungenenden – namentlich bei vorstoßenden Gletschern – steiler mit 30 und mehr ‰ ab.
Auffällig flach – flacher als der äußerste würmzeitliche Eisabfall – verläuft ein wenig interner gelegener, meist durch markantere Ufermoränen gekennzeichneter, der oft als Maximalstand angesehen wurde. Da er besonders in engen Zweigbecken klar hervortritt, dürfte der vorgängige Rückzug kurz und der ihn verursachende Rückschlag unter kalt-trockenem Klima erfolgt sein. Bei den Rückzugsstadien erwies sich die schon von Arn. Escher (1862) erkannte Abfolge als richtig. Die ersten Staffeln, selbst das Schlieren (= Dießenhofen)-Stadium, waren nur kurzfristige Halte mit geringem Wiedervorstoß. Ihre Moränen sind in engkanalisierten Tälern ausgeprägt; in fächerartig sich ausbreitenden können sie nur vage zu Randlagen verbunden werden. Der sie bedingende Klimarückschlag vermochte die schon bei einem würmzeitlichen Vorstoß geschaffenen Reliefunterschiede nicht auszugleichen; zudem scheinen Schuttlieferung und Schubenergie nicht genügt zu haben, um zusammenhängende Wälle zu hinterlassen.
Erst das Zürich(= Stein am Rhein)-Stadium drückt einen markanteren Klimarückschlag aus, bei dem die Eiszungen wieder anschwollen und vorstießen. Die durch ihre Moränen abgedämmten Becken, die oft noch von Seen erfüllt werden, gehen jedoch bereits auf frühere Vorstöße zurück.
Internere Rückzugsstaffeln bekunden kürzere Halte, bei denen frontal Schliesande, talaufwärts Ufermoränen – innere Moränenwälle – abgelagert wurden. Stauchmoränen sowie frontale und seitliche Überschüttungen deuten auf kurzfristige Wiedervorstöße.
Erst mit dem Hurden (= Konstanz)-Stadium erfolgte nach weiteren, offenbar aber nur kurzfristigen Rückzugshalten wieder ein geringer Vorstoß. Auch die dahinter gelegenen Becken sind auf die Kolkwirkung früherer Vorstöße zurückzuführen.
Dann vollzog sich der Eisabbau rascher, wobei sich nur kurzfristige Halte erkennen lassen. Mit der Ausaperung des Alpenvorlandes fielen die Gletscheroberflächen steiler ab. Dies wird besonders mit dem Stadium von Ziegelbrücke/Weesen (= Ziegelbrücke/Mollis = Rankweil/Feldkirch) offenkundig, das ein Anschwellen und Wiedervorrücken der Stirn dokumentiert. Auch dieses durch zwei markantere Staffeln sich auszeichnende Stadium fällt mit einer früheren Eisrandlage zusammen. Dahinter stellen sich wiederum von Seen eingenommene Becken ein.

Darnach griff der Eisabbau bereits tiefer in die nördlichen Kalkalpen zurück. Die klimatische Schneegrenze stieg weiter an. Hangfußentlastungen und Abschmelzen von Firnkappen bis in den Bereich der heutigen Waldgrenze ließen erste alpine Bergstürze niederbrechen.
Eisüberfahrene Trümmerfelder sowie Moränen von Seitengletschern bekunden einen erneuten Klimarückschlag. Die Schneegrenze fiel wieder etwas ab; die Talgletscher schoben sich um wenige km vor, was auf eine geringe Absenkung der mittleren Jahrestemperatur zurückzuführen sein dürfte. Auch bei diesem, dem Stadium von Sargans (= Netstal/Ennenda), lassen sich zwei Staffeln auseinanderhalten.
Mit der folgenden Erwärmung vollzog sich ein weiteres Abschmelzen. Erstmals aperten die großen Alpentäler aus; in tieferen Becken verblieb Toteis. Die Firnkappen schmolzen bis über die heutige Baumgrenze zurück, so daß bis auf über 2000 m Höhe ausgedehnte Sturzmassen niederbrachen.
In einem nächsten Klimarückschlag, der die Schneegrenze abermals – wohl um 200 m – absinken ließ, rückten die alpinen Talgletscher – dank seitlicher Zuschüsse – erneut um 10–30 km vor: der Rhein-Gletscher bis Chur, der Linth-Gletscher bis Nidfurn. Dies dürfte einer Absenkung der Jahrestemperatur um 2° C entsprochen haben. Dabei überfuhren sie die im vorangegangenen Interstadial niedergefahrenen Sturzmassen und hinterließen auf ihnen Moräne und Erratiker. Dann schmolz das Eis über den Riegeln ab; in tieferen Becken wich Toteis nur langsam. Nach kurzem Halt – bei Seitengletschern erfolgte ein geringer Wiedervorstoß – zog sich das Eis weiter kräftig zurück. Die Transfluenz von Engadiner Eis über Julier, Fuorcla Crap Alv und Albula fiel aus.
Bei einem nochmaligen Vorstoß mit einer Schneegrenzen-Depression um 700 m gegenüber heute wurden ausgeprägte Block-Moränen aufgeschüttet, frontal und seitlich Schotterfluren abgelagert bzw. aufgestaut. In höheren Lagen – auf der Lenzerheide und E von Davos – wurden Bergsturzmassen von wieder vorrückendem Eis überprägt. Dieser Klimarückschlag war kaum viel geringer als der vorangegangene; aufgrund von Überfahrungsdistanzen sank die Schneegrenze um mindestens 100–150 m, die Jahrestemperatur um 1–1½°C ab.
Mit dem Abschmelzen von den Endlagen – Disentis, Andeer, Filisur, Klosters – vollzog sich ein weiteres Auflösen des inneralpinen Eisstromnetzes. Da und dort bildeten sich Eisrandseen. Nach einigen Rückzugsstaffeln schmolzen die Gletscher kräftig zurück. Die dem Stadium von Andeer vorangegangene Wärmeschwankung dürfte ein Prä-bölling-Interstadial darstellen.
Nach dem Stadium von Disentis, Andeer, Filisur dürfte das Eis – noch vor dem Bölling-Interstadial – bis in die hintersten Alpentäler zurückgeschmolzen sein: der Vorderrhein-Gletscher bis ins Tavetsch; der Hinterrhein-Gletscher ins Rheinwald. Im nächsten Klimarückschlag stießen diese wieder vor: der Hinterrhein-Gletscher wohl von Medels bis Sufers über rund 5 km, der Vorderrhein-Gletscher bis über Sedrun hinaus, was wiederum einem Abfall der klimatischen Schneegrenze um 100–150 m und der mittleren Jahrestemperatur um 1–1½°C entsprechen dürfte.
Im Bölling-Interstadial gab das Eis das Rheinwald frei, rückte jedoch in der Älteren Dryaszeit nochmals bis Nufenen vor.
Dann – im Alleröd – schmolzen die Gletscher bis in die Hochlagen zurück, der Vorderrhein-Gletscher bis ins Quellgebiet des Rheins, der Hinterrhein-Gletscher bis ins Zapport.
Im letzten spätwürmzeitlichen Klimarückschlag, in der Jüngeren Dryaszeit, rückten die alpinen Gletscher ein letztesmal kräftiger vor: Maighels- und Curnera-Gletscher ver-

einigten sich nochmals bei Tschamut und endeten unterhalb Selva, später trennten sie sich, wobei der Maighels-Gletscher mit seinen Zungen noch bis in die Oberalp-Straße reichte. Der Paradies-Gletscher stieß wieder bis Hinterrhein vor. Später reichte er noch bis gegen das N-Portal des Bernhardin-Tunnels. Dieser letzte spätwürmzeitliche Vorstoß dürfte eine Erniedrigung der Schneegrenze um über 200 m und der mittleren Jahrestemperatur von 2–2 ½°C bewirkt haben.

Während sich in steilen Talschlüssen – außerhalb der frührezenten Vorstöße um 1600, um 1820 und um 1850 – meist mehrere gestaffelte Stände zu erkennen geben, lassen sich in sanfter abfallenden inneralpinen Stammtälern nur schwer gegeneinander abgrenzbare Staffelscharen beobachten. Von diesen sind wohl nur die internen als Wiedervorstöße aus den Hochlagen zu deuten; die tieferen dürften vielmehr Vorschübe und Halte des im frühen – mittleren Holozän zurückgewichenen Eises darstellen. Spätere Vorstöße aus Hochlagen erfolgten wohl nur bis wenig außerhalb der frührezenten Stände, mit Schneegrenzen-Absenkungen um 200 m, bis bei 2° niedrigeren Jahresmitteln.

Höchste würmzeitliche Seitenmoränen und zugehörige Schneegrenzen

| Gletschersystem | Höchste Seitenmoränen | | Klimatische Schneegrenze | |
|---|---|---|---|---|
| Haslach (E-Schwarzwald) | Kappel NE Lenzkirch | 930 m | gut | 950 m |
| Alb (S-Schwarzwald) | Engelschwand SSE Todtmoos | 980 m | | 1000 m |
| Bodensee-Rhein | Sulzberg E Bregenz | 990 m | | 1050 m |
| Thur/Rhein | Chalchtaren SSW Wil SG | 880 m | knapp | 950 m |
| Linth/Rhein | E des Bachtel ZH | 975 m | knapp | 1050 m |
| | W des Etzel SZ | 1010 m | gut | 1050 m |
| Muota/Reuß | Mostel N Schwyz (Mittelmoräne) | 1190 m | | 1200 m |
| | Rufiberg E Goldau SZ | 1070 m | knapp | 1150 m |
| Reuß | Stöck NNE Weggis LU | 1070 m | | 1150 m |
| Aare/Reuß | Rotenflue NE Pilatus LU | 1120 m | gegen | 1200 m |
| Entlen/Kleine Emme | Fuchserenwald SE Entlebuch LU | 1100 m | | 1150 m |
| Kleine Emme | Hohwald E Schüpfheim LU | 1060 m | gut | 1100 m |
| Emme | Obersichen S Eggiwil BE | 1090 m | | 1150 m |
| Aare | Heiligenschwendi E Thun BE | 1120 m | gut | 1150 m |
| | Seftigschwand W Wattenwil BE | 1100 m | | 1150 m |
| Saane/Rhone | E La Roche FR (Rundhöcker) | 1120 m | gegen | 1200 m |
| Rhone, Solothurner Arm | SE Semsales FR (Mittelmoräne) | 1320 m | | 1250 m |
| | Prés Devant W Neuchâtel | 1080 m | gut | 1150 m |
| Rhone, Genfersee Arm | NW Rochers de Memise ESE Evian-les-Bains | 1200 m | | 1250 m |
| Arve | SE Bogève E Annemasse | 1080 m | knapp | 1150 m |
| | Orange S La Roche-sur-Foron | 1060 m | gut | 1100 m |
| Dora Baltea | Vernej NE Settimo Vittone | 1180 m | gut | 1200 m |
| Toce/Tessin | Piano Volpera S Gerra Gambar. | 1120 m | gegen | 1200 m |
| | Monti Lamanno SW Cannobio | 1050 m | gut | 1100 m |
| | Alpe Salè WSW Stresa | 980 m | | 1050 m |
| Mera/Adda | Ciocchè SW Monte S. Primo | 1080 m | gegen | 1150 m |
| Inn | E des Heuberges SSE Rosenheim | 1150 m | gut | 1100 m |

Für die Zeit von 1920—1950 bestimmte R. FINSTERWALDER (1952) den Anstieg der Schneegrenze bei Ostalpen-Gletschern auf 60–95 m. Den jährlichen Flächenverlust gibt er mit 0,56‰, die mittlere jährliche Höhenänderung mit –61 cm an.

*Die Schneegrenzen-Depressionen in der Riß-, in der Spätriß- und in der Würm-Eiszeit*

Für die einzelnen Eisstände stellt die Schneegrenzen-Depression, die Erniedrigung gemittelter Gleichgewichtslagen gegenüber heute, eine charakteristische Größe dar. Sie ist für die Korrelation von Moränenstadien von Bedeutung. Die erhaltenen Werte sind jedoch stets durch paläontologische, vorab pollenanalytische, und $^{14}C$-Daten zu überprüfen.
Für den nordalpinen Bereich ergeben sich etwa folgende Schneegrenzen-Depressionen gegenüber heute:

| | | |
|---|---|---|
| Maximalstand der Riß-Eiszeit | rund | 1400 m |
| Spätriß | rund | 1350 m |
| Maximalstände der Würm-Eiszeit | | 1300 m |
| Dießenhofen(= Schlieren)-Stadium | knapp | 1300 m |
| Stein am Rhein(= Zürich)-Stadium | gut | 1250 m |
| Konstanz(= Hurden)-Stadium | | 1150 m |
| Feldkirch(= Weesen)-Stadium | | 1050 m |
| Sarganser Stadium | | 950 m |
| Churer Stadium | | 850 m |
| Viamala/Tiefencastel-Stadium | | 750 m |
| Andeer-Stadium | | 700 m |
| Suferser Stadium | | 600 m |
| Nufenen-Stadium | | 450 m |
| Hinterrhein-Stadium | | 400 m |
| frühwürmzeitliche Stände | | 200 m |
| nachwürmzeitliche Stände | um | 180 m |
| frührezente Vorstöße | bis | 150 m |

Da selbst die Schneegrenzen-Depressionen noch etwas vom Klima abhängen, können diese Werte nur Näherungswerte darstellen.
Die klimatische Schneegrenze bezieht sich dabei auf Eis und kommt der Firnlinie nahe (S. 53).
Nach der Definition, wonach der Schnee bei normaler Exposition auf horizontaler Fläche eben nicht mehr wegzuschmelzen vermag, ergeben sich für die heutigen Schneegrenzen und damit auch für die Depressionen um bis 300 m höhere Werte.
Für den Stirnbereich der äußeren würmzeitlichen Stadien beträgt die Erniedrigung der mittleren Jahrestemperatur rund 10°. Darin ist der durch den Gletscherwind bedingte Effekt von 1–2° eingeschlossen. Für die Gegend um Zürich ergäbe sich im Würm-Maximum eine klimatische Schneegrenze um 1000 m, im Zürich-Stadium eine solche von 1050 m bei einer mittleren Jahrestemperatur von –1 °C (heute gegen 9°C).
In der Riß-Eiszeit dürfte die mittlere Jahrestemperatur noch rund 1° tiefer, also um 11° unter dem heutigen Jahresmittel, gelegen haben.

Vorstoß- wie Rückzugslagen würmzeitlicher Gletscher sind durch vorgezeichnete Rinnen und Becken bestimmt. Die in den einzelnen Gletschersystemen durch Schotterfluren, Moränen und randglaziäre Abflußrinnen sich abzeichnenden Stände und ihre zeitliche Korrelation waren Gegenstand zahlreicher Studien. Wenngleich beweisende Pollenabfolgen – und für die älteren Stände auch $^{14}$C-Daten – noch immer weitgehend fehlen, so fügen sich doch die bekannt gewordenen Altershinweise in eine Konzeption ein, die sich aus dem Verfolgen quartärgeologischer Fakten und zugehöriger Schneegrenzen-Depressionen ergeben.
Die Frage, ob eiszeitliche und spätglaziale Gletscherstände gleichzeitig erfolgt sind und daher miteinander zu verbinden sind, ist – in Anbetracht der rezenten Stände mit ihrem unterschiedlichen Vorstoßen und Zurückschmelzen – ein zentrales Problem bei Korrelationen und daher auch schon wiederholt gestellt worden (S. 385). Da sich bei verschiedenen Gletschersystemen bis tief in die Alpentäler hinein Transfluenzen, Diffluenzen und Konfluenzen sowie gemeinsame Einzugsgebiete vorfinden, dürften sich allfällige lokalklimatische Unterschiede in der Eisführung bereits sehr bald, meist schon im Nährgebiet, ausgeglichen haben.
Daß sich bei jedem Korrelations-Versuch – namentlich beim bloßen Abzählen – allzugern Fehler einschleichen, liegt schon daran, daß die einzelnen Gletscherstände – je nach der Schuttführung und der orographischen Ausgestaltung der Täler – oft recht verschieden deutlich durch Wallmoränen belegt sind. Durch das Verfolgen der einzelnen sich zeitlich entsprechender Eisstände auch in die Seitentäler (S. 375–377; Bd. 2) und durch ihre kleinmaßstäbliche kartographische Darstellung (Bd. 3) läßt sich jedoch der Fehler minimal halten.
Für die einzelnen Systeme ergeben sich folgende, sich entsprechende Endlagen (vgl. auch Karten im Bd. 3):
In den Tabellen auf S. 375 bis 377 bezeichnen auf gleicher Zeile stehende Ortsnamen zeitlich sich ± entsprechende Eisstände.
Die einzelnen Gruppen-Namen umfassen Stadien im landesüblichen Sinne (= Phasen nach G. Lüttig, 1959) mit Hauptstaffeln sowie nachfolgenden kleinen Wiedervorstößen und Rückzugshalten. Das namengebende Stadium ist mit * gekennzeichnet.
Die Zuordnung erfolgte aufgrund von End- und Seitenmoränen, einsetzenden Schotterfluren, Stauterrassen, Schmelzwasserrinnen, Erratiker-, Drumlin- und Rundhöcker-Zeilen.
*Kursiv* = frontale Endlagen, Normalsatz = seitliche Randlagen. Eine ausführlichere Zusammenstellung mit einer Korrelation der Stände in den einzelnen Gletscherlappen folgt am Schluß des 2. Bandes.

W *Rhone-Gletscher*

Genfer Arm — Solothurner Arm

| | | | | | | | |
|---|---|---|---|---|---|---|---|
| Jung-Endmoränen | | | Lagnieux | | Balm | *Aarwangen* | *Bützberg E* |
| | | | | | | *Bannwil*★ | *Bützberg W* |
| | | | | | | *Walliswil* | *Burgäschi* |
| | | | *Nurieux*★ | | Niederwil | *Wangen a. A.*★ | *Höchstetten* |
| Jung-Endmoränen | Foliaz | *Mt. de Sion* | *Seyssel* | Ballon★ | Oberdorf | *Flumenthal* | Deitlingen |
| | | | *Surjoux* | | Holz | *Brästenberg*★ | *Bleichenberg* |
| | | | *Génissat* | | Bettlach | *Solothurn* | Cholrüti |
| | | | *Bellegarde* | | Pieterlen | *Büren a. A.* | Chrüzhubel |
| | | | *Chancy* | | La Neuveville | *Lüscherz* | *Kallnach* |
| | | St-Julien | *Russin*★ | Divonne | Premier | *Gampelen*★ | Montet |
| | | Annemasse | *Genève* | Châtaigneraie | La Russille | Cortaillod | Portalban |
| | | | Hermance | Tannay | Bretonnières | Concise | Yvonand |
| | | | Messery | Nyon | Apples | Bofflens | *Yverdon* |
| | | | Yvoire | Dully | Disy | *Mormont* | *Timonet* |
| | | | Thonon | St-Prex | Bremblens | *Mlin du Choc* | *Lac de Bret* |
| | | | Evian | St-Sulpice | *Renens* | Lausanne | Chexbres |
| | | Vouvry | *Noville-Chessel*★ | | | | Aigle |
| | | Choex | Collombey-Muraz★ | | | | Ollon |
| | | Petit Clos | Monthey | | | | Villy |
| | | | Drance-Gl. | Borgne-Gl. | Navisence-Gl. | Rhone-Gl. | |
| | | | *Martigny-Bourg*★ | Ecône | *Granges*★ | Leuk | |
| | | | | Sion | Chalais | *Susten*★ | |
| | | | *Les Trappistes*★ | *Bramois* | *Chippis* | *Niedergestelen* | *Raron*★ |
| | | | *Le Châble*★ | | | *Visp*★ | |
| | | | | | Aletsch-Gl. | Fiescher-Gl. | Rhone-Gl. |
| | | | *Champsec*★ | | *Gamsen*★ | *Lax* | *Münster* |
| | | | *Lourtier*★ | | *Brig*★ | *Fiesch*★ | *Obergestelen*★ |
| | | | *Fionnay* | | *Geimen* | *Fieschertal* | *Oberwald* |

★ Markantere, namengebende Stände

| | *Aare-Gletscher* | | | *Reuß-Gletscher* | | E |
|---|---|---|---|---|---|---|
| | | Brünig-Arm | | | | |
| Äußere Jung-Endmoränen | | Bantiger | | *Birmenstorf* | | *Birmensdorf S* |
| | Seftigschwand I★ | | | *Birrhard* | | *Gjuch* |
| | Seftigschwand II | Birchi | | *Mellingen*★ | | *Wettswil*★ |
| | Gurten★ | Egghübeli | | *Stetten*★ | | *Bonstetten*★ |
| Innere Jung-Endmoränen | *Bern*★ | | | | *Bremgarten*★ | *Hedingen*★ |
| | *Muri* | | | | *Hermetschwil* | *Affoltern a. A.* |
| | Belp | Märchligen | Merenschwand | | Ottenbach | Ob. Mettmenstetten |
| | Toffen | | Mühlau | | Obfelden | Unt. Mettmenstetten |
| | Kirchenthurnen | | Sins | | Maschwanden | *Knonau* |
| | *Wichtrach*★ | | *Dietwil* | | *Gisikon-Honau*★ | *Hagendorn*★ |
| | Thalgut | | Adligen | | Root | *Cham* |
| | Hint. Jaberg | | Neu Adligen | | | Chiemen |
| | Vord. Jaberg | | | *Emmen* | | Oberrisch |
| | Uttigen | | | *Reußbühl* | | |
| | Buchshalten | | | *Luzern* | | |
| | Uetendorf | | | *Chrüztrichter* | | |
| | Strättlig-*Thun*★ | *Stansstad* | | *Vitznau*★ | | *Goldau*★ |
| | Krattigen-Stuelegg | *Alpnach* | | *Gersau-Chindli*★ | | *Ibach*★ |
| | Krattigen-*Thun*★ | *Sarnen* | | | | *Ingenbohl* |
| | *Interlaken*★ | *Giswil*★ | | | *Attinghausen*★ | |
| | *Aarboden*★ Brienzwiler | Brünigen | | | *Intschi*★ | |
| | *Meiringen*★ | | | | *Wassen*★ | |
| | *Guttannen*★ | | | | *Hospental*★ | |
| | | | Göschener Reuß-Gl. | | | |
| | *Handegg*★ Hindrem Stock | | *Göschenen*★ | | *Realp*★ | |
| | *Räterichsboden* | | *Bächli* | | *Laubgädem* | |

★ Markantere, namengebende Stände

| *Linth-Rhein-Gletscher* | | *Bodensee-Rhein-Gletscher* | | E |
|---|---|---|---|---|
| Limmat-Arm | Glattal-Arm | Thurtal-Arm | Rhein-Arm | |
| Killwangen★ | *Chrüzstraß* | *Buchberg* | *Engi* | *Binningen*★ |
| Spreitenbach | *Hard* | *Steinenkreuz* | Schaffhausen★ | *Lohrenwald* |
| Junkholz | *Bülach* | *Rüdlingen*★ | *Feuerthalen* | *Thayngen* |
| *Schlieren*★ | *Seeb*★ | *Alten*★ | *Langwiesen* Dießenh.★ | *Bietingen*★ |
| *Zürich-Altstetten* | *Wallisellen* | *Andelfingen*★ | *Rheinklingen* | *Singen*★ |
| *Zürich-Lindenhof*★ | *Dübendorf-Gfänn*★ | *Eichholz* | *Etzwilen* | *Worblingen* |
| *Hafner* | *Schwerzenbach* | *Tüfenau* | *Stein a. Rhein*★ | *Bohlingen* |
| *Thalwil* | *Mönchaltorf* | Frauenfeld Pfyn | Steckborn | *Radolfzell* |
| *Bäch* | | *Bußnang* | Ermatingen | Wollmatingen |
| *Hurden*★ | *Rapperswil*★ | *Bürglen/Kradolf*★ | *Konstanz*★ | Mainau |
| Galgenen-Oberrüti | | *Erlen* | Scherzingen | Meersburg |
| Galgenen-Steinrüti | Schmerikon | *Oberaach* | Güttingen | Immenstaad |
| Siebnen, Schübelbach | Uznach | | Rheineck-Sandbüchel | Lindau |
| *Buttikon* | Kaltbrunn | | Balgach | Hohenems |
| *Reichenburg* | Maseltrangen | | Kobelwald | Götzis |
| *Ziegelbrücke* | | | Gruppen-Rüthi | Rankweil |
| *Näfels* Mollis | *Weesen*★ | | Sennwald Büchel | *Feldkirch*★ |
| *Netstal*★ | *Ragnatsch*★ | | *Wartau* | |
| *Ennenda*★ | *Sargans*★ | | *Sargans*★ | |
| | Sernf-Gletscher | | | |
| *Nidfurn*★ | *Wart* | | *Chur*★ | |
| | | Vorderrhein-Gl. | Hinterrhein-Gl. | Albula-Gl. |
| *Linthal*★ | *Matt*★ | *Disentis*★ | *Andeer*★ | *Filisur*★ |
| *Auengüeter*★ | *Steinibach*★ | *Sedrun*★ | *Sufers*★ | *Igl Crap* |
| *Tierfed* | *Walenbrugg* | *Selva* | *Nufenen* | *Naz* |
| *Linthschlucht*★ | *Wichlen*★ | *Tschamut* | *Hinterrhein*★ | *Mulix* |
| *Üeli* | *Büelen* | | *Tunnel N-Portal* | |

★ Markantere, namengebende Stände

Über die Geschwindigkeit des würmzeitlichen Eisauf- und -abbaues im Alpenvorland fehlen noch immer verläßliche Werte. Immerhin scheinen sich erste Hinweise über die Größenordnung abzuzeichnen.
Beim *Linth/Rhein-Gletscher* dürfte ein erstes Abschmelzen der Stirn um 30 m/Jahr horizontal und 20–25 cm/Jahr Mächtigkeitsschwund im Vergleich mit Jahresmoränen der Nordischen Vereisung vertretbar sein.
Für das Zurückschmelzen vom Killwangen- zum Schlieren-Stadium, bei rund 10 km Horizontaldistanz und 70–100 m Eismächtigkeit, ergäben sich – unter der Annahme eines kontinuierlichen Abbaues – 300–350 Jahre. Wird noch ein geringer Wiedervorstoß für Rückzugsstaffeln und vor allem für die Moränenaufschüttung des Schlieren-Stadiums miteinbezogen, so dürfte die Zeitspanne 400–450 Jahre betragen haben. Zwischen diesem und dem nur 4 km einwärts gelegenen äußersten Stand des Zürich-Stadiums ergäben sich 150 Jahre. Für das Abschmelzen von diesem bis in den untersten Zürichsee sind rund 400 Jahre einzusetzen.
Für die Bildung einzelner Staffeln des Zürich-Stadiums gibt die Entwicklung eines Eisrandsees, der beim Neubau des Chemiegebäudes der ETH festgestellt worden ist und aus dessen Sedimenten eine Molluskenfauna von «böllingoidem» Klimacharakter (A. JAYET in L. MAZURCZAK, schr. Mitt.) sowie eine hochglaziale Pollenflora geborgen werden konnte, gewisse Anhaltspunkte. Für die Schüttung eines abdämmenden Walles, von 5,5 m feinstkörnigen warvig geschichteten See-Sedimenten mit Großzyklen von 2–10 cm (Jahresschichten?) und dem nachfolgenden Wiedervorstoß, der mit der Schleifung des Walles endete, ergeben sich maximal 150 Jahre.
Zwischen Zürich- und Hurden-Stadium und zwischen diesem und dem Abschmelzen zu selbständigen Eiszungen hinter Ziegelbrücke dürften dagegen mindestens 800–1000 Jahre verflossen sein. Werden für die Halte noch je 50 Jahre eingesetzt, so ergäben sich für den spätwürmzeitlichen Abbau des Linth-Gletschers auf einen Drittel seiner würmzeitlichen Maximal-Länge überschlagsmäßig 2600–3200 Jahre, was sich mit den wenigen, aus den einzelnen Gletschersystemen zusammengetragenen $^{14}$C-Daten vertragen würde.
Auch für die ersten Abbau-Etappen des *Bodensee-Rhein-Gletschers* dürften sich ähnliche Werte ergeben. Mit dem Ausbleiben der Zuschüsse – die letzten stammten von der Fäneren und der Hohen Kugel – und vor allem mit dem Ausfall bedeutender Gletscherareale mit Niederschlägen, weitgehend in Form von Schnee, erfolgte das lineare Zurückschmelzen aus dem Bodensee-Becken und aus dem unteren Rheintal deutlich rascher. Für derartige Betrachtungen wären wohl volumetrische Vergleiche verbindlicher, aufgrund des noch weitgehend unbekannten Untergrundes sind solche jedoch kaum genauer anzustellen.
Beim weiteren Abbau zerfiel das alpine Eisstromnetz; die Zuflüsse wurden mehr und mehr selbständig, so daß sich das Zurückschmelzen des Rhein-Gletschers, vorab des längeren Vorderrhein-Astes mit seinen steilen Zuschüssen, linear rascher vollzogen haben dürfte. Für das Zurückschmelzen von Weesen (=Feldkirch) bis Sargans, eine Strecke von 30 km, sind wohl weitere 600 Jahre, für das Stadium von Sargans mindestens 100 Jahre und für das Rückschmelzen bis hinter Reichenau – Ilanz (35–55 km) 700–800 Jahre und den Wiedervorstoß bis Chur (25 km) rund 500 Jahre einzusetzen, so daß für das Abschmelzen und Wiedervorrücken zum Churer Stadium nochmals 1900–2100 Jahre einzusetzen sein dürften.

Das Zurückschmelzen von Chur bis in die Rofla-Schlucht und der Wiedervorstoß bis Andeer – ein Präbölling-Interstadial (?) – dürfte weitere 1000–1200 Jahre gedauert haben. Vom *Lansersee* (840 m) SE von Innsbruck innerhalb des Stadiums von Brixlegg (?= Chur) erhielten G. PATZELT & S. BORTENSCHLAGER (in B. FRENZEL et al., 1976) ein $^{14}C$-Datum von 13 230 ± 190 v. h. Dabei muß das Eis bereits zuvor wieder mindestens bis in den Talkessel von Innsbruck zurückgewichen sein.
Der Wiedervorstoß bis Sufers, der sich besonders in der Seitenmoräne S von Splügen abzeichnet, dürfte dem Gschnitz-Stadium entsprechen (S. 380; Bd. 3).
Mit dem weiteren Abschmelzen im Bölling und im Alleröd zerfiel das alpine Eisstromnetz bis in die höchsten Talabschnitte. Im Nufenen- (Ältere Dryaszeit ?) und im Hinterrhein-Stadium (Jüngere Dryaszeit) stieß das Rhein-Eis im ausgehenden Spätwürm erneut zweimal kräftiger vor.
Für das Rückschmelzen des Ötz-Gletschers vom äußersten Egesen-Stadium in der Jüngeren Dryaszeit, von Kaisers N von Sölden, bis hinter Schönwies SW von Obergurgl, über eine Distanz von 18 km und eine Höhendifferenz von gut 900 m in einer Zeitspanne von 2000 Jahren ergibt sich 9 m/Jahr.
Mehrere Rückzugsstaffeln leiteten hernach, vor 10 000 Jahren, das Holozän ein. All die verschiedenen holozänen Klimarückschläge führten jedoch nur zu Wiedervorstößen, die weit innerhalb der letzten spätwürmzeitlichen Stände zurückblieben (S. BORTENSCHLAGER & G. PATZELT, 1969; PATZELT, 1975; PATZELT & BORTENSCHLAGER, 1973, in FRENZEL et al., 1976; L. KING, 1974), in inneralpinen Trockentälern – etwa in den Ostalpen und im Wallis – gar etwa im Bereich der frührezenten Stände (H.-N. MÜLLER, 1975; F. RÖTHLISBERGER, 1976; W. SCHNEEBELI, 1976).
Auch bei den heutigen Relikten, etwa beim Biferten-Gletscher, ergibt sich seit dem letzten frührezenten Stand um 1850 bis 1959 (LK 1193) – trotz kurzfristiger Wiedervorstöße – ein Rückschmelzen von 9 m/Jahr horizontal und 2,2 m/Jahr vertikal.
Beim Gletscherrückgang seit 1850 unterscheidet R. FINSTERWALDER (1955) 3 Perioden: 1850–1890, 1890–1920 und 1920–1950. Dabei war die Intensität des Rückschmelzens in der 1. und 3. etwa gleich groß, in der 2. etwa halb so groß.
Volumetrische Eisverlust-Berechnungen führte H. RUTISHAUSER (1968) an Gletschern des Lauterbrunnentales durch.
Beim *Aare-Gletscher* mit seinem eher bescheidenen Einzugsgebiet im subalpinen Bereich vollzog sich der Eisabbau im frühen Spätwürm deutlich langsamer als beim Linth/Rhein und vor allem im Bodensee-Rhein-Gletscher. Beim *Rhone-* und auch beim *Inn-Gletscher* dagegen erfolgte er – mit dem Ausfall immer größerer Gebiete mit Schnee-Akkumulation auf die Eisoberfläche über dem Genfersee-Becken und über dem südwestlichen Solothurner Arm – eher noch etwas rascher als über dem Bodensee-Rhein-Gletscher. Auch im Wallis und im Inntal vollzog sich der Eisabbau – infolge der wohl schon damals deutlich geringeren Niederschlagsmengen – eher etwas rascher als in N- und Mittelbünden.

*Spätwürmzeitliche und holozäne Kaltphasen*

Um die Kenntnis spätwürmzeitlicher und holozäner Kaltphasen mühten sich zahlreiche Forscher. Bereits A. PENCK & E. BRÜCKNER (1909) erkannten, daß das spätglaziale Abschmelzen etappenweise mit Wiedervorstößen erfolgte. Sie bezeichneten sie – nach Lo-

kalitäten in Tirol – als *Bühl-*, *Gschnitz-* und *Daun-*Stadium und gaben Schneegrenzen-Depressionen von 900 m, 600 m und 300 m an.
Das nach Endmoränen des Inn-Gletschers im Raum Kirchbichl-Kufstein benannte Bühl-Stadium ist durch einen mehrphasigen Wiedervorstoß gekennzeichnet. Nach Einwänden von O. AMPFERER (1907) hat PENCK (1921) dieses Stadium weitgehend aufgegeben. F. MAYR & H. HEUBERGER (1968) und HEUBERGER (1968) konnten dagegen die Vorstoßnatur der Bühl-Moränen bestätigen, nicht aber einen vorgängigen Eisabbau im Inntal bis Imst, PENCK & BRÜCKNERS Achen-Schwankung.
Das nachfolgende Rückschmelzen ist nach MAYR und HEUBERGER bei Brixlegg und durch die Schönberg-Phasen S von Innsbruck unterbrochen worden.
Zeitlich auf das Bühl-Stadium folgend unterschied R. v. KLEBELSBERG (1927) zunächst in Südtirol, dann auch in den Ostalpen ein *Schlern-*Stadium, das dort später weitgehend das Gschnitz-Stadium ersetzte. 1950 erkannte er bei Steinach am Brenner weitere Stände, die er als *Steinach-*Stadium zusammenfaßte. Dieses stellt einen weiteren Gletschervorstoß dar. Nach dem geschlossenen Endmoränenbogen bei Trins im vorderen Gschnitztal, nur 4 km innerhalb der Moränen des Steinach-Stadiums, benannten PENCK & BRÜCKNER ihr Gschnitz-Stadium.
Mehrstaffelige Moränen bei Ranalt im hinteren Stubai-Tal bezeichneten PENCK & BRÜCKNER als Daun-Stadium. H. KINZL (1929, 1932) schied in den Stubaier Alpen zwischen dem Daun-Stadium und den frührezenten Ständen ein *Egesen-Stadium* aus — nach dem Egesengrat im Talschluß des Stubai — mit einer Schneegrenzen-Depression von 100–120 m, nach H. HEUBERGER (1966) 300–400 m.
In SE-Bünden versuchte R. STAUB (1938, 1946K, 1952) eine neue Chronologie, da er dort die für die Ostalpen angegebenen Werte nicht mit Moränenständen in Einklang bringen konnte. Zwischen seinem Veltliner Stadium (= Veltliner und Chiuro-Stadium S. VENZO's, 1971) und den frührezenten Ständen unterschied er *Brusio-*, *Puschlaver-*, *Maloja-* und *Corvatsch-*Stadium (Bd. 3).
Mit F. N. BEELER (1977) ließen sich im Bernina-Gebiet drei Moränen-Gruppen unterscheiden: seine Val-da-Fain-Gruppe mit dem durch Erratiker belegten Bernina-Suot-Stand und einer Schneegrenzen-Depression von ca. 300 m, seine Languard-Gruppe mit einer solchen von 160–240 m und die Morteratsch-Gruppe mit einer solchen von 50–120 m gegenüber 1850.
Nach W. H. ZAGWIJN (1952) würde das Gschnitz-Stadium den Klimarückschlag der Jüngeren Drysazeit bekunden. Doch steht dies mit der von ihm ursprünglich noch für Alleröd-zeitlich gehaltenen, rein anorganischen Sedimentation in seinem Profil vom Lanser See mit der von ihm postulierten nachfolgenden Entwaldung in der Jüngeren Dryaszeit im Gegensatz zu der bis in große Höhenlagen festgestellten Alleröd-zeitlichen organischen Sedimentation (S. WEGMÜLLER, 1966; V. MARKGRAF, 1969; H. J. MÜLLER, 1972; H. KLEIBER, 1974; C. BURGA, 1975; I. BORTENSCHLAGER, mdl. Mitt., 1976). Auch hebt sich die Jüngere Dryaszeit in weiten Bereichen der Schweizeralpen nicht sehr markant vom Alleröd ab.
Beim Bau des Gepatsch-Staudammes im Tiroler Kaunertal erbrachte ein in einer Talverschüttung innerhalb der Daun-Moräne in 36 m Tiefe erbohrtes Holz ein $^{14}$C-Datum von 9670 ± 160 v. h., ein zweiter Holzfund in 1 m Tiefe ein solches von 5650 ± 160 v. h. (H. FELBER, 1970). Damit scheidet eine Einstufung des Daun-Vorstoßes in die zweite Hälfte des Präboreals aus. Das Eis muß die Sohle des Kaunertales bereits vor 9600 v. h. freigegeben haben, so daß sich dort ein Baumwuchs einstellen konnte (G. PATZELT, 1972).

In der Venediger Gruppe wuchsen um 9200 v. h. bis auf 2200 m hinauf fruchtende Arven (S. BORTENSCHLAGER & PATZELT, 1973).
Dies scheint auch mit den neuen Pollen-Untersuchungen und $^{14}$C-Daten vom Piottino-Riegel in Einklang zu stehen (M. KÜTTEL, 1977). Damit dürfte auch die *Piottino*-Kaltphase H. ZOLLERS (1960) noch in die Jüngere Dryaszeit fallen, wie dies schon G. LANG (1961) postulierte.
Im hinteren Ötztal konnten PATZELT & BORTENSCHLAGER (1976) – aufgrund von mehreren Pollenprofilen und $^{14}$C-Daten – das Egesen-Stadium als Ausdruck des letzten spätwürmzeitlichen Klimarückschlages, als Jüngere Dryaszeit, erkennen.
In der Nacheiszeit konnten bis heute, vorab in den Ostalpen, 9 Abschnitte mit Gletscher-Hochständen unterschieden werden. Als ältesten erkannte PATZELT (1972, 1973) in der Venediger Gruppe die *Schlaten*-Kühlphase im mittleren Präboreal. Sie dürfte allenfalls mit einer Kaltphase zu verbinden sein, die der Piottino-Kaltphase zugeordnet wurde.
Eine nächste, die *Venediger* Kühlphase, zeichnet sich im älteren Boreal, von 8700–8100 v. h. ab (BORTENSCHLAGER & PATZELT, 1969; PATZELT, 1972, 1973, 1975). Diese Kühlphase wird auch in den Schweizeralpen von einem Zeitabschnitt mit vermehrter Torfbildung und ausgeglichenem Pollen-Niederschlag abgelöst.
In der Venediger Gruppe bezeichnete PATZELT den Klimarückschlag im Älteren Atlantikum als *Frosnitz*-Kühlphase.
Im Larstigtal, einem Seitenast des Ötztales, stellte HEUBERGER (1954, 1966, 1968) Gletschervorstöße fest vom Ausmaß der frührezenten Hochstände und einer Schneegrenzen-Depression von 200 m, die er mit F. MAYR (1964) in die Wärmezeit einstufen möchte.
In der S-Schweiz zeichnet sich in den *Misoxer* Kaltphasen eine durch $^{14}$C-Daten belegte Auflichtung der Wälder nach 7500 und vor 6500 v. h. ab (H. ZOLLER, 1958, 1960, 1966, 1971).
Eine analoge Kühlphase setzt im Susten-Gebiet um 7500 v. h. ein. Dabei blieben die Gletscherstände nur wenig hinter denen des älteren Boreals zurück. Stets hohe Anteile an Nichtbaumpollen deuten auf eine länger anhaltende Depression der Waldgrenze (L. KING, 1974).
Im Nationalpark hat um 6900 v. h. eine starke Solifluktion eingesetzt (G. FURRER et al., 1971). Ein jüngerer Rückschlag – zeitlich die *Piora*-Kaltphase ZOLLERS – brachte eine Auflichtung nach 5500 und vor 4000 v. h.
In den Ötztaler Alpen erkannten MAYR und BORTENSCHLAGER (1970) am Ende des Jüngeren Atlantikums die *Rotmoos*-Kühlphase.
In den Stubaier Alpen konnte L. AARIO (1944) *nachwärmezeitliche* Vorstöße zwischen 3350 bis 1200 v. h. aufdecken, was ZOLLER (1966) im Gotthard- und im Vorderrhein-Gebiet und PATZELT (1972) in der Venediger Gruppe bestätigen konnten.
Ein erster Klimarückschlag, die *Löbben*-Phase, erfolgte im jüngeren Subboreal, zwischen 3350 und 3150 v. h., ein zweiter im frühen Subatlantikum zwischen 2820 und 2280 v. h. (MAYR, 1964, 1968), der mit dem der ersten *Göscheneralp*-Kaltphase zusammenfallen könnte, und ein dritter zwischen 100 und 750 n. Chr. (MAYR, 1968), bei dem der Chelen-Gletscher (Göscheneralp) nochmals vorrückte (Bd. 2).
J. P. PORTMANN (1977) hat jüngst die neueren Arbeiten zusammengefaßt.
Im östlichsten Alpenvorland, im flachgründigen Plattensee, belegen zwei kurzfristige Dolomit-Bildungsphasen holozäne Wärmeschwankungen, eine erste um 5000 v. h. im Jüngeren Atlantikum, eine zweite um 3500 v. h., im Subboreal (G. MÜLLER, mdl. Mitt.).

In den Ostalpen zeichnen sich im früheren und im späteren Abschnitt des Älteren Subatlantikums Gletscher-Hochstände ab (F. MAYR, 1964, 1969; G. PATZELT, 1972, 1973). Daß in römischer Zeit zahlreiche hohe, zum Teil verfirnte Pässe begangen wurden, ist auf die kürzere Verbindung und auf das Fehlen wegsamerer Übergänge zurückzuführen. An mehreren hochalpinen Paßrouten wurden römische Münzen gefunden: am Muretto-Paß, am Theodul, an den Paßwegen des Col d'Hérens und des Col de la Fenêtre.
Am Theodul wurden auch Lanzenspitzen und Beschläge von Maultieren gefunden (H. KINZL, 1932).
Im Jahre 102 v. Chr. ließ der römische Feldherr Marius seine Legionen den Theodulpaß und den Col d'Hérens überqueren, um in Helvetien und Gallien die Kimbern und Teutonen niederzuschlagen. A. LÜTHI (1972) und F. RÖTHLISBERGER (1976) fanden bei Zermatt, Stafel und Zmutt gar die Wegspuren.
Da sich zwischen den letzten vorgeschichtlichen, den eisenzeitlichen, und den Ständen um 1600 keine Endmoränen finden, waren die Gletscher vor 1600 lange Zeit kleiner. So nahm Zermatt als Prato-Borni bereits um 1100 Gestalt an. Die Bevölkerung lebte vorwiegend vom Säumen von Transitwaren über die Hochalpen-Pässe: Theodul, Trift, Valpelline und Hérens. Über den Col d'Hérens (3462 m) wurden Alpweiden im hintersten Val d'Hérens bestoßen. Noch um 1665 führten – trotz der verhältnismäßig starken Verfirnung – Prozessionen von Zermatt über diesen Paß nach Sitten (I. MARIÉTAN, 1952). Dabei dürfte allerdings auch der um 30 km oder um 2 Stunden kürzere Weg der Hauptgrund gewesen sein. Zwischen Zermatt und Findelen – bei Rieben, auf nahezu 2000 m – wurden noch bis Ende des 16. Jahrhunderts Reben und Nußbäume angebaut.
Ebenso wurde das hinterste Lauterbrunnental im 15. und 16. Jahrhundert aus dem Lötschental über den Petersgrat besiedelt, was aus den übereinstimmenden Geschlechternamen hervorgeht.
Dann aber muß sich das Klima innerhalb weniger Jahre bedeutend verschlechtert haben. Dies erklärt zahlreiche Berichte und Sagen über Alpverwüstungen durch vorstoßende Eismassen und schotterliefernde Schmelzwässer. Anderseits sind Siedlungen in unmittelbarer Gletschernähe – im Chamonix-Tal, bei Courmayeur und in Grindelwald – bereits durch geringe Vorstöße über den Stand von 1620 hinaus zerstört worden. Infolge des sich verschlechternden Lokalklimas gingen die Erträge von Feldern und Wiesen stark zurück, so daß diese Gebiete von Hungersnöten heimgesucht wurden.
Im Chamonix-Tal, um Zermatt und bei Arolla stehen uralte Bäume in nächster Nähe des Eisrandes. Sie bekunden, daß diese Gebiete längere Zeit nicht mehr vom Gletscher überfahren wurden. Immerhin hatten diese im späten Mittelalter und in der beginnenden Neuzeit zeitweise beachtliche Ausmaße erreicht. So werden die beiden Grindelwald-Gletscher bereits im 12. und im 13. Jahrhundert erwähnt. H. RÖTHLISBERGER & H. OESCHGER (1961) fanden am Rande des Aletschgletschers überfahrenes Holz mit $^{14}C$-Daten um 1230 und 1150 n. Chr. Um 1300 hat der Allalin-Gletscher den Boden von Mattmark talwärts abgeschlossen, so daß er kaum weit hinter dem von 1620 zurückstand.
Neben datierten Stammresten belegen auch zahlreiche nicht datierte Strünke, so die Arven-Überreste in den Flumserbergen, die zwischen Munzfurgglen und Rainissalts bis gegen 2100 m auftreten, daß dort die Waldgrenze um mindestens 130 m höher gelegen haben muß, bleiben doch heute selbst die am höchsten hinaufreichenden Bäume auf 1970 m zurück.

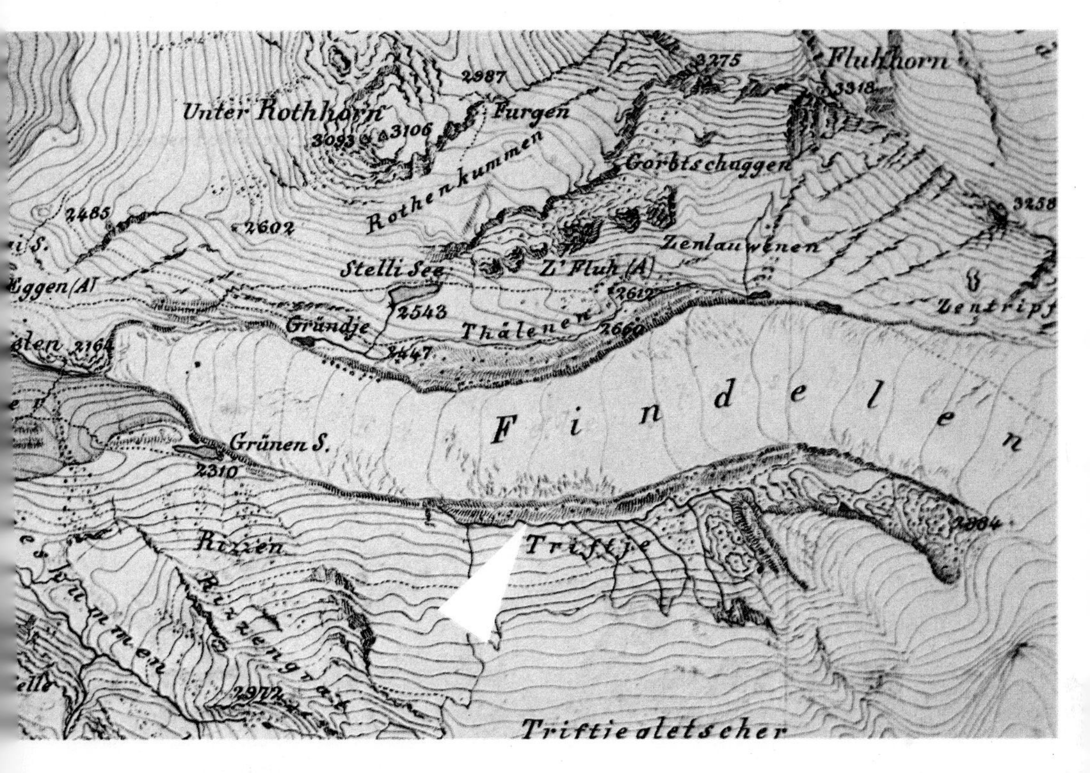


Fig. 176 Ausschnitt aus dem Original-Meßtischblatt der Siegfried-Karte Bl. 535 Zermatt, gezeichnet 1:50000 von F. Bétemps, 1859. Der unterschiedliche Vegetationsbewuchs der linken Seitenmoräne ist in Grau und in Braun dargestellt.
Der Findelen-Gletscher erreichte 1859 den Kamm der linken Seitenmoräne nicht. Die grau gezeichneten Moränen entsprechen den neuzeitlichen Vorstößen (1580–1870); die braunen mit dichter Vegetationsdecke müssen älter sein.
Veröffentlichung mit Bewilligung der Eidg. Landestopographie vom 19. 12. 1977.
Aus: F. Röthlisberger, 1976.

Im Quellgebiet der Dora Baltea fand schon vor 1430 ein Ausbruch des Lac Rutor statt; 1594 und später folgten weitere (O. Lütschg, 1926, H. Kinzl, 1932).
Das Dorf Argentière im Chamonix-Tal soll seinen Namen einem vom Gletscher überfahrenen Silberbergwerk verdanken; im 17. Jahrhundert wurde St-Jean-de-Pertuis auf der SE-Seite des Mont Blanc vom vorstoßenden Glacier de Brenva zerstört.

In den Ostalpen wurde der markante Vorstoß zu Beginn des 17. Jahrhunderts von H. Kinzl (1929) als *Fernau-Stadium*, von E. Le Roy-Ladurie (1967) – in Analogie ans *Little Ice Age* – als *Petit âge glaciaire* bezeichnet.
Wie aus den Daten der extremen Vorstöße und der Höchststände hervorgeht, ist dieses nicht streng gleichzeitig. Im zentralen Berner Oberland war der Höchststand um 1600, im Gebiet um Chamonix von 1618–26, im hintersten Saastal von 1639–60.
Nach M. A. Cappelers Kartenskizze (in J. G. Altmann, 1751, L. Agassiz, 1847) endete der Unteraar-Gletscher in der ersten Hälfte des 18. Jahrhunderts etwa 2,5 km oberhalb

Fig. 177 R. BÜHLMANN: Blick von der Alp Chanrion gegen den Glacier d'Otemma (O), Mt. Gelé und Glacier de Fenêtre (F).
Orig. Graph. Sammlung ETH, Zürich. Aus: W. SCHNEEBELI, 1976.

der Mündung des Oberaarbaches. Einheimische sollen ihm versichert haben, daß das Eis alle Jahre zunehme und die Weiden immer mehr bedecke, ohne daß man jemals eine Abnahme hätte beobachten können, daß der Gletscher einen Lärchenwald überfahren hätte und daß sogar die Alphütten talauswärts verlegt werden mußten.
Beschreibungen über mittelalterliche Gletscherstände beziehen sich vorab auf die Gangbarkeit gletschernaher oder vergletscherter Alpenpässe (I. VENETZ, 1833, E. RICHTER, 1891, W. WÄBER, 1891, W. SCHULTZE, 1889, C. BÜHRER, 1905). Ihr Zeugenwert für eine geringere Gletscherausdehnung ist jedoch stets zu überprüfen. Viele dieser Aussagen halten einer kritischen Prüfung stand. Die Verödung vieler Übergänge ist zum Teil eher auf die Eröffnung fahrbarer Straßen, die den Verkehr anzogen, als auf das Anwachsen der Gletscher zurückzuführen.
Auch Wandlungen im Vegetationsbild sind denkbar, da, nach K. KASTHOFER (1822), die Arvenstämme im Becken vor dem Unteraar-Gletscher, das heute vom Grimsel-Stausee überflutet ist, aufgrund der Jahrringe viel rascher gewachsen wären, als jene, die heute 500–600 m talauswärts hochkommen.

Als Beweis für einen kleineren Stand der Walliser Gletscher führt KINZL (1932) Spuren einer alten Suon, einer Wasserleitung, am Großen Aletsch-Gletscher an, die durch das Anschwellen des Gletschers zerstört wurde.
Ebenso deuten die durch den anhaltenden Eisrückzug immer klarer zutagetretenden ehemaligen Mündungsschluchten – etwa beim Trift- und beim Unteren Grindelwald-Gletscher – auf einst weit abgeschmolzene Gletscher.
Um die Datierung der historischen Gletscherstände bemühten sich zahlreiche Forscher. KINZL konnte häufig 3 bedeutendere Vorstöße auseinanderhalten: einen zu Beginn des 17. Jahrhunderts, einen um 1820 und einen um 1850. Mit Ausnahme des Vorstoßes von 1927 zeichnet sich das 20. Jahrhundert vor allem durch gewaltige Rückzüge aus.
Während bei kleineren Gletschern die bedeutendsten historischen Vorstöße in die erste Hälfte des 17. Jahrhunderts fallen, erreichten mehrere große Gletscher der Schweizer und der Ostalpen ihre größte Ausdehnung erst 1850. Offenbar hielt der Klimarückschlag um 1600 nicht lange genug an. Erst nach demjenigen um 1820 oder gar erst nach 1850 erreichten sie ihren äußersten Stand. So sind bei heutigen Gletschern die historischen Maximalstände nicht alle gleichaltrig. Die Frage, ob sich dies während der Eiszeit ebenso verhielt, ist nicht nur berechtigt, sondern sie bildet – zusammen mit derjenigen, ob die Vorstöße und Rückzüge gleichzeitig erfolgt sind, oder ob auch damals, wie heute, einige vorstoßen, während sich andere zurückziehen – ein zentrales Problem bei der Korrelation von pleistozänen Eisständen.

*Meteorologische, land- und volkswirtschaftliche, archäologische und geschichtliche Hinweise zur jüngeren Klimageschichte*

Aufgrund eines quantitativ meteorologisch ausgewerteten Quellenmaterials alter Chroniken und Kloster-Tagebüchern (R. WOLF, 1865 a, b; R. KUHN, 1866; H. FLOHN, 1949) – Temperatur- und Niederschlagsmessungen, Beobachtungen der Schneedecke, Blüh-Daten von Nutz-Pflanzen, Ernte von Getreidesorten, Weinlese-Daten, Häufigkeit und Höhenlage sommerlicher Schneefälle in den Alpen (an der Stockhorn-Kette von Pfarrer JOHANN JAKOB SPRÜNGLI, Gurzelen) und historischen Gletscherschwankungen – versuchte CH. PFISTER (1975) den Witterungscharakter von 1755 bis 1797 nachzuzeichnen und mit der Gegenwart zu vergleichen. Aus den Zehnteinkünften der bernischen Obrigkeit, den Monatspreisen der wichtigsten Lebensmittel, den Geburtenzahlen in reinen Graswirtschaftsgebieten – etwa in der Pfarrei Appenzell – und Gletscherschwankungen vermag PFISTER Auswirkungen von Klimaschwankungen auf Ernten und Lebenshaltung aufzuzeigen.
Sprachliche und historische Hinweise deuten darauf hin, daß die Alemannen zwischen dem 9. und dem 13. Jahrhundert in zwei Gruppen aus dem Berner Oberland ins Wallis eingedrungen sind: einerseits aus dem Haslital über die Grimsel ins Goms, anderseits aus dem Kandertal über die Gemmi und über den Lötschenpaß ins mittlere Wallis. Im 9. Jahrhundert – zur Zeit Karls des Großen – bildeten die Berner Hochalpen noch die Sprachgrenze, im 13. Jahrhundert war diese im Wallis bereits bis Leuk vorgeschoben. Ob bereits diese Einwanderung neben dem Bevölkerungsdruck mit einer Klimaverschlechterung zusammenfällt, steht noch offen.
Wahrscheinlich ist auch die hochmittelalterliche Auswanderung der Walser aus dem Oberwallis in die Täler der Alpen-Südseite – nach Gressoney, Alagna, Macugnaga,

Simplon, in die Val Formazza, nach Bosco/Gurin – und ins Einzugsgebiet des Rheins – Rheinwald, Avers, Safiental, Obersaxen, Davos, oberes Prättigau, hinteres Schanfigg, Triesenberg und Großes und Kleines Walsertal – auf die Klimaverschlechterung um 1250 zurückzuführen. Diese hatte – vorab im gletscherreichen Oberwallis – neben dem Eisvorstoß einen Rückgang der landwirtschaftlichen Erträge zur Folge, so daß sich die Bevölkerung in den gletschernahen Gebieten nicht mehr ausreichend zu ernähren vermochte und ein Teil in dünner besiedelte und klimatisch weniger hart betroffene Gebiete abwandern mußte (H. Kreis, 1958, P. Zinsli, 1968).
Anderseits mußten bei anhaltenden Gletscher-Vorstößen alte, hochgelegene Wasserleitungen – infolge mangelnder Speisung – aufgelassen werden, so daß, vorab in den niederschlagsärmeren Gebieten des Wallis, die höher gelegenen sonnigen Hanglagen zu wenig bewässert werden konnten.
Von einer ähnlichen, teilweise wohl ebenfalls klimatisch bedingten Krise wurde die Schweiz, vorab deren Berggebiete, um 1850 betroffen, so daß viele deshalb zur Auswanderung in die Neue Welt gezwungen wurden.
Mit geomorphologischen Befunden und unvermutet reichem Quellenmaterial – Chroniken, Reiseberichten, Ansichts- und Kartenskizzen, Aquarellen, Ölgemälden und Photos konnte H. J. Zumbühl (in B. Messerli et al., 1976) die Zungenänderungen des Unteren Grindelwald-Gletschers von 1590 bis 1975 festhalten. Analoge Studien führt Zumbühl auch an weiteren Gletschern des Berner Oberlandes durch: am Oberen Grindelwald-, am Rosenlaui- und Unteraar-Gletscher.
Eine Fülle von Daten für eine Rekonstruktion des Klimas der letzten 500 Jahre in den Lombardischen Alpen trug M. Pellegrini (1973) zusammen, während H. Flohn (1958) und besonders E. Le Roi Ladurie (1976, 1971) aufgrund eines umfassenden Quellenmaterials eine Klima-Geschichte der letzten 1000 Jahre nachzuzeichnen versuchen.
Anhand von zwei Reihen täglicher Witterungsnotizen hat Pfister (1977) für die Jahre 1683–1738 im Raume Zürich die Niederschläge, die Dauer der Schneebedeckung und die Temperaturen der Monate Dezember bis März geschätzt. Gegenüber dem 20. Jahrhundert verzeichnet dabei die Zeit 1683–1700 eine größere Schneehäufigkeit und eine längere Dauer der Schneebedeckung, was darauf hindeutet, daß die Winter um 1,5° kälter waren.

Eine detaillierte Beschreibung der Würm-Eiszeit der Alpen-Nordseite vom Rhein bis zur Isère wird in Band 2 gegeben, eine solche des Bayerischen Alpen-Vorlandes, der westlichen Ostalpen und der Südalpen von der Etsch bis zur Dora Baltea im Band 3, in dem auch Vergletscherungskarte 1 : 500 000 die Resultate zwischen Chambéry und München zusammenfaßt.

▷

Fig. 179 Die am 9. September 1777 im Talboden endende Zunge des Unteren Grindelwald-Gletschers. Radierung von M. Picquenot nach einer Zeichnung von H. Besson in De Zurlauben / De La Borde, 1784. Fig. 178–180 aus: H.J. Zumbühl, 1976, in B. Messerli et al.

Fig. 178 Der Stand des Unteren Grindelwald-Gletschers vor 1642. Radierung von JOSEPH PLEPP (1595–1642) in M. MERIANS Topographia Helvetiae, Schweiz. Landesbibliothek, Bern. Aufnahmestandort im Bereich der Schlüöcht zwischen Schwendi und Grindelwald.

Fig. 180 Die Stirn des Unteren Grindelwald-Gletschers um 1842 mit den Überresten eines wenige Wochen zuvor stattgefundenen Wasserausbruchs. Lithographie von G. BARNARD, 1843, Schweiz. Landesbibliothek, Bern.

*Zitierte Literatur*


AARIO, L. (1944): Ein wärmezeitlicher Gletschervorstoß in der Oberfernau in den Stubaier Alpen – Acta Ggr., *9*.

AGASSIZ, L. (1847): Système glaciaire – Paris.

AMPFERER, O. (1907): Glazialgeologische Beobachtungen im unteren Inntale – Z. Glkde., *2*.

ALTMANN, J. G. (1751): Beschreibung der Helvetischen Eisberge.

AVERDIECK, F.-R. (1965): Vegetationsentwicklung der Frühweichselinterstadiale von Odderade – E+G, *16*.

– (1967): Die Vegetationsentwicklung des Eem-Interglazials und der Frühwürm-Interstadiale von Odderade/Schleswig-Holstein – Fundamenta, *2*.

BAUMBERGER, E. et al. (1923): Die diluvialen Schieferkohlen der Schweiz. – Beitr. G Schweiz., geotechn. Ser., *8*.

BEELER, F. N. (1977): Geomorphologische Untersuchungen an Spät- und Postglazial im Schweizerischen Nationalpark und im Berninapaßgebiet (Südräthische Alpen) – Erg. wiss. Unters. SNP, *15/77*.

BORTENSCHLAGER, I. (1976): Beiträge zur Vegetationsgeschichte Tirols II: Kufstein – Kitzbühel – Paß Thurn – Ber. natw.-med. Ver. Innsbruck, *63*.

BORTENSCHLAGER, S. (1970): Waldgrenz- und Klimaschwankungen im pollenanalytischen Bild des Gurgler Rotmooses – Mitt. ostalp.-dinar. Ges. Vegetationskde., *11*.

– & PATZELT, G. (1969): Wärmezeitliche Klima- und Gletscherschwankungen im Pollenprofil eines hochgelegenen Moores der Venedigergruppe – E+G, *20*.

BÜDEL, J. (1957): Die angebliche Zweiteilung der Würmeiszeit im Loisachvorland bei Murnau (Südbayern) – Lautensach-Festschr. – Stuttgarter Ggr. Stud., *69*.

– (1960): Die Gliederung der Würmkaltzeit – Würzburger Ggr. Arb., *8*.

BÜHRER, C. (1905): Les variations de climat dans les Alpes, spécialement dans le Valais – Bull. Murithienne, *23* (1904/05).

Burga, C. (1975): Spätglaziale Gletscherstände im Schams. Eine glazialmorphologisch-pollenanalytische Untersuchung am Lai da Vons (GR) – DA U. Zürich.

– (1976): Frühe menschliche Spuren in der subalpinen Stufe des Hinterrheins – GH, *31*/2.

– (1977): Oberhalbstein–Schams–Rheinwald–In: Fitze, P., & Suter, J.: ALPQUA 77–5. 9. – 12. 9. 1977 – Schweiz. Geomorph. Ges.

Dubois, A., & Stehlin, H. G. (1933): La grotte de Cotencher, station moustérienne, 2 – Mém. SPS, *53*.

Escher, Arn. (1862): Übersicht der Geologie des Kantons Zürich mit geologischer Karte – Neujbl. NG Zürich, *64*.

Felber, H. (1970): Vienna Radium Institut Radiocarbondates I – Radiocarbon, *12*.

Finsterwalder, R. (1955): Die zahlenmäßige Erfassung des Gletscherrückgangs an Ostalpengletschern – Z. Glkde, *2*/2.

Flohn, H. (1949): Klima und Witterungsablauf in Zürich im 16. Jahrhundert – Vjschr. *94*/1.

– (1958): Klimaschwankungen der letzten 1000 Jahre und ihre geophysikalischen Ursachen – Tagungsber. wiss. Abh. dt. Ggr.tag, Würzburg (1957).

Frenzel, B., & Peschke, P. (1972): Über die Schieferkohlen von Höfen, Breinetsried, Großweil, Schwaiganger und Pömetsried – Exkursionsführer – 16. DEUQUA-Tagung 1972 – Vervielf. Manuskr. Stuttgart-Hohenheim.

Frenzel, B., et al. (1976): Führer zur Exkursionstagung des IGCP-Projektes 73 /I/ 24 «Quaternary glaciations in the Northern Hemisphere» vom 5.-13. Sept. 1976 in den Südvogesen, im nördlichen Alpenvorland und in Tirol – Stuttgart-Hohenheim.

Furrer, G., & Fitze, P. (1971): Die Höhenlage von Solifluktionsformen und der Schneegrenze in Graubünden – GH, *26*/3.

Furrer, G., Leuzinger, H., & Ammann, K. (1975): Klimaschwankungen während des alpinen Postglazials im Spiegel fossiler Böden – Vjschr., *120*/1.

German, R., et al. (1965): Ergebnisse der wissenschaftlichen Kernbohrung Ur-Federsee *1* – Oberrhein. G Abh., *14*.

– (1967): Ergebnisse der wissenschaftlichen Kernbohrung Wurzacker Becken 1 (DFG) – Jh. Ver. vaterl. Naturk. Württemb., *123*.

Grootes, P. M. (1977): Thermal Diffusion Isotopic Enrichment and Radiocarbon Dating – Rijks U. Groningen.

Guyan, U. W., & Stauber, H. (1941): Die zwischeneiszeitlichen Kalktuffe von Flurlingen (Kt. Zürich) – Ecl., *34*/2.

Hantke, R. (1970): Aufbau und Zerfall des würmzeitlichen Eisstromnetzes in der zentralen und östlichen Schweiz – Ber. NG Freiburg i. Br., *60*.

Heer, O. (1858): Die Schieferkohlen von Uznach und Dürnten – Zürich.

Heuberger, H. (1954): Gletschervorstöße zwischen Daun- und Fernaustadium in den nördlichen Stubaier Alpen (Tirol) – Z. Glkde., *3*.

– (1966): Gletschergeschichtliche Untersuchungen in den Zentralalpen zwischen Sellrain und Ötztal – Wiss. Alpenver., *20*.

– (1968): Die Alpengletscher im Spät- und Postglazial – E+G, *19*.

Jessen, K., & Milthers, V. (1928): Stratigraphical and Paleontological Studies of Interglacial Fresh-Water Deposits in Jutland and Northwestern Germany – Danmarks G Unders., 2nd R. *48*.

Joukowsky, E. (1941): Géologie et eaux souterraines du Pays de Genève – Genève.

Jung, W., Beug, H.-J., & Dehm, R. (1972): Das Riß/Würm-Interglazial von Zeifen, Landkreis Laufen a. d. Salzach – Bayer. Akad. Wiss., math-natw. Kl., Abh., NF, *151*.

Kasthofer, K. (1822): Bemerkungen auf einer Alpen-Reise über den Susten, Gotthard, Bernardin, und über die Oberalp, Furka und Grimsel – Aarau.

King, L. (1974): Studien zur postglazialen Gletscher- und Vegetationsgeschichte des Sustenpaßgebietes. – Basler Beitr. Ggr., *18*.

Kinzl, H. (1929): Beiträge zur Geschichte der Gletscherschwankungen in den Ostalpen – Z. Glkde., *17*.

– (1932): Die größten nacheiszeitlichen Gletschervorstöße in den Schweizer Alpen und in der Mont Blanc-Gruppe – Z. Glkde., *20*/4–5.

Kläy, J.-R. (1969): Quartärgeologische Untersuchungen in der Linthebene – Diss. ETHZ – Uster.

Kleiber, H. (1974): Pollenanalytische Untersuchungen zum Eisrückzug und zur Vegetationsgeschichte im Oberengadin I – Bot. Jb. Syst., *94*/1.

Kreis, H. (1958): Die Walser. Ein Stück Siedlungsgeschichte der Zentralalpen – Bern.

Küttel, M. (1977): Pollenanalytische und geochronologische Untersuchungen zur Piottino-Schwankung (Jüngere Dryas) – Boreas, *6*/3.

Kuhn, R. (1866): Meteorologische Bemerkungen, ausgezogen aus alten Tagebüchern des Klosters Einsiedeln – Vjschr., *11*/1–4.

Lang, G. (1962): Die spät- und frühpostglaziale Vegetationsentwicklung im Umkreis der Alpen – E+G, *12*.

Le Roy-Ladurie, E. (1967): Histoire du climat depuis l'an mil – Paris.
– (1971): Times of feast, times of famine: a history of climate since the year 1000 – London.
Lüdi, W. (1946): Pollenstatistische Untersuchungen interglazialer gebänderter Mergel an der Rhone unterhalb Genf – Ber. Rübel (1945).
– (1953): Die Pflanzenwelt des Eiszeitalters im nördlichen Vorland der Schweizer Alpen – Veröff. Rübel, *27*.
Lüthi, A. (1970): Klimaschwankungen und Begehung der Walliser Hochalpen – Vorzeit, *1970*/1–4.
– (1972): Der Theodulpaß. Ein Beitrag zur Geschichte der Walliser Hochalpenpässe – Geschichtsfreund, Mitt. Hist. Ver. 5 Orte, *125*.
Lüttig, G. (1959): Eiszeit – Stadium – Phase – Staffel. Eine nomenklatorische Betrachtung – G Jb., *76* (1958).
Lütschg, O. (1926): Niederschlag und Abfluß im Hochgebirge, Sonderdarstellung des Mattmarkgebietes. Ein Beitrag zur Fluß- und Gletscherkunde der Schweiz – Veröff. hydrol. Abt. Schweiz. Metrol. Zentralanst.
Mariétan, I. (1952): Les routes et les chemins du Valais – B. Murithienne, *69*.
Markgraf, V. (1969): Moorkundliche und vegetationsgeschichtliche Untersuchungen an einem Moorsee an der Waldgrenze im Wallis – Bot. Jb., *89*/1.
Mayr, F. (1964): Untersuchungen über Ausmaß und Folgen der Klima- und Gletscherschwankungen seit Beginn der postglazialen Wärmezeit. Ausgewählte Beispiele aus den Stubaier Alpen in Tirol – Z. Geomorph., NF, *8*.
– (1968): Über den Beginn der Würmeiszeit im Inntal bei Innsbruck – Z. Geomorph., NF, *12*.
– (1969): Die postglazialen Gletscherschwankungen des Mont Blanc-Gebietes – Z. Geomorph., Suppl. *8*.
Mayr, F., & Heuberger, H. (1968): Type Areas of Late Glacial and Post-Glacial Deposits in Tyrol, Eastern Alps – Proc. VIIth INQUA Congr., *14*. U. Colorado Stud., Ser. Earth Sci., *7*.
Meister, J. (1898): Neuere Beobachtungen aus den glacialen und postglacialen Bildungen um Schaffhausen – Jb. Gymn. Schaffhausen, 1897/98.
Messerli, B., et al. (1976): Die Schwankungen des Unteren Grindelwald-Gletschers seit dem Mittelalter – Z. Glkde., *11*/1 (1975).
Morlot, A. (1858): Sur le terrain quaternaire du bassin du Léman – B. soc. vaud. SN, *4*.
Mühlberg, F. (1896): Der Boden von Aarau – Festschr. Einweihung Kantonsschulgeb. Aarau – Aarau.
Müller, H.-J. (1972): Pollenanalytische Untersuchungen zum Eisrückzug und zur Vegetationsgeschichte im Vorderhein- und Lukmaniergebiet – Flora, *161*.
Oeschger, H., & Röthlisberger, H. (1961): Datierung eines ehemaligen Standes des Aletschgletschers durch Radioaktivitätsmessung an Holzproben und Bemerkungen zu Holzfunden an weiteren Gletschern – Z. Glkde., *4*/3.
Patzelt, G. (1967): Die Gletscher der Venedigergruppe – Geogr. Diss. U. Innsbruck.
– (1972): Die spätglazialen Stadien und postglazialen Schwankungen von Ostalpengletschern – Ber. dt. Bot. Ges., *85*.
– (1973): Die neuzeitlichen Gletscherschwankungen in der Venedigergruppe (Hohe Tauern, Ostalpen) – Z. Glkde., *9*/1–2.
– (1975): Unterinntal – Zillertal – Pinzgau – Kitzbühel (Spät- und postglaziale Landschaftsentwicklung). Ein geographischer Exkursionsführer – Innsbrucker Ggr. Stud., *2*.
–, & Bortenschlager, S. (1973): Die postglazialen Gletscher- und Klimaschwankungen in der Venedigergruppe (Hohe Tauern, Ostalpen) – Z. Geomorph., Suppl., *16*.
–, – (1976): Spät- und Postglazial im Ötztal und im Inntal (Ostalpen, Tirol) – In Frenzel, B., et al.
Pellegrini, M. (1973): Materiali per una storia del clima nelle Alpi lombardi durante gli ultimi cinque secoli – Arch. stor. ticinese, *14*.
Penck, A. (1921): Die Höttinger Breccie – Abh. preuß. Akad. Wiss., phys.-math. Kl., *2* (1920).
Penck, A., & Brückner, E. (1909): Die Alpen im Eiszeitalter, *1–3* – Leipzig.
Pfister, Chr. (1975): Agrarkonjunktur und Witterungsverlauf im westlichen Schweizer Mittelland zur Zeit der Oekonomischen Patrioten – Ggr. Bern, (G), *2*.
– (1977): Zum Klima des Raumes Zürich im späten 17. und frühen 18. Jahrhundert – Vjschr., *122*/4.
Portmann, J. P. (1977): Variations glaciaires, historiques et préhistoriques dans les Alpes suisses – Alpes, *53*/4.
Reich, H. (1953): Die Vegetationsentwicklung der Interglaziale von Großweil-Olmstadt und Pfefferbichl im Bayrischen Alpenvorland – Flora, *140*.
Richter, E. (1891): Geschichte der Schwankungen der Alpengletscher – Z. dt.-österr. Alpenver., *22*.
Röthlisberger, F. (1976): Gletscher- und Klimaschwankungen im Raum Zermatt, Ferpècle und Arolla – Alpen, *52*/3–4.
Rutishauser, H. (1968): Graphische Darstellung der Veränderung des Schmadri- und Breithorn-Gletschers sowie der Tschingelgletscherzunge in der Zeit 1927–1960 – Alpen, *44*/2.

SCHULTZE, W. (1889): Der Petersgrat im Berner Oberland und die Traditionen über früher begangene, jetzt vergletscherte Schweizer Hochpässe – Mitth. dt.-österr. Alpenver. (*1889*).
STAUB, R. (1938): Zur Frage einer Schlußvereisung im Berninagebiet zwischen Bergell, Oberengadin und Puschlav – Ecl., *31/1*.
– (1946K): Geologische Karte der Bernina-Gruppe und ihrer Umgebung im Oberengadin, Bergell, Val Malenco, Puschlav und Livigno, 1:50000 – GSpK, *118* – SGK.
– (1952): Der Paß von Maloja. Seine Geschichte und Gestaltung – Jber. NG Graubünden, *83*.
VENETZ, I. (1833): Mémoire sur les variations de la température dans les Alpes de la Suisse – Denkschr. Allg. schweiz. Ges. ges. Naturw., *2*.
WÄBER, W. (1891): Zur Frage des alten Gletscherpasses zwischen Grindelwald und Wallis – Jb. SAC, *27*.
WEGMÜLLER, S. (1966): Über die spät- und postglaziale Vegetationsgeschichte des südwestlichen Jura – Beitr. geobot. Landesaufn. Schweiz, *48*.
WERNER, J. (1974): Über die Zeit zwischen Riß- und Würmglazial, insbesondere im deutschen Rheingletschergebiet – Heidelberger Ggr. Arb., *40*.
WOLDSTEDT, P. (1955): Norddeutschland im Eiszeitalter, 2. Aufl. – Stuttgart.
– / DUPHORN, K. (1974): Norddeutschland und angrenzende Gebiete im Eiszeitalter, 3. Aufl. – Stuttgart.
WOLF, R. (1865a): Auszüge aus verschiedenen handschriftlichen Chroniken der Stadtbibliothek Winterthur – Vjschr., *10/1*.
– (1865b): Witterungsnotizen aus LORENZ BÜNTI's Stanzer-Chronik – Vjschr., *10*, 2.
ZAGWIJN, W. H. (1952): Pollenanalytische Untersuchung einer spätglazialen Seeablagerung aus Tirol – G Mijnb., NS, *14/7*.
– (1961): Vegetation, Climate and Radiocarbon Datings in the late Pleistocene of the Netherlands – Meded. G Sticht., NS, *14*.
–, & PAEPE, R. (1968): Die Stratigraphie der weichselzeitlichen Ablagerungen der Niederlande und Belgiens – E+G, *19*.
ZINSLI, P. (1968): Walser Volkstum in der Schweiz, in Vorarlberg, Liechtenstein und Piemont – Erbe, Dasein, Wesen – Frauenfeld und Stuttgart.
– (1977): Die Walser – Schweiz, *1977*/8.
ZOLLER, H. (1958): Pollenanalytische Untersuchungen im unteren Misox mit den ersten Radiocarbon-Datierungen in der Schweiz – Veröff. Rübel, *34*.
– (1960): Pollenanalytische Untersuchungen zur Vegetationsgeschichte der insubrischen Schweiz – Denkschr. SNG, *83/2*.
–, et al. (1966): Postglaziale Gletscherstände und Klimaschwankungen im Gotthardmassiv und Vorderrheingebiet – Vh. NG Basel, *77*.
–, & KLEIBER, H. (1971a): Überblick der spät- und postglazialen Vegetationsgeschichte in der Schweiz – Boissiera, *19*.
–, – (1971b): Vegetationsgeschichtliche Untersuchungen in der montanen und subalpinen Stufe der Tessintäler – Vh. NG Basel, *81/1*.
ZUMBÜHL, H. J. (1976): Die Schwankungen des Unteren Grindelwaldgletschers in den historischen Bild- und Schriftquellen des 12. bis 19. Jahrhunderts – In: B. MESSERLI et al. (1976): Die Schwankungen des Unteren Grindelwaldgletschers seit dem Mittelalter – Z. Glkd., *11/1*.
– (1978): Die Schwankungen der Grindelwaldgletscher in den historischen Bild- und Schriftquellen des 12.–19. Jahrhunderts – Ein Beitrag zur Gletschergeschichte und Erforschung des Alpenraumes – Denkschr. SNG, *92*.

# Tektonische Bewegungen im Quartär

Ein Großteil – der tektonischen Verstellungen von Sedimentabfolgen – Falten und Brüche – erfolgte im alpinen und perialpinen Raum im Pliozän und im Quartär, vorab im ältesten und im Altpleistozän (S. 268), den letzten Phasen der alpinen Gebirgsbildung. Meist läßt sich jedoch nur feststellen, daß die Falten und auch viele Brüche älter sind als die sie bedeckenden riß- und würmzeitlichen Schotter und Moränen. Ihre Entstehung bedingte weitgehend die Talbildung (S. 276ff.).
Leider fehlen hiefür im alpinen Raum direkte Beweise durch entsprechende Sedimente, endet doch die alpine Schichtreihe mit Sandsteinen und Konglomeraten des Oligozäns und setzt erst wieder mit glazialen und glazifluvialen Ablagerungen ein, von denen die an der Oberfläche zutage tretenden teilweise ins Spätwürm und ins Holozän zu stellen sind. Auf dem Taminser Älpli am Calanda beobachtete O. A. Pfiffner (1972a), daß dort ein durch eine Bruchstörung verursachtes Tälchen mit Moräne gefüllt wurde.
Aufgrund von Kluftmessungen in der zentralen und östlichen Schweiz konnten K. Scherler (1976) und A. E. Scheidegger (1977) Kluftnetz und Spannungstrajektorien ermitteln, die sie mit jüngsten tektonischen Bewegungen in Zusammenhang bringen möchten. Daneben konnten in neuerer Zeit – vorab im Bereich der Kristallinmassive – auch Belege für junge Verstellungen beigebracht und durch die Nachkontrollen des Landesnivellements bestätigt werden.

### *Tektonische Bewegungen im Jura, am S-Rand des Schwarzwaldes und im Rheintalgraben*

In der *Ajoie* und im *südlichen Sundgau* fallen die letzten Überschiebungen ins älteste Pleistozän, da die frontalsten Jura-Falten auf ältestpleistozäne Sundgau-Schotter aufgeschoben worden sind (H. Liniger, 1964, 1967, 1969k, 1970), so daß damit die jüngste Faltungsphase im frontalsten Jura noch ins Eiszeitalter reicht.
Ebenso fällt die Absenkung der Muschelkalk-Platte des Dinkelberg in der *SW-Ecke des Schwarzwaldes*, deren Bruchgefolgschaft zu einer Änderung des Flußsystems führte (S. 270), ins älteste Pleistozän. Wie die durchweg negativen Beiträge des Präzisionsnivellements im Hochrheingebiet zeigen, scheint diese Absenkung noch immer anzuhalten (S. 394).
Daß tektonische Bewegungen während des ganzen Pleistozäns anhielten, geht etwa aus der rund 200 m zu tief liegenden rißzeitlichen Schneegrenze auf der W-Seite des Blauen hervor (M. Pfannenstiel & G. Rahm, 1975). Dabei ist seither weniger der Schwarzwald gehoben worden, als viel mehr der *Rheintalgraben* abgesunken. Diese Auffassung findet eine Stütze in den zahlreichen negativen Werten des Präzisionsnivellements, dem allerdings bei Laufenburg auch einige geringere positive gegenüberstehen (H. Schneider, 1976). Daß der südliche Rheintalgraben eine noch immer tektonisch aktive Zone darstellt, ist längst bekannt und wird neben geologischen Belegen (N. Théobald, H. Vogt & O. Wittmann, 1977; Bitterli-Brunner, P., Hauber, L., & Fischer, H., 1975) auch durch eine bedeutende seismische Aktivität angezeigt (S. 423).

*Jüngere Bewegungen in den Helvetischen Kalkalpen*

In den *Helvetischen Kalkalpen* dürften die letzten Verformungen, die auch zu Kakirit-Bildung und im östlichen Autochthon und im Infrahelvetikum – zu N-S- und E-W-Brüchen führten, möglicherweise ebenfalls ins älteste Pleistozän fallen: so die Durchscherung des Lochsiten-Kalkes bei Schwanden, eines Kalkmylonites an der Basis der helvetischen Hauptschubmasse (S. SCHMID, 1975), die Murgsee-Störung und die reaktivierte Kunkelspaß-Querstörung (O. A. PFIFFNER, 1972, 1977). Bisher ist es allerdings noch nicht möglich, all diese zeitlich zu fassen, da altpleistozäne Sedimente fehlen.
Dies gilt auch für verschiedene weitere junge Störungen im Calanda-, im südlichen Ringelspitz- und im Kistenpaß-Gebiet – Ramuz-, Roß- und Leid-Tobel, Cavorgia da Breil und Barcun Frisal Sut (PFIFFNER, 1978 K).
Im Säntisgebirge dürften die letzten Bewegungen am Sax-Schwendi-Bruch und auf der SW-Seite des Wildhuser Schafberg das Niederbrechen und besonders das Niedergleiten der Sackungsmassen von Horen ins Quartär fallen. Da Rhein-Moräne den tieferen Teilen der Sackung aufliegt, erfolgte das Niederfahren bereits vor den Höchstständen der Letzten Eiszeit (Bd. 2).
Auch in der Zentralschweiz dürfte das Niedergleiten der steil aufgerichteten Schrattenkalkplatte auf der S-Seite der Rigi-Hochflue erst im Quartär erfolgt sein.
Ebenso konnte N. PAVONI (mdl. Mitt.) 1976 im Sanetsch-Gebiet markante jungquartäre Störungen von geringer Sprunghöhe über 2 km Länge verfolgen, welche die Oberfläche versetzen. Da sie jedoch keine datierten jungen Sedimente verstellen, läßt sich über ihr Alter einstweilen noch nichts Konkretes aussagen.

Fig. 181 Längs eines W–E verlaufenden holozänen Bruches wurden auf Alp Bodmen NE des Simplonpasses frontnahe Seitenmoränen eines spätwürmzeitlichen Wasmen-Gletschers verstellt.

## *Holozäne Bewegungen im Bereich des Aar- und Gotthardmassivs*

Markante jüngste Verstellungen lassen sich vorab im südlichen Aarmassiv beobachten, wo sie sich vom Bündner Oberland über Oberalp–Urseren–Furka bis ins Goms verfolgen lassen. Eindrücklich sind sie auch auf dem Susten sowie auf der Grimsel.
Eine präzisere zeitliche Eingabelung der tektonischen Ereignisse läßt sich bei holozänen Brüchen der Zentralalpen belegen, welche Moränen junger Vorstöße verstellen und bei denen Sackungen des Untergrundes oder abschmelzendes Toteis wegfallen (H. Jäckli, 1951; P. Eckardt, 1957, 1974, mdl. Mitt., A. Streckeisen, 1965; Fig. 181) Sie bekunden, daß die Hebung in den Zentralalpen noch anhält, worauf auch die Ergebnisse der Nachkontrolle des Präzisionsnivellements längs der Gotthardlinie hindeuten (F. Jeanrichard, 1971, 1972, 1975).
Auch in der Val Bedretto geben S. Hafner et al. (1975 k) zahlreiche Brüche, Kataklase- und Mylonit-Zonen an, die parallel zur Talachse verlaufen und teilweise ebenfalls junge – letzte spätwürmzeitliche – Moränen verstellen.

## *Glazial-isostatisches oder tektonisches Aufsteigen der Schweizer Alpen?*

Wie ehemalige Strandlinien bekunden, hat sich Skandinavien seit dem Abschmelzen des über 2000 m mächtigen pleistozänen Eisschildes in dessen zentralstem Bereich, im N des Bottnischen Meerbusen, durch die spät- und postglazial erfolgte Entlastung um über 300 m isostatisch gehoben. Noch heute beträgt dort die Hebung 8–10 mm/Jahr. Darin ist der eustatische Anstieg des Meeresspiegels, als Folge des beim Abschmelzen der Eispanzer dem Weltmeer zurückgegebenen Wassers, eingeschlossen.
Für die Alpen, wo ebenfalls mit einer isostatischen Hebung zu rechnen ist, fehlen so eindrückliche Bezugshorizonte. Zudem dürfte sich nicht nur ein einziges Zentrum ausgebildet haben, da sich das Eis auf mehrere Gletschersysteme konzentriert hat: das Areal zwischen Genfersee und Isère-Durchbruch, das Bodenseegebiet, den E-bayerischen Alpenraum und, S der Alpen, auf den Bereich zwischen Langensee und Comersee. Infolge der geringeren Mächtigkeit und der viel bescheideneren Ausdehnung – selbst in der größten Kaltzeit erstreckte sie sich nur über einen Bruchteil des Nordischen Eisschildes – dürfte die alpine glazial-isostatische Hebung nur einen verschwindenden Betrag der skandinavischen betragen haben. Während sich die nordische Vereisung in der letzten Eiszeit ohne Sibirien und Arktis über eine Fläche von 3,33 Millionen km$^2$ erstreckte (A. G. Högbom, 1913), betrug jene der alpinen Vereisung nur 126000 km$^2$. Werden noch die Eismächtigkeiten mitberücksichtigt, so erhält H. Schneider (1976) im günstigsten Falle ein Verhältnis von 40:1.
Immerhin fällt bei den Feinnivellementen 1922–1962 und 1941–65 auf, daß sich die Meßpunkte außerhalb des Bodensee-Rhein-Gletschers absenkten, innerhalb anstiegen, während derjenige am Eisrand selbst, bei Jestetten (alte Straßenbrücke über die Eisenbahn) praktisch unverändert blieb.
Vergleichsmessungen der Nivellemente der Eidg. Landestopographie (F. Jeanrichard, 1972) haben für die letzten 50 Jahre – 1969–1970 gegenüber 1918 – längs des 100 km langen Gotthard-Profiles zwischen Brunnen und Lavorgo Differenzen zwischen 0 und 49 mm ergeben, woraus – bezogen auf Luzern – eine Hebung bis zu 1 mm/Jahr resultiert. Da diese bereits bei Amsteg 22 mm – nahezu 0,5 mm/Jahr – erreicht, dann nur noch

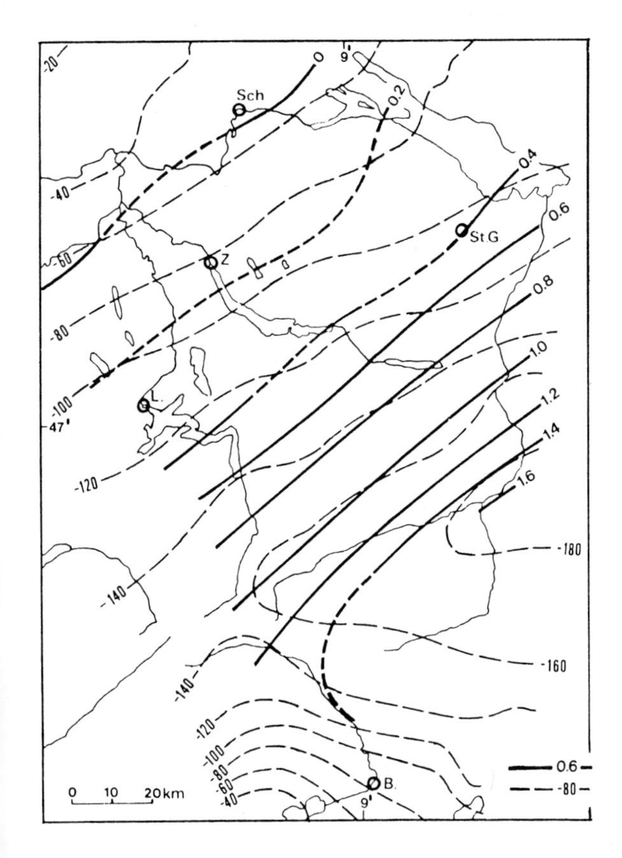


Fig. 182 Krusten-Hebung und Schwere (Bouguer)-Anomalien in der zentralen und nordöstlichen Schweiz
B. = Bellinzona
L. = Luzern
Sch. = Schaffhausen
St. G. = St. Gallen
Z. = Zürich

Aus N. Pavoni in E. Niggli, ed., 1975.

Linien gleicher Hebung in mm/Jahr
Bouguer-Anomalien in mgal

langsam ansteigt, ist hierbei eher an rezente Tektonik zu denken als an Isostasie, umso mehr als in Brunnen, wo während der Maximalstände der Würm-Eiszeit gegen 1000 m Eis lag, keine Veränderung nachgewiesen worden ist.
Auch in der NE-Schweiz lassen sich nach N. Pavoni (1975) mittlere Hebungsbeiträge ermitteln, die von Schaffhausen von 0 auf 1,6 mm/Jahr um Chur ansteigen. Analoge Werte sind aus dem Wallis zu erwarten. Für Brig erhält E. Gubler (1976) gar 1,7 mm/Jahr. Dabei ist jedoch festzuhalten, daß diese Bewegungen in der Talachse gemessen worden sind und daß im Raum Brig, wie im Raum Chur, im Würm-Maximum mindestens 1600 m Eis lag (Bd. 2). Daher ist im Bereich der Talachse zunächst mit einer isostatischen Hebungskomponente zu rechnen, umso mehr, als die jährliche Höhenänderung in Gletsch, wo die Eismächtigkeit nur noch 1000 m betrug, sich um gut 1 mm beläuft und bis Tschamut mit einer Eisdicke um knapp 800 m auf 0,9 mm abfällt. Daraus würde folgern, daß für die jüngste tektonische Heraushebung der Massiv-Achsen nur eine Komponente übrig bliebe. So sind seit dem ausgehenden Spätwürm mit tektonischen Verstellungsbeträgen von maximal einigen Metern zu rechnen, was mit den beobachtbaren Verstellungen sowie mit den Schwere-Anomalien in Einklang steht (Fig. 182).
Umgekehrt scheint sich aus dem Präzisionsnivellement – wiederum bezogen auf Aarburg, das außerhalb der würmzeitlichen Eisbedeckung liegt – im frontalen Bereich des

Solothurner Armes des Rhone-Gletschers eine leichte Absenkung abzuzeichnen. Da in diesem Raum durch das Abschmelzen des Eises eher mit einer glazial-isostatischen Hebung zu rechnen ist, dürfte – neben Setzungserscheinungen der jüngsten Trogfüllung – allenfalls eine geringe tektonische Absenkung vorliegen; dies wohl als Ausgleich zur tektonischen Hebung im Massiv-Bereich. Die negativen Werte vor der Einmündung der Rhone in den Genfersee sind wohl als Setzungserscheinungen der jüngsten Rhone-Sedimente zu deuten (Fig. 183).

*Zitierte Literatur*


BITTERLI-BRUNNER, P., HAUBER, L., & FISCHER, H. (1975): Investigation of recent crustal movements across the Rhine-Graben flexure at Basel – Tectonophys., *29*.

ECKARDT, P. (1957): Zur Talgeschichte des Tavetsch – seine Bruchsysteme und jungquartären Verwerfungen – Diss. U. Zürich.

– (1974): Untersuchungen von rezenten Krustenbewegungen an der Rhein–Rhone-Linie – Ecl., *76*/1.

GUBLER, E. (1976): Beitrag des Landesnivellements zur Bestimmung vertikaler Krustenbewegungen in der Gotthard-Region – SMPM, *56*/3.

HAFNER, S., et al. (1975 K): Bl. 1251 Bedretto – GAS – SGK.

HÖGBOM, A. G. (1913): Fennoskandia (Norwegen, Schweden, Finnland) – Hdb. reg. G, *4*/3, 13.

JÄCKLI, H. (1951): Verwerfungen jungquartären Alters im südlichen Aarmassiv bei Somvix-Rabius (Graubünbünden) – Ecl., 44/2.

JEANRICHARD, F. (1971): Contribution à l'étude du mouvement vertical des Alpes – 15e Ass. gén. UGGI, Moscou.

– (1972): Contribution à l'étude du mouvement vertical des Alpes – B. Geodesia, *31*.

– (1975): Summary of geodetic studies of recent crustal movements in Switzerland – Tectonophys., 29/1–4.

LINIGER, H. (1964): Beziehungen zwischen Pliozän und Jurafaltung in der Ajoie – Ecl., *57*/1.

– (1967): Pliozän und Tektonik des Juragebirges – Ecl., *60*/2.

– (1969 K): Bl. 1065 Bonfol mit Anhängsel von Bl. 1066 Rodersdorf – GAS – SGK.

– (1970): Erläuterungen zu Bl. 1065 Bonfol mit Anhängsel von Bl. 1066 Rodersdorf – SGK.

PAVONI, N. (1975): Recent crustal movements – In: NIGGLI, E., ed.: Internat. Geodyn. Proj.: First Rep., Switzerland, July 1975 – SNG.

PFIFFNER, O. A. (1972 a): Geologische Untersuchung beidseits des Kunkelspasses zwischen Trin und Felsberg – Dipl. Arb. G I ETHZ.

– (1972 b): Neue Kenntnisse zur Geologie östlich und westlich des Kunkelspasses (GR) – Ecl., *65*/3.

– (1977): Tektonische Untersuchungen im Infrahelvetikum der Ostschweiz – Mitt. GI ETHZ U. Zürich, NF, *217*.

– (1978): Der Falten- und Kleindeckenbau im Infrahelvetikum der Ostschweiz – Ed. *71*/1.

PFANNENSTIEL, M., & RAHM, G. (1975): Die rißeiszeitliche Vergletscherung des Blauen bei Badenweiler – Ber. NG Freiburg i. Br., *65*.

SCHEIDEGGER, A. E. (1977): Kluftmessungen im Gelände und ihre Bedeutung für die Bestimmung des tektonischen Spannungsfeldes in der Schweiz – GH. *32*/3.

SCHERLER, K. (1976): Zur Morphogenese der Täler im südlichen Tößbergland – DA ETH Zürich.

SCHMID, S. (1975): The Glarus Overthrust: Field Evidence and Mechanical Model – Ecl., 68/2.

SCHNEIDER, H. (1976): Über junge Krustenbewegungen in der voralpinen Landschaft zwischen dem südlichen Rheingraben und dem Bodensee – Mitt. NG Schaffhausen, *30* (1973/76).

STRECKEISEN, A. (1965): Junge Bruchsysteme im nördlichen Simplon-Gebiet (Wallis, Schweiz) – Ecl., *58*/2.

THÉOBALD, N., VOGT, H., & WITTMANN, O. (1977) Néotectonique de la porte méridionale du bloc rhénan – B. BRGM, Sect. *N*, *2*.


Fig. 183 Rezente Krustenbewegungen aufgrund des Schweizerischen Landesnivellements, bezogen auf Aarburg. Aus E. GUBLER (1976).
Reproduziert mit Bewilligung der Eidg. Landestopographie Wabern vom 19. 12. 1977. ▷

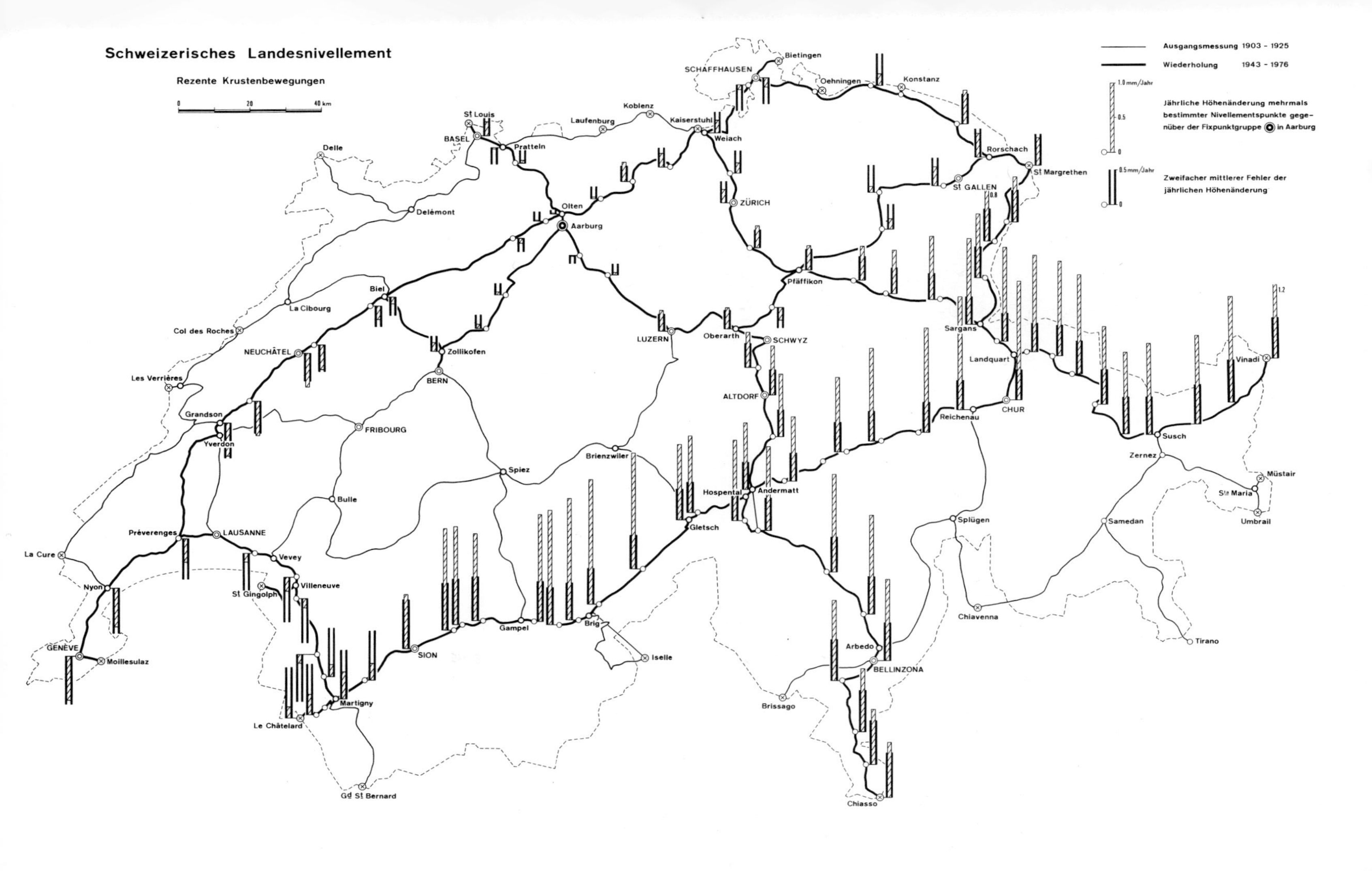
Schweizerisches Landesnivellement
Rezente Krustenbewegungen
0
20
40 km
Ausgangsmessung 1903 - 1925
Wiederholung 1943 - 1976
1.0 mm/Jahr
0.5
0
Jährliche Höhenänderung mehrmals bestimmter Nivellementspunkte gegenüber der Fixpunktgruppe in Aarburg
0.5 mm/Jahr
0
Zweifacher mittlerer Fehler der jährlichen Höhenänderung
Bietingen
SCHAFFHAUSEN
Oehningen
Konstanz
Koblenz
Laufenburg
Kaiserstuhl
Weiach
St Louis
BASEL
Pratteln
Delle
Delémont
Olten
Aarburg
ZÜRICH
Rorschach
St Margrethen
St GALLEN
0.8
Pfäffikon
Biel
La Cibourg
Col des Roches
NEUCHÂTEL
Zollikofen
BERN
LUZERN
Oberarth
SCHWYZ
ALTDORF
Sargans
Landquart
CHUR
Reichenau
Vinadi
1.2
Susch
Zernez
Müstair
Sta Maria
Umbrail
Samedan
Tirano
Splügen
Chiavenna
Les Verrières
Grandson
Yverdon
FRIBOURG
Spiez
Brienzwiler
Hospental
Andermatt
Gletsch
Bulle
Préverenges
LAUSANNE
Vevey
La Cure
Nyon
Villeneuve
St Gingolph
GENÈVE
Moillesulaz
Gampel
Brig
Iselle
SION
Martigny
Le Châtelard
Gd St Bernard
Arbedo
BELLINZONA
Brissago
Chiasso

# Die außeralpinen Vereisungsgebiete im N der Schweiz

## Vogesen, Valdoie-Chagey, Schwarzwald, Schwäbische Alb und das Molasse-Bergland zwischen Oberstaufen und Kempten

Im Karbon bildeten *Schwarzwald* und *Vogesen* noch ein zusammenhängendes Gebirge. Im Perm und zur Buntsandsteinzeit erfolgte eine erste Einebnung, später, vorab in der Jurazeit, wieder eine Überflutung weitester Bereiche. Erst im mittleren Tertiär trennte der absinkende Rheingraben die beiden Schwestermassive, die sich erneut emporzuheben begannen. Damit war eine Kippung verbunden, so daß die Sedimentdecke des Schwarzwaldes sanft gegen SE, diejenige der Vogesen etwas steiler gegen SW einfällt. Dies wirkte sich auf die Entwicklung der Flußnetze aus: Im Schwarzwald bildete sich eine ESE-Entwässerung zum Sammelstrang der Ur-Donau, deren ursprüngliches Quellgebiet einst in Hochsavoyen lag. Im Laufe des Pliozäns verlor die Ur-Donau sukzessive Teile ihres Oberlaufes: den obersten an die Rhone, den des westlichen schweizerischen Mittellandes zunächst an die Aare, die noch durch die Burgundische Pforte zur Rhone entwässerte, später, im Altpleistozän, an den Rhein. Mit dem Umbiegen in den Rheingraben und dem Herausheben des Schwarzwaldes mit seiner Sedimenthülle begannen die Flüsse sich einzuschneiden.

Auch die Vogesen entwässerten zunächst konsequent, der Abdachung folgend. Das Gefälle zur Erosionsbasis hat sich aber nur gegen den Rheingraben kräftig verstärkt. Von NNW griff die Ur-Mosel – damals noch Oberlauf der Maas – tief ins Gebirge ein. Nach und nach eroberte sie alle konsequent entwässernden Flüsse und zerschnitt die gegen SW einfallende Hochfläche.

Die Unterschiede in der pliozänen und altquartären Ausgestaltung bedingten in beiden Gebirgen eine abweichende Vergletscherung.

Am S-Rand der Vogesen fällt die Sedimentbedeckung, lokal an Bruchstörungen verstärkt, gegen S und SW ein. An dem gegen SW sich abspaltenden Massiv von *Valdoie-Chagey* wölben sich die Gesteinsschichten nochmals empor. S der Burgundischen Pforte und des Doubs steigt die Sedimenttafel und damit auch das Gelände wiederum sanft zum Jura an.

Gegen SE und weiter N gegen E fällt der Schwarzwald mit seiner Sedimenthülle sanft ab. Erst in der *Schwäbischen Alb* sind die höheren, erosionsressistenteren Schichten des Malm noch erhalten, so daß die Alb als Mittelgebirge bis auf über 1000 m emporragt. Dazwischen, in der Baar, sind die mesozoischen Schichtglieder seit dem mittleren Tertiär zur Schichtstufen-Landschaft ausgeräumt und im Quartär noch glazial überprägt worden.

Ein letztes außeralpines Vereisungsgebiet, das aber bereits zu den alpinen überleitet, ist das *Molasse-Bergland* zwischen *Isny, Immenstadt und Kempten*, die Adelegg und die Molasse-Ketten weiter S: Sonneneck, Hauchenberg und Salmaser Höhe.

Fig. 184 Das Zungenbecken des würmzeitlichen Mosel-Gletschers mit der Endmoräne von Noirgueux ▷ NW von Remiremont, SW-Vogesen.

# Die Vergletscherung in den S-Vogesen und im Massiv von Valdoie-Chagey

Erste Berichte über die Vergletscherung in den Vogesen stammen von LEBLANC (1838). Da Vereisungsspuren klar zutage treten, hat schon früh eine intensive Forschertätigkeit eingesetzt (H. HOGARD, 1840; E. COLLOMB, 1847; CH. GRAD, 1873; L. DE LAMOTHE, 1897; E. SCHUMACHER, 1908K; L. MEYER, 1913; P. LORY, 1918; A. NORDON, 1928, 1931; N. THÉOBALD, 1931; C. SITTIG, 1933).

*Die Vogesen zur Würm-Eiszeit*

Infolge der westlicheren, windexponierteren Lage endet nicht nur die Waldgrenze um nahezu 100 m tiefer als im Schwarzwald, auch die klimatische Schneegrenze lag in der Würm-Eiszeit mit 800–900 m deutlich tiefer.
Aus den von Moränen begrenzten Karen Trou de Cuveau und vom Lac de la Maix NE von Senones (A. ZIENERT, 1967; M. DARMOIS-THÉOBALD, 1972) sowie aus angeblichen Pingos (G. WIEGAND, 1965), die jedoch ebenfalls als Kare anzusprechen sind, ergibt sich für die nördlichen Vogesen gar eine klimatische Schneegrenze um 800 m für das Würm-Maximum und von gut 850 m für den inneren Stand. SW von Maxonchamp stieg noch in der Würm-Eiszeit ein Kargletscher bis auf 650 m ins Moseltal hinab (S. 326).
Da den Vogesen ausgedehnte Hochflächen fehlen, kam es nicht zur Bildung einer Plateau-Vereisung. Aus individuellen Nährgebieten entwickelten sich in der *Würm-Eiszeit* – präglazialen Entwässerungsrinnen folgend – im S radial verlaufende Gletschersysteme. Auf der W-Seite vereinigten sich im Moseltal drei Eisströme, die im schneereichsten Gebiet zwischen Ballon d'Alsace und Hohneck ihren Anfang nahmen: Vologne-, Moselotte- und Mosel-Gletscher. Sie bildeten zusammen den 45 km langen Mosel-Gletscher, der bei Noirgueux, 5 km unterhalb von Remiremont, mit mehreren Endmoränen stirnte (Fig. 184). Entsprechende Stirnwälle stellen sich auf dem Col de la De-

Fig. 185 Durch eine Seitenmoräne des würmzeitlichen Mosel-Gletschers abgedämmtes Relikt eines randglaziären Stausees auf dem Col de la Demoiselle SW von Remiremont, SW-Vogesen.

moiselle, in der alten, wohl pliozänen Cleurie-Talung gegen Plombières, ein (Karte 2, Fig. 185).

Vom Moselotte-Gletscher floß – wie Rückzugsstaffeln bekunden – ein Seitenlappen vor Vagney durch die alte Talung des unteren Bouchot. Beim Saut du Bouchot, der Konfluenzstufe, trat ihm der Bouchot-Gletscher entgegen. Ein nächster Lappen stieß über Sapois ins untere Menaurupt-Tal vor. Von den Höhen W des Col de Sapois (928 m) reichte eine Zunge bis Menaurupt, wo auf 600 m zwei Moränen das Tal abdämmen (A. I. Salomé, 1968). Über den Col des Feignes (599 m) hingen Mosel- und Moselotte-Gletscher bis ins frühe Spätwürm zusammen.

Ein weiterer Moselotte-Lappen drang, durch den Mosel-Gletscher gebremst, Cleurie-aufwärts gegen Le Tholy vor und staute den von Gérardmer gegen W abfließenden Vologne-Gletscher. Im Grenzbereich der beiden wurden rand- und subglaziäre Sande geschüttet, die G. Seret (1966) noch als alte Stirnmoränen gedeutet hat (Fig. 188).

Beim Zerfall bildete sich in den einzelnen Becken Toteis, das randglaziäre Seen staute, in welche Sande geschüttet wurden.

Deltasande in verschiedenen Höhen und die Rückzugsstaffel von St-Nabord bekunden ein schrittweises Abschmelzen des Eises ins Becken von Remiremont. Rundhöcker in den Talsohlen und Felsschliffe an den Flanken zeugen von der Erosionsleistung.

Vom Col des Croix SW von Le Thillot bis zum Col du Mont de Fourche reichte das Mosel-Eis bis auf 810 m (N. Théobald, in J.-P. von Eller et al., 1977) und floß auf 10 km Breite über den Kleinen Vogesenkamm gegen SW. Im tektonisch tieferen Bereich zwischen Ognon im SE und Breuchin im NW wurde die Erosion verstärkt und das Eis in Bahnen geleitet, so daß sich eine einzigartige Rundhöcker-Landschaft mit zahllosen,

Fig. 186 Le Tholy im Cleurie-Tal (W-Vogesen) gegen SE. Mächtige Deltasandmassen (Bildmitte) im Staubereich zwischen würmzeitlichen Eismassen, die früher als Endmoränen gedeutet wurden; dahinter die NW-Ausläufer von Le Haut du Tôt.

von Seen erfüllten Kolken ausbildete. Mit dem aus Karen der W-Seite des Ballon de Servance abfließenden Eis reichte es als Ognon-Gletscher bis Montessaux, später bis Mélisey, wo sich Moränen und zugehörige Schotterfluren einstellen. Über die Endmoränen von Ecromagny lassen sich die Randlagen mit denen um Amage im Breuchin-Tal, 9 km ENE von Luxeuil, verbinden (Théobald, 1969a, in Y. Guintrand et al., 1973k).
Am Ausgang der Vallée de Fresse kam es durch den Stau des Ognon-Gletschers zur Bildung einer Kameterrasse und randlich zur Eintiefung einer epigenetischen Rinne. Der 13 km lange Rahin-Gletscher hinterließ auf dem Col de la Chevestraye, dem Übergang in die Vallée de Fresse zum Ognon-Gletscher, eine mächtige Seitenmoräne und stirnte bei La Rue, 3,5 km weiter S, mit einer Endmoräne (Théobald, 1955).
Der Savoureuse-Gletscher stieß noch bis Giromagny vor, wo sich drei Stirnmoränen erhalten haben. Rückzugsmoränen finden sich oberhalb von Lepuix-Gy; ein glazial übertieftes Becken oberhalb von Malvaux dient als Trinkwasserspeicher.
Viel geringer war die Gletscher-Entwicklung auf der trockeneren E-Seite. Fecht- und Doller-Gletscher erreichten im Würm-Maximum, durch Endmoränen belegt, Längen von 9 km; nur der Thur-Gletscher mit seinen bis 140 m hohen Rundhöckern in der Talsohle, dem Wildensteiner Schloßberg und denen von Oderen (Fig. 187), erreichte eine Länge von 15 km (Karte 2).
Neben den äußersten, durch mehrere Moränenwälle sich auszeichnenden Ständen, stellen sich auch in den Vogesen Rückzugsstadien ein; oft sind es wiederum mehrere Endmoränenwälle, so im Thurtal und im Seitental vom Col de Bussang, im oberen Chajoux- und im Vologne-Tal am W-Ende des Lac Gérardmer. Korrelationen einzel-

Fig. 187 Die Rundhöcker von Oderen im Thur-Tal, Vogesen, von SE, dazwischen Oderen, davor eine randliche Schmelzwasserrinne und ein Toteissee, talaufwärts das von einer Endmoräne abgedämmte Becken von Kruth. Im Hintergrund: Tête du Chat Sauvage und Grand Ventron.

ner Stände mit solchen außerhalb der Vogesen stehen weitgehend noch offen. Doch dürften die Moränen SE von Remiremont, von Zainvillers im Tal der Moselotte, von Gérardmer und von Kruth im Thurtal denen des Titisees im Schwarzwald (= Zürich-Stadium) entsprechen. Moränen am Ausgang des Cellet-Tales deuten auf eine Schneegrenze um 850 m.

Auch vom Haut du Roc (1013 m) und von den Höhen E und SE des Col des Haies hingen noch kleine Kargletscher bis 800 m gegen Saulxures herab.

Die quer zur Talachse verlaufenden Wälle im Chajoux-Tal erkannte H. Eggers (1964) als stirnnahe Seitenmoränen ins Tal vorgestoßener Kargletscher. Als zugehörige klimatische Schneegrenze ergibt sich eine Höhe von 1050–1100 m. Daß es sich dabei um kleine Wiedervorstöße handelt, konnte G. Rahm (1977) in einer Stauchmoräne erkennen.

Infolge der höheren Niederschlagsmengen, des Fehlens von Hochflächen und der bedeutenderen Höhenunterschiede waren Eis- und Schuttbewegung in den Vogesen stärker als im Schwarzwald. Dies bewirkte eine kräftigere Erosion in den Tälern und klarere Glazialformen und -relikte.

In einer Rückzugsstaffel wurden NE von Remanvillers bei einem Zungenende um Ferdrupt Deltasande und -kiese durch den Mosel-Gletscher aufgestaut. Beim Eiszerfall im Cleurie-Tal zeichnet sich ein Wiedervorstoß mit mächtiger Endmoräne über Deltakiesen und -sanden bis 3 km W von Gérardmer ab. Dadurch wurde die alte Vologne-Talung, der Abfluß zum Cleurie-Tal, verriegelt; im Zungenbecken liegt der Lac de Gérardmer (Fig 189).

Noch bis zu diesem Stand reichte eine schmale Eiszunge ins Vologne-Tal. Beim Ab-

Fig. 188 Chajoux-Tal, ein Quellast der Mosellotte (Vosges), mit den Collines de Vologne, von denen im Stadium von Gérardmer mehrere Eiszungen abstiegen und stirnnahe Seitenmoränen hinterließen.

schmelzen wurde die niedrige Wasserscheide von Kichompré von den Schmelzwässern durchgesägt und der Talboden E von Gérardmer durch Abschmelzmoräne erhöht, so daß die Vologne heute durch das enge Tal gegen NW abfließt. Zugleich wurde die Entwässerung des Lac de Gérardmer rückläufig. Sie erfolgte gegen NE zum neuen Vologne-Lauf (J. Hol, 1940).

Bedeutende würmzeitliche Gletscher konnte M. Darmois-Théobald (1973) auch in den gegen N und NE abfließenden Tälern der Haute Meurthe aufzeigen. Die sie ernährenden Kare wurden zusätzlich noch von Schnee beliefert, der von der sanft gegen W abfallenden Abdachung weggefegt und ebenfalls in den Karen der Haute Meurthe abgelagert wurde (Karte 2).

Die vom Eis ausgeräumten Taltröge belegen für den Gletscher der Grande Meurthe eine Eismächtigkeit von 260 m, für denjenigen der Petite Meurthe eine solche von 200 m. Wahrscheinlich hingen die beiden Gletscher durch das Couloir du Grand Valtin zusammen, wie sich dies bereits A. Nordon (1928) vorgestellt hat. Über den Col du Surceneux (810 m) standen die Eismassen auch mit dem Vologne-Gletscher in Verbindung.

N des Col de la Schlücht reicht die Vegetationsentwicklung auf 1230 m an der Basis eines Moors bis ins Boreal zurück (G. Lemée, 1963), doch dürfte das Ausapern der Kare bereits früher, schon im Spätwürm, erfolgt sein.

Ausgeprägt treten Kare und Karseen beidseits des Vogesenkammes auf. Im nur 900 m hohen Kleinen Vogesenkamm waren einige noch in der Würm-Eiszeit aktiv. Das rißzeitliche Kar von Fondromé SW von Maxonchamp im Moseltal reicht von Höhen um 800 m mit seinem Boden bis auf 580 m herab.

Fig. 189 Der durch eine Endmoräne abgedämmte Lac de Gérardmer (Vosges), Blick vom Stirnwall gegen E, links von Gérardmer die rückläufige Entwässerungsrinne zur Vologne.
Photos: Fig. 186–189 Dr. G. RAHM, Freiburg i. Br.

### *Die Vogesen zur Riß-Eiszeit*

Außerhalb der Reichweite des Würm-Eises sind in den Vogesen schon seit langem sichere Zeugen einer *älteren, größeren Vergletscherung* bekannt geworden (L. MEYER, 1913; A. NORDON, 1931, C. SITTIG, 1933). G. SERET (1966) glaubte gar eine sichere Mindel- und eine fragliche Günz-Eiszeit nachweisen zu können.

Die tiefere klimatische Schneegrenze – nach MEYER (1913) lag sie auf der W-Seite zwischen 760 und 790 m – bewirkte eine stärkere Vereisung, so daß Eis aus dem Moseltal von Le Thillot bis über Remiremont nach SW und nach W vordringen konnte. Trotz dieser mächtigen Transfluenz über den Kleinen Vogesenkamm stirnte der 55 km lange *rißzeitliche* Mosel-Gletscher erst unterhalb von Arches.

Wie geschrammte Erratiker belegen, floß in der Riß-Eiszeit Moselotte-Eis von Saulxures über den Col des Haies (879 m) ins Tal des Rupt, von Planois ins untere Bouchot-Tal, über die Rundhöcker des Roche des Ducs und über Le Haut-du-Tôt ins Cleurie-Tal, was die Häufung von Blöcken von Granite des Crêtes (J. HAMEURT in FLAGEOLLET & HAMEURT, 1971, 1974) am Ausgang des Cellet-Tales erklären würde.

W von Remiremont drang Eis ins Becken von Bellefontaine vor (CH. GRAD, 1873). Es hinterließ mächtige Granit-Erratiker auf der Buntsandstein-Tafel sowie Oser und Deltasande SW von Arches, im Tal der Niche und NE von Fougerolles, wo das Gletscherende wieder durch Endmoränen, Sander und Schotterfluren markiert ist.

Zwischen Luxeuil und Lure bekunden Moränen und Erratiker – paläozoische Grau-

Fig. 190 Vom rißzeitlichen Vogesen-Eis überschliffene Buntsandsteinplatten bei Esmoulières auf der W-Abdachung der südwestlichen Vogesen.

Fig. 191 Verkieselter paläozoischer Tuff-Erratiker von La Corbière, 12 km N von Lure (Haute-Saône), nahe dem äußersten Rand der rißzeitlichen Vogesen-Vereisung.
Photos: Fig. 191 und 192 Dr. G. RAHM, Freiburg i. Br.

Fig. 192 Rißzeitliche Moräne des Doller-Gletschers am SE-Rand von Masevaux (Haut-Rhin).

wacken und transportresistente Vulkanite (Fig. 191) – Deltasande und Kamebildungen einen Vormarsch des rißzeitlichen Eises bis auf eine Höhe von 300 m (THÉOBALD, 1963, 1973).

In der Gegend von Lure liegen die äußersten Endmoränen und Erratiker des Ognon-Gletschers; zugleich stellen sich im S und im W Schotterfluren und Schmelzwasserrinnen ein (MEYER, 1913; THÉOBALD, 1969b, c; RAHM, 1970).

Das aus dem Mosel-Tal gegen SW übergeflossene Eis kolkte auf der SW-Abdachung zahlreiche kleine Wannen, die Seen und Moore von Esmoulières (Fig. 190).

In der Riß-Eiszeit drang ein Seitenlappen des Ognon-Gletschers tief in die Vallée de Fresse ein. Am Ausgang von Fresse traf er auf vom Col de la Chevestraye überfließendes Eis, so daß es zur Ablagerung zweier aufeinander stoßender Stirnmoränen kam.

Der Rahin-Gletscher reichte noch bis über den Col de la Chaillée, so daß die Schmelzwässer durch das Tal der Lizaine gegen Montbéliard abflossen.

Im Tal der Savoureuse stieß das Eis noch über Giromagny hinaus vor; doch ist das Gletscherende bisher noch nicht belegt (THÉOBALD, schr. Mitt.).

Im Thur-Tal reichte das rißzeitliche Eis bis Thann, im Tal der Doller bis über Masevaux hinaus, wo Moräne und Erratiker über paläozoischen Vulkaniten liegen (MEYER & W. HOTZ, 1928; Fig. 192).

Neben der Erforschung der spät- und nacheiszeitlichen Vegetationsentwicklung in den Vogesen (J. P. HATT, 1937; E. OBERDORFER, 1937; F. FIRBAS et al., 1948; G. LEMÉE, 1963; G. JALUT, 1968 und C. R. JANSSEN et al., 1972, 1974) konnte G. WOILLARD (1975, in B. FRENZEL et al., 1976; 1977) im SW aufgrund einer Reihe von Pollen-Bohrungen eine Vegetationsgeschichte aufdecken, die in *Grande Pile* (330 m) NW von St. Germain bei Lure bis ins Mittelpleistozän zurückreicht. Über 6 m Moräne und 4 m glaziolimnischen Sedimenten, die während des Eiszerfalls abgelagert worden sind, beginnt die Pollenführung im Profil X mit Sand und Ton in 19,3 m Tiefe und verläuft parallel mit dem Anteil an anorganischer Substanz und Ton.

Nach einem ersten Anstieg der kälteresistenteren Laubhölzer, vorab von *Betula*, fällt ihr Anteil wieder zurück. Zugleich nehmen Gramineen, Cyperaceen und *Artemisia* erneut zu. Kurzfristig erreicht *Pinus* 30%, *Betula* 6%. In 18,65 m fallen die Baumpollen auf 12% zurück; die Gramineen sind auf über 50% angestiegen, die Cyperaceen auf 25%. Oberhalb 18,6 m stellen sich drei kleine *Pinus*-Gipfel ein; die Cyperaceen erreichen mit nahezu 50% Höchstwerte. Dann wird das Sediment organischer; im Diagramm folgt ein kleiner Birken-Gipfel. Nach einer *Juniperus*-Spitze von 32% setzt die Torfbildung und mit 48% *Betula*, 14% *Juniperus* und 8% *Pinus* die Wiederbewaldung ein. Die Gramineen und vor allem die Cyperaceen fallen stark zurück.

Mit dem Rückgang von *Betula* gipfeln *Pinus* mit 33% und *Ulmus* mit 18%, werden aber gleich von einem *Quercus*-Gipfel mit 60% abgelöst. Doch fällt auch die Eiche rasch wieder zurück, während *Corylus* auf über 60% anschwillt und dann – mit generell sinkender Tendenz – über mehrere m über *Quercus* dominiert. Ebenso erreicht *Taxus* – Eibe – mehrere Spitzen, und *Alnus* tritt etwas häufiger auf. Unterhalb 17 m beginnt *Carpinus* steil bis auf 46% anzusteigen.

Bei generell sinkenden Tendenzen von *Carpinus* und *Corylus* steigt *Alnus* weiter an; *Abies* erscheint und dominiert kurzfristig gar über *Carpinus*. Während *Picea* lange Zeit unbedeutend war, wird sie, zusammen mit der Erle, ebenfalls häufiger und erreicht mit dem kräftigen Hainbuchen-Abfall gar 33%, wird dann jedoch von der steil ansteigenden Föhre überholt, die mit einem zweiten Gipfel mit 60% das Ende einer ersten, von WOILLARD mit dem Eem verglichenen Warmzeit bekundet. Zugleich fällt *Picea* kräftig zurück, während *Betula* wieder ansteigt. In 15,58 m zeichnet sich ein Abfall der Baumpollen mit *Juniperus* und *Betula* bis auf 35% und ein Anstieg der Gramineen auf 34%, der Cyperaceen auf 12% und von *Artemisia* auf 8% ab. Zugleich ist das Sediment über 10 cm minerogen geworden.

Nach der ersten Kältephase (*Mélisey I* bei WOILLARD) dominieren erst *Juniperus*, dann *Betula* und später – mehrgipflig – *Pinus*, zwischenhinein kurzfristig *Picea*, während die Nichtbaumpollen stufenweise zurückfallen, in 15 m Tiefe jedoch erneut auf 20% ansteigen.

In der Mitte dieses wieder etwas wärmeren Abschnittes steigen zunächst *Abies* auf 4%, dann *Corylus* und *Quercus* bis auf 15% an. Mit einem erneuten Rückgang der Nichtbaumpollen schnellt *Pinus* auf 70%, *Betula* auf 17%. Dann fällt *Pinus* zurück, dafür steigen zuerst *Corylus* auf 28%, dann *Quercus* auf 24% an; beide fallen aber gleich wieder zurück, wobei *Carpinus* mit 35% vorherrscht, *Quercus* sich auf 24% und *Ulmus* auf 5% erholen. Nach kurzer Dominanz von *Quercus*, später von *Picea*, steigen *Betula* und besonders *Pinus* wieder an; *Quercus* und *Picea* fallen zurück. Dann fällt *Pinus* von 52% kurzfristig auf 23% und *Betula* wächst auf 33% an. Zugleich nehmen die Nichtbaumpollen –

vorab Gramineen und *Artemisia* – kräftig zu, gehen aber, wie *Betula*, gleich wieder zurück; *Pinus* steigt erneut auf 64% an, fällt jedoch rasch auf 40–45% zurück, während *Betula* bis zur nächsten Kaltphase (*Mélisey II*) nochmals kurz ansteigt, dann auf 15% zurückgeht. *Pinus* und *Picea* bewegen sich um 5%. Die Nichtbaumpollen sind auf 60% angestiegen, wovon 34% auf Gramineen und 18% auf *Artemisia* entfallen. Das Sediment ist erneut über 20 cm minerogen geworden.
In 13,75 m Tiefe beginnen sich die Baumpollen wieder durchzusetzen. *Juniperus* erreicht 20%, *Betula* zunächst 27%, später 57%, *Alnus* 12%. Mit dem Anstieg von *Quercus* auf 41% und hernach von *Corylus* auf 34% fällt *Betula* auf unter 10% zurück. *Pinus*, *Picea* und *Alnus* erreichen nur wenige Prozente. Dann fällt erst *Corylus*, später auch *Quercus*, dafür steigt *Carpinus* zu einem Gipfel von 16% an. Hernach wird der wärmeliebende Laubwald wieder von einem Nadelwald abgelöst mit 50% *Pinus*, 20% *Betula* und zunächst 18, dann 10% *Picea*. In der Kaltphase *Ognon I* tritt *Pinus* stark zurück; die Nichtbaumpollen erreichen 42% – die Gramineen 27% und *Artemisia* 9% – an. *Betula* gipfelt nochmals mit 40%, fällt dann zunächst auf 15%, hernach, in 12,48 m Tiefe, in der Kaltphase *Ognon II*, auf 5%, *Pinus* nach kurzem Anstieg gar auf 3% zurück. Dagegen ist *Juniperus* wieder auf 10% angewachsen. Zugleich herrschen die Nichtbaumpollen – vorab die Gramineen mit 57% – vor. Ein letztesmal steigen die Baumpollen auf 68% an: *Betula* auf 24%, *Pinus* auf 12%, *Alnus* auf 10%; ebenso sind *Corylus* und *Picea* vertreten, was nochmals auf einen subarktischen Wald hindeutet.
In 12, 18 m, 10,30 m und 9,30 m folgen einige kleinere *Betula*-Gipfel mit zunehmenden Anteilen an *Pinus*; dazwischen schwellen die Nichtbaumpollen-Werte bis auf 75% an. Zugleich werden die Sedimente wieder minerogen. Oberhalb 8,80 m steigt der Nichtbaumpollen-Anteil auf über 85%. Um 7,80 m erreicht *Pinus* mit 25% nochmals eine Spitze. Ein $^{14}C$-Datum ergab in 10,30 m für die *La Pile-Schwankung* älter als 36510, für die letzte, die Woillard mit der von *Arcy-Kesselt* vergleicht, 29980 ± 970 Jahre v. h. Nach einem letzten *Pinus*-Gipfel mit 23% steigen die Nichtbaumpollen auf 94% an: die Gramineen auf 58%, *Batrachium* – Wasserhahnenfuß – auf 12% und *Artemisia* auf 10%. In einem zweiten Nichtbaumpollen-Gipfel erreicht *Batrachium* gar 28% und *Artemisia* 13%.
Die zeitliche Einstufung des Profils von La Pile wird auch durch N.-A. Mörner (1977) bestätigt, wonach der als Eem-Warmzeit gedeutete Abschnitt mit dem paläomagnetischen Blake-Ereignis zusammenfällt. Dagegen bedürfen die jüngeren Abschnitte noch weiterer Belege.
Die weiteren Profilstellen liegen innerhalb der Reichweite des Würm-Eises. In der Karwanne von *Frère Joseph* (850 m) im Quellgebiet der Moselotte bildete sich zunächst ein kleiner See, der mit Sedimenten angefüllt wurde. In 11,80 m Tiefe fand Woillard die vulkanischen Tuffe des Laachersees. Bei einem Baumpollen-Anteil von 70% konnte sie einen *Pinus-Betula*-Wald mit *Salix*, *Juniperus* und *Hippophaë* nachweisen. In der Jüngeren Dryaszeit wird das Sediment tonig; *Betula* und *Pinus* fallen stark ab. *Juniperus* breitet sich aus; *Hippophaë* und *Ephedra* treten auf; Gräser, Heliophyten und *Artemisia* erreichen über 2 m Profillänge recht hohe Werte. Am Ende der Jüngeren Dryaszeit steigt *Juniperus* auf 9%, *Populus* und *Rubus chamaemorus* – Moltebeere – stellen sich ein, und *Filipendula* – Spiersraude – breitet sich aus.
Im Präboreal bildeten sich wiederum Föhren-Birken-Wälder. Im frühen Boreal beginnt sich die Hasel mächtig zu entfalten; ebenso breiten sich Ulme und Eiche aus. Im Atlantikum gesellen sich mehr und mehr auch Linde, Esche und Ahorn dazu. Nach einem

zweiten *Corylus*-Gipfel dominiert der Eichenmischwald; *Fagus* und später auch *Abies* und *Taxus* wandern ein.
Mit der Ausbreitung der Buche und der Erle sowie dem Rückgang des Eichenmischwaldes läßt WOILLARD das Subboreal beginnen, das sich durch 36 bis 52% *Fagus*, hohe *Corylus*-Anteile und einen Rückgang von *Taxus, Fraxinus, Ulmus* und *Tilia* auszeichnet. Im Subatlantikum breitet sich – nach einem kräftigen Rückgang der Baumpollen – neben *Fagus* auch *Abies* aus. Mit dem Auftreten von *Carpinus* erreicht *Abies* ihr Maximum. Zugleich stellen sich erste Spuren menschlicher Tätigkeit ein. Mit dem Erscheinen von Getreide- und *Juglans*-Pollen erreicht die Hainbuche ihr Maximum; Gramineen und Ericaceen nehmen zu.
In die Vegetationsentwicklung im Quellgebiet der *Petite Meurthe* vermitteln 3 Pollenprofile Einblick (M. DARMOIS-THÉOBALD, M. DENEFLE & F. MENILLET, 1976). Da die Moorentwicklung erst mit dem Holozän einsetzt, dürften auch diese Kare noch bis tief ins Spätwürm von Schnee erfüllt gewesen sein (J. TRICART, 1963; J. DRESCH, H. ELHAI & M. DENEFLE-LABIOLE, 1966). Bereits seit dem Atlantikum und besonders im Subboreal zeigt sich in den mittleren Höhenlagen ein Vorherrschen von *Abies* über *Fagus* (J. P. HATT, 1937; DARMOIS-THÉOBALD et al., 1976), während in den Gipfelregionen und in den tieferen Lagen *Fagus* bevorzugt war (WOILLARD, 1975). *Picea* trat seit der Buchen-Tannen-, lokal bereits in der Eichenmischwald-Zeit auf (LEMÉE, 1963; WOILLARD, 1975).
Hinsichtlich der Vegetationsgeschichte der südlichen Vogesen konnten C. R. JANSSEN, A. J. KALIS et al. 1974; et al. 1975) die Resultate von F. FIRBAS et al. (1948) weitgehend bestätigen und in zahlreichen Punkten erweitern. Vom Atlantikum an lassen sich dort verschiedene Pflanzengesellschaften auseinanderhalten. Die römische Zeit ist vor allem durch *Castanea, Juglans* und *Vitis*, die Zeit der Klostergründungen durch einen deutlichen Rückgang der Baumpollen charakterisiert.
Am Sewensee, hinter einer dem Titisee-Stadium entsprechenden Stirnmoräne des Doller-Gletschers, reicht die Vegetationsentwicklung mit viel *Artemisia* und *Ephedra* bis in die waldlose Zeit zurück (S. SCHLOSS 1978). Eine Wacholder-Sanddorn-Phase leitet mit Zwerg- und Baum-Birken, später mit Föhren, die Wiederbewaldung ein. Durch den Laacher Bimstuff ist das schon von FIRBAS et al. (1948) erkannte Alleröd gesichert. Der folgende Vegetations-Rückschlag deutet auf eine Absenkung der Waldgrenze. In der nacheiszeitlichen Wärmezeit haben sich *Buxus, Vitis, Hedera* und *Viscum*, erst im Subatlantikum auch *Ilex* eingestellt. Die Wasserflora hat sich von einer nordisch-subatlantischen mit *Isoëtes, Myriophyllum alterniflorum* und *Sparganium angustifolium* in eine solche mit Schwimmblatt-Pflanzen – *Nuphar, Nymphaea* und massenhaft *Trapa natans* verwandelt, zugleich hat die Verlandung eingesetzt. Im ausgehenden Atlantikum und Subboreal zeichnen sich niedrige Spiegelstände ab.

### *Das Massiv von Valdoie-Chagey zur Eiszeit*

Die 647 m und 520 m hohen Massive von Valdoie-Chagey W von Belfort, von den Vogesen durch eine Perm-Senke getrennt, war während der Eiszeit nicht vergletschert. Die klimatische Schneegrenze dürfte selbst in der Größten Vergletscherung nicht unter 800 m abgesunken sein. Doch lag dieses Massiv noch in der Würm-Eiszeit unter periglazialem Klima. Wie am S-Fuß der Vogesen, so entwickelte sich auch am Fuß des Chagey-Massives eine verlehmte Schotterflur. Diese enthält Gerölle von metamorphen Gesteinen, verwitterten basischen Effusiva, ausgebleichtem Buntsandstein und Quarziten.

Bereits im Altquartär wurde diese älteste Schotterflur – lagemäßig und im Verwitterungsgrad wohl Sundgau-Schotter (S. 274) – fluvial zerschnitten. Dann wurden die Täler mit heute ebenfalls verlehmten, aber tiefer gelegenen Schottern wieder eingefüllt. Diese lassen sich mit Schotterfluren der äußersten Vogesen-Vereisung vergleichen. In der Folge kam es erneut zu einer Durchtalung und darin – kaltzeitlich – wieder zu einer periglazialen Aufschotterung (N. THÉOBALD & D. CONTINI, 1965).
Noch ältere fluviale Schotter als die Sundgau-Schotter treten W der Lizaine zwischen Héricourt und Montbéliard auf (THÉOBALD & J. LANDRY in D. CONTINI et al., 1973 K). Ebenso dürften auch die alten Flußablagerungen mit Geröllen von Vogesensandstein NE und SE von Vauthiermont und N von Béthonvilliers (THÉOBALD & J. DEVANTOY, 1963 K) damit zu verbinden sein. THÉOBALD (1977) möchte sie alle zeitlich mit den Vogesen-Schottern des westlichen Delsberger Beckens vergleichen (S. 267).

*Zitierte Literatur*


COLLOMB, E. (1847): Preuves de l'existence d'anciens glaciers dans les vallées des Vosges. Du terrain erratique de cette contrée – Paris.

CONTINI, D., et al. (1973 K): Flle. 474 (XXXV-22) Montbéliard – CG dét. France.

DARMOIS-THÉOBALD, M. (1972): Cirques glaciaires et niches de nivation sur le versant lorrain des Vosges à l'ouest du Donon – Rev. Ggr. Est, *(1972)*, 1.

– (1973): Recherches sur la morphologie glaciaire des vallées supérieures de la Meurthe (Vosges) – Ann. Sci. U. Besançon, (3) *21*.

–, DENEFLE, M., & MENILLET, F. (1976): Tourbières de moyenne altitude de la forêt de Haute-Meurthe (Vosges, France) – B. AFEQ, *1976*/2.

DE LAMOTHE, L. (1897): Etude des terrains de transport du bassin de la Haute-Moselle – B. SG France, (3), *25*.

DRESCH, J., H. ELHAI & M. DENEFLE-LABIOLE (1966): Analyse pollinique de quatre tourbières du Ballon d'Alsace (Vosges, France) – CR Soc. Biogr. 376.

EGGERS, H. (1964): Schwarzwald und Vogesen. Ein vergleichender Überblick – Westermanns Taschenb., Ggr., *1*.

ELLER, J.-P., VON (1977): Vosges-Alsace – Guides géologiques régionaux – Paris.

FIRBAS, F., et al. (1948): Beiträge zur spät- und nacheiszeitlichen Vegetationsgeschichte der Vogesen – Biblioth. Bot., *121*.

FLAGEOLLET, J. C., & HAMEURT, J. (1971): Les accumulations glaciaires de la Cleurie (Vosges) – Rev. Ggr. Est, *11*.

FRENZEL, B., et al. (1976): Führer zur Exkursionstagung des IGCP-Projektes 73/1/24 «Quaternary Glaciations in the Northern Hemisphere» vom 5.–13. September 1976 in den Südvogesen, im nördlichen Alpenvorland und in Tirol – Stuttgart-Hohenheim.

GRAD, CH. (1873): Description des formations glaciaires de la chaîne des Vosges en Alsace et en Lorraine – B. SG France, (3) 50.

GUINTRAND, Y., et al. (1973 K): Flle. 411 Giromagny, av. N. expl. – CG France-Serv. G nat.

HATT, J. P. (1937): Contribution à l'analyse pollinique des tourbières du Nord-Est de la France – B. Serv. CG Alsace – Lorr., *4*.

HOGARD, H. (1840): Observations sur les traces de glaciers qui, à une époque reculée, paraissent avoir recouvert la chaîne des Vosges, et sur les phénomènes géologiques qu'ils ont pu produire – Ann. Soc. d'émul. Dép. Vosges, *4* – Epinal.

HOL, J. (1940): Een Glaciaal Dal in de Vogezen. Het «vallée des lacs» (Vologne-Cleurie-Dal) – T. Kgl. Nederl. Asdrigsk. Gen. Amsterdam, *57*.

JALUT, G. (1969): La végétation dans les Vosges, le Jura, les Alpes septentrionales, et les Pyrénées pendant le Tardiglaciaire et le Postglaciaire – Etudes françaises sur le Quaternaire, INQUA Paris.

JANSSEN, C. R. & E. L. (1972): A Post-Atlantique pollen sequence from the tourbière du Tanet (Vosges, France) – Pollen et Spores, *14*.

JANSSEN, C. R., KALIS, A. J. et al. (1974): Palynological and paleoecological investigations in the Vosges (France): A research project – G Mijnb., *53*/6.

JANSSEN, C. R., CUP-UITERWUK, M. J. J., et al. (1975): Ecologic and paleoecologic studies in the Feigne d'Artimont (Vosges, France) – Vegetatio, *30/3*.

LEBLANC (1838): Observations faites dans les Vosges et dans le Jura – B. SG France, (1), *9*.

LEMÉE, G. (1963): L'évolution de la végétation et du climat des Hautes Vosges centrales depuis la dernière glaciation – Hohneck, Ass. philomath. Alsace-Lorraine.

LORY, P. (1918): Sur la Morphologie et sur les dépôts glaciaires des Hautes Vosges Centrales – Ann. U. Grenoble, *30*.

MEYER, L. (1913): Les Vosges méridionales à l'époque glaciaire – Mitt. nat. hist. Ges. Colmar, NF, *12*.

–, & HOTZ, W. (1928): Le Tertiaire de la Haute-Alsace et la bordure des Vosges près Belfort-Ronchamp, Mardi 6 septembre – In: Compte-rendu des excursions de la Société géologique suisse dans les environs de Bâle et en Alsace les 3, 4, 5, 6, 7 septembre 1927 – Ecl., *21/1*.

MÖRNER, N.-A. (1977): The Grand Pile records and the 115000 BP events – Proj. 73/I/24 Quatern Glac. Northern Hemisph., Rep. *4* – Prague.

NORDON, A. (1928): Morphologie glaciaire du Bassin de la Haute-Meurthe – Ann. G, *37*.

– (1931): Etude des formes glaciaires et des dépôts glaciaires et fluvioglaciaires du bassin de la Haute Moselle – B. SG France, (5), *1*.

OBERDORFER, E. (1937): Zur spät- und nacheiszeitlichen Vegetationsgeschichte des Oberelsasses und der Vogesen – Z. Bot., *30*.

RAHM, G. (1970): Die Vergletscherungen des Schwarzwaldes im Vergleich zu denjenigen der Vogesen – Alem. Jb. *(1966/67)*.

– (1977): Eine Stauchendmoräne und andere Stauchungserscheinungen in Glazialtälern der Südvogesen – Ber. NG Freiburg i. Br., *67*.

SALOMÉ, A. I. (1968): A geomorphological study of the drainage area of the Moselotte and upper Vologne in the Vosges (France) – Publ. Ggr. I. Rijks U. Utrecht, B.

– (1974): Quelques réflexions sur les formes et dépôts glaciaires et fluvio-glaciaires dans le bassin de la Moselotte, Vosges – 2e Réunion ann. Sci. Terre, Pont-à-Mousson (Nancy) 22–26 avril 1974. – Soc. G France, Paris.

SCHLOSS, S. (1978): Pollenanalytische und stratigraphische Untersuchungen über die spät- und nacheiszeitliche Vegetationsgeschichte des Sewensees in den Südvogesen (Frankreich) – Diss. U. Karlsruhe.

SCHUMACHER, E. (1908K): Übersichtskarte der wichtigeren Glazialbildungen der südlichen und mittleren Vogesen – Mitt. GLA Elsaß-Lothringen, *6*.

SERET, G. (1966): Les systèmes glaciaires du bassin de la Moselle et leurs enseignements – Rev. Belge Ggr., *90*.

SITTIG, C. (1933): Topographie préglaciaire et topographie glaciaire dans les Vosges alsaciennes du Sud – Ann. Ggr., *42*.

THÉOBALD, N. (1931): Essai sur l'évolution des glaciers de la Doller – CR Ass. Gr. avancem. Sci Nancy 20–25. 7. 1931.

– (1955): Dépôts fluvioglaciaire du Rahin – Ann. Sci. U. Besançon (2), G *3*.

– (1963): Fréquence et extension des glaciations à l'extrémité sud-ouest des Vosges méridionales (région de Luxeuil-les-Bains) – B. SG France, (7), *5*.

– (1969a): Chronologie des dépôts quaternaires le long de la bordure méridionale des Vosges – Ann. Sci. U. Besançon, (3) G, *6*.

– (1969b): Excursion géologique dans le Glaciaire de la Haute-Saône – Ann. Sci. U. Besançon (3) G, *6*.

– (1969c): Exkursion B 1: Quartär der Südvogesen. 6. Oktober 1969 – Führer Exk. 121. Hauptvers. dt. GG Freiburg i. Br.

– (1973): Dépôts glaciaires, fluvioglaciaires et fluviatiles de la retombée méridionale des Vosges – Ann. Sci. U. Besançon, (3) G, *19*bis.

– (1977): La ligne de partage des eaux du seuil de Valdieu – Ann. Sci. U. Besançon, (3) G, *23* (1975).

– & J. DEVANTOY (1963K): Flle. 444 (XXXVI – 21). Belfort – CG dét. France.

–, & CONTINI, D. (1965): Les alluvions anciennes d'origine vosgienne au N et au S du Massif de Chagey – B. Soc. HN Doubs, *67/3*.

TRICART, J. (1963): Aspects et problèmes geomorphologiques du Massif du Hohneck – In: Le Hohneck – Ass. Phil. d'Alsace-Lorr.

WIEGAND, G. (1965): Fossile Pingos in Mitteleuropa – Würzburger Ggr. Arb., *16*.

WOILLARD, G. (1975): Recherches palynologiques sur le Pleistocène dans l'Est de la Belgique et dans les Vosges Lorraines – Acta Ggr. Lovaniensia, *14* – Louvain-la-Neuve.

– (1977): Comparison between the chronology from the beginning of the classical Eemian to the beginning of the classical Würm in the Grande Pile peat-bog, and other chronologies in the world – Prot. 73/I/24 – Quartern, Glac. Northern Hemisph., Rep. *4* – Prague.

ZIENERT, A. (1967): Vogesen- und Schwarzwald-Kare – E+G, *18*.

## Die Vergletscherung im Schwarzwald

Bereits 1836 entdeckte K. Schimper (1837) im Schwarzwald beim Titisee Spuren einstiger Gletscher. Mit der geologischen Erforschung schritt auch die Kenntnis über die Vereisung voran, vor allem durch A. C. Ramsay, V. Gilliéron, G. Steinmann, Th. Buri, Ph. Platz, A. Huber, H. Schrepfer, A. Göller, L. Erb, O. Wittmann, M. Pfannenstiel, G. Rahm, G. Lang, F. Fezer, G. Reichelt, E. Haase, W. Paul.

### *Der Schwarzwald zur Würm-Eiszeit*

In der *Würm-Eiszeit* lag die klimatische Schneegrenze im Schwarzwald zwischen 900 und 1000 m (L. Erb, 1948), was einer Absenkung gegenüber heute um 1300 m gleichkommt. N von Säckingen trugen jedoch noch die bis gegen 900 m aufragenden Höhen W und N von Hütten kleine Firnkappen (G. Reichelt, 1960); um 860 m setzen Schmelzwasserrinnen ein, so daß die klimatische Schneegrenze dort um gut 900 m lag.
Im Schwarzwald existierten mehrere Vereisungszentren: Blauen, Belchen, Schauinsland, Feldberg, Kandel, Rohrhardsberg. Bei einer Schneegrenze um 850 m hatten sich auch im nördlichen Schwarzwald, im Kniebis–Hornisgrinde-Gebiet, aus gegen N und NE exponierten Karen, die oft Karseen enthalten, kleinere Gletscher gebildet (F. Fezer, 1957).
Im südlichen Schwarzwald erreichte der Wiese-Gletscher eine Länge von 23 km. Ein Vorkommen von Grundmoräne bei Schönau, 400 m über dem Wiesetal, belegt eine Mindest-Eismächtigkeit (J. Leiber, 1969).

Fig. 193
Grundmoräne am Haldenfels oberhalb von Tunau im Wiese-Tal 400 m über der Wiese. Aus: M. Pfannenstiel, 1969.

Fig. 194 Würmzeitliche Deltaschüttung aus einer Schmelzwasserrinne in einen Eisstausee mit Toteis-Nachsturz bei Utzenfeld im Wiese-Tal (SW-Schwarzwald).
Photo: Dr. G. RAHM, Freiburg i. Br.

Der vom Feldberg gegen E abfließende Titisee-Gletscher endete 6 km SE von Neustadt nach 23 km; dagegen stieß der Alb-Gletscher gar über 25 km gegen S über Immeneich vor. Der Schwarza-Gletscher stirnte, dank Eistransfluenzen aus dem Albtal, nach 21 km N vor Nöggenschwiel (Karte 4).
Am SW-Rand des frontalen Alb-Gletschers und in den Quellmulden der Murg sammelte sich der Schnee von den umgebenden, bis auf 1000 m ansteigenden Höhen zu Firnmulden, deren Schmelzwässer durch das Murgtal abflossen.
NW des Titisees brandete der gegen Hinterzarten überfließende Titisee-Gletscher an den gegen Breitnau ansteigenden Höhen an, staute Schmelzwässer aus dem nördlichen Periglazial-Bereich und hinterließ Wallmoränen (R. MEINIG, 1966). Eine Zunge floß nach W ins Höllental ab und gelangte bis zum Hirschsprung. An diesem Felsriegel beginnt ein Sander, der in die Niederterrassen-Schotterflur des Zartener Beckens überleitet (G. STEINMANN, 1896). Ein innerer Stirnwall, wohl derjenige des Titisee-Stadiums, quert das Höllental am Fuß der Rundhöcker der Steige.
In den Hinterzartener Mooren, im Horbacher Moor und neuerdings auch im Titisee und im Feldseemoos konnte G. LANG (1952, 1954, 1975) auch den allerödzeitlichen Laacher-Bimstuff nachweisen und damit ein Mindestalter für den Beginn der Waldentwicklung auf den Hochflächen des südlichen Schwarzwaldes angeben.
Vom Schauinsland (1284 m) stießen noch in der Würm-Eiszeit Gletscher ins Günterstal, ins Kappeler Tal und ins Tal der Brugga vor. Die Endmoräne des Brugga-Gletschers mit

Granitporphyr-Material von der Hohen Brücke liegt SW von Oberried, oberhalb der Mündung zweier Seitentäler (L. Erb, 1948; M. Pfannenstiel und G. Rahm, mdl. Mitt.). Dabei empfing der Brugga-Gletscher auch noch Eis vom Feldberg (1493 m) durch das St. Wilhelmer Tal. Eine jüngere Endmoräne, wohl das Titisee-Stadium, quert das St. Wilhelmer Tal beim Maierhof. Im frühen Spätwürm scheint sich auch NW des Feldberg eine ähnliche Situation abzuzeichnen wie im Chajoux-Tal in den Vogesen (S. 402).
Die von den Höhen des Stübenwasen und vom Feldberg abgeflossenen Gletscher erreichten wohl noch die Talsohle, doch kam es nicht mehr zur Ausbildung eines Talgletschers (Pfannenstiel und Rahm, mdl. Mitt.).
Die Eisscheide lag am Feldberg, gegenüber der Wasserscheide um rund ½ km nach S verschoben, im obersten Menzenschwander Tal, so daß – belegt durch Erratiker – Eis ins Bären- und ins Haslachtal überfloß (E. Liehl, 1958; E. Haase, 1965).
Eine großartige Gletscher-Konfluenz zeichnet sich im Einzugsgebiet des Wiese-Gletschers im Talkessel von Präg ab. Auf engstem Raum vereinigten sich 6 Kargletscher. Dabei ließen sie in den Grenzbereichen Rundhöcker-Zeilen zurück und hobelten Kolkrinnen aus. Im frühen Spätwürm wurde der gegen NE abfließende Eulenbächle-Gletscher durch die NW exponierten Kargletscher nicht mehr an die westliche Talseite gedrückt. Er konnte ungehindert gegen Präg abfließen. Dort staute er die Schmelzwässer der zurückgewichenen Kargletscher zu einem Eisstausee, in dem sich Deltaschotter ablagerten. Mit dem weiteren Zurückschmelzen des Eulenbächle-Gletschers entleerte sich der Stausee etappenweise, was sich in den Stauschottern in Terrassen abzeichnet (Pfannenstiel & Rahm, 1961; Fig. 196; 198–200).

Fig. 195 Das St. Wilhelmer Tal von der Straße zum Notschrei (Hohe Brücke) mit der Maierhof-Endmoräne in der Bildmitte und dem Feldberg im Hintergrund.
Photo: G. Rahm, Freiburg i. Br.

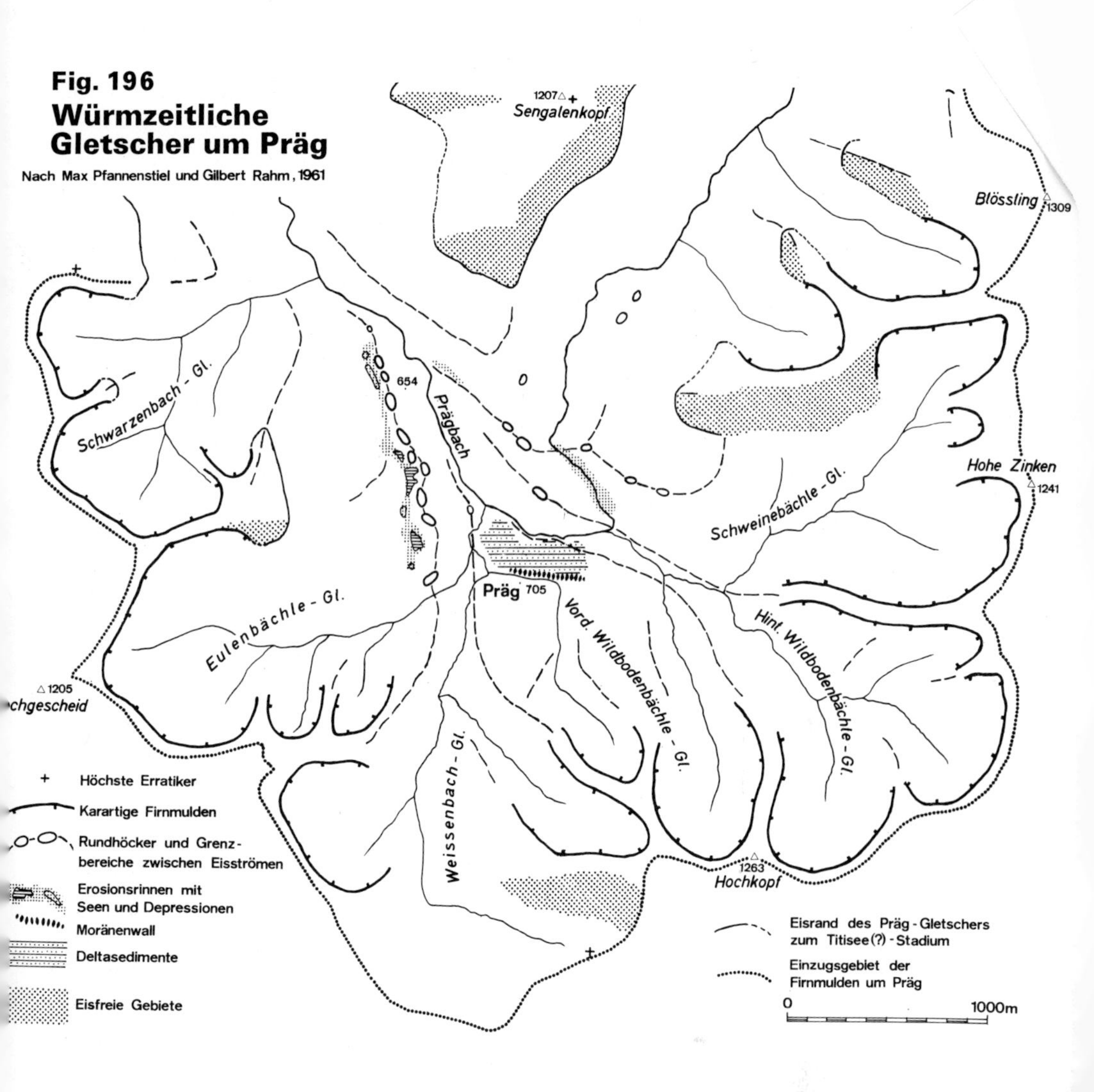


**Fig. 196**
**Würmzeitliche Gletscher um Präg**
Nach Max Pfannenstiel und Gilbert Rahm, 1961

Eine analoge Gletscher-Konfluenz wie bei Präg findet sich auch auf der S-Seite des Hochkopf (1263 m), bei Todtmoos, sowie bei Oberböllen S des Belchen (1414 m).
In den meisten Schwarzwald-Tälern fehlen markante Endmoränen des würmzeitlichen Maximalstandes. Gleichwohl sind die Grenzen durch Erratiker-Schwärme und den Wechsel in der Talform markiert. Dagegen werden die Zungenbecken der Rückzugsstadien oft von Endmoränen umgürtet. Titisee und der natürliche Schluchsee sind Zungenbeckenseen; die sie abdämmenden Endmoränen entsprechen dem Seen (= Zürich)-Stadium. Die Gletscher-Einwirkung wird auch durch Kare, Rundhöcker, Schmelzwasserrinnen, Deltaschotter und Toteislöcher bekundet.
Seit Steinmann (1896) und Schrepfer (1926) werden im Seebach/Gutach-Tal 4 hoch- bis frühspätwürmzeitliche Gletscherstände unterschieden: Maximal-(= Neustadt)-, Titisee-, Zipfelhof- und Feldsee-Stand. Erb (1948) versuchte sie im Schwarzwald über verschiedene Gletschersysteme zu korrelieren. Danach hätten die Gletscher in der ausklingenden

Fig. 197 Das Bärental mit Feldberg (1493 m) und dem gegen E exponierten Feldsee-Kar.

Würm-Eiszeit Spuren von 3 Rückzugspausen hinterlassen. Zwischen Titisee- und dem Original-Zipfelhof-Stand glaubte HAASE (1968) im Haslachtal, einem Quellast der Wutach, einen durch Moränen dokumentierten Falkau-Stand feststellen zu können, für den er eine klimatische Schneegrenze von gut 1100 m angibt. Doch zeigte sich, daß sich Falkau- und Zipfelhof-Stand zeitlich entsprechen (HANTKE & RAHM, 1976).
Bei Titisee konnte R. MEINIG (1966) mehrere Moränenstaffeln nachweisen. Da der Gutach-Gletscher im Würm-Maximum in der Gutach-Schlucht noch bis NE von Kappel reichte, wobei er von S noch Zuschüsse erhielt, sind die Stände oberhalb von Neustadt, insbesondere der Stand von Hölzlebruck, späteren Rückzugslagen, etwa dem Schlieren-Stadium des Linth/Rhein-Gletschers zuzuordnen.
Im oberen Seebachtal, dem obersten Quelltal der Wutach, stellen sich SW des Zipfelhof zwei stirnnahe Wallreste ein, die von einem vom Feldberg und einen vom Hochkopf gegen NE abgestiegenen Gletscher geschüttet wurden. Zwischen Zipfelhof- und dem dreistaffeligen Feldsee-Stadium schaltet sich im Seebachtal mit einer markanten Endmoräne wenig unter 1000 m ein weiteres Stadium ein, das bereits PH. PLATZ (1893) bekannt war. Die klimatische Schneegrenze lag damals auf 1250 m, während sie für die Feldsee-Moränen auf 1370–1400 m angestiegen ist (HANTKE & RAHM, 1976; Fig. 197, 204).
Im Titisee (845 m) bestehen die vorallerödzeitlichen Ablagerungen aus mächtigen Bändertonen (G. LANG 1975).
Im Albtal ist das Titisee-Stadium bei St. Blasien in den weiter W gelegenen Tälern von Ibach und Lindau durch mehrere Staffeln dokumentiert. Dahinter hatten sich ebenfalls flache Seen gebildet, die heute jedoch bereits verlandet sind (REICHELT, 1961; HANTKE & RAHM, 1977; Fig. 201, 202).
Mit den Stadien im Seebachtal übereinstimmende Moränenabfolgen finden sich auch in den Quelltälern der Menzenschwander Alb (Fig. 205). Die 3 Endmoränen im Menzen-

△

Fig. 198 Das Becken von Präg, in einem Seitental der Wiese (S-Schwarzwald). Blick vom Kreuzboden an der Straße nach Todtmoos gegen N: links die Seehalde, dann der Höhenrücken «Auf dem Schloß», in der Bildmitte das untere Prägbachtal und der Ellbogen, der überschliffene Grat, der zum Sengalenkopf ansteigt, rechts davon das obere Prägbachtal und der W-Hang des Schweinekopf.

▷

Fig. 199 Das Becken von Präg. Hinter dem Dorf der Höhenrücken «Auf dem Schloß», links dahinter die Abflußrinne des Eulenbächle-Gletschers, rechts das Prägbachtal, die Abflußrinne der im Talkessel sich vereinigenden Gletscher.

Fig. 200 Der ausgetrocknete Präger See in der Abflußrinne des Eulenbächle-Gletschers.
Fig. 198 bis 200 aus M. PFANNENSTIEL & G. RAHM, 1961.

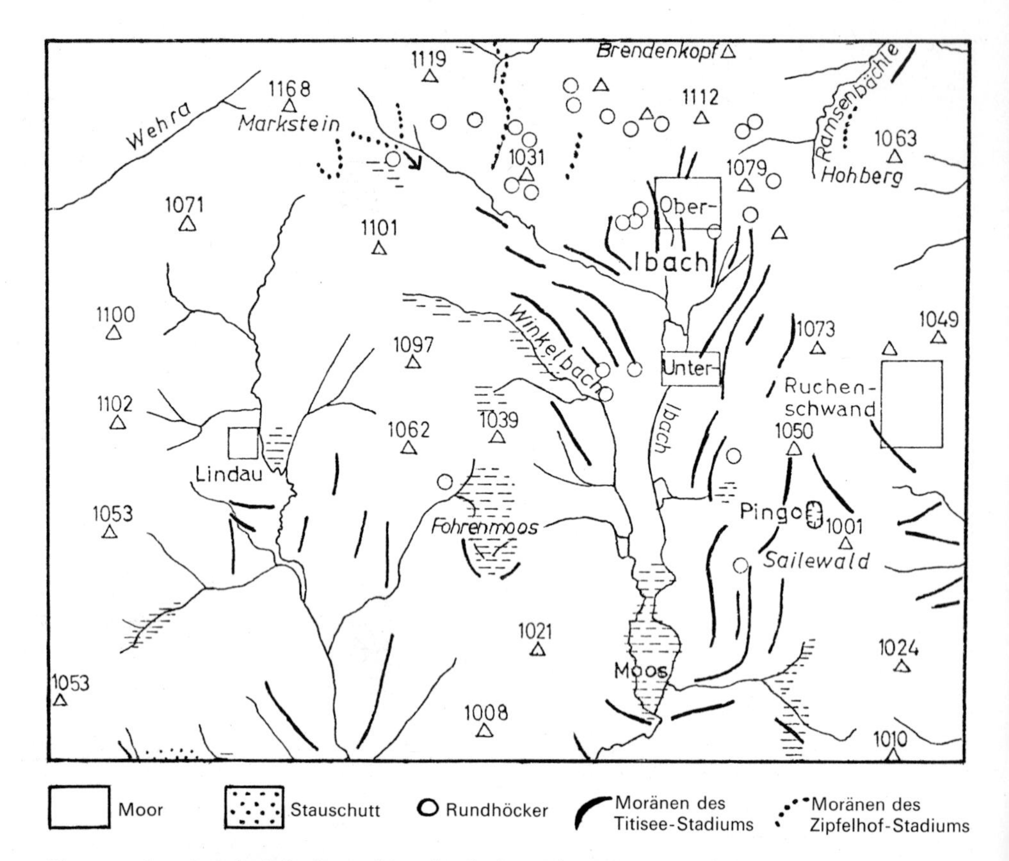


Fig. 201 Quartärgeologische Kartenskizze des Ibacher Tales SW von St. Blasien (Südlicher Schwarzwald), 1:50000. Aus HANTKE & RAHM, 1977.

Fig. 202 Moränenstaffeln des Titisee-Stadiums im Ibacher Tal, S-Schwarzwald.

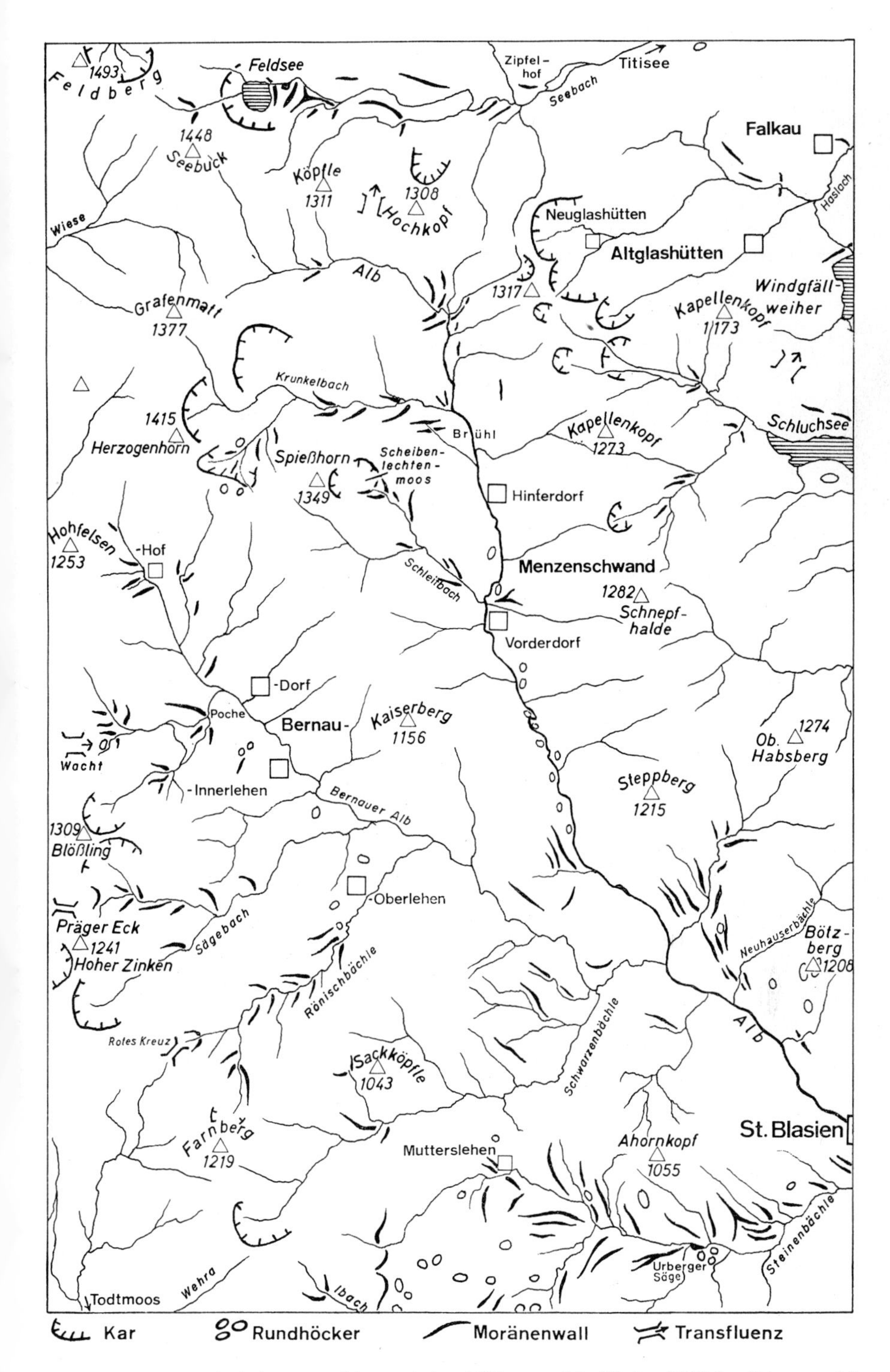


Fig. 203 Quartärgeologische Kartenskizze zwischen Feldberg und St. Blasien (Südlicher Schwarzwald). Maßstab 1:80000. Aus HANTKE & G. RAHM (1976).

Fig. 204 Der Feldsee, ein Karsee, mit steilen Rückwänden. Blick vom Seebuck gegen N.
Photo: Dr. G. RAHM, Freiburg i. Br.

schwander Albtal, die, wie jene um den Feldsee, bereits C. A. RAMSAY (1862) bekannt waren, betrachtete RAHM (1970) als gleichaltrig mit denen um den Feldsee. Aufgrund der Gleichgewichtslage in 1100–1150 m lag die klimatische Schneegrenze schon um 1200 bis 1250 m. Analoge Endmoränen umgürten den Nonnenmattweiher, einen Karsee NE des Köhlgarten (1224 m) im obersten Kleinen Wiesetal. Damit dürften diese Stände mit den Weesen/Feldkirch- und Sarganser Stadien des Rhein-Gletschers zu korrelieren sein; von ERB (1948) wurden sie noch mit dem Gschnitz- bzw. dem Salpausselkä-Stadium Finnlands parallelisiert. Durch das Auffinden des Laacher Bimstuffes in einer Pollenbohrung im Feldseemoos wird belegt, daß dieses spätestens zu Beginn der Allerödzeit eisfrei geworden ist und daß sich in der näheren Umgebung Wälder ausgedehnt haben (G. LANG, 1975).
Ein noch jüngeres Stadium mit einer Schneegrenze um nahezu 1500 m zeichnet sich auf der E- und auf der N-Seite des Feldberg ab.
An der Mündung von Seitentälern bildeten sich am Eisrand oft kleine Stauseen, in denen Deltasande abgelagert wurden: bei Aitern und Utzenfeld im Wiesetal (Fig. 194), bei Wittenschwand, im Brunnmättlemoos und bei Bernau, im Einzugsgebiet der Alb. Die Schotter und Sande im Joosbach- und im Langenordnach-Tal bei Neustadt werden von MEINIG (1966) als Schmelzwasser-Ablagerungen gedeutet, die an und unter den Bärental-Gletscher geschüttet wurden. Vom Hohfirst S von Neustadt empfing der würmzeitliche Gutach-Gletscher letzte Zuschüsse, die ihn in schmaler Zunge noch bis E von Kappel vorstoßen ließen, wo W. PAUL (schr. Mitt.) unter jüngeren Würm-Schottern Moräne fand (Karte 4).

Fig. 205 Endmoränen von Hinter Menzenschwand mit dem Firngebiet des Seebuck, dem NE-Ausläufer des Feldberg (S-Schwarzwald). Die innerste Endwall geht in eine Ufermoräne über (rechts der Bildmitte). Photo: Dr. G. RAHM, Freiburg i. Br.

Untersuchungen über mittlere Höhenlagen von Karböden führten A. ZIENERT (1967, 1970) zum Schluß, daß sich in den Vogesen und im Schwarzwald 4 Kar-Gruppen unterscheiden lassen, die er mit den 4 würmzeitlichen Gletscherständen des S-Schwarzwaldes, dem Maximalstand, dem Titisee-, dem Zipfelhof- und dem Feldsee-Stand, in Verbindung bringen möchte. Neben Hinweisen über das Ausapern der Kare konnte ZIENERT, vorab im N-Schwarzwald, die Geschichte des Eisabbaues skizzieren.

*Belege für eine rißzeitliche Vereisung*

Die bereits von C. SCHMIDT (1892) erkannte Öflinger Moräne im untersten Wehratal, tief liegende Moränen im oberen Wutachtal (E. WEPFER, 1924), kristalline Geschiebe auf mesozoischem Untergrund (F. SCHALCH, 1904; C. GREINER, 1937) und Granit-Erratiker auf Muschelkalk im südlichen Hotzenwald (M. PFANNENSTIEL, 1958, 1969b) bilden sichere Zeugen einer *Riß-Eiszeit* im Schwarzwald. Damit ist die frühere Auffassung, wonach der Schwarzwald zur Riß-Eiszeit sich noch nicht hoch genug emporgehoben hätte (R. METZ, 1964), eine These, die sich auf den früher noch wenig gefestigten Spuren einer älteren Vereisung gegründet hat, eindeutig widerlegt.
Eindrücklich sind vorab die Konfluenzbereiche von Schwarzwald- und Alpen-Eis, die

Fig. 206 Rißzeitliche Rundhöcker bei Oberried SE von Freiburg i. Br.
Photo: Dr. G. Rahm, Freiburg i. Br.

durch Geschiebe aus beiden Einzugsgebieten belegt werden: auf den Höhen zwischen Klettgau und Wutach, N von Albbruck, im Mündungsbereich des Wehratales. Große Granit- und Gneis-Erratiker in mächtiger Moräne zwischen Unteralpfen und Tiefenstein im Albtal dokumentieren einen bedeutenden Schwarzwald-Gletscher (Pfannenstiel, 1969a; Fig. 207; Karte 4).

Der rißzeitliche Wiese-Gletscher, der E vom Wehra- und W vom Kleinen Wiese-Gletscher begleitet wurde, überflutete nach dem Zusammenfluß der drei als Vorlandgletscher – wie kristalline und paläozoische Geschiebe belegen – den ganzen Dinkelberg und endete im untersten Wiesetal vor Basel, was Schwarzwald-Gesteine auf St. Chrischona bekunden (Pfannenstiel & Rahm, 1964). Dabei traf er am Rande des Schwarzwaldes noch geringe Reste jungtertiärer Juranagelfluh und pleistozän aufgearbeitete Buntsandstein-Quarzitgerölle, die in die Grundmoräne eingearbeitet wurden (Pfannenstiel & Rahm, 1964).

Das Vorkommen von Grundmoräne bei Schönau, 400 m über der Sohle des mittleren Wiesetales, gibt einen Hinweis auf die Mächtigkeit des Wiese-Gletschers (J. Leiber, 1969).

Neben einer Geröllstreu von Schwarzwald-Gesteinen und teils als Menhire aufgerichteten Erratikern belegen zum Rhein und zur unteren Wiese entwässernde Schmelzwasserrinnen die rißzeitliche Bedeckung des Muschelkalk-Plateau des Dinkelberg mit Schwarzwald-Eis. Schmelzwässer des untersten Wehra-Gletschers flossen randlich gegen SW, gegen Schwörstadt, ins Hochrheintal ab.

Im SW-Schwarzwald fand A. C. Ramsay (1862) gekritzte Geschiebe in Oberweiler N von Badenweiler. Ferner belegen mehrere bis $m^3$ große Blöcke – Blauengranite, ver-

Fig. 207 Rißzeitliche Alb-Moräne N von Tiefenstein (S-Schwarzwald). Über dem basalen Albtal-Granit liegt bis 2 m Moräne, darüber bis 2 m geschichtete Sande, dann nochmals Moräne. Aus M. PFANNENSTIEL, (1969a).

kieselter Buntsandstein und Muschelkalk – in den Tälern und auf den Rücken um Ober- und Nieder-Eggenen (K. SCHNARRENBERGER, 1911k; PFANNENSTIEL & RAHM, 1974, 1975) sowie durchgewitterte Schwarzwald-Gerölle weiter talauswärts rißzeitliche Gletscher, die vom Blauen (1165 m), dem ersten Hindernis, das sich den durch die Burgundische Pforte vorgedrungenen Winden entgegenstellte, bis über Nieder-Eggenen und Kandern vorstießen. Ein Vorstoß bis Kandern wird dort auch durch einen Gletschertopf belegt (G. BOEHM, 1905).

Damit kommt aber die Gleichgewichtslage – bei W-Exposition entspricht sie der klimatischen Schneegrenze – auf rund 500 m zu liegen, gegenüber der S-Abdachung des Schwarzwaldes um 200 m zu tief. Anderseits ergaben Präzisionsnivellements um Basel eine Absenkung des Rheintalgrabens um 0,9 mm/Jahr. Seit der Riß-Eiszeit ergäbe sich bei der Annahme einer gleichförmigen Absenkung eine solche von über 100 m. So dürfte wohl – neben der exponierten Lage des Blauen – auch die stetig erfolgende Absenkung des Zehrgebietes, des Rheintalgrabens, für die zu tiefe Lage der Schneegrenze mitverantwortlich sein.

Um 550 m gelegene Blockanhäufungen dürften würmzeitliche Zungenenden markieren. Im NW des Feldberg vereinigten sich die Gletscher aus Höllen-, Zastler- und St. Wilhelmer Tal im Zartener Becken zu einer Zunge, die bis vor Freiburg reichte (PFANNENSTIEL und RAHM, mdl. Mitt.). Bei Kappel SE von Freiburg liegen Kameschotter unter Lehmen und im Zartener Becken, das damals noch ganz von Eis erfüllt war, wurden unter den Niederterrassenschottern ältere, stärker verwitterte Schotter erbohrt (PFANNENSTIEL und RAHM, mdl. Mitt.).

Deltasande bei Friedenweiler E von Neustadt sowie die Geschiebe-Funde früherer Geologen, die von PFANNENSTIEL & RAHM durch zahlreiche weitere ergänzt wurden, belegen auch im E-Schwarzwald eine rißzeitliche Vergletscherung. Diese können nicht einfach als «Kulturschotter» abgetan werden (W. PAUL, 1965, 1966), finden sie sich doch nicht nur an der Oberfläche, sondern auch tief im gewachsenen lehmigen Boden.
Daß ältere und besonders jüngere «Kultur»-Schotter heute weit verbreitet sind und durch Landmaschinen auch auf Äcker und Felder verschleppt werden, ist offensichtlich. Ihre Verkennung bietet denn auch eine ernste Gefahr bei quartärgeologischen Interpretationen.
Über die Reichweite im E-Schwarzwald gehen daher die Ansichten noch etwas auseinander (PAUL und SCHREINER, mdl. Mitt.).
RAHM (1970) rechnet für den Schwarzwald mit einer klimatischen Schneegrenze von 750 bis 800 m. Dadurch wurde das Becken zwischen Schwarzwald und W-Rand der Alb, die ebenfalls verfirnt war, mit Schnee und Eis angefüllt. Daß in diesem Grenzbereich weder viele Erratiker noch deutliche Moränen anzutreffen sind, erscheint verständlich. Auch glaziale Formen sind selten. Doch lassen sich die Trockentäler im Keuper zwischen Döggingen und Hüfingen S von Donaueschingen am ehesten als rißzeitliche, wohl spätrißzeitliche Schmelzwasserrinnen erklären (RAHM, 1970).
Im SE reichte das Wutach-Eis noch bis über Blumberg ins oberste Aitrach-Tal. Donauabwärts endete das von der E-Abdachung des Schwarzwaldes abfließende Eis nach RAHM bei Geisingen. Längs des NW-Randes der westlichen Schwäbischen Alb stand es in Verbindung mit dem Alb-Eis und Neckar-abwärts floß es bis gegen Rottweil (S. 432).
N von Säckingen waren die Hochflächen NW von Jungholz (804 m) und von Maisenhardt (759 m) eben noch verfirnt. Das Eis sammelte sich im Becken des Kühmoos, aus dem in 730 m gegen E und SW Schmelzwasserrinnen wegführen (G. REICHELT, 1960).

Fig. 208
Moränen-Aufschluß in einem Kanalisationsgraben
W von Obereggenen am Rande des südwestlichen Schwarzwaldes.
Aus: M. PFANNENSTIEL & G. RAHM, 1975.

Eine bis ins Pliozän (?) zurückreichende Schichtfolge in einer Doline bei Göschweiler N von Bonndorf erlaubte aufgrund bodenkundlicher Untersuchungen ein Ausscheiden mehrerer Kalt- und Warmzeiten. Die Göschweiler Schotter werden in die Riß-Eiszeit gestellt; sie dürften Reste einer geröllreichen Grundmoräne darstellen (W. MOLL & RAHM, 1962).

### *Ein flußgeschichtliches Ereignis: die Wutach-Ablenkung*

In der Riß-Eiszeit stieß der Wutach-Gletscher durch die alte Feldberg-Donau-Talung bis über Blumberg vor, was Kameschotter S des Stoberg belegen. Am verfirnten Buchberg (876 m), der vor der weiter S gelegenen Randen-Tafel über die Eisoberfläche emporragte, brandete das ankommende Schwarzwald-Eis an und umfloß diesen Zeugenberg. Dabei schürfte es im Luv in den weichen Schichten des Dogger und des unteren Malm die Wasserscheide zwischen Feldberg-Donau und einem Quellast der unteren Wutach tiefer, bis auf 700 m (Fig. 210, 211).
In der Würm-Eiszeit wurde vor dem vorrückenden Bärental-Gletscher in der Feldberg-Donau-Talung bis auf das Niveau der zuvor vom Riß-Eis erodierten Wasserscheide aufgeschottert. Ein Schmelzwasser-Mäander fand die Lücke nach S und bewirkte – infolge der viel tieferen Erosionsbasis – ein Abfließen des Wassers nach S und damit ein Heruntersägen der Wasserscheide (A. PENCK, 1899). Der Zeitpunkt wird durch das Auftreten von Schwarzwald-Geröllen – Granite, Gneise und paläozoische Vulkanite – in den Terrassenschottern der unteren Wutach belegt. Diese wurden schon von L. ERB (1937) mit dem Schaffhauser Stand des Rhein-Gletschers verbunden (RAHM, 1961; W. PAUL, 1972).

Fig. 209
Erratischer Block aus Blauen-Granit im Dorf Obereggenen (349 m) S von Badenweiler.
Aus: M. PFANNENSTIEL & G. RAHM, 1975.

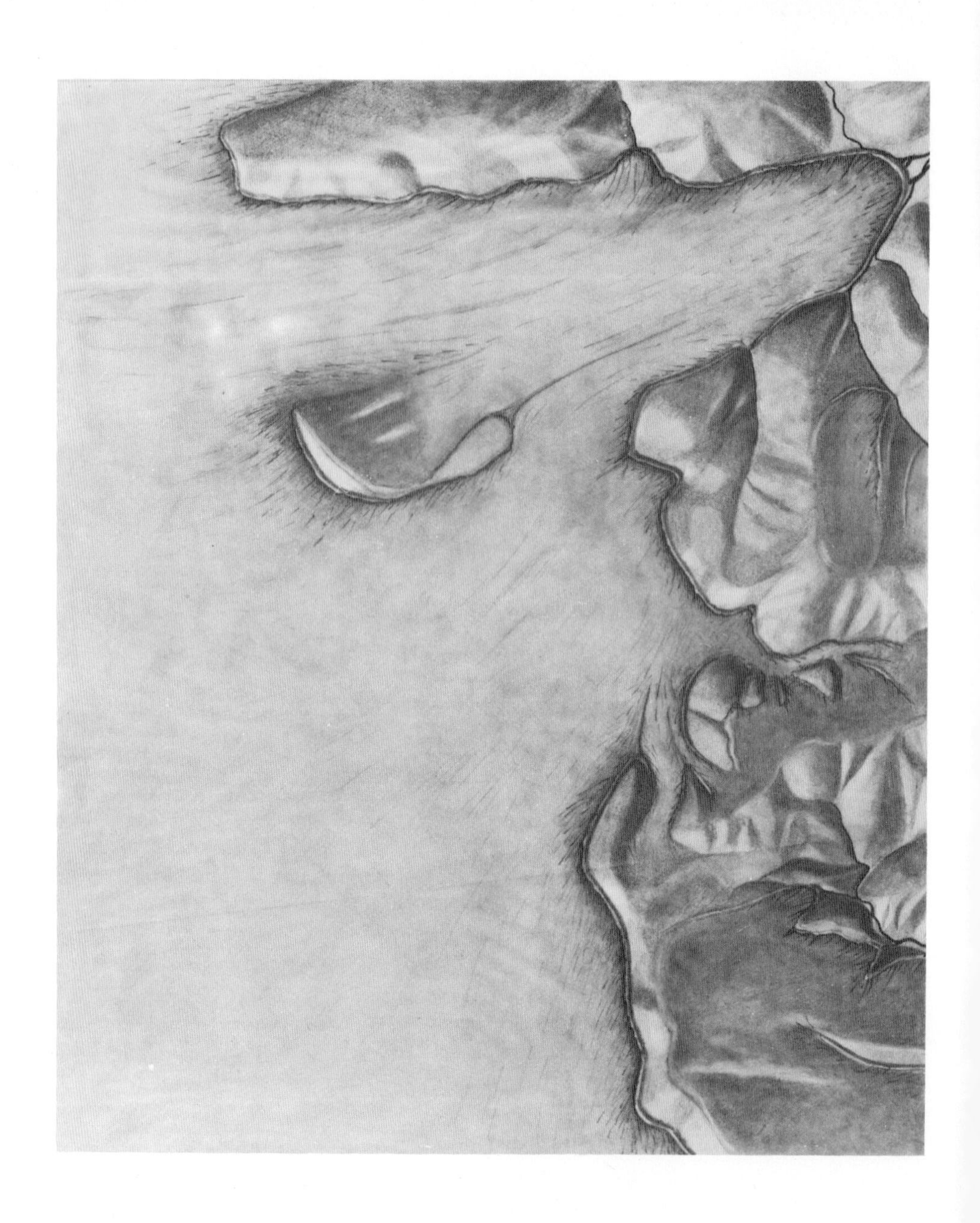

Fig. 210 Der rißzeitliche Wutach-Gletscher am NW-Rand des Randen mit der bis ins oberste Aitrach-Tal vorgedrungenen Zunge. Am N-Rand des Kartenbildes der Eichberg und der Stoberg, vor dem Zungenbereich der Buchberg als Nunatakker, rechts auf der seiner NE-Flanken firnbedeckte Randen mit den durchs Merishusertal unter das Eis S des Kartenbildes gelegenen Rhein-Gletschers.
Rekonstruktion aufgrund der Landeskarte Bl. 1011 Beggingen der L+T. Maßstab 1:50000, gezeichnet mit Beleuchtung von SW.

Fig. 211 Der gleiche Kartenausschnitt wie in Fig. 210 des nordwestlichen Randen-Gebietes zur Würm-Eiszeit. Die Schmelzwässer des nur noch bis E von Kappel (18 km W des Kartenrandes) reichenden Gletschers finden über Achdorf einen durch die Aufschotterung erzeugten Überlauf nach S zum Rhein, so daß der alte Wutach-Lauf durch das Aitrach-Tal zur Donau aufgelassen wird.
Rekonstruktion aufgrund der Landeskarte Bl. 1011 Beggingen der L+T. Maßstab 1:50000, gezeichnet mit Beleuchtung von SW.

Erste vegetationsgeschichtliche Untersuchungen im südlichen Schwarzwald stammen von P. STARK (1912, 1924). Durch die pollenanalytischen Arbeiten von W. BROCHE (1929), E. OBERDORFER (1931, 1953) und besonders durch G. LANG (1952, 1954, 1971, 1973, 1975) sowie durch die Aufnahmen der Glazialrelikte (E. & M. LITZELMANN, 1961, 1967) wurden die Kenntnisse gemehrt.

Von den Profilen im Erlenbruck- und Dreherhof-Moor, beide bei Hinterzarten, im Scheibenlechtenmoos NW von Menzenschwand (LANG, 1952), im Kühmoos N von Säckingen, Giersbacher Moor im oberen Murgtal und im Horbacher Moor SW von St. Blasien (LANG, 1954) sowie im Ursee-Moor NW von Lenzkirch (LANG, 1971), geben Horbacher und Ursee-Moor den besten Überblick über die Vegetationsentwicklung seit dem Abschmelzen des würmzeitlichen Eises. Im *Horbacher Moor* fand LANG in 6 m Tiefe graue Tone – zuunterst mit kleinen Steinchen (Moräne ?) – mit *Betula nana*, hohen Nichtbaumpollen-Werten, vorab von *Artemisia*, *Helianthemum*, Chenopodiaceen, *Thalictrum* – Wiesenraute, und an Gehölzpollen etwas *Pinus* und *Betula*.

In 5.68 m wird das Sediment organischer. Die Nichtbaumpollen-Werte fallen stark ab; *Betula* steigt auf 60%, und ein kleiner *Hippophaë*-Gipfel stellt sich ein. Beim weiteren Rückgang der Nichtbaumpollen dominiert *Pinus*; *Betula* tritt mehr und mehr zurück. Bei den Wasserpflanzen erreicht *Isoëtes tenella* einen ersten Gipfel. Zwischen 5.43 und 5.42 m liegen 8 mm Laacher Bimstuff.

Dann, in der Jüngeren Dryaszeit, nehmen die Nichtbaumpollen wieder stark zu. *Pinus* bewegt sich um 50%; *Betula* ist auf unter 5% zurückgefallen. Dies deutet auf ein Absinken der Waldgrenze hin.

Im Präboreal fallen die Nichtbaumpollen wieder ab. *Pinus* steigt noch etwas an; *Betula* steigt nochmals auf 25%. *Isoëtes tenella* erreicht einen zweiten Gipfel; *Potamogeton natans* ist durch Früchte reich vertreten. Erstmals tritt *Corylus* auf.

Im Boreal tritt die Hasel immer stärker hervor und übertrifft *Pinus*. Eiche und Ulme wandern ein. Im Älteren Atlantikum finden sich im Eichenmischwald neben Eiche und Ulme auch Linde, Esche und Ahorn ein, so daß die Hasel allmählich überflügelt wird. Ebenso treten *Hedera* und *Viscum* auf. Damit lag das Juli-Mittel im S-Schwarzwald um 2,7°, das Januar-Mittel um 0,7° höher als heute.

An Großresten sind – neben Baumbirken und *Pinus* – *Carex* – Segge, *Comarum palustre* – Blutauge, *Potentilla erecta* – Fingerkraut, *Menyanthes trifoliata* – Fieberklee, *Viola palustris*, *Filipendula ulmaria* – Spierstaude – noch eine Reihe von Sumpf- und Wasserpflanzen nachgewiesen, so *Cicuta virosa* – Wasserschierling, *Bidens cernua* – Nickender Zweizahn, *Ceratophyllum demersum* – Hornblatt, *Myriophyllum alterniflorum* – Tausendblatt, *Batrachium* – Wasserhahnenfuß, *Potamogeton natans* und *P. pusillus* – Laichkraut.

Im Jüngeren Atlantikum tritt neben der Buche auch die Tanne regelmäßig auf. Ebenso erscheint *Alnus* etwas häufiger. Im Sediment wird die schwarzbraune Gyttja über etwas *Eriophorum*-Torf von einem *Sphagnum*-Torf abgelöst mit *Carex*, *Eriophorum*, *Salix*, *Comarum*, *Menyanthes* und *Vaccinium oxycoccus*.

Im Subboreal, in der Tannenzeit, dominiert *Abies;* die Buche breitet sich aus. Der Eichenmischwald geht zurück; *Hedera* und *Viscum* fehlen. Gegen oben geht der *Sphagnum*-Torf in einen Birkenbruchtorf über; zugleich tritt die Hainbuche regelmäßig auf.

Im Älteren Subatlantikum dominiert die Buche über die Tanne. *Picea* wandert ein; Getreidepollen belegen den beginnenden Ackerbau.

Im Jüngeren Subatlantikum herrschen noch Buche und Tanne vor; doch beginnt sich nun die Fichte stärker auszubreiten. Ebenso nehmen die Nichtbaumpollen zu. Getreidepollen treten regelmäßig auf und belegen die mittelalterlichen Rodungen. Bei hohen Nichtbaumpollen-Werten dominiert später *Picea;* auch *Pinus* wird wieder häufiger.

Mit dem Rückzug des *Haslach-Gletschers* von den Stirnmoränen des Ursees, die zeitlich denen des Titisees entsprechen (L. ERB, 1948), wurde ein See aufgestaut. In der Umgebung entwickelten sich Gräser, Seggen und reichlich *Artemisia*, zu denen sich später *Rumex*, *Thalictrum*, *Helianthemum*, Chenopodiaceen und Caryophyllaceen gesellten. Vom Schluchsee ist auch *Dryas octopetala* bekannt geworden (E. OBERDORFER, 1931). An Gehölzen kamen *Betula nana* und erste Weiden hoch, am Schluchsee *Salix herbacea*, *S. retusa* und *S. myrtilloides*.

Mit dem Übergang zu Tongyttja ändert sich auch der Vegetationscharakter. Im See siedeln sich erste Wasserpflanzen an: Tausendblatt, Wasserhahnenfuß und Igelkolben – *Sparganium*. Auf Rohböden stellen sich erste Strauchgesellschaften ein mit Wacholder, Sanddorn und Weiden. Allmählich fassen die ersten Bäume Fuß: Birken und Föhren. Daneben breiten sich Hochstauden aus: *Sanguisorba* – Wiesenknopf, *Epilobium* – Weidenröschen, *Centaurea* – Flockenblume, *Polemonium* – Himmelsleiter.

Dann wird das Sediment organischer. Zu den Wasserpflanzen gesellen sich Laichkräuter, Characeen und Brachsenkraut – *Isoëtes tenella*. Um den See kommen Föhren und Birken hoch. Durch Zapfenfunde im Schluchseemoor ist auch *Pinus mugo* belegt. Die Allerödzeit wird erneut durch den Laacher Bimstuff bestätigt.

Darnach gelangten im See wieder vermehrt minerogene Sedimente zur Ablagerung. *Isoëtes* fällt stark zurück, die Nichtbaumpollen – vorab *Artemisia*, *Rumex*, *Helianthemum* und Chenopodiaceen – steigen an. Die Lebensbedingungen sind härter geworden.

Mit der präborealen Erwärmung erfolgte wieder ein Umschwung zu Tongyttja. *Isoëtes* breitet sich erneut aus. Um den See entfalten sich Föhrenwälder mit Birken. Dann wandern Hasel, Eiche und Ulme ein.

Im Boreal breitet sich die Hasel aus. Zugleich stellen sich weitere wärmeliebende Laubhölzer ein: Linde, Esche und Ahorn sowie Efeu – *Hedera helix* – und Mistel – *Viscum album*, die heute wegen zu kalter Winter (Efeu) bzw. zu kühler Sommer (Mistel) fehlen.

Im Atlantikum begann der See zu verlanden, was sich durch aufeinanderfolgende hohe Pollenwerte von *Myriophyllum*, *Typha* – Rohrkolben, Cyperaceen – vorab Seggen, Gramineen – *Phragmites* und *Phalaris?* – und *Alnus* äußert. Neben der Hasel breiten sich die Arten des Eichenmischwaldes aus. Dann wandern Tanne, Fichte und Buche ein.

In der subborealen Tannenzeit sind verlandete Randpartien bei niedrigem Wasserstand in Trockenphasen von einem Erlenbruchwald bestockt. Bei hohen Ständen dagegen bildete sich ein Seggen-Röhrichtgürtel, was sich in einem Anstieg der Cyperaceen und der Gramineen äußert. Zugleich tritt *Isoëtes* nochmals stärker hervor.

In der ausgehenden Wärmezeit steigt *Sphagnum* stark an. Die bisher vorherrschenden Lichtholz-Arten werden mehr und mehr von Schattenhölzern, zunächst von der Tanne, später auch von der Buche zurückgedrängt.

Im Älteren Subatlantikum nimmt die Buche stark zu, die Fichte bleibt noch immer zurück. Das Jüngere Subatlantikum ist gekennzeichnet durch die mittelalterlichen Rodungen, was sich in einem starken Anstieg der Nichtbaumpollen und im durchgehenden Auftreten von Getreidepollen äußert. Der seit dem Subboreal nachgewiesene Spitzwegerich – *Plantago lanceolata* – wird häufig. Zugleich erscheinen wieder Pflanzen offener Standorte: *Artemisia*, *Rumex*, *Sanguisorba*, *Succisa*. Unter den Gehölzen treten

Buche und Tanne stark zurück. Weide und Birke sowie Föhre und Fichte haben stark zugenommen. Bei den *Pinus*-Werten dürfte ein Teil auf die Bergföhrenbestände im Ursee-Moor, bei *Picea* auf die Förderung durch die Forstwirtschaft zurückgehen.
Im *Baldenwegermoor* (1440 m), einem *Trichophorum*-Quellmoor E des Feldberg, begann die Vegetationsentwicklung in 1.07 m Tiefe im frühen Subboreal mit einem lockeren Bruchwald mit bis 44% *Pinus*. Später ging dieser in ein Rasenbinsen-Moor über. In den Hochlagen breiteten sich Ahorn-reiche Tannen-Buchen-Wälder aus, in die allmählich die Fichte eindrang. Auf waldfreien Flächen der Kammlagen fanden Glazialrelikte Zuflucht. Im Gegensatz zur E-Abdachung trat im Feldberg-Gebiet die Buche stärker hervor. Im Älteren Subatlantikum gewann die Fichte mehr und mehr an Bedeutung. Im Jüngeren Subatlantikum trat auch *Pinus* wieder stärker hervor, während die Tanne weiter zurückgedrängt wurde.
Die mit der mittelalterlichen Besiedlung einsetzende Ausbreitung der Hochweiden kommt auch im Pollendiagramm zum Ausdruck.
Durch eine Arbeitsgruppe werden eine Anzahl weiterer Profile untersucht, so vom Titisee, Feldsee, vom Waldhof-Moor NW des Feldberg, vom Scheibenlechtenmoos NW von Menzenschwand, in denen der Laacher Bimstuff festgestellt werden konnte. Neben Pollen und Großresten wird zur Ergründung der Geschichte dieser nordisch-subatlantischen Floren auch das Zooplankton der Schwarzwaldseen herangezogen (G. Lang, 1975).

*Zitierte Literatur*


Broche, W. (1929): Pollenanalytische Untersuchungen an Mooren des südlichen Schwarzwaldes und der Baar – Ber. NG Freiburg i. Br., *29*.

Erb, L. (1937): Der Zeitpunkt der Wutachablenkung und die Parallelisierung der würmzeitlichen Stadien des Schwarzwaldes mit denen des Rheingletschers – Mitt. bad. Landesver. Naturk. + Naturschutz, NF, *33*.

– (1948): Die Geologie des Feldbergs – In: Müller, K:. Der Feldberg im Schwarzwald – Freiburg i. Br.

Fezer, F. (1957): Eiszeitliche Erscheinungen im nördlichen Schwarzwald – Forsch. dt. Landeskde., *87*.

Giermann, G. (1964): Die würmeiszeitliche Vergletscherung des Schauinsland–Trubelsmattkopf–Knöpflesbrunnen-Massivs (südlicher Schwarzwald) – Ber. NG Freiburg i. Br., *54*.

Greiner, C. (1937): Geomorphologische Untersuchungen im Einzugsgebiet der oberen Wutach – Bad. G Abh., *17*. Freiburg i. Br.

Haase, E. (1965): Glazialgeologische Untersuchungen im Hochschwarzwald (Feldberg-Bärhalde-Kamm) – Ber. NG Freiburg i. Br., *55*.

– (1968): Der «Falkaustand» – ein Sonderfall oder eine gesetzmäßige Erscheinung im Bild der Südschwarzwälder Vergletscherung? – Ber. NG Freiburg i. Br., *58*.

Hantke, R., & Rahm, G. (1976): Das frühe Spätglazial in den Quellästen der Alb (Südlicher Schwarzwald) – Vjschr., *121*/4.

–, & – (1977): Die würmzeitlichen Rückzugsstände in den Tälern Ibach und Schwarzbächle im Hotzenwald (Süd-Schwarzwald) – Jh. GLA Baden-Württemb., *17*.

Huber, A. (1905): Beiträge zur Kenntnis der Glazialerscheinungen im südöstlichen Schwarzwald – N Jb. Min., Beil., *21*.

Lang, G. (1952): Zur späteiszeitlichen Vegetations- und Florengeschichte Südwestdeutschlands – Flora, *139*.

– (1954): Neue Untersuchungen über die spät- und nacheiszeitliche Vegetationsgeschichte des Schwarzwaldes. I. Der Hotzenwald im Südschwarzwald – Beitr. naturk. Forsch. SW-Dtschld., *13*.

– (1971): Die Vegetationsgeschichte der Wutachschlucht und ihrer Umgebung – Die Wutach – Freiburg i. Br.

– (1973): Neue Untersuchungen über die nacheiszeitliche Vegetationsgeschichte des Schwarzwaldes. IV. Das Baldenwegermoor und das einstige Waldbild am Feldberg – Beitr. naturk. Forsch. SW-Dtschld., *32*.

– (1975): Palynologische, großrestanalytische und paläolimnische Untersuchungen im Schwarzwald – ein Arbeitsprogramm – Beitr. naturk. Forsch. SW-Dtschld., *34*.

Leiber, J. (1969): Ein 400 m über dem Wiesetal bei Schönau gelegenes Vorkommen von Grundmoräne – Ber. NG Freiburg i. Br., *59*.

LIEHL, E. (1958): Der Feldberg im Schwarzwald, eine subalpine Insel im Mittelgebirge – Ber. dt. Landesk., *22/1* – Remagen/Rh.

LITZELMANN, E. & M. (1961): Verbreitung von Glazialpflanzen im Vereisungsgebiet des Schwarzwaldes – Ber. NG Freiburg i. Br., *51*.

– (1967): Die Moorgebiete auf der vormals vereist gewesenen Plateaulandschaft des Hotzenwaldes – Mitt. NG Schaffhausen, *28* (1963/67).

MEINIG, R. (1966): Die würmeiszeitliche Vergletscherung im Gebiet Breitnau-Hinterzarten-Neustadt/Schwarzwald – Diss. U. Freiburg i. Br. (Manuskr.).

METZ, R. (1964): Naturlandschaft Schwarzwald – Der Schwarzwald *(1964)*/4.

MOLL, W., & RAHM, G. (1962): Zur Altersstellung der Göschweiler Schotter – Ber. NG Freiburg i. Br., *52*.

OBERDORFER, E. (1931): Die postglaziale Klima- und Vegetationsgeschichte des Schluchsees (Schwarzwald) – Ber. NG Freiburg i. Br., *31*.

–, & LANG, G. (1953): Waldstandorte und Waldgeschichte der Ostabdachung des Südschwarzwaldes – Allg. Forst- + Jagd-Z., *124*.

PAUL, W (1965): Zur Frage der Rißvereisung der Ost- und Südostabdachung des Schwarzwaldes – Jh. GLA Baden-Württemb., *7*.

– (1966): Zur Frage der Rißvereisung der Ost- und Südostabdachung des Schwarzwaldes (II) – Mitt. bad. Landesver. Naturk. + Naturschutz, NF, *9*.

– (1972): Von der spätjurassischen (frühkretazischen?) Landwerdung bis zur Gegenwart: Portlandium (Valendis?) bis Holozän. In: Die Wutach – Bad. Landesver. Naturk. + Naturschutz.

PENCK, A. (1899): Thalgeschichte der obersten Donau – Schr. Ver. Gesch. Bodensee, *28*.

PFANNENSTIEL, M. (1958): Die Vergletscherung des südlichen Schwarzwaldes während der Rißeiszeit – Ber. NG Freiburg i. Br., *48*.

– (1969a): Ein neuer Moränenaufschluß bei Tiefenstein und das Alter der Albschlucht – Ber. NG Freiburg, *59*.

– (1969b): Grundmoräne des Riß-eiszeitlichen Wehragletschers bei Öflingen – Ber. NG Freiburg i. B., *59*.

–, & RAHM, G. (1961): Die würmeiszeitlichen Gletscher des Talkessels von Präg – Ber. NG Freiburg i. Br., *51*.

–, – (1963): Die Vergletscherung des Wutachtales und der Wiesetäler während der Rißeiszeit – Ber. NG Freiburg i. Br., *53*.

–, – (1966): Nochmals zur Vergletscherung des Wutachtales während der Rißeiszeit – Jh. GLA Baden-Württemb., *8*.

–, – (1974, 1975): Die rißzeitliche Vergletscherung des Hochblauen bei Badenweiler – E + G, *25* (Zusammenfassung); Ber. NG Freiburg i. Br., *65*.

PLATZ, PH. (1893): Die Glazialbildungen des Schwarzwaldes – Mitt. Bad. GLA, *2*.

RAHM, G. (1961): Neue Gesichtspunkte zur Wutachablenkung – Ber. NG Freiburg i. Br., *51*.

– (1970): Die Vergletscherungen des Schwarzwaldes im Vergleich zu derjenigen der Vogesen – Alem. Jb. *(1966/67)*.

– (1978): Die ältere Vereisung des Schwarzwaldes und der angrenzenden Gebiete – In: LIEHL, E., & SICK, W. D., ed.: Der Schwarzwald – Beiträge zur Landeskunde – In Vorber.

RAMSAY, A. C. (1862): On the glacial origin of certain Lakes in Switzerland, the Black Forest, Great Britain, North America and elsewhere – Quart. J. GS London, *18*.

REICHELT, G. (1960): Quartäre Erscheinungen im Hotzenwald zwischen Wehra u. Alb – Ber. NG Freiburg i. Br., *50*.

– (1961): Der würmzeitliche Ibach-Schwarzenbach-Gletscher und seine Rückzugsstadien – Ber. NG Freiburg i. Br., *51*.

– (1966): Neuere Beiträge zur Kenntnis der Vergletscherung im Schwarzwald und den angrenzenden Gebieten – Schr. Ver. Gesch. Naturgesch. Baar angrenz. Landesteile, *26* – Donaueschingen.

SCHALCH, F. (1904): Erläuterungen zur geologischen Spezialkarte des Großherzogtums Baden, Bl. 8016 Donaueschingen – Bad. GLA.

SCHIMPER, K. (1837): Über die Eiszeit – Actes SHSN, *22*, Neuchâtel.

SCHMIDT, C. (1892): Mittheilung über Moränen am Ausgang des Wehratals – Ber. 25. Vers. Oberrhein. GV Basel.

SCHNARRENBERGER, K. (1911 K): Bl. 139 Kandern – GSpK. Baden – Bad. GLA.

STARK, P. (1912): Beiträge zur Kenntnis der eiszeitlichen Flora und Fauna Badens – Ber. NG Freiburg i. Br., *19*.

– (1924): Pollenanalytische Untersuchungen an zwei Schwarzwaldhochmooren – Z. Bot., *16*.

STEINMANN, G. (1896): Spuren der letzten Eiszeit im hohen Schwarzwalde – Univ.-Festschr. Freiburg i. Br.

WEPFER, E. (1924): Zur Gliederung des Glazials im Wutachgebiet, neue Aufschlüsse – Jber. Mitt. Oberrhein. GV, NF, *13*.

ZIENERT, A. (1967): Vogesen- und Schwarzwald-Kare – E + G, *18*.

– (1970): Würm-Rückzugsstadien vom Schwarzwald bis zur Hohen Tatra – E + G, *21*.

Fig. 212
Stauchungen im untersten mittleren Keuper in einer Tongrube bei Schwenningen, nach G. RAHM (schr. Mitt.) durch von SW nach NE (im Bild von rechts nach links) wirkendem Eisdruck entstanden. Photo: Dr. G. RAHM, Freiburg i. Br.

## Die westliche Schwäbische Alb zur Eiszeit

Wie der E-Schwarzwald, so war auch das Stufenland zwischen Schwarzwald und Alb-Trauf, die *Baar*, zur *Riß-Eiszeit* vergletschert, was an zahlreichen Stellen durch einen Geschiebe-Schleier und durch Schmelzwasserrinnen belegt wird (G. RAHM, 1970, 1978). Daneben finden sich – etwa in Baugruben oder beim Ackern – vereinzelte Erratiker (Gneise, Buntsandstein- oder Muschelkalk-Blöcke) auf jüngeren Schichtstufen (Fig. 213). In weicheren Schichten, etwa im untersten mittleren Keuper von Schwenningen, glaubt RAHM (schr. Mitt.) Stauchungen durch vorstoßendes Eis (Fig. 212) zu erkennen, da solche in derartigen Dimensionen kaum nur durch Frostdruck entstanden sein können. Donau-abwärts dürfte das bewegungsarme Eis bis Geisingen, Neckar-abwärts bis in die Gegend von Rottweil, gereicht haben (Fig. 214).
Weiter gegen N und NE sowie in den Bära-Tälern fehlen erratische Geschiebe. Bei geringerer Eismächtigkeit – etwa im SE, um Riedböhringen – haben sich Rundhöcker ausgebildet. Die gegen SE einfallende Hochfläche der Schwäbischen Alb, die im Lemberg bis auf 1015 m ansteigt, war bis gegen 800 m herab verfirnt (O. FRAAS, 1882; HANTKE, 1974; HANTKE, M. PFANNENSTIEL † & G. RAHM, 1976; RAHM, 1978).
Im südwestlichen Großen Heuberg drang Alb-Eis bis an den Rand des Donautales heran. Eine deutliche Endlage zeichnet sich im Elta-Tal E von Eßlingen ab.
Bei einer klimatischen Schneegrenze um 820–850 m, einer Höhenlage, auf der in SE-Exposition in die Weiß-Jura-Kalke eingeschnittene Schmelzwasserrinnen einsetzen, hingen Eiszungen ins Obere und Untere Bära-Tal herab.
Bei der Annahme, daß es sich bei den Bära-Tälern um geköpfte Täler handeln würde, müßten auch die Dogger- und die Malm-Stufe weiter im E zurückgeblieben sein.
Bei Gosheim flossen Schwarzwald-Eis und Schmelzwässer durch dieses Tal zur Donau ab, was Kristallin- und Buntsandstein-Gerölle am Talanfang belegen (PFANNENSTIEL &

Fig. 213
Muschelkalk-Erratiker von 65 × 50 × 30 cm Größe auf Keuper-Unterlage E von Frittlingen/Baar.
Photo: Dr. G. RAHM, Freiburg i. Br.

RAHM, gem. Exkursionen; RAHM, 1978), während sie sich gegen N dem Neckar zuwandten.

Eigenartig erscheinen in der westlichen Schwäbischen Alb auch die flachen und zugleich recht weiten Talwasserscheiden. Sie lassen sich nur so erklären, daß sie zur Größten Vereisung noch von Alb-Eis erfüllt waren, das von den Firngebieten der Hochflächen abfloß und in den 740–800 m hoch gelegenen Wasserscheiden sich sammelte, wobei sich die Schmelzwässer dem Neckar und der Donau zuwandten.

Nach NE lassen sich vereiste Gebiete durch flache Wannen und am Eisrand einsetzende, in den Weißjura-Kalk eingetiefte Schmelzwasserrinnen über Bitz–Burladingen bis ins Heufeld nachweisen (HANTKE et al., 1976).

Bereits J. HILDENBRAND und F. A. v. QUENSTEDT (in QUENSTEDT, 1881) sowie C. REGELMANN (1903) erwähnten von der W-Seite des Hohenberg bei Denkingen Schwarzwald-Geschiebe und von dessen E-Seite Weißjura-Brocken aus der Alb. A. SCHREINER und K. MÜNZING (mdl. Mitt.) konnten dort bei einer Grabung zwischen schneckenführenden Auelehmen einen dachziegelartig eingeregelten Weißjura-Schotter beobachten, den sie als altpleistozäne fluviale Schüttung betrachten möchten.

Auf dem Palmbühl E von Schömberg, einem isolierten, dem Plettenberg vorgelagerten Unterdogger-Hügel, kartierte M. SCHMIDT (1922K) eine Kappe von Weißjura-Schutt. NE von Schömberg und NW von Dotternhausen stellen sich neben Alb-Schutt wiederum Schwarzwald- und Baar-Geschiebe ein. Dies läßt sich nur so erklären, daß über dem Palmbühl, einem Rundhöcker, Alb- und Schwarzwald-Eis zur Größten Eiszeit zusammengetroffen sind.

Eine Erklärung derartiger und zahlreicher weiterer Geröllstreu-Vorkommen (G. RAHM, 1978) als Ablagerung pliozäner oder altpleistozäner Flüsse scheitert an der geringen Verwitterung der Geschiebe, an ihrer geringen Rundung und an deren Auftreten in verschiedensten Höhenlagen, die sich nicht zu Terrassen verbinden lassen.

In der Reutlinger Alb deutete H. KIDERLEN (1932) Hohlformen zwischen 800 m und

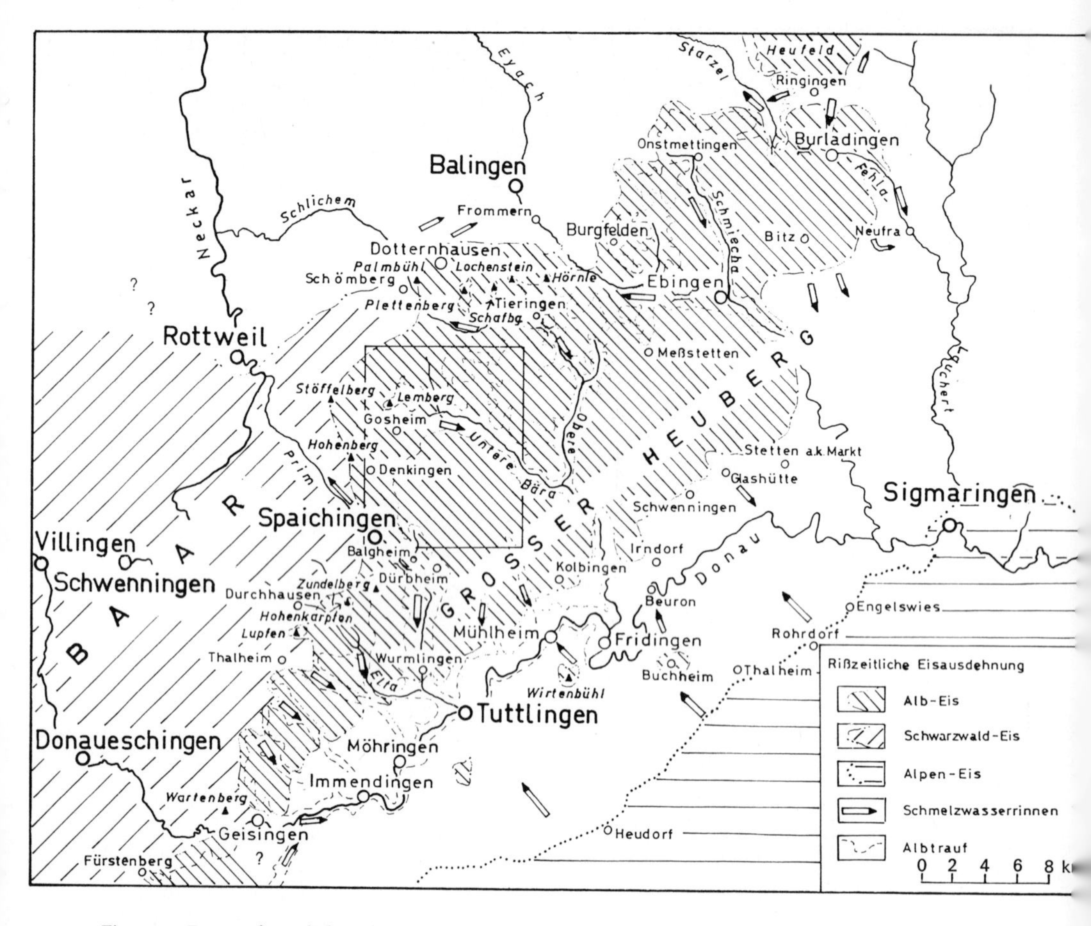


Fig. 214 Baar und westliche Schwäbische Alb in der Riß-Eiszeit, ca. 1:460000.
Aus: HANTKE, PFANNENSTIEL † & RAHM, 1976.

750 m als Firnmulden. Auch J. SCHAD (1925) kam zur Überzeugung, daß auf der Alb um Ehingen Nischen-Gletscher oder wenigstens Stufen-Vereisung vorhanden gewesen sein müssen.

Das Auftreten von fossilen Eiskeilen als Dokument eines ehemaligen Periglazial-Klimas im Keuper-Bergland SW-Deutschlands ist letztlich bereits 1845 von v. SEYFFER erkannt worden und durch verschiedene neuere Beobachtungen ergänzt worden (R. ZEESE, 1971).

In der *Würm-Eiszeit* waren noch die höchsten Alb-Flächen NE von Spaichingen bis gegen 900 m herab verfirnt. Aus flachen Mulden sammelten sich die Schmelzwässer in heutigen Trockentälern, die mit steilen Flanken und flachem Boden einsetzen. (Fig. 215, 216 und 217).

E des Dreifaltigkeitsberg, in der Kehlen NE des Hummelsberg (1002 m), zwischen Oberhohenberg (1011 m) und Hochberg (1009 m), von den Höhen um Tanneck und Obernheim, vom Plateau des Plettenberg (1005 m) sowie von den Höhen weiter E stiegen Kargletscher bis rund 800 m ab. Zwischen Lemberg und Hochberg hing ein Gletscher

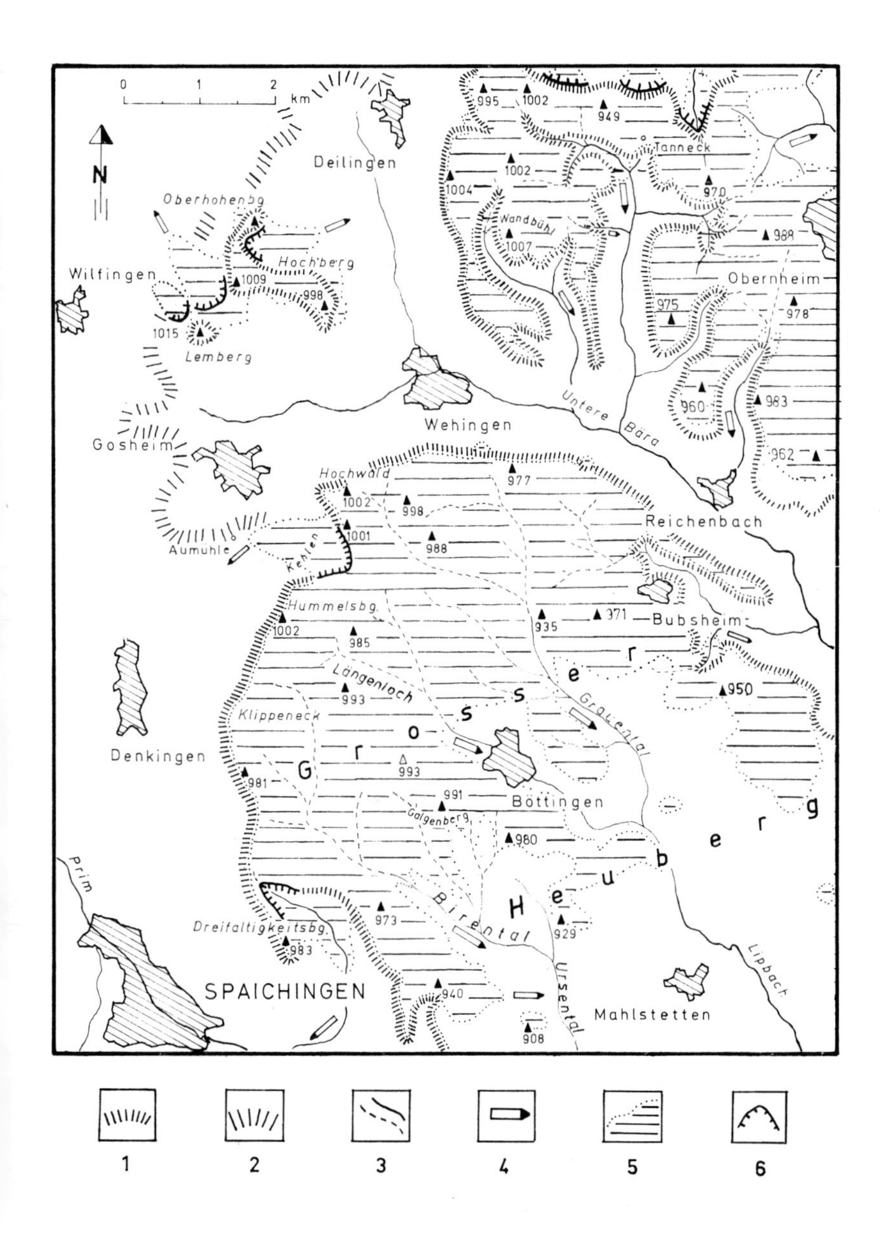


Fig. 215 Großer Heuberg (westliche Schwäbische Alb) zur Würm-Eiszeit 1:100000.
1 = Albtrauf
4 = Doggerstufe vor Gosheim–Deilingen
2 = Trockentäler auf der Albhochfläche, unterbrochen ohne, durchgezogen mit Talkanten
6 = Schmelzwasserabflüsse
3 = Ausdehnung der würmeiszeitlichen Vergletscherung
5 = Kar-Nischen
Aus: Hantke, Pfannenstiel † & Rahm, 1976.
Ausschnitt von Fig. 214.

Fig. 216 Das Trockentälchen des Längenloch bei Böttingen NE von Spaichingen, eine Schmelzwasserrinne am Ende eines würmzeitlichen Firnfeldes auf der Hochfläche des nordwestlichen Großen Heuberges. Photo: Dr. G. RAHM, Freiburg i. Br. Aus: HANTKE, PFANNENSTIEL † & RAHM, 1976.

gegen N bis 800 m herab; darunter bildete sich ein mächtiger Sanderkegel von Malmschutt (K. C. BERZ, 1937K, 1971K). Aus den Gleichgewichtslagen ergibt sich eine würmzeitliche Schneegrenze um 950 m. SCHREINER (mdl. Mitt.) möchte all diese Hohlformen als «normal» entstandene Quell- und Rutsch-Mulden deuten.
Das noch heute recht kühle Klima des Großen Heuberges, das kaum einen Monat ohne Nachtfrost kennt, spiegelt sich auch im Auftreten subalpiner und alpiner Pflanzen wider (A. FABER, 1933). Ebenso erreichen auch die Niederschläge noch beachtliche Werte: Böttingen (910 m) 987 mm/Jahr, Bitz (883 m) 932 mm/Jahr (E. KLEINSCHMIDT, 1932).

Fig. 217 Das Grauental, der Anfang einer gegen SE, Richtung Donau, abfließenden Schmelzwasserrinne, SW von Bubsheim, Großer Heuberg. Photo: Dr. G. RAHM, Freiburg i. Br. Aus: HANTKE, PFANNENSTIEL † & RAHM, 1976.

In der Schopflocher Torfgrube (758 m) NE von Urach reicht die Vegetationsentwicklung nach G. LANG (1952) aufgrund einer 3,5 m tiefen Pollen-Bohrung mit baumlosen Vergesellschaftungen mit Seggen, *Helianthemum*, *Artemisia*, Weiden und Zwerg-Birken bis in die Älteste Dryaszeit zurück. Diese werden verdrängt durch Birken- und Kiefern-Wälder. Noch vor der Ausbreitung der Hasel konnte LANG auch in der Schwäbischen Alb zwei regressive Vegetationsphasen nachweisen.

*Zitierte Literatur*


BERZ, K. C. (1937K, 1971K): Bl. 7918 Spaichingen - GK Baden-Württemb., m. Erl. - GLA Stuttgart.

FABER, A. (1933): Pflanzensoziologische Untersuchungen in württembergischen Hardten - Veröff. staatl. Stelle Natursch. Württ. LA Denkmalpfl., *10*.

FRAAS, O. (1882): Geognostische Beschreibung von Württemberg, Baden und Hohenzollern - Stuttgart.

HANTKE, R. (1974): Zur Vergletscherung der Schwäbischen Alb - E+G, *25*.

-, PFANNENSTIEL, M. †, & RAHM, G. (1976): Zur Vergletscherung der westlichen Schwäbischen Alb - Ber. NG Freiburg i. Br., *66*.

KIDERLEN, H. (1932): Firnmulden auf der Schwäbischen Alb - Cbl. Min., *B*.

KLEINSCHMIDT, E. (1932): Deutsches Meteorologisches Jahrbuch für das Jahr 1931 - Württ. Statist. LA - Stuttgart.

LANG, G. (1952): Zur späteiszeitlichen Vegetations- und Florengeschichte Südwestdeutschlands - Flora, *139*.

QUENSTEDT, F. A. v. (1881): Karten und Begleitworte zur Geognostischen Specialkarte Württemberg. Atlasblätter Tuttlingen, Fridingen, Schwenningen 1:50000 - Stuttgart.

RAHM, G. (1970): Die Vergletscherung des Schwarzwaldes im Vergleich zu derjenigen der Vogesen - Alem. Jb. *(1966/67)*.

- (1978): Die ältere Vereisung des Schwarzwaldes und der angrenzenden Gebiete - In: LIEHL, E., & SICK, W. D., ed.: Der Schwarzwald - Beiträge zur Landeskunde - In Vorber.

REGELMANN, C. (1903): Woher stammt die Moräne auf dem Hohenberg bei Denkingen? - Cbl. Min. *(1903)*.

SCHAD, J. (1925): Der Werdegang von Ehingens Landschaft seit dem Pliozän - Festschr. 100jähr. Jubiläum Gymnas. Ehingen - Ehingen.

SCHMIDT, M. (1922K): Bl. 131 (7718) Geislingen - GSpK - Württemb. GLA.

ZEESE, R. (1971): Eiskeile im Keuperbergland - Tübinger Ggr. Studien, *46*.

## Das Molasse-Bergland zwischen Oberstaufen und Kempten zur Eiszeit

Wie weit das Iller-Eis in der Größten Eiszeit – der *Mindel-Eiszeit* E der Linie Lindau–Biberach – im Molasse-Bergland der *Adelegg* (1126 m) emporgereicht hat, wird W von Kempten durch die am Rauhenstein SW des Blender (1072 m) bis auf 1050 m Höhe erhaltenen, stark verkitteten eisrandnahen Schotter belegt (A. PENCK, 1901; B. EBERL, 1930; F. MÜLLER, 1952K). Aufgrund der Höhenlage und der Geröllltracht – vorwiegend Flysch-Sandsteine und ostalpine Kalke mit einigen Radiolariten – dürfte dieses isolierte höchstgelegene Schottervorkommen im bayerischen Alpenvorland (Fig. 218) am ehesten in die Mindel-Eiszeit zu stellen sein (gem. Exk. mit H. JERZ, G. RAHM und L. SCHEUENPFLUG, 1976).

Fig. 218 Gipfelkappe von verkitteten mindelzeitlichen (?) Schottern auf dem Rauhenstein, östliche Adelegg.

Im stark durchtalten Adelegg-Bergland sind die sichersten Dokumente einer Vereisung – Moränen, Erratiker, Zungenbecken und Schmelzwasserrinnen – nur am E- und am NE-Rand zu fassen. Die steilen Hänge, der leichte Zerfall des Gesteins – locker zementierte Molasse-Nagelfluh –, die eiszeitlichen Schmelzwässer und Solifluktion an noch unbewachsenen Flanken, haben die Vereisungsspuren, wie in vielen Molasse-Nagelfluh-Gebieten, weitgehend zerstört, so daß es schwer hält, die Reichweite der einzelnen Zungen der Lokalgletscher festzuhalten (Fig. 219).

Fig. 219 Die würmzeitliche Endmoräne des östlichen Bodensee-Rhein-Gletschers mit der randlichen Schmelzwasserrinne Maierhöfen (Vordergrund)-Großholzleute-Isny (linker Rand). Im Mittelgrund rechts die der Molasse aufgesetzte Mittelmoräne des Simmerberg, im Hintergrund das Molassegebiet der Adelegg mit Schwarzgrat (Mitte) und Hoher Kapf (rechts).
Luftaufnahme: F. THORBECKE, Lindau i/B., freigegeben durch das Luftamt Südbayern.

Da sich in der Adelegg gar würmzeitliche Gletscherzungen abzuzeichnen scheinen, ist in den Quellästen von Eschach und Kürnach auch für die *Riß-Eiszeit* mit einer bedeutenden Vereisung zu rechnen. Erratiker E des Hohen Kapf (1122 m) bis auf 1040 m (JERZ, 1974K) belegen eine rißzeitliche Mindesthöhe des Iller-Gletschers. Die höchsten würmzeitlichen Seitenmoränen reichen weiter E bis auf 950 m. Darüber konnte JERZ Altmoräne feststellen. Ebenso finden sich im Wengener Tal zahlreiche Rundhöcker, im E bis auf über 1000 m, im WSW bis auf über 900 m. Auch sie bekunden eine Mindest-Eishöhe.

Ein alpiner Muschelkalk-Erratiker W von Wengen deutet auch auf ein Eindringen von Rhein-Eis, wodurch das Iller-Eis aufgestaut worden wäre.

An der Mündung von Missener und Weitnauer Tal reichte das Eis bis auf 940 m, N der Wasserscheide gegen die Obere Argen gar bis auf über 1000 m. N der Iberger Kugel (1048 m), auf dem Simmerberg, stellt sich auf 880 m eine lokal verbackene und versackte Mittelmoräne mit Diploporen-Kalken, Glaukonit-, Flysch- und Molasse-Sandsteinen ein.

Aus den Karen vom Höhenrücken des Sonneneck und von der Kette Hoher Kapf-Schwarzer Grat (1118 m) flossen kleinere Lokalgletscher zu. Ebenso drang Iller-Eis von Wegscheidel durch das Kürnach-Tal gegen W vor. Die überschliffenen Formen im

NW der Adelegg belegen auch für den östlichen Rhein-Gletscher eine Eishöhe von über 800 m.
Ältere, wohl rißzeitliche Schmelzwasserrinnen zeichnen sich auf der NE-Abdachung des Adelegg-Berglandes ab. Sie setzen W von Wiggensbach um 890 m ein und bekunden ein gegenüber der Würm-Eiszeit um 100 m höheres Eisniveau des Iller-Gletschers. Eine tiefere Rinne setzt NW von Wiggensbach um 805 m ein. Sie spricht für einen noch um rund 40–50 m höheren Eisstand und ist allenfalls einem Spätriß-Stand zuzuweisen.
Hinweise eines jüngeren – spätrißzeitlichen (?) – Standes lassen sich zunächst am Zusammenfluß von Kürnach und Eschach beobachten. Weiter talauswärts zeichnet sich eine bis 40 m über der Niederterrasse gelegene Schotterflur ab. Sie ist als flacher, von Solifluktions-Kerbtälchen zerschnittener Schuttfächer zu deuten, der aus dem Eschach-Tal an den Ostrand des Rhein-Gletschers geschüttet wurde. Von Winterstetten und von Friesenhofen wandten sich zwei Stränge gegen N (P. Sinn, 1974). Beim Zusammenfluß von Eschach und Kürnach liegen unter gut gewaschenen Iller-Schottern schlechter sortierte Adelegg-Schotter mit aufgearbeiteten Molasse-Geröllen mit Lösungseindrükken: Flysch, ostalpine Gesteine, Kristallin. Reste dieser Schotterflur lassen sich talaufwärts über Kreuzthal bis 850 m verfolgen. Vom Schwarzen Grat ins Eschach-Tal absteigende Schuttnasen sind wohl als Wallmoränen von Lokaleis zu deuten. Eschach-aufwärts dürfte das Zungenende eines Gletschers aus dem Einzugsgebiet des Hohen Kapf und der Schwedenschanzen gelegen haben. Belege eines entsprechenden Eisstandes zeichnen sich im Wengener Tal als Kameschotter ab, die zwischen Iller- und Rhein-Eis und Zuschüssen der Sonneneck-Kette abgelagert wurden. Jerz fand darauf eine 3 m mächtige Verwitterungsdecke.

Fig. 220 Kar zwischen Riedholzer- und Iberger Kugel SE von Maierhöfen, Allgäu, aus dem ein durch Moränen dokumentierter Gletscher gegen Maierhofen vorstieß.

Ebenso dürften noch in der *Würm-Eiszeit* von den höchsten Höhen der Adelegg – Schwedenschanze (1126 m), Hoher Kapf und Schwarzer Grat – Eiszungen die Quelltäler von Eschach und Kürnach erfüllt haben. Die Schwemmfächer, die gegen W in die östliche Abflußrinne des Rhein-Gletschers sowie ins Kürnach-Tal geschüttet wurden, sind wohl auf abschmelzendes Eis in den Talschlüssen zurückzuführen.
NE des Hohen Kapf entwickelte sich ein Firnfeld, das die Wanne des Eschach-Weihers erfüllte, an dessen E-Ende sich bis unter 1000 m absteigende Seitenmoränen erkennen lassen (Fig. 221). S von Wiggensbach setzen eine Ufermoräne und eine Schmelzwasserrinne ein.
Zwischen Blender (1072 m) und Dürrer Bichl (1077 m) bildete sich im gegen NE exponierten Kar ein Gletscher, der mit seiner äußersten Moränenstaffel bis gegen Wiggensbach, bis 900 m, abstieg (F. Müller, 1952k). Aus den Gleichgewichtslagen in gut 1000 m bzw. in 950 m ergibt sich für den E-Rand des Adelegg-Berglandes eine klimatische Schneegrenze von knapp 1100 m im SE und von 1000 m im NE.
S von Isny stieß aus dem gegen NW offenen Kar zwischen Riedholzer Kugel (1066 m) und Iberger Kugel (1048 m) noch in der Würm-Eiszeit ein Gletscher mit seiner äußersten Moränenstaffel gar bis 800 m herab, wo Jerz in Bohrungen unter einer jüngeren Moräne zunächst schluffige Tone und dann, unter einem 2–3 m mächtigen Boden, eine ältere Moräne feststellen konnte. Aus einer Gleichgewichtslage in knapp 900 m ergibt sich am östlichen Rhein-Gletscherrand eine klimatische Schneegrenze von knapp 1000 m (Fig. 220). Ihre Schmelzwässer mündeten bei Maierhöfen in die randliche Entwässerungsrinne des östlichen Rhein-Gletschers, die über Großholzleute gegen Isny verläuft (Fig. 219).

Fig. 221 Der Eschach-Weiher im Zungenbecken eines Adelegg-Gletschers E von Buchenberg, Allgäu.

An den N-Flanken der nächst südlichen Subalpinen Molasse-Ketten, am Sonneneck (1106 m) und am Hauchenberg (1242 m), füllten sich die Kare nochmals mit Firneis, was besonders am Hauchenberg durch absteigende Moränestaffeln unterhalb eines markanten Kars dokumentiert wird (JERZ, 1974 K).
Noch N der Alpsee-Talung hingen von der Salmaser Höhe (1254 m) in der Würm-Eiszeit Kar-Gletscher ins Tal der Unteren Argen herab, in das ebenfalls ein Seitenarm des Iller-Gletscher eingedrungen war.

*Zitierte Literatur*

PENCK, A. (1901): Die Alpen im Eiszeitalter, *1* – Leipzig.
EBERL, B. (1930): Die Eiszeitenfolge im nördlichen Alpenvorlande – Augsburg.
JERZ, H. (1974 K): Bl. 8327 Buchenberg, m. Erl. – GK Bayern 1:25000 – Bayer. GLA.
MÜLLER, F. (1952 K): Die geologischen Verhältnisse des Blattes Buchenberg (Bayerisches Allgäu) – G Bavarica, *13*.
SINN, P. (1974): Glazigene, fluvioglaziale und periglazial-fluviatile Dynamik in ihrem Zusammenwirken in der präwürmzeitlichen Talgeschichte der Eschach zwischen Rhein- und Illergletscher – Heidelberger Ggr. Arb., *40*.

Zur Erleichterung des Auffindens geographischer Namen wurde die Region – Kanton, Kreis, Departement, Provinz, Land – angegeben, bei Kantonen und Ländern die Autozeichen. Steht diese Bezeichnung in Klammern, so ist die Gegend, der Berg, das Tal oder das Gewässer gemeint, sonst der Ort.
Neben den bereits im Text verwendeten Abkürzungen wurden noch verwendet:
A. = Alp(e, en, i), B. = Berg(e), C. = Col(le), EZ = Eiszeit, Gh. = Ghiacciaio, Gl. = Gletscher, Glacier, Glatscher, IG = Interglazial, IS = Interstadial, K = Karte, KZ = Kaltzeit, L. = Lac, Lago, Lagh, M. = Mont(e, i), Mgne = Montagne, P. = Piz(zo), Pte = Pointe, Schi. = Schichten, Scho. = Schotter, Sde. = Sande, Sp. = Spitz(e), T. = Tal(ung), V. = Val(le, lée, lon), WZ = Warmzeit.
Kursive Seitenzahlen: Figuren und wichtige Hinweise.

# Sach-Register

# Orts-Register

## Stärker geraffte Abkürzungen in Literaturzitaten

|  |  |
|---|---|
| Abh. | Abhandlungen |
| AFEQ | Ass. franç. Etude Quaternaire |
| AGS | Atlas géologique de la Suisse 1 : 25 000 |
| ASA | Anzeiger f. Schweiz. Altertumskde. |
| Ann. | Annalen, Annales |
| Arch. Genève | Archives des Sciences Physiques et Naturelles de Genève |
| Ass. | Association |
| AS | Actes de la Société |
| B. | Bulletin, Bollettino |
| BA | Bundesanstalt |
| BHM | Bernisches Historisches Museum |
| Beitr. | Beiträge, Geol. Karte Schweiz |
| Ber. | Berichte |
| Bl. | Blatt, Blätter |
| BRGM | Bur. Recherches géol. min. |
| CG | Carte géologique, Carta geologica |
| CGS | Commission Géologique Suisse |
| CNRS | Centre Nat. Recherche Scientif. |
| Csp | Carte spéciale |
| CR | Compte(s) Rendu(s) |
| CR S phy HN | Compte rendu de la Société Physique et d'Histoire Naturelle de Genève |
| Cgr. | Congrès, congress |
| DA | Diplomarbeit (unveröffentlicht) |
| DEUQUA | Deutsche Quartärvereinigung |
| Doc. | Documents |
| Ecl. | Eclogae geologicae Helvetiae |
| E+G | Eiszeitalter und Gegenwart |
| Erg. | Ergänzung(en, s-) |
| Erl. | Erläuterungen |
| ETHZ | Eidg. Techn. Hochschule Zürich |
| Fac., Fak. | Faculté, Faculty, Fakultät |
| Flle(s), Fo. | Feuille(s), Foglio |
| F., Förh. | Förening, Förhandlingar |
| G, g | Geologie, geologisch |
| G. | Giornale |
| GAS | Geolog. Atlas der Schweiz 1 : 25 000 |
| GC | Geological Congress |
| GG | Geologische Gesellschaft |
| Ggr., ggr. | Geographie, geographisch |
| GH | Geographica Helvetica |
| GK | Geologische Karte |
| Glkde. | Gletscherkunde (u. Glazialgeologie) |
| GR | Geologische Rundschau |
| GSpK | Geologische Spezialkarte |
| GS | Geological Society |
| GV | Geologische(r) Verein(igung) |
| H. | Hefte |
| Hdb. | Handbook, Handbuch |
| HN | Histoire naturelle |
| HV | Historische(r) Verein(igung) |
| I. | Institut(e) |
| INQUA | Internat. Quartär-Assoziation |
| J. | Journal |
| Jb.; Jber. | Jahrbuch; Jahresbericht(e) |
| Jh. | Jahresheft(e) |
| LA | Landesanstalt, Landesamt |
| Lab. | Laboratoire, Laboratorium |
| L+T | Eidg. Landestopographie Wabern |
| Mag. | Magazine |
| Mat. | Mat. Carte Géol. Suisse |
| Mbl.; Mh. | Monatsblatt; Monatsheft(e) |
| Medd., Mitt. | Meddelingen, Mitteilungen |
| Mém., Mem. | Mémoires, Memorie(s) |
| Mus. | Museum, Musée |
| N., n. | Neue(s) |
| natf., natw. | naturforschend, -wissenschaftlich |
| N. expl. | (avec) Notice explicative |
| NF | Neue Folge |
| NG | Naturforsch., Naturwiss. Gesell. |
| Njbl. | Neujahrsblatt |
| NS | Neue Serie, nouvelle série |
| P, p | Paläontologie, paläontologisch |
| Palgr. | Palaeontographica |
| Proc. | Proceedings |
| Rech. | Recherches |
| Rep. | Report(s) |
| Repert. | Repertorium |
| Rev. | Revue, Review |
| Rübel | Geobotanisches (Forschungs-) Institut Rübel (ETH) Zürich |
| Sci. | Science(s), Scienze |
| SG | Société géologique, Società geologica |
| SGK | Schweiz. Geologische Kommission |
| SGU(F) | Schweiz. Ges. f. Ur- und Frühgesch. |
| SHSN | Société Helvet. d. Sciences naturelles |
| SISN | Società italiana Scienze naturali |
| SMPM | Schweizerische Mineralogische und Petrographische Mitteilungen |
| SN | Sciences naturelles, Scienze naturali |
| SNG | Schweiz. Naturforsch. Gesellschaft |
| Soc. | Société, Società, Society |
| SPS | Société Paléontologique Suisse |
| Trans. | Transactions |
| U. | Universität, Université |
| UFAS | Ur- und frühgeschichtliche Archäologie der Schweiz |
| UFS | Ur- u. Frühgeschichte der Schweiz |
| Vh. | Verhandlung(en), Verhandelingen |
| Vjschr. | Vierteljahrsschrift der Naturforschenden Gesellschaft Zürich |
| VSP | Vereinigung Schweizerischer Petrol.-Geologen und -Ingenieure |
| Z. | Zeitschrift |
| ZAK | Zeitschrift für Schweizerische Archäologie und Kunstgeschichte |
| Zbl. | Zentralblatt |